Gene und Stammbäume

Für die, die ihre Gene für uns rekombiniert haben,
für die, mit denen wir unsere Gene rekombinieren und
für die, für die wir unsere Gene rekombinieren.

Der Buchumschlag

Ganz im Hintergrund: Ausschnitt aus einem Datensatz kompletter Chloroplasten-Genome von Blütenpflanzen (vgl. Jansen et al, 2007) – gezeigt ist das *atp*A-Gen (NEXUS-Datei mit codierten Indels). Vorne links: Eine Aminosäure-Übersetzung im Ein-Buchstaben-Code, davor DNA-Helix (vielen Dank an Jörn Müller für die dreidimensionale Beschreibung der DNA im POV-Ray-Code). Die Organismen rechts sind v.o.n.u.: Die Lotuspflanze *Nelumbo nucifera*, der wuchernde Doppelstreifenfarn *Diplazium proliferum*, das Laubmoos *Hypnodendron comatum*, die Westmöwe *Larus occidentalis* („*One-legged Johnny*"), der Familienhund *Canis familiaris* („Maxi") und der Fliegenpilz *Amanita muscari*. Herzlichen Dank an Charlotte Knoop für die Möwe und an Prof. Jan-Peter Frahm für Moos und Pilz.

Volker Knoop / Kai Müller

Gene und Stammbäume

Ein Handbuch zur molekularen Phylogenetik

2. Auflage

Autoren
Professor Dr. Volker Knoop
Institut für Zelluläre und Molekulare Botanik
Universität Bonn
Kirschallee 1
53115 Bonn

Dr. Kai Müller
Nees-Institut für Biodiversität der Pflanzen
Universität Bonn
Meckenheimer Allee 170
53115 Bonn

Wichtiger Hinweis für den Benutzer
Der Verlag und die Autoren haben alle Sorgfalt walten lassen, um vollständige und akkurate Informationen in diesem Buch zu publizieren. Der Verlag übernimmt weder Garantie noch die juristische Verantwortung oder irgendeine Haftung für die Nutzung dieser Informationen, für deren Wirtschaftlichkeit oder fehlerfreie Funktion für einen bestimmten Zweck. Der Verlag übernimmt keine Gewähr dafür, dass die beschriebenen Verfahren, Programme usw. frei von Schutzrechten Dritter sind. Die Wiedergabe von Gebrauchsnamen, Handelsnamen, Warenbezeichnungen usw. in diesem Buch berechtigt auch ohne besondere Kennzeichnung nicht zu der Annahme, dass solche Namen im Sinne der Warenzeichen- und Markenschutz-Gesetzgebung als frei zu betrachten wären und daher von jedermann benutzt werden dürften. Der Verlag hat sich bemüht, sämtliche Rechteinhaber von Abbildungen zu ermitteln. Sollte dem Verlag gegenüber dennoch der Nachweis der Rechtsinhaberschaft geführt werden, wird das branchenübliche Honorar gezahlt.

Bibliografische Information Der Deutschen Nationalbibliothek
Die Deutsche Nationalbibliothek verzeichnet diese Publikation in der Deutschen Nationalbibliografie; detaillierte bibliografische Daten sind im Internet über http://dnb.d-nb.de abrufbar.

Springer ist ein Unternehmen von Springer Science+Business Media
springer.de

2. Auflage 2009

Spektrum Akademischer Verlag ist ein Imprint von Springer

09 10 11 12 13 5 4 3 2 1

Planung und Lektorat: Dr. Ulrich Moltmann, Dr. Christoph Iven
Herstellung: Andrea Brinkmann
Umschlaggestaltung: SpieszDesign und Autoren
Titelfotografie: s. S. II (Buchumschlag)
Fotos/Zeichnungen: Autoren, wenn nicht in den Abbildungsunterschriften anders angegeben.
Satz: Dr. Kai Müller
Druck und Bindung: Stürtz GmbH, Würzburg

Printed in Germany

ISBN 978-3-8274-1983-5

Vorwort

„Nothing in biology makes sense except in the light of evolution."
T. Dobzhansky, Titel eines Essays in *The American Biology Teacher* (1973)

Das Jahr 2009 bringt uns als „Charles-Darwin-Jahr" das Doppeljubiläum seines 200. Geburtstages und den 150. Jahrestag der Erscheinung seiner *Origin of Species*. Eigentlich waren schon im Juli 2008 große öffentliche Feiern fällig, denn hierhin fällt die gemeinsame Lesung der Artikel von Alfred Wallace und Charles Darwin vor der Linnean Society in London zur Veränderlichkeit der biologischen Arten.

150 Jahre nach diesen bahnbrechenden Erkenntnissen sorgen PCR und Pyrosequenzierung dafür, dass sich die Datenbanken in immer höherem Tempo mit neuen Nukleotidsequenzen – inzwischen längst ganzen Genomen der Eukaryonten – füllen. Neben dem abstrakten „Genom des Menschen" liegen uns nun auch schon die individuellen Genome zweier wichtiger Akteure in diesem Feld – James Watson und Craig Venter – vor. Stammesgeschichtlich noch viel interessanter sind da aber eher andere Neuzugänge der ersten Jahreshälfte 2008, so beispielsweise das Schnabeltier *Ornithorhynchus*, das Lanzettfischchen *Branchiostoma*, der Lacktrichterling *Laccaria*, das Laubmoos *Physcomitrella*, die Pappel *Populus*, der Choanoflagellat *Monosiga* oder das Chromatophorengenom von *Paulinella*. Sie alle scheinen Zeugen für das rasche Wachstum im Feld der Phylogenomik zu sein, weit verteilt über den Stammbaum des Lebens. Tatsächlich aber ist es die ungeheure Biodiversität in all den Verwandtschaftsgruppen, die molekulare Phylogenetik so faszinierend macht und die sie nur schlaglichtartig repräsentieren.

Methodisch sind in der molekularen Phylogenetik *Likelihood*-basierte, insbesondere die Bayesianischen Ansätze auf dem Vormarsch und spielen neben den klassischen Distanz- und Parsimonieverfahren eine immer größere Rolle. Ganz besonders die erheblich verbesserten Methoden, die erlauben, unseren Stammbäumen eine Zeitskala zu geben und die Verzweigungen im Baum des Lebens zu datieren, zählen zu den spannendsten neuen Entwicklungen, denen wir hier nun mehr Raum geben. Wir hoffen, mit diesen und anderen Aktualisierungen und den weiteren Umbauarbeiten für die zweite Auflage nichts verschlimmbessert zu haben.

Danksagung

Ein ganz allgemeiner Dank unsererseits geht zunächst an die vielen wohlmeinenden Kollegen für ihre freundlichen Kommentare zum Erscheinen der ersten Auflage. Konkrete Vorschläge zur Umsetzung von Verbesserungen kamen insbesondere von Prof. Michael Schmitt, Herrn Gerrit Hartig und Herrn Simon Fischer. Dafür besonders herzlichen Dank. Herzlicher Dank gebührt auch Herrn Dr. Bernd Müller für zahlreiche kleinere Verbesserungsvorschläge und Herrn Felix Grewe für das Korrekturlesen einzelner Kapitel. K.M. möchte noch einmal der Deutschen Telekom Stiftung danken, deren finanzielle Unterstützung wesentlich zur Entstehung der ersten Auflage beigetragen hatte. Vielen Dank unverändert an Dr. Iven und Dr. Moltmann für die Betreuung des Projektes auf Verlagsseite.

Vorwort zur ersten Auflage

Das 20. Jahrhundert ist gelegentlich als das Jahrhundert der Biologie, insbesondere der Molekularbiologie, bezeichnet worden. Ob nun in der Tat die Biologie im letzten Jahrhundert noch größere Fortschritte gemacht hat als andere Wissenschaften, sei dahingestellt. Eines aber ist sicher: In der Mitte des 20. Jahrhunderts ist das Gen stofflich fassbar geworden. Wir wissen sehr genau, wie wir uns unsere Erbanlagen vorzustellen haben. Wir kennen ihre chemische Beschaffenheit und wir können die Sprache der Gene in allen heute lebenden Organismen zumindest prinzipiell lesen. Nicht nur das – im letzten Drittel des 20. Jahrhunderts haben wir auch gelernt, diese Sprache zu schreiben und in transgenen Organismen durch molekularbiologische Methoden zu verändern.

Ein Jahrhundert vor der Entwicklung der Gentechnik hatte ein anderer, zunächst rein theoretischer, Erkenntnisgewinn in der Biologie vergleichbar weitreichende gesellschaftliche Auswirkungen – wenn auch nicht für den Alltag, so doch für Daseinsphilosophie und Selbstverständnis. Das Konzept der Evolution hat ein biblisch-statisches Bild von der Vielfalt biologischer Arten unwiderruflich vom Sockel gestoßen. Was heute auf der Erde lebt, ist das Ergebnis von 3,5 Milliarden Jahren an biochemischem Probieren, Verwerfen, Verändern und Anpassen als Antwort auf eine sich verändernde Umwelt unseres Planeten im weitesten Sinne – klimatisch, chemisch und biologisch. Einiges über die Geschichte des Lebens auf der Erde können wir Fossilfunden entnehmen. Die Vielfalt an Dinosauriern vor ihrem Aussterben vor 65 Millionen Jahren ist anhand ihrer beeindruckenden versteinerten Skelette gut nachvollziehbar und die Entstehung vieler tierischer Baupläne im Kambrium vor mehr als 500 Millionen Jahren ebenso. In anderen Bereichen aber ist organismische Vielfalt und Veränderung längst nicht so gut mit Fossilien dokumentiert: Bakterien und andere Einzeller hinterlassen viel seltener deutliche Spuren und auch die Entstehung der ersten Landpflanzen auf der Erde ist nur unzufriedenstellend dokumentiert. Es bleiben die rezenten, heute lebenden Organismen, deren morphologische Merkmale oft jedoch nur vage oder sogar widersprüchliche Rückschlüsse auf die Geschichte ihrer Evolution zulassen.

Hier bekommt der Evolutionsforscher mit den Sequenzen biologischer Makromoleküle, sei es mit den DNA-Sequenzen der Gene oder den abgeleiteten Aminosäuresequenzen der Proteine, ein völlig neues Instrumentarium. In diesen Sequenzen ist die Geschichte des Lebens gespeichert. Aus unseren Gensequenzen lässt sich ableiten, ob wir mit Gorilla, Schimpanse oder Orang-Utan am engsten verwandt sind. Auch dort, wo klassische Merkmale rar sind, wie bei den Einzellern, gibt es immer noch Hunderte von Genen mit gleicher Funktion, aus deren schleichenden Sequenzveränderungen wir die Evolutionsgeschichte dieser Organismen mit oft erstaunlicher Sicherheit erschließen können. In diesem Buch geht es darum, wie die Erkenntnisse der Molekularbiologie in die Konzepte der Evolution einfließen. Wie also helfen uns die informationsspeichernden Makromoleküle die Stammesgeschichte des Lebens nachzuzeichnen?

Das Konzept unseres Buches

Das Interesse an molekularen Stammbäumen kann den unterschiedlichsten Hintergründen entstammen. Einige systematisch und taxonomisch arbeitende Biologen bedienen sich seit bald 20 Jahren der zunehmend einfacher zu gewinnenden molekularen Sequenzdaten, um die Stammesgeschichte und Evolution der Organismengruppen, die ihnen am Herzen liegen, zu verstehen. Für dahingehend Interessierte halten die Datenbanken vielleicht schon ein noch schlummerndes Potential bereits verfügbarer interessanter Sequenzen bereit. Molekularbiologen wiederum wollen vielleicht mit der evolutiven Entstehungsgeschichte der Proteine, Gene oder Genfamilien ihres Interesses mehr Einsichten über deren Funktion gewinnen – möglicherweise ist im Hinblick auf eine Publikation ein Genstammbaum gefragt.

Dem Biologiestudenten mag schlicht die interessante Schnittstelle von Molekularbiologie und Bioinformatik als einer der spannendsten Bereiche seines Faches erscheinen. Der Zugang in die Welt der molekularen Phylogenetik scheint jedoch vielen beschwerlich. Außer einem Verständnis für die Molekularbiologie braucht es Datenbanken, Computer, Programme und zum tieferen Verständnis auch etwas Mathematik, und zumindest einer dieser Bereiche schreckt manche interessierten Biologen und Biologiestudenten ab. Die verschiedenen Ansätze, Methoden und Modelle zur Stammbaumkonstruktion mit molekularen Sequenzdaten lassen die Materie oft zu theoretisch erscheinen, als dass sie zu forscherischer Tätigkeit motivieren würden. Die eher unfruchtbaren Gefechte zwischen den Befürwortern der einen gegenüber der anderen phylogenetischen Methodik machen den Zugang auch nicht leichter.

Wir wollen in diesem Buch zum *Learning-By-Doing* motivieren, ohne dabei die Grundlagen zu vernachlässigen. Die interessierten Leser sollen einen klaren Leitfaden zum Umgang mit Datenbanken und Programmen an die Hand bekommen, mit dem sie selbst schnellstmöglich loslegen können. Der ungeduldige Student mit biologischem Wissenshintergrund mag Kapitel 1 bis 3 überspringen und gleich bei 4 einsteigen. Das Buch könnte nach dem Studium der Grundlagen seinen Platz direkt neben dem PC finden und helfen, mit eigenen Sequenzdaten oder solchen aus den Datenbanken Alignments zu produzieren, Methoden auszuprobieren, Parameter zu verändern und gute Stammbäume zu produzieren – oder auch nur den kritischen Blick auf die publizierten Stammbäume der Kollegen schärfen. Wir hoffen, dass Index, Glossar und Verweise auf die Originalliteratur es auch als Nachschlagewerk nützlich machen. Andererseits wollen wir hier und da auch zur Erkundung neuer Terrains motivieren, denen wir uns hier nicht in größerer Breite widmen können. Insofern bleibt zu hoffen, dass wir mit dem hier gewählten Kompromiss im Spannungsfeld zwischen Umfang und Preis nicht völlig danebenliegen.

Molekulare Phylogenetik ist vielleicht noch mehr als andere Bereiche der modernen Biologie von Jargon und englischen Fachtermini dominiert. Wir bemühen uns hier nach bescheidenen Kräften um die deutsche Sprache, wenn auch nicht auf Kosten des Wiedererkennungswertes in der Literatur. So wird dann das „Alignment" für uns als das Ergebnis einer Alinierung übernommen, aber den feinsinnigen Unterschied zwischen *Probability* und *Likelihood* wollen wir nicht mit deutschen Wahrscheinlichkeiten verwässern.

Inhaltsverzeichnis

1 Die molekularen Grundlagen des Lebens

„We wish to suggest a structure for the salt of deoxyribose nucleic acid (D.N.A.). This structure has novel features which are of considerable biological interest. [...] It has not escaped our notice that the specific pairing we have postulated immediately suggests a possible copying mechanism for the genetic material"
J. D. Watson und F. H. C. Crick (zwei Sätze aus ihrer bahnbrechenden Publikation in der Ausgabe von *Nature* am 25. April 1953)

Wir sind weit gekommen, seit Johannes Friedrich Miescher 1869 in der Schlossküche zu Tübingen, dem Labor von Felix Hoppe-Seyler, zum ersten Mal Desoxyribonukleinsäure, die er noch Nuklein nannte, aus Eiter isoliert hat. Dass diese chemisch scheinbar so langweilige Substanz entgegen der Erwartung der meisten Wissenschaftler tatsächlich Träger der Erbinformation sein könnte, wurde erst ein dreiviertel Jahrhundert später überzeugend gezeigt. Mit dem legendären Modell der Doppelhelix wurde die Desoxyribonukleinsäure (DNA) 1953 als Träger der Erbinformation zur chemisch verstandenen Tatsache. In den 1960er Jahren haben wir gelernt, die Sprache der Gene zu lesen, in den 1970er Jahren auch, sie zu schreiben – die Verknüpfung von Genen im Reagenzglas, ihre Vermehrung und das Umsetzen der Erbinformation in Proteine wurde in Bakterien möglich. Rund 50 Jahre nach der Aufklärung der DNA-Struktur ist auch die gesamte Genomsequenz des Menschen bekannt. Die Genome dienen, gleichsam als Handbücher und Gebrauchsanweisungen, vornehmlich als Informationsspeicher der Steuerung aller Lebensfunktionen. Die Kopierarbeiten an diesen Büchern des Lebens bringen Tippfehler, neue Sätze, Kapitel, umgestellte Passagen und fehlende oder neu eingefügte Seiten mit sich. Aus diesen Veränderungen die Stammesgeschichte der Organismen nachzuzeichnen, ist Gegenstand der molekularen Phylogenetik.

Übersicht

1.1 Erbinformation: Nukleotide und DNA

Jede kleinste lebende Einheit eines Organismus, jede **Zelle**, trägt alle Informationen zu ihrem Funktionieren mit sich. Organismen nehmen wir mit bloßem Auge war, wenn sie aus hinreichend vielen Zellen aufgebaut sind – sei es Moos, Fliege, Fliegenpilz, Tannenbaum oder Mensch. Bei letzterem besteht der Körper aus rund 100.000.000.000.000 Zellen (Einhunderttausend Milliarden). Um einzellige Lebensformen wie Bakterien oder Hefezellen zu sehen, brauchen wir in der Regel ein Mikroskop.

Weil alle Formen des Lebens, egal ob mehrzellig oder einzellig, nur aus der Teilung von Zellen hervorgehen können, sind sie ganz notwendig an die Speicherung und Weitergabe der Information über ihr Funktionieren gebunden – wir sprechen von der **Erbinformation**. Die komplette Erbinformation ist in jeder Zelle eines Individuums gleichermaßen vorhanden, in der Wurzelzelle einer Rose ebenso wie in ihren Blütenblättern, in der Leberzelle eines Menschen ebenso wie in seiner Haarwurzel.

Nicht nur jede biologische **Art**, jede **Spezies**, ist in ihrer Erbinformation einzigartig, sondern sogar jedes Individuum: Eine Rose ist nicht wie die andere, ein Mensch nicht wie der andere. Aber es gibt Ausnahmen: Ihr eineiiger Zwilling ist in seiner Erbinformation mit Ihnen identisch, also Ihr **Klon**. Der Ableger, den Sie von der Kübelpflanze Ihres Nachbarn bekommen ist ebenso ein Klon und bleibt in seiner Erbinformation zeitlebens zur „Mutterpflanze" identisch. Auf der individuellen Einzigartigkeit basieren forensische Analysen: Wer winzige Zellreste von Haut, Haar, Speichel, Blut oder anderen Körperflüssigkeiten an einem Tatort hinterlässt, muss damit rechnen, durch die Unverwechselbarkeit seiner Erbinformation eindeutig als Täter entlarvt zu werden.

Die Biologie ist allerdings eine Wissenschaft der Grauzonen und Ausnahmen, und es ist nützlich und erforderlich, diese auch immer im Auge zu behalten: Rote Blutkörperchen beispielsweise sind zwar funktionierende Zellen, wenn auch mit nur kurzer Lebenszeit, sie haben aber keine Erbinformation mehr. Sie können sich nicht teilen und müssen aus den **Stammzellen** im Knochenmark immer neu gebildet werden. **Viren** wiederum haben zwar Erbinformation, aber sie leben nicht, denn sie brauchen immer lebende Zellen, um ihre Erbinformation und ihre Hülle zu vermehren. Die Zellen unseres Immunsystems schließlich sind in ihrer Erbinformation nicht völlig identisch mit anderen Körperzellen, ihre Erbinformation ist etwas umgestaltet (rekombiniert).

Nicht zuletzt die molekulare Phylogenetik, also die Aufschlüsselung der Stammesgeschichte mittels molekularer Daten, hat klar gezeigt, dass das Leben auf der Erde in drei große **Domänen** fällt. Die Erbinformation ist bei allen Organismen, die aus vielen Zellen bestehen und auch in vielen Einzellern, den **Protisten**, in einem spezifischen, membranumhüllten **Kompartiment** der Zellen, dem **Zellkern** oder **Nukleus**, verpackt. Diese große Gruppe ist die Domäne der **Eukaryonten** (Eukaryota). Zu ihnen gehören alle Tiere, Pilze und Pflanzen, aber beispielsweise auch die Hefen, die Amöben und die Erreger der Schlafkrankheit (Trypanosomen) oder der Malaria (Plasmodien). Ihnen gegenüber stehen viel einfacher gebaute, kleinere Zellen ohne Zellkern, die **Prokaryonten**. Die Prokaryonten wiederum zerfallen ganz unzweifelhaft in *zwei* sehr alte Gruppen, eben die anderen beiden Domänen des Lebens: die „echten" (Eu-)Bakterien und **Cyanobakterien** einerseits (**Bacteria**) und die **Archaea** (Archaebakterien) andererseits. Die letztgenannte Gruppe wurde durch die Arbeiten von Carl **Woese** identifiziert und Wissenschaftler wie

Karl Otto **Stetter** haben sich um die Beschreibung und Charakterisierung vieler Archaea verdient gemacht. Zu den Archaea gehören viele Organismen, die an den unwirtlichsten Orten dieses Planeten, wie den heißen Quellen des Yellowstone-Nationalparks oder submarinen Vulkanen, bei extremen Temperaturen, Drücken, pH-Werten oder Salzkonzentrationen existieren.

Das Leben auf der Erde ist etwa 3,5 Milliarden Jahre alt, aber noch ist nicht klar, wie die Verwandtschaftsverhältnisse zwischen den drei großen Domänen des Lebens (Eukaryonten, Eubakterien und Archaea) tatsächlich sind. Einigen Ideen liegt die Annahme zugrunde, dass die Eukaryontenzelle als Hybrid aus der Verschmelzung eines Eubakteriums und eines Archaebakteriums hervorgegangen ist.

Die Gesamtheit der Erbinformation eines Organismus nennen wir sein **Genom**. Die Erkenntnisse der klassischen **Genetik** über die Vererbung von Merkmalen sind zwar sehr wesentlich – für unser Buch von mindestens ebenso großer Bedeutung sind aber vor allem die Erkenntnisse der **Molekularbiologie**. Nicht nur einzelne Gene sondern ganze Genome sind durch die Fortschritte der Molekularbiologie greifbar geworden. Der Begriff des **Gens** hat seit seiner Einführung im Laufe des 20. Jahrhunderts mit den Erkenntnissen der Molekularbiologie notwendigerweise einen gewissen Definitionswandel durchgemacht. Aus der zunächst nur theoretisch postulierten genetischen Einheit, die eine Merkmalsausprägung bewirkt, ist mit den Erkenntnissen der Molekularbiologie ein klar definiertes und gut verstandenes chemisches Molekül geworden: Ein Gen ist ein Stück des großen **DNA**-Moleküls, der **Desoxyribonukleinsäure**, die in allen Zellen als chemischer Speicher unserer Erbinformationen dient (Abb. 1.1 auf der nächsten Seite). Ein Gen ist nun eindeutig charakterisiert durch die spezifische Abfolge von vier chemischen Bausteinen der DNA, den vier **Nukleotiden Adenosin**, **Cytidin**, **Guanosin** und **Thymidin** (Abb. 1.1). Diese Baukastenchemie eint alles Leben auf der Erde und mit der Abfolge dieser Nukleotide, der so genannten **Nukleotidsequenz**, ist ein Gen eindeutig beschrieben. Die räumliche Gestalt des Riesenmoleküls DNA, die berühmte **Doppelhelix**, ist 1953 in der bahnbrechenden Arbeit von James **Watson** und Francis **Crick** publiziert worden. Selten hat Grundlagenforschung so weit reichende Auswirkungen gehabt. In diesem Fall hat sie die **Molekularbiologie** als eigenes Forschungsfeld begründet. Heute wissen wir, dass etwas mehr als drei Milliarden Basenpaare (3 GBp. = 3000 MBp, Tab. 1.3 auf Seite 18) in der DNA des Menschen unser Genom ausmachen. Mit den bekannten Dimensionen der DNA (Abb. 1.1) lässt sich errechnen, dass die gesamte ausgestreckte DNA des Menschen etwas länger als einen Meter wäre.

Die 5′-3′-Orientierung der Nukleotidstränge im Makromolekül DNA und auch in der RNA, der wir uns im Folgenden widmen, ist von allergrößter Bedeutung. Nukleinsäuren werden immer von 5′ nach 3′ synthetisiert. Dies liegt in der Biochemie begründet: Die freien Nukleotidbausteine liegen in der Zelle als Triphosphate vor, die an die 5′-OH-Gruppe der Pentosen verestert sind (Abb. 1.1 auf der nächsten Seite): ATP, CTP, GTP und UTP für die RNA- und dATP, dCTP, dGTP und dTTP für die DNA-Synthese. Zwei der drei energiereichen Phosphatreste werden beim Einbau abgespalten, das zuckerständige dritte geht bei Verlängerung der Ketten die neue Bindung an die freie 3′-OH-Gruppe der zuvor eingebauten Ribose ein.

Natürlich gingen andere wichtige Beobachtungen dem DNA-Modell von Watson und Crick voraus. Die von Erwin **Chargaff** gefundene Äquimolarität von Adenosin und Thy-

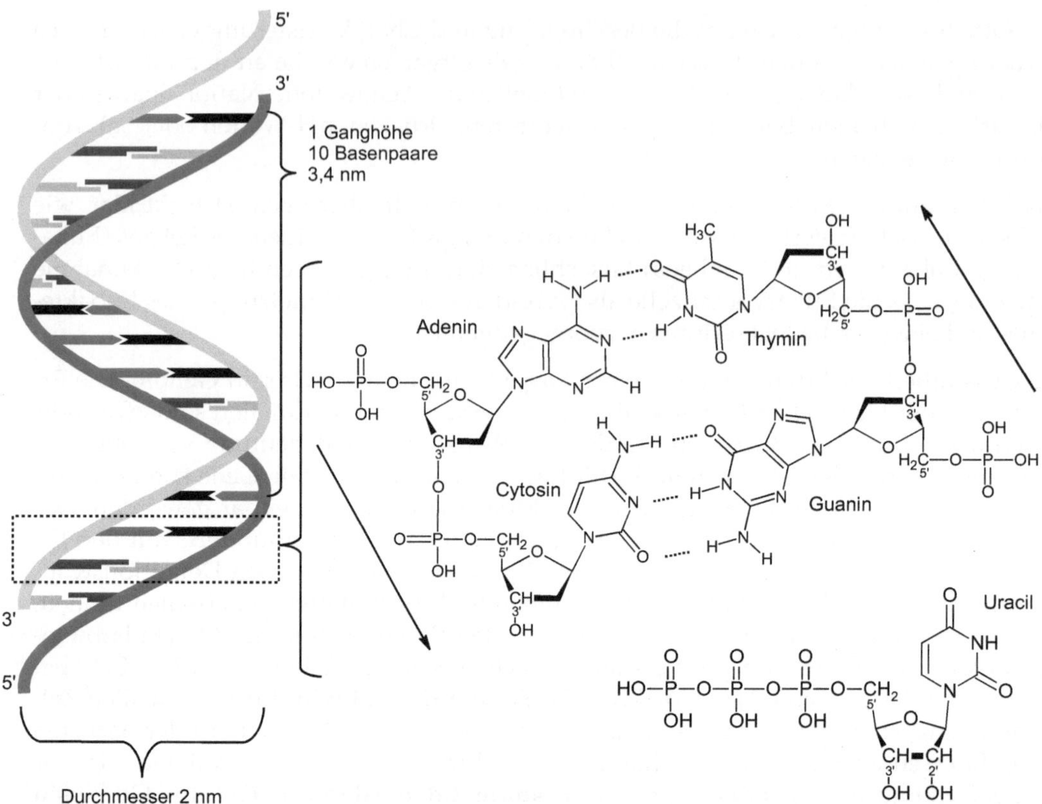

Abbildung 1.1 Die **Desoxyribonukleinsäure (DNA)** ist das Erbmaterial in allen lebenden Zellen. Sie hat die Struktur einer Doppelhelix. Das Rückgrat der zwei antiparallelen Molekülstränge ist eine Kette aus Desoxyribosemolekülen (Pentosezuckern), die jeweils an den 5'- und 3'-Positionen ihrer Ringstruktur über Phosphodiesterbindungen miteinander verknüpft sind. Am Kohlenstoffatom 1 der Desoxyribose ist immer eine der vier Nukleotidbasen **Adenin** (A), **Cytosin** (C), **Guanin** (G) oder **Thymin** (T) verknüpft. Diese Basen sind nach innen angeordnet, wobei immer nur A und T mit zwei oder C und G mit drei Wasserstoffbrückenbindungen zur Paarung kommen. Diese spezifischen Basenpaarungen sind das Geheimnis sowohl hinter der Weitergabe der Erbinformation über Generationen hinweg in der **Replikation** wie auch hinter dem Fluss der genetischen Information in der Zelle über die Ribonukleinsäure **RNA** in die Proteine. Auch sehr viele, grundlegende Methoden der Molekularbiologie und Gentechnik wie PCR, DNA-Sequenzierung oder die Hybridisierung von Blots oder Arrays mit Sonden basieren auf der spezifischen, komplementären Paarung von Nukleotidsträngen. RNA unterscheidet sich von DNA chemisch in der Pentose des Zucker-Phosphat-Rückgrats: Die Ribose in der RNA hat gegenüber der Desoxyribose in der DNA eine zusätzliche Hydroxyfunktion (OH-Gruppe) in der 2'-Position. Außerdem wird die Nukleotidbase Thymin in der DNA in der RNA durch Uracil ersetzt. Das resultierende Nukleotid Uridintriphosphat ist unten rechts in der Abbildung dargestellt. Die Kettenverlängerung in der **Replikation** oder der **Transkription** erfolgt immer in der 5'-3'-Orientierung durch Knüpfen einer neuen Phosphodiesterbindung an eine freie 3'-OH-Gruppe unter Abspaltung eines Diphosphates.

midin und Guanosin und Cytidin in der DNA und vor allem die Daten von Rosalind **Franklin** aus der Röntgenstrukturanalyse von DNA hatten hier ganz fundamentale Bedeutung. Eine kurze Geschichte der wichtigen Entdeckungen, die die Molekularbiologie begründet haben, gibt Tabelle 1.1 auf der nächsten Seite.

In unnachahmlichem britischen Understatement beschreibt der letzte Satz der Publikation von Watson und Crick aus dem Jahre 1953, wie sich aus den komplementären Basenpaarungen in der DNA sofort ein Mechanismus für die Weitergabe von Zelle zu Zelle über Generationen ableitet. Wie ein Reißverschluss öffnet sich hierzu der DNA-Doppelstrang und zu jedem Einzelstrang wird sein spiegelbildliches Gegenstück neu aus den vier chemischen Nukleotidbausteinen hergestellt. Der Mechanismus der DNA-Verdoppelung, der sicherstellt, dass zwei Tochterzellen wieder mit den identischen Erbinformationen ausgestattet werden, heißt **Replikation**. Er ist fast perfekt. Wäre er ganz perfekt, würden wir nicht existieren, seine Fehlerrate ist Grundlage der Evolution. Die sehr seltenen Fehler in diesem Mechanismus sind es, die die Vielfalt des Lebens, wie wir es kennen, möglich machen. In diesem Mechanismus sind Vererbung, Veränderung, Ähnlichkeit und Unterschied, Innovation und Erbkrankheit begründet. Von den kleinen und größeren Veränderungen in den Nukleotidsequenzen der DNA und was wir mit den Methoden der Molekularen Phylogenetik daraus lernen können, handelt dieses Buch.

Tabelle 1.1 Historische **Meilensteine** der Genetik und Molekularbiologie

1869	isoliert Johannes F. **Miescher** (*13.08.1844, †26.08.1895) im Labor von Felix **Hoppe-Seyler** (*26.12.1825, †10.08.1895), einem der wegweisenden Begründer der Biochemie, erstmalig **Desoxyribonukleinsäure (DNA)** aus Kernen von Leukozyten im Eiter. Er nennt die Substanz zunächst Nuklein.
1882	publiziert Walther **Flemming** (*21.04.1843, †04.08.1905) sein Buch „Zellsubstanz, Kern und Zelltheilung“. Er prägt die Begriffe Chromatin und **Mitose** und begründet die Cytogenetik.
1900 ff.	Die Mendelschen Regeln, die 1865 von Johann Gregor **Mendel** (*20.07.1822, †06.01.1884) durch Kreuzungsversuche an Erbsen aufgestellt wurden, werden 35 Jahre später durch Carl **Correns** (*19.09.1864, †14.02.1933), Hugo **de Vries** (*16.02.1848, †21.05.1935) und Erich **Tschermak** von Seysenegg (*15.11.1871, †11.10.1962) wieder entdeckt. Die Chromosomentheorie der Vererbung geht etwa
1902	auf die Beobachtungen von Theodor **Boveri** (*12.10.1862, †15.10.1915) an Chromosomen seit 1887 und auf Walter **Sutton** (*05.04.1877, †10.03.1916) zurück. Zwischen den Erkenntnissen der Vererbungslehre und den mikroskopischen Beobachtungen der Zellbiologie wird so eine Verbindung hergestellt.
1909	definiert Wilhelm **Johannsen** (*03.02.1857, †11.11.1927) die Begriffe **Gen**, **Genotyp** und **Phänotyp**. Nach
1909	beschreibt Phoebus A. Levene (*25.02.1869, +06.09.1940) die Ribose als Komponente der RNA und 20 Jahre später die Desoxyribose als Bestandteil der DNA, ebenso klärt er die chemische Struktur der Nukleotidbasen auf. Seine Annahme von einem „Tetranukleotid“ aus den vier verschiedenen Nukleotiden stellt sich mit dem DNA-Modell von 1953 allerdings endgültig als falsch heraus.
1910	kann Thomas H. **Morgan** (*25.09.1866, †05.12.1945) an der Fruchtfliege *Drosophila*, die er als Modellorganismus in die Genetik einführt, die Korrelation zwischen einem Merkmal und einem chromosomalen Genort festmachen. Augenfarbe und Geschlecht stellten sich als chromosomal gekoppelt heraus. Sein Labor beeinflusst ganz stark die Genetik für die erste Hälfte des 20. Jahrhunderts. So trägt sein Schüler Alfred **Sturtevant** (*21.11.1891, †05.04.1970) die wichtigen Erkenntnisse über die Kopplung von Genen auf einem Chromosom bei. Diese Kopplung von Anlagen bei der Vererbung wird umso leichter durch das ***Crossing over*** von homologen Chromatiden in der ersten Reifeteilung der Meiose unterbrochen, je weiter die Gene auf dem Chromosom voneinander entfernt sind. Der prozentuale Anteil durch *Crossing over* getrennter Genorte wird später mit cM für **Centi-**

morgan bezeichnet. Zufälligerweise waren übrigens keine zwei der sieben von Mendel an Erbsen untersuchten Merkmale eng gekoppelt. Ein anderer Schüler Morgans, Hermann **Muller** (21.12.1890, †05.04.1967) zeigte

1927 die mutagene Auswirkung von energiereicher Strahlung.

1928 definiert Frederick **Griffith** (*1877, †1941) das *transformierende Prinzip* an seinem legendären Experiment mit zwei Pneumokokken-Stämmen an Mäusen. In den

1940er Jahren gruppiert sich um Max **Delbrück** (*04.09.1906, †09.03.1981) und Salvador E. **Luria** (*13.08.1912, †06.02.1991) die *Phage Group* von Wissenschaftlern, die mit den Untersuchungen an T-Bakteriophagen die Molekulargenetik der Bakterien und Bakteriophagen etablieren.

1941 haben George Wells **Beadle** (*22.10.1903, †09.06.1989) und Edward L. **Tatum** (*14.12.1909, †05.11.1975) den Schimmelpilz *Neurospora crassa* als Modellorganismus etabliert und eine Reihe von Mutanten hergestellt, die auf Mangelmedien nicht mehr wachsen können. Das komplette Genom von *Neurospora crassa* von 43 MBp mit etwa 10.000 Genen wird im Jahr 2003 vorgestellt. Die Ergebnisse von Beadle und Tatum begründen die **Ein-Gen-ein-Enzym-Hypothese**. Im Prinzip wurde diese Idee allerdings bereits zu Beginn des Jahrhunderts von Archibald **Garrod** (*25.11.1857, †28.03.1936) durch seine Beobachtungen der menschlichen Erbkrankheit Alkaptonurie begründet, blieb aber fast unbeachtet.

1944 zeigen Oswald T. **Avery** (*21.10.1877, †02.02.1955), Maclyn **McCarty** (*09.06.1911, †02.01.2005) und Colin **MacLeod** (*28.01.1909, †11.02.1972), dass DNA und nicht Proteine das „transformierende Prinzip" sind, mit dem phänotypische Eigenschaften von Pneumokokken-Stämmen übertragen werden und widersprechen damit der Vorstellung der meisten Wissenschaftler, dass nur die chemisch komplexeren Proteine, keinesfalls die DNA, Träger der Erbinformation sein können. Erwin Schrödinger (*12.08.1887, †04.01.1961) publiziert sein wegweisendes Buch „What is life?", das neben anderen auch James Watson zu seinen Arbeiten an DNA inspirierte

1952 machen Alfred D. **Hershey** (*04.12.1908, †22.05.1997) und Martha **Chase** (*1928, †08.08.2003) das legendäre Waring-Blendor-Experiment: Radioaktiv markierte DNA, aber nicht radioaktiv markierte Proteine dringen nach Anheftung von Bakteriophagen in Bakterienzellen ein und verursachen die Infektion.

1953 publizieren James D. **Watson** und Francis H. C. **Crick** (*08.06.1916, †28.07.2004) das Modell der DNA-Doppelhelix mit zwei antiparallelen Strängen der Desoxyribonukleinsäure, das sich als richtig herausstellt. Ihr Modell der Basenpaarungen basiert wesentlich auf den Nukleotid-Stöchiometrien (A=T und G=C), die Erwin **Chargaff** (*11.08.1905, †20.06.2002) gefunden hatte und auf den Daten der Röntgenstrukturanalyse von Rosalind E. **Franklin** (*25.07.1920, †16.04.1958) und Maurice H. F. **Wilkins** (*15.12.1916, †05.10.2004). Joshua **Lederberg** (*23.05.1925, †02.02.2008) prägt den Begriff **Plasmid** für autonom replizierende DNA in Bakterien. Frederick **Sanger** und Kollegen bestimmen die ersten kompletten Aminosäuresequenzen eines Proteins, von Insulin.

1954 zeigen Paul C. **Zamecnik** und Kollegen, dass Ribonukleotidpartikel die Orte der **Proteinbiosynthese** in der Zelle sind, die damals noch Mikrosomen, später **Ribosomen** genannt werden.

1955 isolieren Paul Zamecnik und Mahlon **Hoagland** die **tRNA** – das Adaptormolekül der Proteinbiosynthese, das von Francis Crick rein theoretisch postuliert war. Im Labor von Severo **Ochoa** (*24.09.1905, †01.11.1993) wird die erste RNA-Polymerase isoliert.

1956 machen Elliot **Volkin** und Lazarus **Astrachan** (*1925, †27.07.2003) ein Experiment mit Bakteriophagen, mit dem sie die **messenger RNA** (**mRNA**) identifizieren, nennen sie aber noch *„DNA-like RNA"*. Die Implikationen ihres Experiments werden nicht gewürdigt und in ihrer Tragweite zur Entschlüsselung der Prinzipien der Proteinbiosynthese erst 1960 beim berühmten „Karfreitagstreffen" von Francis Crick, Sidney Brenner und Jacques Monod erkannt. Arthur **Kornberg** (*03.03.1918, †26.10.2007) und Kollegen isolieren die DNA-Polymerase.

1958 liefern Matthew Stanley **Meselson** und Franklin **Stahl** den experimentellen Beleg für die semikonservative Replikation der DNA, die sich aus dem Modell von Watson und Crick so elegant ergeben hatte und in deren Publikation von 1953 bereits angedeutet wurde.

1960 entwickeln Arthur **Pardee**, François **Jacob** und Jacques L. **Monod** (*09.02.1910, †31.05.1976) mit dem nach ihnen benannten PaJaMo-Experiment das Konzept der **messenger RNA** (**mRNA**) als kurzlebigem Boten, der als Genkopie die genetische Information trägt. Jacob und Monod entwickeln in der Folgezeit das wegweisende **Operon**-Modell zur Regulation von Genaktivität in Bakterien. Aus verschiedenen Arbeiten von Francis Crick, Sydney **Brenner**, Seymour **Benzer** (*15.10.1921, †30.11.2007), Leslie **Barnett** und George **Gamow** (*04.03.1904, †19.08.1968) wird die Kolinearität zwischen Gen und Protein, und der nicht überlappende Code aus Triplett-Codons klar.

1961 belegen Sydney Brenner, Francois Jacob und Matthew Meselson die Existenz der mRNA als kurzlebigem Informationsüberträger experimentell. Marshall W. **Nirenberg** und Heinrich **Matthaei** identifizieren die Identität des ersten Codons: Das Triplett UUU codiert für die Aminosäure Phenylalanin.

1966 ist der genetische Code (Abb. 1.2 auf Seite 10) auch durch weitere Arbeiten der Labore von Nirenberg, Crick sowie Har Gobind **Khorana** und Robert W. **Holley** (28.01.1922, †11.02.1993) vollständig entschlüsselt. Holley, Khorana und Nirenberg erhalten hierfür den Nobelpreis 1969. Walter **Gilbert** und Benno **Müller-Hill** gelingt mit der Isolierung des **Lac-Repressors** und

1967 Mark **Ptashne** mit der Isolierung des Lambda-Phagen-Repressors der klare Nachweis zur Regulierung der Genaktivität durch DNA-bindende Proteine.

1970 werden von Hamilton O. **Smith**, Kenneth W. **Wilcox**, Werner **Arber** und Daniel **Nathans** (*30.10.1928, †16.11.1999) die ersten **Restriktionsenzyme**, also sequenzspezifische DNA-Endonukleasen, aus *Haemophilus influenzae* isoliert.

1970 entdecken Howard **Temin** (*10.12.1934, †09.02.1994), Renato Dulbecco und David **Baltimore** unabhängig die Reverse Transkriptase aus Retroviren, die RNA in DNA verwandelt und in der Folgezeit als sehr nützliches Enzym für die Molekularbiologie zur Synthese von cDNA ganz fundamentale Bedeutung erlangt.

1973 gelingt Herbert **Boyer** und Stanley N. **Cohen** die erste genetische Transformation mit rekombinierter DNA: Plasmidsequenzen waren zuvor im Reagenzglas *in vitro* neu miteinander kombiniert worden. Herbert Boyer gründet bereits 1976 mit Robert Swanson „*Genentech*, Inc.“, das erste gentechnologische Unternehmen, und bereits 1978 gelingt erstmalig mit einem gentechnischen Ansatz die Herstellung eines Proteins: Insulin, das bereits vier Jahre später auf den Markt kommt.

1974 beschreiben Jeff **Schell** (*20.07.1935, †17.04.2003), Marc Van Montagu und Kollegen in Europa und Mary-Dell Chilton in den USA das tumorinduzierende Ti-Plasmid aus *Agrobacterium tumefaciens* als Ursache der pflanzlichen Wurzelhalsgallen.

1975 findet in Asilomar, Kalifornien, bereits eine Konferenz der führenden Wissenschaftler zu Sicherheitsaspekten der neuen Gentechnologie statt. Edward **Southern** beschreibt die später nach ihm benannte Technik des *Southern Blot*, den Transfer von DNA aus einem Agarosegel auf eine Membran nach erfolgter Elektrophorese. Gefolgt von einer Hybridisierung mit radioaktiv markierten DNA-Sonden können aufgrund spezifischer Basenpaarung ähnliche Sequenzen nachgewiesen werden.

1976 zeigt Susumu **Tonegawa**, dass die Reifung von Genen für Immunoglobuline mit einer somatischen Rekombination der DNA einhergeht. Sidney **Altman** und Thomas **Cech** weisen mit ihren Arbeiten an der RNAse P und einem selbst-spleißenden, autokatalytischen Gruppe I-Intron aus dem Ciliaten *Tetrahymena* unabhängig nach, dass RNA neben seiner Aufgabe als Informationsträger auch katalytische Wirkung haben kann. In der Folgezeit wird von **Ribozymen** gesprochen. Mit diesen Arbeiten wurden erstmals Daten zur Stützung von Spekulationen über eine RNA-Welt (*RNA World*) zu Beginn des Lebens gefunden.

1977 publizieren Frederick **Sanger** und Kollegen die komplette Sequenz von 5386 Nukleotiden des Phagen PhiX174. Die zugrunde liegende Didesoxymethode der DNA-Sequenzierung setzt einen Meilenstein in der Entwicklung molekularbiologischer Technik und wird bis heute prinzipiell unverändert genutzt (Abschnitt 1.7.3 auf Seite 37). Sanger erhält 1980 den Nobelpreis gemeinsam mit Walter Gilbert, der gemeinsam mit Allan Maxam eine alternative chemische Methode der DNA-Sequenzierung etabliert hatte.

1977 entdecken die Arbeitsgruppen um Phillip Allen **Sharp** und Richard **Roberts** die Mosaikstruktur eukaryontischer Gene: Codierende Abschnitte, die Exons, sind von Introns unterbrochen.

1980 etablieren David **Botstein** und Kollegen die **RFLP**-Technik (*Restriction Fragment Length Polymorphisms*), um genetische Unterschiede zwischen Individuen nachzuweisen und um aus solchen Unterschieden genetische Karten zu konstruieren.

1981 stellen Anderson und Kollegen die komplette Sequenz der menschlichen mitochondrialen DNA vor. Erstmalig gelingt es zwei Laboren, transgene Mäuse, die ersten gentechnisch veränderten Tiere, herzustellen.

1982 publizieren Frederick Sanger und Kollegen das komplette Genom des Bakteriophagen Lambda, das über Shotgun-Klonierung erhalten worden war. Stanley B. **Prusiner** stellt das Konzept der **Prions** vor, der *„proteinaceous infectious particles"*, das sehr lange in der Fachwelt angezweifelt wird. Inzwischen ist klar, dass infektiöse Proteinpartikel völlig frei von Nukleinsäuren die Erreger von übertragbaren, neurodegenerativen Krankheiten sein können, den so genannten spongiformen Encephalopathien wie z.B. Scrapie, Kuru oder BSE, die Bovine Spongiforme Encephalopathie (*Mad Cow Disease*).

1983 berichten vier Forschergruppen aus Belgien und den USA über die unabhängig geglückte stabile Transformation von Pflanzen mittels des *Agrobacterium tumefaciens* Ti-Plasmids, das neun Jahre zuvor als transformierendes Prinzip identifiziert worden war.

1983 erfindet Kary Banks **Mullis** die **PCR**, die *Polymerase Chain Reaction* – eine ganz ungeheure methodische Revolution in der Molekularbiologie.

1993 kommt die *FlavrSavr* Tomate als erste transgene Pflanze auf den Markt. Dem Produkt ist kein anhaltender Erfolg beschieden, ganz im Gegensatz zu den ab

1995 in seither steigendem Maß angebauten RoundupReady-Pflanzen. Diese transgenen Pflanzen (zunächst vor allem Soja) sind gegen das Herbizid Glyphosat resistent, das bereits seit 1974 unter dem Handelsnamen Roundup in der Landwirtschaft eingesetzt worden ist. Von TIGR (*The Institute of Genomic Research*, gegründet von Craig **Venter**) wird das erste Genom eines frei lebenden Organismus, nämlich des Bakteriums *Haemophilus influenzae*, komplett sequenziert (der gleiche Organismus also, mit dem 25 Jahre zuvor durch die Isolierung der ersten Restriktionsendonuklease bereits ein erster Meilenstein gesetzt worden war). Das *Haemophilus*-Genom enthält 1.830.137 Basenpaare. Noch im gleichen Jahr wird, ebenfalls von TIGR, das bisher kleinste Genom eines Eubakteriums komplett sequenziert, die 580.000 Bp lange DNA von *Mycoplasma genitalium*.

1996 publiziert ein großes internationales Konsortium die erste komplette Sequenz eines eukaryontischen Genoms, das 12,1 MBp große Genom der Bäckerhefe *Saccharomyces cerevisiae* mit etwa 6000 Genen.

1997 wird das 4,6 MBp große Genom des Bakteriums *Escherichia coli*, des Standardorganismus für molekulare Klonierungen schlechthin, veröffentlicht.

1998 publiziert ein großes internationales Konsortium das Genom des Fadenwurms *Caenorhabditis elegans* (100 MBp). Andrew Z. Fire und Craig C. Mello publizieren ihre Arbeiten an *Caenorhabditis* über kleine, gegensinnige RNA-Moleküle, die ganz wichtige Rollen bei Regulierung von Genaktivitäten haben. Das Phänomen der so genannten „RNA-Interferenz (RNAi)" stellt sich als in höheren Organismen weit verbreitet heraus und erklärt einige bis dato gemachte merkwürdige Beobachtungen. Mit den Forschungen an miRNAs, siRNAs und piRNAs (Abschnitt 1.6.6 auf Seite 31) eröffnet sich ein riesiges neues Forschungsfeld in der Molekularbiologie mit vielfältigen Anwendungsmöglichkeiten in Grundlagenforschung und Medizin.

1999 publiziert ein großes internationales Konsortium das Genom der ersten Blütenpflanze, der Ackerschmalwand *Arabidopsis thaliana* (120 MBp).

2000 publiziert ein großes internationales Konsortium das Genom der Fruchtfliege *Drosophila melanogaster* (120 MBp).

2000 wird die Verfügbarkeit einer Rohfassung des kompletten menschlichen Genoms gefeiert, um dessen Sequenzierung es einen Wettlauf zwischen dem öffentlich geförderten *Human Genome Project* (HUGO) und der 1998 wiederum unter Beteiligung von Craig Venter gegründeten Firma *Celera Genomics* gegeben hatte.

2002 wird das Genom von Reis (*Oryza sativa*, 500 MBp) fertig sequenziert.

2004 wird das menschliche Genom erneut in einer korrigierten Endfassung mit nur noch ganz wenigen Lücken um die *Centromere* und *Telomere* der Chromosomen publiziert.

2005 wird mit dem von Jonathan **Rothberg** entwickelten 454 Life Science Sequencer eine neue, hochparallele Methode auf Basis der Pyrosequenzierung (Abschnitt 1.7.3 auf Seite 39) marktreif, um DNA viel schneller und kostengünstiger zu sequenzieren als zuvor mit dem Didesoxyverfahren. Das 10 Jahre zuvor sequenzierte Genom von *Mycoplasma genitalium* wird mit einem einzigen Maschinenlauf neu ermittelt.

2008 ist unter Verwendung des Pyrosequenzierungsverfahren innerhalb von 2 Monaten für etwa eine Million Dollar das komplette Genom von James D. Watson ermittelt, der 55 Jahre zuvor mit der Erkenntnis der komplementären Basenpaarungen eine Schlüsselentdeckung für den Bau des DNA-Modells gemeinsam mit Francis Crick gemacht hatte.

1.2 Der genetische Code

Die Sprache der Gene war Mitte der 1960er Jahre verstanden (Tab. 1.1 ab Seite 5). Mit der Entschlüsselung des genetischen Codes war gleichsam der Rosetta-Stein der Molekularbiologie gefunden. Die allermeisten Gene speichern die Information für **Proteine**, die Funktionsträger in der Zelle. Ein Protein ist wie die DNA ebenfalls eine Sequenz aus chemischen Bausteinen, den **Aminosäuren**. Das Alphabet der Proteine hat allerdings mehr Buchstaben als das der DNA: Den vier Nukleotiden der DNA stehen 20 verschiedene Aminosäuren gegenüber, die in allen Lebensformen auf diesem Planeten in die Herstellung von Proteinen eingehen. Proteine erfüllen sehr verschiedene Aufgaben in der Zelle. Diverse Funktionen kann man leicht unterscheiden: Als Enzyme katalysieren sie chemische Reaktionen (z.B. als Amylase die Stärkespaltung). Als Strukturproteine geben sie Zellen und Organen ihre Gestalt (z.B. das Keratin oder das Aktin). Als Signalmoleküle oder Hormone übertragen sie Informationen in oder zwischen Zellen (z.B. Somatotropin). Als Transportproteine bewegen sie Substanzen in oder zwischen Zellen (z.B. Hämoglobin oder Ferritin). Als Membranproteine übertragen sie Signale zwischen Zellen oder vermitteln den Stofftransport. Als Antikörper des Immunsystems (Immunglobuline) bekämpfen sie eingedrungene Fremdsubstanzen.

Der genetische Code (Abb. 1.2 auf der nächsten Seite) liefert die Erklärung, wie der Informationsfluss von der DNA in die Proteine abläuft. Immer drei Nukleotide tragen die Information für eine Aminosäure. Fast erwartungsgemäß, denn zwei würden nicht ausreichen, weil mit Dupletts aus zwei Nukleotiden (AA, AC, ..., TG, TT) nur 16 verschiedene Aminosäuren codiert werden könnten, mit Tripletts jedoch 64 – mehr als genug für die 20 Aminosäuren. Der genetische Code funktioniert ohne Kommata und Leerzeichen. Nur das Dreierraster, das so genannte **Leseraster** (engl. *reading frame*), muss unbedingt eingehalten werden.

1. Codonposition	2. Codonposition: T		C		A		G		3. Codonposition
T	TTT	Phenylalanin: F	TCT	Serin: S	TAT	Tyrosin : Y	TGT	Cystein: C	T
	TTC	Phenylalanin: F	TCC	Serin: S	TAC	Tyrosin : Y	TGC	Cystein: C	C
	TTA	Leucin: L	TCA	Serin: S	TAA	STOP	TGA	STOP	A
	TTG	Leucin: L	TCG	Serin: S	TAG	STOP	TGG	**Tryptophan: W**	G
C	CTT	Leucin: L	CCT	Prolin: P	CAT	Histidin: H	CGT	Arginin: R	T
	CTC	Leucin: L	CCC	Prolin: P	CAC	Histidin: H	CGC	Arginin: R	C
	CTA	Leucin: L	CCA	Prolin: P	CAA	Glutamin: Q	CGA	Arginin: R	A
	CTG	Leucin: L	CCG	Prolin: P	CAG	Glutamin: Q	CGG	Arginin: R	G
A	ATT	Isoleucin: I	ACT	Threonin: T	AAT	Asparagin: N	AGT	Serin: S	T
	ATC	Isoleucin: I	ACC	Threonin: T	AAC	Asparagin: N	AGC	Serin: S	C
	ATA	Isoleucin: I	ACA	Threonin: T	AAA	Lysin: K	AGA	Arginin: R	A
	ATG	**Methionin: M**	ACG	Threonin: T	AAG	Lysin: K	AGG	Arginin: R	G
G	GTT	Valin: V	GCT	Alanin: A	GAT	Aspartat: D	GGT	Glycin: G	T
	GTC	Valin: V	GCC	Alanin: A	GAC	Aspartat: D	GGC	Glycin: G	C
	GTA	Valin: V	GCA	Alanin: A	GAA	Glutamat: E	GGA	Glycin: G	A
	GTG	Valin: V	GCG	Alanin: A	GAG	Glutamat: E	GGG	Glycin: G	G

Abbildung 1.2 Der **universelle genetische Code**. Zu jedem **Codon**, einem **Triplett** von drei Basen in der DNA, sind die zugehörige **Aminosäure** und ihr Ein-Buchstaben-Code angegeben. Die fünf **Codonfamilien** mit je vier Alternativen (A,G,P,T,V) sind leicht grau, die neun Codonfamilien mit je zwei Alternativen (C,D,E,F,H,K,N,Q,Y) mittelgrau und die beiden ein-eindeutigen Codons (M,W) dunkelgrau schattiert hervorgehoben. Je sechs Codons codieren für Arginin, Leucin oder Serin (R,L,S) und je drei sind Stopcodons oder codieren für Isoleucin (I). In den RNA-Kopien der Gene wird aus Thymidin Uridin und so kann die Codontabelle auch mit U statt T geschrieben werden.

Die Nukleotidsequenz

```
ATGGCAAGGTGCTGGTTGACCATGATTTGA
```

legt durch den genetischen Code zwingend die Aminosäuresequenz

```
MARCWLTMI*(STOP)
```

(Methionin-Alanin-Arginin-Cystein-Tryptophan-Leucin-Threonin-Methionin-Isoleucin)

fest. Für Aminosäuresequenzen hat sich die eindeutige Abkürzung im Ein-Buchstaben-Code eingebürgert (Abb. 1.2). Die drei Stopcodons stehen für das Ende der Proteinübersetzung und werden meist mit dem Sternchen dargestellt. Aus historischen Gründen hatten die drei verschiedenen Stopcodons Namen bekommen: UAG heißt *amber* (Bernstein), UGA heißt *opal*, und UAA ist *ochre* (ocker).

Der genetische Code (Abb. 1.2) ist für dieses Buch von ganz zentraler Bedeutung und wir wollen seinen Besonderheiten einige Aufmerksamkeit schenken. Nur zwei Aminosäuren haben ein ein-eindeutiges Codon: Methionin und Tryptophan. Wenn Methionin in einem Protein auftaucht, muss im Gen ATG gestanden haben, wenn Tryptophan auftaucht TGG. Neun Aminosäuren können jeweils von zwei verschiedenen Codons codiert sein: Phenylalanin, Tyrosin, Cystein, Histidin, Glutamin, Asparagin, Lysin, Aspartat und Glutamat. In allen Fällen ist hier nur die dritte Codonposition die variable und es sind hier entweder **Pyrimidin**-Nukleotide (C oder T) oder **Purin**-Nukleotide (A oder G), die

Tabelle 1.2 Der **IUPAC *Ambiguity Code*** *(International Union of Pure and Applied Chemistry)* für Nukleotidbasen. In Klammern angegeben sind Merkhilfen, die sich aus dem Englischen ergeben.

N	A,C,G oder T	**K**	G oder T (*keto bases*)
R	A oder G (*purine*)	**B**	C, G oder T (*not A*)
Y	C oder T (*pyrimidine*)	**D**	A, G oder T (*not C*)
S	C oder G (*strong interaction*)	**H**	A, C oder T (*not G*)
W	A oder T (*weak interaction*)	**V**	A, C oder G (*not T*)
M	A oder C (*amino bases*)		

dort alternativ auftauchen können. Als Hilfe zur Darstellung und Informationsverarbeitung dient hier der IUPAC *Ambiguity Code* (*International Union of Pure and Applied Chemistry*, Tab. 1.2). Jede mögliche Kombination der vier Nukleotidbasen wird hier mit einem anderen Buchstaben bezeichnet. Die Möglichkeit, alle vier Nukleotide vorzufinden, wird mit N bezeichnet, das Y steht für die Pyrimidine C oder T, das R für die Purine A oder G und so weiter (Tab. 1.2). Wenn eine Nukleotidsequenz besonders reich an den elf *ambiguities*, also Mehrdeutigkeiten, ist, könnte man sie mit einer Aminosäuresequenz verwechseln. Das B des IUPAC Codes taucht unter den 20 Aminosäure-Abkürzungen allerdings nicht auf und andererseits erscheinen die Abkürzungen für die Aminosäuren Glutamat, Phenylalanin, Isoleucin, Leucin, Prolin und Glutamin (E, F, I, L, P und Q) nicht in Nukleotidsequenzen.

Ein Phenylalanin-Codon ist folgerichtig also immer als TTY darstellbar, ein Glutamat-Codon immer mit GAR. Fünf Aminosäuren haben vier mögliche Codons, hier ist die dritte Codonposition völlig egal: Valin (GTN), Alanin (GCN), Glycin (GGN), Threonin (ACN) und Prolin (CCN). In drei Fällen können sechs verschiedene Codons die betreffende Aminosäure codieren: Leucin ist durch CTN oder TTR codiert, Serin durch TCN oder AGY und Arginin durch CGN oder AGR. Damit bleiben noch zwei Sonderfälle in den 64 möglichen Triplettcodes: Die drei möglichen Stopcodons TAR oder TGA und drei Codons für Isoleucin: ATH.

1.3 Die Proteinbiosynthese

Vom Doppelstrang der DNA sind wir für das Betrachten des genetischen Codes stillschweigend auf die Nukleotidsequenz nur eines Stranges übergegangen. Wie genau wird das **Gen** im Zellkern zum Protein, das an irgendeinem ganz andern Ort in der Zelle seine Aufgaben zu verrichten hat? Von einem Gen wird eine Kopie als **RNA** angelegt. Die **Ribonukleinsäure** (RNA) ist der Desoxyribonukleinsäure (DNA) sehr ähnlich. Auch hier gibt es vier Nukleotidbausteine, nur dass an dem Pentosezucker im Rückgrat des RNA-Stranges an der 2′-Position eine Hydroxylgruppe anstelle eines Wasserstoffatoms auftaucht und damit statt der Desoxyribose die Ribose vorliegt (Abb. 1.1). Der zweite Unterschied zwischen DNA und RNA: Eines der Nukleotide trägt in der RNA eine andere Base als in der DNA. Das Thymidin (mit der Base Thymin) ist gegen Uridin (mit der Base Uracil) ausgetauscht (Abb. 1.1), die anderen drei Basen Adenin, Cytosin und Guanin treten genauso in DNA wie auch in RNA auf. Vielfach wird der genetische Code mit U statt T in den Codons geschrieben (Abb. 1.2 auf der vorherigen Seite), aber für den Informationsgehalt des Gens macht das gar keinen Unterschied. Der dritte

Abbildung 1.3 Der Fluss der genetischen Information in der **Proteinbiosynthese**: Entwindung der DNA-Doppelhelix und **Transkription** einer **pre-mRNA** im Nukleus durch eine **RNA-Polymerase**. Die proteincodierenden Regionen sind gegenüber den untranslatierten Regionen (**UTR**) und einem **Intron** in der RNA fett hervorgehoben. Das Spleißdonor (GT) und -akzeptormotiv (AG) des Introns (kursiv) sind unterstrichen. Die **Prozessierung** des Primärtranskripts zur reifen **mRNA** erfolgt auch im Nukleus: *Capping* am 5'-Ende, **Spleißen** von Introns und die **Polyadenylierung** am 3'-Ende. Die **Translation** der reifen mRNA erfolgt nach Export aus dem Nukleus im Cytosol der Zelle an den Ribosomen. Transfer RNAs (tRNAs) transportieren dazu als Adaptormoleküle nach Aminoacylierung die Aminosäuren an das **Ribosom**. Die Kleeblattstruktur einer **tRNA**, die sich aus den Basenpaarungen in der Sekundärstruktur ergibt, ist im Beispiel für eine tRNA für die Aminosäure Phenylalanin (trnF) dargestellt. In tRNAs findet man modifizierte Nukleotidbasen wie das Dihydrouridin (D) oder das Pseudouridin (Ψ), die den betreffenden Schleifen in der Kleeblattstruktur ihren Namen geben. Die Paarung des jeweiligen **Anticodons** einer tRNA mit dem **Codon** der mRNA sorgt für die kolineare Übersetzung von mRNA in eine Proteinsequenz. Auch hier sind die antiparallelen 5'-3'-Orientierungen von mRNA und tRNA zu beachten – die gestrichelte Linie deutet die *Wobble*-Paarung der 3. Codonposition auf der mRNA mit der 1. Anticodonposition der tRNA an. Im Ribosom wird die wachsende Peptidkette schrittweise durch Bildung einer weiteren Peptidbindung von der tRNA in der Peptidyl-Position (P) auf die tRNA in der Entry-Position (E) unter Fortbewegung um ein Triplett übertragen. Die wachsende Polypeptidkette ist unten mit der chemischen Strukturformel dargestellt. Die Ausbildung der nächsten Peptidbindung ist grau unterlegt. In der Proteinbiosynthese sind die endständigen Carboxylfunktionen der wachsenden Peptidkette und der neu hinzuzufügenden Aminosäure (fett) in Wirklichkeit an den 3'-OH Gruppen am Akzeptorende der tRNAs verestert. ►

Unterschied zwischen DNA und RNA betrifft die räumliche Struktur: DNA bildet als Hybrid zweier Nukleotidstränge *intermolekulare* Basenpaarungen aus (Abb. 1.1). Bei vielen RNA-Molekülen hingegen sind, wie wir gleich sehen, oft auch *intramolekulare* Basenpaarungen wichtig, bei denen Regionen desselben RNA-Stranges mit anderen Regionen paaren.

Die Abschrift eines Gens in eine RNA, die während der **Transkription** entsteht (Abb. 1.3), heißt **messenger RNA** (**mRNA**, für engl. *messenger*, Bote). Der scheinbar nur kleine chemische Unterschied einer OH-Gruppe am Pentosezucker (Abb. 1.1 auf Seite 4) hat eine fundamentale Konsequenz: RNA ist gegenüber DNA das viel instabilere Molekül. Die in der DNA so stabil gespeicherte Erbinformation hat als RNA-Kopie eine viel kürzere Lebensdauer und das ist auch so gewollt: Gene sollen nicht immer aktiv sein sondern nur, wenn das Genprodukt auch benötigt wird. Die Transkription ist darum auch ein genau regulierter Vorgang. Zur Transkription wird die DNA-Doppelhelix entwunden und die Neusynthese der RNA findet in 5'-3'-Richtung statt (Abb. 1.3), weil die freien Nukleotide als Bausteine eines wachsenden Polynukleotidstranges immer nur an dessen freies 3'-OH-Ende eingebaut werden können (Abb. 1.1 auf Seite 4). Die Transkription wird durch RNA-Polymerase-Komplexe bewerkstelligt (Abb. 1.3 auf der Seite gegenüber). Ihre Aktivität wird für jedes Gen genau gesteuert, denn das genaue Regulieren der Genaktivität ist natürlich für das Funktionieren der Zellen unabdingbar. Es geschieht vornehmlich durch die Regulation des **Promotors** – der Region auf der DNA, an der die **Transkription** beginnt. Für Bakterien ist der Begriff des **Operons**, der auf François Jacob und Jacques Monod zurückgeht (Tab. 1.1), von ganz fundamentaler Bedeutung. Während bei Bakterien oft die Repression der Genaktivität durch DNA-bindende Proteine erfolgt, sind bei Eukaryonten Proteine, die als **Transkriptionsfaktoren** an die DNA binden

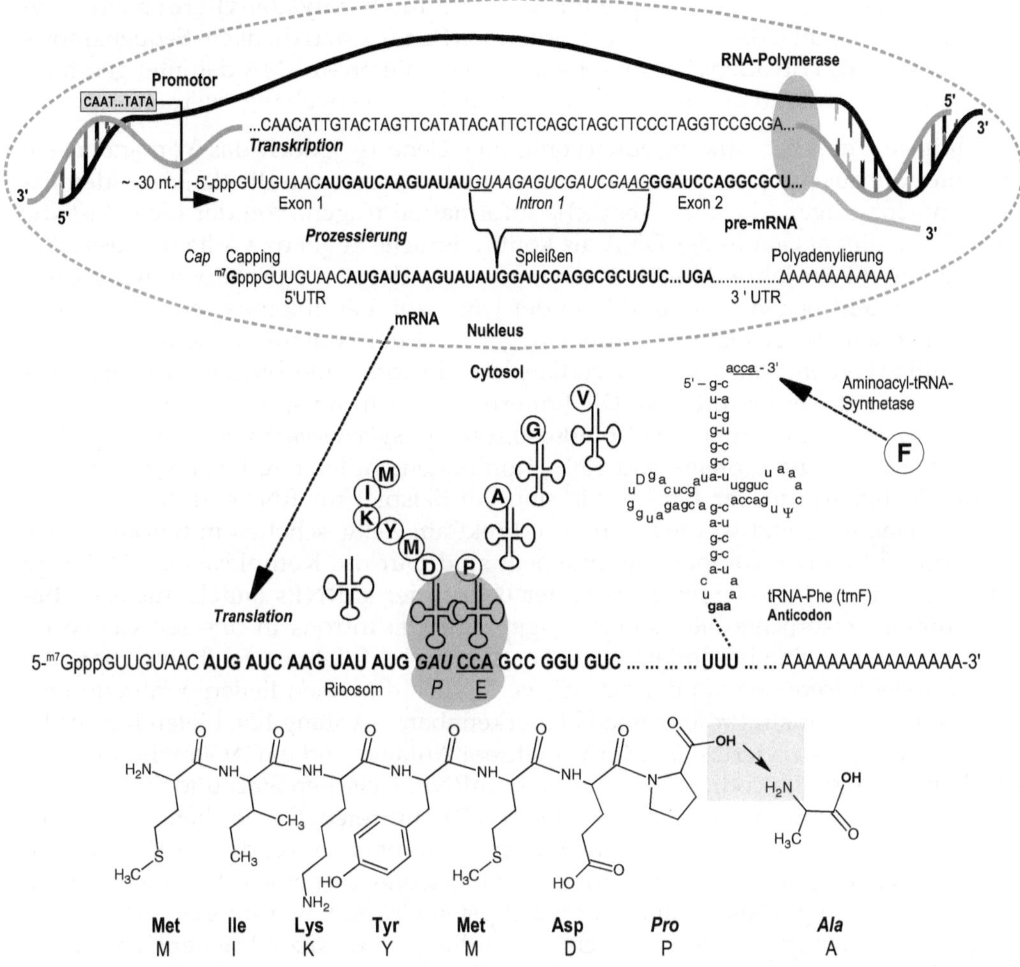

und die Transkription so erst stimulieren, die Regel. Transkriptionsinitiation und -regulation ist in den Eukaryonten mit ihren diversen Zelltypen und Entwicklungsprogrammen weit komplexer als in Prokaryonten. Die verschiedenen Promotoren eukaryontischer Gene haben nur kurze Sequenzmotive als Kernelemente gemein: Eine so genannte TATA-Box ist etwa 30 Basenpaare stromaufwärts der Transkriptionsinitiationsstelle, dem Beginn der mRNA-Synthese, vorhanden, ein weiteres Sequenzmotiv (CAAT) befindet sich etwas weiter stromaufwärts (Abb. 1.3, links oben). Weitere Nukleotidmotive, die spezifische Transkriptionsfaktoren binden, können sich bei eukaryontischen Genen mehrere Hunderte Basenpaare stromaufwärts befinden.

Im Gegensatz zu Prokaryonten müssen Transkripte bei Eukaryonten nach ihrer Synthese durch drei Schritte der Veränderung, die so genannte **Prozessierung**, reifen. Durch die Transkription ist zunächst nur eine unreife pre-mRNA entstanden (Abb. 1.3). An ihrem 5′-Ende erhält sie als „Kappe“ (engl. *Cap*) ein in Position 7 der Base methyliertes Guanosinnukleotid invertiert, also 5′-5′ über eine ungewöhnliche Triphosphatbrücke aufgesetzt. Am 3'-Ende der pre-mRNA wird durch **Polyadenylierung** ein **Poly-A-Schwanz** angehängt (Abb. 1.3 auf der vorherigen Seite). Dazu dient ein Sequenzmotiv (5'-AATAAA-3') als Polyadenylierungssignal, so dass die pre-mRNA dahinter geschnitten wird und zwischen 20 und über 200 Adeninnukleotide angehängt werden.

Das wichtigste Charakteristikum eukaryontischer Gene ist jedoch das Vorhandensein von **Introns**, die aus der pre-mRNA entfernt werden müssen, um die flankierenden **Exons** zusammenzufügen, die die eigentliche Information tragen. Von der Idee, dass die Information in einem Gen in der DNA als kontinuierliche Sequenz vorliegt, musste bereits Ende der 1970er Jahre Abschied genommen werden. Nur prokaryontische Gene liegen als ununterbrochene Kontinuität in der DNA vor. Bei Eukaryonten hingegen ist dies eine eher seltene Ausnahme – in der Regel wird der codierende Bereich im Zellkern der Eukaryonten von den nicht codierenden Introns unterbrochen, die aus dem Transkript entfernt werden müssen. Die Entfernung der Introns, das **Spleißen** der Exons (engl. *splicing*) wird durch das **Spleißosom** (engl. *spliceosome*) vorgenommen. Das Spleißosom besteht aus Protein- und RNA-Komponenten, letztere heißen im Spleißosom **snRNAs (small nuclear RNAs)**. Sie sind ein Beispiel für RNAs in der Zelle, die *nicht* in Proteine übersetzt werden, sondern direkt am Zellgeschehen mitwirken – also Information und aktive Komponente in einem sind. Für die Komplexe aus RNA und Protein wurde im Falle des Spleißosoms der Begriff der **snRNPs (small nuclear ribonucleoproteins**, gesprochen als *„snurps"*) geprägt. Die Introns in unseren Genen im Nukleus haben nun eine besonders unschöne Eigenschaft – ihnen fehlt eine charakteristische Nukleotidsequenz, an der sie sich verlässlich erkennen ließen. Während eine codierende Region für ein Protein einen klar erkennbaren Anfang hat, bieten Introns lediglich ein meist konserviertes GT-Motiv an ihrem Anfang, und ein AG an ihrem Ende. Introns können außer im codierenden Teil einer mRNA zwischen Start und Stop auch in den flankierenden, untranslatierten Regionen (UTRs) auftreten. Da sie obendrein höchst verschiedene Längen zwischen wenigen Dutzenden bis über Tausende von Nukleotiden annehmen können, ist ihre Identifikation in Genomsequenzen eine echte bioinformatische Herausforderung. Dies ist einer der wichtigsten Gründe, warum man mit der Genomsequenz eines Organismus eben nicht sofort die genaue Anzahl seiner Gene kennt. Ein einmal erkanntes Intron allerdings, das in der Evolution in seiner Position stabil bleibt, kann allerdings für phylogenetische Studien durchaus sehr attraktiv sein. Anders als eine proteincodierende Sequenz hat es viel mehr Freiheiten, seine Sequenz zu verändern. Intronsequenzen sollten also viel veränderlicher sein als Exonsequenzen und dies ist auch in aller Regel der Fall. Auf diese Weise können Introns mit ihren Sequenzveränderungen sehr hilfreich dabei sein, besonders über kurze evolutionäre Zeiträume die Stammesgeschichte der Organismen nachzuzeichnen.

Nach allen Prozessierungsschritten verlässt die mRNA den Zellkern und dient wie eine Matrize als Bauanleitung für die Synthese des codierten Proteins. Die **Proteinbiosynthese** findet an den **Ribosomen** statt – Zellpartikel, die zu klein sind, um sie im Lichtmikroskop sehen zu können. Die Bausteine der Proteine, die Aminosäuren, werden von RNA-Adaptormolekülen, den **tRNAs** (für engl. *transfer RNA*), am Ribosom angeliefert. Das Konzept dieses molekularen Adaptors geht neben der Entdeckung der DNA-Struktur und seinen Beiträgen zur Entschlüsselung des Codes übrigens ebenfalls auf Francis Crick zurück (Tab. 1.1 auf Seite 5). Eine tRNA ist ein kurze RNA-Kette von 70-80 Nukleotiden, an deren Ende eine spezifische Aminosäure angeheftet wird (Abb. 1.3).

Die tRNA ist also das eigentliche Molekül, an dem letztendlich die Informationsverknüpfung zwischen Gensequenz und Proteinsequenz molekular stattfindet (Abb. 1.3). Eine tRNA trägt in ihrer Mitte das **Anticodon**-Triplett, das passgenau mit einem **Codon** der mRNA zu Paarung kommt. Die Sekundärstruktur einer tRNA mit ihren vier intramolekular basengepaarten Regionen wird auf dem Papier meist kleeblattartig dargestellt. In der Raumstruktur ist eine tRNA in Wirklichkeit aber eher L-förmig, wobei das Anticodon am Ende des langen Schenkels sitzt. Die vier basengepaarten Regionen heißen nach ihren Funktionen Akzeptorstamm und Anticodonschleife (engl. *loop*) sowie Dihydrouridin- und Pseudouridinschleife nach den chemisch modifizierten Basen, die dort an den konservierten Positionen auftreten (Abb. 1.3). Die tRNAs werden in der Zelle spezifisch jeweils nur mit den Aminosäuren, die zu ihrem Anticodon passen, beladen. Wie alle chemischen Reaktionen in der Zelle werden auch diese durch hochspezifische Proteinkatalysatoren (Enzyme), hier den **Aminoacyl-tRNA-Synthetasen**, bewerkstelligt. In diesem Schritt liegt die Spezifität: Eine falsch beladene tRNA oder die nachträgliche chemische Veränderung der verknüpften Aminosäure wird im Ribosom in der Regel nicht erkannt, sondern führt zum Einbau der falschen Aminosäure in das Protein.

Im Ribosom werden zwei tRNA-Moleküle passgenau nebeneinander zwei benachbarten Codons auf der mRNA gegenübergestellt (Abb. 1.3). Den Start macht eine spezielle Initiator-tRNA, die mit der Aminosäure Methionin (in Bakterien Formyl-Methionin, trnfM) beladen ist. Darum beginnt die Proteinbiosynthese fast immer an einem ATG-Startcodon auf der mRNA. Die wachsende Kette der Aminosäuren wird unter Ausbildung einer neuen **Peptidbindung** auf die jeweils neu eintretende beladene tRNA übertragen (Abb. 1.3). Dieser Vorgang wird wiederholt, bis im Triplett-Leseraster der Codons eines der drei Stopcodons erreicht wird (Abb. 1.2) und dann werden das fertige Protein und die mRNA vom Ribosom freigesetzt.

Das Ribosom läuft in 5′-3′-Orientierung über die mRNA und entsprechend wird das Protein vom **Aminoterminus** zum **Carboxyterminus** synthetisiert. Das bedeutet aber *nicht*, dass eine mRNA mit dem ATG-Startcodon beginnt und einem der drei Stopcodons endet. Dem Startcodon geht vielmehr eine 5′-untranslatierte Region (**UTR**) voraus und auf das Stopcodon folgt noch eine 3′-UTR. Diese beiden nicht-translatierten Regionen einer mRNA sind abhängig von den betrachteten Genen sehr größenvariabel. Folglich kann aus einer gegebenen Proteinsequenz immer nur die *Mindestlänge* einer mRNA theoretisch abgeleitet werden. Die UTRs tragen (neben der Cap-Struktur und dem Poly-A-Schwanz in Eukaryonten) vermutlich zu Transport, Stabilität und Translationseffizienz der mRNAs bei.

Die Aminosäuresequenz des fertigen Proteins ist seine **Primärstruktur**. Noch während der Synthese des Proteins am Ribosom bilden sich durch die Wechselwirkungen der unterschiedlichen Seitenketten benachbarter Aminosäuren Bereiche mit **Sekundärstrukturen** wie **α-Helices** oder **β-Faltblättern** aus. Dies ergibt sich aus der freien Drehbarkeit der Bindungen am α-Kohlenstoffatom der Aminosäuren (lediglich bei Prolin ist diese Drehbarkeit eingeschränkt, s. Abb. 1.3 auf Seite 13). Wechselwirkungen über größere Distanzen – vermittelt beispielsweise durch hydrophobe Interaktionen, durch Disulfidbrücken aus zwei Cysteinresten oder durch Koordination von Metallionen – resultieren in der **Tertiärstruktur** eines Proteins. Fügen sich mehrere Proteine zu einem supramolekularen

Komplex zusammen, z.B. den Komplexen der mitochondrialen Atmungskette oder den Photosystemen der Thylakoidmembranen in den Chloroplasten, sprechen wir von einer **Quartärstruktur**.

Die Struktur der tRNAs ist ein typisches Beispiel für intramolekulare Basenpaarungen in RNA-Molekülen. Neben den kanonischen Watson-Crick-Basenpaarungen zwischen A und T sowie zwischen G und C erlauben die Sekundärstrukturen der RNA-Moleküle neben der G-C und A-U Paarung auch die etwas schwächere Paarung zwischen G und U. Diese Basenpaarung steckt im Kern der *Wobble*-Basenpaarungen zwischen tRNA und mRNA: Die dritte Triplettposition ist oft unkritisch für den Sinngehalt eines Codons (Abb. 1.2 auf Seite 10) und so können ein C oder U in der mRNA hier gleichermaßen mit einem G in der ersten Anticodon-Position der tRNA paaren (z.B. die Codons für Phenylalanin oder Tyrosin). Andersherum werden synonyme Codons, die auf G oder A enden (z.B. die Codons für Lysin oder Glutamat), in der Regel von nur einer einzigen tRNA mit einem U in der ersten Anticodonposition bedient. In der Abbildung 1.3 auf Seite 13 ist das für eine tRNA für Phenylalanin gezeigt, die mit ihrem GAA-Anticodon in reverser Orientierung sowohl das UUU- wie auch das UUC-Codon für Phenylalanin lesen kann. Der Bedarf an unterschiedlichen tRNAs wird so in den allermeisten genetischen Systemen gegenüber den 61 Sinncodons ganz erheblich reduziert.

Genau wie das Spleißosom ist auch das Ribosom ein enzymatischer Komplex, der sich aus Protein- und RNA-Komponenten zusammensetzt, ein **Ribonukleoproteinkomplex**. In den Ribosomen existieren sehr große RNA-Moleküle mit intramolekularen Basenpaarungen und heißen hier **rRNAs** – ribosomale RNAs. Natürlich müssen auch rRNAs genauso wie tRNAs oder snRNAs im Genom codiert sein und sind damit weitere Beispiele für solche Gene, die eben nicht für ein Protein codieren. Die Ribosomen selbst bestehen aus zwei Untereinheiten und in beiden stecken neben vielen Proteinen auch rRNA-Moleküle. Bei Bakterien befindet sich in der kleinen ribosomalen Untereinheit (der so genannten 30S Untereinheit) neben etwa 21 Proteinen eine so genannte 16S rRNA, in der größeren (50S) neben rund 31 Proteinen eine 23S und eine 5S rRNA. Das S steht für den Svedberg-Koeffizienten, einer Angabe für die Sedimentationsgeschwindigkeit in der Ultrazentrifuge. Bei den etwas komplizierteren Ribosomen der Eukaryonten findet man in der kleinen (hier 40S) Untereinheit des Ribosoms neben etwa 35 Proteinen eine 18S rRNA. In der größeren 60S-Untereinheit existiert neben etwa 50 Proteinen eine 28S, eine 5,8S und eine 5S rRNA. Die pflanzliche Zelle hat drei verschiedene Typen von Ribosomen, denn neben denen vom eukaryontischen Typus im Cytosol existieren eigene Ribosomen vom prokaryontischen Typus in den Mitochondrien und Chloroplasten, auf die wir noch im Folgenden kommen. Insbesondere die 16S bzw. 18S rRNA hat für dieses Buch besondere Bedeutung. Als hoch konserviertes Molekül in dem ganz zentralen, evolutionsgeschichtlich alten Prozess der Proteinbiosynthese ist ihre Sequenz schon sehr oft für phylogenetische Untersuchungen herangezogen worden.

1.4 Chromosomen und Chromatin – Gene, Genome und Genetik

Wir haben längst das Zeitalter der **Genomik** (engl. *Genomics*) erreicht. Ganze **Genome**, die kompletten Erbinformationen, sind inzwischen fassbar geworden. Allein in den zwei Jahren zwischen der ersten und zweiten Auflage des kleinen Lehrbuches, das Sie gerade in den Händen halten, sind spannende neue Genomsequenzen verfügbar geworden – z.B. vom Schnabeltier, vom Lanzettfischchen oder von James Watson, um nur drei herausragende Beispiele der letzten Monate zu nennen (Tab. 1.3 auf der nächsten Seite). Wir können die kompletten Genomsequenzen diverser Organismen aus den öffentlichen Datenbanken, denen wir uns im Kapitel 3 widmen, abrufen. Die erste komplette Genomsequenz eines frei lebenden Organismus, die des Bakteriums *Haemophilus influenzae*, die 1995 komplett fertig gestellt wurde, war natürlich ein Meilenstein (Tab. 1.1 auf Seite 5). Zu diesem Zeitpunkt haben nur wenige damit gerechnet, dass kaum zehn Jahre später die kompletten Sequenzen weit größerer Genome, einschließlich desjenigen des Menschen, komplett verfügbar sein würden. Heute macht es schon gar keinen Sinn mehr, Listen mit den komplett sequenzierten Genomen darzustellen – ihr Stand ist schnell veraltet. Nur einige vollständige Genomsequenzierungen der letzten Jahre sind in Tabelle 1.3 auf der nächsten Seite dargestellt. Das Genom von *Haemophilus influenzae* mit 1.830.137 Basenpaaren (1,8 Megabasenpaaren, MBp) hat sich inzwischen als recht typisches, kompaktes Bakteriengenom herausgestellt. Das Genom des für die Molekularbiologie so wichtigen Darmbakteriums *Escherichia coli* ist mit über 4,6 MBp (im Laborstamm K12) mehr als doppelt so groß. Vom bislang kleinsten bekannten Eubakteriengenom, dem von *Mycoplasma genitalium* mit 580.074 Bp, bis zu der bislang größten bakteriellen Genomsequenz von *Bradyrhizobium japonicum* von 9,1 MBp decken die bakteriellen Genomgrößen ein Spektrum von mehr als einer Zehnerpotenz ab. Die Genome der Archaea liegen im unteren Teil dieses Spektrums – das Genom von *Nanoarchaeum equitans* hält mit nur wenig über 490.885 Bp aktuell den Rekord des kleinsten Prokaryontengenoms überhaupt. Am oberen Ende schließt das Größenspektrum prokaryontischer Genome schon fast an das 1996 komplettierte Hefegenom mit 12,1 MBp an. Inzwischen ist mit dem obligaten, intrazellulären, pathogenen Protisten *Encephalitozoon cuniculi* ein Eukaryont gefunden, dessen Genom mit nur 2,1 MBp sogar deutlich kleiner als das vieler Bakterien ist. Am unteren Ende der Skala schien lange eine Lücke zu den komplettierten Nukleotidsequenzen von Viren zu klaffen. Mit dem kürzlich identifizierten Mimivirus ist allerdings ein virales Genom gefunden worden, das mit 1,2 MBp deutlich über denen einiger kleiner Bakteriengenome liegt. Was überhaupt noch den Begriff Genom verdient, mag natürlich diskutierbar sein – wenn eine isolierte, in der Natur replizierte Nukleinsäure gemeint ist, stellt das Viroid des Kokosnuss-Cadang-cadang-Viroids, eine zirkuläre RNA, das untere Ende des bekannten Spektrums dar (Tab. 1.3 auf der nächsten Seite).

Bakterielle Genome dürfen wir uns noch als einzelnes, sehr langes und kreisförmig geschlossenes DNA-Molekül vorstellen. Das Genom ist hier recht dicht mit Genen bepackt, so dass die Anzahl von Genen und die Genomgrößen gut korrelieren, ganz grob etwa ein Gen auf 1000 Bp, also durchschnittlich codierend für ein Protein von 300 Aminosäuren, wenn wir 100 Bp intergenische Region (engl. *Spacer*) annehmen. In Eukaryonten ist die Situation meist anders, denn nur ein kleiner Teil der großen Genome scheint für funk-

Tabelle 1.3 Einige **vollständig sequenzierte Genome** der letzten 30 Jahre. Genomgrößen in Basenpaaren (Bp), Kilobasenpaaren (KBp), Megabasenpaaren (MBp) und Gigabasenpaaren (GBp).

Genomsequenzen, Beispiele		**Bp**	**KBp**	**MBp**	**GBp**
Viren, Phagen, Viroide					
1977	Phage PhiX174	5386 Bp	(5,4 KBp)		
1993	Kokosnuss Cadang-Cadang Viroid	256 Bp			
1993	Avian Carcinoma Virus		2,6 KBp		
2004	Mimivirus (*Acanthamoeba*)			1,2 MBp	
2005	Ebolavirus		19,0 KBp		
Organellen					
1981	*Homo sapiens* Chondriom		16,6 KBp		
1986	*Marchantia polymorpha* Plastom		121,0 KBp		
1993	*Marchantia polymorpha* Chondriom		186,6 KBp		
1997	*Arabidopsis thaliana* Chondriom		366,9 KBp		
2000	*Plasmodium falciparium* Chondriom	5967 Bp	(6 KBp)		
Eubakterien					
1995	*Haemophilus influenzae*			1,8 MBp	
1995	*Mycoplasma genitalium*		580,0 KBp		
1997	*Escherichia coli*			4,6 MBp	
1998	*Aquifex aeolicus*			1,5 MBp	
2002	*Bradyrhizobium japonicum*			9,1 MBp	
2002	*Wigglesworthia glossinidia*		697,7 KBp		
Archaea					
1996	*Methanococcus jannaschii*			1,7 MBp	
1999	*Aeropyrum pernix*			1,7 MBp	
2002	*Methanosarcina acetivorans*			5,8 MBp	
2003	*Nanoarchaeum equitans*		490,9 KBp		
Eukaryonten					
1996	*Saccharomyces cerevisiae* (Bierhefe)			12 MBp	
1998	*Caenorhabditis elegans* (Fadenwurm)			100 MBp	
2000	*Arabidopsis thaliana* (Ackerschmalwand)			120 MBp	
2001	*Encephalitozoon cuniculi* (Microsporidia, Encephalitozoonoseerreger)			3 MBp	
2002	*Plasmodium falciparum* (Apicomplexa: Malariaerreger)			23 MBp	
2002	*Mus musculus* (Maus)				2,5 GBp
2003	*Homo sapiens* (Mensch)				3,0 GBp
2004	*Cyanidioschyzon merolae* (einz. Rotalge)			17 MBp	
2004	*Cryptosporidium parvum* (Apicomplexa, Kryptosporidioseerreger)			9 MBp	
2004	*Thalassiosira pseudonana* (Kieselage, Diatomeen)			34 MBp	
2005	*Dictyostelium discoideum* (Mycetozoa, Schleimpilz)			34 MBp	
2005	*Trypanosoma brucei*, (Kinetoplastida, Schlafkrankheitserreger)			26 MBp	
2006	*Ostreococcus tauri* (einz. Grünalge)			13 MBp	
2006	*Strongylocentrotus purpuratus* (Purpur-Seeigel)			814 MBp	
2006	*Buchnera aphidicola BCc* (Aphiden-Endosymbiont)		422,4 kBp		
2006	*Carsonella ruddii* (Psylliden-Endosymbiont)		159,7 kBp		
2008	*Ornithorhynchus anatinus* (Schnabeltier)				1,8 GBp
2007	*Chlamydomonas reinhardtii* (einz. Grünalge)			120 MBp	
2007	*Nematostella vectensis* (Seeanemone)			450 MBp	
2008	*Physcomitrella patens* (Blasenmützenmoos)			480 MBp	
2008	*Paulinella chromatophora* Chromatophorengenom			1 MBp	
2008	*Monosiga brevicolllis* (Choanoflagellat)			42 MBp	
2008	*Laccaria bicolor* (Zweifarbiger Lacktrichterling)			65 MBp	
2008	*Branchiostoma floridae* (Lanzettfischchen)			520 MBp	
2008	*Trichoplax adhaerens* (Placozoon)			98 MBp	

tionale Gene zu codieren. In kompakten Genomen von *Arabidopsis* oder *Caenorhabditis* (Tab. 1.3 auf der Seite gegenüber) finden wir etwa 25.000 Gene auf rund 100 MBp, also durchschnittlich etwa 4000 Bp Raum pro Gen. Beim Menschen hingegen sind große Teile des Genoms nicht proteincodierend. Nur etwa 1% des menschlichen Genoms codiert für Exons. Introns nehmen etwa $\frac{1}{4}$ des Genoms ein, die verbleibenden $\frac{3}{4}$ sind intergenische Regionen.

Ein einzelnes Bakterienchromosom liegt mehr oder weniger nackt in der Bakterienzelle vor. In eukaryontischen Zellen mit ihren meist komplexeren Genomen sind die Dinge etwas komplizierter. Immer, wenn sich eukaryontische Zellen teilen, wird ihr Genom verdichtet und in übersichtliche Abschnitte verpackt, die dann mit dem Mikroskop sichtbar werden, dies sind die **Chromosomen**. Die Teilung einer eukaryontischen Zelle heißt **Mitose**. In dieser Phase wird das Erbmaterial sehr dicht um spezielle Proteine, die **Histone**, gewickelt. Die Verpackungsleistung ist bemerkenswert, wenn wir uns vergegenwärtigen, dass das menschliche Genom in der linear ausgestreckten Form der DNA eine Ausdehnung von einem Meter hätte, in den Chromosomen aber auf Mikrometermaßstab komprimiert wird. In der Mitose werden vor der Zellteilung die annähernd X- bzw. H-förmigen Chromosomen in der **Metaphase** sichtbar. Hier ist die Erbinformation zur Weitergabe an die zwei Tochterzellen bereits verdoppelt und zwei Schwesterchromatiden hängen noch in der **Centromer**-Region zusammen. Eine bildliche Darstellung der Chromosomen eines Individuums heißt **Karyogramm**. Mit spezifischen Färbetechniken können die Chromosomen gefärbt werden, so dass Bandenmuster entstehen, die nummeriert werden können. Dies war und ist unverändert ein wichtiges Hilfsmittel der klassischen Genetik (Tab. 1.1 auf Seite 5), denn umfangreiche Veränderungen des Genoms können anhand der veränderten Bandenmuster identifiziert werden. Inzwischen können andersherum die fertig gestellten Genomsequenzen einiger Eukaryonten verwendet werden, um virtuelle Chromosomendarstellungen künstlich zu generieren. Beispiele dafür sind in Abbildung 1.4 auf der nächsten Seite gezeigt. Hier sind nicht die H-förmigen Chromosomen vor der Zellteilung sondern die einzelnen Chromatiden, quasi im Zustand nach gerade erfolgter Zellteilung, repräsentiert. Der kurze Chromatidenarm wird in der klassischen Genetik mit 'p', der längere mit 'q' bezeichnet.

Nur die Ei- und Samenzellen tragen einen einfachen, den so genannten **haploiden** Chromosomensatz von 23 Chromosomen beim Menschen (Abb. 1.4). Die **Reduktionsteilung** des diploiden auf den haploiden Chromosomensatz bei der Entstehung von Ei- und Samenzellen heißt **Meiose**. Sie ist bei sexueller Fortpflanzung erforderlich, damit die natürliche Chromosomenzahl der Art in den Nachkommen erhalten bleibt. Bei der Befruchtung des Eis entsteht der **diploide** Chromosomensatz von 46 Chromosomen. Die Chromosomenzahlen in den Körperzellen der Individuen sind daher immer geradzahlig, denn es sind immer zwei entsprechende (homologe) Chromosomen vorhanden – eines ist mütterlichen, eines väterlichen Ursprungs. In einer diploiden Körperzelle sollte also jede Erbanlage *zweimal* vorhanden sein, man spricht von jeweils zwei **Allelen** . Sind sie identisch, ist man für dieses Gen **homozygot**; sind sie unterschiedlich, ist man **heterozygot**. Wenn eines der beiden Allele defekt ist, kann der Organismus in vielen Fällen noch problemlos funktionieren (das Allel ist dann **rezessiv**), in anderen Fällen aber nicht (das defekte Allel ist **dominant**).

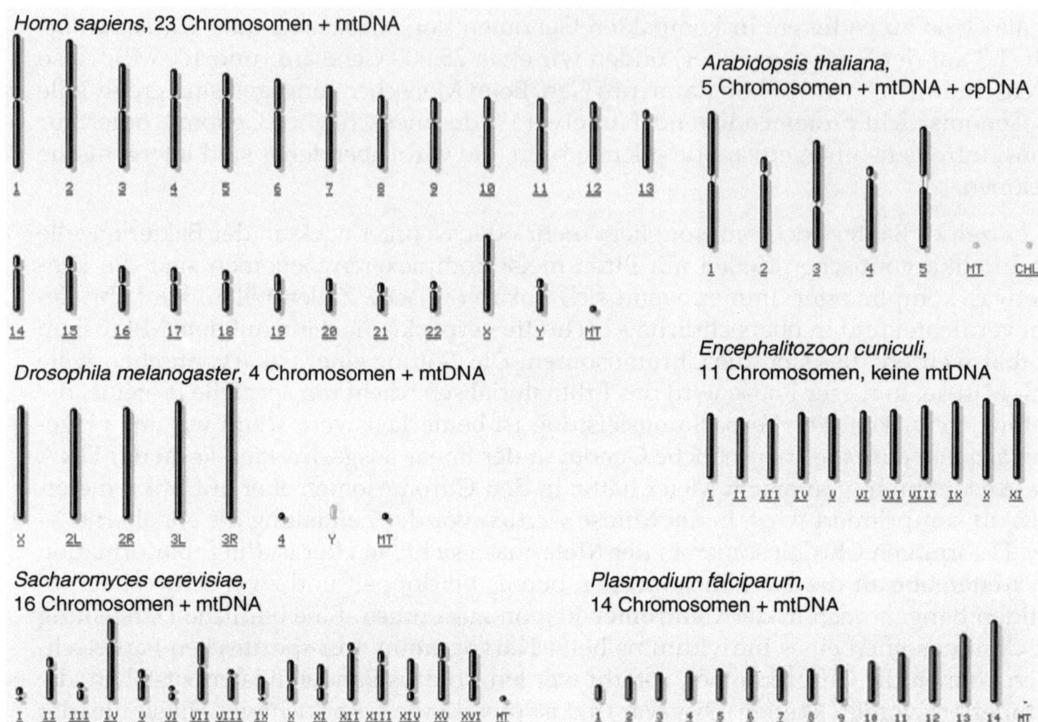

Abbildung 1.4 Grafiken für virtuelle **Chromatiden**, die aus den Genomsequenzen von sechs Eukaryonten generiert wurden (Quelle: `www.ncbi.nlm.nih.gov/Genomes/`). Sofern vorhanden, ist außerdem die mitochondriale oder chloroplastidäre DNA der Organellen dargestellt. Die Anzahl der Chromosomen einer biologischen Art sagt praktisch nichts über ihr Organisationsniveau oder die Verwandtschaftsverhältnisse der Arten aus. Die Chromosomensätze der Organismen sind nicht relativ zueinander skaliert: Das größte menschliche Chromosom 1 allein umfasst 246 Millionen Basenpaare (Megabasenpaare, MBp), also gut 8% des gesamten menschlichen Genoms, während das komplette Genom von *Encephalitozoon cuniculi* verteilt auf 11 Chromosomen mit nur 2,1 MBp sogar kleiner als das vieler Bakterien ist. Der kurze Chromatidenarm wird konventionell mit p, der lange mit q bezeichnet. Zwischen ihnen liegt das **Centromer**, an den Enden der Chromatiden befinden sich die **Telomere**. Vor allem die repetitiven Sequenzen der Centromere stellen für die kompletten Genomsequenzierungen ein Problem dar. Dargestellt ist nur der haploide Chromosomensatz für die **Autosomen**, die in den diploiden Zellen paarig auftreten. Zusätzlich sind, wenn vorhanden, die *beiden* verschiedenen **Heterosomen** (Geschlechtschromosomen, beim Menschen X und Y) dargestellt. Gemeinsam treten X- und Y-Chromosom nur in den diploiden Körperzellen männlicher Individuen auf.

Als Begründer der klassischen Genetik gilt der Augustinermönch Johann Gregor **Mendel** (Tab. 1.1 auf Seite 5). Seine großartigen Einsichten, die er durch die Kreuzung von Erbsen gewonnen und bereits 1865 publiziert hatte, blieben aber bis ins frühe 20. Jahrhundert weitgehend unbeachtet. Man bedenke dabei, dass die etwa gleichzeitig veröffentlichten Arbeiten von Charles Darwin, dem Schöpfer der Evolutionstheorie, der wir uns im folgenden Kapitel widmen, zu dieser Zeit bereits mit sehr großer Resonanz aufgenommen wurden. Einerseits existierte die gedankliche Verknüpfung zwischen Evolution und Genetik natürlich noch nicht, andererseits hängt die öffentliche Wahrnehmung von Wissenschaft eben nicht nur vom Inhalt, sondern oft auch von der Öffentlichkeitswirksamkeit der Beteiligten ab. Die Arbeiten von Mendel jedenfalls mussten erst kurz nach der Jahrhundertwende von anderen Wissenschaftlern wieder neu entdeckt werden (s. Tab. 1.1 auf Seite 5). Insbesondere durch die Arbeiten des amerikanischen Genetikers Thomas Hunt Morgan an der Fruchtfliege *Drosophila melanogaster* wurden die Beobachtungen von Mendel an Erbsen für die Tierwelt bestätigt und dann erweitert. *Drosophila* ist heute unverändert ein Modellorganismus in der Entwicklungsbiologie.

Das 23. Chromosom des Menschen ist ein Heterosom, das Geschlechtschromosom. Es kann als **X-Chromosom** gepaart vorliegen (bei Frauen) oder aber als X- und **Y-Chromosom** (bei Männern). Eizellen tragen also notwendigerweise immer ein X-Chromosom, wohingegen Spermien bei der Reifeteilung entweder ein X- oder ein Y-Chromosom erhalten und so wird das Geschlecht des Kindes immer über den Vater bestimmt. Dies ist der Grund, warum manche rezessiven Erbkrankheiten (wie Farbenblindheit oder die Duchenne-Muskeldystrophie) verstärkt bei Männern auftreten. Für ein rezessives, defektes Allel auf dem einzigen X-Chromosom gibt es hier keine Entsprechung auf dem Y-Chromosom, wohingegen bei Frauen die Auswirkung durch das dominante gesunde Allel des zweiten X-Chromosoms überdeckt sein kann.

Fehler bei der Reduktionsteilung sind meist gar nicht mit dem Leben vereinbar oder es treten schwere Schädigungen auf. Die **Trisomie 21**, das **Down-Syndrom**, bei der das Chromosom 21 dreimal statt zweimal vorliegt, geht beispielsweise auf einen solchen Fehler bei der Reduktionsteilung der Eizellen zurück. Abweichungen von der Chromosomenzahl werden **Aneuploidie** genannt. Interessanterweise hat die Vervielfachung des gesamten Chromosomensatzes anscheinend keine so verheerenden Auswirkungen wie die einzelner Chromosomen. In der Evolution der Pflanzen sind solche **Polyploidisierungen** geradezu an der Tagesordnung, im Tierreich sind sie seltener, aber Goldfisch und Krallenfrosch sind beispielsweise tetraploid.

Während das Y-Chromosom nur in der väterlichen Linie weitergegeben wird, gibt es anderes Erbmaterial in der Zelle, das nur über die mütterliche Linie, also mit der Eizelle, weitergegeben wird. Es befindet sich nicht im Zellkern, sondern in den **Mitochondrien**.

1.5 Endosymbiontengenome in Mitochondrien, Chloroplasten und ...?

Vor 1995 waren bereits die Genome von einigen Bakteriophagen und Viren sequenziert worden, aber auch schon die Genome einiger **Mitochondrien** und **Chloroplasten** (Tab. 1.1 auf Seite 5). Die **Endosymbiontentheorie** erklärt uns die Herkunft dieser beiden **Organellen** in der eukaryontischen Zelle aus Bakterien, die als **Endosymbionten** eingewandert sind. Die Mitochondrien haben im Stoffwechsel der Zellen die Aufgabe der Atmung. Hier wird unter Sauerstoffverbrauch aus organischen Verbindungen chemische Energie gewonnen und in Form des Nukleotides ATP bereitgestellt, die in der Zelle genutzt werden kann. Die Chloroplasten sind die Orte der **Photosynthese** in den Zellen der Pflanzen und Algen. Hier werden unter Kohlendioxidverbrauch Kohlenhydrate synthetisiert und es entsteht molekularer Sauerstoff. Wir können uns den Vorläufer der Mitochondrien als eng verwandt mit den heute noch existierenden **α-Proteobakterien** vorstellen. Die Vorläufer der Chloroplasten waren photosynthetisch aktive Bakterien

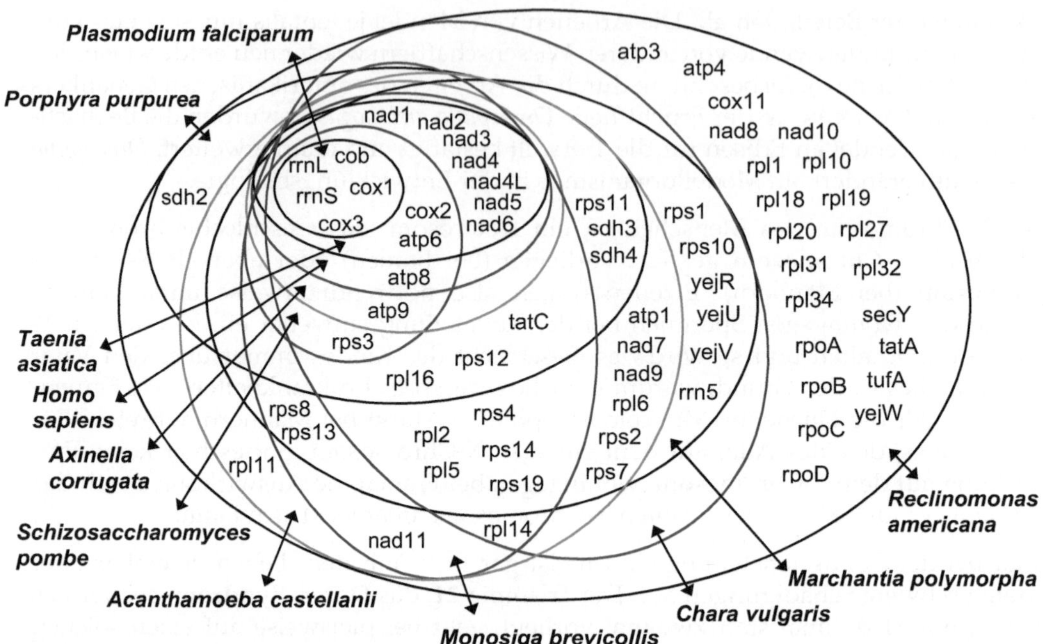

Abbildung 1.5 Vergleich des Gengehaltes in den **Chondriomen** der Eukaryonten als Venn-Diagramm. Nicht dargestellt sind Gene für tRNAs. Tiere (Metazoa) sind in ihrer mtDNA auf Gene für Untereinheiten von Komplex I (*nad*), Komplex III (*cob*), Komplex IV (*cox*) und Komplex V der Atmungskette (*atp*) und die große und kleine rRNA reduziert. Der Bandwurm *Taenia asiatica*, der Mensch *Homo sapiens* und der Schwamm *Axinella corrugata* unterscheiden sich lediglich im Vorhandensein von *atp*8 und *atp*9 in ihren Chondriomen. In der Rotalge *Porphyra purpurea* existieren zusätzlich Gene für Proteine der großen (*rpl*) und kleinen (*rps*) ribosomalen Untereinheit sowie für Komplex 2 der Atmungskette (*sdh*) und für ein (*sec*-unabhängiges) Transportprotein (*tat*). In Pilzen existiert gegenüber dem Genkomplement der Tiere meist nur *rps*3 zusätzlich. Bei einigen Hefen, wie der hier dargestellten Spalthefe *Schizosaccharomyces pombe*, fehlen alle Untereinheiten für Komplex I der Atmungskette (*nad*). Das reduzierteste Chondriom hat der Erreger der Malaria *Plasmodium falciparum* (Alveolata/Apicomplexa). In der pflanzlichen Linie (hier das Lebermoos *Marchantia polymorpha* und die Alge *Chara vulgaris*) existieren Gene für die Cytochrom-C-Biogenese (*yej*) und die 5S rRNA (*rrn*5). Das umfangreichste bekannte Chondriom hat der Protist *Reclinomonas americana* – hier existieren auch Gene für die Untereinheiten einer RNA-Polymerase (*rpo*), für den Sec-Proteintransportweg (*sec*) und für einen Elongationsfaktor in der Proteinbiosynthese (*tuf*A).

ähnlich den heutigen **Cyanobakterien**. Inzwischen gibt es so viele molekulare Befunde zur Stützung der Endosymbiontentheorie, dass sie ganz unzweifelhaft als richtig anzusehen ist. Bereits Constantin **Mereschkowsky** (*1855, †1921) hatte 1905 im *Biologischen Centralblatt* auf der Grundlage von Ähnlichkeiten zwischen Cyanobakterien und Chloroplasten diese Theorie aufgestellt. Seit den frühesten 1970er Jahren hat sich insbesondere Lynn **Margulis** um die Akzeptanz der seriellen Endosymbiontentheorie (**SET**) bemüht. In der von ihr vertretenen, extremen Form der seriellen Endosymbiontentheorie vermutet sie, dass der Entstehung von Mitochondrium und Chloroplast beim Werden der eukaryontischen Zelle sogar noch die Entstehung der Cilien bzw. Flagellen durch die endosymbiontische Aufnahme eines Spirochaeten vorausging.

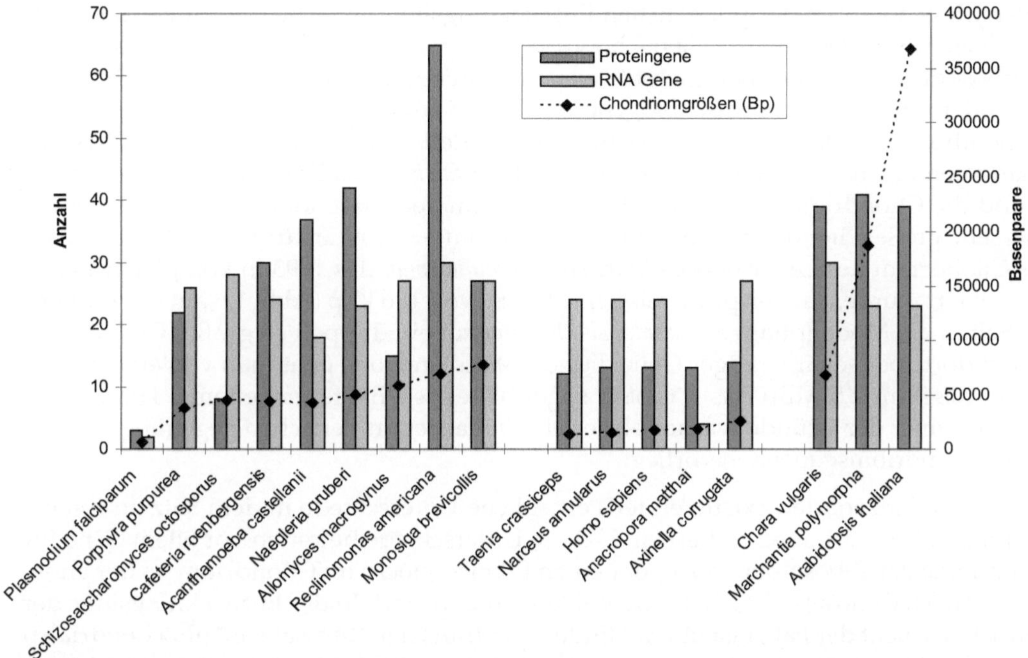

Abbildung 1.6 Mitochondriale DNA und **Gengehalt** einiger ausgewählter Arten von Protisten und Pilzen (linker Block), Tieren (mittlerer Block) und Pflanzen (Viridiplantae, rechter Block). Alle Tiere (Metazoa), einschließlich des Tausendfüßers (*Narceus*) haben eine mtDNA, die der des Menschen sehr ähnlich ist. Lediglich im Plattwurm (*Taenia*) finden wir ein proteincodierendes Gen weniger, im Schwamm (*Axinella*) ein Gen mehr (jeweils linker Balken). Der Gehalt an codierten tRNAs (jeweils rechter Balken) ist variabler, sie sind besonders in der Koralle *Anacropora* sehr reduziert. Die mitochondrialen DNAs in der pflanzlichen Entwicklungslinie (hier die Alge *Chara*, das Lebermoos *Marchantia* und die Blütenpflanze *Arabidopsis*) sind viel größer, genreicher und variabler. Unter den Protisten ist allerdings eine noch größere Diversität zu finden, einschließlich des genreichsten Chondrioms in *Reclinomonas* und des genärmsten in *Plasmodium*.

Ein bakterielles Genom von vielleicht 2000 Genen und 2 Millionen Basenpaaren ist im Lauf der Evolution auf die Restgenome in den Organellen reduziert worden, wie sie sich heute darstellen. Ein großer Teil der ursprünglichen bakteriellen Genome ist dabei in den Nukleus der Eukaryontenzelle transferiert worden, andere gingen schlicht verloren. Die menschliche mitochondriale DNA war die erste, die bereits 1981 komplett sequenziert wurde (Tab. 1.1 auf Seite 5), gefolgt von vielen weiteren mitochondrialen DNAs (**mtDNA**) in Tieren. Die mitochondriale DNA, das **Chondriom**, wird nur in der mütterlichen Linie, also in der Eizelle weitervererbt. Die DNA in den Mitochondrien ist stammesgeschichtlich von besonderem Interesse. Die recht schnelle Evolution der tierischen mtDNA erlaubt es, die Ereignisse in erd- und stammesgeschichtlich vergleichsweise jungen Zeiträumen, wie beispielsweise der Geschichte der Menschheit, zu rekonstruieren. Das ringförmige Molekül von etwas über 16.000 Basenpaaren trägt 13 proteincodierende Gene, die an der Atmungskette beteiligt sind (Abb. 1.5 auf der vorherigen Seite), und codiert seinen eigenen Satz von tRNAs, die einen etwas modifizierten genetischen Code umsetzen, den wir im Folgenden besprechen werden.

In den Mitochondrien der pflanzlichen Entwicklungslinie sind die mitochondrialen Genome viel größer. Die pflanzlichen Chondriome tragen einige Gene mehr, insbesondere für ribosomale Proteine, aber auch für weitere Untereinheiten der Atmungskettenkomplexe oder für die Cytochrom-C-Biogenese (Abb. 1.5 auf Seite 22). Das bislang genreichste Chondriom wurde allerdings in dem Protisten *Reclinomonas americana* gefunden, das bislang genärmste im Malariaerreger *Plasmodium falciparum*. Die Anzahl codierter Gene und die Chondriomgrößen korrelieren nur zum Teil. Besonders bei Pflanzen findet man sehr große Chondriome, ohne dass der Raum erkennbar für Gene genutzt wird. Das Chondriom des Lebermooses *Marchantia polymorpha*, das 1993 in kompletter Länge sequenziert wurde, hat beispielsweise eine Größe von 186 kBp (Abb. 1.6 auf der vorherigen Seite), die Modellpflanze *Arabidopsis thaliana* hat ein doppelt so großes Chondriom, codiert dort aber sogar weniger Gene. Für die Wassermelone geht man von einer Chondriomgröße um 2,5 MBp aus – größer sogar als einige Bakteriengenome. Hierin liegt natürlich einer der Gründe warum bisher ein Vielfaches an tierischen gegenüber pflanzlichen Chondriomsequenzen vorliegt.

Zwischen Pflanzenarten existieren teils erhebliche Unterschiede in dem Satz an Genen, die auf den Chondriomen codiert sind. Diese Unterschiede betreffen vor allem Gene für die Proteine der Ribosomen, die in der einen Pflanze (noch) im Chondriom, in der anderen aber nach Gentransfer (schon) im Nukleus codiert sind. In der Entwicklungslinie der Tiere ist das nicht der Fall, fast überall findet man (nur) den Kernsatz an mitochondrialen Genen der Atmungskette wie er auch im Menschen vorliegt. Man muss die betrachteten Arten bis auf Bandwurm und Schwamm ausdehnen, um ein Gen mehr oder weniger zu finden (Abb. 1.5 auf Seite 22). Wenn wir in der Evolution dann allerdings noch tiefer bis zu den einzelligen Vorläufern der Tiere vordringen, stoßen wir auch hier bei Arten wie *Monosiga brevicollis* auf weitere Gene, die ähnlich wie in den Pflanzen und anderen Protisten noch nicht den Weg in den Nukleus gemacht haben (Abb. 1.5).

Neben ihrer schieren Größe birgt die mtDNA der Pflanzen diverse weitere Überraschungen. Außer den ursprünglich mitochondrialen Sequenzen tauchen solche auf, die eindeutig später aus dem Chloroplasten oder aus dem Nukleus ins Chondriom importiert worden sind, also *entgegen* dem endosymbiontisch postulierten Transfer als Kopien ihren Weg in die mtDNA gemacht haben. Man spricht von **promisker DNA**.

In einigen Eukaryonten, die in anaerober Umgebung existieren, findet man anstelle der Mitochondrien **Hydrogenosomen**. Ihr evolutionärer Ursprung war umstritten, ein eigenes Genom schienen sie nicht mehr zu besitzen. Jüngst ist allerdings eine eigene DNA in den Hydrogenosomen von *Nyctotherus ovalis* nachgewiesen worden. Sie trägt ganz eindeutig mitochondriale Gene und stellt damit die Hydrogenosomen gleichsam als spezialisierte, degenerierte Form der Organellen mit den Mitochondrien in eine Entwicklungsreihe.

In diversen Pflanzen und Algen ist das Chloroplastengenom, das **Plastom**, bereits vollständig sequenziert. Das Plastom ist von ganz besonderer Bedeutung für die molekulare Phylogenetik der pflanzlichen Entwicklungslinie. Ganz anders als die so veränderlichen Chondriome sind die Plastome der Pflanzen sowohl strukturell als auch im Gehalt der Gene sehr konserviert (Abb. 1.7). In dieser strukturellen Konservierung liegt ein großer methodischer Vorteil für die Arbeit mit der Chloroplasten-DNA in der molekularen Phylogenetik. Nicht nur die codierenden Regionen sondern auch Introns und die Regionen

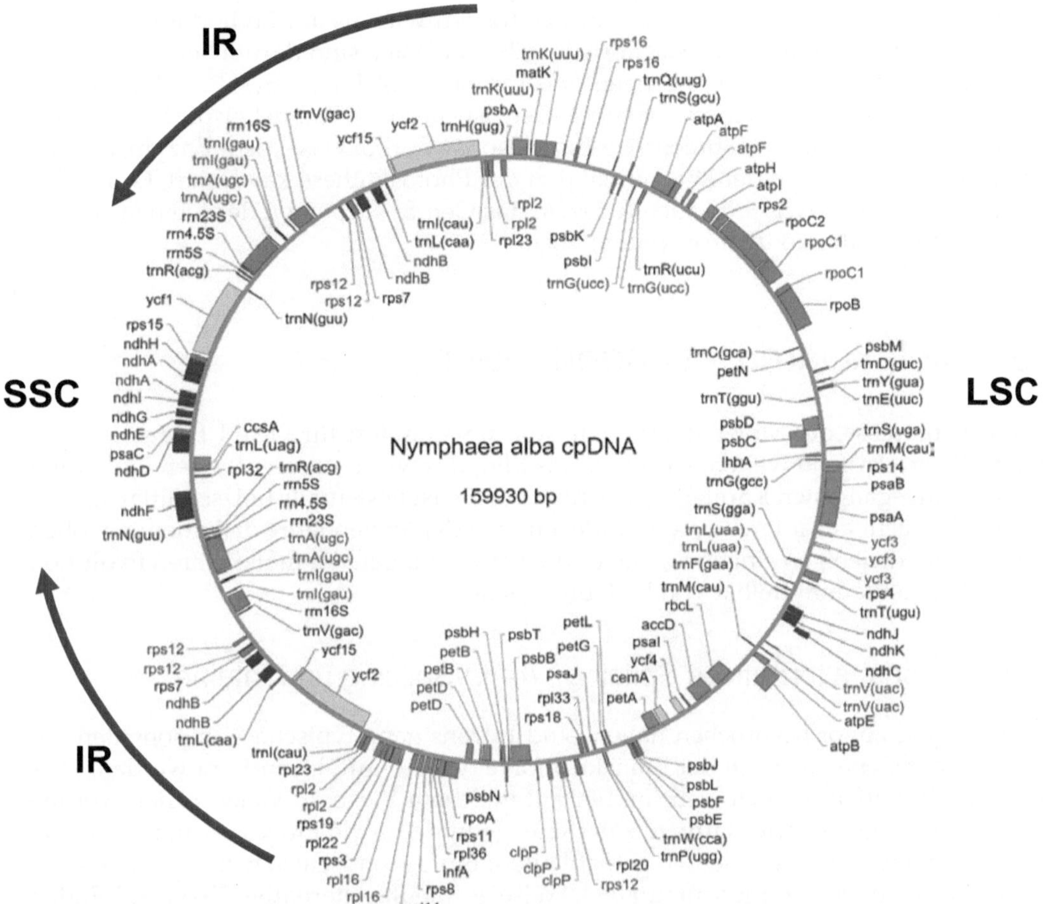

Abbildung 1.7 Das **Plastom** von *Nymphaea alba*, der weißen Seerose, ist ein typisches Beispiel für eine Chloroplasten-DNA in den Landpflanzen (Nachdruck der Genkarte aus Goremykin et al., 2004, mit freundlicher Genehmigung der Autoren und von Oxford University Press). Zusätzlich bezeichnet sind hier die ***Large Single Copy Region*** **(LSC)** und die ***Small Single Copy Region*** **(SSC)**, die durch zwei ***Inverted Repeats*** **(IR)** voneinander getrennt sind. Unterschiede durch Gentransfer in den Nukleus werden für die cpDNA der Landpflanzen viel seltener beobachtet als für ihre mtDNA. Ähnlich wie in der mtDNA findet man allerdings auch in Plastomen Gene für tRNAs (*trn*), für rRNAs (*rrn*) und für ribosomale Proteine (*rpl, rps*). Außerdem existieren Gene für Untereinheiten der Photosysteme I und II (*psa, psb*), für den Cytochrom-b6f-Komplex (*pet*), für eine RNA-Polymerase vom prokaryontischen Typus (*rpo*), für eine NADH-Dehydrogenase (*ndh*), für eine ATPase (*atp*), für eine Acteyl-CoA-Carboxylase (*acc*D), für eine ATP-abhängige Protease (*clp*P) und für die große Untereinheit der Ribulosebisphosphat-Carboxylase (*rbc*L). Gene auf der Innenseite des Ringes werden im Uhrzeigersinn, diejenigen auf der Außenseite gegen den Uhrzeigersinn transkribiert. Unterbrochene Genboxen zeigen Introns an. In der Evolution der Landpflanzen variiert die Ausdehnung der IRs beträchtlich, bei *Nymphaea* erstreckt sie sich von *trn*N, dem Gen für die tRNA für Asparagin, bis zu *rpl*2, dem Gen für Protein 2 in der großen Untereinheit des Ribosoms.

zwischen den Genen sind über PCR-Ansätze (denen wir uns am Ende dieses Kapitels widmen) leicht zugänglich. Viele Genorte im Chloroplasten sind darum bereits zur Aufklärung stammesgeschichtlicher Fragen und für eine molekulare Systematik im Pflanzenreich herangezogen worden. Das *rbc*L-Gen ist hier das Paradebeispiel. Es codiert die große Untereinheit der Ribulose-1,5-Bisphosphat-Carboxylase, dem Enzym, das die Kohlendioxidfixierung in der Dunkelreaktion der Photosynthese katalysiert. Große Datensätze existieren inzwischen auch für *rps*4, das Gen für Protein 4 der kleinen ribosomalen Untereinheit, und diverse weitere Loci.

1.6 Molekulare Besonderheiten

Neue Erkenntnisse der Molekularbiologie sind unverändert für viele Überraschungen gut und liefern laufend weitere Facetten. Das Bild, das wir in unserer kurzen Einleitung in den vorangegangenen Kapiteln gezeichnet haben, ist bestenfalls holzschnittartig. Wir können hier nicht alle interessanten Entdeckungen der letzten Jahre diskutieren, wollen aber doch auf diejenigen eingehen, die für die Betrachtungen der molekularen Evolution und Phylogenetik unmittelbar von Bedeutung sind.

1.6.1 Introns, alternatives Splicing, *Trans*-Splicing und Inteine

Wie wir schon zuvor besprochen haben, sind Introns ganz typische Komponenten eukaryontischer Gene, die nach der Transkription einer pre-mRNA entfernt werden. Dies geschieht aber offensichtlich nicht immer auf gleichem Wege: In vielen Fällen werden für ein Gen Ereignisse **alternativen Spleißens** gefunden – die Prozessierung einer pre-mRNA kann auf verschiedenen Wegen ablaufen. Ein Intron ist also nicht immer ein Intron oder es wird nicht immer auf nur eine Weise gespleißt. Alternative 5′- oder 3′-Enden sorgen für unterschiedlich lange Exons, die in der reifen mRNA verknüpft werden oder ganze Exons werden ausgelassen und andere neu eingefügt. So entstehen aus dem einen eukaryontischen Gen unterschiedlich gereifte mRNAs, die unterschiedliche Proteine codieren können. Das alternative Spleißen trägt so ganz offensichtlich zu einer erhöhten Diversität der hergestellten Proteine in der eukaryontischen Zelle bei.

Besondere Typen von Introns findet man in den Organellengenomen der Pflanzen und Pilze, also in der DNA der Chloroplasten und Mitochondrien. Sie werden mit **Gruppe I** und **Gruppe II-Introns** bezeichnet. Die Klassifizierung beruht auf ganz charakteristischen intramolekularen Basenpaarungen, die zu ebenso charakteristischen Sekundärstrukturfaltungen führen. Diese Introntypen bedienen sich zum Spleißen nicht des Spleißosoms. Verblüffenderweise sind zumindest einige Exemplare in beiden Gruppen **selbstspleißend** (engl. *self-splicing*) – sie entfernen sich autokatalytisch von selbst aus der prä-RNA, dem Primärtranskript. Die Arbeiten an dem zuerst identifizierten Gruppe I-Intron im Ciliaten *Tetrahymena* haben Thomas Cech den Nobelpreis eingebracht.

Gemeinsam mit den Arbeiten von Sidney Altman an einer anderen katalytischen RNA (der RNAse P, die das 5′-Ende von tRNAs prozessiert) wurden so die Grundlagen zu Spekulationen über eine **RNA-Welt** gelegt – ein Begriff, der auf Walter Gilbert zurückgeht (Tab. 1.1 auf Seite 5). Danach hat RNA in ihrer Doppelfunktion als gleichzeitiger

Träger von Information und Funktion bei der Entstehung des Lebens eine primäre Rolle vor dem Auftreten der DNA gespielt.

Beide Intronklassen, Gruppe I- und Gruppe II- Introns, scheinen evolutionär alt zu sein. Mitglieder beider Gruppen entdeckt man zunehmend auch in Bakterien. Diese Beobachtung ist ganz besonders interessant, weil Gruppe II-Introns in RNA-Struktur und Spleißmechanismus dem Spleißosom sehr ähneln. Die Idee, dass Gruppe II-Introns mit den endosymbiontischen Organellen Mitochondrium und Chloroplast die eukaryontische Zelle erreicht haben und dann nach Gentransfer in den Nukleus zu spleißosomalen Kernintrons und Spleißosom degenerierten, ist zumindest nicht völlig abwegig. Sie wird unterstützt durch eine weitere Besonderheit mancher Gruppe II-Introns, die sich als **Trans-Splicing** manifestiert: Manche Gruppe II-Introns sind in ihrer Kontinuität unterbrochen. In den Chloroplasten und Mitochondrien haben Rekombinationsereignisse dazu geführt, dass sich die eine Hälfte eines solchen Introns an einem Ort und die andere an einem weit entfernten befindet, dazwischen liegen diverse andere Gene. In den Mitochondrien der Landpflanzen sind sechs Gruppe II-Introns betroffen. In den Chloroplasten betrifft es ein Intron im *rps*12-Gen. In unseren Beispiel, dem Plastom von *Nymphaea* (Abb. 1.7 auf Seite 25) liegen zwei Exons des *rps*12-Gens vor dem *rps*7-Gen (auf den IRs etwa bei 7h30 und 10h30), ein drittes *rps*12-Exon liegt hinter dem *clp*P-Gen in der LSC-Region (etwa bei 5h30). Von den beiden Hälften des betroffenen Gens müssen unabhängige Transkripte gebildet werden, die sich *in trans* als zwei RNAs für den Spleißvorgang zusammenfinden müssen. Diese Beispiele demonstrieren sehr deutlich, dass die entscheidenden Komponenten für Spleißaktivität auf separate RNA-Moleküle verteilt werden können, ganz so wie die snRNAs (*small nuclear* RNAs) im Spleißosom. Beide Introntypen können **Leseraster für Proteine** codieren, die an der Vermittlung von **Intronmobilität** oder/und dem Spleißen beteiligt sind – **DNA-Endonukleasen** in den Gruppe I- und **Maturasen** in den Gruppe II-Introns. Maturasen sind typisch für Gruppe II-Introns in Bakterien, seltener in Pflanzenorganellen. Das *mat*K ist ein solcher Maturase-Locus in den Chloroplasten der Landpflanzen (bei 12 h in Abb. 1.7 auf Seite 25), der auch phylogenetisch genutzt wird (Abschnitt 7.4.1).

Dass dem molekularen Spieltrieb der Natur offensichtlich keine Grenzen gesetzt sind, demonstrieren eindrucksvoll auch die **Inteine**. Will man sie einfach definieren, könnte man sagen, es handelt sich um „Introns in Proteinen". Statt auf RNA-Ebene ein Intron zu entfernen, wird erst aus dem fertig synthetisierten Protein ein innerer Teil von Aminosäuresequenzen herausgeschnitten. Die zusammengefügten Teile des reifen Proteins werden folgerichtig als **Exteine** bezeichnet. Ein typisches Intein befindet sich beispielsweise in einer protonenpumpenden ATPase der Vakuole bei diversen Hefepilzen, aber auch in der DNA-Helicase einer Rotalge und in anderen Proteinen bei Cyanobakterien, Eubakterien und Bakteriophagen, sowie auch bei Archaea. Sollten Sie also zukünftig ein Protein finden, bei dem ein eigentümlicher, irgendwie überflüssiger Teil auftaucht, der aber ganz klar in der reifen mRNA so codiert ist, sollten Sie die Möglichkeit eines Inteins in Erwägung ziehen. Die Mechanismen des **Protein-Splicing** zu diskutieren, führt hier zu weit. Die aktuellen Entwicklungen und bekannten Beispiele sind aber sehr schön auf der Intein Website (`www.neb.com/neb/inteins.html`) der Firma *New England Biolabs* dokumentiert.

1.6.2 Gene auf Wanderschaft

Gene verbleiben nicht immer an ihrem Platz in ihrem Stammgenom, wie die Natur auf vielfältige Weise demonstriert. Die umfangreichen Gentransfers in den Nukleus über Milliarden von Jahren, die mit dem Wandel von einem eingewanderten α-Proteobakterium zu Mitochondrien und von einem Cyanobakterium zu Chloroplasten einhergingen, sind die ganz offensichtlichen Beispiele, die wir schon besprochen haben. Nicht immer ist ein Gentransfer funktional: In vielen Fällen sind nur Fragmente mitochondrialer oder chloroplastidärer Sequenzen oder intergenische Regionen in den Kerngenomen angesiedelt. Insbesondere in der Tierwelt wird von **NUMTs** (engl. *nuclear mitochondrial sequences*) gesprochen. Ähnlich sind die vielen Beispiele von Insertionen nukleärer oder chloroplastidärer DNA in den mitochondrialen Genomen der Pflanzen, die wir schon als promiske DNA erwähnt hatten.

Der häufige Transfer von genetischer Information zwischen Bakterien ist ebenso offensichtlich und eine leidvolle unmittelbare Erfahrung bei der Ausbreitung von Resistenzen gegen Antibiotika. Unter den bisher bekannten Übertragungen von Erbmaterial in der Natur über große Artdistanzen hinweg ist wohl der Transfer von genetischem Material (der T-DNA) aus dem *Agrobacterium tumefaciens* in Pflanzen der eindrucksvollste. Nach Gentransfer entwickeln die Pflanzen Tumore, die so genannten Wurzelhalsgallen. Die Pflanzenzellen stellen außerdem ihren Stoffwechsel auf die Ernährung des Bakteriums um. Dieses faszinierende Phänomen ist in den 1980er Jahren molekular verstanden und danach modifiziert worden (Tab. 1.1 auf Seite 5). Es dient inzwischen den molekularen Pflanzengenetikern als Standardverfahren, um effizient beliebige DNA in Pflanzen einzubringen, also **transgene Pflanzen** herzustellen, natürlich ohne Tumore zu erzeugen.

Weitere Hinweise auf **horizontalen Gentransfer (HGT)**, also die Übertragung von DNA über Artgrenzen hinweg, scheinen sich zu mehren. Dass DNA intakt in andere Zellen gelangen kann, ist klar, z. B. schlicht in die Zellen unserer Darmschleimhaut, die sich mit der täglichen Dosis einiger Gramm DNA in unserer Nahrung konfrontiert sieht. Auch, dass DNA in Zellen persistieren kann, ist prinzipiell gut möglich – allerdings werden solche sehr seltenen Einzelereignisse in aller Regel gar nicht bemerkt. Damit wir diese Ereignisse molekular wahrnehmen, muss bei vielzelligen Organismen die Keimbahn getroffen sein. Überzeugende Beispiele finden wir im Pflanzenreich: Ein mitochondriales Gruppe I-Intron, das offensichtlich pilzlichen Ursprungs ist, taucht sporadisch in Blütenpflanzen auf. Noch spektakulärer scheinen hier die jüngst berichteten Beispiele für den horizontalen Transfer mitochondrialer Gene zwischen gar nicht verwandten Pflanzenarten zu sein (s. Abschnitt 12.2.2 auf Seite 337). Mit Phänomenen des horizontalen Gentransfers ist die molekulare Phylogenetik natürlich auf eine harte Probe gestellt. Implizit nehmen wir an, dass DNA vertikal vererbt wird, also von Generation zu Generation über Zellteilung und die Verschmelzung von Gameten weitergegeben wird. Ein Gen aber, das von außen neu aus einer anderen Art eingebracht wird, macht einen Strich durch die Rechnung. Bis jetzt allerdings reden wir hier von zwar hoch interessanten, aber doch sehr, sehr seltenen Ereignissen, die mittels molekularer Phylogenetik überhaupt erst entdeckt werden können – nämlich wenn die Stammesgeschichte eines Genes eben nicht zur Stammesgeschichte des Organismus passt.

Schließlich sind die Genome sowohl in Prokaryonten wie auch in Eukaryonten Wirte für genetische Elemente, die ein Eigenleben führen. Für die Entdeckung der Transposons

A

```
  AAs  = FFLLSSSSYY**CC*WLLLLPPPPHHQQRRRRIIIMTTTTNNKKSSRRVVVVAAAADDEEGGGG
Starts = ---M---------------M---------------M----------------------------
Base1  = TTTTTTTTTTTTTTTTCCCCCCCCCCCCCCCCAAAAAAAAAAAAAAAAGGGGGGGGGGGGGGGG
Base2  = TTTTCCCCAAAAGGGGTTTTCCCCAAAAGGGGTTTTCCCCAAAAGGGGTTTTCCCCAAAAGGGG
Base3  = TCAGTCAGTCAGTCAGTCAGTCAGTCAGTCAGTCAGTCAGTCAGTCAGTCAGTCAGTCAGTCAG
```

B

```
  AAs  = FFLLSSSSYY**CCWWLLLLPPPPHHQQRRRRIIMMTTTTNNKKSS**VVVVAAAADDEEGGGG
Starts = --------------------------------MMMM---------------M------------
Base1  = TTTTTTTTTTTTTTTTCCCCCCCCCCCCCCCCAAAAAAAAAAAAAAAAGGGGGGGGGGGGGGGG
Base2  = TTTTCCCCAAAAGGGGTTTTCCCCAAAAGGGGTTTTCCCCAAAAGGGGTTTTCCCCAAAAGGGG
Base3  = TCAGTCAGTCAGTCAGTCAGTCAGTCAGTCAGTCAGTCAGTCAGTCAGTCAGTCAGTCAGTCAG
```

C

```
  AAs  = FFLLSSSSYY**CCWWTTTTPPPPHHQQRRRRIIMMTTTTNNKKSSRRVVVVAAAADDEEGGGG
Starts = ----------------------------------MM----------------------------
Base1  = TTTTTTTTTTTTTTTTCCCCCCCCCCCCCCCCAAAAAAAAAAAAAAAAGGGGGGGGGGGGGGGG
Base2  = TTTTCCCCAAAAGGGGTTTTCCCCAAAAGGGGTTTTCCCCAAAAGGGGTTTTCCCCAAAAGGGG
Base3  = TCAGTCAGTCAGTCAGTCAGTCAGTCAGTCAGTCAGTCAGTCAGTCAGTCAGTCAGTCAGTCAG
```

Abbildung 1.8 Die **Code-Tabellen** für den „universellen" genetischen Code (A), den genetischen Code in den Mitochondrien der Wirbeltiere (B) und in den Mitochondrien der Hefen (C). Jeweils unten angegeben sind die 64 möglichen Codon-Tripletts. Die oberste Zeile gibt die Aminosäureübersetzungen im 1-Buchstabe-Code an (AAs). In der Zwischenzeile sind mögliche Startcodons zur Initiation der Proteinbiosynthese angegeben, z.B. GTG neben ATN bei B, die aber im universellen Code nur sehr selten auftreten. Insgesamt existieren aktuell 17 verschiedene Codontabellen, die man unter `www.ncbi.nlm.nih.gov/Taxonomy/Utils/wprintgc.cgi` findet. Die verschiedenen Abweichungen vom universellen Code gelten in den allermeisten Fällen für Mitochondriengenome von Tieren, Pilzen und Protisten. Betroffen sind meist die Codons, in denen der universelle Code asymmetrisch ist, also in der ATN- und in der TGN-Codonfamilie (Abb. 1.2 auf Seite 10). Folgerichtig gibt es dann jeweils zwei statt nur einem Codon für Methionin und/oder Tryptophan und es wird auf ein Codon für Threonin oder Stop verzichtet. Bei den Transkripten aus dem Nukleus der Euplotida, einer Ciliatengruppe, allerdings codiert das UGA-Codon anstelle von STOP für Cystein. Auch die AGR-Codons, die im universellen Code für Arginin stehen, sind oft von Sinnänderungen betroffen. Anstelle von Stop (wie in den Mitochondrien der Vertebraten) codieren sie Serin in den Invertebraten oder Glycin in manchen Tunicaten. Bekannt ist außerdem die Sinnänderung von Lysin zu Asparagin in den Mitochondrien der Platyhelminthes.

im Mais (Zea mays) hat Barbara McClintock (*16.06.1902, †02.09.1992) den Nobelpreis erhalten. Inzwischen kennen wir die verschiedensten Typen „transposabler" Elemente. Insbesondere Retrotransposons, die sich über ein RNA-Intermediat verbreiten, tragen oft ganz erheblich zum Anwachsen der Genomgrößen in Eukaryonten bei. In Einzelfällen können auch sie phylogenetische Erkenntnisse liefern (Kap. 12).

1.6.3 Der doch nicht ganz so universelle genetische Code

Biologie als Wissenschaft der Ausnahmen zu betrachten, mag zynisch klingen, ist aber einfach nicht falsch. Der genetische Code (Abb. 1.2 auf Seite 10) ist in seiner Universalität beeindruckend und ermöglicht natürlich erst, dass ein Gen aus dem Frosch eben auch in den Tabak eingebracht werden kann und dort auch funktioniert und andersherum ebenso. Die Ausnahmen zu ignorieren, so isoliert sie auch sein mögen, wäre allerdings ignorant und fatal.

Die augenfälligste Abweichung vom universellen genetischen Code tragen wir mit uns. In den Mitochondrien in unseren Zellen werden Gene etwas anders als im Cytoplasma übersetzt, und dies gilt für die Mitochondrien in allen anderen Wirbeltieren genauso. Neben ATG ist ATA in den Mitochondrien ein alternatives Methionin-Codon (nicht mehr ein Isoleucin-Codon) und TGA ist ein alternatives Tryptophan-Codon (nicht mehr ein Stopcodon). AGA und AGG wiederum sind Stopcodons geworden, sie codieren nicht mehr Arginin wie im universellen Code. Eine einfache Schreibweise der abweichenden Codon-Tabellen ist in Abbildung 1.8 auf der vorherigen Seite dargestellt. In diesen ist mit M bezeichnet, welche Codons (außer ATG) alternativ als Startcodons der Translation verwendet werden können. Im universellen genetischen Code ist die Verwendung von anderen Codons (CTG oder TTG) zum Start der Translation sehr selten, im mitochondrialen Code der Vertebraten hingegen sind ATH und GTG als alternative Startcodons durchaus üblich. In den kleinen Mitochondriengenomen können manche Codons schlicht auch gar nicht vorkommen, dies gilt z.B. für die CGM-Codons in Hefemitochondrien, die für Arginin codieren könnten. Neben der Änderung betreffend ATA- und TGA-Codons genau wie in den Vertebraten-Mitochondrien codieren in den Mitochondrien der Hefe die CTN-Codons abweichend für Threonin (Abb. 1.8C). In einigen Fällen klären sich Vermutungen, dass in einem Genom ein anderer genetischer Code verwendet wird, allerdings auf ganz andere Art und Weise. In den Mitochondrien der Pflanzen wurde beispielsweise vermutet, das CGG statt für Arginin für Tryptophan codieren muss, weil man dieses Codon an Positionen fand, wo in den entsprechenden Proteinen anderer Organismen immer ein Tryptophan auftauchte. Dieses Rätsel löste sich mit der Entdeckung des RNA-Editing: Die genetische Information wird auf Ebene der RNA korrigiert.

1.6.4 RNA-Editing

Auf eigentümliche Weise wird in manchen Fällen die Information der DNA nach der Transkription auf Ebene der RNA verändert. Im Falle pflanzlicher Mitochondrien wird vielfach ein Cytidin-Nukleotid gegen ein Uridin-Nukleotid ausgetauscht. Dieses ist keinesfalls ein seltenes Ereignis, die Transkripte in den Mitochondrien einer Blütenpflanze werden durchaus an rund 500 Positionen auf diese Weise modifiziert. Betroffen sind alle denkbaren Codons, und so werden häufig Prolin-Codons zu Leucin-, Serin- oder Phenylalanin-Codons, Startcodons können aus Threonin-Codons entstehen und Stopcodons aus Arginin- oder Glutamin-Codons (s. Abb. 1.2 auf Seite 10). Manche Landpflanzen betreiben RNA-Editing in noch viel stärkerem Maße als die Blütenpflanzen und kehren den Vorgang auch um – aus Uridinen werden Cytidine. Der gleiche Prozess ist auch, wenngleich in geringerer Häufigkeit, in den Chloroplasten der Landpflanzen zu finden. Für eine eindeutige Vorhersage der Proteine, die in den Mitochondrien und Chloroplasten der Pflanzen codiert sind, müssen also eigentlich immer die RNA- und nicht die DNA-Sequenzen herangezogen werden. In einigen Fällen werden auch außerhalb der proteincodierenden Regionen, in tRNAs und in Introns, Ereignisse von RNA-Editing gefunden.

Der Begriff **RNA-Editing** wurde bereits früher für ein anderes Phänomen geprägt. Die Transkripte in den Mitochondrien der **Trypanosomen** (Erreger der Schlafkrankheit) tauschen Nukleotide nicht aus, sondern sie inserieren oder deletieren Uridin-Nukleotide. Auch hier gilt, dass RNA-Editing der Herstellung der korrekten genetischen Information dient. Erst nach dem Einfügen und Deletieren der Nukleotide entsteht hier überhaupt das funktionsfähige Leseraster.

Einige andere Beispiele für RNA-Editing wurden beschrieben, sogar beim Menschen gibt es welche: Die mRNA für unser Apolipoprotein B wird im Dünndarm mit einem C-zu-U-Austausch so verändert, dass ein Stopcodon eingeführt wird und damit spezifisch eine kürzere Variante des Proteins entsteht als in der Leber. Die mRNAs für einige Glutamatrezeptoren werden nukleotidspezifisch durch die scheinbare Verwandlung von Adenin in Guanin verändert. (Tatsächlich wird Adenin in Inosin verwandelt, das eigentlich gar nicht in der RNA vorkommen sollte, dann aber wie G gelesen wird.)

Für die Betrachtungen des RNA-Editing gilt ähnliches wie für die abweichenden genetischen Codes, die wir oben besprochen haben. Eigentlich handelt es sich um exotische Phänomene, aber in einem bestimmten Organismus und Kompartiment hat das Phänomen eine ganz ausgeprägte Bedeutung, wie eben RNA-Editing in den Mitochondrien der Pflanzen oder der abweichende genetische Code in den Mitochondrien der Tiere.

1.6.5 Aminosäuren 21, 22, ...

Natürlich kann es auf dem molekularen Experimentierfeld der Evolution nicht ausbleiben, dass die Identitäten der 64 Codon-Tripletts nicht nur in ihrer Bedeutung vertauscht werden, sondern unter Umständen sogar ganz *neue* Bedeutungen annehmen. Selenocystein wird als 21. Aminosäure bezeichnet. Sie wird in bestimmten RNA-Umgebungen in Proteine eingebaut, wenn eigentlich ein UGA-Stopcodon (opal) vorgefunden wird. Mit dem Pyrrolysin wurde zuletzt ein weiteres Beispiel, die 22. proteinogene Aminosäure, beschrieben. Es wird an der Position des UAG-Stopcodons (amber) in Methyltransferasen von Methanobakterien (Archaea) eingebaut. Während eine Umwandlung zu Selenocystein erst an der beladenen tRNA stattfindet und die Aminosäure selbst nicht als freier Metabolit in der Zelle auftaucht, existiert Pyrrolysin frei in den Zellen und wird von einer spezifischen Aminoacyl-tRNA-Synthetase eingebaut. So existiert also eine eigene tRNAPyl mit einem CUA-Anticodon. Diese beiden Beispiele können nach aktuellem Stand der Erkenntnis aber tatsächlich als exotische Ausnahmen gelten. Es ist noch kein Organismus oder Organell bekannt, in dem *regelmäßig* andere als die 20 typischen, proteinogenen Aminosäuren in Proteine eingebaut werden. Allerdings eröffnet die Möglichkeit, auch andere Aminosäuren als die 20 üblichen in einem Zellsystem in Proteine einzubauen, natürlich interessante Optionen für biotechnologische Anwendungen.

1.6.6 RNAi und die Definition des Gens

Die Definition des Gens als ein DNA-Abschnitt, von dem eine mRNA transkribiert wird, die in ein Protein übersetzt wird, ist eine ganz gute erste Annäherung. Wir dürfen aber nicht vergessen, dass nicht alle transkribierten RNAs als mRNA an den Ribosomen translatiert werden. Als **rRNAs** oder als **tRNAs** erfüllen sie ihre Funktion unmittelbar als strukturelle Nukleinsäure in der Proteinbiosynthese. Sie selbst werden *nicht* translatiert, aber auch für sie gibt es Gene. Auch die kleinen **snRNAs** (*small nuclear* RNAs) erfüllen ihre Funktion beim Spleißen von pre-mRNA direkt als RNA in der Zelle (s. Abschnitt 1.3 auf Seite 14). Andere kleine RNAs treten als sequenzspezifische *Antisense*-Moleküle in Aktion, indem sie gegensinnig, also invertiert, mit Bereichen von anderen RNA-Molekülen paaren: Die *small nucleolar* RNAs (**snoRNAs**) dirigieren so im Nukleolus chemische Modifikationen bei der Reifung von rRNAs; die *guide* RNAs (**gRNAs**) bestimmen in Trypanosomen die Orte des RNA-Editings (s. Abschnitt 1.6.4 auf Seite 30). Eine neues, ungeheuer schnell expandierendes Forschungsfeld der letzten Jahre betrifft weitere kleine „Antisense"-RNA-Moleküle: **miRNA** (engl. *micro RNAs*) und **siRNA** (engl. *small interfering RNAs*) und piRNAs (engl. *piwi-interacting RNAs*). Diese kleinen RNAs (aus 20-30 Nukleotiden) entstehen durch Prozessierung von RNAs mit Nukleasen, die Namen wie DICER und DROSHA tragen. Nach Bindung an die so genannten Argonaut-Proteine bewirken sie in der Zelle über komplexe Mechanismen die Inaktivierung der Genexpression durch Behinderung der Translation oder Abbau einer betroffenen mRNA. Solche Phänomene werden jetzt allgemein als **RNAi** für **RNA-Interferenz** bezeichnet (Tab. 1.1 auf Seite 5). Sind nun die Orte in der DNA, von denen siRNAs, miRNAs oder piRNAs ausgehen, Gene? Eher ja, denn Aktivität oder Passivität an solchen Loci kann natürlich ganz deutliche phänotypische Auswirkungen haben. Unsere aktualisierte, universelle Gebrauchsdefinition eines Gens muss dann auch nicht sehr komplex ausfallen: ein Gen ist ein DNA-Bereich, von dem ein Transkript gebildet wird – sei es mRNA, rRNA, tRNA, snRNA, snoRNA, gRNA, miRNA, siRNA oder piRNA.

1.7 Die Werkzeugkiste der Gentechnologie

Gentechnologie ist inzwischen über 30 Jahre alt (Tab. 1.1 auf Seite 5). Das grundlegende Methodenspektrum der Gentechnologie umfasst Möglichkeiten, DNA zu isolieren, zu zerlegen, neu zusammenzusetzen, in Größe und Menge nachzuweisen und in einer **Transformation** in neue Organismen einzuführen. Schließlich will man die Nukleotidsequenz einer DNA oder eines ganzen Genoms in Erfahrung bringen. Vor allem das Zerlegen und Zusammenfügen, also die Herstellung **rekombinanter DNA**, war natürlich unmittelbar an die Isolierung von Enzymen gebunden, die diese Aufgaben erledigen.

1.7.1 Molekulare Klonierungen und Elektrophoresen

Nukleinsäuren aus Organismen zu gewinnen, ist ein recht einfacher Vorgang. Der rein mechanische Aufschluss des Zellmaterials, z.B. in einem Mörser, wird von einem chemischen Aufschluss in einem Puffer begleitet, der in der Regel ein Detergens enthält, mit dem Membranen aufgelöst und Proteine denaturiert werden. Pflanzenzellen sind wegen ihrer Zellwände etwas hartnäckiger als tierische Zellen, aber ein Aufschluss für einige Minuten in warmem Puffer, der das Detergens CTAB (Cetyltrimethylammoniumbromid) enthält, funktioniert auch hier in der Regel gut. Aus dem Zellaufschluss lassen sich viele Komponenten (Proteine, Lipide, Chlorophyll etc.) durch Extrahieren mit Phenol und Chloroform entfernen. Nukleinsäuren in der wässrigen Phase werden mit Alkohol gefällt und der Nukleinsäureniederschlag (das Pellet) wird nach Zentrifugation in einem Puffer aufgenommen.

Moderne Molekularbiologie, die Rekombination von DNA und damit letztendlich die Gentechnologie waren mit der Entdeckung von Enzymen verbunden, die Reaktionen an Nukleinsäuren durchführen. Ein doppelsträngiges DNA-Molekül kann durch spezifische **DNA-Endonukleasen**, die so genannten **Restriktionsenzyme**, geschnitten werden. Ihr Name geht mit dem biologischen Hintergrund einher: Bakterien haben Restriktionsenzyme entwickelt, um sich gegen eindringende Bakteriophagen-DNA zu wehren und so das Wachstum von Phagen zu *restringieren*. Besondere Bedeutung in der Molekularbiologie haben Restriktionsenzyme gewonnen, die unmittelbar *innerhalb* ihrer kurzen, spezifischen Erkennungssequenzen die DNA zerschneiden (so genannte Typ II Restriktionsendonukleasen). Ein Enzym wie *Pst*I, das aus dem Bakterium *Pseudomonas stuartii* gewonnen wird, schneidet einen DNA-Strang hochspezifisch in der Sequenz CTG-CAG, ein anderes wie *Eco*RI aus *Escherichia coli* in der Sequenz GAATTC, ein drittes wie *Sma*I aus *Serratia marcescens* in der Sequenz CCCGGG (Abb. 1.9 auf der nächsten Seite). Den Enzymen gemeinsam ist eine Punktsymmetrie der Erkennungssequenz (ein **Palindrom**): auf dem Gegenstrang der DNA steht unter Beachtung der umgedrehten 5′-3′-Orientierung die gleiche Sequenz (Abb. 1.9). Der DNA-Doppelstrang kann in unterschiedlicher Weise geschnitten werden, so dass stumpfe Enden wie im Falle von *Sma*I entstehen, oder aber so, dass durch einen versetzten Schnitt DNA-Fragmente mit überhängenden 3′-Enden (bei *Pst*I) oder überhängenden 5′-Enden entstehen (wie bei *Eco*RI). Solche überhängenden Enden können nur mit anderen dazu passenden Überhängen auf anderen DNA-Fragmenten zusammengefügt werden. Neben den genannten Enzymen mit Hexamer-Erkennungsmotiven existieren andere mit kürzeren Erkennungssequenzen, z.B. GATC bei *Sau*3A, oder längeren wie z.B. GCGGCCGC bei *Not*I.

Die Entdeckung und Charakterisierung von bakteriellen **Plasmiden** (Tab. 1.1 auf Seite 5) war eine ganz entscheidende Grundlage zur weiteren Entwicklung der Molekularbiologie und schließlich der Gentechnik. Diese ringförmigen DNA-Moleküle existieren in vielen Bakterien neben dem Bakterienchromosom, oft in erhöhter Kopienzahl und mit ihrer eigenen, unabhängigen Replikation. Plasmide tragen häufig Resistenzen gegen Antibiotika und werden manchmal zwischen verwandten Bakterienstämmen leicht übertragen.

Molekulare Klonierungen in Plasmide von *Escherichia coli* haben die Grundlagen der Gentechnologie gelegt und sind ganz unverändert ein zentraler Standard in molekularbiologischen und gentechnischen Laboren (Abb. 1.9 auf der nächsten Seite). Das erste Plasmid, das weite Verwendung für molekulare Klonierungen fand, war pBR322.

DNA-Fragmente werden mit **Ligasen** (beispielsweise der T4-DNA-Ligase, benannt nach dem Bakteriophagen T4) zusammengefügt. In einer solchen **Ligation** können DNAs aus verschiedenen Quellen miteinander verknüpft werden. Allerdings würde sich bei dem Beispiel in der Abbildung 1.9 auf der nächsten Seite das Plasmid eher in einer monomolekularen Reaktion einfach wieder schließen statt Spender-DNA aufzunehmen. Diese Religation kann vermieden werden, indem das aufgeschnittene Plasmid mit einer Phosphatase (wie z.B. der CIP, der *Calf Intestine Phosphatase*) behandelt wird. So werden die endständigen, freien 5′-Phosphatgruppen entfernt, die bei dem Schneiden der DNA entstanden sind. Die Ausbildung von Phosphodiesterbindungen kann dann nur noch durch das Einfügen der zu klonierenden Spender-DNA erfolgen. Entscheidend für das Einbringen solch einer rekombinierten DNA in eine Zielzelle, die so genannte **Transformation**, ist, dass sich das im Reagenzglas zusammengefügte, rekombinante DNA-Molekül in der Zielzelle auch vermehren kann. Hierfür tragen Plasmide für ihre autonome Replikation einen **ori**, einen *origin of replication* (Abb. 1.9). Neu ins Plasmid eingefügte DNA wird mitrepliziert und kann durchaus in der neuen Umgebung auch exprimiert, also in Protein umgesetzt werden.

Zur Transformation werden kompetente Zellen eingesetzt – Bakterien, die nach einer chemische Vorbehandlung (z.B. mit Calciumchlorid) während eines Temperaturerhö-

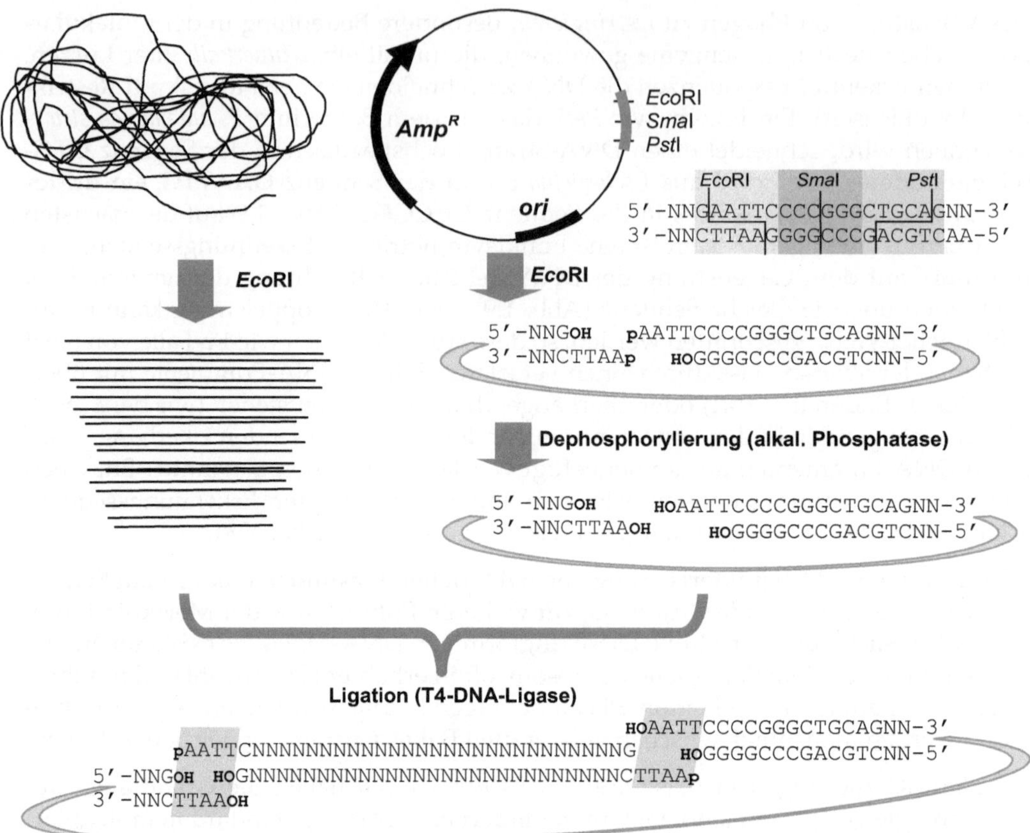

Abbildung 1.9 Molekulare **Klonierung** in Plasmidvektoren (rechts) als Standardverfahren der Molekularbiologie. DNA kann mit Restriktionsenzymen an deren Erkennungsstellen spezifisch geschnitten werden. Beispiele sind für die Erkennungsstellen der drei Enzyme *Eco*RI, *Sma*I und *Pst*I dargestellt. Durch den vier Nukleotide versetzten Schnitt auf den beiden Einzelsträngen der DNA entstehen bei *Eco*RI freie 5'-überhängende Enden. Die Verknüpfung mit zu klonierender Spender-DNA (links), die mit einem passenden Restriktionsenzym zerlegt wurde, erfolgt mit einer DNA-Ligase. Um die Selbstligation des Vektors zu verhindern, können die endständigen 5'-Phosphatgruppen mit einer Phosphatase (alkal. Phosphatase, CIP, *Calf Intestine Phosphatase*) entfernt werden. Nach der Verknüpfung in der Ligation wird das Produkt in die Zielzellen transformiert. Unverzichtbare Bestandteile eines Plasmidvektors sind ein Replikationsursprung (*origin of replication*, ori), der in der Zielzelle für die Initiation der Replikation funktionieren muss, sowie ein Merkmal, anhand dessen leicht auf die Aufnahme des Plasmids selektiert werden kann. Dies ist in aller Regel eine Resistenz gegen ein Antibiotikum, das dann dem Medium zugegeben wird - hier die Ampicillinresistenz Amp^R.

hungsschritts (*heat shock*) DNA aufnehmen. Eine alternative, inzwischen weit verbreitete Methode, ist die Elektroporation, bei der die Bakterien währen eines kurzen Spannungsstoßes von etwa 2500 V DNA aufnehmen. Weil die Transformation in jedem Fall ein nicht sehr effizienter Prozess ist, muss man unbedingt die wenigen, gewünschten Zellen, die ein Plasmid aufgenommen haben, leicht identifizieren können. Dazu hilft ein Merkmal, das die Träger des Plasmids leicht erkennen lässt. Meist wird hierzu eine plasmidcodier-

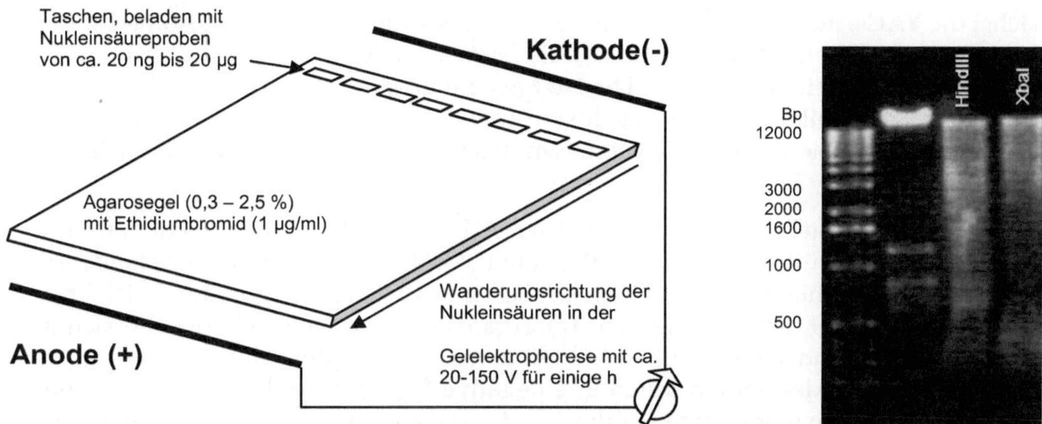

Abbildung 1.10 Die **Agarosegelelektrophorese** ist eine Routinemethode, um Nukleinsäuren auf Qualität, Menge und Molekülgröße hin zu untersuchen. Links ist schematisch der Aufbau dargestellt. Agarose wird durch Aufkochen im Elektrophoresepuffer gelöst und in eine Form gegossen. Ein Taschenformer sorgt dafür, dass beim Erkalten zur Gelmatrix Taschen für die Beladung mit den Nukleinsäureproben ausgespart werden. Ethidiumbromid wird den Proben oder der Agarose zugesetzt, so dass Nukleinsäuren bei UV-Belichtung sichtbar orange fluoreszieren. Ein typisches Gelbild ist rechts dargestellt. In der ersten Spur ist ein Größenstandard mit einem Gemisch von DNA-Fragmenten bekannter Größe aufgetragen. Die zweite Spur zeigt eine typische Nukleinsäurepräparation, hier aus pflanzlichem Material. Neben einer deutlichen Bande von sehr hohem Molekulargewicht aus rein mechanisch fragmentierter DNA sieht man zwei weitere Banden für die 28S und die 18S rRNA, die stöchiometrisch in der Zelle dominieren. Aufgrund ihrer Sekundärstruktur laufen die rRNAs hier schneller als ein DNA-Molekül gleicher Länge und ihre Größen können nicht anhand des Standards abgeschätzt werden. Nach einer Spaltung der DNA mit verschiedenen Restriktionsendonukleasen (dritte und vierte Spur) entsteht ein großes Spektrum von Fragmenten unterschiedlichster Größen, die in ihrer Gesamtheit das Genom repräsentieren. Im Einzelfall zeichnen sich hier einzelne Banden stärker ab, bei denen es sich um die stöchiometrisch überrepräsentierte DNA der Organellen handelt.

te Resistenz gegen ein Antibiotikum wie Ampicillin, Gentamycin, Kanamycin, Rifampicin, Spectinomycin oder Tetracyclin verwendet. Nur diejenigen Bakterien, bei denen eine erfolgreiche Transformation stattgefunden hat, können in Gegenwart des Antibiotikums wachsen.

Neben dem klassischen Verfahren molekularer Klonierung über Restriktionsspaltung und Ligation findet ein alternatives Verfahren, das auf direkter Rekombination zweier DNA-Moleküle basiert, zunehmend Anwendung. Hierzu wurde das Rekombinationssystem des Bakteriophagen Lambda nutzbar gemacht, mit dem der Bakteriophage in das Genom von *Escherichia coli* integrieren kann. Das Konzept ist unter dem Handelsnamen GATEWAY™ auf dem Markt. Die Klonierung in Plasmide ist eine einfache Routinemethode, findet aber zum einen ihre Begrenzung in der Größe der zu klonierenden DNA (bis etwa 20 kBp) und zum anderen, weil Plasmide kein geeigneter **Vektor** sind, um DNA in eukaryontische Zellen einzubringen. Für die Transformation tierischer Zellen werden häufig virale Transformationssysteme verwendet, bei Pflanzen spielt der *Agrobacterium*-vermittelte Gentransfer der **T-DNA** die Hauptrolle. Größere DNA-Fragmente werden in Lambda-Phagen oder den daraus abgeleiteten Cosmiden oder Fosmiden (bis etwa 40 kBp) kloniert. Für die Klonierung noch weit größerer DNA-Fragmente wurden zunächst die **YACs**, die *Yeast Artificial Chromosomes*, also künstliche Chromosomen in der Hefe, entwickelt. Ihnen folgten die **BACs**, die *Bacterial Artificial Chromosomes*, die recht breite Verwendung gefunden haben. Die letztgenannten sind prinzipiell Abkömmlinge besonders großer stabiler Plasmide, die Insertgrößen um 100 kBp tragen können. Klonbanken aus BAC-Klonen sind für diverse Genomsequenzierungsprojekte ein wichtiges Hilfsmittel gewesen.

Nukleinsäuren müssen bei den verschiedensten Arbeitsschritten immer wieder auf ihre Beschaffenheit überprüft werden, also auf Qualität, Größe und Menge der entstandenen Fragmente. Dies geschieht routinemäßig, einfach und kostengünstig in der Gelelektrophorese (Abb. 1.10 auf der vorherigen Seite). Agarose ist ein Polysaccharid, das sich in heißem Puffer löst und dann beim Abkühlen erstarrt. Es entsteht das Agarosegel, eine Matrix, in der Nukleinsäuren durch ihre negative Eigenladung beim Anlegen einer elektrischen Spannung in Richtung auf die Anode zu wandern. Kleinere DNA-Moleküle wandern schneller, größere langsamer durch die Gelmatrix, und so resultiert eine Auftrennung abhängig von den Molekülgrößen. Die DNA-Fragmente lassen sich im Gel ganz leicht durch die Anfärbung mit Ethidiumbromid sichtbar machen. Diese Substanz lagert sich zwischen den planar ausgerichteten Nukleotidbasen an (sie *interkaliert*) und fluoresziert nach Anregung durch UV-Licht orange.

1.7.2 PCR – die molekulare Kettenreaktion

Eine echte Revolution hat das molekularbiologische Arbeiten in der Mitte der 1980er Jahre durch die Technik der Polymerasekettenreaktion (**PCR**, engl. *Polymerase Chain Reaction*) erfahren, für die Kary Mullis den Nobelpreis erhalten hat (Tab. 1.1 auf Seite 5). Liegen erst einmal bestimmte Sequenzinformationen vor, oder können diese abgeschätzt werden, ist seitdem der Weg zum Gen von Interesse viel einfacher geworden. Stellen wir uns ein Protein vor, das zwei konservierte Sequenzregionen hat, die bei diversen Arten nur wenige Aminosäureaustausche zeigen (Abb. 1.11 auf der nächsten Seite). Aus konservierten Sequenzmotiven von etwa sieben (oder mehr) Aminosäuren können wir durch Rückübersetzungen auf eine DNA-Sequenz von 21 (oder mehr) Nukleotiden schließen. Dabei ist natürlich von Vorteil, wenn die konservierten Regionen möglichst Aminosäuren mit geringer Codonvariabilität enthalten – besonders wünschenswert sind also die ein-eindeutigen Aminosäuren Methionin oder Tryptophan, wenig wünschenswert sind die Aminosäuren Arginin, Leucin oder Serin mit je sechs Codonoptionen (Abb. 1.2). In Abbildung 1.11 ist die Proteinsequenz des menschlichen Histon-3-Proteins dargestellt. Die Proteinsequenzen der Histone sind extrem konserviert, aber auch sehr reich an Arginin (R), das in unterschiedlichen Genen ganz unterschiedlich codiert sein kann. Zwei Regionen des Gens sind hervorgehoben, aus denen durch Rückübersetzungen die Nukleotidsequenzen abgeleitet und im IUPAC *Ambiguity Code* (s. Tab. 1.2 auf Seite 11) gefasst sind. Oligonukleotide mit den gewünschten Sequenzen werden – genau wie zur Didesoxysequenzierung (Abschnitt 1.7.3) – chemisch synthetisiert, für die variablen Positionen wird ein Gemisch der jeweiligen Nukleotide zur Synthese eingesetzt. Wichtig ist, die 5′-3′ Orientierungen zu beachten, damit die Orientierungen der Oligonukleotide aufeinander zu laufen. Für das stromabwärts gelegene Oligonukleotid bedeutet das eine revers-komplementäre Orientierung zur Leserichtung der Codons im Protein (Abb. 1.11 auf der nächsten Seite).

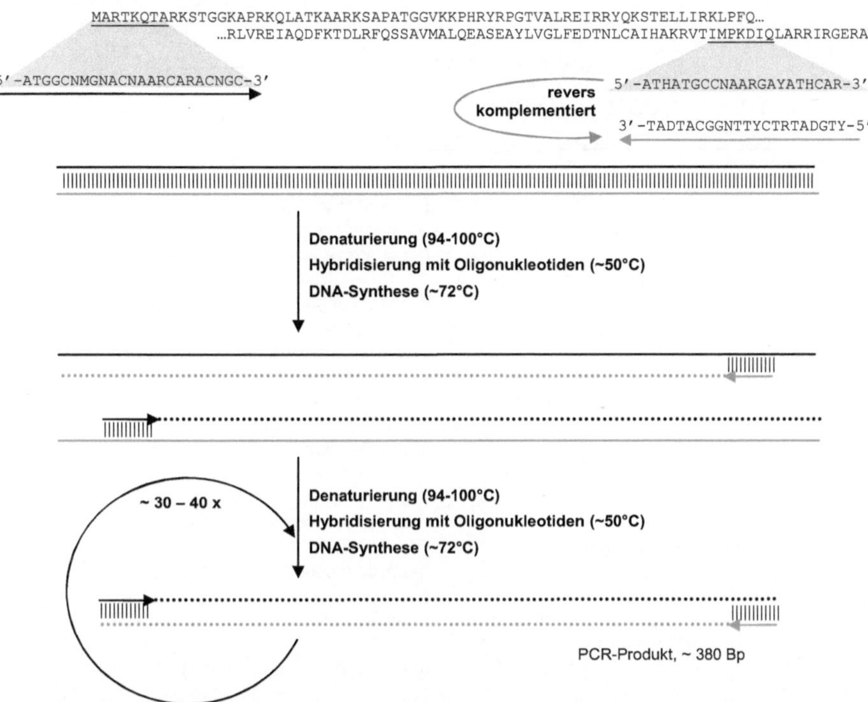

Abbildung 1.11 Das Prinzip der Polymerasekettenreaktion (**PCR**). Für konservierte Genregionen werden Oligonukleotide als *Primer* zum Start einer DNA-Neusynthese abgeleitet (grau hinterlegt), die in ihren Leserichtungen aufeinander zu laufen. Hier sind mögliche *Primer* am Beispiel des humanen Histon-3-Gens gezeigt. Nach Hitzedenaturierung einer Ziel-DNA kann durch schnelles Abkühlen eine Hybridisierung der Primer mit der Ziel-DNA erreicht werden. Die Neusynthese erfolgt mit hitzestabilen DNA-Polymerasen (z.B. Taq, Pfu oder Pwo). Die Schritte Denaturierung, Hybridisierung und DNA-Synthese werden zyklisch wiederholt. Ab dem zweiten Zyklus entsteht ein PCR-Produkt, das in seiner Länge durch den Abstand der beiden Oligonukleotidbindestellen definiert ist.

Das Prinzip der Polymerasekettenreaktion ist im unteren Teil der Abbildung dargestellt. Die Ziel-DNA (die *Template*-DNA) wird durch Erhitzen in Gegenwart der Oligonukleotide denaturiert. Bei der Abkühlung lagern sich die Oligonukleotide an Regionen an, mit denen sie Wasserstoffbrücken ausbilden können, und können dann als Starter (*Primer*) dienen, an denen im nächsten Schritt die Neusynthese von DNA ansetzen kann. Weil in den folgenden Schritten zyklisch immer wieder durch den Hitzeschritt zur DNA-Denaturierung gegangen wird, war für die Automatisierung des Verfahrens die Entdeckung hitzestabiler DNA-Polymerasen höchst hilfreich. Heute verbreitet eingesetzt werden die *Taq*-Polymerase aus *Thermos aquaticus*, die *Pwo*-Polymerase aus *Pyrococcus woesii* und die *Pfu*-Polymerase aus *Pyrococcus furiosus*.

1.7.3 DNA-Sequenzierung

Ganz entscheidend für die Molekularbiologie generell und natürlich für die molekulare Phylogenetik im Besonderen ist die Bestimmung der Nukleotidsequenz eines gegebenen

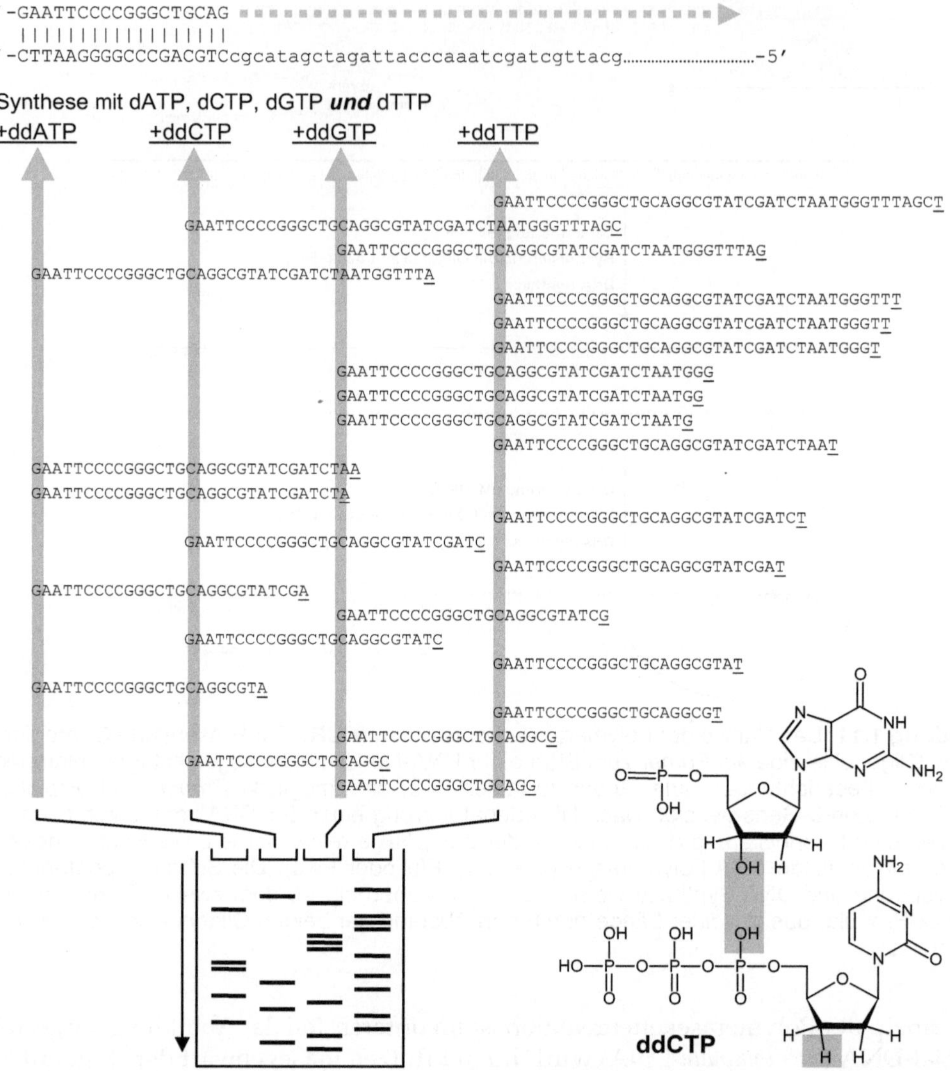

Abbildung 1.12 Didesoxymethode der DNA-Sequenzierung. Jede DNA-Synthese benötigt einen kurzen Doppelstrangabschnitt, um mit der Neusynthese zu starten. Hierzu werden Oligonukleotide chemisch synthetisiert, die in einem bekannten, flankierenden Sequenzbereich (meist dem Plasmidvektor) durch Hybridisierung ansetzen können (ganz oben). In vier Ansätzen werden zur Neusynthese außer den vier Bausteinen der Synthese (dNTPs) auch *je ein* Didesoxynukleotid hinzugefügt. Ein Didesoxynukleotid kann unter Ausbildung einer Phosphodiesterbindung noch in die Kette eingebaut werden (unten rechts, grau hinterlegt). Danach allerdings steht keine OH-Gruppe in 3'Position mehr zur Verfügung, um die Kette weiter zu verlängern. Die entstandenen Reaktionsprodukte, die heute meist durch eine fluoreszierende Gruppe (in Primer oder Nukleotiden) markiert sind, werden chromatographisch oder, wie hier dargestellt, in einer Polyacrylamidgelelektrophorese aufgetrennt. Da die kleineren Moleküle schneller den Detektor erreichen, kann die wachsende Sequenz automatisch am Computer eingelesen werden. Die Leistungsfähigkeit liegt aktuell bei etwa 1000 lesbaren Nukleotiden in einer Sequenzreaktion.

DNA-Abschnitts. Hierzu war Ende der 1970er Jahre Frederick Sanger und Kollegen ein Geniestreich gelungen. Die Synthese neuer DNA war seit den grundlegenden Arbeiten von Arthur Kornberg zur DNA-Polymerase schon lange möglich (Tab. 1.1 auf Seite 5). Eine DNA-Polymerase benötigt zu ihrer Arbeit erstens Nukleotide als Bausteine, zweitens einen einzelnen DNA-Strang, um ihn als Vorlage zu Synthese eines neuen Stranges zu verwenden, und drittens ein kurzes **Oligonukleotid** als Startermolekül (engl. ***Primer***), das als gepaartes Hybrid an dem Vorlagestrang ermöglicht, mit dem Einfügen weiterer Nukleotide anzusetzen. Oligonukleotide mit gewünschten Sequenzen können preisgünstig und effizient chemisch synthetisiert werden. Allein, aus der Synthese neuer DNA würden wir noch keine DNA-Sequenz erhalten können. Das Prinzip der Didesoxysequenzierung basiert darauf, dass die Synthesereaktion in vier Ansätze aufgeteilt wird (Abb. 1.12 auf der vorherigen Seite).

In jeden der Ansätze wird nun außer den normalen Desoxynukleotiden zur Neusynthese *jeweils ein* Didesoxynukleotid zugefügt (ddATP, ddCTP, ddGTP oder ddTT), das außer an der 2'-Position der Ribose auch an der 3'-Position statt einer OH-Gruppe nur ein H-Atom trägt (Abb. 1.12 auf der Seite gegenüber, unten rechts). Nun wird in jedem der Ansätze nach dem Zufallsprinzip in der Regel das passende Desoxynukleotid, manchmal aber auch ein passendes **Didesoxynukleotid** eingebaut. Dann bricht die weitere DNA-Synthese des Stranges ab, weil keine weiteren Nukleotide mehr angeknüpft werden können. Im Endergebnis erhalten wir also eine Population von unterschiedlich großen Molekülen, die zufallsverteilt mit dem Kettenabbruch eine Position wiedergeben, an der die entsprechende Sequenzposition mit dem jeweiligen Nukleotid vertreten ist. In der Summe über alle vier Ansätze mit den vier Didesoxynukleotiden sollten wir also alle möglichen Moleküle erhalten die sich in der Länge in jeweils einem Nukleotid unterscheiden. Erforderlich ist nun noch ein Trennsystem mit hoher Auflösungsqualität – eine DNA-Kette von 719 Nukleotiden sollte noch von einer anderen mit 718 Nukleotiden unterschieden werden können. Hierzu wurden zunächst Polyacrylamidgele verwendet, inzwischen werden meist leistungsfähige chromatographische Kapillarsysteme eingesetzt. Schließlich müssen die neu synthetisierten Moleküle noch detektierbar gemacht werden. Dazu wurde zunächst ein radioaktiv markiertes Nukleotid verwendet, inzwischen ist dieser Ansatz fast vollkommen durch Fluoreszenzmarkierung ersetzt. Dieser Schritt war auch der entscheidende zur Automatisierung der Verfahren, denn so können die Moleküle ganz automatisch nach Anregung von einem Photodetektor identifiziert werden. Eine weitere Vereinfachung wurde schließlich durch spezifische unterschiedliche Fluoreszenzmarkierungen für die vier Didesoxynukleotidansätze erreicht. So müssen die vier Ansätze nicht separat, sondern können gemeinsam aufgetrennt werden. Leseweiten um die 1000 Nukleotide ausgehend von einer Sequenzreaktion sind inzwischen Standard.

DNA-Sequenzen, die mit dem Didesoxyverfahren ermittelt worden sind, dominieren aktuell in den Datenbanken noch bei weitem, aber das wird sich vermutlich schon mittelfristig ändern. Seit 2005 sind alternative Methoden auf dem Vormarsch, die sehr schnell weite Verbreitung finden, weil sie durch massive Parallelisierung extrem schnell und kostengünstig arbeiten. Drei neue Sequenzierungsplattformen sind bereits kommerziell realisiert: **Solexa** (von Illumina), **SOLiD** (von ABI) und die **454** Sequenzierer (bereits in der zweiten Generation). Hinter letzteren steckt der Erfindungsgeist von Jonathan Rothberg, der dazu 454 Life Sciences gegründet hat, das inzwischen schon von Roche übernommen ist. Hinter dem neuen Konzept des ***454 Sequencing*** steckt das Stichwort Pyrosequenzierung. Anders als bei der klassischen Didesoxysequenzierung werden hier nicht mehr die Produkte der Sequenzierungsreaktionen analysiert, sondern man schaut den Enzymen direkt bei der Arbeit zu (Abb. 1.13 auf der nächsten Seite). Im Reaktionsansatz sind außer einer DNA-Polymerase gleich drei weitere Enzyme enthalten: Eine Sulfurylase, eine Luciferase und eine Apyrase. Der wichtigste Unterschied ist nun, dass die Nukleotide nicht gleichzeitig hinzugegeben werden sondern immer wieder sukzessive im gleichen Zyklus. In jedem Schritt wird dann beobachtet, ob etwas passiert. Nur wenn ein Nukleotid eingebaut wird, läuft eine Reaktionsfolge ab: Das beim Einbau in die DNA freigesetzte Pyrophosphat (ppi, Diphosphat) wird von der Sulfurylase verwendet, um Adenosinphosphosulfat (APS) in Adenosintriphosphat (ATP) zu verwandeln. Das entstandene ATP wird nun von der Luciferase eingesetzt, um mit dem vorliegenden Substrat Luciferin eine Biolumineszenz zu erzeugen, die mit einem sensitiven Videochip registriert werden kann. Im resultierenden **Pyrogramm** wird also immer registriert, wann im repetitiven Zyklus über die vier Nukleotide ein Einbau erfolgt. Die Stärke des Lichtsignals sollte dabei bei einer Homonukleotidabfolge (also einer Reihe identischer Nukleotide) der Anzahl der eingebauten Nukleotide proportional sein. Hier liegt noch eine Schwäche der neuen Methodik: Lange Homonukleotidabfolgen bereiten Probleme mit der Proportionalität des Signals. Wichtig ist in jedem Fall, dass jeweils unverbrauchte Nukleotide in jedem Schritt abgebaut werden, damit kein Fehlsignal in den nächsten Zyklus verschleppt wird – dazu dient die Apyrase. Die Leseweiten der einzelnen Reaktionen einer Pyrosequenzierung waren mit knapp 100 Basen bei der neuen Methode zunächst noch beträchtlich kürzer als beim etablierten Didesoxyverfahren, liegen aber inzwischen schon bei 200-300 Basen. Der ungeheure Zuwachs an Sequenzierungsgeschwindigkeit bei erheblich gesenkten Kosten liegt an der massiven Parallelisierung von über einer Million Sequenzreaktionen gleichzeitig. Dazu wurden beim *454 Sequencing* einige sehr raffinierte Ideen kombiniert. Die zu sequenzierende DNA (z.B. direkt aus einem Organismus isoliert, ohne eine vorangegangene Klonierung!) wird mechanisch geschert und an den Enden mit Adaptor-Oligonukleotiden versehen. So befinden sich an den Enden bekannte Sequenzen, die bei einer folgenden PCR im Mikromaßstab wichtig werden. Die DNA-Moleküle werden zunächst an DNA *microbeads* gebunden, kleine „Perlen", die im Überschuss angeboten werden, damit immer nur 1 Fragment pro Perle bindet. Die DNA-tragenden Perlen werden dann in einer Wasser-in-Öl Emulsion mit allen Reagenzien für eine PCR suspendiert, und schließlich werden die DNA-Fragmente in einer hochparallelen **Emulsions-PCR** (emPCR) in diesen Mikroreaktoren (Wassertröpfchen von ca. 100 μm Durchmesser) amplifiziert. Nach Aufbrechen der Emulsion werden die *DNA beads* auf die winzigen Vertiefungen (mehr als 1 Million) eines Rasters (letztlich eine quergeschnittene Glasfaseroptik) verteilt. Die Vertiefungen sind nur wenig größer als die Perlen, die ihren Platz dort finden, wo nun die eigentliche Pyrosequenzierung stattfindet. Die Enzyme werden ebenfalls auf winzigen Kügelchen immobilisiert, zugegeben, und dann werden die Nukleotide und anderen Reagenzien zyklisch hinzugefügt, wobei eine sensitive Kamera für über eine Million Reaktionen parallel die jeweiligen Signale aufnimmt. Ein einziger Experimentator kann damit im Prinzip bei experimentell perfektem Ablauf ein Bakteriengenom von 2 MBp in knapp zwei Tagen und einem einzigen Maschinenlauf von nur einigen Stunden mit vielfacher Redundanz komplett sequenzieren.

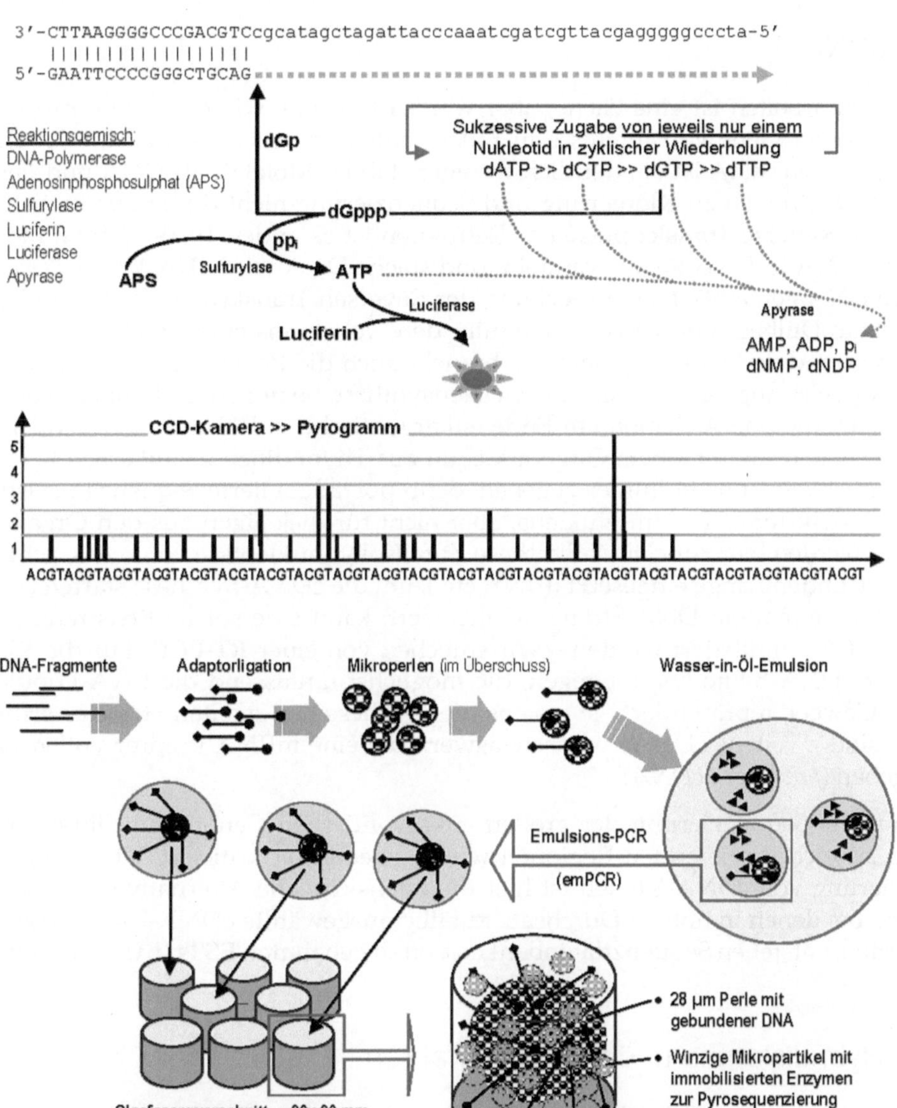

Abbildung 1.13 „454“-Sequenzierung. Im oberen Teil ist an dem gleichen Beispiel, das wir schon für die Didesoxysequenzierung verwendet haben, das Prinzip der **Pyrosequenzierung** erläutert. Bei Einbau eines passenden Nukleotids wird ein Lichtsignal nach einer Reaktionskaskade unter Beteiligung von Sulfurylase und Luciferase registriert. Durch den Zyklus der Zugabe von jeweils nur einem Nukleotid in der immer gleichen Reihenfolge wird ein Pyrogramm erhalten, in dem die Signalstärke bei Homonukleotidabfolgen der Anzahl der eingebauten Nukleotide proportional ist bzw. sein sollte. Der extreme Zuwachs an Geschwindigkeit bei gleichzeitiger Kostensenkung ergibt sich aus einer massiven Parallelisierung der Sequenzreaktionen im Mikromaßstab, bei der über eine Million Sequenzen parallel in den winzigen Vertiefungen einer quergeschnittenen Glasfaseroptik ermittelt werden (unten). Gescherte genomische DNA wird für jede der Reaktionen an DNA-bindenden Perlen in einer ebenfalls massiv parallelen Emulsions-PCR amplifiziert.

1.7.4 cDNA

Mit DNA zu arbeiten ist eine Sache, aber wer wissen will, wie die reifen, prozessierten RNAs seiner Gene von Interesse in Eukaryonten aussehen, ist auf die Arbeit mit RNA angewiesen. RNA ist ein deutlich weniger stabiles Molekül als DNA und den besprochenen Methoden zu Klonierung und Sequenzierung nicht direkt zugänglich. Mit dem Enzym **Reverse Transkriptase** der Retroviren ist es in den 1970er Jahren möglich geworden, RNA in DNA zu verwandeln, und solche DNA wird **cDNA** (*complementary* oder *copy* DNA genannt). Die Entdeckung der Reversen Transkriptase hat David Baltimore, Renato Dulbecco und Howard Temin den Nobelpreis eingebracht (Tab. 1.1 auf Seite 5). Wie andere DNA-Polymerasen, braucht auch die Reverse Transkriptase einen kurzen Doppelstrangbereich, um mit der Neusynthese beginnen zu können. Hier bietet es sich an, die polyA-Region am Ende eukaryontischer mRNAs zu verwenden, um an diesen Sequenzen mit einem Oligonukleotid aus Thymidinen zu ankern, z.B. $(dT)_{18}$. Diese Möglichkeit ist nicht immer gegeben, denn polyadenylierte Sequenzen existieren zwar für Transkripte aus dem Nukleus, aber nicht für diejenigen aus den Organellen. Alternativ werden hier zur cDNA-Synthese Zufallsoligonukleotide von sechs, acht oder mehr Nukleotiden Länge eingesetzt ($(dN)_8$ etc.), um die cDNA-Synthese starten zu können. Ist erst einmal ein DNA-Strang synthetisiert, kann eine solche Erststrang-cDNA mit einer PCR amplifiziert werden – wir sprechen von einer **RT-PCR**. Für die Klonierung einer cDNA-Bibliothek hingegen, die möglichst umfassend die RNA-Population in einem Gewebe repräsentiert, ist erstens die Synthese des zweiten Stranges erforderlich und sind zweitens cDNAs wünschenswert, die eine mRNA in ihrer vollen Länge wiedergeben (*full length cDNA*).

Die komplette Sequenzierung der großen eukaryontischen Genome mit ihren großen Anteilen an nicht-codierenden Regionen wurde wiederholt kritisiert. Die umfassende Sequenzierung von cDNA-Klonen ist hier die offensichtliche Alternative. Aus solchen Projekten, bei denen in hohem Durchsatz zufällig ausgewählte cDNA-Klone ansequenziert werden, entstehen Sequenzdatenbanken von so genannten **ESTs** (*Expressed Sequence Tags*).

1.7.5 Hybridisierung und Blottingverfahren

Die Polymerasekettenreaktion hat viele experimentelle Ansätze auf der Suche nach dem Wunschgen oder einer anderen DNA von Interesse extrem abgekürzt. Unverändert von Bedeutung sind aber Ansätze mit denen ähnliche („homologe") Nukleotidsequenzen schnell und umfassend in ganzen Genomen gefunden werden können. Die Paarungsfähigkeit von einzelsträngigen Nukleinsäuren miteinander über spezifische Basenpaarungen macht man sich auch hier in verschiedenen Verfahren zu nutze. Allen gemein ist, dass Nukleinsäuren, die an einem **festen Träger** immobilisiert sind, mit einer frei beweglichen **Nukleinsäure-Sonde** (engl. *probe*) identifiziert werden. Die Sonde muss natürlich zur Identifizierung **markiert** sein. Außer der klassischen, radioaktiven Markierung (meist mit dem Phosphorisotop P^{32}) sind auch hier, wie in der Didesoxysequenzierung, fluoreszenzmarkierte Gruppen inzwischen weit verbreitet. In ihrer ursprünglichen Form dienen solche Hybridisierungen dazu, „homologe" oder besser: ähnliche Nukleotidsequenzen aufzuspüren. Bei einem ***Southern Blot*** wird dazu die geschnittene DNA aus einer oder mehreren Quellen in der Gelelektrophorese (Abb. 1.10 auf Seite 35) aufgetrennt und danach 1:1 auf eine **Nylonmembran** übertragen und fixiert. Mit einer radioaktiv markierten Sonde bekannter Identität können die DNA-Fragmente mit identischer oder sehr ähnlicher Sequenz identifiziert werden.

Wird RNA anstelle von DNA in der Gelelektrophorese aufgetrennt und dann für eine nachfolgende Hybridisierung auf eine Membran übertragen und fixiert, sprechen wir vom ***Northern Blot***. Hier dient die Hybridisierung natürlich dazu, in einer RNA-Präparation aus einem bestimmten Gewebe ein Transkript zu identifizieren und in seiner Größe zu charakterisieren.

In der **Koloniehybridisierung** werden bakterielle Klone identifiziert, die nach einer Schrotschussklonierung (engl. *shotgun cloning*), wie der in Abbildung 1.9 auf Seite 34 angedeuteten, ein gewünschtes Plasmid tragen. Bakterienkolonien werden dazu ebenfalls 1:1 auf eine Membran übertragen, aufgeschlossen und fixiert. Mit einer spezifisch markierten Sonde kann der gewünschte bakterielle Klon identifiziert werden. Dies ist ein oft gegangener klassischer Weg gewesen, um in Genbanken das Gen von Interesse zu identifizieren.

Von hoch aktueller Bedeutung sind so genannte ***Arrays*** oder (in ihrer miniaturisierten Form) so genannte ***Microarrays*** oder ***Chips***, die ausgewählte (oder sogar alle) Gene eines Organismus tragen. Solche Microarrays werden eingesetzt, um ein **Transkriptom** zu beschreiben. In gewissem Sinne wird hier das Verfahren umgedreht: Spezifische Sequenzen, die Gene eindeutig charakterisieren (z.B. ein Satz an spezifischen, synthetischen Oligonukleotiden, die in ihren Sequenzen den jeweiligen Genen entsprechen) sind rasterförmig auf einem Träger fixiert. RNA, die aus einem spezifischen Gewebe isoliert und in fluoreszenzmarkierte cDNA umgewandelt wurde (oder auch direkt markiert wurde), kann dann als Population verschiedenster markierter Sonden zur Hybridisierung eingesetzt werden. So kann dann genomweit der Transkriptionszustand aller Gene in einem bestimmten Gewebe, zu einem bestimmten Entwicklungsstadium oder auch im Vergleich zwischen verschiedenen Individuen, festgestellt werden.

1.8 Leseempfehlungen

Die Molekularbiologie ist unverändert eine Wissenschaft, die jährlich diverse neue Überraschungen bringt. Eines der besten, umfassenden Lehrbücher ist *„Molecular Biology of the Cell"* von Bruce Alberts & Kollegen (2007). Einen einfachen Einstieg im WWW bietet `www.dnaftb.org/dnaftb/` oder der *Science Primer* des NCBI: `www.ncbi.nlm.nih.gov/About/primer/genetics_genome.html`. Eine leider nicht mehr aktuelle WWW-Adresse mit Übersicht über abgeschlossene und laufende Genomprojekte ist das *„Genome News Network"* unter `www.genomenewsnetwork.org/`, aktueller ist `http://en.wikipedia.org/wiki/List_of_sequenced_eukaryotic_genomes`. Das Standardwerk zu molekularen Methoden ist *„Molecular Cloning: A Laboratory Manual"* von Joseph Sambrook & David Russell (2001, inzwischen dreibändig, hervorgegangen aus dem *„Maniatis"*). Ein lesenswertes Buch für den Einstieg in molekularbiologische Methoden ist auch Cornel Mülhardts *„Der Experimentator: Molekularbiologie/ Genomics"* (2006). Wer sich für die Historie der wichtigen Entdeckungen und der eigenwilligen beteiligten Charaktere bei der Entstehung der Molekularbiologie als eigener Disziplin interessiert, dem sei das Buch

„The Eighth Day of Creation“ von Horace Freeland Judson (1996) wärmstens empfohlen. Auch James Watson selbst hat aus der Perspektive eines maßgeblich Beteiligten diverse, sehr unterhaltsame Bücher über die Anfänge der Molekularbiologie geschrieben, darunter *„Double Helix“* (1968), *„Genes, Girls and Gamov“* (2001) und *„DNA. The secret of life“* (2003). Nicht zuletzt wegen der verniedlichenden Darstellung von Rosalind Franklin ist vor allem das erste Buch kritisiert worden und hat Anne Sayre zu ihrem Buch *„Rosalind Franklin and DNA“* (1975) motiviert. Im letzten Jahr (2007) ist von James Watson *„Avoid boring (other) people“* erschienen, das sich gleichsam als erster Teil einer Autobiographie fabelhaft in die Reihe seiner vorhergegangen Bücher einreiht. Von Francis Crick stammt *„What mad pursuit“* (1988). Ein sehr lesenswertes, aktuelles Buch über die molekularen Grundlagen menschlicher Erbkrankheiten und genetische Fehlentwicklungen ist *„Tanz der Gene“* von Armand Marie Leroi (2004). Großhans und Filipowicz (2008) schließlich geben eine sehr gute, knappe und aktuelle Übersicht über das momentan rasant expandierende Feld der RNA-Interferenz.

2 Evolution, Taxonomie, Kladistik und Phylogenetik

„Es gibt einhundertdreiundneunzig Arten heute lebender Affen, Tieraffen (wie Meerkatze und Pavian) und Menschenaffen (wie Gorilla, Schimpanse und Orang-Utan). Bei einhundertzweiundneunzig ist der Körper mit Haar bedeckt; die einzige Ausnahme bildet ein nackter Affe, der sich selbst den Namen Homo sapiens *gegeben hat. Dieser ebenso ungewöhnliche wie äußerst erfolgreiche Affe verbringt seine Zeit damit, sich über seine hohen Zielsetzungen den Kopf zu zerbrechen, und eine gleiche Menge Zeit damit, dass er geflissentlich über seine elementaren Antriebe hinwegsieht"*

Desmond Morris in *Der nackte Affe* (Übers. v. Fritz Bolle, 1968)

Es wird überliefert, dass die Veröffentlichung von Darwins Evolutionstheorie im 19. Jahrhundert von der Gattin des Bischofs von Worcester mit den Worten kommentiert worden sei: *„Descended from apes! My dear, let us hope it is not so; but if it is, let us hope that it does not become generally known"*. Fast 150 Jahre sind bis heute vergangen und bei einigen unserer Zeitgenossen scheinen noch ganz ähnliche Denkmuster die Weltsicht zu bestimmen. Die Evolutionstheorie ist heute so wenig bloße Hypothese wie die Relativitätstheorie oder die Endosymbiontentheorie. Unzählige Belege und Befunde stützen die Richtigkeit außerhalb jeden möglichen Zweifels. Molekulare Daten haben dazu beigetragen und tun dies weiterhin und in steigendem Maße. Die biologische Disziplin der Taxonomie hat durch sie frischen Wind erfahren, denn nun scheint die Aufklärung verbleibender stammesgeschichtlicher Fragen in greifbare Nähe zu rücken. Trivial sind molekulare Phylogenetik und Systematik allerdings nicht – gute Daten und gute Analysen sind, wie immer in der Wissenschaft, der Schlüssel zum Erfolg.

Übersicht

2.1 Evolution

Der Name **Charles Darwin** (*12.02.1809, †19.04.1882) und der Begriff **Evolution** sind sicher in den meisten Köpfen untrennbar miteinander verknüpft. Darwins Expeditionen im Laufe der Weltumsegelung der HMS Beagle von Dezember 1831 bis Oktober 1836 sind legendär, ebenso sein Hauptwerk *„On the origin of species by means of natural selection or the preservation of favoured races in the struggle for life"*, das bereits am Tage seines Erscheinens am 24. November 1859 ausverkauft war. Zweifelsfrei gehört das dort vorgestellte Ideengebäude der Evolution biologischer Arten zu den größten Erkenntnissen der Biologie, eher sogar der Naturwissenschaften überhaupt. Allerdings sind Darwins Arbeiten und Erkenntnisse unbedingt im Zusammenhang mit denen anderer Zeitgenossen zu sehen. Zumindest Alfred Russell **Wallace** (*08.01.1823, †07.11.1913) gehört zu den Personen, die hier genannt werden müssen. Wallace hat viele fundamentale Gedanken unabhängig von Darwin gehabt und beide haben ihre Einsichten und Theorien bereits parallel im August 1858 vorgestellt – übrigens noch ohne von Evolution zu sprechen, dieser Begriff taucht erst in späteren Ausgaben von *„Origin of species"* auf. Glücklicherweise standen Darwin und Wallace nicht in strenger Konkurrenz sondern dank ihrer eher bescheidenen und sachlichen Wesensarten im kollegialen und fruchtbaren Gedankenaustausch. Ihre einzelnen Beiträge abzuwägen, ist daher eher müßig, wenn man sich auch wünschen könnte, dass die Leistungen von Wallace stärker gewürdigt wären. Nach dem Tode Darwins hat Wallace sogar für die Evolutionstheorie den Begriff Darwinismus geprägt und 1889 sein Buch *„Darwinism. An exposition to the theory of natural selection with some of its applications"* veröffentlicht. Vermutlich war es Darwin mit den *„Origin of species"* einfach am besten gelungen, in gut aufgearbeiteter, zeitgerechter Form mit vielen Beispielen und Belegen ein überzeugendes, kohärentes Gedankengebäude aufzustellen und sofort einer breiten Öffentlichkeit zugänglich zu machen.

Darwin nennt in seinem *historical sketch* zu Beginn einer späteren Ausgabe von *„Origin of species"* viele Namen von Naturforschern wie z.B. Buch, Goethe, Grant, Haldemann, Matthew, d'Omalius, d'Halloy, Rafinesque und Wells, die bereits vor ihm auf eine Veränderlichkeit der biologischen Arten hingewiesen hatten. Jean-Baptiste de **Lamarck** (*01.08.1744, †28.12.1829) hat diese Veränderlichkeit erstmals sehr klar dargelegt, wenn er auch die Ursachen teleologisch und damit falsch interpretiert hatte. Vorstellungen wie die, dass ein Giraffenhals durch Ausstrecken länger wird und die so erworbene Eigenschaft an die Nachkommen weitergegeben wird, werden inzwischen eher abwertend mit dem Begriff **Lamarckismus** bezeichnet. Die Versuche, solch irrige Vorstellungen insbesondere in der Landwirtschaft und zum Teil mit katastrophalen Folgen umzusetzen, sind vor allem mit dem Namen Trofim **Lyssenko**, des politisch einflussreichsten Biologen zu Zeiten Stalins, verbunden.

Unbedingt Erwähnung für die geistigen Strömungen zu Charles Darwins Zeiten verdient sein eigener Großvater, der Arzt, Dichter und Naturforscher **Erasmus Darwin** (*12.12.1731, †18.04.1802). Wegen seines späteren, exzentrischen Lebensstils war Großvater Erasmus nicht unbedingt wohlgelitten im Elternhaus von Charles Darwin. Tatsächlich wurde Charles Darwin auf die Arbeiten seines Großvaters erst von seinem Mentor, dem Zoologen Robert Grant, in Edinburgh aufmerksam gemacht. Erasmus Darwin hat in fast gespenstischer Weise evolutionäre Einsichten in seinem Gedicht *„The temple of nature"* vorweggenommen, das erst posthum veröffentlich wurde:

Organic life beneath the shoreless waves
Was born and nurs'd in ocean's pearly caves
First forms minute, unseen by spheric glass
Move on the mud, or pierce the watery mass
These, as successive generations bloom
New powers acquire and larger limbs assume
Whence countless groups of vegetation spring
And breathing realms of fin and feet and wing.

Zum Zeitpunkt seiner Beagle-Expedition war insbesondere das gerade erschienene Buch *„Principles of Geology"* des englischen Geologen Charles **Lyell** (*14.11.1797, †22.02.1875) für Darwin von großem Einfluss. Die darin beschriebenen, geologisch jungen Veränderungen der Erdkruste nämlich konnte Darwin bei der Umsegelung Südamerikas selbst nachvollziehen. Die offensichtlichen Veränderungen der Erdoberfläche waren eine der Grundlagen für die Hypothesen über die Veränderlichkeit der Arten. Auch die damals bekannten Fossilien waren natürlich wichtige Komponenten des Darwinschen Gedankengebäudes. Der französische Naturforscher Georges **Cuvier** (*23.08.1769, †13.05.1832) hatte das Tierreich in vier Formen eingeteilt, die er die Glieder-, Wirbel-, Weich- und Strahlentiere nannte: Articulata, Vertebrata, Mollusca und Radiata. Vor allem aber hatte er damals bekannte Fossilien als Überreste von Arten interpretiert, die in erdgeschichtlichen Katastrophen ausgestorben waren und gilt daher als (einer) der Begründer der Paläontologie als eigener Wissenschaft.

Die Evolutionstheorie wurde natürlich nach Darwin und Wallace von vielen anderen Wissenschaftlern und Naturforschern im 20. Jahrhundert erweitert, wenn auch ihre Prinzipien weitgehend unangetastet geblieben sind. Zu den prominenten Namen, die hier unbedingt zu nennen sind, gehören Theodosius **Dobzhansky** (*25.01.1900, †18.12.1975), Ronald Aylmer **Fisher** (*17.02.1890, †29.07.1962), John Burdon Sanderson **Haldane** (*05.11.1892, †01.12.1964), Julian **Huxley** (*22.06.1887, †14.02.1975), Ernst **Mayr** (*05.07.1904, †03.02.2005), Bernhard **Rensch** (*21.01.1900, †04.04.1990), George Gaylord **Simpson** (*16.06.1902, †06.10.1984), George Ledyard **Stebbins** (*06.01.1906, †19.01.2000), August **Weismann** (*17.01.1834, †05.11.1914) und Sewall **Wright** (*21.12.1889, †03.03.1988). Mit ihren Arbeiten wurden die Weichen für einen Neodarwinismus und schließlich zwischen 1930–1950 für die **synthetische Evolutionstheorie** gestellt, die das Gedankengebäude der Evolution mit den Erkenntnissen der Genetik verknüpft. Diese „moderne Synthese" hat Julian Huxley 1942 in seinem Buch Ëvolution: The modern synthesisßusammengefasst.

Dem Schöpfer der Grundgesetze genetischer Vererbung, Johann Gregor Mendel (s. Kap. 1), war als Zeitgenossen Darwins für seine Erkenntnisse kaum ein Bruchteil der Aufmerksamkeit zuteil geworden, die Darwin genossen hat. So ist die Verknüpfung des Namens Mendel mit der Genetik vermutlich in weit weniger Köpfen präsent als die des Namens Darwin mit dem Begriff der Evolution.

Insbesondere Dobzhansky war dafür prädestiniert, Genetik und Evolutionstheorie zusammenzuführen. Er arbeitete nach seiner Emigration von Russland in die USA im Jahr 1927 über die Genetik der Fruchtfliege (*Drosophila*) im Labor von Thomas Hunt Morgan (s. Kap. 1). Mit seinem Buch *„Genetics and the origin of species"* stellte Dobzhansky 1937 einen Eckpfeiler der synthetischen Evolutionstheorie auf. Auf ihn und vor allem

Abbildung 2.1 Zeitgenössische Karikatur des 19. Jahrhunderts mit Darwins Kopf auf einem Affenkörper.

Mayr geht ein **biologisches Artkonzept** zurück, das eine Art (eine **Spezies**) als sexuelle Fortpflanzungsgemeinschaft begreift, die von anderen Organismen reproduktiv isoliert ist. Als Zoologe konnte Mayr mit seinem Konzept der räumlichen Trennung von Populationen mit nachfolgender reproduktiver Isolation die so genannte **allopatrische Artbildung** erklären. Stebbins hat als Botaniker der **sympatrischen Artbildung**, bei der keine räumliche Trennung vorausgeht, für Pflanzen ebenso großes Gewicht beigemessen. Er hat die bei Pflanzen so häufigen Hybridisierungsereignisse, insbesondere durch Polyploidisierung (s. Abschnitt 1.4 auf Seite 21), hervorgehoben. Nicht zuletzt haben im späten 20. Jahrhundert zwei Biologen besonders gut verstanden, mit populärwissenschaftlichen Darstellungen die Konzepte der Evolution auch vielen interessierten Laien zugänglich zu machen: Stephen Jay **Gould** (*10.09.1941, †20.05.2002) hat dabei mit Büchern wie *„Wonderful life"* versucht, den Irrtum auszuräumen, dass Evolution immer Fortschritt sei. Richard **Dawkins** hat vor allem mit seinem Buch *„The selfish gene"* provokative Denkanstöße gegeben.

Die Idee der Evolution wurde seit Anbeginn oft mit dem lapidaren Satz „Der Mensch stammt vom Affen ab" zusammengefasst. Der weithin bekannte zeitgenössische Cartoon von 1871 mit dem ehrwürdigen Kopf des älteren Darwin auf einem Schimpansenkörper greift dies grafisch auf (Abb. 2.1). Der Satz ist natürlich sinnentstellend einfach, denn entsprechend könnte gelten: „Der Affe stammt vom Menschen ab", oder „Der Mensch stammt vom Blumenkohl ab". Die Grundbotschaft aber ist natürlich richtig: Arten gehen aus anderen Arten hervor und sind nicht, wie in der biblischen Schöpfungsgeschichte zu lesen, stabile Einheiten und schon gar nicht zu einem gemeinsamen Zeitpunkt entstanden. Insofern ist der Schimpanse vielleicht der nächste lebende Verwandte des Menschen, beide stammen aber nicht „voneinander" ab sondern gehen auf einen unmittelbaren gemeinsamen, ausgestorbenen, Vorfahren zurück, der einen eigenen Namen verdient.

Die Ähnlichkeiten zwischen manchen eng verwandten lebenden Arten, und die Ähnlichkeiten lebender Arten mit Fossilien, waren von vornherein wichtige Argumente und Komponenten im Gedankengebäude der **Evolutionstheorie**. Von besonderer Bedeutung waren aber vor allem auch die Variabilitäten innerhalb von Arten, wie sie sich zum Beispiel bei Zuchtformen von Tieren und Pflanzen, bei Haustieren oder zwischen Rassen offenbaren. So stützt sich die Theorie zur Evolution biologischer Arten auf fünf zentrale Einsichten:

1. In einer **Population** gibt es eine mehr oder weniger erhebliche **Variation** der Merkmale ihrer Individuen (des **Phänotyps**).
2. Zumindest ein Teil dieser Variabilität ist **erblich** (bedingt durch den **Genotyp**) und wird an die Nachkommen weitergegeben.
3. Es werden in der Regel mehr Nachkommen hervorgebracht, als die Umwelt ernähren kann (**Überproduktion**; die Populationen würden ansonsten grundsätzlich exponentiell wachsen) – es entsteht **Konkurrenz**.
4. Manche Individuen sind aufgrund ihres Genotyps in der Lage, relativ mehr Nachkommen zur Population beizusteuern als weniger bevorzugte Individuen. Dieser (nicht-zufällige) differentielle Reproduktionserfolg wird als **Selektion** bezeichnet. Die Gene dieser Individuen haben damit eine erhöhte Überlebenswahrscheinlichkeit in der Population.
5. Dieser Prozess führt zu einer allmählichen Veränderung der Häufigkeitsverteilung von Genotypen in der Population und damit zu einem Wandel der Phänotypen. Auf lange Sicht unterscheiden sich diese so deutlich von der Anfangssituation, dass man von **neuen Arten** spricht.

Die Evolution ist also ein Prozess, der sich aus vielen Komponenten zusammensetzt. Die Entstehung neuer **Allele** (Abschnitt 1.4 auf Seite 19), die Entstehung unterschiedlicher Häufigkeiten dieser Allele in einer Population, das Aufspalten einer Population (**Isolation** von Teilpopulationen) und das Entstehen einer Paarungsbarriere zählen zu den wichtigsten Schritten, die zur Bildung von Arten gehören, die sich sexuell fortpflanzen. Spezifische weitere Mechanismen tragen in unterschiedlichem Maße zur Artbildung bei den verschiedenen Gruppen von Organismen bei – unter den bedeutsamen sind bei Pflanzen beispielsweise die Polyploidisierung oder bei Bakterien der horizontale Gentransfer.

Die Paarungsbarriere ist sicher ein wichtiger, vielleicht der wichtigste, Ansatz zur Definition einer Art (Spezies). Individuen einer Art sind danach in der Lage, über sexuelle Fortpflanzung fruchtbare Nachkommen hervorzubringen. Dieser **biologische Artbegriff** spielt insofern eine besondere Rolle, als es („höhere",„kreuzbare") Tiere und Pflanzen mit sexueller Fortpflanzung waren, an denen die grundlegenden Erkenntnisse der Evolutionstheorie gewonnen wurden. Die Frage, was eine **Art** ausmacht, ist damit aber nicht endgültig beantwortet. Das Konzept des Austausches von genetischem Material ist in Abwesenheit sexueller Fortpflanzung schwierig. In der Mikrobiologie, wo klonale Weitergabe der Erbinformation vorherrscht, ist es keine gute Basis für die Abgrenzung einer Art von der anderen. Alternative oder ergänzende Artkonzepte (Spezieskonzepte) wie morphologische, ökologische, physiologische (z.B. in der Mikrobiologie) oder phylogenetische (z.B. in der Paläontologie) haben spätestens dann ihre Rechtfertigung. Alle Definitionen einer Spezies haben ihre Grenzen und Grauzonen.

Für viele Arten mit sexueller Fortpflanzung existieren Übergangsformen von Ökotypen, Rassen, Sippen, Varietäten oder Subspezies zu echten, eigenen neuen Arten. Das ist natürlich genau so auch zu erwarten, denn Evolution schreitet fort und insbesondere bei Arten mit kurzer Generationszeit können wir quasi „dabei zuschauen". Die Grenzen des Artkonzepts sind dann fließend. Einerseits kann eine Paarung zwischen morphologisch deutlich unterscheidbaren, nahe verwandten Arten wie Pferd und Esel abhängig von den Geschlechtern der Eltern zu Nachkommen führen (Maultier mit der Mutter als Pferd oder Maulesel mit dem Vater als Pferd), bei denen die männlichen Nachkommen immer unfruchtbar, die weiblichen aber sogar manchmal fruchtbar sind. Andererseits können morphologisch nicht unterscheidbare, so genannte **kryptische Arten** miteinander keine Nachkommen erzeugen: Die Mückenarten *Anopheles gambiae* und *A. arabiensis* oder die Fliegenarten *Drosophila melanogaster* und *D. simulans* sind Beispiele.

Der Rohbau Evolutionstheorie, den Darwin und Wallace im 19. Jahrhundert fertig gestellt hatten, wurde durch die Forschung des 20. Jahrhunderts mit vielen Facetten der Genetik, Mikrobiologie, Molekularbiologie, Paläontologie, Paläobiologie und Populationsbiologie ausgebaut. Viele scheinbare Schwierigkeiten, die Darwin noch Kopfschmerzen bereiten mussten – Lücken im Fossilbericht, fehlende präkambrische Fossilien, Datierungsprobleme oder „*missing links*"– konnten im 20. Jahrhundert befriedigend ausgeräumt werden. Fossilfunde wie die von *Ambulocetus* (wörtlich: der wandelnde Wal), die die Abstammung der Wale von Landsäugetieren belegen, sind die vielleicht eindrucksvollsten Beispiele.

Der Erzbischof James **Ussher** berechnete im 17. Jahrhundert den 22. Oktober 4004 vor Christus als das Entstehungsdatum der Erde. Moderne Geologie, Astronomie und Kosmologie haben mit einer Datierung auf 4,5 Milliarden Jahre das Alter der Erde knapp um den Faktor eine Million erweitert und lassen hinreichend Raum für ein Spielfeld der Evolution, mit dem die Entstehungsgeschichte der Lebensformen elegant erklärt werden kann. So kann es einen aufgeklärten Menschen des 21. Jahrhunderts schlicht nur schockieren, wie nach 150 Jahren immens wachsender wissenschaftlicher Erkenntnis, die keinen Zweifel an der grundsätzlichen Richtigkeit der Evolutionstheorie lässt, an öffentlichen Schulen in einigen Staaten der USA die Idee eines biblisch-schöpferischen Kreationismus gleichberechtigt gelehrt werden muss – heute modisch aktuell als „*Intelligent Design*" verpackt. Es sollte heute vollkommen klar sein, dass

1. die Erbinformation in allen lebenden Zellen in der Nukleinsäure DNA als Abfolge von vier Nukleotidbausteinen gespeichert ist.
2. die Sequenzen der vier Nukleotide veränderlich sind, weil zufällige, spontane oder auch durch Umwelteinflüsse induzierte Mutationen auftreten können.
3. solche Mutationen bei einzelligen Organismen und, soweit sie bei mehrzelligen Organismen die Keimzellen betreffen, an Folgegeneration weitergegeben werden.
4. sich solche Mutationen als neue Allele eines Gens stabil in einer Population etablieren können.
5. genetische Unterschiede innerhalb einer Population manche Individuen besser für das Leben, Überleben und die Weitergabe von Erbinformation ausstatten als andere (Selektion).
6. die damit verbundene Veränderung der Phänotypen in einer Population in die Entstehung neuer Arten münden kann, beispielsweise durch Etablierung einer Reproduktionsbarriere.

Die Geschichte der Evolution dieser Arten kann nun nicht nur anhand von morphologischen Vergleichen an lebenden Spezies und Fossilien, sondern auch aus der Erbinformation rezenter Lebewesen durch molekulare Phylogenetik rekonstruiert werden.

2.2 Taxonomie

Die **binomiale Nomenklatur** (manchmal auch als *binäre* Nomenklatur bezeichnet) für die Bezeichnung von biologischen Arten geht auf den schwedischen Naturwissenschaftler Carl von **Linné** (*23.05.1707 als Carl Linnaeus, †10.01.1778) zurück. Eine biologische Art (z.B. die Kartoffel *Solanum tuberosum* oder der Mensch *Homo sapiens*) wird mit dem Namen der **Gattung** (*Solanum*, bzw. *Homo*) und dem artspezifischen **Epitheton** (*tuberosum* bzw. *sapiens*) international, eindeutig und wissenschaftlich verbindlich benannt. Das Epitheton hat als Adjektiv oft beschreibenden Charakter oder weist im Genitiv auf eine Person hin. Diese beiden Namensbestandteile, meist griechisch oder lateinisch, schaffen Klarheit und Einheitlichkeit gegenüber den unverbindlichen, volkstümlichen Benennungen in verschiedenen Sprachen oder Dialekten. Werden Eigennamen oder Namen aus der Umgangssprache zur Bezeichnung von Arten abgeleitet, werden sie latinisiert (z.B. *Fuchsia* für den Botaniker Fuchs). Die groß geschriebene Gattung und das klein geschrieben Epitheton werden kursiv gesetzt. Ein Epitheton darf innerhalb einer Gattung natürlich der Eindeutigkeit halber nur einmal, durchaus aber auch in anderen Gattungen verwendet werden. In der Botanik müssen Gattungsname und Epitheton unterschiedlich sein, in der Zoologie dürfen sie gleich sein: *Bubo bubo* ist der Uhu, *Meles meles* der Dachs. Bei **Hybridarten** werden die Arten beider Elternteile von einem × getrennt angegeben: Das Maultier *Equus caballus* × *asinus* geht aus der Kreuzung von Pferd (*E. caballus*) und Esel (*E. asinus*) hervor.

Ein **Taxon** ist eine systematisch benannte Gruppe von Lebewesen (oder auch in der molekularen Phylogenetik manchmal nur die Sequenz eines Gens oder Proteins in einer Genfamilie, wie wir noch sehen werden). Linné führte eine **taxonomische Klassifizierung** zunächst nur für die Pflanzenwelt, erst später für Tiere ein. Seine erstes „*Systema Naturae*" erschien 1735 mit zunächst 10 Seiten, die 13. Auflage von 1770 hatte dann bereits 3000 Seiten. Linné führte als hierarchische taxonomische Niveaus oberhalb der Gattung die **Ordnung** (**Ordo**), die **Klasse** (**Classis**) und das **Reich** (**Regnum**) ein. Später wurde die **Familie** (**Familia**) als Niveau zwischen Gattung (**Genus**) und Ordnung eingeführt und zwischen Klasse und Reich wurde in der Botanik die **Abteilung** (**Divisio**) und in der Zoologie der **Stamm** (**Phylum**) gesetzt.

Der Eindeutigkeit halber wird die Bezeichnung eines Taxons oft mit dem Namen des Autors (Beschreibers) versehen. Hierbei werden oft Abkürzungen verwendet, L. beispielsweise steht für Linné selbst. Wenn Unterarten (Subspezies) benannt werden, werden sie dem Artnamen (ebenfalls kursiv) hinzugefügt, in der Botanik hinter der Abkürzung „ssp." (oder „subsp."). Der erste Name, der einem Taxon bei der Erstbeschreibung gegeben wurde, ist das so genannte Basionym. Wenn sich herausstellt, dass eine Art in der Literatur durch Doppelbenennung mit verschiedenen Namen versehen wurde, gilt die Erstbenennung, die anderen Bezeichnungen sind (ungültige) Synonyme. Werden durch eine taxonomische Revision Veränderungen vorgenommen, erfolgt also beispielsweise die Herabstufung einer Art zu einer Subspezies oder die Zuordnung einer Art zu einer anderen Gattung, werden die Autoren der früheren Benennungen in Klammern genannt. Die Bezeichnung „*Poa nemoralis* L. ssp. *interior* (Rydb.) W.A. Weber " zeigt also an, dass Weber die Art *interior* im Sinne Rydbergs in der Gattung *Poa* auf die Ebene einer Subspezies von *Poa nemoralis* (beschrieben von Linné) hinabstuft. Analog wurde die chinesische Aster von Nees von Esenbeck in eine andere Gattung gestellt als die von Linné dafür vorgesehene: *Callistephus chinensis* (L.) Nees.

Die taxonomischen Niveaus lassen sich an ihren Endungen erkennen, so z.B. „-aceae" für die Familie, „-ales" für die Ordnung, „-opsida" für die Klasse und „-phyta" für die Abteilung in der Botanik. Die Namen der Taxa richten sich nach dem typischen Taxon der untergeordneten Rangstufe; so folgt aus der Gattung *Solanum* die Familie der Solanaceae (die Nachtschattengewächse) und die Ordnung der Solanales. Die Hierarchieebenen der klassischen Systematik sagen nichts über die Anzahl der darin enthaltenen Taxa aus. So enthalten die Solanaceae neben *Solanum* etwa 100 weitere Gattungen (unter den bekannteren z.B. *Atropa, Nicotiana* oder *Petunia*), und die Solanales enthalten neben den Solanaceae nach aktueller Auffassung vier weitere Familien (die Convolvulaceae, Hydroleaceae, Montiniaceae und Sphenocleaceae). Andererseits ist der Ginkgobaum *Ginkgo biloba* der einzige Vertreter der Gattung *Ginkgo*, der Familie Ginkgoaceae, der Ordnung Ginkgoales, der Klasse Ginkgoopsida und, je nach systematischer Auffassung, sogar einer eigenen Abteilung, der Ginkgophyta.

Taxonomische Zwischenniveaus lassen sich mit den Voranstellungen „Über-" (Super-) und „Unter-" (Sub-) definieren. Hinzu kommen dann noch Konzepte wie das der Kohorte als taxonomische Ebene zwischen Unterklasse und Überordnung oder der **Tribus** zwischen Unterfamilie und Gattung. Die Einführung solcher taxonomischer Zwischenniveaus hat allerdings zuweilen weniger eine echte Erweiterung biologischen Verständnisses widergespiegelt, sondern manchmal eher die sortiererische Leidenschaft ihrer Schöpfer. Durch die Erkenntnisse der Kladistik und der molekularen Phylogenetik, der wir uns in den nächsten Abschnitten widmen, werden allerdings tatsächlich immer mehr natürliche Abstammungsgemeinschaften auf allen Niveaus identifiziert, für die neue Bezeichnungen wünschenswert sind. Dabei ist es neuerdings weniger von Interesse, ein bestimmtes Hierarchieniveau zu benennen, als vielmehr mit einem Namen klarzustellen, dass alle Taxa innerhalb des neu benannten Taxons auf einen gemeinsamen Vorfahren zurückgehen. Die Regeln zur taxonomischen Benennung sind in den Internationalen Codes für Nomenklatur für die Botanik (ICBN), die Zoologie (ICZN) und die Prokaryonten (ICSP) festgelegt.

In der Tabelle 2.1 ist der Stand einer aktuellen taxonomischen Klassifizierung dargestellt, wie man sie in der Taxonomiedatenbank (*Taxonomy Database*) am NCBI für das Huhn *Gallus gallus*, für das Rind *Bos taurus*, für das Lebermoos *Noteroclada confluens* und für den kleinen Kreuzblütler *Arabidopsis thaliana*, die Modellpflanze der pflanzlichen Molekularbiologie schlechthin, findet. Die Taxonomy-Datenbank des NCBI erhebt keineswegs Anspruch auf taxonomische Autorität, aber sehr wohl ist man dort bemüht, aktuelle Klassifizierungen schnell umzusetzen. Vor allem aber bieten die sehr guten Möglichkeiten zur Navigation innerhalb der Hierarchiedatenbank und die Integration mit den verfügbaren molekularen und den Literaturdaten einen fabelhaften Einstieg, zumindest solange man nicht selbst Experte für die Organismengruppe von Interesse ist. Hinzu kommt, dass die taxonomischen Begriffe soweit möglich mit anderen Datenbanken im WWW (wie

Tabelle 2.1 Beispiele für aktuelle taxonomische Niveaus in der Klassifizierung für zwei zoologische und zwei botanische Arten in der *Taxonomy Database* des NCBI.

Domäne	**Eukaryota**	**Eukaryota**	**Eukaryota**	**Eukaryota**
	Fungi/Metazoa group	Fungi/Metazoa group		
Reich	**Metazoa**	**Metazoa**	**Viridiplantae**	**Viridiplantae**
Unterreich(e)	Eumetazoa, Bilateria, Coelomata, Deuterostomia	Eumetazoa, Bilateria, Coelomata, Deuterostomia		
Abteilung/Stamm (Phylum)	**Chordata**	**Chordata**	**Streptophyta**	**Streptophyta**
Unterabteilung(en), Subphyla etc.	Craniata, Vertebrata, Gnathostomata, Teleostomi, Euteleostomi, Sarcopterygii, Tetrapoda, Amniota, Sauropsida, Sauria, Archosauria	Craniata, Vertebrata, Gnathostomata, Teleostomi, Euteleostomi, Sarcopterygii, Tetrapoda, Amniota	Streptophytina, Embryophyta, Marchantiophyta	Streptophytina, Embryophyta, Tracheophyta, Euphyllophyta, Spermatophyta, Magnoliophyta
Klasse	**Aves**	**Mammalia**	**Jungermanniopsida**	
Unterklasse, Infraklasse, Überordnung etc.	Neognathae	Theria, Eutheria, Laurasiatheria	Metzgeriidae	Core Eudicots, Rosids, Eurosids II
Ordnung	**Galliformes**	**Cetartiodactyla**	**Fossombroniales**	**Brassicales**
Unterordnung		Ruminantia, Pecora	Pelliineae	
Familie	**Phasianidae**	**Bovidae**	**Pelliaceae**	**Brassicaceae**
Unterfamilie	Phasianinae	Bovinae		
Gattung	***Gallus***	***Bos***	***Noteroclada***	***Arabidopsis***
Spezies	***gallus***	***taurus***	***confluens***	***thaliana***

z.B. dem *Animal Diversity Web*, `http://animaldiversity.ummz.umich.edu`) verknüpft sind und eventuell abweichende taxonomische Konzepte damit sofort greifbar werden.

Organismen eines Taxons auf einer niedrigen taxonomischen Ebene teilen mehr gemeinsame Eigenschaften als die eines höheren Niveaus. Implizit nehmen wir damit auch an, dass Organismen auf einem niedrigen taxonomischen Rang enger miteinander verwandt sind als mit denen eines höheren. Um es mit anderen Worten zu sagen: Wir nehmen an, dass ihr letzter gemeinsamer Vorfahre weniger lang zurückliegt als derjenige eines höheren taxonomischen Niveaus. Die engeren Verwandten der Kartoffel, also andere Nachtschattengewächse wie der Tabak, hatten eindeutig einen letzten gemeinsamen Vorfahren in jüngerer erdgeschichtlicher Zeit als die Kartoffel und der Tannenbaum. Die Nachtschattengewächse und der Tannenbaum finden sich erst auf Abteilungsebene in einem gemeinsamen Taxon Spermatophyta (Samenpflanzen) wieder.

Von sehr vielen Taxa nehmen wir an, dass ihre Mitglieder von einem einzigen unmittelbaren gemeinsamen Vorfahren abstammen. So gehen wir beispielsweise davon aus, dass Säugetiere oder (Embryophyta) jeweils nur einmal entstanden sind, die letztgenannte Gruppe übrigens wohl im Ordovicium vor mehr als 430 Millionen Jahren. Wir sprechen von **Monophyla** (Singular: Monophylum) oder monophyletischen („einstämmigen") Gruppen – dem zentralen Begriff im Gedankengebäude der Kladistik, das wir im nächsten Abschnitt näher beleuchten. Eine **monophyletische Gruppe**, eine so genannte **Klade**, enthält erstens alle und zweitens nur die Abkömmlinge eines gemeinsamen Vorfahren und diesen selbst. Wahrscheinlich ist auch das Leben selbst – zumindest auf diesem Planeten – nur einmal entstanden. Alle Lebewesen der Erde gehören also in diesem Sinne einer monophyletischen Gruppe an (die etwa 3,5 Milliarden Jahre alt ist).

Manche der alt hergebrachten Taxa bezeichnen nun zwar sicher keine monophyletischen Gruppen, bleiben aber durchaus noch sehr nützlich, weil sie zutreffend morphologische Ähnlichkeiten oder Entwicklungsstufen beschreiben. Ein Beispiel hierfür sind die Reptilien (Reptilia: Eidechsen, Krokodile, Schildkröten, Schlangen). Es ist heute unzweifelhaft, dass stammesgeschichtlich aus dieser Gruppe die Vögel hervorgegangen sind. Die Reptilien im alten Sinne werden damit zu einer so genannten **paraphyletischen** Gruppe, einem weiteren kladistischen Begriff, den wir im nächsten Abschnitt beleuchten. Krokodile und Alligatoren (Familie Crocodylidae) sind stammesgeschichtlich enger mit den Vögeln (Ordnung Aves) verwandt als mit den anderen rezenten Reptilien. Darum finden sich Krokodile und Vögel auch nach aktueller Systematik in einem neuen, monophyletischen Taxon Archosauria wieder (Tab. 2.1). Mit den Schlangen hingegen sind sie erst auf dem Niveau Sauria in einem Taxon vereint, mit den Schildkröten erst auf dem Niveau der Sauropsida.

In der Botanik zeichnen sich beispielsweise die Bryophyta als Entsprechung zu den Reptilia in der Zoologie ab: Diese klassische Abteilung umfasst die Klassen der Laubmoose, Lebermoose und Hornmoose, die von den Gefäßpflanzen (den Tracheophyta) abgegrenzt sind. Allerdings sind nun zwar die Tracheophyta, nicht aber die Bryophyta nach molekularen Daten eine **geschlossene Abstammungsgemeinschaft**, ein Monophylum. Vielmehr stehen anscheinend die Lebermoose alleine neben allen anderen Landpflanzen und die Hornmoose alleine scheinen auf eine gemeinsamen Ursprung mit den Tracheophyta zurückzugehen. Dies macht den Begriff Bryophyta zwar taxonomisch im engen Sinne zur Beschreibung einer geschlossenen Abstammungsgemeinschaft ungeeignet, aber er beschreibt immer noch als sinnvolle Sammelbezeichnung drei Klassen von Landpflanzen mit heteromorphem Generationswechsel, bei denen der haploide Gametophyt die überdauernde Existenzform ist. (Verwirrung entsteht eigentlich erst dann, wenn nun „Bryophyta" parallel in einem reduzierten Sinn verwendet wird, z.B. als Taxon, das nur noch die Laubmoose enthält, während die Lebermoose und die Hornmoose auf eigene Abteilungsniveaus, Marchantiophyta und Anthocerotophyta angehoben werden.)

Weil immer mehr Verzweigungen im Stammbaum des Lebens verlässlich identifiziert werden, brauchen wir zunehmend viele Bezeichnungen für die so identifizierten Abstammungsgemeinschaften. Genau dies ist der Grund, warum inzwischen so viele Taxonbezeichnungen existieren, die sich gar nicht mehr an der traditionellen Hierarchie von Familie, Ordnung, Klasse etc. orientieren (können). Bei der Umschreibung neuer Taxa werden die strengen hierarchischen Ebenen oft nicht mehr berücksichtigt. Neue taxonomische Begriffe wie die Archosauria (weder Ordnung, noch Familie) mögen klassischen Taxonomen absurd erscheinen. Wenn sich aber andererseits eine Abstammungsgemeinschaft klar abgezeichnet hat, ist es sicher der Kommunikation dienlich, ihr auch einen Namen zu geben. Ob es nun sinnvoll ist, dazu auf frei gewählte englische Bezeichnungen wie „*Core Eudicots*" oder „Eurosids II" auszuweichen , sei dahingestellt.

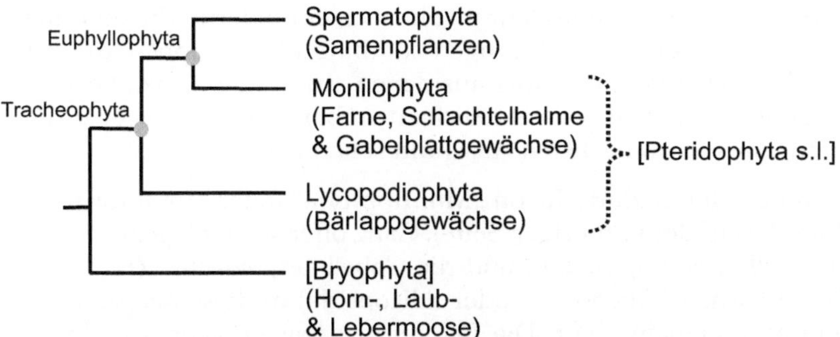

Abbildung 2.2 Neue Erkenntnisse zur Stammesgeschichte der Landpflanzen zeigen, dass die farnverwandten Schachtelhalme (*Equisetum*) und Gabelblattgewächse (*Psilotum*, *Tmesipteris*) mit den echten Farnen ganz klar eine Abstammungsgemeinschaft bilden, die die Bezeichnung Moniliformopses (oder Monilophyta) erhalten hat. Der Begriff Pteridophyta im (weiteren) Sinne (*s.l.* = *sensu lato*) von „Farne+Farnverwandte" ist damit eine paraphyletische Gruppe geworden, denn die Lycopodiophyta (Bärlappgewächse) stehen allein an der Basis der Gefäßpflanzen. Durch die neuen Erkenntnisse werden andererseits weitere, übergeordnete Abstammungsgemeinschaften wie die „Euphyllophyta" deutlich und erhalten einen Namen, und andere, wie die Gefäßpflanzen (Tracheophyta) werden bestätigt.

Wie genau man die Ergebnisse der molekularen Phylogenetik in eine moderne Taxonomie umsetzen sollte, darüber ist ein letztes Wort noch nicht gesprochen. Initiativen wie die der neu gegründeten *International Society for Phylogenetic Nomenclature* (**ISPN**) für einen **Phylocode** (`www.ohiou.edu/phylocode/`) haben zum Ziel, ein Regelwerk zur Benennung von Kladen zu etablieren (de Queiroz 2006 und Zitate darin). Ein Plädoyer für eine DNA-basierte Taxonomie findet man bei Tautz und Kollegen (2003).

Es ist wohl sinnvoll, ganz behutsam an die Renovierung eines seit langem bewährten Systems heranzugehen und es darf nicht übersehen werden, dass die meisten Familien und Ordnungen klassischer Systeme auch nach aktueller molekularsystematischer Erkenntnis akzeptiert bleiben. Natürlich wird andererseits ein völlig aufgelöster Stammbaum des Lebens für jeden seiner Zweige einen zutreffenden Namen wünschenswert erscheinen lassen. Hier scheint dann selbst ein disputabler Begriff wie „Archosauria" oder auch „Vogel-Krokodil-Gruppe" immer noch einer nichts sagenden Nummer vorzuziehen zu sein. Besonders Ernst **Mayr** hat an diesem Beispiel gegen eine Taxonomie argumentiert, die sich nur an den phylogenetischen Einsichten orientiert. Die Replik hierzu aus dem Jahr 1974 von Willi **Hennig**, dem Begründer der **Kladistik**, auf die wir im nächsten Abschnitt eingehen, ist ausgesprochen lesenswert.

Einen anderen Disput hat Mayr noch im hohen Alter mit Carl **Woese** nach der Identifizierung der drei **Domänen** des Lebens gehabt. Die von Woese entdeckte große Unterschiedlichkeit der **Archaea** (Archaebakterien) zu anderen Bakterien hat, durchaus sinnvoll, zur begrifflichen Reduzierung auf **Eubakterien** für die letzteren geführt. Natürlich ist es aber immer noch wünschenswert und nützlich, mit dem umfassenden Begriff Bakterien alle Lebensformen ohne eigenen Zellkern (Prokaryonten) zu bezeichnen, also die **Archaea** und **Eubacteria** gemeinsam, und sie so von den **Eukaryonten** abzusetzen. Mit anderen Worten: Begriffe wie Bryophyten, Reptilien oder Bakterien behalten unverändert Sinn und Rechtfertigung. Wir müssen uns eben nur im Klaren sein, dass dies keine Taxa geschlossener Abstammungsgemeinschaft im Sinne einer modernen Taxonomie sind. Vielleicht könnte es sinnvoll sein, Bezeichnungen zumindest für Gruppen, die auf einen gemeinsamen Vorfahren zurückgehen, aber aus denen auch andere Taxa hervorgehen, wie Reptilia oder Bryophyta nicht grundsätzlich zu verbannen (also so genannte **paraphyletische Gruppen**, wie wir im nächsten Abschnitt sehen werden).

Ein gutes Beispiel mag das neu identifizierte Taxon „**Monilophyta**" (oder Moniliformopses) der Botanik sein (Abb. 2.2 auf der vorherigen Seite). Ganz offensichtlich gehören die „Farnverwandten" Schachtelhalme (*Equisetum*) und die Gabelblattgewächse (*Psilotum*, *Tmesipteris*) mit den echten Farnen (Filicophyta oder Filicopsida) in diese neu erkannte, geschlossene Abstammungsgemeinschaft. Die Bärlappgewächse (Lycopodiophyta) bleiben damit als einzige Gruppe der Farnverwandten an der Basis der Gefäßpflanzen (Tracheophyta) übrig. Der klassische Begriff der Pteridophyta für die Farne und Farnverwandten insgesamt bleibt aber immer noch sehr nützlich, um „Sporenbildende Gefäßpflanzen" oder eben „Nicht-Samenbildende-Gefäßpflanzen" zu bezeichnen. Um auf den nächsten Abschnitt vorzugreifen: Die Pteridophyta sind nach neuen Erkenntnissen zwar eine paraphyletische Gruppe, aber dennoch kann es sinnvoll sein, diesen nützlichen Begriff zu erhalten, genau wie Bakterien, Bryophyten oder Reptilen.

2.3 Kladistik und Phylogenetik

Die **phylogenetische Systematik** will eine Systematik der Organismen finden, die ihre tatsächlichen evolutionären Beziehungen widerspiegelt. Ihr Ziel ist die Beschreibung von Taxa, die eindeutige, geschlossene Abstammungsgemeinschaften darstellen: monophyletische Gruppen. Ein Synonym für eine monophyletische Gruppe ist die **Klade** (engl. *clade*), daher wurde der Begriff **Kladistik** (engl. *Cladistics*) geprägt. Diese Disziplin geht auf die Arbeit des deutschen Entomologen Willi **Hennig** (*20.04.1913, †05.11.1976) zurück. Seine Vorstellungen publizierte er bereits 1950 in dem Buch „Grundzüge einer Theorie der phylogenetischen Systematik". Seine Arbeiten wurden aber erst mit der englischen Version „*Phylogenetic Systematics*" 1966 international bekannt. Eines der ersten Computerprogramme zur kladistischen Analyse, hennig86 von James Farris, würdigte 1986 mit seinem Namen den Schöpfer der kladistischen Gedankenwelt. Die internationale Willi-Hennig-Gesellschaft (`www.cladistics.org`) gibt die Zeitschrift *Cladistics* heraus.

2.3.1 Kladistik

Der wichtige Schritt einer phylogenetisch begründeten Systematik liegt in der konsequenten Anwendung einer kladistischen Logik. Es werden nicht einfach Ansammlungen von Ähnlichkeiten zwischen den Organismen (wie in der **Phenetik**) betrachtet, vielmehr liegt der Kladistik eine klare Unterscheidung von ursprünglichen (**plesiomorphen**) und abgeleiteten (**apomorphen**) Merkmalen zugrunde. Nur die *gemeinsamen*, abgeleiteten Merkmale – die **Synapomorphien** – werden zur Begründung einer Abstammungsgemeinschaft herangezogen. Die Kladistik betrachtet Evolution als fortschreitende Gabelungen (Bifurkationen, **Dichotomien**), die immer wieder **Schwestergruppen** erzeugen, die sich durch neue Synapomorphien begründen lassen. Wichtige

Synapomorphien der Säugetiere (Mammalia) sind beispielsweise die Milchdrüsen und die Körperbehaarung.

Veränderungen, die neu in nur einem Taxon auftreten (meist eine Art – aber es können auch Populationen, Individuen, einzelne molekulare Sequenzen oder höherrangige taxonomische Kategorien betrachtet sein), heißen **Autapomorphien**. Ähnlichkeiten zwischen Taxa, die auf gemeinsame, ursprüngliche Merkmale zurückgehen, sind **Symplesiomorphien**. Sie waren für die klassische Taxonomie durchaus von großer Bedeutung, sind für eine phylogenetisch begründete Systematik aber wertlos. Die im vorigen Abschnitt beschriebenen Beispiele der Reptilien oder Bryophyten sind solche Gruppen, die durch Symplesiomorphien definiert sind. Solche Taxa, die zwar auf einen gemeinsamen Vorfahren zurückgehen, aber aus denen auch andere Lebensformen (die Vögel, bzw. die Gefäßpflanzen) hervorgegangen sind, nennen wir **paraphyletisch**. Die „Affen" oder die „dikotylen Pflanzen" sind andere Beispiele für solche paraphyletischen Gruppen. Die Nichtaffen Menschen und monokotyle Pflanzen gehen jeweils aus ihnen hervor oder, anders gesagt, haben jeweils einen jüngeren gemeinsamen Vorfahren mit einer der jeweiligen Untergruppen (z.B. den Schimpansen).

Andere Gruppierungen von Lebewesen sind hingegen vollends künstlich – die ihren Mitgliedern gemeinsamen Merkmale haben sich unabhängig ausgebildet. „Rot blühende Pflanzen" oder „flugfähige Tiere" wären Beispiele. Die geteilten Eigenschaften sind mehrfach unabhängig entstanden, gehen auf unabhängige Entwicklungen zurück: wir sprechen von **polyphyletischen** Gruppen. Die Flügel von Insekten und Vögeln sind das Paradebeispiel für eine solche **Analogie**. Analogien können aus **Konvergenz** in der Evolution in unabhängiger Anpassung an die Umwelt entstehen. Insbesondere in der molekularen Phylogenetik werden alle Entsprechungen, die nicht auf gemeinsame Abstammung zurückzuführen sind, sondern auf unabhängige, mehrfache Merkmalsübergänge oder auf Reversionen zurückgehen, als **Homoplasie** bezeichnet.

Für polyphyletische Gruppen sind in der Geschichte der Biologie vielleicht etwas seltener Bezeichnungen vergeben worden als für paraphyletische, aber „Würmer", „Geier" oder „Sukkulenten" sind hier die klassischen Beispiele. Eine andere, inzwischen klar als polyphyletisch verstandene, Gruppe sind beispielsweise die berühmten „C4-Pflanzen". Der Übergang vom generellen C3-Typus zum C4-Typus der Photosynthese in Anpassung an trockene, heiße Standorte scheint in der pflanzlichen Evolution offenbar einfacher zu gelingen, als die Komplexität der C4-Photosynthese vermuten ließe.

Der Begriff der **Homologie** bezeichnet ganz im Gegensatz zur Homoplasie ein entsprechendes Merkmal oder einen entsprechenden Bauplan aufgrund gemeinsamer Abstammung. So sind der Flügel der Fledermaus und der Arm des Menschen homolog. Der Begriff Homologie geht auf den englischen Naturforscher und Zoologen Richard **Owen** (*20.07.1804, †18.12.1892) zurück, der übrigens auch den Begriff „Dinosaurier" geprägt hat. Für die Kladistik ist also eine plesiomorphe Homologie nicht von Belang, eine apomorphe Homologie dagegen sehr. In der Molekularbiologie wird der Begriff Homologie manchmal leider nur unscharf im Sinne von Ähnlichkeit gehandhabt, wir kommen dazu im nächsten Abschnitt. Um zusammenzufassen:

1. Nur *gemeinsame, neu erworbene* Merkmale (**Apomorphien**) – egal ob morphologisch oder auf molekularer Ebene – können die in der Kladistik zentralen **monophyletischen Gruppen** bzw. Kladen, also **geschlossene Abstam-**

mungsgemeinschaften (Monophyla), definieren. Der unmittelbare gemeinsame Vorfahre der Klade besaß bereits ihre Apomorphien.
2. **Paraphyletische Gruppen** sind durch **plesiomorphe** (ursprüngliche) gemeinsame Merkmale gekennzeichnet. Aus ihnen gehen andere Taxa mit neuen Eigenschaften hervor, die sie aus der Gruppe herausheben. Dadurch sind paraphyletische Gruppen zwar eine **Abstammungsgemeinschaft**, aber keine *geschlossene* Abstammungsgemeinschaft. Der unmittelbare gemeinsame Vorfahre der Gruppe besaß bereits die gemeinsamen Merkmale der Gruppe.
3. **Homoplasien**, vor allem **Analogien** bzw. **Konvergenzen** können, wenn sie nicht als solche erkannt werden, zur Bildung von **polyphyletischen Gruppen** verleiten, weil sie Taxa kombinieren, in denen (oft nur scheinbar) gleiche Merkmalsausprägungen unabhängig entstanden sind. Der unmittelbare gemeinsame Vorfahre einer polyphyletischen Gruppe besaß im Gegensatz zu einer paraphyletischen Gruppe die gemeinsamen Merkmale noch *nicht*.

Die hierarchischen Niveaus der klassischen Taxonomie sind für die Kladistik ohne Belang, wenn auch die tradierten Namen für monophyletische Gruppen fast immer beibehalten werden. Die Aussage, eine Ordnung enthalte drei Familien ist aber beispielsweise kladistisch noch unbefriedigend. Zwei der Familien müssen nach kladistischer Vorstellung auf einen jüngsten gemeinsamen Ahnen zurückgehen und dieser wiederum hatte einen erdgeschichtlich älteren gemeinsamen Vorfahren mit dem Urahn der dritten Familie. Allgemein gehen n Taxa auf $n-1$ streng gabelige (**dichotome**) Aufspaltungen zurück. Wenn wir zu dem Beispiel der Familie Solanaceae zurückkehren, könnten wir also für eine Stammesgeschichte ihrer 60 Gattungen am Ende 59 solcher Dichotomien identifizieren (und womöglich auch benennen wollen). Wie schon im vorigen Abschnitt zur Taxonomie angesprochen, fand eine phylogenetische Systematik auch aus solchen Gründen nicht nur Zuspruch. Insbesondere durch die explosiv wachsenden Datensammlungen der Molekularbiologie, den zunehmend effizienten Computerprogrammen zur phylogenetischen Analyse und vielen überzeugenden phylogenetischen Einsichten ist sie aber generell akzeptiert und praktisch ohne Alternative.

2.3.2 Stammbäume

Mit dem Begriff Stammbäume verknüpfen die meisten zunächst vermutlich Ahnentafeln oder Familienstammbäume. Künstlerisch oft liebevoll gestaltet, zeichnen sie Abstammungslinien, also meistens die Eltern-Kind-Beziehungen unter Einbeziehung der Geschwisterkinder nach. Zu einer Stammbaumdarstellung im eigentlichen Sinne der Kladistik käme man von hier erst, wenn man solche Stammbäume rückwärts lesen würde, also vom Individuum über die jeweiligen Elterngenerationen, und dies immer unter Weglassung aller Geschwister. Nur so erhielten wir einen streng **dichotom** verzweigten, sich immer weiter auffächernden Baum, allerdings immer noch in falscher Orientierung: Statt einer Auffächerung in die Zukunft gibt es eine in die Vergangenheit. Phylogenetische Stammbäume, wie sie uns hier interessieren, findet man bereits in frühen Notizen Darwins und auch schon zuvor bei Lamarck.

Viele frühe, meist graphisch aufwändig gestaltete Stammbäume zur Darstellung von Hypothesen zur Abstammung der Arten gehen auf den deutschen Zoologen Ernst **Hae-**

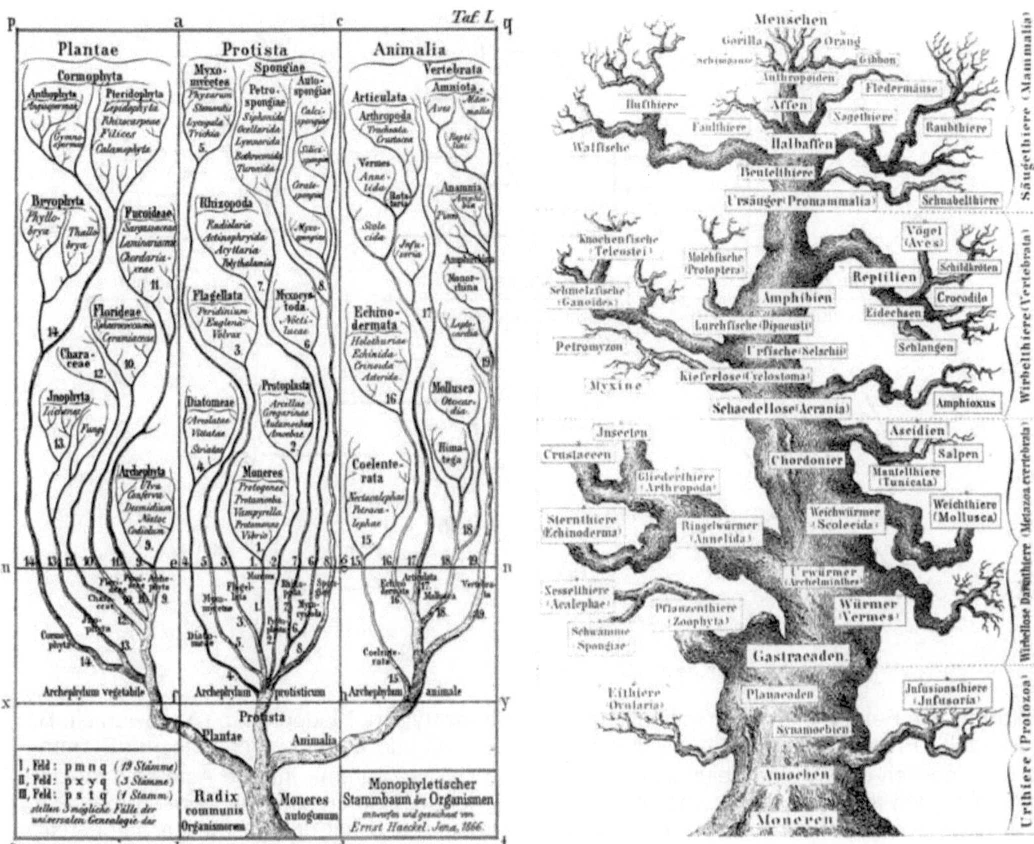

Abbildung 2.3 Frühe Stammbäume, die auf den deutschen Zoologen Ernst Haeckel zurückgehen. Links ein Stammbaum aller Lebewesen von 1866, rechts ein Stammbaum der Tiere von 1872. Beachtenswert ist bereits die Benutzung der Bezeichnung monophyletisch in der Legende links und die Platzierung von Taxa wie den Walfischen, Beuteltieren, Schnabeltieren oder Vögeln im Stammbaum rechts.

ckel (*16.02.1834, †09.08.1919) zurück (Abb. 2.3). Haeckel war begeisterter Anhänger von Darwins Ideen und sehr bemüht, das Konzept der Evolutionstheorie in Deutschland zu verbreiten. Leider gibt es Hinweise, dass er neben seiner sehr produktiven Arbeit als Zoologe nicht immer wissenschaftlich und politisch korrekt agiert hat. Auf Haeckel geht die **Biogenetische Grundregel** zurück, nach der die Entwicklung eines Individuums (die Ontogenese oder Ontogenie) die Stammesgeschichte seiner Art (die Phylogenese oder Phylogenie) wiederholt. Um das Konzept zu untermauern, hat Haeckel offensichtlich Beobachtungen geschönt. Eine wenig rühmliche Rolle hat Haeckel für ein modernes Politikverständnis als Nationalist, Chauvinist und Wegbereiter der Eugenik gespielt. Wenn sein Bemühen, wissenschaftliche Betrachtung mit Ästhetik zu verknüpfen, auch gelegentlich über wissenschaftliche Korrektheit hinausging, so sind ihm doch diverse ästhetisch reizvolle Stammbaumdarstellungen zu verdanken (Abb. 2.3). Den klassischen Darstellungen Haeckels sieht man die knorrige Eiche, die als Vorbild gedient hat, noch deutlich an. In der modernen Biologie sind wir längst bei recht nüchternen, abstrakten

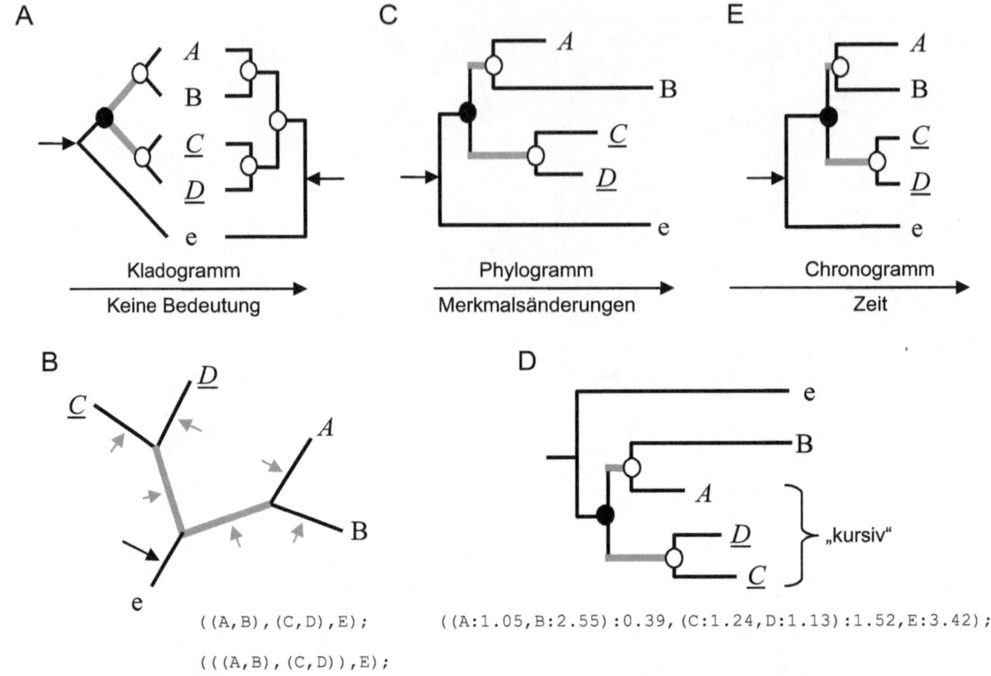

Abbildung 2.4 Beispiele für unterschiedliche **Stammbaumtypen**: Kladogramm (**A**: gewurzelt, **B**: ungewurzelt), Phylogramm oder metrischer Stammbaum (**C** und **D**) und ultrametrischer Stammbaum (**E**; messen die Zweige Zeitabschnitte, ist er ein Chronogramm). Interne Äste sind im Unterschied zu den terminalen grau und breiter hervorgehoben, Knoten sind mit Ellipsen markiert. Die Möglichkeiten zur Bewurzelung des Kladogramms sind in B mit grauen Pfeilen dargestellt. Unterhalb von A, B und C bzw. D steht ihre jeweilige Beschreibung im Newick-Dateiformat.

Stammbäumen angekommen, die auch meist nicht mehr von unten nach oben, sondern von links nach rechts wachsen.

Stammbäume haben **Äste** oder **Zweige** (engl. *branches*) und Verzweigungen (oder **Knoten**, engl. *nodes*), in denen die Zweige zusammenlaufen und die eine Gruppe von Taxa in einer **Klade** zusammenfassen (Abb. 2.4). Von den **terminalen Ästen** zu unterscheiden sind die **internen Äste**, die zwei Knoten miteinander knüpfen. In vielen Fällen können wir die Knoten als ausgestorbene (extinkte) Vorfahren (**Stammarten**) heute lebender (rezenter) Taxa betrachten. Die terminalen Äste werden manchmal auch Blätter (engl. *leaves*) genannt.

Drei Typen von Stammbäumen gilt es zu unterscheiden (Abb. 2.4): In **Kladogrammen** haben weder die Längen der terminalen noch der internen Zweige eine Bedeutung – nur die **Topologie** des Baumes, sein Verzweigungsmuster, ist ausschlaggebend (A). Hier laufen benachbarte Zweige oft schräg aufeinander zu (links, engl. *slanted cladogram*). Alternativ werden nur rechte Winkel verwendet, ohne dass sich eine andere Aussage ergibt (rechts, engl. *rectangular cladogram*); hierbei lassen sich topologische Unterschiede zwischen zwei Stammbäumen allerdings oft leichter begreifen. In unserem Beispiel mit fünf Taxa hängen die unterstrichenen Taxa C und D an einem Knoten, der sonst keine weiteren Taxa hervorgebracht hat. Die Gruppe unterstrichener Taxa ist also **monophyletisch**. Die kursiven Taxa A, C und D sind hingegen eine **paraphyletische** Gruppe, denn aus ihrem unmittelbaren gemeinsamen Vorfahren geht auch das nicht-kursive B hervor.

Kladogramme auf der Grundlage klassischer Merkmale sind meist in **gewurzelter Form** dargestellt (A), weil sich oft von vornherein aus dem Zugewinn an Synapomorphien eine Leserichtung ergibt. Aus molekularen Daten hingegen erhalten wir in aller Regel zunächst unbewurzelte Stammbäume, da die Richtungen der Merkmalsaustausche nicht unmittelbar abzuleiten sind (B). Die Position der **Wurzel**, mit der auch so ein Stammbaum dann eine Leserichtung der Merkmalsaustausche bekommt, muss erst auf einem seiner Äste gefunden werden (B) – damit können dann tiefer liegende, ältere Verzweigungen von späteren, jüngeren Knoten unterschieden werden. Die Merkmalsaustausche bekommen eine Richtung. In der Praxis verwenden wir dazu meist eine **Außengruppe** (engl. *outgroup*) – Taxa also, die mit Sicherheit stammesgeschichtlich weiter von der Innengruppe entfernt stehen, als alle Taxa der Innengruppe zueinander: Eidechse oder Krokodil für eine Phylogenie der Vögel oder Farne für eine Phylogenie der Samenpflanzen. Eine Außengruppe kann dann schließlich durch das Einführen eines weiteren Knotens auch die früheste Verzweigung (**Dichotomie**) der **Innengruppe** in einem Stammbaum identifizieren. Dies zu erreichen, setzt natürlich immer eine hinreichend umfassende Erhebung von Taxa (engl. *taxon sampling*) voraus. Will man beispielsweise das jeweils an der Baumbasis zuerst abzweigende Taxon unter den rezenten Primaten oder den rezenten Blütenpflanzen identifizieren, muss man natürlich zwingend alle Taxa, die in Frage kommen könnten, auch in die Untersuchungen mit einbeziehen. Eindrucksvoll illustriert wurde dieser Umstand erst kürzlich wieder, als mit einer bislang wenig beachteten Gruppe von Blütenpflanzen, den grasähnlichen Hydatellaceae, überraschend eine der ursprünglichsten Blütenpflanzenlinien enttarnt wurde (Saarela et al. 2007). Die Frage nach den ursprünglichsten lebenden Vertretern einer Verwandtschaftsgruppe ist also besonders kniffelig und daher unter den wichtigeren Themen aktueller Phylogenetik. So werden beispielsweise in der Botanik Gattungen wie *Amborella* unter den Angiospermen oder *Takakia* unter den Laubmoosen als Kandidaten für rezente Vertreter der ältesten (frühesten) Entwicklungslinien ihrer Kladen gehandelt – oder besser ausgedrückt: als Schwestergruppe zu allen anderen Taxa ihrer Klade.

In unserem Beispiel bietet schon das ganz einfache Kladogramm unter Abb. 2.4 B mit seinen fünf terminalen und zwei internen Ästen sieben verschiedene Möglichkeiten, einen Punkt zur Bewurzelung zu finden (Pfeile). Hat man beispielsweise eine gute Begründung, dass das Merkmal „Großbuchstabe“ klar eine Innengruppe festlegt, kann die Wurzel auf den terminalen Ast zum Taxon e, dem Kleinbuchstaben, gelegt werden. Wir erhalten damit eine Bewurzelung für die Kladogramme, wie sie durch den schwarzen Pfeil in Abbildung 2.4 A angedeutet wird.

Außer den Schwestergruppenverhältnissen kann ein Stammbaum das Maß für den Grad der Verwandtschaft auch quantitativ wiedergeben. Bei der üblichen horizontalen Darstellung bekommen nun die Längen der horizontalen Äste eine Bedeutung (Abb. 2.4 C). Sie entsprechen dann z.B. der Anzahl der beobachteten Merkmalsaustausche oder einer molekulargenetischen Distanz nach einem gewählten Maß, wie wir in Kapitel 6 besprechen. Das einfache Kladogramm wird so zum **Phylogramm** (auch **metrischer Stammbaum** genannt). Das Phylogramm ist eine sehr häufig verwendete Form zur Darstellung von Stammbäumen, die auf molekularen Sequenzdaten beruhen. Während das Kladogramm auf Informationen in den Astlängen verzichtet, liefert das Phylogramm also zusätzlich ein Größenmaß für Veränderung in seinen Astlängen. Genau wie ein Kladogramm kann ein Phylogramm gewurzelt oder ungewurzelt sein.

Bei jeder Stammbaumdarstellung darf um die Knoten beliebig gedreht werden. Wir können uns einen Stammbaum als ein Mobile mit seitlicher Aufsicht vorstellen. Das **Phylogramm** in Abb. 2.4 D auf Seite 60 ist damit immer noch zu dem in C völlig identisch in seiner Aussage, denn Topologie (und Astlängen) sind unverändert. Die Drehung der Knoten bringt hier beispielsweise lediglich die paraphyletischen, kursiven Taxa zur gemeinsamen Beschriftung in räumliche Nähe.

Um Stammbäume computerlesbar abzuspeichern, wurden Dateiformate wie das **Newick-Format** entwickelt. Schwestergruppen werden hier in sukzessiv verschachtelte, runde Klammern gesetzt und durch Kommata voneinander getrennt. Die Baumbeschreibung wird mit einem Semikolon abgeschlossen. Neben dem Kladogramm in Abbildung 2.4 B auf Seite 60 ist die Topologie des Stammbaumes im Newick-Format dargestellt. Für den ungewurzelten Stammbaum verbleibt eine unaufgelöste Tritomie von drei Taxa nebeneinander durch Kommata getrennt, für gewurzelte Stammbäume sind alle Kladen bis zu einem tiefsten Schwestergruppenverhältnis hin in Klammern eingebettet. Für die Darstellung eines Phylogramms wird die Newick-Darstellung erweitert, indem hinter einem Doppelpunkt für jedes terminale Taxon und für jeden internen **Ast** eine Astlänge angegeben wird. Ein hypothetisches Beispiel ist für das Phylogramm unter E angegeben (bitte die englische Schreibweise des Dezimalkommas als Punkt beachten).

Eine Newick-Datei kann mit Computerprogrammen wie MEGA oder PAUP*, die wir in den nächsten Kapiteln vorstellen, eingelesen und als Baum graphisch dargestellt werden. Ein willkürliches Beispiel für ein Phylogramm zeigt Abbildung 2.5. Wenn Sie es als kleinen Vorgriff bereits selbst einmal ausprobieren möchten, installieren Sie MEGA wie in Kapitel 4 beschrieben und wählen Sie unter dem Menüpunkt „Phylogeny" die Option „Display Newick Trees". Wenn Sie dann eine Textdatei auswählen, die Sie z.B. `Baum1.nwk` oder `Tree1.tre` genannt haben und die nur die oben in der Abbildung angegebene Textzeile enthält, wird Ihnen MEGA ein Bäumchen wie in Abbildung 2.5 A darstellen. Hier ist es noch einmal wichtig, zu verstehen, dass es sich (zunächst noch) um einen unbewurzelten Baum handelt. In unserem Bespiel haben wir eine basale Tritomie beschrieben: Die Klade mit Taxa 2, 3 und 4 ist in Klammern eingebettet, aber Taxon 5 und Taxon 1 stehen ohne weitere Klammern, in der Aufzählung nur von Kommata getrennt, daneben.

Dass unser Stammbaum zunächst unbewurzelt ist, wird vielleicht in der Darstellung unter B noch schneller deutlich. Nun können wir für unseren Stammbaum willkürlich einen Punkt zur Bewurzelung annehmen (im *Tree Explorer* von MEGA und anderen Programmen, die wir im Kapitel 3 vorstellen, per Mausklick). Wenn wir die Wurzel auf den kurzen Ast von Taxon 2 setzen, erhalten wir dann in der rechtwinkligen Darstellung in C einen merkwürdig asymmetrischen Baum. Solange wir keine guten Gründe für die Auswahl der Bewurzelung haben, ist die so genannte **Mittelpunktsbewurzelung** (engl. *midpoint rooting*), bei der die Mitte der am weitest entfernten Taxa ausgewählt wird, eine bessere Alternative. Wir erhalten die Darstellung unter D. Es gibt sehr viele graphische Spielarten zur Darstellung von Stammbäumen. Als Alternative zu der recht-

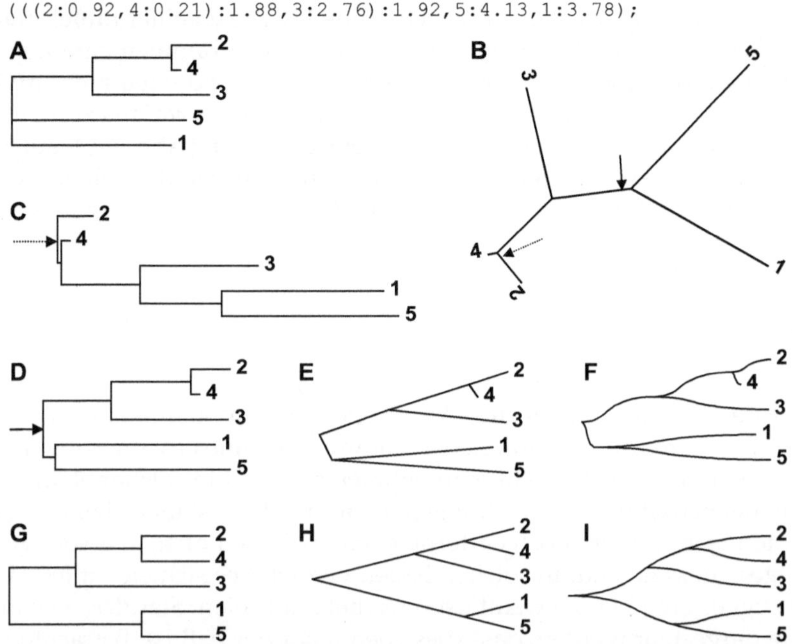

Abbildung 2.5 Verschiedene graphische Darstellungen einer Newick-Stammbaumdatei wie oben in der Abbildung gezeigt, in **A** als Phylogramm mit basaler Tritomie, in **B** als radialer Baum mit zwei Varianten zur Bewurzelung der Topologie mit Pfeil bezeichnet. Die Bewurzelung bei dem gestrichelten Pfeil ergibt das Phylogramm in **C**. In **D** ist das Phylogramm mit Mittelpunktsbewurzelung dargestellt, in **E** dasselbe in der *„straight"* und in **F** in der *„curved"* Optik. **G**, **H** und **I** sind die entsprechenden Darstellungen als Kladogramme.

winkligen Optik kann unter Verzicht auf die vertikalen Linien an den Knoten z.B. auch die *„straight"*- (E) oder die *„curved"*-Optik (F) gewählt werden. Alle Darstellungsformen lassen sich unter Wegfall der Astlängen der Phylogramme in die entsprechenden Kladogramme (G-I) verwandeln.

Wenn die terminalen Äste in einem Phylogramm nun rezente Arten sind, haben sie häufig nach dem Aufspaltungsprozess ganz unterschiedlich viele Veränderungen der Merkmale erfahren, wie z.B. die Taxa A und B in den Phylogrammen in Abbildung 2.4 auf Seite 60 C oder D. Offensichtlich haben sie in ihrer Entwicklung keine konstanten Veränderungsraten erlebt, denn sie haben ja notwendigerweise dasselbe Alter, seitdem sie gemeinsam aus ihrer Stammart hervorgegangen sind. Weder molekulare noch **morphologische** Merkmalsänderungen geschehen im Verlauf der Evolution in zeitlich regelmäßiger Weise. Begriffe wie „**lebendes Fossil**", mit denen wir heute lebende (rezente) Arten bezeichnen, die morphologisch Fossilfunden ähneln, würden sonst auch wenig Sinn machen. Der Ginkgobaum *Ginkgo*, die Pfeilschwanzkrebse (Limulidae) und der Quastenflosser *Latimeria* sind Beispiele für Taxa, die wenig morphologische Veränderung gegenüber längst ausgestorbenen Vorläufern zeigen (sich also in einem Phylogramm auf der Grundlage morphologischer Entwicklung auf kurzen Ästen wiederfinden würden). Die Situation scheint bei **molekularen** Daten nicht anders zu sein. Die Annahme, dass in allen betrachteten Abstammungslinien Veränderungen in den Genomen mit identischen Raten stattfinden – gleichsam ein gleich schnelles Ticken einer **molekularen Uhr** (engl. *molecular clock*) – trifft leider nicht zu. Unseren Phylogrammen eine Zeitskala zu geben, mit denen wir die Knoten datieren können, ist daher leider gar nicht trivial, aber natürlich höchst wünschenswert – und gelingt mit modernen Verfahren zunehmend zuverlässig. Der Berechnung von so genannten Chronogrammen (Abb. 2.4 E auf Seite 60), bei denen sich die rezenten Taxa bündig auf einer Linie „im Heute" wiederfinden und die Astlängen die verstrichene Zeit reflektieren, widmen wir uns im Kapitel 9.

Polytomien

Wenn sich an jedem Knoten immer drei Äste treffen, ist ein Stammbaum vollkommen aufgelöst. Nach Bewurzelung hat ein solcher Stammbaum eine Orientierung und aus einem Knoten gehen immer zwei Nachkommenlinien hervor. Ein solcher Stammbaum ist oft das Ziel phylogenetischer Untersuchungen. In der Realität ist man aber oft von einem völlig aufgelösten Stammbaum noch entfernt, eben weil noch nicht alle Verzweigungen verlässlich aufgeschlüsselt sind. In solchen Fällen verbietet es sich eigentlich, durch Dichotomien zu suggerieren, dass die Auflösungen bekannt seien. Stattdessen kann durch eine **Polytomie** dargestellt werden, dass dies eben nicht der Fall ist. Betrachten wir das Kladogramm aus sieben Taxa in der Abbildung 2.6 auf der Seite gegenüber. Taxon W sei als Außengruppe gewählt und alle Knoten seien gut unterstützt, abgesehen von dem Schwestergruppenverhältnis der Taxa A und P. Das bedeutet, in alternativen Topologien könnte auch C die Schwestergruppe (engl. *sister group*) zu A oder zu P sein. Dafür bietet sich die Darstellung einer **Polytomie**, hier einer Tritomie an, bei der hier alle drei terminalen Äste von einem Knoten abgehen. Wohlgemerkt: die Monophylie der Gruppe aus Taxa A, P und C ist damit nicht in Frage gestellt, es fehlt der Klade nur an innerer Auflösung. In diesem Falle sprechen wir von einer **weichen Polytomie** (engl. *soft polytomy*). Oft kann man durch Hinzufügen neuer Merkmale oder Taxa eine weiche Polytomie auflösen. Dies ist das letztendliche Ziel der Phylogenetik: den Stammbaum des Lebens aufzuschlüsseln. Projekte wie das *„Tree of Life Web project"* (`http://tolweb.org/tree/`) haben zum Ziel, den aktuellen Status unseres phylogenetischen Wissens über das Leben auf der Erde wiederzugeben. An vielen Positionen existieren derzeit noch weiche Polytomien, die in Dichotomien zu verwandeln sind. In der Regel sind Polytomien in genau diesem Sinn aufzufassen.

Stellt eine Polytomie allerdings dar, dass sich tatsächlich mehrere Taxa in einem Knoten treffen, dass also aus einer Urform mehrere Abkömmlinge simultan entstanden sind, sprechen wir von einer **harten Polytomie** (engl. *hard polytomy*). Für biologische Artbildung wird dies eher ein extremer Sonderfall sein, auszuschließen ist er aber nicht. Auf molekularer Ebene oder beispielsweise bei der Evolution eines Virus sind harte Polytomien in der Realität denkbar. Bei hoher Ungenauigkeit der DNA- (oder viralen RNA-) Replikation können beispielsweise tatsächlich verschiedene Tochtermoleküle aus einem einzigen Elternmolekül entstehen.

Unser Beispiel zu der weichen **Polytomie** in Abbildung 2.6 auf der nächsten Seite würde in Newick-Schreibweise bedeuten: Weil zwischen ((A,P),C) und ((A,C),P) und ((C,P),A) nicht unterschieden werden kann, sollte besser (A,P,C) angegeben werden.

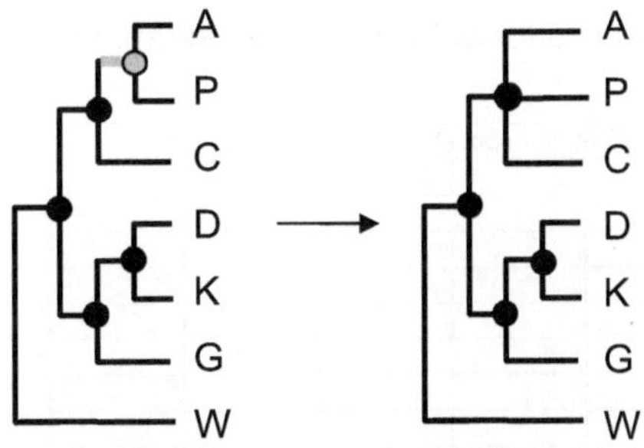

Abbildung 2.6 Ein vollständig aufgelöster Stammbaum enthält nur Dichotomien an gut begründeten Knoten (schwarz). Eine noch zweifelhafte Verzweigung (grauer Kreis, links) kann als **Polytomie** (rechts) dargestellt werden.

Ein Wald aus Stammbäumen

Die Drehung um die Knoten ändert die Topologie eines Stammbaumes nicht, wie wir am Beispiel in Abbildung 2.4 auf Seite 60 gesehen haben. Aber wie viele verschiedene Topologien kann es dann überhaupt für fünf Taxa geben? Drei Taxa treffen sich immer in einem Knoten, mindestens vier Taxa werden benötigt, um unterschiedliche Stammbaumtopologien erhalten zu können: ((1,2),(3,4)) oder ((1,3),(2,4)) oder ((1,4),(2,3)). Es gibt also **drei unbewurzelte Topologien für vier Taxa**. Wenn Sie (z.B. mit einem fünften Taxon als Außengruppe) eine Wurzel setzen, haben Sie dafür fünf Möglichkeiten: auf dem einzigen internen Ast oder auf einem der vier terminalen. So erhöht sich die Zahl der bewurzelten Topologien um den Faktor fünf auf 15 verschiedene bewurzelte Topologien, und das ist auch gleichzeitig die Anzahl der unbewurzelten Topologien für Stammbäume aus fünf Taxa. Sie haben also 15 verschiedene Möglichkeiten, unbewurzelte Kladogramme für unser Beispiel in Abbildung 2.5 zu zeichnen, probieren Sie es aus! Jeden von diesen Bäumen können Sie auf sieben verschiedene Arten bewurzeln und Sie enden mit $15 \times 7 = 105$ verschiedenen, bewurzelten Stammbäumen für nur fünf Taxa (bzw. schon 105 möglichen, unbewurzelten Stammbäumen für sechs Taxa). Die Zahl unterschiedlicher Topologien steigt also mit der Anzahl der Taxa explosionsartig an. Die Anzahl möglicher gewurzelter Stammbaumtopologien für n Taxa (bzw. ungewurzelter für $n + 1$ Taxa) ist:

$$(2n-3)!! = 1 \cdot 3 \cdot 5 \cdot 7 \cdot \quad \cdots \quad \cdot (2n-3).$$

Für zehn Taxa existieren über 2 Millionen alternative, unbewurzelte Topologien von verschiedenen Stammbäumen, für 30 Taxa bereits fast 10^{37}. Vor allem durch eine steigende Zahl von Taxa wird die Suche nach dem „richtigen" Stammbaum daher aufwändig, wenn ein Algorithmus verwendet wird, der alle möglichen Stammbäume miteinander vergleichen soll. Mit solchen Suchverfahren können auch bei überdurchschnittlicher Computerleistung schon bei überschaubaren Taxonzahlen (wie z.B. 30) nicht mehr alle möglichen Bäume überprüft werden. Wie so genannte **heuristische Suchverfahren** (**Heuristik**, Lehre von den Strategien zur Problemlösung) mit diesem Problem umgehen, dieser Frage widmen wir uns im Kapitel 5 ausgiebig.

2.3.3 Eine Phantasiematrix von Merkmalen

Mit dem Newick-Format kann man sehr gut übungshalber mit einem Texteditor (wie z.B. denen von MEGA oder PAUP*, s. Abschnitt 3.3 auf Seite 98) einen beliebigen Phantasiestammbaum entwerfen. Wählen Sie sich „Taxa" z.B. aus einem Memory-Spiel aus

Tabelle 2.2 17 Merkmale und Merkmalszustände einer Phantasieauswahl von 19 Objekten, wie sie in einem Memory-Spiel zu finden sind.

		Merkmalszustände (*character states*)								
	Merkmale	0	1	2	3	4	5	6	7	8
	Binäre Zustände									
1	Zellulärer Aufbau	nein	ja							
2	Aroma	nein	ja							
3	Verbrennungsmotor	nein	ja							
4	Metallteile	nein	ja							
5	Nahrungsmittel	nein	ja							
6	Beleuchtung	nein	ja							
7	Glatte Oberfläche	nein	ja							
8	Gemusterte Oberfläche	nein	ja							
9	Pedalen	nein	ja							
10	Flugfähigkeit	nein	ja							
11	Struktur komplex	nein	ja							
	Diskrete Zustände / *multistate characters*									
12	Anzahl von Rädern									
13	Gestalt	eckig	rund	komplex						
	Kontinuierliche Größen in Kategorien									
14	Gewicht	0 bis 1 g	1 bis 10 g	10 bis 100 g	100 bis 1000 g	1 bis 10 kg	10 bis 100 kg	100 bis 1000 kg	1 bis 10 t	> 10 t
15	Höchstgeschwindigkeit	0 bis 1 km/h	1 bis 10 km/h	10 bis 100 km/h	100 bis 1000 km/h	> 1000 km/h				
16	Max. Ausdehnung	0 bis 1 cm	1-10 cm	10 bis 100 cm	0,1 bis 1 m	1 bis 10 m	10 bis 100 m	> 100 m		
17	Farbe	weiß / farblos	blau	grün	gelb	orange	rot	grau / schwarz		

und überlegen Sie sich, welche Merkmale zur Unterscheidung geeignet sind und möglicherweise gute Synapomorphien zur Stammbaumkonstruktion liefern. In Abbildung 2.7 ist ein Beispiel für einen Stammbaum aus sechs Früchten, sechs Fahrzeugen, vier Tieren und drei Steinen dargestellt. Diesem Stammbaum liegen **Merkmale** (engl. *characters*) und unterschiedliche **Merkmalszustände** (engl. *character states*) zugrunde, die wir in Tabelle 2.2 zusammengefasst haben. Für viele Merkmale ist einfach nur ihre An- oder Abwesenheit im Sinne einer binären Ja/Nein Entscheidung zu betrachten, die man in der Matrix als '1' oder '0' codieren kann (Zellen, Aroma, Nahrungsmittel, Metallteile etc.). Diskrete Merkmalszustände können einfach als Zahl (Räder) angeben werden. Kontinuierliche Größen wie Gewicht, Ausdehnung oder Höchstgeschwindigkeit sind durch die Annahme von Intervallen (zwar willkürlich, aber objektiv) in diskrete Zustände umwandelbar. So können wir Merkmalszustände z.B. als Zehnerpotenzen auf dekadischen, logarithmischen Skalen festlegen, die bei Erreichen einer Klassengrenze überschritten werden: 1×10^x g, 1×10^y cm, 1×10^z km/h. Bei anderen kontinuierlichen Größen kann eine Klassenbildung natürlich schwieriger sein: Für das Merkmal „Farbe“ könnte man das Spektrum sichtbaren Lichts zwischen 400 und 800 nm zerlegen in: Blau = 1, Grün = 2, Gelb = 3, Orange = 4 und Rot = 5, wobei Weiß oder Farblos = 0 und Grau oder Schwarz = 6 ist. Schon hier kommt eine subjektive Einschätzung bei Zwischentönen wie „Blaugrün“ zum Tragen und dies kann bei anderen Merkmalen noch viel gravierender sein – nicht einmal untypisch für morphologische Merkmale in der Biologie. Bei der Formauswahl [0=einfach, eckig oder kantig, 1=einfach rund oder oval oder 2=komplex ausgedehnt] oder bei einem Merkmal wie struktureller Komplexität kann die Bewertung ebenso ganz im Auge des Betrachters liegen.

Die Merkmalszustände stellen wir in einer Matrix zusammen, bei der in der Regel die Merkmale in der Horizontalen und die Taxa in der Vertikalen angeordnet werden. Die Matrix, die sich für die Taxonauswahl aus dem Memory-Spiel und den Satz an Merkmalen ergibt, würde also in etwa wie folgt aussehen:

```
                               11111111
Merkmale             12345678901234567

Banane               11001010001023023
Orange               11001000001012014
Erdbeere             11001001001021015
Kirsche              11001010001011015
Pflaume              11001010001011011
Tomate               11001010001012015
Kormoran             10000001011024236
Elefant              10000000001027246
Zebra                10000001001026240
Giraffe              10000001001026243
Kieselstein          00000001000010001
Ziegelstein          00000000000003025
Pflasterstein        00000001000004016
Blaues Auto          00110110001426341
Gelber Hubschrauber  00110110011027353
Gelbes Moped         00110110001225343
Grünes Dreirad       00010010101324132
Roter Roller         00010010001224235
Blaues Fahrrad       00010110101225241
```

Wollen Sie versuchen, einen Stammbaum zu finden, der die **wenigsten Merkmalsaustausche** erfordert, oder anders gesagt, diese Daten am einfachsten erklärt? Wir machen damit einem Vorgriff auf die **Parsimonieanalyse** (*Maximum Parsimony*), der wir uns im Kapitel 5 ausgiebig widmen. *Maximum Parsimony* (größte Sparsamkeit) versucht den Baum mit der geringsten Anzahl an erforderlichen Merkmalsänderungen zu finden – es ist die etwas allgemeinere Formulierung kladistischer Logik. Haben Sie einen Stammbaum mit 52 Merkmalsübergängen gefunden, vielleicht so oder ähnlich wie in der Abbildung 2.7 auf der nächsten Seite? Wunderbar. Allerdings – es gibt noch 113 weitere *most parsimonious trees* mit anderen Topologien, die ebenfalls nur 52 Merkmalsaustausche postulieren. Schon bei kleinen Datensätzen wird der Computer dringend erforderlich, um den sparsamsten Baum zu finden – wir stellen das konkret mit dem Computerprogramm PAUP* in Abschnitt 5.1.4 auf Seite 147 vor.

Eine der Kladen kann zur Bewurzelung gewählt werden – hier bieten sich vielleicht die Steine als einfache, unbelebte Objekte zur Bewurzelung an. In unserem Stammbaum sind dann die Kladen der Fortbewegungsmittel, der Tiere und der Früchte eindeutig zu sehen. Diese sind jeweils **monophyletische Gruppen**, denn es lässt sich immer ein Knoten identifizieren, an dem jeweils alle Fahrzeuge oder Früchte oder Tiere hängen und eben jeweils *nur* diese. Die monophyletischen Gruppen sind durch Synapomorphien gekennzeichnet. Metall wäre hier eine Synapomorphie der Fortbewegungsmittel (Abb. 2.7 auf der nächsten Seite). In diesen Kladen sind die motorisierten Fortbewegungsmittel, oder z.B. auch die runden Früchte oder die schweren Tiere ebenfalls monophyletische Untergruppen (engl. *subclades*). Rote, gelbe oder blaue Taxa sind polyphyletisch, denn sie tauchen unabhängig unter den Fortbewegungsmitteln und den Früchten auf. Ebenso ist Flugfähigkeit ein polyphyletisches Merkmal. Die Fähigkeit, fliegen zu können, haben

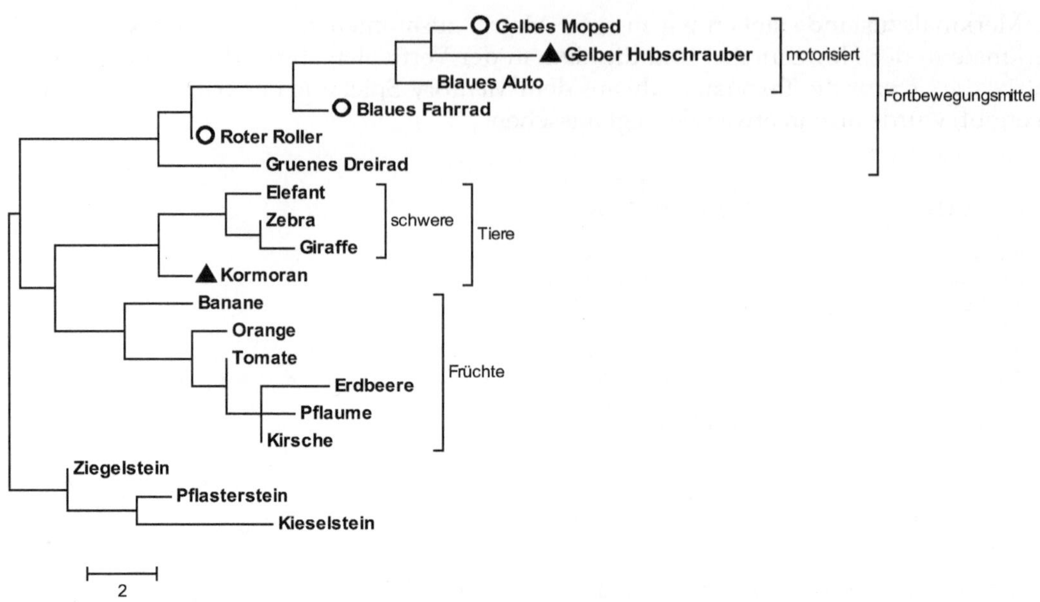

Abbildung 2.7 Ein Stammbaum für eine Phantasieauswahl von Taxa aus einem Memory-Spiel basierend auf den Merkmalszuständen in einer Auswahl von 17 Merkmalen, die in Tabelle 2.2 auf Seite 66 festgelegt sind. Erkennbare Monophyla sind Steine, Früchte, Tiere und Fortbewegungsmittel. Motorisierte Fortbewegungsmittel sind eine monophyletische Subklade. „Obst" ist hier paraphyletisch Gruppe, weil die Klade der Früchte zwar alles Obst aber auch das Gemüse Tomate enthält. Polyphyletische Merkmale sind Flugfähigkeit (Dreieck) oder Zweirädrigkeit (Kreis).

Kormoran und Hubschrauber offensichtlich unabhängig entwickelt. Eine paraphyletische Gruppe ist „Obst", denn an einem der Knoten hängt zwar alles, was wir Obst nennen, aber mit der Tomate eben auch eine Frucht, die wir als Gemüse bezeichnen würden. Ähnliches gilt für den Begriff Fahrzeuge, denn das Fluggerät Hubschrauber macht diese Gruppe paraphyletisch.

2.4 Molekulare Phylogenetik

Die **molekulare Phylogenetik** benutzt molekulare Merkmale (engl. *molecular characters*), um die Stammesgeschichte des Lebens nachzeichnen. Um einem Missverständnis von vornherein vorzubeugen: Der molekulare Ansatz ist der Verwendung klassischer Merkmale aus der Morphologie oder der Biochemie keineswegs grundsätzlich konzeptionell überlegen. Sein großer Vorteil liegt in der schier unerschöpflichen Menge von Merkmalen, die herangezogen werden können. Mit dieser großen Anzahl von Merkmalen kann vor allem viel besser Statistik betrieben werden, um zu beurteilen, wie zuverlässig die Verzweigungen eines Stammbaums ermittelt sind.

- Nukleotidsequenzen von rRNA- und tRNA-Genen
- Vorhandensein eines Gens im jeweiligen Genom
- Genomische Rearrangements
- Vorhandensein von Introns
- Aminosäuresequenzen von codierten Proteinen
- Nukleotidsequenzen von proteincodierenden Genen (Exons, cDNA)
- Sequenzen von Introns
- Sequenzen von intergenischen Regionen („Spacer")
- Einzelne Mutationen (SNP, RFLP, AFLP et c.)

Abbildung 2.8 Molekulare Merkmalstypen, grob gestaffelt nach ihrer Aussagekraft für zunehmend höhere taxonomischen Niveaus bzw. zunehmende phylogenetische Distanz (Pfeilrichtung).

2.4.1 Molekulare Merkmale

In den meisten Fällen werden zur Konstruktion „molekularer Stammbäume" heute Sequenzdaten verwendet, also die Nukleotidabfolgen in der DNA oder die Aminosäureabfolgen in den Proteinen. Natürlich kommen neben den Sequenzen proteincodierender Gene auch genauso gut diejenigen von ribosomaler RNA (rRNA) oder transfer RNA (tRNA) in Frage (Abschnitt 1.3), ebenso von Introns (Abschnitt 1.6.1) oder intergenischen Bereichen, oder zukünftig vielleicht auch die von weiteren, neu entdeckten kleinen RNA-Molekülen (s. Abschnitt 1.6.6 auf Seite 31). Genauso können im Zeitalter der Genomik (engl. *genomics*) andere genomische Merkmale wie das schlichte Vorhandensein eines Gens in einem gegebenen Genom, das Vorhandensein von Introns oder die Anordnungen von Genen im Genom herangezogen werden. Auf niedrigen taxonomischen Niveaus hingegen, in der Populationsbiologie, der Humangenetik oder für die forensische Analytik sind am anderen Ende des Spektrums molekularer Variabilität (Abb. 2.8) *einzelne*, häufige Mutationen *innerhalb* einer Art von Interesse, diagnostiziert durch *Restriction Fragment Length Polymophisms* (RFLPs), *Amplified Fragment Length Polymorphisms* (AFLPs), *Single Nucleotide Polymorphisms* (SNPs) etc., allgemein so genannte *DNA-Fingerprinting*-Methoden. Für das Pflanzenreich gilt das genau wie für das Tierreich – das Thema wird erschöpfend behandelt z.B. in *„DNA Fingerprinting in Plants"* von Kurt Weising und Kollegen (2005).

Ganz offensichtlich kann eine betrachtete Sequenz aus Nukleotiden oder Aminosäuren umso mehr Informationen enthalten, je länger sie ist. Vor allem aber sollte die Variabilität zwischen den Sequenzen dem betrachteten evolutionären Zeitraum angepasst sein. Verschiedene Gene, ihre Introns oder die intergenischen Regionen (vielleicht allgemein ausgedrückt: verschiedene genetische Loci) evolvieren unterschiedlich schnell. Mit einer hochvariablen Sequenz eines Introns kann eher auf unteren taxonomischen Niveaus gearbeitet werden (Arten, Gattungen, Familien), mit der codierenden Region eines hoch konservierten Gens eher auf hohen taxonomischen Niveaus (Ordnungen, Klassen oder gar Abteilungen). Eine, sicher nur sehr grobe, hierarchische Sortierung molekularer Merkmale nach ihrer Aussagekraft für zunehmende phylogenetische Distanzen zeigt Abbildung 2.8. Diese Hierarchie hängt aber sehr vom betrachteten Genom einer speziellen Gruppe von Organismen ab und kann im Einzelfall ganz anders aussehen. In den Mitochondriengenomen der Pflanzen sind genomische Rearrangements beispielsweise so häufig, dass sie sogar innerhalb einer Art variieren. Die konservierten Intronsequenzen der mitochondrialen DNA in Pflanzen tragen andererseits bis auf Abteilungsniveau hinauf phylogenetische Information. Völlig konträr ist *vice versa* das Bild, das die mitochondriale DNA im Tierreich zeigt, wo die Genarrangements auf dem kompakten, zirkulären DNA-Molekül hoch konserviert sind; die Nukleotidsequenzen hingegen so variabel, dass sie auf Populationsniveau phylogenetische Information tragen.

Die Molekularbiologie bietet also Daten für phylogenetische Studien an ganz unterschiedlichen Enden des Spektrums biologischer Diversifizierung über neun Zehnerpotenzen einer geologischen Zeitskala hinweg – und eben auch dort, wo geeignete morphologische Merkmale vollkommen fehlen: von den hoch konservierten rRNA-Sequenzen, die halfen, die Diversifizierung in die drei Domänen des Lebens vor mehr als drei Milliarden Jahren zu erkennen, bis hin zur Variabilität des AIDS-Erregers, dessen Spur nicht nur auf die Menschenaffen Westafrikas zurückgeführt werden konnte sondern innerhalb der letzten 30 Jahre auch auf seine Überträger in den menschlichen Populationen. Ein gerne zitiertes Beispiel hierfür ist das des *Florida Dentist*, eines Zahnarztes in Florida der mangels angebrachter Schutzmaßnahmen einige Patienten mit HIV infiziert hatte und anhand der phylogenetischen Spur der Virusvarianten identifiziert wurde.

Bei alledem sollte man sich darüber im klaren sein, dass man mit einem **gut ausgewählten**, kurzen Sequenzabschnitt für seine **phylogenetische Fragestellung** schon viel mehr erreichen kann als mit einem anderen, zehnmal so großen Sequenzabschnitt eines **ungeeigneten genetischen Locus**.

2.4.2 Äpfel und Birnen: Homologe, Orthologe, Paraloge und Xenologe

Wichtig ist, dass in der molekularen Phylogenetik verschiedene **Formen von Homologie** unterschieden werden. Der Begriff der Homologie ist in der Molekularbiologie ein etwas problematischer, denn er ist für molekulare Sequenzen zunächst nur deskriptiv. Viele Molekularbiologen meinen oft zunächst eigentlich nur „ähnlich", wenn sie von homolog sprechen. So wird die Suche nach **Sequenzähnlichkeiten in Datenbanken**, die wir in Abschnitt 3.1.2 auf Seite 80 ausführlich besprechen, oft **fälschlicherweise mit „Homologiesuche" beschrieben**. Ob es sich bei den ähnlichen Treffern um **echte Homologe** handelt, muss erst herausgefunden werden. Die Mitglieder einer **Genfamilie** in einer Art sind beispielsweise alle homolog in diesem weiteren Sinne, aber im eigentlichen Sinne hat jedes Mitglied der Genfamilie sein Homolog, genau genommen sein **Ortholog**, in einer anderen Spezies.

Die mögliche Entwicklungsgeschichte einer Genfamilie ist in Abbildung 2.9 auf der nächsten Seite dargestellt. Ausgehend von einer ersten Genduplikation, die eine Genfamilie in einem Stammtaxon A begründet, erfolgen weitere Genduplikationen unabhängig in den später entstandenen Taxa E, H I und K. Mit jeder Genduplizierung entstehen **Paraloge**. Die rezenten Taxa H und I tragen in unserem Beispiel je vier Mitglieder einer Genfamilie in ihren Genomen, Taxon K trägt nur drei. Zu diesem Zeitpunkt existiert streng genommen nur noch ein Paar von Orthologen: Protein 2a in den Taxa H und I.

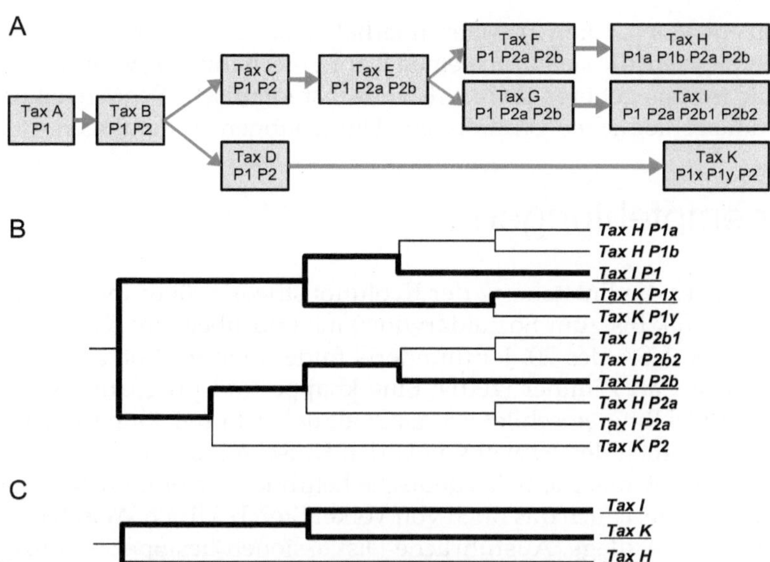

Abbildung 2.9 Evolution einer Genfamilie. In einer Stammart (Tax A) wird durch eine erste Duplikation ein Gen verdoppelt (P1, P2 in Tax B). Weitere, unabhängige Genduplikationen der Paralogen (a/b, b1/b2, x/y) finden nach Artbildungen statt. Die Phylogenie der Genfamilie und die der rezenten Taxa H, I und K überlagern sich (B). Werden nur Teile der jeweiligen Genfamilien in die phylogenetische Rekonstruktion einbezogen (fette Linien) entsteht ein völlig falsches Bild von der Phylogenie der Arten (C).

Unabhängige Genduplikation überlagern die Stammesgeschichte. Wenn allerdings alle Mitglieder der Genfamilie in allen Taxa bekannt sind, kann durchaus ein sehr informativer Stammbaum rekonstruiert werden, in dem die sich die Diversifizierung der Genfamilie und die Phylogenie der Taxa ergänzen (Abb. 2.9B). Hier wird der Stammbaum zu einem echten **Genbaum**.

Anders sieht der Fall aus, wenn Äpfel mit Birnen verglichen werden. Werden aus experimentellen Gründen nicht alle, sondern nur einige Mitglieder der Genfamilie erfasst, kann ein falsches Bild entstehen wenn nicht ausschließlich Orthologe einbezogen werden. Im aufgeführten Beispiel ist einmal angenommen, dass nach dem Zufallsprinzip nur je ein Mitglied der Genfamilie pro Taxon gefunden und in die Analyse eingegangen ist. In dieser Lage fehlt dann nicht nur ein korrekter Eindruck von der Evolution der Genfamilie, sondern es entsteht auch ein falsches Bild von der Phylogenie der Arten. Statt (korrekt) Taxon H wäre in unserem Beispiel nun fälschlich Taxon K zur Schwestergruppe von Taxon I geworden (Abb. 2.9 C). Die Diversifizierung in Genfamilien ist ein typisches Problem für Gene des Kerngenoms (s. Abschnitt 11.1.1 auf Seite 306), es tritt in der Regel nicht bei Genen der Organellengenome in Chloroplasten oder Mitochondrien auf.

Schließlich müssen wir auch den Umstand berücksichtigen, dass DNA horizontal transferiert werden kann. Der **horizontale Gentransfer** (**HGT**) unter Bakterien ist anhand vieler Beispiele belegt. Zu dem vertikal vererbten **Ortholog** kann sich dann ein **Xenolog** gesellen und das Orthologe im Laufe der Evolution womöglich sogar ersetzen. Andere

Komplikationen entstehen durch Transfer innerhalb einer Art, wir sprechen von **lateralem Transfer**: Sequenzen, die sich durch einen Kopiermechanismus verbreiten, Transposons oder mobile Introns gehören dazu. Als zunächst identische Sequenzen entwickeln sie sich in den unterschiedlichen genomischen Umgebungen zu Paralogen.

2.5 Leseempfehlungen

Viel Interessantes über die Entstehung der Evolutionstheorie, über ihre Fehlinterpretationen von der Eugenik bis zum Sozialdarwinismus und über ihre Konflikte mit dem Kreationismus in den USA des 20. Jahrhunderts findet man im Buch „*Evolution – Triumph of an idea*" von Carl Zimmer (2001). Eine knappe und prägnante Synopsis über die historische Entwicklung einschließlich ganz aktueller Entwicklung mit vielen Literaturverweisen liefert auch der Artikel von Ulrich Kutschera & Karl Niklas (2004). Von Ulrich Kutschera stammt außerdem das deutsche Lehrbuch „Evolutionsbiologie". Unter dem gleichen Titel existiert auch das Buch von Volker Storch, Ulrich Welsch und Michael Wink, aktuell in der 2. Auflage. Ausführliche Diskussionen des Spezieskonzeptes sind in „*Evolution, an introduction*" von Stephen C. Stearns und Rolf F. Hoekstra (2005) und in den schönen „Grundlagen der Phylogenetischen Systematik" von Johann W. Wägele (2001), aktuell in der 2. Auflage, zu finden. Das höchst lesenswerte, zweibändige Werk „Darwin & Co.", herausgegeben von Ilse Jahn & Michael Schmitt (2001), fasst eine Serie von schönen Aufsätzen über herausragende Forscherpersönlichkeiten der Biologie zusammen. Einige Forscher des 20. Jahrhunderts haben sich neben Fachveröffentlichungen auch um die Vermittlung der Evolutionstheorie an ein breiteres interessiertes Publikum bemüht, hierzu gehören die Bücher von Ernst Mayr: „*This is biology*" (1997) und „*What evolution is*" (2001). Insbesondere Stephen Jay Gould und Richard Dawkins haben ihre Bücher in frischer, lebendiger Prosa geschrieben. Goulds „*Wonderful Life*" (1989) und Dawkins „*The selfish gene*" (1976) und „*The blind watchmaker*" (1986) haben als exzellente Beispiele für die Vermittlung von Wissenschaft an eine breite Öffentlichkeit Zeichen gesetzt. In diese Reihe gesellt sich auch Desmond Morris mit seinem Buch „*The naked ape*" (1967). Richard Dawkins mit seinem jüngsten Buch „*The god delusion*" (2006) und noch viel mehr Sam Harris mit seinem Buch „*The end of faith*" (2006) sind nicht nur den Angriffen religionsorientierter Zirkel auf die Evolutionstheorie sondern vor allem auch dem Weltbild ethisch orientierten Handelns nur aus religiöser Überzeugung mit aller Entschiedenheit entgegengetreten. Ganz exzellente wissenschaftsjournalistische Arbeit im Bereich Evolution haben insbesondere David Attenborough mit seinen Arbeiten für die BBC und seinem Buch „*Life on Earth*" (1979), Roger Lewin mit seinem Buch „*Patterns in Evolution. The new molecular view*" (1997) und auf deutscher Seite Hoimar von Ditfurth mit seiner Fernsehreihe „Querschnitte" und den Büchern „Kinder des Weltalls" (1970) und „Im Anfang war der Wasserstoff" (1972) geleistet. Ein aktueller Artikel von Hodgson & Knudsen (2006) schlägt in gelungener Weise einen Bogen über selbstorganisierende Systeme, Darwinismus, Lamarckismus und Sozialstrukturen und rückt dabei zumindest einige der gedanklichen Irrtümer bei der Übertragung der Evolutionstheorie auf menschliche Gesellschaften zurecht. Zwei aktuelle Publikationen belegen mit molekularen Daten die sympatrische Artentstehung bei Palmen (Savolainen et al. 2006) und bei Buntbarschen (Barluenga et al. 2006).

3 Datenbanken, Alignments, Software

„The good news about computers is that they do what you tell them to do. The bad news is that they do what you tell them to do."
Theodor H. Nelson, US-amerikanischer Soziologe und IT-Pionier

Ein Wust von Drei- und Vierbuchstabenabkürzungen gehört zum Jargon der Molekularbiologie und auch der Informatik. Wir wollen ihn durchdringen. Wer heute als Molekularbiologe seine *Midlife Crisis* schon fast hinter sich hat, wird sich noch daran erinnern, wie molekulare Datenbanken in den 1980er Jahren auf Disketten an die Forscher in ihre Institute verschickt wurden. Danach kam natürlich die CD und seit den 90er Jahren sind die Datenbanken auf Wechseldatenträgern durch das WWW und komfortable Anwendungen ersetzt. Die erste Datenbank molekularer Sequenzdaten geht auf 1982 zurück. Bereits während wir an der ersten Auflage dieses Buches schrieben, wurde gerade die Schwelle von 100 Gigabasen an gespeicherten Sequenzdaten überschritten. Mit dem immer rasanteren Zuwachs an Daten durch immer schnellere Hochdurchsatztechnologien der DNA-Sequenzierung wird ein Rekord an Datenmenge immer schneller vom nächsten abgelöst.

Übersicht

3.1 Die Datenbanken für molekulare Sequenzdaten

Die Sammlung, Betreuung, Verwaltung und Nutzbarmachung molekularer Sequenzdaten liegt in den Händen dreier großer international kooperierender Datenbanken (Tab. 3.1 auf Seite 76), die ihre Bestände täglich abgleichen: Die **GenBank** des **NIH** (*National Institute of Health*) in den USA, verwaltet vom **NCBI**, dem *National Center for Biotechnology Information*, die **DDBJ**, die *DNA Data Bank of Japan*, verwaltet vom *National Institute of Genetics*, und die europäische **EMBL**-Datenbank (*European Molecular Biology Laboratory*), verwaltet durch das *European Bioinformatics Institute* (**EBI**). Alle Einrichtungen verwalten die Sequenzdaten öffentlich – sie stehen jedem zur Nutzung und Analyse über die WWW-Seiten der Organisationen zur Verfügung: `www.ncbi.nlm.nih.gov`, `www.ddbj.nig.ac.jp` und `www.ebi.ac.uk`.

Neben diesen drei großen, öffentlichen Datenbanken gibt es diverse weitere WWW-zugängliche Datenbanken (Tab. 3.1 auf Seite 76), die auf Initiativen großer oder kleinerer Institute, einzelner Labore oder auch kommerzieller Einrichtungen zurückgehen. Meist haben sie einen klaren Fokus auf bestimmte taxonomische Gruppen oder auf bestimmte Typen von Molekülen. Das J. Craig Venter Institute (Früher: **TIGR** – *The Institute for Genomic Research*), das Maßstäbe für komplette Genomsequenzierungen gesetzt hat, ist hier mit seinen umfangreichen Datensammlungen unbedingt zu nennen. Aber auch Initiativen, mit denen integrierte Datenbanken für Modellorganismen wie den Kreuzblütler *Arabidopsis*, den Nematoden *Caenorhabditis* oder die Fruchtfliege *Drosophila* geschaffen wurden, sind natürlich insbesondere für diejenigen, die mit diesen Organismen arbeiten, hoch interessant. Solche Datenbanken liefern viele Informationen über Allele, Bilder, Forscher, Klone, Mutanten, Phänotypen, Stämme u.s.w., die der betreffenden *Research Community* dienen oder ganz unmittelbar experimentell nützlich sein können. Viele der kleinen, sehr speziellen Initiativen sind zwar prinzipiell nützlich, gehen aber mangels personeller Kontinuität oder anderweitig fehlender Ressourcen auch schnell wieder ein oder werden nicht gepflegt und aktualisiert. Es macht darum wenig Sinn, solche Initiativen erschöpfend aufzulisten, denn einige WWW-Adressen sind in vielen Fällen schon nicht mehr aktiv, bevor die Liste fertig wird. Ein sehr interessantes Projekt für die Phylogenetik ist allerdings ***TreeBase***. Diese WWW-basierte Datenbank speichert Informationen über phylogenetische Studien, die über Taxa oder Autoren suchbar sind, aber auch Merkmalsmatrices und Phylogramme, die interaktiv mit dem Java-Applet **ATV** (*A Tree Viewer*) betrachtet werden können.

Schon frühzeitig haben die meisten wissenschaftlichen Zeitschriften gefordert, dass DNA-Sequenzdaten, die in neue Publikationen eingehen sollen, zeitgleich in den zentralen öffentlichen Datenbanken deponiert werden müssen. Alle Daten werden öffentlich gemacht, die Autoren haben lediglich die Möglichkeit, sie bis zur Publikation ihrer Arbeit zurückhalten zu lassen. Die Autoren erhalten dabei von den Datenbanken eine alphanumerische Chiffre für ihren neuen Sequenzeintrag, die so genannte ***Accession Number***. Diese **Akzessionsnummer** ist einmalig und eindeutig mit einer Nukleotidsequenz verknüpft. Selbst ein neuer **Datenbankeintrag** (eine ***accession***) mit einer identischen Nukleotidsequenz wie ein bereits existierender erhält eine andere Akzessionsnummer. Daneben haben die Datenbankeinträge „Namen", die in der Frühzeit eine gewisse mnemotechnische Bedeutung hatten, aber heute in der Datenflut kaum noch hilfreich sind und keine nennenswerte Rolle mehr spielen. Bezugnahme und Referenzierung sollte darum immer nur über die eindeutige Akzessionsnummer erfolgen. All dies gilt natürlich für Proteinsequenzen ganz entsprechend, allerdings werden diese praktisch gar nicht mehr direkt ermittelt, sondern nur noch aus den Nukleotidsequenzen abgeleitet. So existieren neben den Nukleotidsequenzdatenbanken Proteinsequenzdatenbanken, die noch schneller wachsen, denn bereits zu einem einzigen komplett sequenzierten neuen Organellengenom gehören dann beispielsweise Dutzende von neuen Proteinsequenzen – zu einem neuen Bakteriengenom schon tausende neuer Proteinsequenzen. Hier wird es kritisch, denn eine Proteinsequenz ist zunächst nur eine *Vorhersage* auf der Grundlage von Genmodellen. In einem Bakteriengenom mag ein ATG als Startcodon, ein durchgehendes Leseraster und ein Stopcodon am Ende noch gut ausreichen, um einen **ORF** (*Open Reading Frame*), ein **offenes Leseraster**, zu definieren. Wenn so ein ORF dann signifikante Ähnlichkeit mit ORFs in anderen Organismen hat oder sogar mit einem funktional charakterisierten Protein, ist die Wahrscheinlichkeit groß, dass es sich um ein echtes Gen und eine vernünftige Proteinsequenz handelt. Bei Eukaryonten mit ihren in aller Regel viel größeren Genomen und komplexeren Genstrukturen ist die Angelegenheit viel schwieriger – durch Introns alleine entstehen schon zahllose Möglichkeiten für Genvorhersagen. In den Organellen wiederum kann je nach Organismengruppe z.B. das RNA-Editing (Abschnitt 1.6.4 auf Seite 30) das Leben schwer machen. Eine handverlesene Datenbank inhaltlich kontrollierter Proteinsequenzen ist die **SWISSPROT**-Datenbank. Sie muss natürlich ergänzt werden durch Datenbanken, in denen sich noch nicht kontrollierte oder verifizierte Proteinübersetzungen nach dem einen oder anderen Modell tummeln. Dies sind beispielsweise **TrEMBL** oder **PIR**. Insbesondere für hypothetische Proteine aus den Kerngenomsequenzen der Eukaryonten ist die Gefahr, in der Datenbank auf eine falsche Proteinübersetzung zu stoßen, gar nicht gering. Mysteriöse Proteinsequenzen sollten immer auf alternatives Spleißen, idealerweise natürlich auf eine verfügbare cDNA-Sequenz, kontrolliert werden.

3.1.1 Datenbankeinträge: Textbasiertes Suchen und Dateiformate

Die Datenbanken machen Vorgaben zur möglichst informativen Beschreibung eines neuen Sequenzeintrages, aber die Verantwortung dafür liegt letztendlich beim einzelnen Wissenschaftler. Hier können sich Irrtümer oder Fehlinformationen einschleichen. Zu den häufigen Fehlern gehört, dass Sequenzen des Vektors (Abschnitt 1.7.1), in den die neue Nukleinsäure kloniert worden ist, auch Teil des Datenbankeintrags geworden sind oder dass falsche Angaben zu Beginn und Ende codierender Regionen (**CDS, Codierende Sequenz**) oder Introns in der Nukleotidsequenz gemacht werden. Solche Dinge fallen noch recht schnell auf, viel schwieriger sind natürlich taxonomische Verwechslungen und solche Fälle können den Nutzer durchaus manchmal einige Zeit der Recherche kosten. Zumindest im Prinzip aber sind die Datenbanken textbasiert nach Taxonomie und Informationen zur Nukleotidsequenz durchsuchbar, insbesondere natürlich nach den auf dem Sequenzabschnitt codierten Genen. Bei solchen Suchen können aber die Schwierigkeiten in Details stecken, denn Gene haben leider noch immer kein universell und verbindlich gültiges Benennungsmuster und manches **Gen** ist mit vielen verschiedenen Namen in die Datenbank eingegangen. Im Bereich der **Taxonomie** ist die Situation deutlich besser, denn zumindest die gültige binomiale lateinische Speziesbezeichnung (s. Abschnitt 2.2 auf Seite 51) sollte im Datenbankeintrag stehen. Trivialnamen von

Tabelle 3.1 Liste der großen öffentlichen molekularen Datenbanken (oben) sowie ausgewählter Beispiele für taxonomisch oder molekular spezialisierte Datenbanken (unten).

Datenbanken	WWW - Adresse	Inhalte
DDBJ	www.ddbj.nig.ac.jp	Internationale, öffentliche Datenbanken, die Nukleotid- und Proteinsequenzen verwalten. Integriert sind Literatur-, Genom-, Struktur-, taxonomische und diverse weitere Datenbanken.
EBI / EMBL	www.ebi.ac.uk	
NCBI / Genbank	www.ncbi.nlm.nih.gov	
Beispiele für molekulare Spezialdatenbanken mit taxonomischem Fokus		
CyanoBase	bacteria.kazusa.or.jp/cyanobase	Cyanobakteriengenome
Flybase	flybase.bio.indiana.edu	*Drosophila*
Gramene	www.gramene.org	Genome in Gräsern
HGMD - Human Genome Mutations Database	www.hgmd.org	Mutationen im menschlichen Genom
HIV Database	www.hiv.lanl.gov	HIV
J. Craig Venter Institute	www.tigr.org	Genomprojekte des TIGR (The Institute for Genomic Research)
TAIR – The Arabidopsis Information Resource	www.arabidopsis.org	*Arabidopsis*
WormBase	www.wormbase.org	*Caenorhabditis*
Beispiele für Spezialdatenbanken mit molekular-funktionalem Fokus		
Aramemnon	aramemnon.botanik.uni-koeln.de	Pflanzliche Membranproteine
Cluster of Orthologous Groups	www.ncbi.nlm.nih.gov/COG	Orthologe Proteine in verschiedenen Genomen
Expert Protein Analysis System	www.expasy.ch	Proteomik
GOBASE	gobase.bcm.umontreal.ca	Organellengenome
Kyoto Encyclopedia of Genes and Genomes	www.genome.jp/kegg	Verknüpfung von Genomdaten mit metabolischen Pfaden
Pfam	pfam.sanger.ac.uk	Protein Families Database
Beispiele für Spezialdatenbanken mit taxonomisch-systematischem oder phylogenetischem Fokus		
Angiosperm Phylogeny Group	www.mobot.org/MOBOT/research/APweb	Phylogenie der Angiospermen
Animal Diversity Web	animaldiversity.ummz.umich.edu	Systematik der Metazoa
International Plant Names Index	www.ipni.org/index.html	Gültige Pflanzennamen
TreeBASE	www.treebase.org	Phylogenetische Studien und Stammbäume
Tree of Life Web Project	www.tolweb.org	Phylogenie aller Lebensformen

Arten dürfen dort höchstens ergänzend auftreten. Auf eine textbasierte Suche in den Datenbanken allerdings darf man sich nie verlassen. Die Suche nach Sequenzhomologen, genau genommen zunächst einmal nach signifikant *ähnlichen* Sequenzen, ist hier der verlässlichere Weg, insbesondere um Sequenzeinträge aufzuspüren, die man ansonsten übersehen würde.

Den Zugang zu den Sequenzdatenbanken findet man mit jedem WWW-Browser. Die Startseiten der drei großen Datenbanken im WWW (Tab. 3.1) bieten einen einfachen, sofortigen Einstieg in textbasierte Suchen nach Datenbankeinträgen. Da die Datenbanken inhaltlich abgeglichen sind, ist es praktisch dem Geschmack des Nutzers überlassen, welche Suchformulare ihm ansprechend und übersichtlich erscheinen und welche Ausgabeformate er besonders übersichtlich findet. Hinter den Datenbanken am NCBI steht das *Entrez*-System, hinter denen des EBI das **SRS**, das *Sequence Retrieval System*. Die Datenbanken melden sich bereits einfachstmöglich auf den Einstiegsseiten mit einem kleinen Suchfenster, in das der Suchende seine Stichwörter eingeben kann, die dann mit einer logischen UND Verknüpfung zur Durchmusterung der Datenbank eingesetzt werden. Auf der Startseite des NCBI beispielsweise (Abb. 3.1) erlaubt ein Ausklappmenü, die Suche auf einzelne spezielle Datenbanken einzuschränken, also beispielsweise auf Nukleotidsequenzen, Proteinsequenzen, auf die Literaturdatenbank **PubMed**, auf komplettierte Genomprojekte, Proteinstrukturdatenbanken oder auf eine der anderen aus der wachsenden Zahl neuer Spezialdatenbanken. Die textbasierte Suche erlaubt, alle Bereiche eines Datenbankeintrages zu durchsuchen. Sie können also durchaus auch einen Forschernamen, vielleicht ergänzt um den ersten Buchstaben seines Vornamens, oder ein Jahresdatum oder ein Wort im Titel einer Publikation eingeben.

Wer also wissen will, ob schon eine Sequenz der Proteinuntereinheit A des Photosystems II in den Agaven bekannt ist, tippt einfach „Agavaceae psba" ein (Abb. 3.1). Die Reihenfolge ist unwichtig, Groß- oder Kleinschreibung werden auch nicht berücksichtigt. Natürlich muss der Nutzer hoffen, dass die Taxonomie stimmt und dass sein Wunschgen hoffentlich richtig als *psb*A in den Datenbankeinträgen bezeichnet ist. Unser

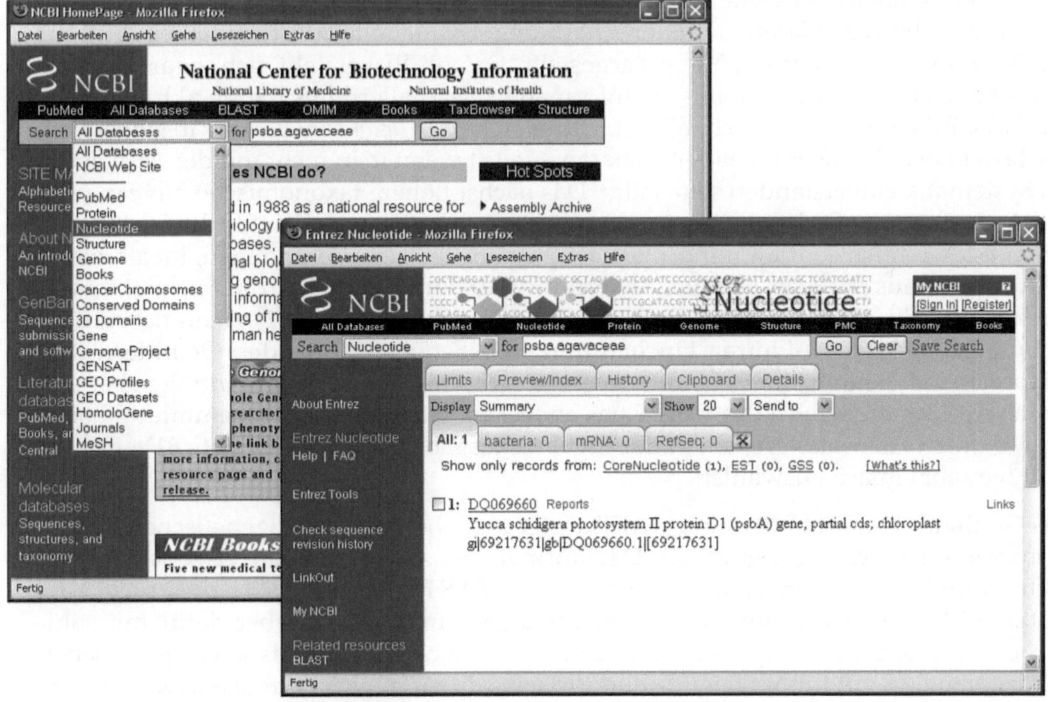

Abbildung 3.1 Oben: Die Startseite des **NCBI** mit einem einfachen Suchfenster, in das Suchbegriffe eingegeben werden können, hier im Beispiel einmal „psba agavaceae". Die Suche wird hier im Ausklappmenü auf Nukleotidsequenzen beschränkt. Unten: Die Suche liefert einen Datenbankeintrag mit der Akzessionsnummer DQ069660, die als Hyperlink direkt zum Datenbankeintrag weiterleitet.

Suchbeispiel liefert im Juni 2008 nur einen Datenbankeintrag: die *psb*A-Sequenz von Yucca *schidigera*. In der Ausgabe funktioniert die Akzessionsnummer DQ069660 als aktiver Querverweis und mit einem Mausklick kann der Datenbankeintrag im **GenBank-Format** aufgerufen werden. Den Aufbau des Datenbankeintrages zeigt Abbildung 3.2 auf der Seite gegenüber. Die Nukleotidsequenz wird idealerweise begleitet von einer Beschreibung der Sequenzeigenschaften, vor allem also der Ausdehnung codierender Regionen, der CDS. In unserem Beispiel beginnt der Sequenzeintrag in Position 1 mit dem Startcodon. Die codierende Region ist aber nicht vollständig: dies wird durch das Zeichen '>' (oder '<') bei den Sequenzkoordinaten angedeutet. Dies ist typischerweise der Fall, wenn Nukleotidsequenzen für phylogenetische Studien gewonnen wurden, weil die Oligonukleotide für die PCR (Abschnitt 1.7.2 auf Seite 36) in konservierten, meist codierenden Regionen ansetzen müssen.

Im Kopfbereich enthält der Datenbankeintrag eine Referenz zu der zugehörigen Publikation, ebenfalls sehr komfortabel mit einem Hyperlink, der Sie per Mausklick zu der Literaturdatenbank **PubMed** bringt, in der Sie zumindest die Zusammenfassung (das *abstract*) der Publikation finden können. Auch die Proteinübersetzung ist per Mausklick auf den Querverweis zum Datenbankeintrag mit der Proteinsequenz abrufbar und ebenso ist der Speziesname mit einer Verknüpfung in den ***Taxonomy Browser*** der Taxonomiedatenbank versehen. Der *Taxonomy Browser* ist eine fabelhafte Einrichtung, mit der Sie sich sehr schnell über weitere Querverweise in der taxonomischen Hierarchie hinauf- und hinunterbewegen können. In der Abbildung 3.3 auf Seite 80 ist einmal ein Bild für die Situation in der Gattung *Yucca* dargestellt. Das NCBI versteht sich zwar nicht als autoritative Quelle für taxonomische Information, setzt allerdings häufig aktuelle taxonomische Erkenntnisse sehr schnell um. Hilfreich ist der *Taxonomy Browser* in jedem Fall, um Taxa in der Datenbank zu identifizieren – selbst wenn man nicht mit der verwendeten Systematik einverstanden sein sollte. Das nächst höhere taxonomische Niveau über den Agavaceae, die Ordnung Asparagales (Abb. 3.3), sollte natürlich für die Suche nach einem *psb*A-Sequenzeintrag mindestens den schon für *Yucca* gefundenen, idealerweise noch weitere aus anderen Familien liefern. In der Tat identifiziert die Suche „asparagales psba" sehr viel mehr Datenbankeinträge (Abb. 3.4 auf Seite 81), denn neben dem schon bekannten *Yucca*-Eintrag tauchen nun viele Sequenzen aus den Orchideen (Orchidaceae) auf. Beim näheren Betrachten zeigt sich, dass die meisten Einträge aber nur einen sehr kleinen Bereich des *psb*A-Gens abdecken. Für unsere Datensammlung könnten wir durch Auswahlkästchen in der Ergebnisausgabe (Abb. 3.4 auf Seite 81) einzelne Einträge sehr einfach auswählen.

Das **GenBank-Dateiformat** ist für den Transfer zwischen den phylogenetischen Analyseprogrammen wenig geeignet. Ein Dateiformat, das sowohl für Einzelsequenzen wie auch für multiple Sequenzen funktioniert, ist das **FASTA-Format**. Es ist zwar nicht sehr leistungsfähig im Bezug auf eine datenbankfähige Annotierung, aber dafür mit zahlreichen Programmen kompatibel, von denen es sowohl gelesen als auch geschrieben werden kann. Es gilt für Nukleotid- und Proteinsequenzen gleichermaßen. Das FASTA-Dateiformat sieht jeweils in der ersten Zeile hinter dem Zeichen '>' den Namen der Sequenz vor. Die Sequenz selbst muss nach einem Zeilenumbruch in der nächsten Zeile beginnen und darf sich über beliebig viele Zeilen erstrecken. Im Ausklappmenü können wir das FASTA-Dateiformat unter vielen anderen auswählen (Abb. 3.4). Die Ausgabe für unsere ausgewählten *psb*A-Sequenzen der Asparagales sieht dann z.B. wie in der Abbil-

```
LOCUS       DQ069660                1059 bp    DNA     linear   PLN 15-SEP-2005
DEFINITION  Yucca schidigera photosystem II protein D1 (psbA) gene, partial
            cds; chloroplast.
ACCESSION   DQ069660
VERSION     DQ069660.1  GI:69217631
KEYWORDS    .
SOURCE      chloroplast Yucca schidigera
  ORGANISM  Yucca schidigera
            Eukaryota; Viridiplantae; Streptophyta; Embryophyta; Tracheophyta;
            Spermatophyta; Magnoliophyta; Liliopsida; Asparagales; Agavaceae;
            Yucca.
REFERENCE   1  (bases 1 to 1059)
  AUTHORS   Leebens-Mack,J., Raubeson,L.A., Cui,L., Kuehl,J.V., Fourcade,M.H.,
            Chumley,T.W., Boore,J.L., Jansen,R.K. and dePamphilis,C.W.
  TITLE     Identifying the Basal Angiosperm Node in Chloroplast Genome
            Phylogenies: Sampling One's Way Out of the Felsenstein Zone
  JOURNAL   Mol. Biol. Evol. 22 (10), 1948-1963 (2005)
   PUBMED   15944438
REFERENCE   2  (bases 1 to 1059)
  AUTHORS   Leebens-Mack,J.H., Raubeson,L.A., Cui,L., Kuehl,J.V.,
            Fourcade,M.H., Chumley,T.W., Boore,J.L., Jansen,R.K. and
            dePamphilis,C.W.
  TITLE     Direct Submission
  JOURNAL   Submitted (20-MAY-2005) Department of Biology, Institute of
            Molecular Evolutionary Genetics, and The Huck Institutes of Life
            Sciences, The Pennsylvania State University, 201 Life Sciences
            Building, University Park, PA 16802, USA
FEATURES             Location/Qualifiers
     source          1..1059
                     /organism="Yucca schidigera"
                     /organelle="plastid:chloroplast"
                     /mol_type="genomic DNA"
                     /db_xref="taxon:334597"
     gene            1..>1059
                     /gene="psbA"
     CDS             1..>1059
                     /gene="psbA"
                     /codon_start=1
                     /transl_table=11
                     /product="photosystem II protein D1"
                     /protein_id="AAZ04092.1"
                     /db_xref="GI:69217632"
                     /translation="MTAILERRESTSLWGRFCNWITSTENRLYIGWFGVLMIPTLLTA
                     TSVFIIAFIAAPPVDIDGIREPVSGSLLYGNNIISGAIIPTSAAIGLHFYPIWEAASV
                     DEWLYNGGPYELIVLHFLLGVACYMGREWELSFRLGMRPWIAVAYSAPVAAATAVFLI
                     YPIGQGSFSDGMPLGISGTFNFMIVFQAEHNILMHPFHMLGVAGVFGGSLFSAMHGSL
                     VTSSLIRETTENESANEGYRFGQEEETYNIVAAHGYFGRLIFQYASFNNSRSLHFFLA
                     AWPVVGIWFTALGISTMAFNLNGFNFNQSVVDSQGRVINTWADIINRANLGMEVMHER
                     NAHNFPLDLAAVEVPSTNG"
ORIGIN
        1 atgactgcaa ttttagagag acgcgaaagt acaagcctgt ggggtcgctt ctgtaactgg
       61 ataaccagca ccgaaaaccg tctttacatt ggatggtttg gtgttttgat gatccctacc
      121 ttattgaccg caacttctgt atttattatc gccttcattg ctgctcctcc agtagatatt
      181 gatggtattc gtgaacctgt ttctgggtct ttactttatg gaaacaatat tatttctggt
      241 gccattattc ctacttctgc agctataggt ttgcattttt acccgatatg ggaagcagca
      301 tctgttgatg agtggttata caacggcggt ccttatgagc taattgttct acacttctta
      361 cttggtgtag cttgctacat gggtcgtgaa tgggaactta gtttccgtct gggtatgcgt
      421 ccttggattg ctgttgcata ttcagctcct gttgcagcag ctactgctgt tttcttgatc
      481 tatcctatcg gtcaaggaag ttctctgat ggtatgcctt taggaatatc tggtactttc
      541 aacttcatga ttgtattcca ggcggagcac aacatcctta tgcatccatt tcacatgtta
      601 ggcgtagctg gtgtattcgg cggctcccta tttagtgcta tgcatggttc cttggtaacc
      661 tctagtttaa tcagggaaac cactgaaaac gagtctgcta atgaaggtta cagattcggt
      721 caagaggaag aaacttataa tatcgtagct gctcatggtt attttggccg attgatcttc
      781 caatacgcga gtttcaacaa ttctcgttcc ctacatttct tcttggctgc ttggcctgtt
      841 gtaggtatct ggttcactgc tttaggtatt agtactatgg ctttcaacct aaatggtttc
      901 aatttcaacc aatctgtagt tgatagtcaa ggccgtgtga ttaacacatg ggctgatatc
      961 atcaaccgtg ctaaccttgg tatggaagta atgcatgaac gtaatgctca caacttccct
     1021 ctagacctag ctgctgttga agttccatct acaaatgga
//
```

Abbildung 3.2 Ein typischer Eintrag in den Nukleotiddatenbanken im **GenBank**-Format: das (partiale) *psbA*-Gen in *Yucca schidigera*. Die Akzessionsnummer (engl. *accession number*), in diesem Fall DQ069660, dient der eindeutigen Identifizierung und sollte als Referenz verwendet werden. Der Artname, die Literaturreferenz und die abgeleitete Proteinübersetzung sind *Links* zu den entsprechenden Datenbankeinträgen der *Taxonomy Database*, der PubMed und in die Proteinsequenzdatenbank.

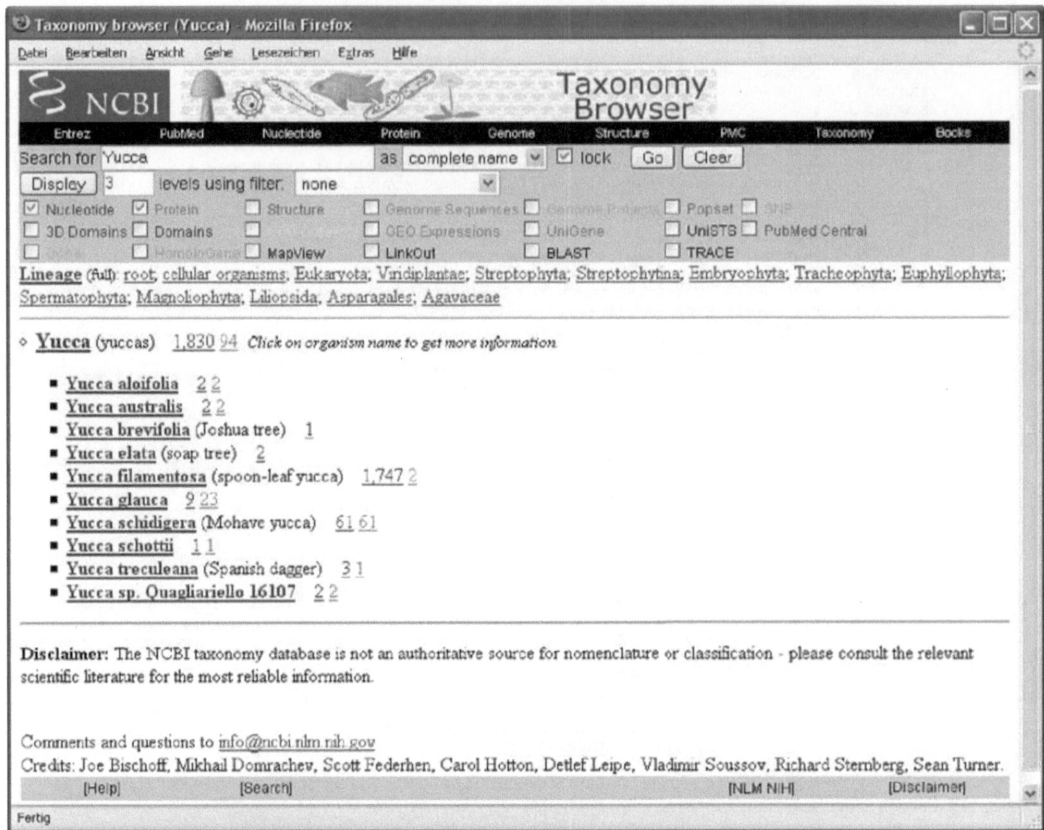

Abbildung 3.3 Der ***Taxonomy Browser*** des NCBI am Beispiel der Gattung *Yucca*. Für einige der Arten ist außer dem verbindlichen Speziesnamen in Klammern auch der englische Trivialname angegeben. Jedes Niveau der taxonomischen Hierarchie ist direkt per Mausklick aufrufbar. Die aktuelle Anzahl der verfügbaren Einträge in den Nukleotid-, Protein-, Struktur-, Genom- und vielen anderen Datenbanken am NCBI ist nach Auswahl in der Kopfzeile direkt über die Displayfunktion darstellbar. Hier im Beispiel sind die jeweiligen Anzahlen verfügbarer Nukleotid- und Proteinsequenzen für die *Yucca*-Arten angezeigt, die ebenfalls direkt abrufbar sind. Auffällig ist die hohe Zahl von Nukleotideinträgen bei nur zwei Proteinsequenzen für *Y. filamentosa*, die sich durch ein laufendes EST-Sequenzierungsprojekt für diese Art erklärt.

dung 3.5 aus. Im zweiten Ausklappfenster können Sie wählen, ob die Ausgabe direkt in den Webbrowser, ein temporäres *Clipboard* (Zwischenablage) oder in eine neue Datei auf Ihrem Rechner erfolgen soll.

3.1.2 Suche nach Sequenzähnlichkeiten

Nun ist zwar ein Anfang gemacht, aber wir wollen natürlich sicher gehen, dass auch wirklich alle Sequenzen korrekt annotiert sind und wir nicht irgendwo eine homologe Sequenz übersehen haben. Der inzwischen beliebteste Algorithmus zur Suche nach Sequenzähnlichkeiten ist der **BLAST**-Algorithmus. Dieses *Basic Local Alignment Search Tool* geht auf bioinformatische Arbeiten am NCBI zurück (Altschul et al. 1990). Seine

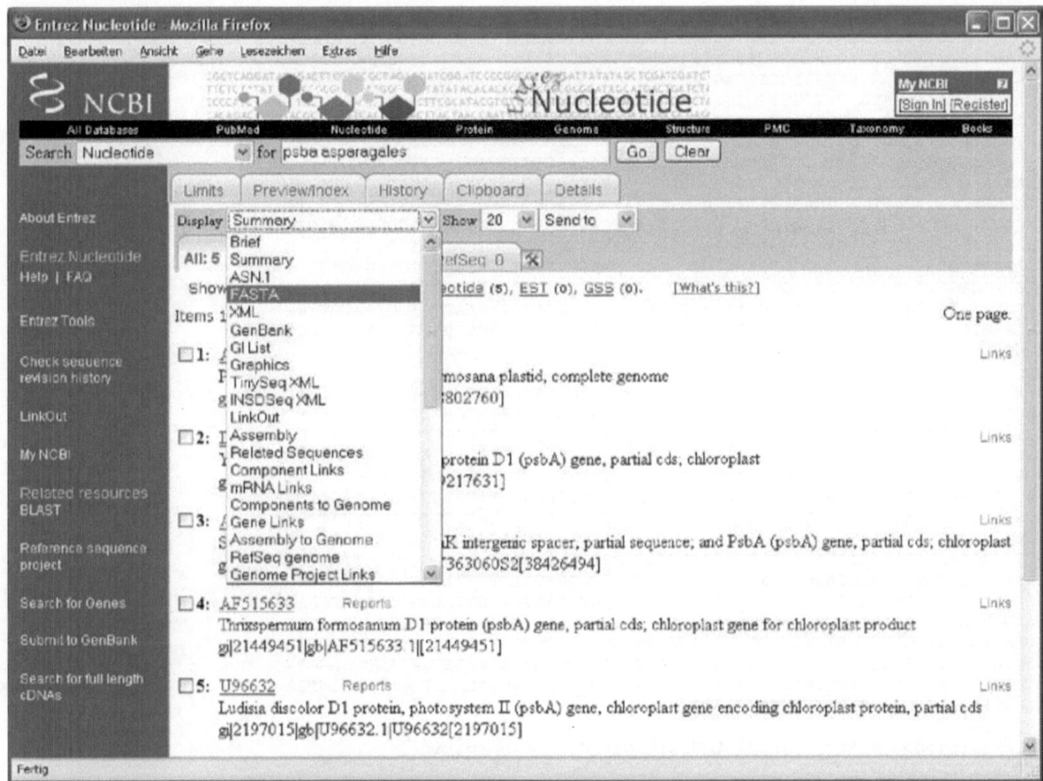

Abbildung 3.4 Identifizierte Datenbankeinträge, hier nach einer Suche für „psba asparagales", können im Ausgabefenster mit Wahlkästchen ausgewählt werden. Das „Display"-Menü lässt verschiedene Darstellungsformen bzw. Dateiformate zu, hier wird das **FASTA-Format** ausgewählt. Die Ausgabe kann direkt gespeichert werden.

Beliebtheit ist unter anderem in der großen Geschwindigkeit begründet, mit der die riesigen, weiter wachsenden Datenmengen durchsucht werden können. Direkt aus der Kopfzeile des NCBI-Startfensters ist ein Verweis auf die Familie der BLAST-Programme wählbar (Abb. 3.1 auf Seite 77 oben). Möglich sind die Suche nach ähnlichen Nukleotidsequenzen mit einer Nukleotidsequenz als *Query* (**BLASTN**), nach ähnlichen Proteinsequenzen mit einer Proteinsequenz (**BLASTP**), mit einer Nukleotidsequenz unter Übersetzung in alle sechs **Leseraster** gegen eine Proteindatenbank (**BLASTX**) und *vice versa* auch mit einer Proteinsequenz gegen eine übersetzte Nukleotidsequenzdatenbank (**TBLASTN**). Schließlich könnten Sie sogar auch mit den sechs Übersetzungen Ihrer Nukleotidsequenz gegen alle Übersetzungen der Nukleotidsequenzen suchen (**TBLASTX**). Es öffnet sich ein Suchformular (Abb. 3.6 auf Seite 83), in dem Sie Ihre Suchsequenz (die *Query*) im FASTA-Format aus dem Zwischenspeicher einfügen können. Wollen Sie mit einer bereits in der Datenbank vorhandenen Sequenz suchen, reicht es auch, einfach deren Akzessionsnummer einzugeben. Mit verschiedenen Optionen kann die Suche eingegrenzt werden: Sie können nur einen Teil Ihrer Sequenz zur Suche einsetzen oder Sie können statt der kompletten *non-redundant* Datenbank ('nr' in der Voreinstellung) nur gegen (andere) Teile der Datenbank (insbesondere ESTs) suchen. Vor allem aber können

```
>gi|69217631|gb|DQ069660.1| Yucca schidigera photosystem II protein D1 (psbA) gene, partial…
ATGACTGCAATTTTAGAGAGACGCGAAAGTACAAGCCTGTGGGGTCGCTTCTGTAACTGGATAACCAGCA
CCGAAAACCGTCTTTACATTGGATGGTTTGGTGTTTTGATGATCCCTACCTTATTGACCGCAACTTCTGT
ATTTATTATCGCCTTCATTGCTGCTCCTCCAGTAGATATTGATGGTATTCGTGAACCTGTTTCTGGGTCT
TTACTTTATGGAAACAATATTATTTCTGGTGCCATTATTCCTACTTCTGCAGCTATAGGTTTGCATTTTT
ACCCGATATGGGAAGCAGCATCTGTTGATGAGTGGTTATACAACGGCGGTCCTTATGAGCTAATTGTTCT
ACACTTCTTACTTGGTGTAGCTTGCTACATGGGTCGTGAATGGGAACTTAGTTTCCGTCTGGGTATGCGT
CCTTGGATTGCTGTTGCATATTCAGCTCCTGTTGCAGCAGCTACTGCTGTTTTCTTGATCTATCCTATCG
GTCAAGGAAGTTTCTCTGATGGTATGCCTTTAGGAATATCTGGTACTTTCAACTTCATGATTGTATTCCA
GGCGGAGCACAACATCCTTATGCATCCATTTCACATGTTAGGCGTAGCTGGTGTATTCGGCGGCTCCCTA
TTTAGTGCTATGCATGGTTCCTTGGTAACCTCTAGTTTAATCAGGGAAACCACTGAAAACGAGTCTGCTA
ATGAAGGTTACAGATTCGGTCAAGAGGAAGAAACTTATAATATCGTAGCTGCTCATGGTTATTTTGGCCG
ATTGATCTTCCAATACGCGAGTTTCAACAATTCTCGTTCCCTACATTTCTTCTTGGCTGCTTGGCCTGTT
GTAGGTATCTGGTTCACTGCTTTAGGTATTAGTACTATGGCTTTCAACCTAAATGGTTTCAATTTCAACC
AATCTGTAGTTGATAGTCAAGGCCGTGTGATTAACACATGGGCTGATATCATCAACCGTGCTAACCTTGG
TATGGAAGTAATGCATGAACGTAATGCTCACAACTTCCCTCTAGACCTAGCTGCTGTTGAAGTTCCATCT
ACAAATGGA

>gi|21449451|gb|AF515633.1| Thrixspermum formosanum D1 protein (psbA) gene, partial…
GAAAGTACAAGCCTATGGGGTCGCTTCTGCAACTGGATTACCAGTACTGAAAACCGTCTTTACATCGGAT
GGTTTGGTGTTTTGATGATCCCTACTTTATTGACCGCAACTTCTGTATTTATCATTGTCTTCATTGCTGC
CCCTCCAGTCGATATTGATGGTATTCGTGAACCTGTTTCTGGGTCTCTACTTTATGGAAACAATATTATA
TCAGGTGCCATTATTCCTACTTCCGCAGCTATAGGTTTGCATTTTTACCCAATATGGGAAGCAGCATCTG
TGGATGAGTGGTTATACAATGGCGGTCCTTATGAACTTATTGTTCTACACTTTTTACTTGGTGTAGCTTG
TTACATGGGTCGTGAGTGGGAACTTAGTTTCCGTCTGGGTATGCGCCCTTGGATTGCTGTTGCATATTCA
GCTCCTGTTGCGGCTGCTACGGCTGTTTTCTTGATCTATCCTATCGGTCAAGGAAGTTTTTCTGATGGTA
TGCCTTTAGGAATATCTGGTACTTTCAACTTCATGATTGTATTCCAGGCAGAGCACAACATTCTTATGCA
TCCATTTCACATGTTAGGCGTAGCTGGTGTATTCGGCGGCTCCCTATTCAGTGCTATGCATGGTTCTTTG
GTAACTTCTAGTTTAATCAGGGAAACCACTGAAAATGAGTCTGCTAATGAAGGTTACAGATTTGGTCAAG
AGGAAGAAACTTATAATATTGTAGCCGCTCATGGTTATTTTGGCCGATTGATCTTCCAATATGCTAGTTT
CAACAATTCTCGTTCTTTGCATTTCTTCTTGGCTGCTTGGCCTGTAGTGGGTATCTGGTTCACTGCTTTG
GGTATTAGTACTATGGCGTTCAACTTGAACGGTTTTAATTTTAACCAATCCGTAGTTGATAGCCAAGGTC
GTGTTATTAACACTTGGGCTGATATCATAAATCGTGCTAATCTTGGTATGGAAGTAATGCATGAGCGTAA
TGCACACAACTTCCCTCTAGATTTAGCTTCTGTA

>gi|2197015|gb|U96632.1|U96632 Ludisia discolor D1 protein …
TNCCTTATTNNCCNNAACTTCTGTATTTATTATCNNCTTCATCNCTNCTCCTCCAGTCGATATTGATGGT
ATTCGTGAACCTGTTTCTGGGTCTCTACTTTATGGAAACAATATTATCTCCGGTGCCA…
```

Abbildung 3.5 Beginn einer Beispieldatei mit den ausgewählten *psb*A-Datenbankeinträgen im FASTA-Dateiformat.

Sie taxonomisch begrenzen, was insbesondere sehr nützlich ist, wenn Sie viele Homologe in Gruppen zu erwarten haben, die Sie eigentlich nicht interessieren. Inzwischen genügt die Eingabe der ersten Buchstaben ins Formular und Sie erhalten die taxonomischen Bezeichnungen, die zur Auswahl stehen – Asparagales in unserem Beispiel.

In unserem Beispiel nutzen wir also die *Yucca-psb*A-Sequenz, um in den Asparagales zu suchen. Das Suchfenster akzeptiert auch Mengenoperatoren wie z.B.: 'Insecta OR Vertebrata' oder auch 'Bacteria NOT Gammaproteobacteria'. Ein wichtiger, geschwindigkeitsbestimmender Schritt der Datenbankdurchmusterung ist die Festlegung der Sensitivität. Dafür bietet das Suchformular drei Voreinstellungen an. Wenn wir die Details zu den Parametern betrachten, ist hier die so genannte *Word Size* besonders wichtig – die Anzahl von Nukleotiden, die zumindest an einer Stelle zwischen der Suchsequenz und einem Datenbankeintrag exakt übereinstimmen muss, bevor dieser überhaupt weiter betrachtet wird. Hier kann es im Einzelfall sinnvoll sein, die Voreinstellungen bis auf die Optionen '7' für Nukleotide oder '2' für Proteine für eine sensitivere Suche herunterzustellen. Ein weiterer Punkt betrifft die *Low Complexity*-Filter, die dafür sorgen, Regionen unausgewogener oder repetitiver Basenzusammensetzung nicht in die Sequenzvergleiche mit einzubeziehen. Ein typisches Beispiel sind die Poly-A-Schwänze von mRNAs, deren monotone Entsprechung nun in der Tat zu sinnlosen Scheintreffern in der Daten-

BLAST Basic Local Alignment Search Tool
Home | Recent Results | Saved Strategies | Help
My NCBI [Sign In] [Register]

NCBI/ BLAST/ blastn suite: BLASTN programs search nucleotide databases using a nucleotide query. more... Reset page Bookmark

Enter Query Sequence
Enter accession number, gi, or FASTA sequence Clear Query subrange
dq069660
From
To
Or, upload file Durchsuchen...
Job Title DQ069660:Yucca schidigera photosystem II protein...
Enter a descriptive title for your BLAST search

Choose Search Set
Database: Human genomic + transcript; Mouse genomic + transcript; Others (nr etc.):
Nucleotide collection (nr/nt)
Organism (Optional): Asparagales (taxid:73496)
Enter organism common name, binomial, or tax id. Only 20 top taxa will be shown.
Entrez Query (Optional)
Enter an Entrez query to limit search

Program Selection
Optimize for: Highly similar sequences (megablast); More dissimilar sequences (discontiguous megablast); Somewhat similar sequences (blastn)
Choose a BLAST algorithm

BLAST — Search database nr using Discontiguous megablast (Optimize for more dissimilar sequences)
Show results in a new window

Algorithm parameters — Note: Parameter values that differ from the default are highlighted in yellow

General Parameters
Max target sequences: 100
Select the maximum number of aligned sequences to display
Short queries: Automatically adjust parameters for short input sequences
Expect threshold: 10
Word size: 11

Scoring Parameters
Match/Mismatch Scores: 2,-3
Gap Costs: Existence: 5 Extension: 2

Filters and Masking
Filter: Low complexity regions; Species-specific repeats for: Human
Mask: Mask for lookup table only; Mask lower case letters

Discontiguous Word Options
Template length: 18
Template type: Coding

BLAST — Search database nr using Discontiguous megablast (Optimize for more dissimilar sequences)
Show results in a new window

Abbildung 3.6 Das WWW-Formular für eine Suche nach Sequenzähnlichkeiten mit dem BLAST-Algorithmus. Im oberen Teil wird die Suchsequenz (*Query*) und die Zieldatenbank definiert, und die Suche kann taxonomisch eingegrenzt werden. Im unter Teil (hier mit dem ausgeklappten Parametermenü) kann die Sensitivität der Suche eingestellt werden.

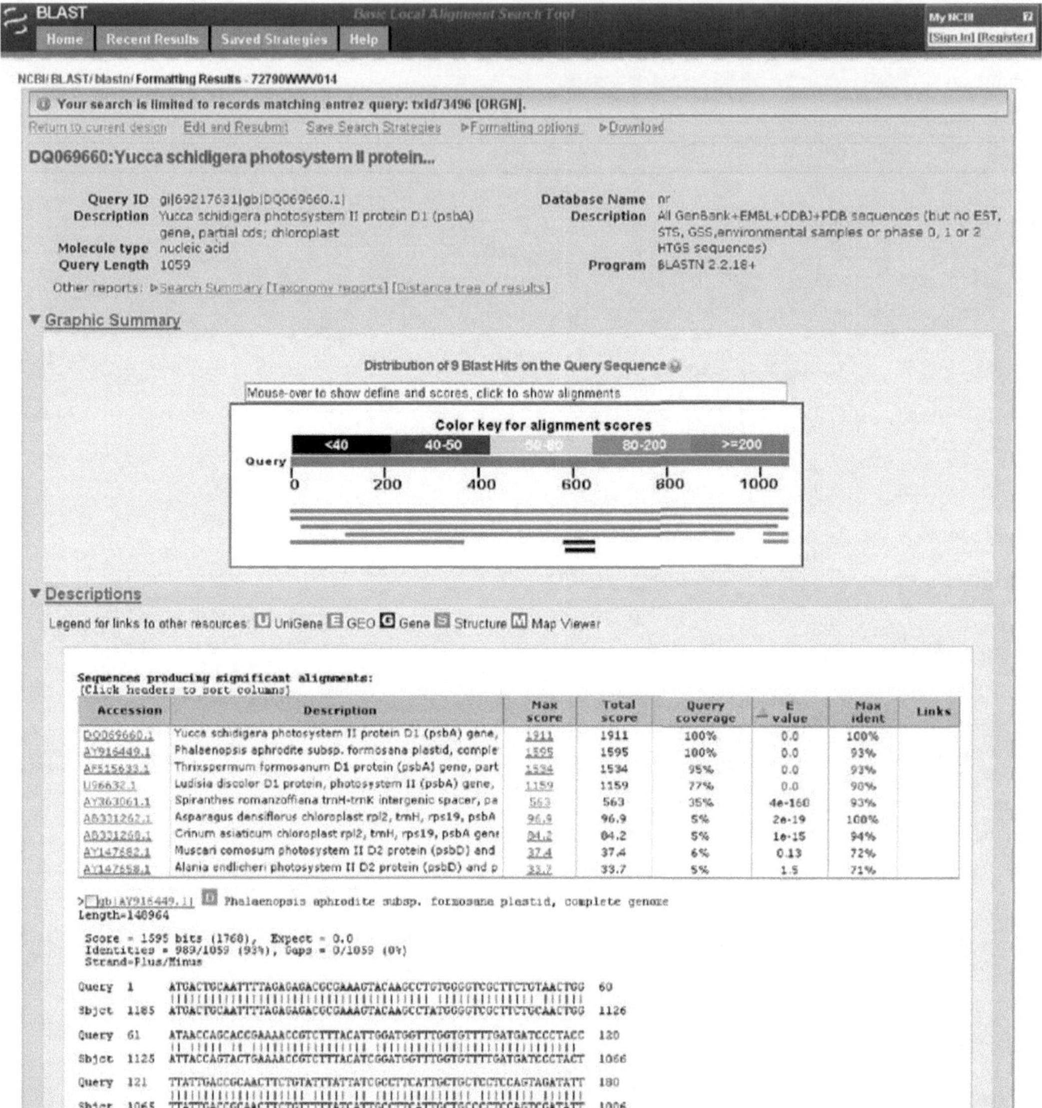

Abbildung 3.7 Ein Ausschnitt aus der WWW-Ausgabe der identifizierten Datenbankeinträge. Mit großer Sicherheit wurden fünf klare 'Sequenzhomologe' mit unterschiedlich ausgedehnter Überlappung zur Suchsequenz gefunden. Neben der *query* selbst (*Yucca psbA*) wurde u.a. das komplette Chloroplastengenom von *Phalaenopsis aphrodite* (Asparagales, Orchidaceae) gefunden (s. Anfang des Alignments im unteren Teil der Ausgabe).

bank führen würde. Andererseits können nur scheinbar monotone Regionen, in denen manche Nukleotide gehäuft auftreten, natürlich auch echte Homologie bedeuten und darum kann das Abschalten dieser Filterung im Einzelfall auch nützlich sein. Die Ergebnisausgabe der Suche nach ähnlichen Sequenzen mit BLAST am NCBI (Abb. 3.7) gliedert sich in drei Teile: Eine graphische Darstellung mit Sequenzeinträgen, mit steigender Ähnlichkeit farblich suggestiv von Blau über Grün und Magenta zu Rot koloriert. Mit Positionierung der Maus über diesen Linien taucht der jeweilige Treffer in der Datenbank in der Textzeile über der Abbildung auf.

Im mittleren Teil folgt eine Auflistung der gefundenen Datenbankeinträge. Hier ist die letzte Spalte fast die Wichtigste: Basierend auf Größe und Komplexität der Suchsequenz und der Datenbank wird die Wahrscheinlichkeit berechnet, dass es sich nur um einen Zufallstreffer handelt. Wir finden für unsere Beispielsuche mit praktisch absoluter Sicherheit, dass hier so signifikant ähnliche Sequenzen gefunden wurden, dass sicherlich auf einen gemeinsamen Ursprung geschlossen werden kann. Selbst das Risiko, in unserem Beispiel die kürzere *Spiranthes*-Sequenz (die mit unserer Suchsequenz nur über 372 nt. homolog ist) rein zufällig identifiziert zu haben, ist mit 4×10^{-160}, einer Zahl, deren Kehrwert weit jenseits der Zahl der Teilchen im Universum liegt, vernachlässigbar. Für zwei weitere identifizierte Sequenzeinträge (aus *Asparagus* und *Crinum*) gilt das ebenso. Hier sinken die Zufallswahrscheinlichkeiten zwar auf 10^{-15}, aber das liegt nur an der kurzen Überlappung mit unserer Suchsequenz. Ganz scharf abgegrenzt folgt dann eine *Muscari*-Sequenz, die mit 13% Wahrscheinlichkeit, sie wegen rein zufälliger Sequenzähnlichkeit zu identifizieren, ignoriert wird.

3.2 Alignments

Aus homologen Nukleotid- oder Proteinsequenzen wird ein so genanntes ***Alignment*** erstellt, eine Matrix also, in der die untersuchten Taxa meist in der Vertikalen, die Sequenzen in der horizontalen Orientierung angeordnet werden. Das ist im Grunde unserer Phantasiematrix auf Seite 65 ganz entsprechend. Der englische Begriff *Alignment* hat in der Molekularbiologie als Fachbegriff Einzug in die deutsche Sprache genommen. Wenn man eine mögliche Übersetzung ins Deutsche bevorzugt, kann man auch von einer „**Alinierung**" (Angleichung, Ausrichtung, Abgleichung) sprechen. Wir verwenden den Begriff Alinierung hier zur Beschreibung des Vorgangs der Erstellung eines Alignments. Die Alinierung ist der wichtige erste Schritt zur Ableitung einer molekularen Phylogenie, in den allergrößte Sorgfalt investiert werden sollte. Das Problem bei der Konstruktion eines guten Alignments sind die so genannten Lücken (engl. *gaps*), die eingefügt werden müssen, um dem Umstand Rechnung zu tragen, dass Nukleotidsequenzen nicht nur durch Austausche von Nukleotiden sondern auch durch Verlust und Einfügung (**Deletion** und **Insertion**) von Nukleotiden evolvieren. Zusammengefasst werden Insertionen und Deletionen unter dem Begriff **Indels**. Die Positionierung der Indels und ihre Gewichtung im Verhältnis zu den Austauschen von Nukleotiden oder Aminosäuren in der Nachbarschaft sind keineswegs trivial. Besonders für solche Sequenzen, die *nicht* für Proteine codieren (z.B. rRNAs, Introns oder intergenische Regionen), kann dies eine echte Herausforderung sein. Hier können Lücken verschiedener Zahl und Ausdehnung angenommen werden und sie müssen im Vergleich zu den benachbarten Nukleotidaustauschen gewichtet werden. Hierfür benutzen Alinierungsprogramme wie Clustal (zu denen wir gleich im nächsten Abschnitt kommen) z.B. Strafpunkte (Maluspunkte, engl. *penalties*) zur Einfügung und Erweiterung von Lücken.

Die Alinierung von proteincodierenden Nukleotidsequenzen ist in der Regel einfacher als die von anderen Sequenzabschnitten, weil sie anhand der Proteinübersetzungen kon-

```
          1                                                    48
Taxon_1   ATG CTC ATT TGG CTG AAG GGT --- TTA|AAT CAT TTT|GAT GAT TCG TAA
Taxon_2   ATG TTA ATT TGG CTA AAG GGT GGA TTA|AAT CAT TTT|GAC GAT TCG TGA
Taxon_3   ATG CTA ATT TGG CTA AAG GGC GGA TTT|AAT CAT TTC|GAC GAT TCG TGA
Taxon_4   ATG TTG ACT TGG CCG AAA GGC GGG TTC|TAT --- ---|GAT GAC TCG TAA
Taxon_5   ATG CTT ATC TGG CCA AAA GGC GGG TTC|TAT --- ---|GAT GAC TCG TAG

          1                                                    16
Taxon_1   M   L   I   W   L   K   G   -   L  |N   H   F  |D   D   S   *
Taxon_2   M   L   I   W   L   K   G   G   L  |N   H   F  |D   D   S   *
Taxon_3   M   L   I   W   L   K   G   G   F  |N   H   F  |D   D   S   *
Taxon_4   M   L   T   W   P   K   G   G   F  |Y   -   -  |D   D   S   *
Taxon_5   M   L   I   W   P   K   G   G   F  |Y   -   -  |D   D   S   *
```

Abbildung 3.8 Ein Beispielalignment für fünf Nukleotidsequenzen, die ein bis zu 15 Aminosäuren langes, homologes Peptid codieren. Die Aminosäureübersetzung ist im unteren Teil im Ein-Buchstaben-Code angegeben. Fehlende Nukleotide oder Aminosäuren an den Indelpositionen im Alignment sind mit Bindestrich gekennzeichnet. Das Stopcodon wird bei Proteinsequenzen meist mit einem Sternchen (*, engl. *asterisk*) bezeichnet. Für Deletionen wird statt des Bindestrichs '-' alternativ manchmal der Punkt '.' verwendet. Es besteht hier generell eine Verwechslungsgefahr mit den Bezeichnungen für unbekannte Positionen im Alignment, die meistens mit Fragezeichen '?' oder mit Tilden '~' gekennzeichnet werden. Im Nukleotidalignment könnte alternativ das Tyrosincodon TAT in den Taxa 4 und 5 um drei Nukleotide nach rechts verschoben platziert werden. Dies würde aber zwei flankierende Lücken statt einer bedeuten. Das Alignment der übersetzten Proteine favorisiert ganz klar die Positionierung der codierten aromatischen Aminosäure Tyrosin (Y) um 2 Codons versetzt unter eine andere aromatische Aminosäure, Phenylalanin (F).

trolliert werden kann. Hier sollten Indels im Nukleotidsequenzalignment beinahe immer als Vielfaches von drei Nukleotiden auftreten, weil sonst das Leseraster des codierten Proteins zerstört werden würde. Die meisten beobachteten Nukleotidaustausche sollten in Alignments von proteincodierenden Sequenzen auf die dritte Codonposition entfallen, denn hier wird durch eine Mutation der Sinngehalt meistens nicht geändert. Trivial ist allerdings auch die Alinierung von proteincodierenden Genen nicht – schauen wir uns hierzu zunächst noch einmal den genetischen Code an (Abb. 1.3 auf Seite 13).

Der Austausch von Pyrimidinen untereinander (C oder T, bzw. U) ist in der dritten Codonposition *nie* von Bedeutung, der Austausch von Purinen untereinander (A oder G) nur bei zwei Codons von Belang: ATG für Methionin wird zu ATA für Isoleucin und TGG für Tryptophan wird zu TGA, einem Stopcodon. Austausche von Pyrimidinen oder Purinen jeweils untereinander nennt man **Transitionen**, den Übergang eines Pyrimidins in ein Purin oder *vice versa* eine **Transversion.** Aus biochemischen Gründen treten Transitionen viel häufiger auf als Transversionen und schon einfache Modelle zur Sequenzevolution, die wir im Kapitel 6 genau besprechen, gewichten darum Transversionen in der Regel höher als Transitionen. Bei zwei **Codonfamilien** (Leucin, Arginin) kann im Einzelfall auch ein Nukleotidaustausch in der ersten Codonposition ohne Folgen bleiben (Seite 13). Ein Austausch in der zweiten Codonposition bleibt *nie* folgenlos für das codierte Protein, wenn wir von den Stopcodons UAA und UGA absehen.

Betrachten wir die codierende Region für ein kleines konserviertes Polypeptid von nur 15 Aminosäuren (also 48 codierenden Nukleotiden einschließlich des Stopcodons). In der Abbildung 3.8 ist ein Alignment für fünf Taxa dargestellt. Auf Nukleotidsequenzebene scheint das zweite Codon unseres Phantasiepeptids die meisten Veränderungen durchzumachen, tatsächlich aber ist dort in jedem Taxon Leucin codiert. Im dritten Codon steht statt ATT entweder ATC oder ACT – zunächst scheinbar gleichwertig. Tatsächlich aber codieren ATT und ATC beide für Isoleucin während ACT in Taxon 4 Threonin codiert. Schwierig wird die Alinierung, sobald Indels auftreten. Im ersten Fall ist eines von zwei Glycincodons in Taxon 1 deletiert. Hier würde die Proteinübersetzung zwei Optionen zur Positionierung der Lücke bieten. Das Nukleotidalignment schlägt die Deletion des zweiten vor, denn dann brauchen für die dritte Codonposition nur Transitionen angenommen zu werden. Für die zweite Indelregion im Beispiel wird es schwieriger. Neben der Möglichkeit, das TAT-Codon unter dem AAT zu platzieren, könnte es unter das CAT-Codon verschoben werden. Die anzunehmende T-A Transversion wäre dann nur noch eine T-C Transition. Allerdings wäre das TAT-Codon dann von zwei Indels flankiert und hier käme es auf die Gewichtung der Lücke gegenüber Transitionen und Transversionen an.

Hier hilft nun die Proteinübersetzung für die Entscheidung sehr, denn statt nur vier Merkmalszuständen existieren 20. Es ist offensichtlich, dass der Austausch saurer Aminosäuren untereinander (zwischen D, Aspartat und E, Glutamat) von geringerer Bedeutung für das Protein sein wird als der einer kleinen Aminosäure wie Glycin (G) gegen eine große, aromatische wie Phenylalanin (F). Die Ähnlichkeiten zwischen den Aminosäuren und ihren Codons werden in Ähnlichkeitsmatrices wiedergegeben. Alle 190 möglichen, paarweisen Austausche zwischen den 20 proteinogenen Aminosäuren werden in solchen Matrices gewichtet. Gängige Ähnlichkeitsmatrices sind die **PAM-** (*Percent Accepted Mutations*), die **BLOSUM-** (*Blocks Substitution Matrix*) oder die **Gonnet**-Matrices. Als Beispiel ist die PAM-250-Matrix in Abbildung 3.9 auf der nächsten Seite dargestellt. Wir sehen, dass eine konservierte aromatische Aminosäure (F, W, Y) oder ein konserviertes Cystein (C) besonders hohe, positive Gewichtungen erhalten. Austausche innerhalb der Gruppen der hydrophilen, hydrophoben, basischen oder sauren Aminosäuren sind ebenso noch schwach positiv belegt. Andere Ersetzungen aber, insbesondere der aromatischen, hydrophoben Aminosäuren und insbesondere von Cystein bekommen Maluspunkte. Die Auswahl einer der verschiedenen Aminosäurematrices ist in der Praxis eher selten von Bedeutung, hier kann bei den meisten Programmen mit der Voreinstellung gearbeitet werden. Wir kommen auf Aminosäurematrices in Abschnitt 6.2.3 auf Seite 186 zurück. Für unser Beispiel ist das Ergebnis klar: Y–N erhält die Bewertung '-2', Y–H erhält '0', Y–F erhält '+7' und die Positionierung des Tyrosincodons unter dem Phenylalanincodon ist damit anhand der Proteinübersetzung klar favorisiert.

Der Berechnung von molekularen Stammbäumen geht in aller Regel die Konstruktion eines guten Alignments voraus und hier muss unbedingt sorgfältig gearbeitet werden. Was für unser kleines Beispiel noch von Hand zu erledigen ist, muss bei vielen Taxa im Alignment und Sequenzen, die reich an **Indels** sind, der Computer zumindest teilweise übernehmen. Die Verarbeitung einer Sammlung von Einzelsequenzen in die alinierte Form übernehmen dann Programme wie PILEUP oder Clustal, das wir gleich besprechen. Die Alinierungsprogramme erlauben, über Maluspunkte für die Einrichtung (engl. *gap creation penalties*) und Ausdehnung (engl. *gap extension penalties*) das Einfügen und die Ausdehnung von Lücken zu steuern. Das Ergebnis ist ein Alignment, das allerdings vor der Stammbaumberechnung unbedingt noch einmal manuell überarbeitet werden muss, denn die Programme sind nicht perfekt (und können es auch gar nicht sein), und manche Lücken sind möglicherweise nicht immer sinnvoll eingefügt. Vor allem für sehr

Hydrophil	**C**	12																			
	S	0	2																		
	T	-2	1	3																	
	P	-3	1	0	6																
	A	-2	1	1	1	2															
	G	-3	1	0	-1	1	5														
acid/amid	**N**	-4	1	0	-1	0	0	2													
	D	-5	0	0	-1	0	1	2	4												
	E	-5	0	0	-1	0	0	1	3	4											
	Q	-5	-1	-1	0	0	-1	1	2	2	4										
basisch	**H**	-3	-1	-1	0	-1	-2	2	1	1	3	6									
	R	-4	0	-1	0	-2	-3	0	-1	-1	1	2	6								
	K	-5	0	0	-1	-1	-2	1	0	0	1	0	3	5							
hydrophob	**M**	-5	-2	-1	-2	-1	-3	-2	-3	-2	-1	-2	0	0	6						
	I	-2	-1	0	-2	-1	-3	-2	-2	-2	-2	-2	-2	-2	2	5					
	L	-6	-3	-2	-3	-2	-4	-3	-4	-3	-2	-2	-3	-3	4	2	6				
	V	-2	-1	0	-1	0	-1	-2	-2	-2	-2	-2	-2	-2	2	4	2	4			
aromat.	**F**	-4	-3	-3	-5	-4	-5	-4	-6	-5	-5	-2	-4	-5	0	1	2	-1	9		
	Y	0	-3	-3	-5	-3	-5	-2	-4	-4	-4	0	-4	-4	-2	-1	-1	-2	7	10	
	W	-8	-2	-5	-6	-6	-7	-4	-7	-7	-5	-3	2	-3	-4	-5	-2	-6	0	0	17
		C	**S**	**T**	**P**	**A**	**G**	**N**	**D**	**E**	**Q**	**H**	**R**	**K**	**M**	**I**	**L**	**V**	**F**	**Y**	**W**
		hydrophil						acid / amid				basisch			hydrophob				aromatisch		

Abbildung 3.9 Die klassische PAM250-Matrix als ein Beispiel zur Gewichtung von Aminosäureaustauschen.

variable Regionen wie Introns, intergenische Abschnitte oder die *„Loops"* in strukturellen RNAs kann die sorgfältige Kontrolle des Alignments gar nicht überbewertet werden. Ob eine strukturelle RNA z.B. durch viele, kleinere, einzelne Indels evolviert, oder aber durch wenige große mit begleitenden Punktmutationen, kann oft gar nicht sicher entschieden werden. Es kann dann sinnvoll sein, die Alinierungsparameter zu variieren und bewusst alternative Alignments parallel zur Stammbaumberechnung zugrunde zu legen. Bei nicht proteincodierenden DNA-Abschnitten, wie z.B. den strukturierten Gruppe I und Gruppe II-Introns, kommt man oft nicht um eine manuelle Korrektur anfänglicher Alignments herum, da hier manche Evolutionsmechanismen (z.B. so genannte mikrostrukturelle Mutationen) von den üblichen Alinierungsprogrammen nicht ausreichend berücksichtigt werden, was häufig zu offensichtlich inkorrekten Alignments führt. Das manuelle Modifizieren eines Alignments wird durch geeignete Editoren, die wir nun besprechen, erheblich erleichtert.

3.2.1 Software zur Sequenzverwaltung und Alignmenteditoren

Wir legen in diesem Buch naturgemäß den Schwerpunkt auf Software, die die Rekonstruktion von Stammbäumen ermöglicht. Die Grenzen zwischen den Programmen zur reinen Verwaltung von Sequenzen und solchen zur Berechnung von Stammbäumen sind aber inzwischen fließend. Weit verbreitete Programme wie PAUP*, PHYLIP oder MrBayes,

Tabelle 3.2 Verbreitete Computerprogramme und Programmpakete sowie ausgewählte neue Programme, die für die Verwaltung von Sequenzen, Bearbeitung von Alignments und z.T. auch schon für molekularphylogenetische Analysen sehr nützlich sind.

Programm	WWW-Adresse	Funktionen / Eigenschaften
BioEdit	www.mbio.ncsu.edu/ BioEdit/page2.html	Kostenlos. Alignmentoberfläche m. vielen Optionen, incl. Anbindung an öffentl. & eigene Datenbanken. Plasmidgrafiken etc. Clustal integriert. Gewisse PHYLIP-Funktionalität. Nicht 100% laufstabil. Windows.
ClustalX	bips.u-strasbg.fr/fr/ Documentation/ClustalX/	Kostenlos. Automatische Alinierung, aber ohne manuelle Editierungsoptionen. Export in diverse Dateiformate. Gute Postscript-Ausgabe.
Geneious	www.geneious.com	Basic-/Demoversion (aktuell v3.7.1) kostenlos incl. 4-Wochen-Test der Pro-Version (ab 249 $ für Studenten), die aber für viele Funktionen (e.g. Restriktionsanalysen, Primerdesign et c.) erforderlich ist
MEGA	www.megasoftware.net	Kostenlos. Alignmentoberfläche mit Datenbankanbindung. Clustal integriert. Phylogenetische Analysen, vornehmlich distanzbasiert. Sehr gute graphische Aufarbeitung von Stammbäumen, aber kein graphischer Alignmentexport.
PhyDE	www.phyde.de	Shareware. Java-basiertes Projekt mit reichhaltigen Optionen zur Alignmenteditierung, noch nicht ganz abgeschlossen.
Staden	staden.sourceforge.net	Kostenlos. Alignmenteditor, vornehmlich für Sequenzierungsprojekte (Contig-Konstruktion etc.).

zu denen wir im Folgenden kommen (Tab. 3.3 auf Seite 99), sind allerdings *nur* für phylogenetische Analysen einsetzbar – es gibt hier keine Funktionen, um Alignments komfortabel zusammenzustellen oder zu editieren, wie sie andere Programme bieten (Tab. 3.2). Hier schlägt das **MEGA**-Paket für den Windows-Nutzer eine Brücke und bietet als Vielzweckpaket einen guten Einstieg. **BioEdit** ist vornehmlich für die komfortable Editierung von Alignments und Sequenzanalysen konzipiert, kann aber sowohl eine automatische Alinierung mit dem **Clustal**-Algorithmus vornehmen wie auch Stammbaumanalysen mit den Komponenten des PHYLIP-Paketes durchführen.

Keine Frage – es geht bei allen Programmen nicht nur um Funktionen, sondern auch um intuitive Nutzbarkeit und Erscheinungsbild und hier mag die Beurteilung leicht subjektiv werden. Der größte Teil der Software wird kostenlos angeboten und Ressourcen für die Entwicklung und Pflege sind meist sehr begrenzt oder fehlen ganz. Entsprechend ist es angemessen, wenn der Nutzer bei kleineren *Bugs* ein Auge zudrückt, wenn ihm andere Programmfunktionen besonders nützlich erscheinen. Der Anwender ist sicher gut beraten, auszuprobieren, welche Programmgestaltung seine Vorlieben besser erfüllt – hier steht z.B. die einfache Konzeption von MEGA gegen die, manchmal verschachtelte, Multifunktionalität von BioEdit.

BioEdit ist ein ambitioniertes Vielzweck-Programmpaket für Sequenzalignments, das auf die Programmierarbeit von Tom Hall zurückgeht (Hall 1999). Die aktuell verfügbare Version ist 7.0.9. Das Programm ist nicht 100% laufstabil – an regelmäßiges Zwischenspeichern sollte der Nutzer denken. Das Programm und seine vielfältigen Funktionen sind unter `www.mbio.ncsu.edu/BioEdit/page2.html` beschrieben und dort in ZIP-komprimierter Form erhältlich und ganz leicht zu installieren. BioEdit bietet eine multifunktionale Alignmentoberfläche, die wie in Abb. 3.10 aussieht, wenn wir im „File"-Menü z.B. die als FASTA-Dateien abgespeicherten *psb*A-Sequenzen der Agaven geöffnet haben. BioEdit akzeptiert im Gegensatz zu vielen anderen Programmen die kompletten Sequenznamen wie sie in der ersten Zeile einer FASTA-Datei auftauchen.

Ein Doppelklick auf die Sequenznamen im linken Rahmen erlaubt die Editierung, so dass Sie z.B. den Inhalt der ursprünglichen FASTA-Kopfzeile auf die Speziesnamen reduzieren können. BioEdit bietet komfortable Möglichkeiten, die Sequenzen und ausgewählte Sequenzblöcke durch Verschieben mit der Maus anzugleichen. Es fällt vielleicht sofort ins Auge, dass die *Thrixspermum*-Sequenz lediglich vorne etwas kürzer ist und um 25 Positionen nach rechts (also in 3'-Richtung) verschoben werden muss, um sie der *Yucca*-Sequenz anzugleichen, so dass die GAAGT-Motive untereinander stehen. Probieren Sie dazu die *Select/Slide* und alternativ die *Grab/Drag*-Option aus, die im Auswahlmenü zur Verfügung stehen. Wie die *Ludisia*-Sequenz positioniert werden muss, ist weniger leicht ersichtlich. Integriert in die Arbeitsoberfläche von BioEdit ist die Option für automatische Alinierung mit dem **Clustal**-Algorithmus. Diese Option finden Sie im „Accessory Application"-Menü. Wir kommen zu Clustal, das zunächst als allein stehendes Programm entstanden ist, und seinen Einstellungen und Funktionen im nächsten Abschnitt. Wenn Sie hier allerdings einfach mit den Voreinstellungen zur Alinierungen arbeiten, sollten Sie schon ein sehr befriedigendes Ergebnis erhalten. Eine nützliche Option in BioEdit ist, dass Sie mit der Strg-T-Funktion die Nukleotidsequenzen in Aminosäuren übersetzen können. Wenn Sie dies tun, sollte die editierte und alinierte Fassung unseres Alignments in etwa aussehen wie in Abb. 3.10 unten dargestellt.

BioEdit bietet verschiedene Optionen, um die Aminosäuren und Nukleotide oder konservierte Alignmentpositionen in den Sequenzen unterschiedlich zu kolorieren oder zu hinterlegen. Das Nukleotidalignment kann unter dem Menüpunkt „File/Graphic View" mit oder ohne Proteinübersetzung für die Druckausgabe formatiert werden. Hilfreich ist auch die „Append Alignment"-Option im „File"-Menü, mit der ein weiteres Alignment horizontal hinter dem eingeladenen angefügt werden kann. Dies ist eine sinnvolle Option, um leicht die heute so weit verbreiteten *Multi-Locus-Alignments* herzustellen (s. Abschnitt 11.1.4 auf Seite 312). Natürlich muss das angefügte Alignment die gleiche Zahl von Einzelsequenzen enthalten (und in diesem sollten die Taxa auch tunlichst in der gleichen Reihenfolge sein!).

BioEdit ist in der Lage, Sequenzen auch direkt aus GenBank zu importieren. Dazu muss allerdings entweder die Akzessionsnummer oder der *Genbank Identifier* GI bekannt sein. Unter dem Menüpunkt „File/Retrieve sequences" können Sie eine Liste von Akzessionsnummern eingeben, die dann von BioEdit automatisch aus der Datenbank importiert werden. Eine andere sehr nützliche Funktion von BioEdit ist die Möglichkeit, aus den Sequenzdaten eine eigene Datenbank auf dem PC einzurichten, zu finden unter dem Menü „Accessory Applications/BLAST/Create Local Database File". Diese Datenbank oder natürlich auch die ganze GenBank können mit BLAST durchsucht werden. Für die Abfrage der Datenbanken über Homologiesuchen und die komfortable Aufnahme der gewünschten Einträge in das Arbeitsalignment oder für textbasierte Abfragen allerdings scheint das MEGA-Programmpaket noch komfortabler, das wir im Folgenden vorstellen.

PhyDE (`www.phyde.de`), entwickelt von Jörn Müller und Kollegen, ist ein noch in der Entwicklung befindliches Projekt. In Java geschrieben, ist es für alle Systeme verfügbar. Die erlaubte Anzahl der Taxa, Länge der Taxonnamen und der Sequenz sind hier faktisch unbegrenzt, sehr große Datensätze (etwa ganzer Genome) also bearbeitbar und

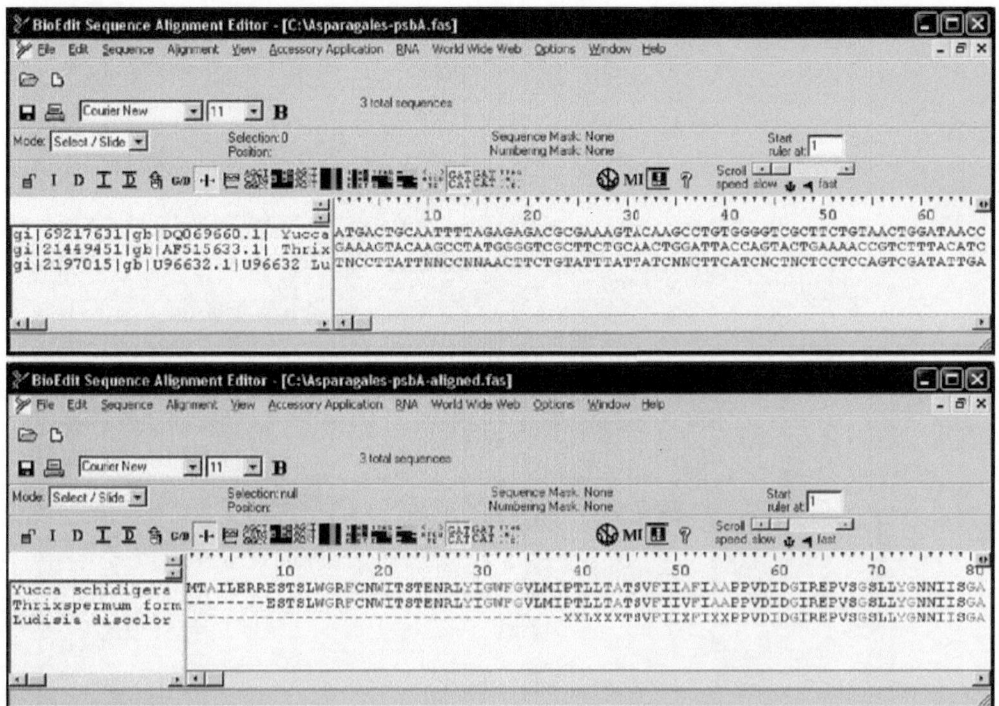

Abbildung 3.10 Oben: Die Arbeitsoberfläche von **BioEdit** nach Öffnen der Datei mit den drei *psb*A-Sequenzen im FASTA-Format. Unten: Arbeitsoberfläche von BioEdit nach Editierung der Sequenznamen, Alinierung der Sequenzen durch den Clustal-Algorithmus (im „Accessory Application"-Menü) und Übersetzung der Sequenzen mit der Strg-T-Funktion. Mit 'X' bezeichnete Positionen unbekannter Aminosäuren in der *Ludisia*-Sequenz ergeben sich aus unbekannten Nukleotiden (N) in der Nukleotidsequenz.

dabei durch das native *.pde-Format (gzip-komprimiertes XML) wenig speicherintensiv. Einige Grundfunktionen sind in Abb. 3.11 auf der nächsten Seite am Beispiel eines Alignments aus 83 kompletten Chloroplastengenomen illustriert. Die Assemblierung von Pherogrammen in taxonspezifischen Dateien (*contig files*) kann automatisch oder manuell erfolgen, wobei eine Projektstruktur erlaubt, Sequenzbereiche im endgültigen Alignment bis zu den entsprechenden Bereichen des Pherogramms per Strg+D zurückzuverfolgen (Abb. 3.11 A–C). Eine Vielzahl von Mausfunktionen und Tastenkürzeln erleichtert das manuelle Editieren auch großer, indelreicher Datensätze, bei denen ein automatisches Alignment alleine unbefriedigende Ergebnisse liefert. Horizontales und vertikales Aneinanderfügen passender Einzelalignments ist auf verschiedene Weise möglich. Über ein kontextabhängiges *Plugin*-Menu können weitere Anwendungen aufgerufen und z.B. mit Daten der momentanen Auswahl im Alignment versorgt werden – die Funktionalität des Programms ist damit individuell beliebig erweiterbar.

Dateiformate

Alignments können neben dem FASTA-Format, das wir schon besprochen haben, in verschiedenen anderen Dateiformaten abgelegt und zwischen den Anwendungspro-

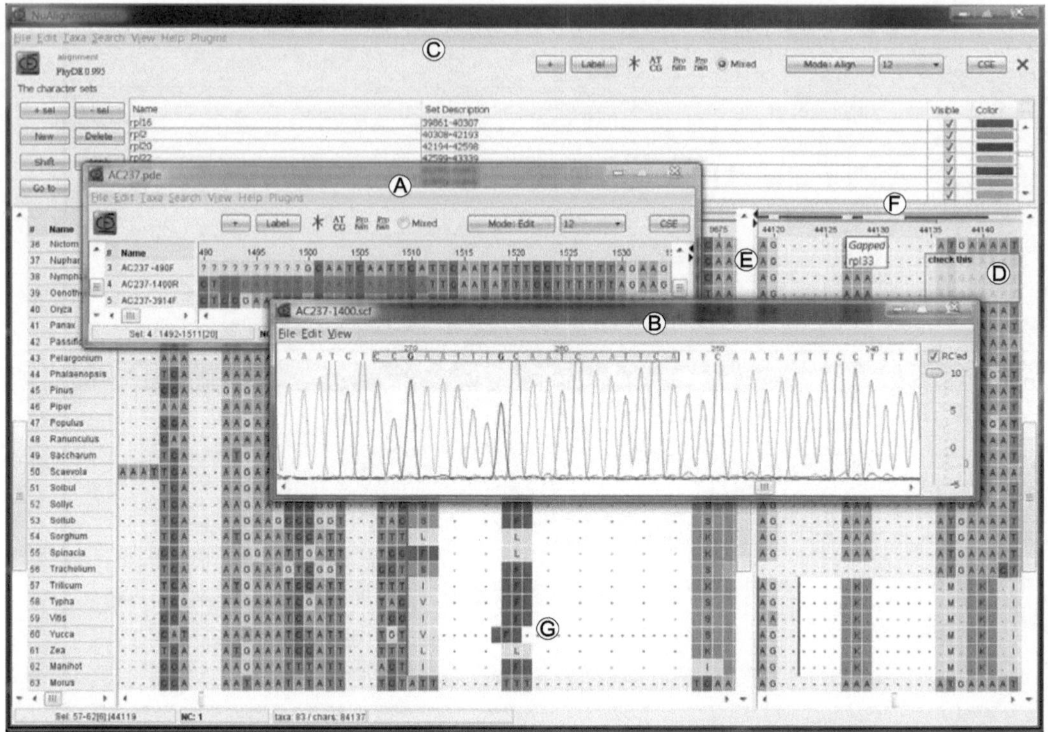

Abbildung 3.11 Illustration einiger grundlegender Funktionen von **PhyDE**. (**A**) Sequenzen können auf beliebige Weise eingefügt werden. Wenn eine GenBank Fasta-Datei eingelesen wird, wird die zugehörige Akzessionsnummer direkt in ein dafür vorgesehenes Feld gespeichert. Diese und andere sequenzspezifische Felder können angelegt, wahlweise im Alignment angezeigt, und auch dynamisch exportiert werden, und die Sequenzen können danach sortiert werden. Bei Sequenzen, die einem Pherogramm entstammen (mit '&' gekennzeichnet), kann per Strg+D das zugehörige Pherogramm (**B**) geöffnet und die im Alignment ausgewählte Stelle dort automatisch angezeigt werden. Aus einer Reihe zusammengehöriger Pherogramme kann ein taxonspezifisches Alignment (A) assembliert werden mit einer Konsensussequenz, die dann in das endgültige Alignment (**C**) eingeht, von wo aus (A) wieder per Strg+D aufgerufen werden kann. Der Benutzer kann eigene Markierungen (*Labels*) und Kommentare an jeder Stelle des Alignments anlegen (**D**), und PhyDE jederzeit zu diesen Stellen navigieren lassen. Das Fenster kann in kleinere Bereiche aufgeteilt werden (**E**), so dass verschiedene Alignmentausschnitte dynamisch und simultan betrachtet werden können. *Character sets* können angelegt, verwaltet und mittels farbiger Balken über dem Alignment angezeigt werden (**F**). Sie können wie die Labels zum Navigieren benutzt werden und genau wie *taxon sets* zusammen mit den Daten im- und exportiert werden. Ansicht und dauerhafte Speicherung der Aminosäureübersetzung in allen genetischen Codevarianten und Leserastern ist möglich (auch Mischansichten zusammen mit Nukleotiden und unter Berücksichtigung von Leserasterverschiebungen, **G**).

grammen transferiert werden. Die wichtigsten, klassischen – besonders im Hinblick auf phylogenetische Analysen – sind das leistungsfähige NEXUS-Format und das PHYLIP-Format, das allerdings viele Beschränkungen auflegt (Abb. 3.14 auf Seite 100. Diese **Dateiformate** bieten unterschiedliche Freiheiten und bei Umwandlungen und Reformatierungen kommt es häufig zu Konflikten in den Anwendungen, die mitunter zeitaufwändiges Editieren von Hand erfordern.

Neben dem Standardzeichensatz aus vier Nukleotiden oder 20 Aminosäuren erlauben die Alignmentoberflächen die Verwendung von Sonderzeichen in unterschiedlichem Maße. **PhyDE** legt hier keine Beschränkungen im Alphabet auf, so dass der Benutzer selber darauf achten muss, kein O oder U in ein Proteinalignment einzutippen, die von nachfolgenden Programmen nicht akzeptiert würden. **MEGA** wiederum ist so restriktiv, dass es kein B (*Ambiguity code* für die alternativen Aminosäuren Aspartat, D oder Asparagin, N) und kein Z (für die Alternative Glutamat, E oder Glutamin, Q) erlaubt. Schwierigkeiten können auch durch Sonderzeichen im Alignment entstehen. Während der Bindestrich '-' als Symbol für Lücken meist akzeptiert ist, können durch die Verwendung von anderen Zeichen für fehlende und/oder unbekannte Positionen ('?' oder die Tilde '∼') oder den Punkt '.' für entsprechende Positionen Probleme entstehen. Clustal z.B. ignoriert Tilden beim Einlesen von FASTA-Dateien.

Das einfache **FASTA-Format** und z.B. auch die internen Dateiformate von PhyDE (Tab. 3.2 auf Seite 89) oder Treefinder (Tab. 3.3 auf Seite 99) legen den Sequenznamen keine Beschränkungen hinsichtlich Länge und der Verwendung von Sonderzeichen auf. Allerdings werden die Sequenznamen beim Einlesen in verschiedene Anwendungen auf unterschiedliche Weise verstümmelt. **ClustalX** kürzt sie beispielsweise nach spätestens 30 Zeichen oder sogar bereits mit dem ersten Leerzeichen ab. Dadurch können vermeintliche Doppelbenennungen als Fehlermeldung auftreten. Das **MEGA-Format** erlaubt maximal 40 Zeichen für die Sequenznamen, das **PHYLIP-Format** nur zehn (Abb. 3.12 auf der nächsten Seite). MEGA erlaubt die Verwendung einiger Sonderzeichen in den Dateinamen – allerdings anderer als im wichtigen NEXUS-Format erlaubt sind, das von PAUP* und anderen Programmen verwendet wird. Wer sein Alignment mit verschiedenen Programmpaketen bearbeiten will, ist in jedem Fall gut beraten, **auf lange Sequenznamen und auf Sonderzeichen** zu **verzichten**. Lediglich der Unterstrich ist allgemein akzeptiert und wird unter anderem von MEGA oder PhyDE automatisch beim Export ins NEXUS-Format eingesetzt, wo vorher Leerzeichen (*white space*) standen. Der Unterstrich wird dann in der Ergebnisausgabe oft wieder durch das Leerzeichen ersetzt.

3.2.2 Automatische Alinierung

Der klassische Standard für automatische Alinierungen ist der **Clustal**-Algorithmus, der auf die Programmierarbeit von Julie Thompson and François Jeanmougin zurückgeht. Das Konsolen-Programm ClustalW ist seit einiger Zeit mit graphischer Oberfläche versehen als ClustalX verfügbar. Die aktuelle Version ist 2.09. Auch ClustalX ist kostenlos verfügbar und kann von vielen WWW Adressen heruntergeladen werden – die originäre Quelle ist `http://bips.u-strasbg.fr/fr/Documentation/ClustalX/`. Allerdings ist der Clustal-Algorithmus längst in Programmpakete wie z.B. MEGA, PhyDE oder BioEdit eingegangen, die höchst komfortable und dringend notwendige Zusatzfunktionen bieten. Erstens können die erhaltenen Alignments dort in der Alignmentoberfläche weiter manuell editiert werden und zweitens kann zu diesem Zweck dort dann ganz einfach zwischen Nukleotidalignment und Proteinübersetzung hin- und zurück gewechselt werden. Wer BioEdit, MEGA oder PhyDE nutzt, ist also durch den dort jeweils integrierten Clustal-Algorithmus zumindest bei der Alinierung proteincodierender Sequenzen besser bedient.

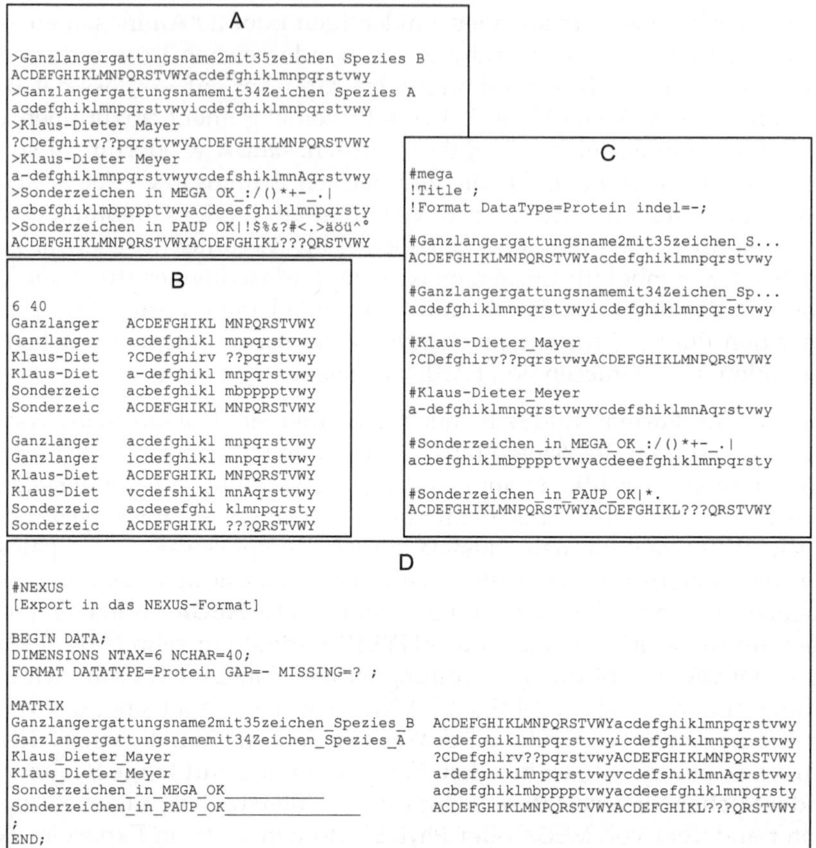

Abbildung 3.12 Verschiedenen Dateiformate, hier zur Beschreibung eines kurzen Proteinsequenzalignments mit Aminosäureabkürzungen im Ein-Buchstaben-Code. **A**: Das **FASTA-Format** ist durch das Zeichen '>' gekennzeichnet, dem der jeweilige Sequenzname folgt. Die Sequenz selbst folgt dann in der nächsten Zeile (oder den nächsten Zeilen) bis ein neuer Sequenzname mit dem nächsten '>' beginnt. Das FASTA-Format wird von den meisten Programmen eingelesen, aber die Sequenznamen werden dann unterschiedlich abgekürzt. **B**: Das **PHYLIP-Format** legt die meisten Beschränkungen auf. In der ersten Zeile sind die Anzahl der Sequenzen und die Länge des Alignments genannt, es folgen die Sequenznamen mit maximal zehn Zeichen. Hier der Export aus BioEdit; die Sequenzen können im Prinzip auch direkt auf die Sequenznamen folgen. Bei PAML hingegen, das auch mit dem PHYLIP-Format arbeitet, sind *zwei* Leerzeichen erforderlich, dafür können die Sequenznamen bis zu 30 Zeichen lang sein. **C**: Im programmspezifischen **MEGA-Format** werden Sequenznamen bis zu 40 Zeichen und mit einigen Sonderzeichen erlaubt (hier der Import der FASTA-Datei unter A). Andere Sonderzeichen werden teils ignoriert oder führen andernteils zu Problemen in der MEGA-Alignmentoberfläche. **D**: Das flexible NEXUS-Format wird von vielen Programmen verwendet und gelesen. Es ist in so genannten Blöcken organisiert, die jeweils mit `begin...;` starten und mit `end;` aufhören. In einer NEXUS-Datei können an beliebiger Stelle durch eckige Klammern gekennzeichnete Kommentare eingefügt werden. Das eigentliche Alignment liegt hier im Beispiel (als 'Matrix') in einem `data`-Block vor. Hier dargestellt ist der Export ins NEXUS-Format aus PhyDE, bei dem alle Sonderzeichen automatisch in den Unterstrich umgesetzt worden sind. Normalerweise werden Sequenzen kontinuierlich in einer Zeile aufgeführt, für das PHYLIP-Format dargestellt ist hingegen die *Interleave*-Variante, bei der das Alignment in untereinanderstehende Sequenzblöcke aufgeteilt ist.

Tabelle 3.3 Übersicht über einige Möglichkeiten, Dateiformate in verschiedenen Programmen einzulesen, zu konvertieren und abzuspeichern. Import und Export können allerdings zu einigen Überraschungen führen. Hilfreich für den Datentransfer sind kurze Sequenznamen ohne Sonderzeichen (außer dem Unterstrich '_' statt des Leerzeichens), die auch bei Abkürzung eindeutig bleiben.

Sequenz- und Alignmentformate und ihre Konvertierung		
von Format >	**mit Programm (Dateiformat & -endung)**	**> zu Format**
ABI (*.abi), CLUSTAL, FASTA, GenBank (*.gb, *.gbk), PIR/NBRF (*.pir), PHYLIP, Text (*.txt)	**[5]BioEdit (v7.0.5.2) (FASTA: *.fas, *.fasta, *.tfa BioEdit: *.bio)**	GenBank, NEXUS, NBRF/PIR PHYLIP, Text
FASTA, GCG/MSF	**[1]ClustalX (v1.83) (*.aln)**	FASTA, GCG/MSF, GenBank, GDE (*.gde), NBRF/PIR, NEXUS, PHYLIP
FASTA, CLUSTAL, PHYLIP, PIR, Text	**GeneDoc (v2.6.2) (GCG/MSF: *.msf)**	FASTA, CLUSTAL, PHYLIP, PIR, Text
ABI, CLUSTAL, FASTA, NEXUS, PHYLIP, SCF[6]	**[2]MEGA (v3.1) (*.mas, *.meg)**	MEGA, NEXUS, PHYLIP
GCG/MSF, HENNIG, MEGA, NEXUS, PHYLIP, PIR, TabText, Text	**[3]PAUP (v4.0b10) (NEXUS: *.nex, *.nxs)**	PHYLIP, HENNIG, NEXUS, TabText, Text
ABI, FASTA, NEXUS, SCF.GZ, SCF[6]	**PhyDE (v0.97) (*.pde)**	FASTA, NEXUS, SCF.GZ, SCF[6]
-	**[4]PHYLIP (v3.65) (*.phy)**	-

Anmerkungen

[1]ClustalX liest FASTA-Dateien nur bis zum ersten Leerzeichen des Dateinamens und mit maximal 30 Zeichen insgesamt ein. Die Dateinamen müssen in diesem Bereich unterscheidbar eindeutig sein. Clustal ignoriert Tilden im Alignment (z.B. bei Export aus BioEdit) ganz und verschiebt die Sequenzen komplett.

[2]MEGA verwendet das *.mas Format im *Alignment-Explorer* und das *.meg Format für Alignments im *Data-Explorer* und zur phylogenetischen Analyse.

[3]PAUP* (v.4.0b10) verwendet die Dateiendung *.dat als Voreinstellung beim Export, vor einer Überschreibung vorhandener Dateien gleichen Namens wird nicht gewarnt. Der Import von MEGA-Dateien funktioniert nicht gut, der Export aus MEGA ins NEXUS-Format ist die bessere Wahl.

[4]Das PHYLIP-Format erlaubt nur zehn Zeichen zur Benennung der Sequenzen.

[5]Beim Export kürzt BioEdit die Dateinamen nach neun Zeichen, außerdem werden die eingesetzten Tilden nicht korrekt als „*missing*" sondern als „*gap*" bezeichnet. Wichtig ist, die Positionen, die als echte Lücken eingefügt wurden, vorher festzulegen mit „*GAPS locked*".

[6]SCF ist das *Standard Chromatogram Format*, ein normiertes Dateiformat für Pherogramme.

ClustalX in der Praxis

Abbildung 3.13 auf der nächsten Seite zeigt die Arbeitsschritte beim Umgang mit ClustalX. Der wichtigste Schritt ist die Einstellung der Parameter für die automatische Alinierung. Unter dem „Alignment"-Menü findet man die separaten Einstellungsoptionen für die *Pairwise* und *Multiple Alignment Parameters*. Oft wird man mit den Voreinstellungen schon sehr viel erreichen können. Wenn aber das Ergebnis nicht zufrieden stellend ist, kann man schlecht konkrete Vorgaben für die bessere Einstellung der Parameter machen. Allerdings: Wenn offensichtlich einzelne, größere Lücken erforderlich werden (z.B. in Intronsequenzen) ist es sinnvoll, die *Gap Extension Penalty* zu verkleinern. Werden hingegen mehrere, kleinere Lücken erforderlich sind, sollte die *Gap Opening* (oder *Gap Creation*) *Penalty* verkleinert werden. An einer Inspektion des fertigen Alignments

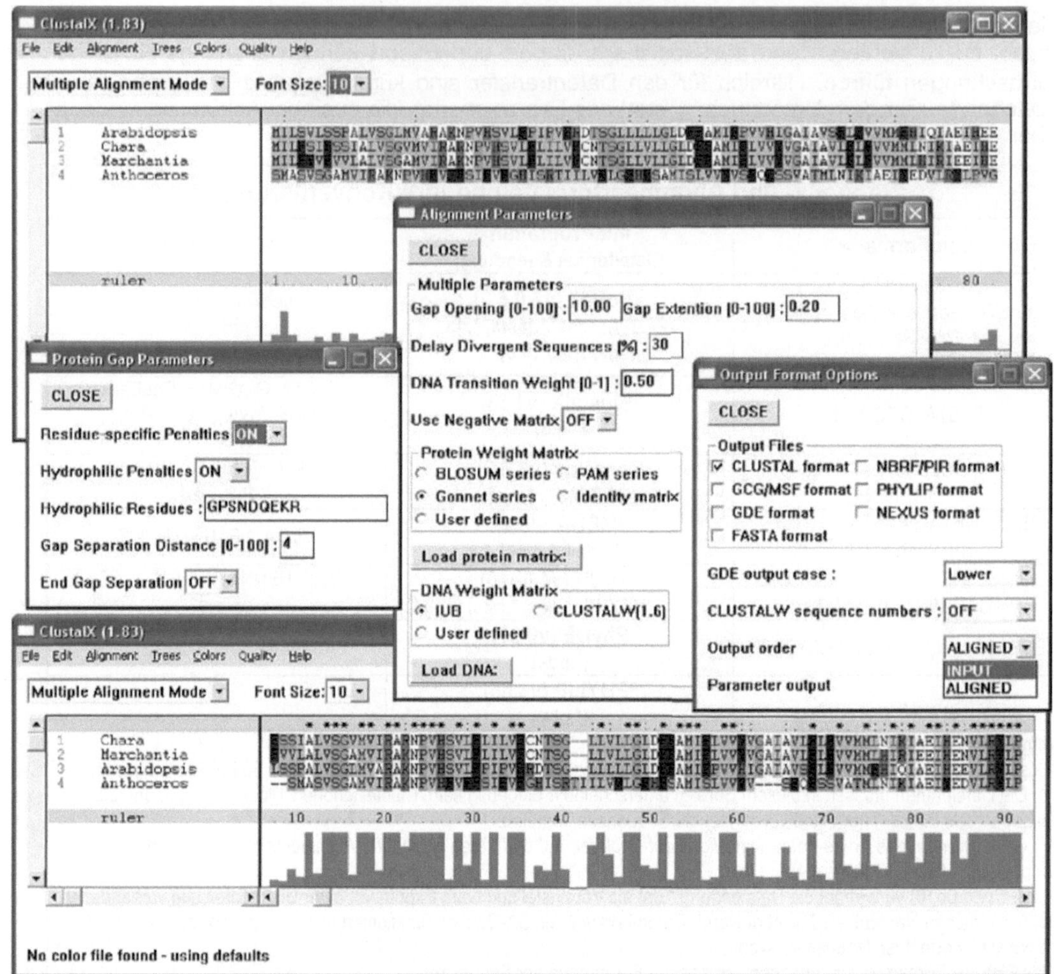

Abbildung 3.13 Das **ClustalX**-Programm. Oben: Arbeitsoberfläche mit neu eingeladenen Proteinsequenzen im FASTA-Format *vor* der Alinierung (hier: vier pflanzliche, mitochondriale *nad*6-Sequenzen). Mitte: Menüfenster unter „Alignment/Alignment Parameters“ mit den wichtigen Optionen für die *Gap Opening* und die *Gap Extension Penalties*. Mitte links: Zusätzliche Optionen für Parameter bei der Gewichtung von Aminosäureresten in der Alinierung von Proteinsequenzen (hier die Voreinstellungen). Mitte rechts: Optionen für die direkte Ausgabe des Alignments in verschiedene Dateiformate (auch gleichzeitig). Wichtig kann hier sein, auf die vertikale Reihenfolge der Sequenzen zu achten, die nach erfolgter Alinierung in der Regel anders ist als in der Eingabe. Unten: Mit den Voreinstellungen alinierte Sequenzen.

auf die eingefügten Indels führt aber kein Weg vorbei! Hier liegt ein weiterer Nachteil von ClustalX, denn anschließende manuelle Korrekturen im Detail wie in BioEdit, MEGA oder besonders bequem in PhyDE sind nicht möglich. Der *Append*-Befehl wird in ClustalX anders verstanden als in BioEdit: Hier handelt es sich um das Hinzufügen von weiteren Sequenzen in der *Vertikalen* (und nicht um horizontales Addieren von Alignments wie bei BioEdit zur Konstruktion von Multigenalignments). **ClustalX** bietet gute und verlässliche **Konvertierung** in andere **Dateiformate**, hat allerdings Schwierigkeiten, andere

Formate einzulesen – hier geht man am Besten vom FASTA-Format aus (Tab. 3.3 auf Seite 99). ClustalX bietet allerdings eine sehr gute graphisch aufgearbeitet Ausgabe im Postscript-Format an, das dann mit frei erhältlichen Programmen wie GhostView oder z.B. mit der Acrobat-Software in eine *.pdf-Datei umgewandelt werden kann.

Aktuelle Trends bei Alignment-Algorithmen

Clustal ist sicher der meistverwendete Algorithmus zur automatischen Alinierung – der einzige oder beste ist er allerdings bei weitem nicht. Kontinuierlich werden Alignment-Algorithmen verbessert im Hinblick auf größere Effizienz oder Berücksichtigung komplizierter Evolutionsmuster der Sequenzen. Unter den etablierteren alternativen Ansätze sind DCA (*Divide-and-Conquer Multiple Sequence Alignment*, Stoye 1998; `http://bibiserv.techfak.uni-bielefeld.de/dca/`), DIALIGN (Morgenstern 1999; `http://bibiserv.techfak.uni-bielefeld.de/dialign/`), DIALIGN-T (Subramanian et al. 2005; `http://dialign-t.gobics.de/`), K-ALIGN (Lassmann & Sonnhammer 2005; `http://msa.cgb.ki.se`) **MAFFT** (Katoh & Toh 2008; *Multiple Alignment using Fast Fourier Transformation*, `http://align.bmr.kyushu-u.ac.jp/mafft/software/`) **MUSCLE** (Edgar 2004; `http://phylogenomics.berkeley.edu/cgi-bin/muscle/input_muscle.py`), T-COFFEE (Notredame et al. 2000, `http://igs-server.cnrs-mrs.fr/~cnotred/Projects_home_page/t_coffee_home_page.html`). Speziell auf große Proteinsequenzalignments fokussiert STRAP_NT (`www.charite.de/bioinf/strap/`), das auch Datenbankanbindung und Strukturvorhersagen implementiert. Das automatische Alignieren von neu hinzugekommenen Sequenzen an manuell gewartete Alignments von größeren Multigen-Datensätzen besorgt WASABI (Kauf et al. 2007) im Rahmen einer Chromatogramm-Prozessierungs-*pipeline*. Anhand von Informationen über die **Sekundärstruktur** optimierte Alignments stehen im Zentrum von **Construct** (Wilm et al. 2008a), R-Coffee (Wilm et al. 2008b, `www.tcoffee.org/Projects_home_page/r_coffee_home_page.html`), 4SALE (Seibel et al. 2006), RNA Sampler (Xu et al. 2007) und dem ganz neuen **RNAsalsa** aus der Arbeitsgruppe von Bernhard Misof (`www.rnasalsa.zfmk.de`).

Wo immer Ihnen also der klassische Clustal-Algorithmus nicht ausreicht und Sie keine Möglichkeit sehen, das erhaltene Alignment durch manuelle Editierung in endlicher Zeit zu optimieren, oder vielleicht weil Sie bei sehr großen und sehr vielen Datensätzen einen schnelleren Ansatz benötigen, sind Sie gut beraten, die modernen Alternativen auszuprobieren. So finden Sie z.B. K-ALIGN, MAFFT, MUSCLE und T-COFFEE auch auf den Serviceseiten des EBI unter `www.ebi.ac.uk/Tools/sequence.html`.

Einen fundamental anderen, allerdings sehr umstrittenen Weg geht schließlich POY (`http://research.amnh.org/scicomp/projects/poy.php`), bei dem es die phylogenetische Analyse untrennbar mit der Alinierung verknüpft. Dagegen würde prinzipiell nichts sprechen, wären die Modelle und Annahmen in dieser als ***Direct Optimization*** bekannten Prozedur nicht von geradezu abenteuerlicher Realitätsferne (s. z.B. Kjer et al. 2007, Morrison 2006; auf synchrone Alinierung und Baumrekonstruktion gehen wir in Abschnitt 10.1.5 auf Seite 286 noch einmal kurz ein).

Am Schluss bleibt als weitere Möglichkeit, per Algorithmus Schwachstellen in zuvor automatisch und/oder manuell erstellten Alignments aufzuspüren, zu korrigieren, oder gegebenenfalls von nachfolgenden phylogenetischen Analysen auszuschließen (z.B. Talavera & Castresana 2007). Auch hierfür wurden einige *Tools* entwickelt, wie z.B. **SOAP** (Loytynoja & Milinkovitch 2001) oder **AliScore** (Misof & Misof, im Druck; `www.aliscore.zfmk.de`).

3.3 Integrierte Programmpakete für die molekularen Phylogenetik

Die Programme **PHYLIP**, **PAUP***, **MEGA** und neuerdings MrBayes und BEAST nehmen eine herausragende Stellung bei Software für molekulare Phylogenetik ein. PAUP* und PHYLIP behaupten noch knapp die Spitzenpositionen im Bezug auf publizierte Bäume, die mit diesen Programmen ermittelt worden sind. MEGA hat für Benutzer, die unter Windows arbeiten, sehr viel an Attraktivität als nutzerfreundliches, integriertes Programmpaket gewonnen . PHYLIP war historisch unzweifelhaft das wegweisende Programmpaket, das alle gängigen Analysen erlaubt. Allerdings macht die Notwendigkeit, jede Analyse durch eine Reihe von Einzelprogrammen zu führen, PHYLIP für den Einsteiger in die Welt molekularer Phylogenetik schwer verdaulich, während gerade dies für den fortgeschrittenen Bioinformatiker die attraktive Möglichkeit Skript-gesteuerter Programmkaskaden (engl. *Pipes*) bietet. PAUP* hingegen arbeitet unter dem Macintosh-Betriebssystem mit einer menügesteuerten Oberfläche, bietet gute Möglichkeiten zur graphischen Aufarbeitung von Stammbäumen und läuft höchst verlässlich. Die Windows-Version bedingt zwar die Eingabe von Programmbefehlen auf Kommandozeilenniveau, aber die interaktive Ein- und Ausgabe ist so eindeutig, dass auch für den unerfahrenen Nutzer kaum eine Hürde in der Nutzung besteht. PAUP* ist einer der eher seltenen Fälle eines kommerziell vertrieben Programms für phylogenetische Analysen. Es ist aber mit einem Preis (abhängig vom Betriebssystem) zwischen 85 und 150 $ weit mehr als seinen Preis wert!

3.3.1 PHYLIP

PHYLIP ist der Klassiker unter den Programmpaketen zur phylogenetischen Analyse. Sein Autor, Joseph Felsenstein, ist einer der großen Köpfe der molekularen Phylogenetik. PHYLIP findet man mit Dokumentation sowohl im Quellcode wie auch als ausführbare Programme für verschiedene Betriebssysteme (Windows, Macintosh, LINUX) kostenlos unter `http://evolution.genetics.washington.edu/phylip.html`. Das Einsatzspektrum ist sehr umfangreich und umfasst insgesamt 35 Einzelprogramme für Distanz-, Parsimonie- und *Likelihood*-Analysen verschiedenster Datentypen. Die Programme (Abb. 3.14 auf Seite 100) werden einzeln aufgerufen, benötigen eine Eingabedatei (*infile*), um die Daten einzulesen und geben das Ergebnis auch (nur) als Datei (*outfile*) aus. So existieren einzelne Programme für die Analyse von Nukleotidsequenzen über Distanzverfahren, Parsimonie oder Maximum Likelihood: DNADIST, DNAPARS und DNAML und entsprechende auch für Proteinsequenzen: PROTDIST, PROTPARS und PROML. Das Programm SEQBOOT produziert Replikate des Datensatzes zum *Bootstrapping* und CONSENSUS kann einen Konsensusbaum ermitteln. DRAWGRAM, DRAWTREE und RETREE dienen zur Aufarbeitung und Darstellung von Stammbäumen. Für den unerfahrenen Nutzer besteht eine gewisse Herausforderung darin, die passenden Ein- und Ausgabedateien zu benennen und zu verwalten. Hinzu kommt, dass eine Möglichkeit,

Tabelle 3.4 Auswahl von Programmen und Programmpaketen, die in der molekularen Phylogenetik häufig eingesetzt werden. Eine umfassende Zusammenstellung existiert auf der WWW-Seite von Joseph Felsenstein (`http://evolution.genetics.washington.edu/phylip/software.html`).

Programm	WWW-Adresse	Funktionen / Eigenschaften
BEAST 1.4.8	beast.bio.ed.ac.uk	Bayesianische Stammbaumkonstruktion unter Verwendung (relaxierter) molekularer Uhren, Java, kostenlos.
MEGA 4.1	www.megasoftware.net	Alignmentoberfläche mit Datenbankanbindung, Clustal integriert, phylogenetische Analysen (vornehmlich distanzbasiert), graphische Aufarbeitung von Stammbäumen, Windows, kostenlos.
Mesquite 2.5	mesquiteproject.org	Modular aufgebaute Software v.a. für Analysen zur Merkmalsevolution. Java. Kostenlos.
(j)Modeltest Prottest	darwin.uvigo.es	Vergleich von Substitutionsmodellen für gegebene Daten. Kostenlos. Bei moderaten Datensätzen auch WWW-Server.
MrBayes 3.1	mrbayes.csit.fsu.edu	Phylogenie auf der Basis einer Bayesianischen Wahrscheinlichkeitsabschätzung. Kommandozeilenniveau, aber mit einem passenden MrBayes-Block in der NEXUS-Datei leicht zu verwenden. Kostenlos.
PAML 4.0	abacus.gene.ucl.ac.uk/ software/paml.html	*Maximum Likelihood*-Analysen für Nukleotid- und Proteinsequenzen, auch mit Modellen zur Codonevolution. Langsam, nicht komfortabel und auf das restriktive PHYLIP-Format angewiesen. Kostenlos.
PAUP* 4.10b	paup.csit.fsu.edu	Phylogenetische Analysen über Distanzverfahren, Parsimonie und *Likelihood*. Macintosh / unter Windows auf Kommandozeilenniveau. Ca. 100 $
PaupUp	www.agro-montpellier.fr/sppe/ Recherche/JFM/PaupUp	*Frontend* für PAUP* unter Windows, das gleichzeitig Modeltest und TreeView integriert. Kostenlos.
PHYLIP	evolution.genetics.washington. edu/phylip.html	Klassiker. Sammlung allein stehender Programme für Distanz-, Parsimonie- und *Likelihood*-Analysen sowohl von molekularen Sequenzen als auch von anderen Daten. Unkomfortabel. Restriktives PHYLIP-Format. Kostenlos.
PHYML	http://atgc.lirmm.fr/phyml	Sehr schnelle Maximum Likelihood Analysen. PHYLIP-Stil und -Dateiformat. Kostenlos. Auch als WWW-Version.
PRAP	www.botanik.uni-bonn.de/ system/downloads/	Kleines Programm für *Parsimony Ratchet*- und *Bremer Support*-Analysen mit PAUP. Java. Kostenlos.
r8s	ginger.ucdavis.edu/r8s	Relaxierte Molekulare Uhren, u.a. mit *Penalized Likelihood*, Konsolenprogramm, bereits kompiliert nur für Mac. Kostenlos.
SeqState	www.botanik.uni-bonn.de/ system/downloads/	Java-Tool für spezielles *Primer Design* und Kodierung von Indels. Kostenlos.
Spectronet	http://awcmee.massey.ac.nz/ spectronet	Spektralanalysen, *Lenotplots*, Kompatibilitätsmatrices, Hadamardkonjugationen, Netzwerkdarstellungen. Kostenlos.
SplitsTree	www-ab.informatik.uni-tuebingen.de/ software/jsplits/welcome.html	Umfangreiche phylogenetische Analysen, insbesondere *Networks*. Leistungsfähiger Baum/Netzwerk-Editor. Java. Kostenlos.
Treefinder	www.treefinder.de	Schnelle Maximum Likelihood-Analytik für Nukleotid- und Proteinsequenzen mit div. Modellen unter ansprechender Oberfläche (GUI). Modellauswahlvorschläge inklusive. Java.
TreeGraph	www.botanik.uni-bonn.de/ system/downloads	Leistungsfähige Stammbaumdarstellung m. eigenem Dateiformat. Exportfähigkeit in EPS und SVG. Kostenlos.
TREE-PUZZLE 5.2	www.tree-puzzle.de	*Maximum Likelihood* für Nukleotid- & Proteinsequenzen mittels *Quartet-Puzzling*-Methodik. Kostenlos.
TreeView 1.6.6	taxonomy.zoology.gla.ac.uk/ rod/rod.html	Stammbaumeditor, liest verschiedene Formate der Stammbaumdarstellung. Kostenlos.

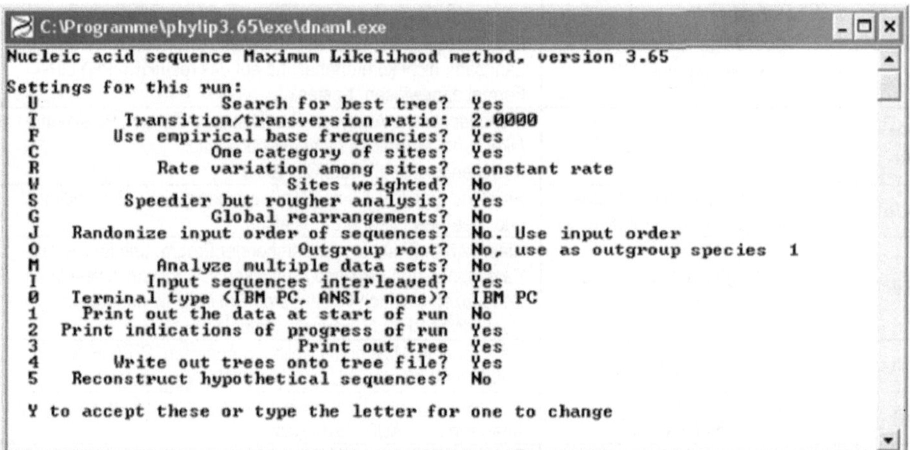

Abbildung 3.14 Oben: Die einzelnen Programme des **PHYLIP**-Programmpaketes. Die Programme erwarten bei Aufruf eine Dateneingabe aus einer Datei namens *infile* (oder *intree*) im gleichen Ordner. Ist sie nicht vorhanden, kann ein anderer Dateiname angegeben werden. Unten dargestellt ist das Programmfenster, wie es sich beim Start von DNAML, dem Programm zur phylogenetischen Analyse von Nukleotidsequenzen mit *Maximum Likelihood*, präsentiert. Änderungen an den Voreinstellungen werden interaktiv über die jeweilige Buchstabenabkürzung vorgenommen. Je nach Programm werden z.B. phylogenetische Bäume oder Distanzmatrices ausgegeben.

Alignments zu erstellen oder zu verwalten, in PHYLIP gar nicht existiert. Die Sequenzen müssen dazu separat aus einer anderen Anwendung, wie z.B. dem zuvor besprochenen ClustalX, im (wenig leistungsfähigen) PHYLIP-Format bereitgestellt werden. Der Einstieg in die molekulare Phylogenetik fällt daher sicher mit anderen Programmen leichter.

3.3.2 PAUP*

Unter den Programmpaketen zur Stammbaumberechnung nimmt **PAUP*** (Autor: David Swofford, 1998) eine prominente Stellung ein, insbesondere was die Verbreitung und die

Nutzerfreundlichkeit angeht. PAUP* ist eines der wenigen Programme zur molekularen Phylogenetik, das kommerziell vertrieben wird, in diesem Fall vom Verlag Sinauer Inc. (`www.sinauer.com/`). Es kostet etwa 100 US$. Die vertriebene Version ist seit einigen Jahren, etwas unüblich, eine so genannte Beta-Testversion, die allerdings stabil und verlässlich läuft. Aktualisierungen (dzt. auf v4.0b10), für die erworbene Programmversion gibt es kostenlos auf der WWW-Seite von PAUP* unter `http://paup.csit.fsu.edu`.

Die Abkürzung PAUP stand ursprünglich für *„Phylogenetic Analysis Using Parsimony"*. In der Version 4 war der kleine Stern hinzugekommen und steht für *„and other methods"*, denn neben Parsimonie sind längst auch distanzbasierte Methoden und *Maximum Likelihood* im Programmpaket realisiert. ***Maximum Likelihood***-Analysen werden bisher allerdings nur für Nukleotidsequenzen angeboten. Wer mit Proteinsequenzen *Likelihood*-Analysen durchführen möchte, benötigt dazu das PHYLIP-Paket (s.o.), oder Programme wie Treefinder, TREE-PUZZLE, PHYML oder PAML (s.u.).

PAUP* war lange Zeit so etwas wie der Gold-Standard für molekularphylogenetische Analysen. PAUP* zeichnet sich durch eine sehr gute Benutzeroberfläche für das Apple Macintosh Betriebssystem aus. Für Windows oder Unix gibt es nur Kommandozeilen-Versionen des Programmpaketes. In Abbildung 3.15 ist gezeigt, wie sich das PAUP*-Programmfenster für den Windows-Nutzer darstellt. Die Eingabe eines Fragezeichens in der Kommandozeile listet dem Nutzer die verfügbaren Befehle auf. Mit der Eingabe eines dieser Programmbefehle, gefolgt vom Fragezeichen erhält man Informationen über Syntax und Verwendung der Parameter, die für den Befehl zur Auswahl stehen, also z.B. `hsearch ?` oder `tonexus ?`. Wir nutzen **PAUP*** in den folgenden Kapiteln ab Abschnitt 4.4 auf Seite 128 durchgängig mit diversen praktischen Beispielen, die Sie mit den wichtigsten Befehlen vertraut machen werden. PAUP* hat verschiedene *factory default settings*, die mit `factory` zurückgesetzt werden können. *Maximum Parsimony* als Optimalitätskriterium und *TBR*-Rearrangements in **heuristischen Suchen** sind beispielsweise solche „werkseitigen" Voreinstellungen (Abb. 3.15).

Der Windows-Nutzer braucht, wenn er sich für PAUP* entscheidet, außerdem eine Software, mit der er die **graphische Darstellung** der erhaltenen **Stammbäume** bewerkstelligt, wie z.B. TreeView oder TreeGraph (oder er nutzt den *Tree Explorer* in MEGA, s.u.). Ganz aktuell wird aber auch für die Windows-Version von PAUP* eine komfortable Nutzeroberfläche, **PaupUp**, angeboten, die auf Fréderick Calendini und Jean-François Martin zurückgeht (Tab. 3.2 auf Seite 89). Man sollte sich dieses ***Frontend*** als Windows-Nutzer unbedingt anschauen, weil es in seine Oberfläche nicht nur TreeView zur Baumdarstellung sondern auch das Programm Modeltest integriert (s. Abschnitt 4.4.3 auf Seite 135). Das neue, kostenlose Programm erscheint bereits laufstabil, allerdings kann eine Analyse im Unterschied zum alleinstehenden PAUP* nicht verlustfrei abgebrochen werden.

Egal ob Macintosh- oder Windows-Nutzer: PAUP* verlangt in jedem Fall nach einem bereits fertig erstellten Alignment Ihrer Sequenzen, das Sie mit Programmen wie BioEdit, ClustalX, MEGA, PhyDE oder einem anderen zusammengestellt haben. Das native Datenformat für PAUP* ist das sehr leistungsfähige **NEXUS-Dateiformat** (Maddison et al. 1997), das wir bereits schon kurz vorgestellt hatten (Abb. 3.12 auf Seite 94). Ein anderes Beispiel für eine kleine **NEXUS-Datei** könnte aussehen wie in Abb. 3.16 auf Seite 103 dargestellt. Alignments können aus anderen Programmen entweder im NEXUS-Format abgespeichert werden oder man nutzt die `tonexus`-Umwandlung in PAUP*. Beim Öffnen

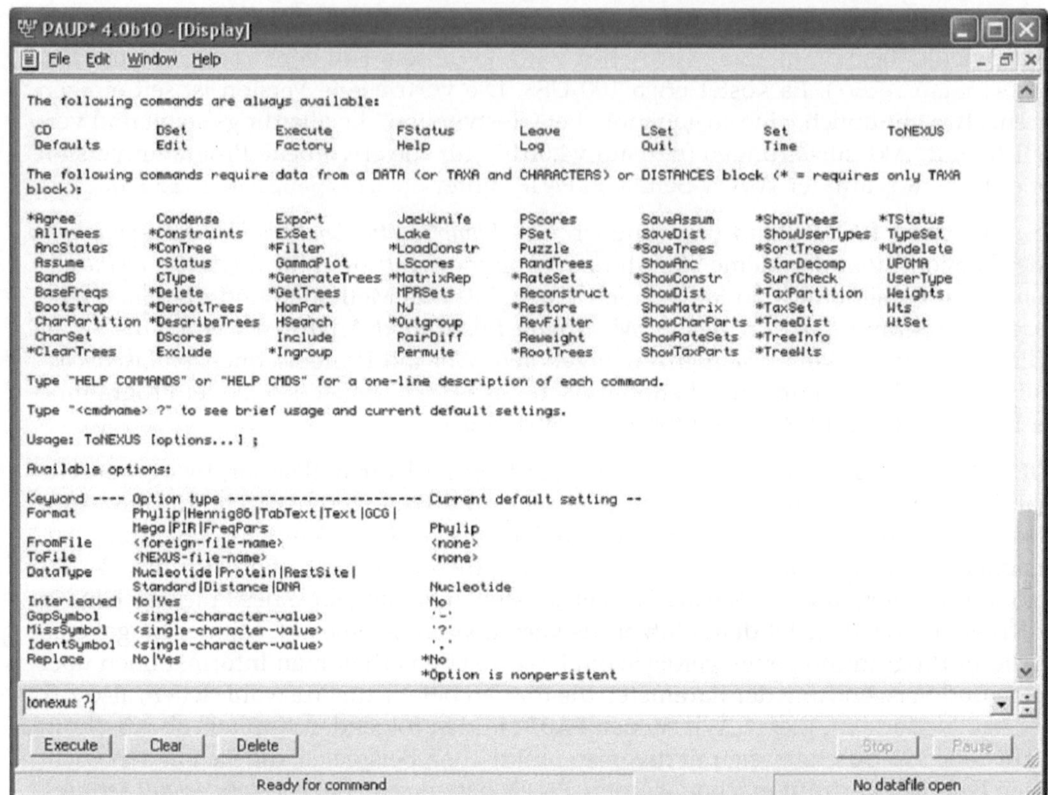

Abbildung 3.15 Das PAUP*-Programmfenster nach dem Start unter Windows. In der Kommandozeile kann unten ein '`?`' eingegeben werden, um eine Auflistung aller Befehle und Optionen zu erhalten (oben). Für jeden der Befehle werden mit `Befehl ?` die Optionen und eingestellten Parameter dargestellt – in unserem Beispiel für `tonexus ?` (unten). Zu den wichtigsten Befehlen gehören `set criterion=likelihood/parsimony/distance`, um das Optimalitätskriterium zu definieren, `lset`, `pset` und `dset`, um die betreffenden Parameter für die Suche einzustellen, `hsearch`, um die heuristische Suche zu starten, `bootstrap` für *Bootstrap*-Analysen des Datensatzes, `exclude` und `include`, um Merkmale auszuschließen oder einzubeziehen und `delete` und `include`, um Taxa auszuschließen oder einzubeziehen. Mit `NJ` und `UPGMA` werden die beiden Clustering-Algorithmen für distanzbasierte Analysen gestartet.

einer NEXUS-Datei bietet PAUP* die Option, die Datei in den PAUP*-eigenen Texteditor zu laden und gegebenenfalls zu editieren oder direkt einzulesen. Text innerhalb eckiger Klammern wird in der NEXUS-Datei komplett ignoriert, so dass hier beliebig **Kommentare** oder z.B. praktische Zeilennummerierungen eingetragen werden können.

Das NEXUS-Dateiformat ist in **Blöcken** organisiert, die jeweils durch `begin xyz;` und `end;` eingerahmt werden. Solche Blöcke können von jedem Programm spezifisch eingesetzt und von anderen einfach ignoriert werden. Die einfache NEXUS-Datei beginnt mit #NEXUS und enthält mindestens das NEXUS-formatierte Alignment im **`data block`**. Jeder Befehl wird nach Nennung der eventuellen Parameter ebenfalls durch ein Semikolon abgeschlossen.

```
#NEXUS

BEGIN DATA;
DIMENSIONS NTAX=5 NCHAR=39;
FORMAT DATATYPE=DNA GAP=- MISSING=?;

MATRIX
[           1      10         20         30        ]
Species_a   ATGCTGATATGGCTGAAGGGT---TTATGCGATGATTGA
Species_4   ATGCTAATTTGGCTAAAGGGTGGTTTATGCGACGATTGA
Species_z   ATGCTGATCTGGCTAAAGGGCGGTTTTTGCGACGATTAA
Species_b2  ATGTTAATTTGGCCGAAAGGCGGTTTCTGCGATGACTAA
aussenart   ATGCCAATGCGGCCAAGAGGCGTTTTCTGCGA?GACTAG
;
END;

BEGIN PAUP;
outgroup aussenart/only;
charset dritteposition = 3-.\3;
taxset buchstabenarten = Species_a Species_z;
exclude 22-24 dritteposition;
END;

BEGIN PARTEIPROGRAMM;
set csu=cdu;
chancellor=merkel;
END;
```

Abbildung 3.16 Beispiel für eine kleine **NEXUS-Datei**. Im **Data-Block** werden hier die **Dimensionen des Alignments**, der Typ der Daten und die Spezifizierung von Lücken und fehlenden Daten angezeigt. Alle **Blöcke** der Datei starten mit `begin...;` und enden mit `end;` und auch innerhalb der Blöcke wird jeder Befehl nach Angabe der Parameter mit einem Semikolon abgeschlossen.

Mit **dimensions** werden die **Taxon-** und die **Merkmalszahl** und mit **format** die **Merkmalseigenschaften** der *matrix* angegeben. Hier steckt der Teufel manchmal im Detail: MEGA verwendet beispielsweise **datatype=nucleotide** beim Export. Das ist zwar für PAUP* interpretierbar, aber nicht für andere Programme wie MrBayes, das hier zwingend **datatype=dna** verlangt. Der **data-Block** kann alternativ aufgegliedert sein in einen **taxa-** und einen **characters-Block**. Auch dann wird die Datei allerdings für einige andere Programme, die mit dem **NEXUS-Format** arbeiten (wie MrBayes) nicht mehr einlesbar.

Manche Programme können eigene **„Blöcke" in der NEXUS-Datei** anlegen, die dann von jeweils anderen verwendet oder einfach ignoriert werden. Ein optionaler Block in einer NEXUS-Datei ist z.B. ein ***paup*-Block**, in dem **PAUP*-Kommandos** eingegeben sind. In unserem Beispiel wird eine **Außengruppe** mit ***outgroup*** definiert, dann ein Merkmalssatz ***charset*** für die dritte Codonposition definiert (`-.` heißt „bis Ende", `\` heißt „jede dritte Spalte"), ein Taxonsatz für zwei Taxa definiert (*taxset*) und schließlich die dritten Codonpositionen und die Lücke im Alignment von den Analysen ausgeschlossen (*exclude*). Weitere Blöcke könnten ein *tree*-Block sein, in dem Stammbäume abgespeichert sind (in der Newick-Schreibweise, die wir schon in Kapitel 2 vorgestellt hatten (Seite 60) und die uns in den folgenden Kapiteln wiederbegegnen wird) oder eben Blöcke, die (nur) für andere Programme von Bedeutung sind und von PAUP* einfach ignoriert werden – MrBayes, Spectronet oder SplitsTree sind Beispiele.

3.3.3 MEGA

Das **MEGA**-Programmpaket für Windows, das auf die Programmierarbeit von Sudhir Kumar und Kollegen zurückgeht (Tamura et al. 2007), zeichnet sich besonders durch einen hohen Grad an Nutzerfreundlichkeit und Verlässlichkeit aus. Das Programm, das kostenlos unter `www.megasoftware.net` zu beziehen ist, integriert alle Schritte von der Zusammenstellung von Sequenzen und ihrer automatischen Alinierung, über die phylogenetische Analyse, bis hin zur graphischen Darstellung von Stammbäumen. MEGA ist in Distanzanalysen stark, andere Methoden fehlen jedoch oder sind in anderen Anwendungen wie etwa PAUP* besser implementiert. Wir widmen dem MEGA-Paket gemeinsam mit PAUP* exklusiv das folgende Kapitel für den schrittweisen Einstieg in phylogenetische Analysen.

3.3.4 Die anderen Vielzweckalternativen

Neben PHYLIP, PAUP* und MEGA existieren alternative Programme, die allerdings aus verschiedenen Gründen eine geringere Verbreitung gefunden haben. So ist z.B. **Phylo_win** für phylogenetische Analysen mittels Parsimonie-, *Likelihood*- oder Distanzverfahren gedacht und unter `http://pbil.univ-lyon1.fr/software/phylowin.html` kostenlos erhältlich. Mit diesem Programm ist es besonders einfach, Taxa und Alignmentpositionen für die Analyse per Mausklick auszuwählen. Obwohl es prinzipiell verschiedene Dateiformate akzeptieren sollte, lässt einen das Programm hier oft im Stich. Bei dem **DAMBE**-Programmpaket (*Data Analysis in Molecular Biology and Evolution*) von Xuhua Xia (kostenlos unter `http://dambe.bio.uottawa.ca/dambe.asp`) stößt man gerade als unerfahrener Benutzer trotz vieler hilfreicher Funktionen auf sehr viel mehr Probleme als etwa bei PAUP* oder MEGA, so dass das Erfolgs-/Frustrationsverhältnis ungünstig wird, ohne dass sich offensichtlich nützliche zusätzliche Optionen bieten, die den marktführenden Programmen fehlen. Fokussiert auf Distanzanalysen ist die **TreeCon**-Software für Windows (Autor: Yves Van de Peer), die es unter `http://bioinformatics.psb.ugent.be/software/details/TREECON` zu beziehen gibt. Hier stehen nur distanzbasierte Analysen zur Verfügung; der Vorteil ist eine integrierte graphische Stammbaumdarstellung, die aber inzwischen hinter den Optionen, die z.B. der *Tree Explorer* in MEGA bietet, zurückbleibt. Ein sehr interessantes Programm mit gutem *Graphical User Interface* (GUI) und insbesondere für sehr schnelle *Maximum Likelihood*-Analysen, ist Treefinder, das jüngst kostenlos in neuer Version (Juni 2008) von `www.treefinder.de` erhältlich ist und auf die Programmierarbeit von Gangolf Jobb zurückgeht (Jobb et al. 2004).

3.4 Speziellere Anwendungen in phylogenetischen Analysen

Auf seiner WWW-Seite `evolution.genetics.washington.edu/phylip/software.html` hat Joe Felsenstein in erschöpfender Weise Programme zusammengestellt, die in der molekularen Phylogenetik von Nutzen sein können. Unsere Kurzauswahl vorgestellter Programme (Tab. 3.3 auf Seite 99) ist im Vergleich dazu höchst selektiv, denn wir haben hier statt umfassender Wiedergabe sehr bewusst auf Software abgehoben, die besonders häufig anfallende Aufgaben im phylogenetischen Alltag erleichtert.

3.4.1 Modeltest

Modeltest und ProtTest sind Programme, die auf die Arbeit von David Posada, Keith Crondall und Kollegen zurückgeht. Sie vergleichen Modelle zur Sequenzevolution, wie wir sie in den Kapiteln 6 und 7 vorstellen und helfen, das einfachste Modell zu finden, mit dem bei einem gegebenen Datensatz und einem gegebenen Baum die wenigsten Modellannahmen gemacht werden müssen. Sie sind unter `http://darwin.uvigo.es/software/modeltest.html` frei zu beziehen – allerdings benötigt der Nutzer außerdem PAUP*, das wiederum nicht frei erhältlich ist (zu dessen Anschaffung wir jedoch raten). Es wird dort auch ein Webserver der Programme angeboten (der leider eine Begrenzung auf Taxa und Alignmentlänge hat). Wir stellen Modeltest anhand eines Beispieles genauer in Abschnitt 10.1.3 auf Seite 280 vor.

3.4.2 MrBayes und BEAST

Die **Bayesianischen Analysen** sind sehr schnell zu einer attraktiven neuen Option für phylogenetische Analysen geworden. Dazu hat vor allem das Programm **MrBayes** beigetragen, das auf die Programmierarbeit von John Huelsenbeck und Fredrik Ronquist (2001) zurückgeht und aktuell in der Version 3.1 verfügbar ist. Das Programm ist unter `http://mrbayes.csit.fsu.edu` kostenlos zu beziehen. Vom Bedienungskomfort her liegt es aktuell auf dem Niveau von PAUP* für Windows. Zumindest mit dem NEXUS-Format, dem nativen Format für PAUP*, muss der Nutzer sich auskennen. Aufgrund ihrer rapide wachsenden Popularität widmen wir den Bayesianischen Verfahren und MrBayes in diesem Buch mit Kapitel 8 ein eigenes Kapitel. Ein noch neueres Programm, das sich vornehmlich der Rekonstruktion von Phylogenien mit Bayesianischen Verfahren unter der Annahme (relaxierter) molekularer Uhren widmet ist **BEAST** (*Bayesian Evolutionary Analysis Sampling Trees*), das auf die Arbeit von Alexei Drummond und Andrew Rambaut zurückgeht (2007). Das neue Programm kann kostenlos von `http://evolve.zoo.ox.ac.uk/beast` bezogen werden. Wir stellen es in Kapitel 9 vor.

3.4.3 TREE-PUZZLE und Treefinder, PAML und PHYML

TREE-PUZZLE implementiert einen schnellen *Maximum Likelihood*-Algorithmus, der auf dem so genannten ***Quartet puzzling*** basiert. Das Programm geht auf die Arbeitsgruppe von Arndt von Haeseler zurück (Schmidt et al. 2002). Es existiert aktuell in der Version 5.2, auf die wir uns hier beziehen, und ist kostenfrei unter `www.tree-puzzle.de/` erhältlich. Dort findet man ausführbare Versionen für Macintosh-, Windows- und Linux-Betriebssysteme. TREE-PUZZLE hat eine ähnliche Oberfläche wie die klassischen PHYLIP-Programme (Abb. 3.17 auf der nächsten Seite) und benötigt zur Eingabe ein Alignment im PHYLIP-Dateiformat. Es ist dabei recht anspruchsvoll (Vorsicht z.B., wenn durch die Abkürzung der Sequenznamen auf 10 Zeichen eine Doppeldeutigkeit im Datensatz entstanden ist). TREE-PUZZLE ist kein Einsteigerprogramm, aber durch den leistungsfähigen Algorithmus des *Quartet puzzling* eine Alternative zu anderen *Likelihood*-basierten Verfahren – nicht zuletzt, weil im Unterschied zu PAUP* die Option besteht, mit Proteinsequenzalignments zu rechnen und insbesondere, weil Informationen über die statistische Verlässlichkeit von Knoten in den Bäumen direkt mitgeliefert werden. Wir besprechen die Verwendung von TREE-PUZZLE in Abschnitt 7.5.2 auf Seite 223.

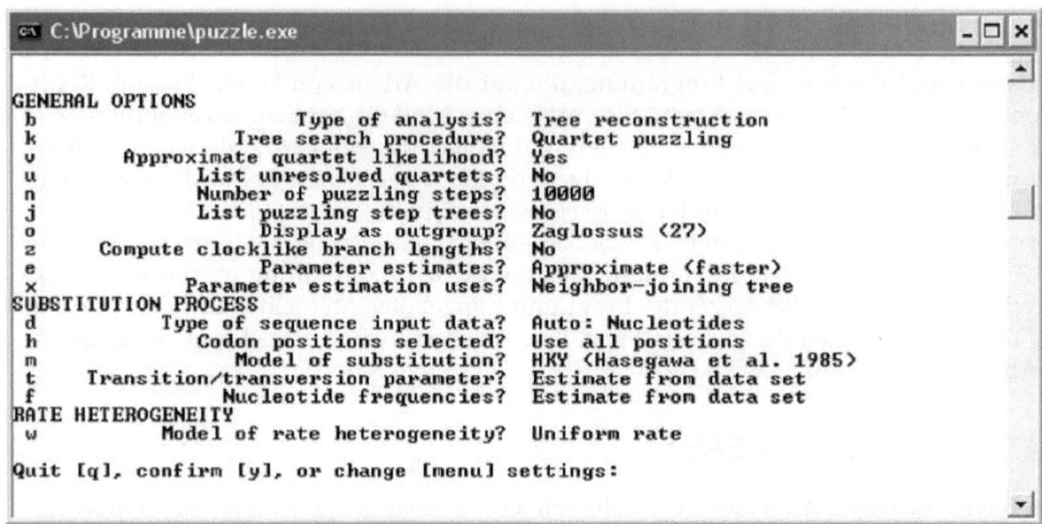

Abbildung 3.17 Das **TREE-PUZZLE** Programmfenster nach dem Einladen eines PHYLIP-formatierten Alignments (hier mit dem Beispiel mitochondrialer *nad5*-Sequenzen aus Beuteltieren, das wir in Kapitel 4 einführen). Ähnlich wie in PHYLIP kann durch die Auswahl des jeweiligen Buchstabens schrittweise eine Menüeinstellung geändert werden. So kann man unter „m" vom ausgewählten HKY-Modell der Sequenzevolution zyklisch auch zum TN, GTR und SH-Modell wechseln (die wir in Kapitel 6 erläutern).

PAML steht für *Phylogenetic Analysis using Maximum Likelihood*. Es ist kostenlos von `http://abacus.gene.ucl.ac.uk/software/paml.html` zu beziehen (Yang 2007). PAML kann *Maximum Likelihood*-Methoden sowohl auf Nukleotid- wie auch auf Proteinsequenzalignments anwenden. Sein Autor, Ziheng Yang, ist in der Welt der molekularen Phylogenetik u.a. für die Entwicklung von **Codon-Substitutionsmodellen** bekannt (Abschnitt 6.2.4). Entsprechend sind solche Modelle eine der Stärken von PAML.

Das native Dateiformat für PAML ist ein erweitertes PHYLIP-Format (Abb. 3.12), das aber manuelle Änderungen erfordert: Die Sequenznamen dürfen bis zu 30 Zeichen haben, müssen dann aber von zwei Leerzeichen gefolgt sein. Der Export aus den anderen Anwendungen ist daher meist nicht direkt einlesbar und die PAML-Variante umgekehrt nicht mit Anwendungen in PHYLIP kompatibel. PAML arbeitet außerdem nur mit rudimentärer graphischer Oberfläche und fordert im Gegensatz zu PHYLIP oder TREE-PUZZLE auch noch das manuelle Editieren von so genannten Kontrolldateien.

Das PAML-Programmpaket besteht aus acht Einzelprogrammen: baseml, basemlg, codeml, evolver, pamp, yn00, mcmctree und chi2. PAML bietet Optionen für komplexe Substitutionsmodelle, insbesondere mit codeml eben auch Optionen für Codonsubstitutionsmodelle. Allerdings ist PAML bereits bei nur mittelgroßen Datensätzen sehr ineffizient, wenn es darum geht, Stammbäume zu rekonstruieren. Selbst der Nutzer, der sich für die Codonsubstitutionsmodelle interessiert, ist dann immer gut beraten, Stammbäume zunächst mit leistungsfähigerer Software wie PAUP* oder MrBayes zu erstellen und sich im Bedarfsfalle erst dann gegebenenfalls mit PAML näher auseinanderzusetzen, um unterschiedliche Substitutionsmodelle miteinander zu vergleichen. Andererseits ist die Programmsammlung von einem guten Manual begleitet, so dass der erfahrene Nutzer, der z.B. Codonsubstitutionsmodelle ausprobieren möchte, einen guten Einstieg finden kann.

Ein im Gegensatz zu PAML sehr schnelles Programm für *Maximum Likelihood*-Analysen ist **PHYML**, das auf die Arbeit von Stéphane Guindon und Olivier Gascuel (2003) zurückgeht. Es nutzt allerdings wie PAML auch nur das restriktive PHYLIP-Format für Alignments. An Geschwindigkeit ist der PHYML-Ansatz allerdings anderen Anwendungen klar überlegen. Außer den ausführbaren Programmversionen findet man unter `http://atgc.lirmm.fr/phyml` eine interaktive WWW-Seite, in der ein PHYLIP-formatiertes Alignment zur Stammbaumberechnung eingegeben werden kann (Guindon et al. 2005).

Das oben schon erwähnte Programm **Treefinder** von Gangolf Jobb, zeichnet sich nicht zuletzt durch sehr komfortable Nutzbarkeit aus (Abb. 3.18 auf der nächsten Seite). Auch hier arbeiten sehr schnelle Algorithmen zur *Maximum Likelihood*-Analyse mit Nukleotid- und Proteinsequenzen. Die Auswahl zur Verfügung stehender Modelle ist umfangreich und individuell anpassbar, obendrein bietet Treefinder einen integrierten Modellvergleich um das bestgeeignete Modell zu finden. Hinzu kommen sehr gute Export- und Importfunktionen von Alignments und Bäumen und schließlich sogar einfache Methoden zur Verwandlung von Phylogrammen in Chronogramme, auf die wir in Kapitel 9 eingehen. Schließlich wird das kostenlose Programm auch noch von einer sehr guten Dokumentation begleitet (`www.treefinder.de`). Weitere spezialisierte Programme für *Maximum Likelihood*-Analysen werden in Abschnitt 7.5.3 auf Seite 225 zur Sprache kommen.

3.4.4 SplitsTree

SplitsTree (`www.splitstree.org`; Autoren: Daniel Huson und David Bryant; Huson 1998; Huson & Bryant, 2006) erlaubt, den phylogenetischen Prozess nicht nur als strenge Gabelungen darzustellen, sondern als Netzwerk. Mit solchen Darstellungen kann Phänomenen wie Hybridisierungen oder horizontalem Gentransfer Rechnung getragen werden. Vor allem aber reflektieren Netzwerkdarstellungen reale Datensätze besser, in denen einzelnen Merkmale eben *nicht* alle auf dieselbe phylogenetische Geschichte und auf denselben Baum hinweisen. SplitsTree liegt aktuell in der Version 4.1 vor und läuft dank der Verwendung von Java unter allen Betriebssystemen. SplitsTree 4 kann Distanzen nach verschiedensten Maßen berechnen und arbeitet mit dem NEXUS-Format (kann aber nicht mit dem IUPAC *Ambiguity Code* umgehen, den es durch Lücken ersetzt). Für Netzwerke bietet es vorzügliche Möglichkeiten zur graphischen Darstellung; wir stellen es kurz im Abschnitt 11.3 auf Seite 318 vor.

3.4.5 Mesquite und MacClade

Das Programm **MacClade** von Wayne Maddison und David Maddison (`http://macclade.org`) steht nur für das Macintosh-Betriebssystem zur Verfügung. Es ist ein Klassiker, der seine ganz außerordentliche Stärke in der Visualisierung von Merkmalsübergängen hat. Besonders für die Analyse morphologischer Datensätze ist das Programm hilfreich, um unterschiedliche Hypothesen der Merkmalsevolution miteinander zu vergleichen. Doch auch wer mit molekularen Daten arbeitet, wird es möglicherweise nützlich finden, wenn es z.B. um genomische Merkmale wie Inversionen, Deletionen, Insertionen oder Gentransfer geht. Es gehört aber sicher nicht zu der Software,

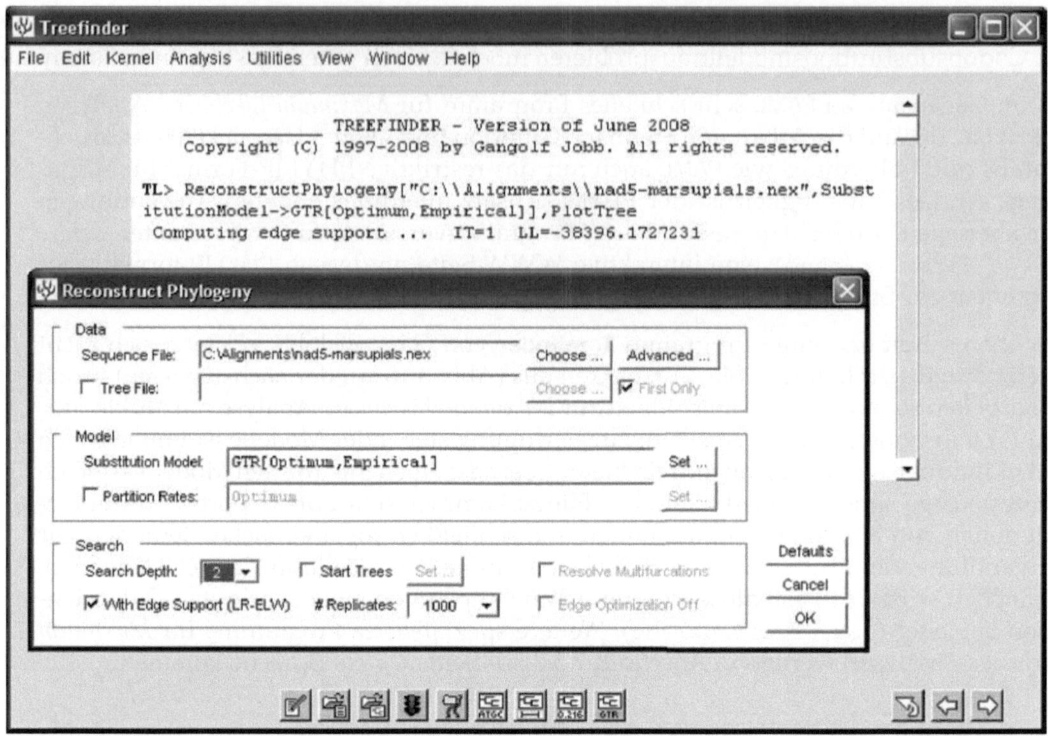

Abbildung 3.18 Arbeitsoberfläche des Java-basierten **Treefinder**-Programms. Das Anklicken von Schaltflächen (unten) öffnet Menüfenster zum Öffnen von Dateien, Konstruktion von Phylogrammen (hier gezeigt), Chronogrammen, zum Modellvergleich oder für statistische Tests.

die man für molekulare Phylogenetik auf der Basis von Sequenzdaten unbedingt haben *muss*. Das Programm ist in der aktuellen Version 4.0.8 von Sinauer (`www.sinauer.com`) zum Preis von 125 $ zu beziehen. MacClade wird mittlerweile zusehends abgelöst von der kostenfreien, Java-basierten und daher systemunabhängigen Alternative Mesquite (`http://mesquiteproject.org/mesquite/mesquite.html`). **Mesquite** ist modular aufgebaut und wird kontinuierlich weiterentwickelt.

3.4.6 NONA, TNT, WinClada, PRAP etc.

Schon bei Datensätzen mittlerer Größenordnung ist man auf **heuristische Suchverfahren** zur Ermittlung eines optimalen Stammbaumes angewiesen, was wir in Kapitel 5 besprechen werden. Neben den in PAUP* realisierten, etablierten Ansätzen wird unter *Maximum Parsimony* für besonders große Datensätze der schnellere *Parsimony Ratchet*-Algorithmus verwendet. Dieses Verfahren ist z.B. in NONA und TNT implementiert, die allerdings nur unter Windows laufen. **NONA** geht auf die Arbeit von Pablo Goloboff zurück und kann von `www.cladistics.com` bezogen werden. Inzwischen ist es in seinen Funktionen von **TNT** (*Tree analysis using New Technology*) überholt (Autoren: Pablo Goloboff, James Farris und Kevin Nixon), das unter der gleichen Website bezogen werden kann – allerdings nur als befristete Testversion, die Vollversion kostet 80 $. TNT ist besonders für *Maximum Parsimony*-Analysen von sehr großen Datensätzen mit Hunderten von Taxa von Bedeutung. **WinClada** von Kevin Nixon (`www.cladistics.com`, 50 $) ist in gewisser Weise das Windows-Gegenstück zu MacClade, und wie bei MacClade oder Mesquite liegt seine Hauptstärke in der Visualisierung von Merkmalsevolution auf einem Baum (jedoch ist Mesquite hier leistungsstärker). Zugleich stellt WinClada eine graphische Oberfläche (ein *Frontend*) für NONA dar.

Eine kostenfreie Alternative für die Analyse großer Datensätze, die auf allen Systemen läuft, ist **PRAP** (`http://systevol.nees.uni-bonn.de/software/PRAP2`). PRAP erlaubt *Parsimony Ratchet*-Analysen unter Verwendung von PAUP*, kann aber auch dazu eingesetzt werden, *Bremer support*-Werte (auch als *Decay Index* bezeichnet) für die Unterstützung der Knoten eines Stammbaums zu ermitteln, wahlweise ebenfalls unter Verwendung der *Ratchet*. Seit Version 2 ist auch eine *Ratchet* für *Likelihood*-Analysen implementiert. Wir kommen auf die *Parsimony Ratchet* in Abschnitt 5.3.5 auf Seite 167, auf die *Likelihood Ratchet* in Abschnitt 7.5.3 auf Seite 225 und auf den *Bremer support* in Abschnitt 10.2.2 auf Seite 292 noch genauer zu sprechen.

3.5 Graphische Darstellung von Bäumen

Irgendwann wird es bei den meisten phylogenetischen Studien darum gehen, einen phylogenetischen Baum in eine attraktive und vor allem informative graphische Form zu bringen. Für den Macintosh-Nutzer bietet bereits PAUP* gute Stammbaumdarstellungen. Für den Windows-Nutzer hält der *Tree Explorer* von MEGA viele Funktionen dafür bereit, wie wir gleich im folgenden Kapitel sehen. Wer mit PHYLIP arbeitet, oder Stammbäume aus Spezialanwendungen wie MrBayes oder TREE-PUZZLE graphisch aufarbeiten will, muss auf zusätzliche Programme zurückgreifen. Der MEGA-*Tree Explorer* kann Stammbäume im universellen NEWICK-Format einlesen, die MEGA-formatierten Stammbäume werden im eigenen *.mts Dateiformat gespeichert, können aber in das *.wmf-Format (Windows Meta File) exportiert werden.

Vielleicht am weitesten verbreitet ist **TreeView** von Roderick Page, das kostenfrei unter `http://taxonomy.zoology.gla.ac.uk/rod/rod.html` für die gängigen Betriebssysteme erhältlich ist. Die aktuelle Version ist 1.6.6. Das Programm ist recht einfach in der Handhabung. Es erlaubt einige Möglichkeiten für die Umstellung oder Kollabierung von Knoten, deren Abspeicherung jedoch nicht immer funktioniert. Graphische Hervorhebungen oder Beschriftungen sind mit TreeView nicht möglich. Es erlaubt je nach Betriebssystem die Speicherung einer Grafik im *.wmf-Format (*Windows Metafile* Format) oder Macintosh *.pct-Format (PICT-Format).

Ein Programm zur Darstellung von Stammbäumen mit etwas erweitertem Leistungsumfang, aber nur für das Macintosh-Betriebssystem, ist **TreeEdit** von Andrew Rambaut und Mike Charleston, kostenlos zu beziehen von `http://evolve.zoo.ox.ac.uk/software/TreeEdit/main.html`. Hier können Stammbäume auch unter Verwendung des *Non-Parametric Rate Smoothing* als Chronogramm (s. Kap. 9) dargestellt werden.

Ein erweitertes **NHX-Dateiformat** (für *eXtended New Hampshire*-Format) zur Beschreibung von Stammbäumen verwendet **ATV** – *A Tree Viewer*, ein Java-basiertes Programm, das als Applet die interaktive Betrachtung von Stammbäumen in der TreeBase erlaubt.

Das erweiterte NHX-Dateiformat nutzt die eckigen Kommentarzeilen, die das NEXUS- und Newick-Format erlaubt, und die in den Baumdarstellungen verwendet werden können (www.genetics.wustl.edu/eddy/forester/NHX.html). Hinter der Zeichenfolge [&&NHX:] können Annotierungen für Knoten, EC-Nummern o.ä eingegeben werden. ATV existiert auch als alleinstehende Java-Applikation (http://phylogenomics.us/atv), ist allerdings in den Optionen zur graphischen Aufarbeitung der Stammbäume noch nicht so leistungsstark.

Nach phylogenetischen Analysen findet man sich oft mit einer ganzen Reihe von Stammbäumen wieder. Hat man verschiedene Methoden im Vergleich eingesetzt, liefern diese oft nicht grundsätzlich widersprüchliche Ergebnisse, sondern ganz ähnliche Stammbäume, die sich im Wesentlichen nur in der statistischen Unterstützung für die einzelnen Knoten unterscheiden. Dann ist es natürlich sehr wünschenswert, nur einen Stammbaum darzustellen, der mehrere verschiedene Statistiken pro Knoten in spezifischer Formatierung angibt. Bisher war der Nutzer in solchen Fällen darauf angewiesen, einen Ausgangsstammbaum mit einem Graphikprogramm manuell zu modifizieren. Abhilfe schafft da **TreeGraph**, dessen erste Version ganz überwiegend von Jörn Müller programmiert wurde (Müller & Müller 2004), und das nun in Version 2 verfügbar ist, die der Programmierarbeit von Ben Stöver zu verdanken ist. Das Programm erlaubt gegenüber den anderen Programmen zahlreiche zusätzliche Informationen zur Baumbeschreibung und weitere Editieroperationen, beliebig viele automatisch angeordnete und formatierte Beschriftungen pro Zweig, und es kann Werte und Parameter verschiedener Baumdateien oder externer Tabellen zusammenführen und beispielsweise auch für die automatische Zuweisung von Linienstärken oder -farbe heranziehen. Es liest die gängigen Baumbeschreibungsformate und exportiert zu NEWICK, NEXUS und in alle gängigen Grafikformate. TreeGraph ist unter http://treegraph.bioinfweb.info frei erhältlich. Abbildung 9.13 auf Seite 274 ist ein Beispiel für die Formatierung eines Baumes mit TreeGraph.

Es gibt zahlreiche weitere Tools zur Stammbaumdarstellung, alle mit speziellem Fokus und bestimmten Stärken, die einem je nach Anforderung entgegen kommen mögen – die oben genannte Website von Joseph Felsenstein bietet auch hierfür einen guten Überblick.

3.6 Attraktive Darstellung von Alignments

Oft kann es angebracht sein, ein Alignment graphisch attraktiv aufgearbeitet zu präsentieren, z.B. um konservierte oder abweichende Sequenzmotive durch variable Hintergrundschattierungen hervorzuheben. Hierfür bieten die aktuellen Versionen der phylogenetischen Analyseprogramme nur wenig Optionen. In Programmen wie BioEdit oder STRAP_NT (s. Abschnitt 3.2.2 auf Seite 97) kann man zumindest das Alignment (auch koloriert) ausdrucken, und in ClustalX als Postscript-Datei abspeichern, die man dann drucken oder weiterbearbeiten kann (z.B. nach Umwandlung in eine *.pdf-Datei). Verschiedene Optionen für Alignmentdarstellungen bietet auch das Programm GeneDoc, das auf der Arbeit von Karl und Hugh Nicholas beruht und unter www.psc.edu/biomed/genedoc/ kostenlos erhältlich ist (die aktuelle Version ist 2.6.02). Das native Format für GeneDoc ist das *.msf (*multiple sequence file*) Format des alten GCG-Paketes (Tabelle 3.3 auf Seite 99). Allerdings sind auch Dateien in den FASTA-, CLUSTAL- und

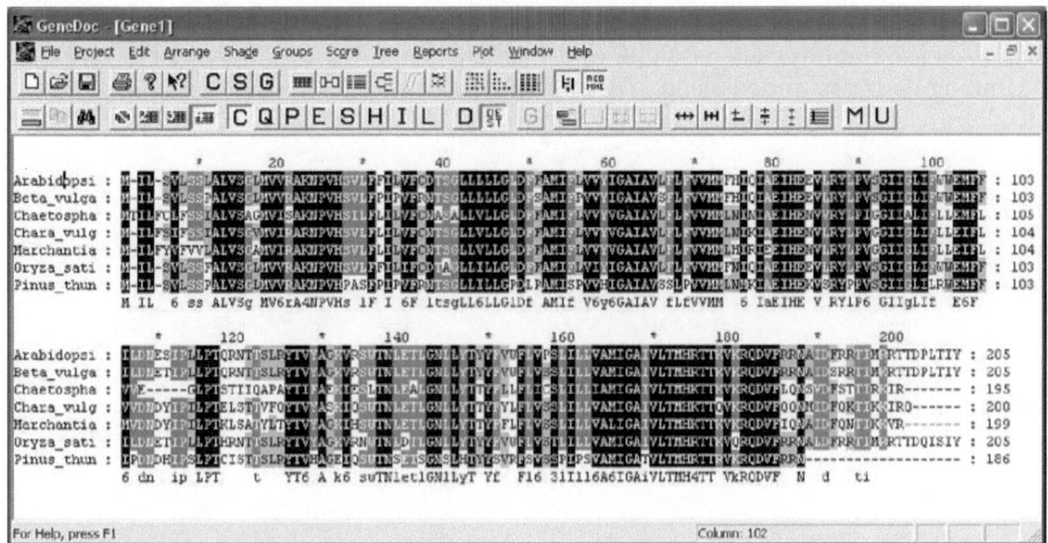

Abbildung 3.19 Das **GeneDoc**-Programm zur graphischen Aufarbeitung und Darstellung von Alignments. Das Programmfenster bietet in seiner Menüleiste einfache Optionen, um Alignmentpositionen unterschiedlich zu schattieren – hier ist z.B. ein vierstufiger *Conserved* Modus ausgewählt. Im *Configuration* (C) oder *Sequence* (S) Dialog können alle wichtigen Einstellungen zur Darstellung und Auswahl der Sequenzen komfortabel vorgenommen werden, hier z.B. die Nummerierung von Alignmentpositionen und die Angabe einer Konsensussequenz in der untersten Zeile.

PHYLIP-Formaten im- und exportierbar, leider nicht das NEXUS-Format. Abbildung 3.19 zeigt die Programmoberfläche mit einem Alignment aus sieben Proteinsequenzen in vierstufiger Hintergrundschattierung. Im Menü findet man unter „Project/Configure" verschiedenste Möglichkeiten zur Formatierung und Darstellung einer Konsensussequenz oder auch für die Nummerierung der Positionen im Alignment. Die Blöcke des Alignments können im „Edit"-Menü in den Arbeitsspeicher kopiert werden oder im PICT-, HTML- oder Bitmap-Format gespeichert werden.

3.7 Leseempfehlungen

Die Entwicklung der WWW-zugänglichen Datenbanken verläuft so schnell, dass man gut beraten ist, sich mit der Suchfunktion seines WWW-Browsers immer wieder einen aktuellen Überblick zu verschaffen. Der Nutzer, der an Spezialanwendungen interessiert ist, sei noch einmal ausdrücklich an die WWW-Adresse von Joe Felsenstein (`http://evolution.genetics.washington.edu/phylip/software.html`) erinnert, die sich um die erschöpfende Auflistung aller möglichen Software bemüht, die für phylogenetische Analysen irgendwie nützlich sein kann. Die Zeitschrift *Nucleic Acids Research* reserviert jeweils ihre Januar-Ausgabe für die Vorstellung der molekularen Datenbanken in einzelnen Artikeln. Die Beschreibung von Datenbanken mit einem stärkeren Fokus auf Proteinsequenzen und -strukturen finden Sie in Kapitel 3 des Buches *„Bioinformatik"* von Arthur Lesk (2003). Eine beinahe erschöpfende Übersicht von Alignment-Algorithmen (bis zum Jahre 2006) und deren Beschränkungen liefert Morrison (2006). Praxisbeispiele zu den zwei Programmpaketen DAMBE und TreeCon, denen wir uns hier nicht in größerem Umfang widmen, finden Sie in *„The Phylogenetic Handbook"* von Salemi & Vandamme (2003).

4 Stammbäume rekonstruieren: das Allerwichtigste in einem Kapitel

„Fortunately, memories of our distant forebears are recorded not only in ancient rocks, but also in biological macromolecules and pathways."
David J. Des Marais, Science 289:1703 (2000)

Dies ist zum einen das Kapitel für den Überblick, bevor wir in den Folgekapiteln in die Details gehen: *Neighbour Joining, Maximum Parsimony, Maximum Likelihood* und Bayesianische Verfahren – was hat es damit auf sich?

Zum anderen ist es auch das Kapitel zum Schnelleinstieg für die Ungeduldigen. *Learning by doing:* Sequenzen sammeln, Stammbaum machen – man will Ergebnisse sehen. Gut, aber bitte auch trotzdem in die anderen Kapitel reinschauen.

Schließlich ist dies das Kapitel, in dem Sie zwei der wichtigsten Programmpakete in der molekularen Phylogenetik, mit denen man bei vielen grundlegenden Fragestellungen besonders schnell zum Ziel kommt, zum ersten Mal begegnen: MEGA und PAUP*.

Übersicht

4.1 Phylogenetische Methoden in der Übersicht

Vier generelle Strategien, Stammbäume aus molekularen und anderen Daten zu rekonstruieren, sind inzwischen in etablierte Programmpakete eingegangen. Wir haben sie in der Übersicht in Tabelle 4.1 auf der nächsten Seite zusammengefasst und verweisen dort auch auf die Kapitel in diesem Buch, die den verschiedenen Methoden im Einzelnen gewidmet sind.

Das Prinzip der ***Maximum Parsimony* (MP)** ist vielleicht das am einfachsten nachvollziehbare, und wir haben es schon kurz für unsere morphologische Phantasiematrix in Abschnitt 2.3.3 auf Seite 65 herangezogen. Das Ziel von *Maximum Parsimony* (engl. *parsimony* = Geiz, Sparsamkeit) ist die Identifizierung derjenigen Stammbaumtopologie, bei der insgesamt die wenigsten Merkmalsaustausche angenommen werden müssen (der *most parsimonious tree*). Das zugrundeliegende Parsimonieprinzip, auch als **„Ockhams Rasiermesser"** (engl. *Ockham's Razor*) bekannt, besagt, dass ganz allgemein einfache Erklärungen den komplizierten vorzuziehen sind – alle überflüssigen Annahmen werden wegrasiert. Zu den Vorteilen von *Maximum Parsimony* zählt, dass das Verfahren gleichermaßen auf morphologische und molekulare Datensätze und auch ihre Kombination anwendbar ist. Allerdings spiegelt es naturgemäß die realen, biochemischen Verhältnisse der Sequenzevolution nicht angemessen wider. Wir widmen uns der Parsimonie in Kapitel 5 ausgiebig.

Modelle für eine Sequenzevolution, die sich viel mehr an den realen biochemischen Gegebenheiten der Natur orientieren, stehen im Zentrum des ***Maximum Likelihood***-Verfahrens (ML). Hier wird nach dem Baum mit der größten *Likelihood* gesucht – das ist der Baum, der die Daten (also das Alignment) unter Annahme eines solchen Modells zur Sequenzevolution am wahrscheinlichsten erscheinen lässt. Kapitel 7 erläutert dies im Detail. Ähnlich wie bei *Maximum Parsimony* werden im Lauf der Suche zuerst sehr viele vorläufige Bäume generiert und dann miteinander verglichen. Darum bezeichnet man beide Verfahren, MP und ML, als **Zwei-Schritt-Verfahren** oder **Baumsuchverfahren** (Tab. 4.1). Ziel ist ein Baum, der das vorgegebene **Optimalitätskriterium** am Besten erfüllt, also die kürzeste Anzahl von Schritten (bei MP) oder die größte Wahrscheinlichkeit, dass der gegebene Datensatz aus einem gegeben Baum resultiert (bei ML).

Dies geht für *Maximum Parsimony* noch recht schnell, erfordert bei *Maximum Likelihood* aber hohen Rechenaufwand, und hier liegt ein praktischer Nachteil der Methode – insbesondere für große Datensätze und/oder weniger leistungsfähige Computer. So ging eine wachsende Popularität von ML-Verfahren ganz klar auch mit den steigenden Prozessorleistungen der letzten Jahre einher.

Seit einigen Jahren hat sich zu den ML-Verfahren die ***Bayesian Inference*** (BI) gesellt. Hier wird die Modellierbarkeit der Sequenzevolution mit einer vergleichsweise kurzen Analysedauer verknüpft, wobei auch sofort Aussagen über die Verlässlichkeit der Knoten möglich sind. Aber auch bei BI gibt es natürlich eine Kehrseite der Medaille – die dem Nutzer überlassene Wahl von so genannte *Prior Probabilities* gehört beispielsweise dazu. Wir besprechen die Bayesianischen Verfahren und die darauf basierenden Programme MrBayes und BEAST im Detail in den Kapitel 8 und 9.

Tabelle 4.1 Übersicht über die gängigen Verfahren und Algorithmen, die in der molekularen Phylogenetik eingesetzt werden.

	Methode	Datentyp	Optimalitätskriterium	Vorteile	Nachteile	Implementiert z.B. in	In Kap.
Clustering-Verfahren (Ein-Schritt-Verfahren)	Neighbour Joining (NJ) UPGMA	Distanzen	–	Schnell. *Ein* Baum als Ergebnis. Modelle zur Sequenzevolution.	*Nur* ein Baum als Ergebnis.	PAUP*, MEGA, PHYLIP	6
Baumsuchverfahren (Zwei-Schritt-Verfahren)	Minimum Evolution (ME) / Least Squares (LS)	Distanzen	Minimale Gesamtdistanz.	Schnell. Modelle zur Sequenzevolution.	Informationsverlust bei Umwandlung in Distanzen.	PAUP*, MEGA, PHYLIP	6
	Maximum Parsimony (MP)	Diskrete Merkmale	Kleinste Anzahl an Merkmalsübergängen.	Schnell. Geeignet auch für morphologische Daten.	Keine Modelle zur Sequenzevolution.	PAUP*, MEGA, PHYLIP	5
	Maximum Likelihood (ML)	Diskrete Merkmale	Größte Wahrscheinlichkeit der Daten.	Modelle zur Sequenzevolution.	Rechnerisch anspruchsvoll.	PAUP*, Treefinder, GARLI	7
	Bayesian Inference (BI)	Diskrete Merkmale	Größte Wahrscheinlichkeit des Baumes.	Komplexe Modelle zur Sequenzevolution, schnelle Abschätzung v. Knotenverlässlichkeit	Rechnerisch anspruchsvoll, Festlegung von sog. *priors* oft problematisch	MrBayes, BEAST	8, 9

Ein Maß für genetische Distanzen ist schließlich die Grundlage für die seit langem gut etablierten **Distanzverfahren**. Hier wird das Alignment nach einem vorgegeben Maß in eine **Matrix** aller paarweisen genetischen Distanzen zwischen den Taxa umgewandelt. Auch hier können, genau wie bei den *Likelihood*-basierten Verfahren, Modelle zur Sequenzevolution zum Tragen kommen. Wenn der Stammbaum dann in einem Rutsch nach einem vorgegebenen Algorithmus berechnet wird, sprechen wir von **Ein-Schritt-Verfahren**, auch algorithmische- oder *Clustering*-Methoden genannt.***Clustering*-Verfahren** Das ***Neighbour Joining*** oder das (heute nur noch selten eingesetzte) **UPGMA**-Verfahren sind hierfür Beispiele. Die ***Minimum Evolution***- (ME) und ***Least Squares***-Analysen (LS) nutzen zwar auch Distanzen, formulieren aber wieder zunächst ein Optimalitätskriterium und überprüfen dann möglichst viele Bäume, ganz wie ML oder MP. Den distanzbasierten Verfahren ist Kapitel 6 im Detail gewidmet.

Das wenigste im Leben ist schwarz oder weiß – und so haben alle diese Methoden ihre spezifischen Vor- und Nachteile, wie Tabelle 4.1 bereits stark vereinfachend zeigt. Nach den Erläuterungen in den folgenden Kapiteln geben wir daher in Kap. 10 der Gegenüberstellung der Methoden noch einmal etwas mehr Raum. Im Großen und Ganzen kann man vielleicht ganz grob vereinfachend zusammenfassen, dass die schlichte *Maximum Parsimony*-Methodik genau wie die distanzbasierten Methoden gegenüber *Likelihood*-basierten Verfahren, mit denen evolutionsbiologische Fragen statistisch viel eleganter angegangen werden können, inzwischen ins Hintertreffen geraten sind. Nun stellt sich aber andererseits der Effekt ein, dass die zu untersuchenden Datensätze größer und größer werden und heute oft hunderte von Taxa bzw. Gensequenzen umfassen. Dann zeigt sich wieder schnell die Stärke der distanzbasierten *Clustering*-Verfahren wie *Neighbour-Joining* (NJ), die uns einen ersten Stammbaum nach wenigen Sekunden statt nach einigen Tagen Rechenzeit liefern. Zumindest als Ausgangspunkt für weitere Analysen wollen wir darum hier auch im Schnelldurchgang zunächst einmal mit den NJ-Analysen starten.

4.2 Erste Stammbäume mit MEGA und PAUP*

Datenbanken, ihre Anwendung und verschiedene Software zur Verwaltung von Sequenzen und zur Konstruktion von Stammbäumen haben wir in Kapitel 3 vorgestellt. Zur Wiederholung in aller Kürze: Die am weitesten verbreiteten, integrierten Programmpakete für phylogenetische Analysen sind heute sicherlich PAUP* (für Parsimonie- und *Likelihood-Analysen*), MEGA (für distanzbasierte Analysen), sowie MrBayes und BEAST (für Bayesianische Analysen). Das klassische, früher marktführende Programmpaket PHYLIP von Joseph Felsenstein hat dagegen in den letzten Jahren hauptsächlich wegen benutzerunfreundlicher Oberfläche und aus heutiger Sicht ungünstigen Dateiformaten etwas an Bedeutung verloren.

PAUP* hält bislang noch eine Spitzenstellung als Programm für molekularphylogenetische Analysen – auf alle Fälle für Apple Macintosh-Nutzer (allerdings nur bis zum Betriebssystem OS9, eine Version mit graphischer Oberfläche für OSX existiert aktuell noch nicht). Die PAUP*-Version für den Mac nutzt *Pull-Down*-Menus und übersichtliche Schaltflächen und hat eine integrierte graphische Darstellung der erhaltenen Stammbäume. Mac-Nutzer sollten die Investition in PAUP* auf gar keinen Fall scheuen, aber auch dem Windows-Nutzer ist die Anschaffung von PAUP* unverändert ganz dringend empfohlen. Der Windows-Nutzer muss PAUP* auf Kommandozeilenebene betreiben. Dies sieht zunächst umständlich aus, geht aber Dank der bequemen Hilfe über '?' nach kurzer Zeit der Übung sehr einfach, wie wir Ihnen später in diesem Kapitel zeigen werden. Die Kommandozeile mag sogar den nützlichen Nebeneffekt haben, dass sich der Nutzer über die Parameter seiner Stammbaumanalysen vielleicht sogar besser im Klaren ist als beim Klicken und Auswählen in Fenstern und Rollmenüs. Aber auch hierfür besteht seit Neuestem Abhilfe: Auf das **PaupUp-*Frontend*** hatten wir schon in Abschnitt 3.3.2 auf Seite 101 hingewiesen. Der Windows-Nutzer von PAUP* braucht zusätzlich eine Software für die graphische Darstellung der erhaltenen Stammbäume (Abschnitt 3.5 auf Seite 109) – z.B. **TreeView** oder **TreeGraph** oder er nutzt einfach den ***Tree Explorer*** des kostenlosen MEGA-Programms, den wir hier gleich vorstellen. Egal ob Macintosh- oder Windows-Nutzer: PAUP* verlangt in jedem Fall nach einem bereits fertigen Alignment Ihrer Sequenzen, das Sie zuvor beispielsweise mit einem Programm wie ClustalX oder BioEdit erstellt haben (Abschnitt 3.2.1 auf Seite 88). Im Kern war PAUP* zunächst auf *Maximum Parsimony* -Verfahren ausgerichtet (*Phylogenetic Analysis Using Parsimony*). Distanzbasierte und *Maximum Likelihood*-Verfahren (für Nukleotidsequenzen) sind aber inzwischen ebenso Teil des Programmpaketes.

Im **PHYLIP**-Paket müssen diverse Programme einzeln und wenig nutzerfreundlich über eine interaktive Textoberfläche gestartet werden (s. Abschnitt 3.3.1 auf Seite 98). Sie erwarten dabei Eingabedateien und produzieren Ausgabedateien, die wieder zur weiteren Verarbeitung umbenannt werden müssen. Die Auswirkungen veränderter Parameter sind damit nur umständlich nachzuvollziehen und das PHYLIP-Paket empfiehlt sich daher zumindest nicht als Einstieg für den unerfahrenen Nutzer. Obendrein ist das native PHYLIP-Dateiformat für Alignments recht restriktiv und unflexibel und es kommt hinzu, dass auch die graphische Stammbaumausgabe nicht sehr leistungsfähig ist.

Zumindest der in der molekularen Phylogenetik noch wenig erfahrene Windows-Nutzer findet einen komfortablen Einstieg in die molekulare Phylogenetik mit **MEGA** (*Molecular*

Evolution Genetics Analysis), das wir in Abschnitt 3.3.3 auf Seite 103 schon kurz vorgestellt haben. Es ist in der aktuellen Version v4.1 zu beziehen von `www.megasoftware.net`. Das MEGA-Programmpaket ist nicht nur **kostenlos** und hat eine **graphische Benutzeroberfläche**, sondern auch einen integrierten *Alignment Explorer*, der große Vorzüge bietet. Durch eine direkte **Datenbankanbindung** können über einen MEGA-eigenen **integrierten *Web Browser*** Datenbankeinträge am NCBI sowohl über textbasierte Suchen wie auch über den BLAST-Algorithmus gesucht und direkt in die **Alignment-Oberfläche** heruntergeladen werden. Der am weitesten verbreitete Algorithmus für automatische Alinierungen, **Clustal**, ist ebenfalls bereits **integriert**. Alle Schritte von der **Alignmentkonstruktion** über die **phylogenetischen Analysen** und die **Ausgabe eines Stammbaums** und seine graphische Editierung sind so unter einer Programmoberfläche vereinigt. Der Macintosh-Nutzer ist mit dem leistungsfähigeren PAUP* für die phylogenetischen Analysen sicher noch besser bedient, andererseits hat der Windows-Nutzer von MEGA mit dem integrierten ***Alignment Explorer*** ein sehr gute Oberfläche zur **Zusammenstellung und Editierung seiner Alignments** inklusive einer Datenbankanbindung an das NCBI. Mit dem integrierten ***Tree Explorer*** ist außerdem ein sehr gutes Werkzeug zu **Editierung und graphischen Aufarbeitung der Stammbäume** vorhanden, das sogar leistungsfähiger ist als sein Pendant in der PAUP*-Version für den Macintosh. MEGA ist allerdings im Kern vor allem auf distanzbasierte Verfahren ausgerichtet. Es bietet zwar auch *Maximum Parsimony*-Analysen an, ist hier aber weit weniger leistungsfähig als PAUP*. *Maximum Likelihood*-Verfahren bietet MEGA gar nicht. Auf den folgenden Seiten wollen wir im Schnelldurchgang in die Verwendung von MEGA und PAUP* einführen. Diese beiden Programmpakete werden uns auch bei der Behandlung der Beispiele in den Kapiteln 5, 6 und 7 begleiten. In Kapiteln 8 und 9 werden wir uns dann den noch jüngeren Ansätzen unter Verwendung Bayesianischer Methodik mit MrBayes und BEAST widmen.

4.3 Beuteltiere auf die Bäume: MEGA

Laden Sie sich MEGA von `www.megasoftware.net` herunter und installieren Sie das Programm. Das sollte ganz problemlos gehen. Wenn Sie MEGA starten, öffnet sich das Programm mit einem Fenster wie unter Abbildung 4.1 auf der nächsten Seite.

Ein bereits existierendes **Sequenzalignment** auf Ihrem Computer könnten Sie im „File"-Menu unter „Open/Retrieve sequences from file" konvertieren und laden. Als Eingabe werden im Prinzip alle gängigen Alignment-Formate wie z.B. NEXUS, FASTA oder MSF akzeptiert. Allerdings sind solche Konvertierungen nicht immer verlustfrei und ohne Komplikationen – wir haben einige Schwierigkeiten in Abb. 3.12 auf Seite 94 aufgeführt. Unter dem „Alignment"-Menu wählen Sie „Alignment Explorer/CLUSTAL", um den ***Alignment Explorer*** zu starten, wie in Abbildung 4.1 auf der nächsten Seite zu sehen.

4.3.1 Alignments in MEGA

Um zunächst die Möglichkeiten von **MEGA** bei der **Erstellung und Verwaltung von Alignments** auszuloten, nehmen wir als Beispiel an, Sie seien an der mitochondrialen DNA der Beuteltiere (Beutelsäuger, einzige Ordnung Marsupialia in der Unterklasse

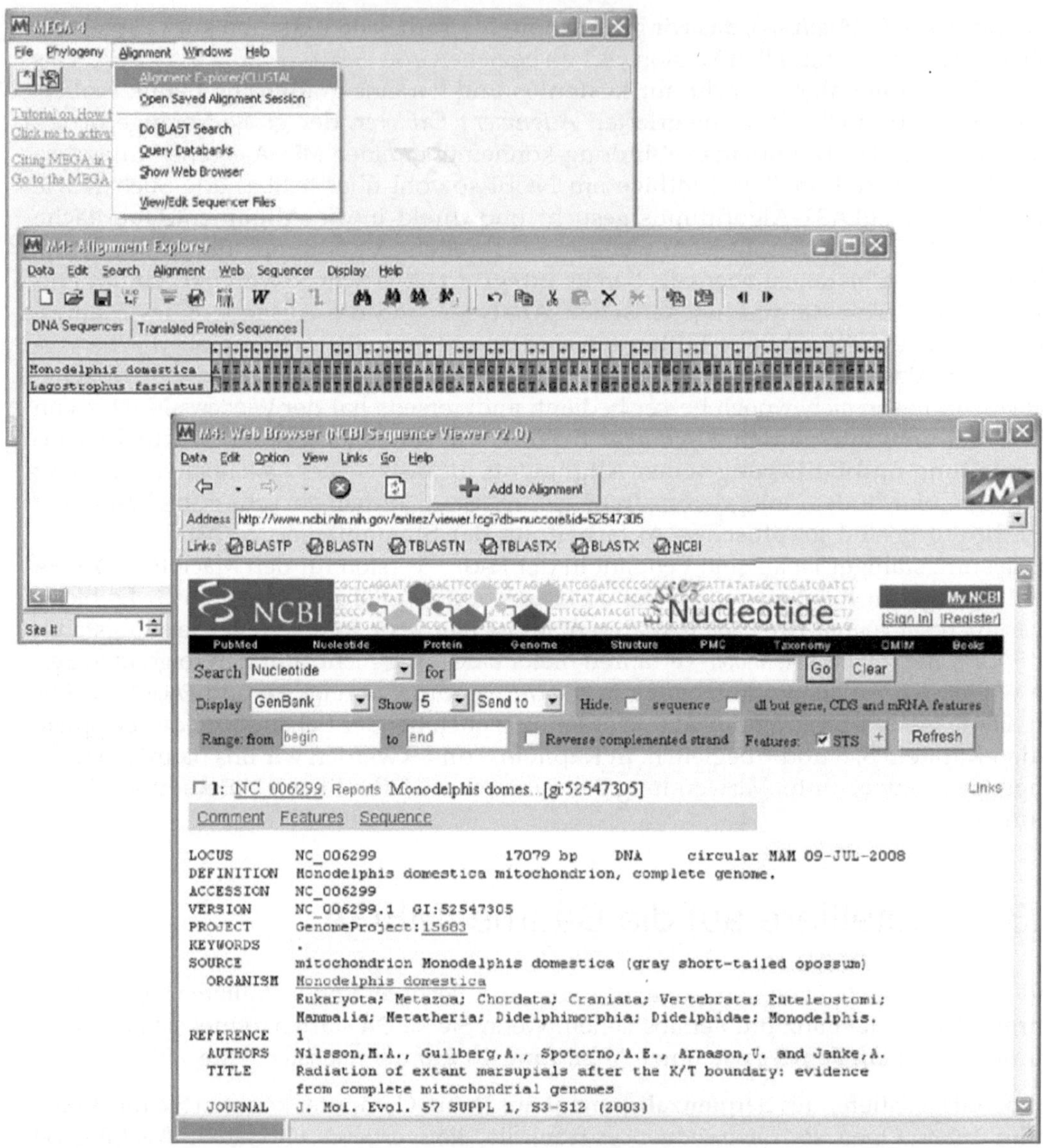

Abbildung 4.1 Schritte der Alignmenterstellung in **MEGA**. Oben links: Programmstart, Aufruf des *Alignment Explorers* (Mitte) im *Alignment*-Menü. Der *Alignment Explorer* ermöglicht das Einlesen von einzelnen Sequenzen und Alignments in verschiedenen Formaten, außerdem die Identifizierung von Datenbankeinträgen am NCBI über eine BLAST-Homologiesuche (5. Schaltfläche v. links) oder eine textbasierte Datenbanksuche (6. Symbol v. links). Unten: Abrufen einer Sequenz aus dem WWW Explorer in die Alignment-Oberfläche. Hier dargestellt ist die komplette mitochondriale Sequenz von *Monodelphis domestica*. Ein Mausklick auf die CDS (*coding sequence*) des *nad*5-Gens (weiter unten im Eintrag) schneidet den codierenden Bereich von 1827 Bp heraus. Mit einem Klick auf *„Add to alignment“* wird schließlich die aktuell im Fenster befindliche Sequenz als neuer Eintrag in die Oberfläche des *Alignment Explorers* hinzugefügt. Hier im Beispiel ist auch bereits die *nad5*-Sequenz von *Lagostrophus fasciatus* geladen.

Metatheria der Mammalia) interessiert und wollen zunächst nach Homologen des mitochondrialen *nad5*-Gens (Untereinheit 5 der NADH-Ubichinon-Oxidoreduktase, Komplex I der Atmungskette) suchen und sie alinieren. Mit einem Klick auf das MEGA-Symbol (Abb. 4.1 auf der vorherigen Seite) öffnen Sie aus dem ***Alignment Explorer*** heraus den in MEGA integrierten WWW Explorer, der Sie direkt in die Datenbank des NCBI verbindet, sofern Sie eine aktive Internet-Verbindung haben. Lesen Sie zu Datenbanken und Datenbankeinträgen gegebenenfalls noch einmal Abschnitt 3.1 auf Seite 74.

In dem schon bekannten NCBI-Suchfenster können Sie nun einen Suchbegriff eingeben, z.B. `nd5 Metatheria`. Die Suche sollte mindestens 30 Datenbankeinträge identifizieren – es sind wahrscheinlich schon einige mehr, wenn Sie diese Suche nachstellen. Das große Problem der textbasierten Suchen ist die Uneinheitlichkeit von Genbezeichnungen. Während Metatheria als taxonomisch gültige Bezeichnung alle Beuteltiere identifiziert, werden Sie das mitochondriale *nad5* Gen je nach Datenbankeintrag als *nad5, nd5 nadh5, ndh5* oder gar noch anders beschrieben finden. Wenn Sie die einzelnen identifizierten **Datenbankeinträge** (meist die kompletten mitochondrialen Genomsequenzen der Beuteltiere) aufrufen, ist es leicht, jeweils die **codierende Region** des *nad5*-Gens zu finden, beispielsweise einfach mit der *Ctrl-F*-Funktion (*Strg-F*). Ein Klick auf den aktiven **CDS**-Querverweis im Datenbankeintrag schneidet Ihnen quasi die codierende Region des *nad5*-Gens elektronisch heraus (Abb. 4.1 auf der vorherigen Seite). Einen kurzen Kontrollblick auf Anfang und Ende der herausgeschnittenen Sequenz sollten Sie investieren, um vorne ein Startcodon (meist ATG, gerade hier in den Mitochondrien der Metazoa aber z.B. auch ATA) und hinten eines der Stopcodons (meist TGA, TAA oder TAG) zu entdecken, denn vor allem ältere Datenbankeinträge haben oft Fehler in der **Annotierung**. Ein weiterer Kontrollblick sollte der **Taxonomie** gelten, denn ein Suchwort kann sich natürlich auch an anderer Stelle des Datenbankeintrages verborgen haben und es liegt möglicherweise gar keine Metatheria-Sequenz vor. Mit einem Klick auf „**Add-to-Alignment**" wird die Nukleotidsequenz in den ***Alignment Explorer*** transferiert. Dies wiederholen Sie einfach für alle Datenbankeinträge, die Sie interessieren und innerhalb weniger Minuten haben Sie die einzelnen Sequenzen (von Bergkänguruh über Fuchskusu und Nacktnasenwombat bis zu diversen Opossums) im *Alignment Explorer* gesammelt (Abb. 4.2 auf der nächsten Seite).

Für die zweite Auflage unseres Buches haben sich nunmehr 30 Beuteltiere mit ihren *nad5*-Genen in den Datenbanken versammelt. MEGA verwendet die Informationen aus dem *ORGANISM*-Feld und den verfügbaren *gene* oder *product*-Annotationen in den *FEATURES* der **Datenbankeinträge** (Abb. 3.2 auf Seite 79), um die Sequenzen im Alignment zu bezeichnen. Unter den Optionen können Sie das wunschgemäß anpassen, z.B. ob der Name der Gattung abgekürzt werden soll. Die Namen der Einzelsequenzen können Sie durch einfaches Anklicken dann auch ganz nach Wunsch ändern. Dabei sind in MEGA bis zu 40 Zeichen und einige Sonderzeichen erlaubt. Allerdings sollte man hier im Hinblick auf Export in andere **Dateiformate** zurückhaltend sein, denn die meisten anderen Dateiformate sind hier sehr eingeschränkt (Abb. 3.12 auf Seite 94). Schon statt des Leerzeichens verwendet man am Besten den Unterstrich. Sie können die Nukleotidsequenzen mit der Maus beliebig vertikal in andere Positionen ziehen. Mit der rechten Maustaste können Sie über „Refer-to-GenBank" jederzeit den jeweiligen Datenbankeintrag wieder komplett abrufen. Wenn Sie auf die Registerkarte „Translated Protein Sequences" klicken, erhalten Sie eine **automatische Proteinübersetzung** – diese Opti-

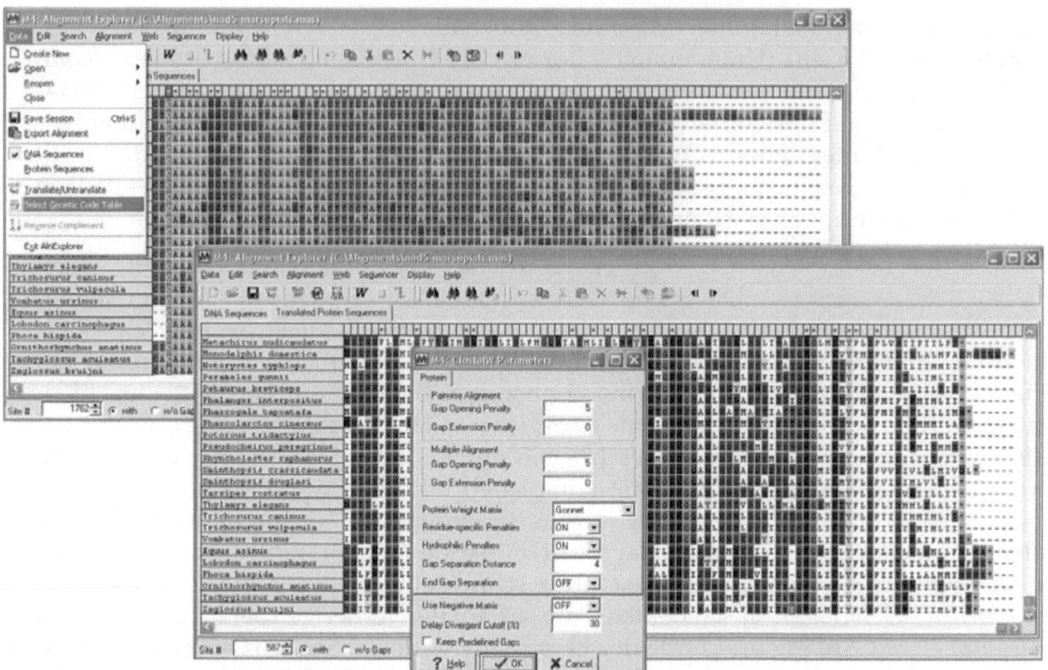

Abbildung 4.2 Alignmentverwaltung in **MEGA**. Alignment der mitochondrialen *nad*5-Sequenzen von Beuteltieren. Es ist das 3'-Ende der **Nukleotidsequenzen** (oben), entsprechend dem Carboxyterminus der Proteinsequenzen (unten) dargestellt. Zwischen den Nukleotidsequenzen (oben) und ihren Aminosäure-Übersetzungen (unten) kann mit Klicken auf die beiden entsprechenden Rasterkarten gewechselt werden. Für die hier verwendeten mitochondrialen Sequenzen aus den Metazoa ist dabei die Auswahl der passenden Codontabelle wichtig (oben im Data-Menü). Abgesehen von einzelnen Varianten unter den Metatheria sind die drei Prototheria-Sequenzen (ganz unten) um zwei Codons, die der drei Eutheria (darüber) um vier Codons länger, und in den Proteinsequenzen springt außerdem eine Codondeletion in den Eutheria ins Auge (vor Position 1762 im Nukleotidalignment oben, entsprechend Position 587 im Proteinalignment unten). Eine ausgewählte Sequenz kann mit einem Klick auf das BLAST-Symbol (5. v. links in der waagerechten Symbolleiste) direkt als **Suchsequenz (*Query*)** für eine Homologiesuche in der Datenbank verwendet werden. Für die **automatische Alinierung** ist der **Clustal-Algorithmus** unter dem W-Symbol (8. v. links) direkt integriert. Das Menüfenster der CLUSTAL-Parameter ist unten gezeigt. Lücken können überall manuell eingefügt und entfernt werden. Außerdem können beliebige Bereiche des Alignments durch Markierung mit der Maus ausgewählt und als Block mit dem Pfeiltasten in der Mitte der waagerechten Menüleiste verschoben werden. Die Fernglassymbole erlauben die Identifizierung von kurzen Suchsequenzen im Alignment. Alignments und Einzelsequenzen können aus anderen Formaten importiert werden. Verlässlich funktioniert das mit FASTA-formatierten Sequenzen und mit *.abi Sequenzdaten. Die Alignments werden als *.mas-Dateien gespeichert.

on ist sehr hilfreich (Abb. 4.2), insbesondere um ein Nukleotidalignment anhand der Proteinübersetzung auf seine Qualität hin zu überprüfen. Mit unserem Beispiel übrigens werden Sie zunächst einige Stopcodons (*) in den Proteinübersetzungen finden. Dies liegt natürlich am abweichenden **genetischen Code** in den Mitochondrien der Tiere (Abb. 1.8 auf Seite 29), den Sie unter „Data/Select Genetic Code Table" auswählen sollten (Abb. 4.2).

Nun interessiert zunächst, ob mit der anfänglichen, rein **textbasierten Suche** nach `nd5 + Metatheria` wirklich alle verfügbaren homologen Sequenzen identifiziert wurden und zweitens, welche verwandten Sequenzen, z.B. innerhalb der Säugetiere aus den Plazentatieren (Eutheria) oder den eierlegenden Säugern (Ursäuger Prototheria, einzige Ordnung Monotremata, Kloakentiere), sich als Außengruppe zur Baumbewurzelung eignen könnten. Wie oben schon gesagt: Textbasierte Suchen bergen die große Gefahr, **homologe Sequenzen**, die nur mit anderen Bezeichnungen in den **Datenbankeinträgen** versehen sind, zu übersehen – so ist das *nad*5-Gen aus historischen Gründen beispielsweise in den Metazoa oft auch mit *nd5* oder *nadh5* bezeichnet. Wählen Sie eine der bisher abgerufenen Sequenzen durch Anklicken des Speziesnamen aus und klicken Sie auf das **BLAST**-Symbol. Die Sequenz wird automatisch in ein BLAST-Suchfenster eingeladen, wie wir es auch schon im Abschnitt 3.1.2 auf Seite 80 vorgestellt hatten. Sie können die bereits bekannten **Parameter der Datenbanksuche** einstellen. In unserem Beispiel würde es also nützlich sein, die Suche nach Homologen auf die gewünschten **taxonomischen Gruppen** einzuschränken, also auf die Prototheria oder Eutheria. Alternativ können Sie auch gezielt nach `Mammalia NOT Metatheria` suchen lassen. So identifizieren Sie beispielsweise die homologen Sequenzen aus *Zaglossus bruijni* (dem Langschnabel-Ameisenigel), aus *Ornithorhynchus anatinus* (dem Schnabeltier, Platypus) und von *Tachyglossus aculeatus* (dem australischen Kurzschnabel-Ameisenigel), die Sie mit ins Alignment einbeziehen können. Wir wählen außerdem aus den vielen vorhandenen Eutheria-Sequenzen von *nad*5 einmal ganz willkürlich diejenigen des Esels *Equus asinus*, der Ringelrobbe *Phoca hispida* und der Krabbenfresserrobbe *Lobodon carcinophagus* aus.

Die **Alinierung** der Sequenzen selbst ist für unser Beispiel mit den *nad*5-Genen der Mammalia recht einfach – es sind kaum Lücken einzufügen. Für codierende Regionen, wie in unserem Fall, bietet es sich auf alle Fälle an, auf die Ansicht der **Proteinübersetzung** zu wechseln, um eine Alinierung zu optimieren (Abb. 4.2 auf der Seite gegenüber). Die codierenden Regionen sind zwischen 1800 und 1830 Nukleotide lang (entsprechend 600 bis 610 Aminosäuren) – Variationen entstehen hier bei den mitochondrialen Sequenzen der Tiere an den Enden der codierenden Regionen durch leichte Unsicherheiten für die Vorhersagen über die tatsächlichen Start- und Stopcodons. MEGA bietet die **automatische Alinierung mit Clustal** (s. Abschnitt 3.2.2, Seite 93) als integrierte Funktion unter dem **W**-Symbol an (Abb. 4.2). Mit den Voreinstellungen für die Parameter der **„Gap Creation“** und **„Gap Extension“** erzielen Sie bereits ein sehr gutes Ergebnis. Lücken können Sie an beliebiger Stelle auch von Hand mit dem Bindestrich einfügen oder entfernen. Eingefügte Lücken in den Proteinsequenzen werden automatisch in Dreierlücken im Nukleotidalignment übersetzt. Außerdem können Sie zum **manuellen Editieren** beliebige, rechtwinklige Ausschnitte des Alignments mit der Maus markieren und mit den Pfeiltasten verschieben. Vergessen Sie nicht, das Alignment zu speichern! Abgelegt wird es im *.mas-Dateiformat. (Achtung: MEGA wählt als Vorgabe für den Dateinamen das zuletzt geöffnete Alignment aus! Achten Sie also unbedingt darauf, den Namen richtig zu wählen, um vorhandene Alignments nicht versehentlich zu überschreiben.)

4.3.2 Erste Stammbäume mit MEGA

Wenn Sie den ***Alignment Explorer*** schließen, werden Sie gefragt, ob Sie die Daten außer im *.mas-Format des *Alignment Explorers* auch im MEGA-Format (*.meg, s. Abb. 3.12)

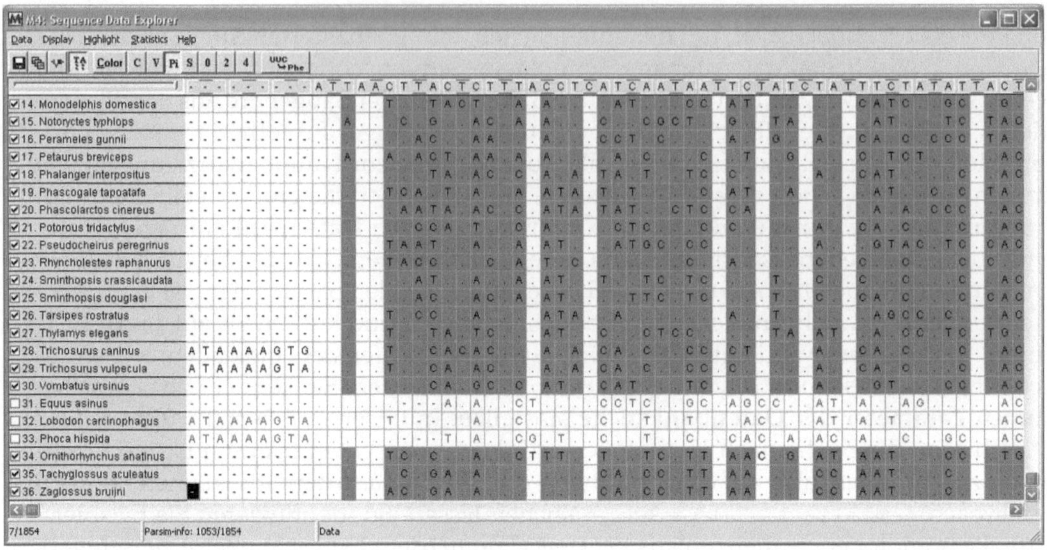

Abbildung 4.3 Der ***Data Explorer*** in MEGA. Aus dem **Alignment** können **Taxa** durch die Markierung links neben den Namen **ausgewählt** werden, hier sind einmal beispielhaft die Eutheria-Sequenzen abgewählt. Mit der ***Taxa/Groups***-Funktion (2. Schaltfläche v. links in der waagerechten Menüleiste) können auch ganz einfach Gruppen von Taxa definiert werden. Ebenso kann das Alignment mit der ***Genes/Domains***-Funktion (3. Schaltfläche) unterteilt (in sog. **Partitionen**) werden und können die Teile dann wahlweise in die Analysen einbezogen werden. Verschiedene Darstellungen sind möglich, im gezeigten Beispiel wird eine Übereinstimmung mit der obersten Sequenz mit einem Punkt dargestellt (4. Schaltfläche) und werden mit der **Pi**-Option (8. Schaltfläche) die parsimonie-informativen Positionen hervorgehoben. Wie im *Alignment Explorer* kann auch hier (letzte, 13. Schaltfläche) zwischen Nukleotidsequenz und Proteinübersetzung gewechselt werden.

abspeichern wollen. Sie können dem Alignment einen Titel geben und Sie werden gefragt, ob es sich um proteincodierende Sequenzen handelt. Die letztgenannte Option ist hilfreich, denn sie erlaubt Ihnen anschließend, für die folgenden phylogenetischen Analysen auf die drei unterschiedlichen Codonpositionen sehr leicht einzeln zuzugreifen. Schließlich werden Sie gefragt, ob Sie die *.meg-Datei direkt öffnen wollen. Wenn Sie alles bejahen, wird sich das ***Data Explorer***-Fenster öffnen, wie in Abbildung 4.3 dargestellt.

Im ***Data Explorer*** können Sie einzelne Sequenzen für die phylogenetische Analyse sehr einfach durch Markieren ein- oder ausschließen (Abb. 4.3). Das ist z.B. sehr zweckmäßig, um den Einfluss verschiedener Taxa in den Außengruppen (hier die Prototheria und/oder die Eutheria) auf die Phylogenie der Innengruppe zu überprüfen. Ganze Gruppen von Taxa können auch mit der *Taxa/Groups*-Funktion definiert und benannt werden. Im MEGA-Format werden die Sequenzbezeichnungen dann mit der Benennung in geschweiften Klammern ergänzt. Diese Gruppen finden sich später sogar in der Beschriftung von **Kladen im Stammbaum** wieder. Mit der ***Define Genes / Domains***-Funktion können Sie Bereiche des Alignments benennen, so genannte **Partitionen** bilden (z.B. Unterteilung in Intronbereiche und Exons) und die einzelnen Regionen ebenfalls selektiv ausschließen oder einbeziehen. Im MEGA-Format werden dafür *Domains* definiert. Leider gehen diese Informationen beim Export in andere **Dateiformate**, wie das wichtige NEXUS-Format, verloren und das gilt leider auch, wenn man sein Alignment wieder im ***Alignment Explorer*** bearbeiten will. Wer regelmäßig mit solchen Sequenzpartitionen arbeiten will oder muss, sollte sie eher im **NEXUS-Format** festlegen (s. Abschnitt 3.3.2 auf Seite 101). In einem Programm wie PAUP*, für das NEXUS das native Dateiformat ist, können die Partitionen dann zur Stammbaumberechnung gezielt angesprochen werden – wir kommen in Abschnitt 4.4.4 dazu.

Im Hauptfenster von MEGA (Abb. 4.1 auf Seite 118) können Sie die Stammbaumberechnung starten. Dazu kann das *Data Explorer*-Fenster geschlossen werden. Aber Achtung: Wenn Sie, wie oben beschrieben, *Domains* (Partitionen) oder *Taxa Groups* definiert haben, müssen Sie unbedingt vorher im MEGA-Format speichern, sonst gehen die Eingaben wieder verloren! Unter „Phylogeny/Construct Phylogeny" können Sie zwischen den Methoden *Neighbour Joining*, *Minimum Evolution*, UPGMA und *Maximum Parsimony* auswählen, die wir hier eingangs in Abschnitt 4.1 schon erwähnt haben. Noch einmal in Kürze: Die ersten drei Methoden sind distanzbasierte Verfahren, *Maximum Parsimony* ist merkmalsbasiert. Sowohl eine Suche nach den kürzesten Bäumen mit dem *Maximum Parsimony* -Verfahren (MP) wie auch die Konstruktion eines *Neighbour Joining*-Stammbaums (NJ) sind sinnvolle, einfache und schnelle erste Schritte für die phylogenetische Analyse.

Wenn Sie die erste Option, ***Neighbour Joining***, auswählen, öffnet sich eine Rasterkarte der „Analysis Preferences" mit den einzustellenden **Parametern** (Abb. 4.4). Für die **Distanzverfahren** ist hier vor allem die Einstellung zur **Korrektur** bei der Berechnung der genetischen Distanzen von Bedeutung, der wir uns in Kapitel 6 widmen. Hier ist die ***Kimura-2-Parameter*-Distanz** (die Transitionen und Transversionen im Alignment voneinander unterscheidet, mehr dazu auf Seite 180) ein guter Anfang.

Sind Positionen mit **Lücken (*gaps*)** oder fehlenden Daten im Alignment vorhanden, können Sie unter „Gaps/Missing Data" bestimmen, ob und wie diese mit in die Analyse einbezogen werden sollen. Für die Distanzverfahren steht hier die Option der „complete" (Voreinstellung) oder der „pairwise deletion" zur Auswahl. Bei der ersten Option werden alle Alignment-Regionen mit Lücken ausgeschlossen, bei der zweiten werden sie mit einbezogen, soweit die beiden jeweils verglichenen Sequenzen dort Sequenzinformation haben, die in anderen fehlen. Für unser Beispiel mit wenig **Indels** ist das kaum von Belang, im Zweifelsfall ist hier aber die „pairwise deletion" die bessere Auswahl, um möglichst wenig Information im Alignment zu verschenken. Eine komfortable Funktion von MEGA ist nun, dass Sie auf der „Include Sites"-Rasterkarte (Abb. 4.4 auf der nächsten Seite) ganz leicht die einzubeziehenden Codonpositionen auswählen können. Hier werden Sie in unserem Beispiel der schnell evolvierenden mtDNA der Metazoa sofort einen großen Unterschied bemerken, wenn Sie die hoch variable dritte Codonposition ausschließen.

Zur Überprüfung der statistischen Verlässlichkeit der einzelnen Knoten können Sie in MEGA unter der Rasterkarte „Test of Phylogeny" der „Analysis Preferences" direkt eine ***Bootstrap***-Analyse an die Baumsuche anschließen. Wir besprechen das *Bootstrap*-Verfahren in Abschnitt 10.2.1 auf Seite 287 näher. In aller Kürze: Ausgehend vom vorliegenden Alignment wird eine große Zahl (100, 1.000 oder mehr) von zufällig veränderten Datensätzen aus Ihrem Original-Alignment erstellt, die wieder zur Stammbaumberech-

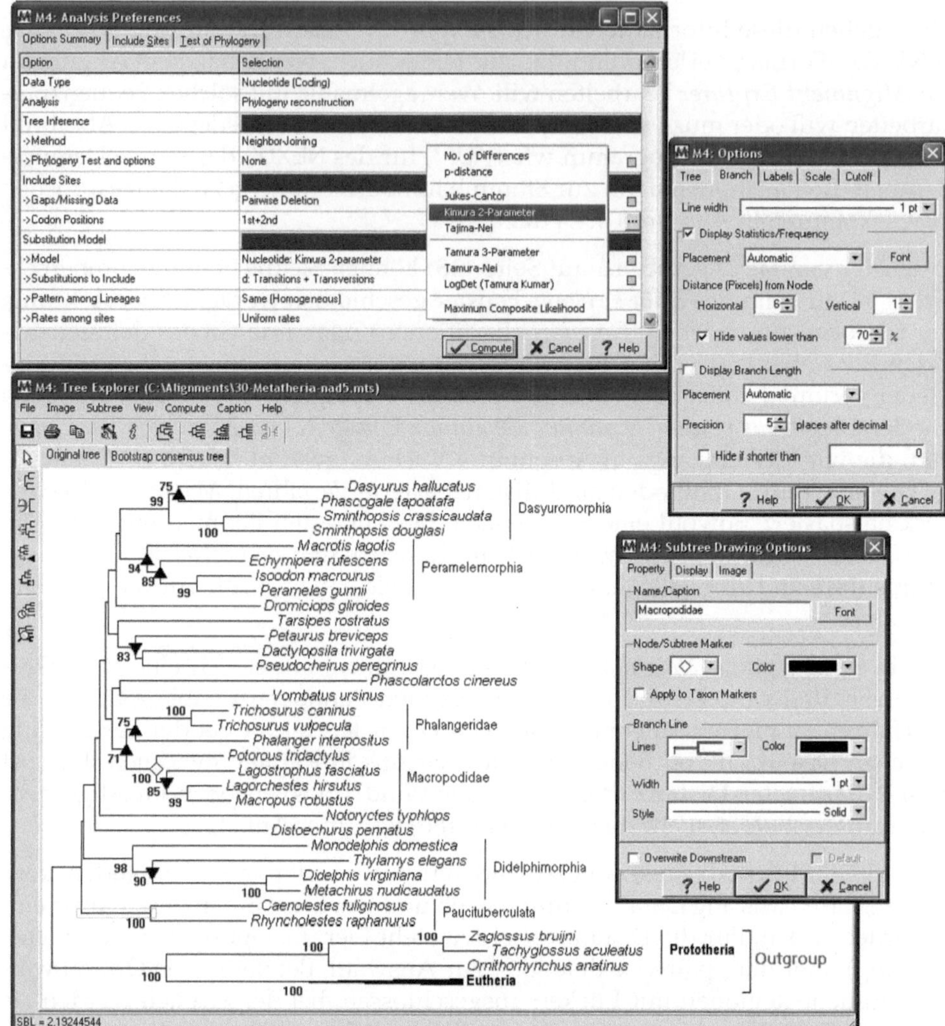

Abbildung 4.4 Stammbaumkonstruktion in MEGA. Oben links: Die Rasterkarte für die Parameter des ***Neighbour Joining***-Verfahrens. Im Beispiel eingestellt ist die Einschränkung der Analyse auf die erste und zweite Codonposition, die Kimura-2-Parameter-Distanz, Nichteinbeziehung von Alignmentpositionen mit Lücken nur im paarweisen Vergleich, sowie **1000 *Bootstrap*-Replikate** zur Ermittlung der statistischen Unterstützung für die Knoten. Unten: Das ***Tree Explorer***-Fenster mit verschiedenen Optionen für die graphische Darstellung eines Stammbaums. Das Werkzeug-Symbol (4. v. links in der waagerechten Symbolzeile) öffnet ein Untermenü mit einer Reihe von Formatierungsoptionen für den gesamten Stammbaum. Hier kann z.B. eingestellt werden, dass statistische Unterstützungen für die Knoten erst ab 70% angezeigt werden (oben rechts). Mit dem Kladensymbol (6. v. oben in der senkrechten Symbolzeile) öffnet sich ein Untermenü (rechts), um Knoten, Äste oder Gruppen von Taxa hervorzuheben, zu bezeichnen oder graphisch mit Symbolen und Farben zu markieren. Im Beispiel bezeichnet die Raute die Klade der Macropodidae. Knoten, die unter Einbeziehung der dritten Codonposition signifikant höhere bzw. niedrigere Unterstützung erhalten, sind mit Pfeilköpfen nach oben bzw. unten markiert. Kladen können für die graphische Darstellung kollabiert werden (5. Symbol v.o.), hier für die Eutheria gezeigt.

nung herangezogen werden. Die prozentualen Bootstrapwerte an den Knoten geben dann wieder, wie oft eine gegebene Klade in diesen *Resamplings* gefunden wurde und zeigen so an, wie gut der Datensatz diese Gruppe unterstützt.

Ein Klick auf *Compute* berechnet schließlich den **Stammbaum**. Wenn Sie *„pairwise deletion"*, K2P-Distanzen und 1000 Bootstrap-Replikate gewählt haben, sollte die Berechnung je nach Computer eine knappe halbe Minute dauern.

Der berechnete Stammbaum wird zur Editierung im ***Tree Explorer*** dargestellt, der Ihnen viele Gestaltungsmöglichkeiten bietet (Abb. 4.4 auf der Seite gegenüber). Seit der Version 4 speichert MEGA die maßgeblichen Parameter der Stammbaumanalyse mit dem Baum ab und fasst sie mit der *Caption*-Funktion im Stil einer Abbildungslegende zusammen. Mit den Schalttafeln können Sie interne **Äste drehen**, spiegeln und sich aussuchen, wo Sie die **Wurzel setzen** möchten – natürlich immer, ohne die Topologie und damit die Aussage zu verändern. Mit einem Klick auf das Werkzeugsymbol wird die Rasterkarte „Options" aufgerufen (Abb. 4.4), die diverse Möglichkeiten zu Skalierung, graphischer Gestaltung, Schrifttypen und Bezeichnungen bietet. So kann z.B. ein Schwellenwert gewählt werden, ab dem ***Bootstrap*-Werte** überhaupt erst angezeigt werden. Eine ausgewählte Klade kann beschriftet und mit Symbolen versehen werden und die jeweiligen Äste in unterschiedlichen Stricharten, -stärken und -farben dargestellt werden. Die Eutheria- und die Prototheria-Sequenzen können beispielsweise für die Darstellung gemeinsam als **Außengruppe** für die Metatheria-Sequenzen gewählt werden. Dies geschieht mit der Schaltfläche mit dem grünen Pfeilkopf und Klicken auf den gewünschten Ast. Einige Knoten erhalten im Stammbaum unter Einbeziehung der dritten Codonpositionen geringere *Booootstrap*-Unterstützung, andere eine höhere (Abb. 4.4 auf der vorherigen Seite) – wir kommen auf das Beispiel beim Vergleich verschiedener Methoden im Abschnitt 10.3.5 auf Seite 302 noch zurück.

MEGA bietet prinzipiell auch *Maximum Parsimony*-Analysen an, doch sind diese sicher *keine* Stärke des Programms. **Heuristische Suchverfahren** benötigen effiziente topologische Rearrangements, um den oder die optimalen Bäume zu finden, wie wir im folgenden Kapitel (162) besprechen werden. MEGA bietet hier das CNI-Verfahren (*Closest Neighbour Interchange*) an (Abb. 4.5 auf der nächsten Seite), das allerdings weniger effektiv ist als das TBR-Verfahren (*Tree Bisection and Reconnection*), das bei PAUP* die Voreinstellung ist. Die *Maximum Parsimony*-Option ist bei MEGA darum nur eine Notlösung, die obendrein zeitintensiv in den Analysen ist und bei etwas größeren Datensätzen auch zum Programmabsturz neigt. Für unser Beispiel ist es aber problemlos, einen ***most parsimonious tree*** zu erhalten und auch eine *Bootstrap*-Analyse mit dem Datensatz unter MP durchzuführen. Die Option der *random taxon additions*, mit der in einer Serie von Analysen die Taxa in jeder Runde anders nach dem Zufallsprinzip addiert werden, ist eine sinnvolle. Beachten Sie allerdings, dass diese Zufallswiederholungen multiplikativ mit den *Bootstrap*-Wiederholungen eingehen und Sie bei dieser MP-Analyse schon erkennbar mehr Rechenzeit benötigen als zuvor beim NJ-Verfahren. Wenn Sie es einmal ausprobieren, werden Sie aber sehen, dass für unseren Beispieldatensatz im Wesentlichen die gleichen Knoten wie bei der NJ-Analyse auch im MP-Stammbaum gestützt werden (wenn auch die Bootstrap-Unterstützung in der MP-Analyse im Schnitt eher kleiner ausfällt). Wir diskutieren dies in der Übersicht über alle methodischen Ansätze im Kapitel 10.

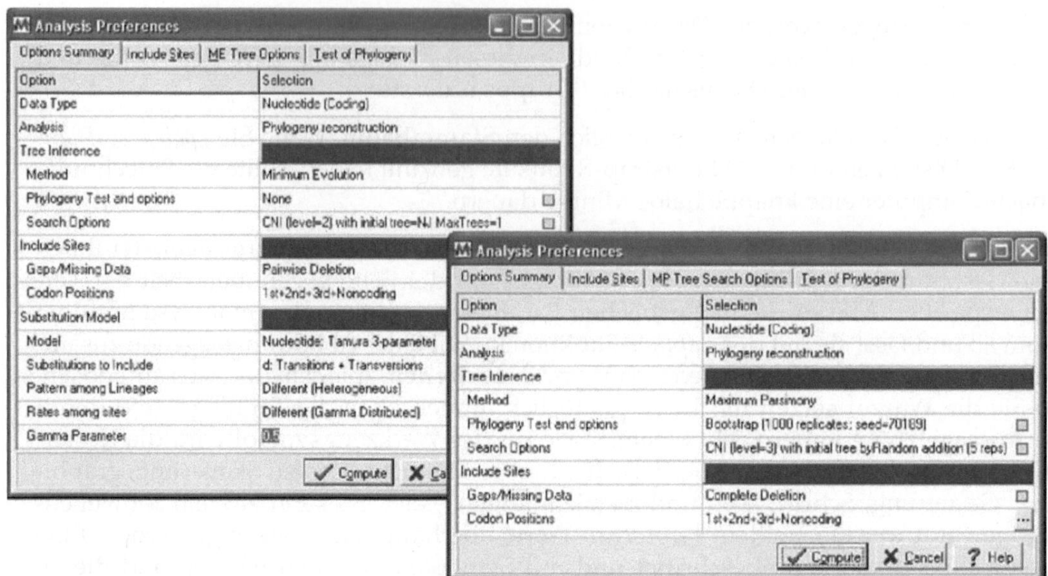

Abbildung 4.5 Stammbaumkonstruktion in MEGA – Optionen für phylogenetische Analysen über ***Minimum Evolution*** (links) und ***Maximum Parsimony*** (rechts). Im Fall der *Maximum Parsimony*-Analyse sind 1000 ***Bootstrap***-Replikate zur Ermittlung der statistischen Unterstützung für die Knoten eingestellt. Bei den **heuristischen Suchverfahren** sind **topologische Rearrangements** von Bedeutung, für die MEGA allerdings nur die CNI-Option (*Closest Neighbour Interchange*) anbietet. Für die *Maximum Parsimony*-Analyse sind hier außerdem fünf Zufallsadditionen der Taxa in der heuristischen Suche ausgewählt, für das *Minimum Evolution*-Verfahren ist mit dem Tamura-3-Parameter-Modell und Γ-verteilten positionsspezifischen Substitutionsraten ein relativ komplexes **Modell für Nukleotidsubstitutionen** ausgewählt.

Um zusammenzufassen: Mit **MEGA** lassen sich Sequenzen im ***Alignment Explorer*** bequem aus bereits vorliegenden Einzelsequenzen oder Alignments und durch die direkte Anbindung an die Datenbanken am NCBI zusammenstellen. Das Programm eröffnet die Option automatischer Alignments mit dem Clustal-Verfahren und das manuelle Editieren der Alignments. Mit den fertigen Alignments können praktisch ohne Umwege schnell publikationsfähige Stammbäume, vor allem über **Distanzverfahren** und eingeschränkt auch mit ***Maximum Parsimony*** konstruiert werden. Die Knoten der Stammbäume können über das ***Bootstrap***-Verfahren auf statistische Verlässlichkeit geprüft werden. Der Vorteil von MEGA liegt damit vor allem in der Integration der Schritte **Alignmenterstellung, phylogenetische Analyse** und **graphische Stammbaumaufbereitung** innerhalb einer einzigen Programmoberfläche unter Windows. Als Mankos von MEGA verbleiben andererseits etwa die weniger leistungsstarke Implementierung heuristischer Suchen (Abschnitt 5.3.3) oder auch die fehlende Möglichkeit, Stammbäume mit *Likelihood*-basierten Verfahren (Kap. 8, 9) zu rekonstruieren – spätestens hierfür sollte man dann auf Spezial-Software ausweichen.

MEGA erlaubt den **Export der Alignments** in das von den meisten phylogenetischen Programmen (darunter PAUP*, MrBayes oder BEAST) verstandene **NEXUS-Format**. Sie finden diese Option sowohl unter „File/Export Data“ im Haupt-Programmfenster von MEGA wie auch unter „Data/Write data to file“ im *Data Explorer*-Fenster. Das konver-

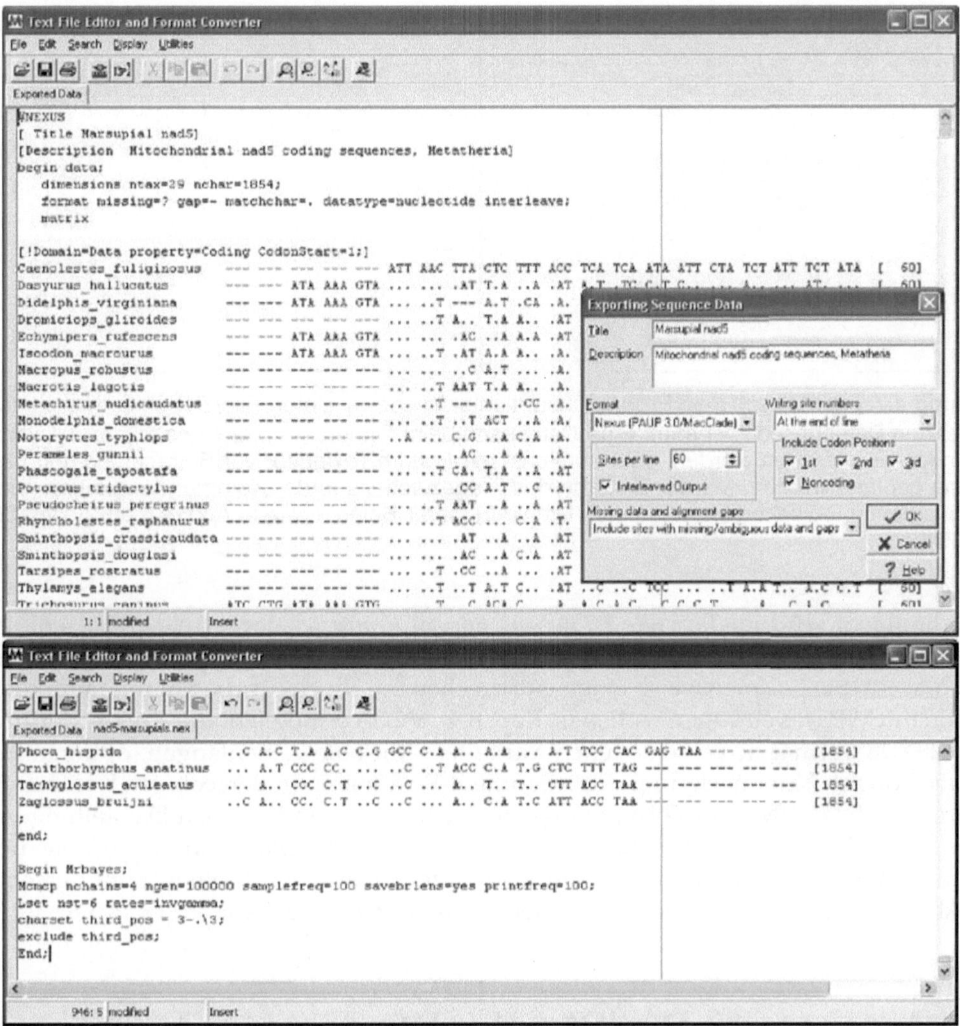

Abbildung 4.6 Ein von MEGA in das NEXUS-Format konvertiertes Alignment im *Text Editor* von MEGA. Hier kann die Datei editiert und zur Verwendung in anderen Programmen wie PAUP*, MrBayes oder BEAST abgespeichert werden. Oben dargestellt ist das Ergebnis für den Export in der `NEXUS/PAUP*3.0`-Version mit den Einstellungen wie im Menüfenster, hier einschließlich der *Interleave*-Option, die das Alignment in sukzessive Abschnitte wählbarer Größe untereinander setzt. Der Export in der `NEXUS/PAUP*4`-Version hat alternativ die Aufspaltung des *Data*-Blockes in einen *Taxa*- und einen separaten *Characters*-Block zur Folge. Titel, Beschreibung und Nummerierung der Positionen werden in eckige Klammern gesetzt, die in NEXUS-Dateien überall beliebig als Kommentarzeilen eingefügt werden können. Eine wichtige, erforderliche manuelle Änderung für das Einlesen der NEXUS-Datei in MrBayes ist der Austausch von *datatype=nucleotide* zu *datatype=dna*. Unten dargestellt ist das Ende der Datei, in die bereits ein typischer MrBayes-Block eingefügt wurde (Abschnitt 8.1.1), mit dem hier beispielsweise die Parameter der *Markov Chains* (mcmcp) und des *Likelihood-Modells* (`lset`) vorgegeben werden, sowie die dritte Codonposition als *character set* (`charset`) definiert und anschließend gleich aus der Analyse ausgeschlossen wird.

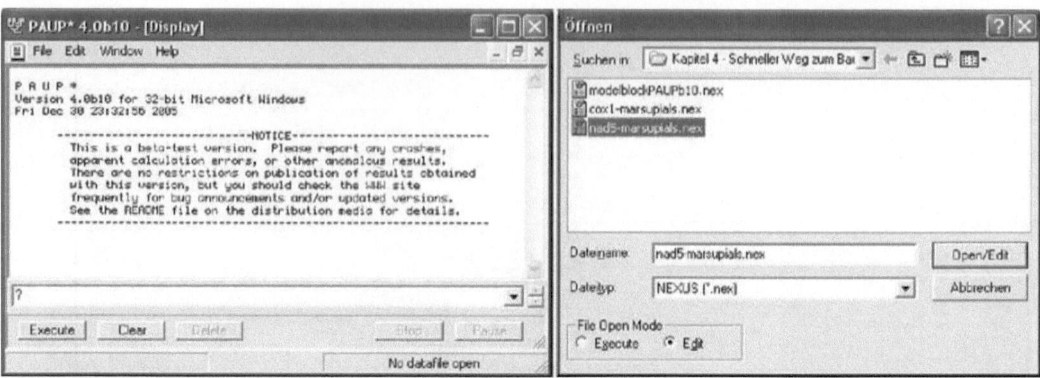

Abbildung 4.7 PAUP* nach dem Programmstart unter Windows. Unter „File/Open" kann nach der zu öffnenden Datei gesucht werden. Eine Datei kann beim Öffnen mit *Execute* direkt ausgeführt, also zur Analyse geladen werden, oder zunächst mit *Edit* im Texteditor zur Betrachtung und Bearbeitung geöffnet werden. Mit der Eingabe des Fragezeichens in der Kommandozeile unten im Hauptfenster von PAUP* erhält man eine Liste verfügbarer Befehle, wie in Abb. 4.8 auf Seite 130 dargestellt.

tierte Alignment wird im *Text File Editor and Format Converter* dargestellt (Abb. 4.6), in dem Sie es zunächst inspizieren und ggf. bearbeiten können. Diese Option ist durchaus nützlich, wenn Sie beispielsweise einen entsprechenden Block für die Stammbaumkonstruktion mit MrBayes einfügen wollen (s. Kap. 8.4). MEGA ermöglicht die **Konvertierung** in das NEXUS-Format in verschiedenen Varianten: Variable Zeilenlängen, optional im *Interleave*-Format, Nummerierung der Alignment-Positionen (in den eckigen Kommentarklammern, die das NEXUS-Format vorsieht, s. Abb. 3.14) und, je nach Darstellung im *Data Explorer* (Abb. 4.3 auf Seite 122), unter Verwendung der ***matchcar-Darstellung***, bei der Nukleotide, die denen in der ersten Zeile entsprechen, durch einen Punkt ersetzt sind (Abb. 4.6). Speichern Sie unser Beispiel-Alignment als `nad5-marsupials.nex`.

4.4 Arbeiten mit PAUP* unter Windows

PAUP* ist unter den Programmen zur phylogenetischen Analyse, die wir in Abschnitt 3.3 auf Seite 98 vorgestellt haben, eine Ausnahme als kommerziell zu erwerbendes Produkt. Beziehen Sie das PAUP*-Programm (`http://paup.csit.fsu.edu/`) von Sinauer Inc. und installieren Sie es auf Ihrem PC. Wenn Sie PAUP* starten, stellt es sich wie in Abbildung 4.7 dar. Im „File"-Menü können Sie nach der NEXUS-Datei suchen, die Sie öffnen wollen und zwischen den Optionen *Execute* und *Edit* wählen. Mit *Execute* laden Sie die Daten direkt zur Analyse ein, mit *Edit* öffnet sich die Datei zur Betrachtung oder Bearbeitung zunächst in einem einfachen Text-Editor, in dem Sie noch Änderungen und Ergänzungen einfügen können.

Navigieren Sie durch Ihre Ordner zu der NEXUS-Datei, die Sie öffnen wollen, also beispielsweise zu dem Alignment `nad5-marsupials.nex`, das Sie im vorangegangenen Abschnitt aus MEGA exportiert haben. PAUP* meldet Ihnen, dass eine Datenmatrix mit 36 Taxa und 1854 Positionen eingelesen wurde. Ab diesem Punkt existieren in der Windows-

Version von PAUP* keine einfachen *Pulldown*-Menüs oder Rasterkartenoptionen mehr, sondern Sie müssen Befehle explizit in der Kommandozeile unten im Programmfenster eingeben. Außerdem würden beim Ausführen der NEXUS-Datei alle Befehle abgearbeitet werden, die in einem **PAUP*-Block** hinter `begin paup;` stünden, also z.B. zur Auswahl von Alignmentpositionen, zum Ausschluss von Taxa aus der Analyse, zum ausgewählten Modell der Sequenzevolution oder zur Wahl der Außengruppe (s. auch Abb. 3.16 auf Seite 103) – wir kommen dazu noch am Ende dieses Abschnitts. Andere „**Blöcke**", die PAUP* nicht betreffen, so z.B. ein MrBayes-Block (`begin mrbayes;`) werden hier einfach ignoriert. Am Besten starten Sie Ihre Arbeit mit PAUP* mit '`?`' (Abb. 4.8 auf Seite 130). Sie erhalten eine Liste aller in PAUP* möglichen Befehle und den Hinweis, dass Sie jedes Kommando einzeln hinterfragen können, um eine direkte Hilfe für seine Anwendung zu bekommen.

4.4.1 Stammbaumberechnungen mit PAUP*

Das **Optimalitätskriterium** (*criterion*), unter dem nach optimalen Bäumen gesucht wird (also ***Parsimony, Distance*** oder ***Likelihood***) können Sie mit `set criterion` einstellen. Die Voreinstellung (*factory default setting*) ist *Parsimony*.

Eine **heuristische Suche** starten Sie mit `hsearch`. Sie bekommen zunächst die Information, wie viele Positionen im Alignment konstant sind (in unserem Beispiel des *nad*5-Alignments der Metatheria 632 Positionen) und wie viele der variablen Positionen **parsimonie-informativ** (1101) oder nicht informativ sind (121). Nach Abschluss der Suche erhalten Sie die Information, dass PAUP* **einen *most parsimonious tree*** gefunden hat, der 8750 Schritte (*Steps*) erfordert. Allerdings bekommen Sie diesen Baum nicht automatisch zu sehen. Sie müssen zuerst `showtree` eingeben, um wenigstens eine textbasierte Darstellung im Programmfenster zu bekommen, im Falle mehrer Stammbäume im Speicher mit `showtree all`. Hier liegt der entscheidende Vorteil der PAUP*-Version für die Apple Macintosh Nutzer, die Bäume direkt in publizierbarer Qualität ausgibt.

Mit `hsearch ?` können Sie sich die einstellbaren und eingestellten Parameter zunächst anschauen. Ein Unterschied bei der **heuristischen Suche** mit PAUP* gegenüber MEGA ist, dass das *Branch swapping* zur Optimierung der Stammbäume durch topologische Rearrangements bereits in der Voreinstellung mit dem effektiveren TBR (*tree bisection and reconnection*) abläuft. Wir widmen uns diesen theoretischen Aspekten heuristischer Suchen ausführlich in Kap. 5. Wenn Sie die Taxa mit mehreren Zufallswiederholungen den Startbäumen hinzufügen wollen, sollte es beispielsweise `hsearch addseq=random nreps=100` heißen, um 100 Zufallswiederholungen auszuprobieren. Für unser Beispiel-Alignment mit den *nad*5-Sequenzen der Beuteltiere erhalten Sie auch hier nur den einen, kürzesten Baum von 8750 Schritten. Übrigens: Sie können die bereits einmal eingegebenen Befehle einfach in die Kommandozeile zurückholen – das funktioniert unter Windows mit `Strg` und den vertikalen Pfeiltasten. Eine ***Bootstrap*-Analyse** können Sie mit `bootstrap` starten, die Voreinstellung sind 100 Zufallswiederholungen. Zur Erhöhung auf 1000 muss der Befehl `bootstrap nreps=1000` lauten. Die Voreinstellung für die `nreps` unter `hsearch` bleiben erhalten und würden hier multiplikativ eingehen, also 1000 Bootstrap-Wiederholungen mit je 10 *random taxon additions*. Während der Suche taucht das *Heuristic Search Status*-Fenster auf, das Sie über den Fortschritt der Analyse informiert (Abb. 4.9 auf Seite 131). Hier liegt ein großer Vorteil von PAUP* gegenüber ME-

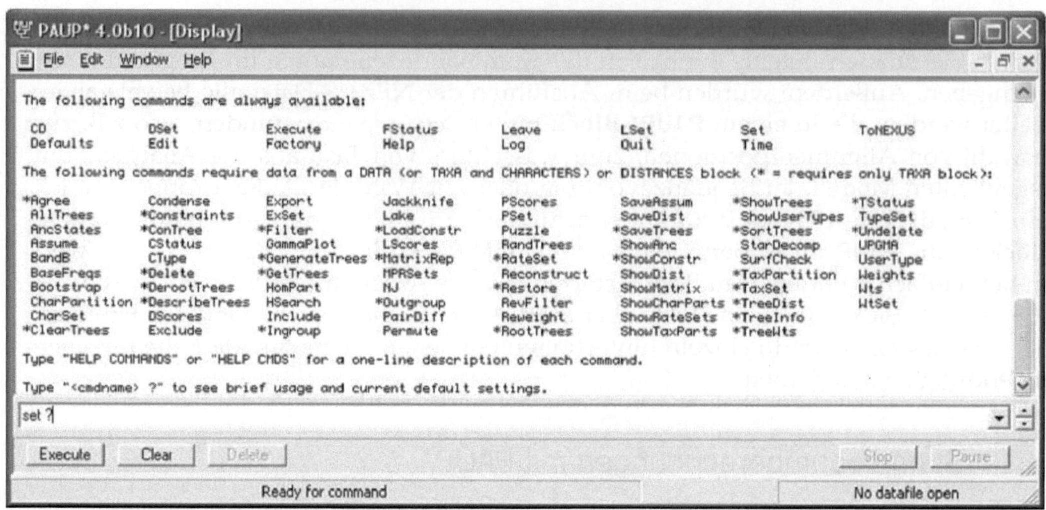

Abbildung 4.8 Die **Hilfefunktion von PAUP***. Mit „?" erhalten Sie die Liste verfügbarer **Kommandos**. Die Eingabe des Kommandonamens gefolgt von Leerzeichen und Fragezeichen liefert Ihnen die **einstellbaren und eingestellten Parameter** zu dem jeweiligen Befehl, hier in der Kommandozeile dargestellt für den Befehl `set`, den Sie beispielsweise für die Einstellung des Suchkriteriums, also *Distance*, *Likelihood* oder *Parsimony* benötigen. Von ganz zentraler Bedeutung sind `Dset`, `PSet` und `LSet`, mit denen die Parameter der *Distance*-, *Parsimony*- und *Likelihood*-basierten Suchen eingestellt werden.

GA darin, dass Sie eine Suche, die Ihnen zu lange dauert, abbrechen können, ohne das Zwischenergebnis zu verlieren. Schließen Sie das Statusfenster, erhalten Sie die schlichte, textbasierte Darstellung Ihres Ergebnisses (Abb. 4.10 auf Seite 132). Die ist nicht sehr attraktiv, aber Sie können immerhin den ***Bootstrap***-Werten die Verlässlichkeit der Knoten entnehmen. Für unser Beispiel erhalten wir eine recht gute Übereinstimmung mit den Knoten, die wir bereits in der distanzbasierten Analysen mit MEGA gefunden hatten (*Notoryctes* erhält nun einen Platz an der Basis der Metatheria; die moderate *Bootstrap*-Unterstützung von 75 für diese Platzierung verschwindet allerdings, wenn die dritte Codonposition aus den Analysen ausgeschlossen wird über `exclude 3-.\ 3`).

Mit dem Befehl `set criterion=likelihood` stellen Sie auf die ***Maximum Likelihood***-Analyse um. Sie können die Befehle übrigens abkürzen, solange dies eindeutig bleibt, in diesem Fall reicht sogar: `set cr=l`. Unter `lset ?` finden Sie die Optionen und aktuellen Einstellungen der Suchparameter für die Analyse mit *Maximum Likelihood* (Abb. 4.11 auf Seite 133). Die Voreinstellungen (*Factory Defaults*) der *Maximum Likelihood*-Analyse legen zunächst ein sehr simples **Modell der Sequenzevolution** zugrunde, das im wesentlichen ein Häufigkeitsverhältnis von 2:1 der **Transitionen** gegenüber **Transversionen** annimmt. Damit nutzen Sie die Möglichkeit realitätsnäherer Modelle, die *Maximum Likelihood* bietet und die wir ausführlich in Kapitel 7 besprechen, natürlich noch überhaupt nicht aus. Der einzige Vorteil des simplen Modells liegt hier darin, dass die Analyse vergleichsweise schnell abläuft.

Starten Sie einfach probeweise wieder eine erste **heuristische Suche** mit `hsearch`. Das *Heuristic Search Status* Fenster taucht wieder auf und Sie können zunächst verfolgen

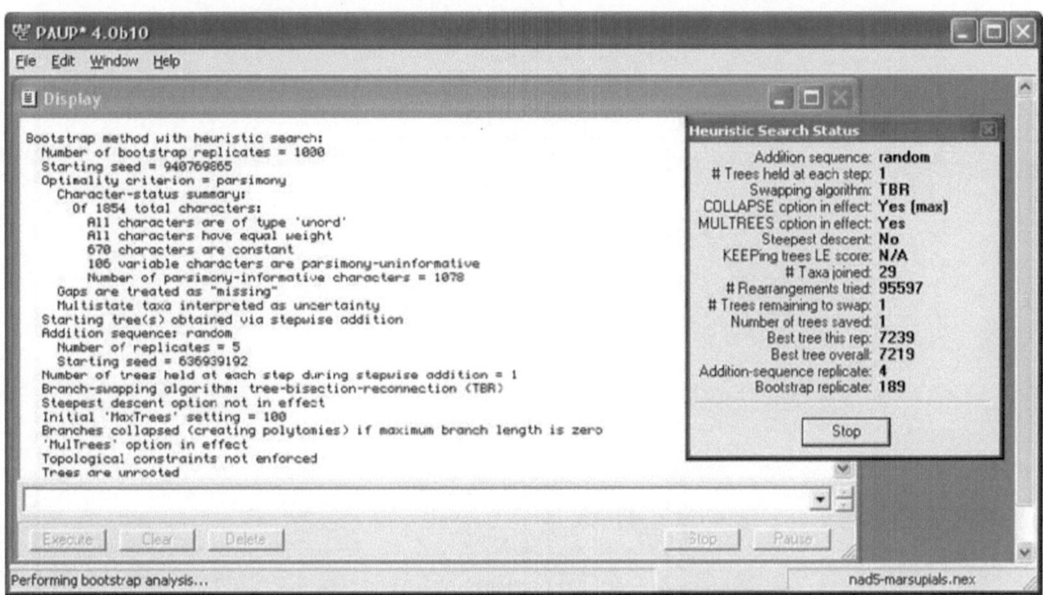

Abbildung 4.9 Nach dem Start einer phylogenetischen Analyse in PAUP* informiert das **Statusfenster** über den Fortschritt der Suche. Im Beispiel steckt die Analyse gerade in der 4ten (von jeweils 10) Zufallsadditionen der Taxa in Bootstrap-Wiederholung 189 (von 1000). Die Suche kann bei PAUP* mit dem *Stop*-Feld abgebrochen werden, ohne Zwischenergebnisse zu verlieren. *Stop* verwandelt sich in *Close*, sobald die Suche mit den vorgegebenen Parametern abgeschlossen ist.

wie die Taxa sukzessive hinzugefügt werden, bis ein erster ***Likelihood*-Wert** erscheint (in unserem Fall ein ***Likelihood score*** (-lnL) von 15684, wenn die dritte Codonposition ausgeschlossen ist). Das dauert für unseren Datensatz mit 36 Taxa mit dem einfachen Modell nur wenige Sekunden. Danach werden Rearrangements ausprobiert und die *Likelihood scores* sinken ab, jeweils sobald ein Stammbaum mit einem besseren Wert gefunden wird. Sie erhalten nach einigen wenigen Minuten und 13919 Rearrangements einen Stammbaum mit einem *Likelihood score* (-lnL) von 1567. Wenn Sie unter `lset` beispielsweise nur die *transition/transversion ratio* abschätzen lassen, statt mit 2 vorzugeben (`lset tratio=estimate`), werden Sie sehen, wie dies gleich deutlich mehr Rechenzeit beansprucht, allerdings auch sofort zu verbesserten *Likelihood scores* führt. Mit `lscore` können Sie den *Likelihood score* samt den aktuell abgeschätzten Parametern abrufen.

Wir besprechen die Wahl der Parameter für komplexere **Modelle der Sequenzevolution** unter *Maximum Likelihood* und das eigens für die Auswahl der Modelle geschaffene **Programm Modeltest** in Abschnitt 10.1.3 auf Seite 280. Mit `lset nst=6 rmatrix=estimate basefreq=estimate rates=gamma shape=estimate pinvar=estimate` stellen Sie beispielsweise das komplexe ***General Time Reversible***-Substitutionsmodell (Abschnitt 6.2.1 auf Seite 182) mit invariablen Positionen **(GTR+G+I)** ein, bei dem alle Parameter (Austauschraten, Nukleotidfrequenzen, Form der Gamma-Verteilung, Anzahl invariabler Positionen) zunächst in der Analyse abgeschätzt werden. Es dauert dann bei unserem Beispieldatensatz fast ewig, bis im Statusfenster ein erster *Likelihood*-Wert erscheint. Eine Abkürzung bietet die Option, in der heuristischen Suche einen schon recht guten Stammbaum als **Startbaum für die Analyse** zu nehmen. Probieren Sie

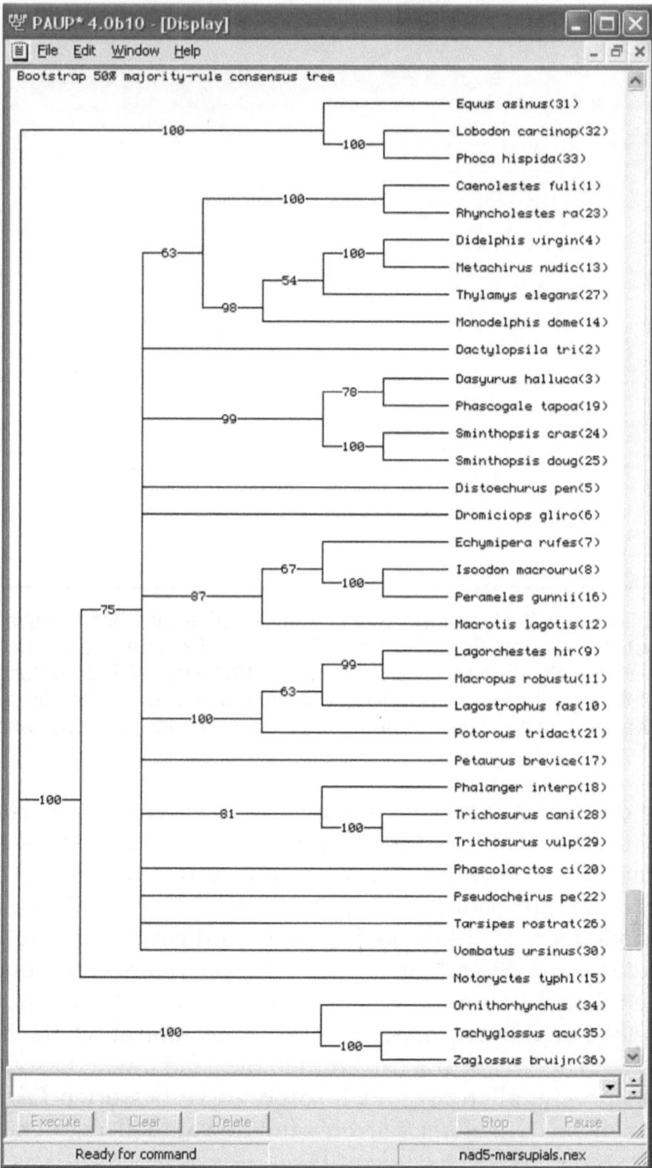

Abbildung 4.10 Die einfache, textbasierte Ausgabe der Stammbaumanalyse im Hauptfenster von PAUP*. Hier dargestellt ist die einfache *Bootstrap*-Analyse unter *Maximum Parsimony* nach 1000 Wiederholungen mit je 10 *random taxon additions* für unseren Beispieldatensatz der *nad*5-Gene der Beuteltiere.

einfach das Kommando `NJ`. Sie erhalten die semigraphische Darstellung eines Baumes nach dem distanzbasierten *Neighbour Joining*-Verfahren. Berücksichtigen Sie, dass die Voreinstellung der distanzbasierten Analyse die einfachen Jukes-Cantor-Distanzen sind (Abschnitt 6.2.1 auf Seite 178). Hier müssten Sie unter `dset` die Einstellungen verändern, z.B. auf `dset distance=k2p` um, wie zuvor unter MEGA, mit den Kimura-2-Parameter korrigierten Distanzen zu rechnen. Mit `hsearch start=current` oder direkt mit dem Befehl `hsearch start=nj` wird der NJ-Baum als Ausgangspunkt in der heuristischen *Maximum Likelihood*-Analyse mit dem komlexen GTR+G+I-Modell eingesetzt.

Abbildung 4.11
Die Parameter der ***Maximum Likelihood*-Analyse in PAUP***, wie sie sich nach der Eingabe von `lset ?` darstellen. Hier gezeigt sind die *factory default*-Voreinstellungen nach Start des Programms. Die Kommandos für die Definition komplexerer Modelle der Sequenzevolution sind im Text besprochen.

4.4.2 Graphische Darstellung von Bäumen nach Analysen in PAUP*

Mit `showtree` können Sie sich den erhaltenen **Stammbaum** wiederum in der einfachen textbasierten Darstellung anschauen, aber natürlich wollen Sie eine weiterverwertbare **graphische Ausgabe**, die Sie noch modifizieren können. Hier ist für die Windows-Nutzer ein weiteres, für sich allein stehendes Programm wie **TreeView** erforderlich oder Sie nutzen einfach den Tree Explorer von MEGA, den wir eben schon in Abschnitt 4.3.2 vorgestellt haben. Alternative Programme wie **TreeGraph** eignen sich besonders für komplexe Bäume, die viele Beschriftungen erfordern (Abschnitt 3.5 auf Seite 109). Den in PAUP* berechneten Stammbaum speichern Sie mit dem `savetree`-Kommando. Wenn Sie `savetree ?` eingeben, sehen Sie, dass in der Voreinstellung keine Astlängen mitgespeichert würden. Der Standard-Dateiname ist der des Alignments, nur mit der Endung *.tre statt *.nex und die Baumdatei wird im gleichen Ordner abgelegt. Andere Dateinamen und Speicherorte können Sie natürlich wählen. Mit `savetree brlens=yes` würde also unser *Maximum Likelihood*-Stammbaum mit Astlängen in der Datei `nad5-marsupials.tre` im NEXUS-Baumformat abgelegt werden (Abb. 3.14 auf Seite 100).

MEGA erlaubt das Einlesen von **Stammbäumen** in seinen *Tree Explorer* im **Newick-Format**, die dann graphisch aufbereitet werden können. Das Newick-Format liegt prinzipiell auch den Baumbeschreibungen in den NEXUS- und anderen Dateien zugrunde. Wenn wir in PAUP* unseren Stammbaum mit `savetree brlens=yes format=altnexus`

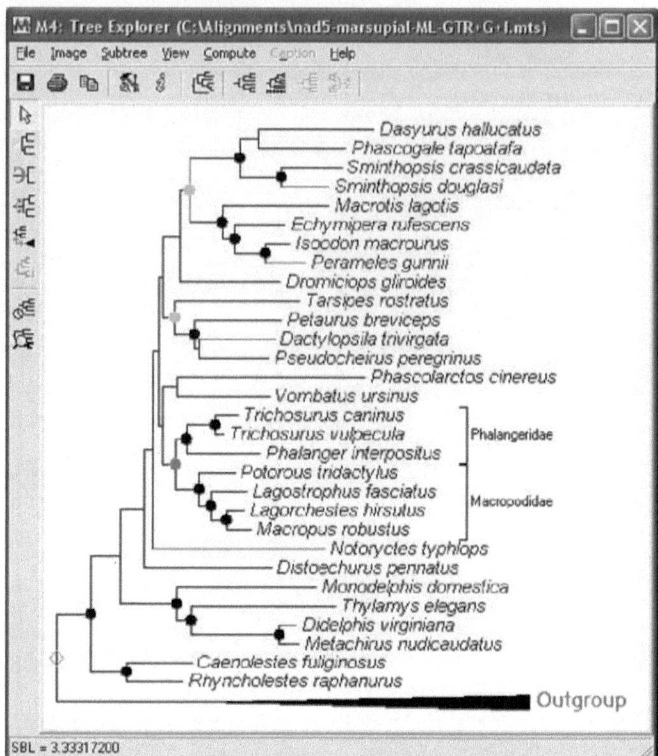

Abbildung 4.12
Der *Maximum Likelihood*-Stammbaum aus PAUP* nach Import als Newick-Datei in den Tree Explorer von MEGA. Die Klade der sechs Außengruppentaxa ist hier kollabiert dargestellt. Alle Knoten, die in den besprochenen NJ- und/oder MP-Analysen vernünftige Bootstrap-Unterstützung gefunden hatten, finden wir auch hier (schwarze Kreise), ebenso aber auch sogar andere Kladen, die nur sehr moderate (dunkelgrauer Kreis) oder kaum nennenswerte (hellgraue Kreise) Unterstützung gefunden hatten.

abspeichern, müssen Sie nur alle Kommentarzeilen aus der entstandenen Datei entfernen und sie auf die eigentliche Newick-Baumbeschreibung selbst kürzen (z.B. in den Texteditoren von PAUP* oder MEGA). Die so erhaltene Datei können wir im MEGA-Hauptmenü unter „Phylogeny/Display Newick Trees from File" direkt öffnen. Die Newick-Stammbaumdarstellung für unseren *nad*5-Baum der Beuteltiere sähe so aus:

```
(((Caenolestes_fuliginosus:0.055390,Rhyncholestes_raphanurus:0.047605)
    :0.031345,((((((((Dactylopsila_trivirgata:0.064210,Pseudocheirus_peregrinus
    :0.059300):0.003909,Petaurus_breviceps:0.073859):0.016752,Tarsipes_rostratus
    :0.106183):0.010145,((((Dasyurus_hallucatus:0.099486,Phascogale_tapoatafa
    :0.075403):0.015167,(Sminthopsis_crassicaudata:0.051227,Sminthopsis_douglasi
    :0.040401):0.035549):0.043038,((Echymipera_rufescens:0.042277,(
    Isoodon_macrourus:0.020655,Perameles_gunnii:0.033781):0.026393):0.010665,
    Macrotis_lagotis:0.091030):0.028189):0.008581,Dromiciops_gliroides:0.085504)
    :0.013687):0.003005,(((((Lagorchestes_hirsutus:0.015270,Macropus_robustus
    :0.020832):0.013371,Lagostrophus_fasciatus:0.030786):0.009803,
    Potorous_tridactylus:0.030323):0.020236,(Phalanger_interpositus:0.062781,(
    Trichosurus_caninus:0.019025,Trichosurus_vulpecula:0.007089):0.024422)
    :0.009395):0.011279,(Phascolarctos_cinereus:0.160864,Vombatus_ursinus
    :0.078782):0.012201):0.002745):0.006021,Notoryctes_typhlops:0.147050)
    :0.006964,Distoechurus_pennatus:0.109027):0.019895,(((Didelphis_virginiana
    :0.014329,Metachirus_nudicaudatus:0.016278):0.075327,Thylamys_elegans
    :0.123083):0.011877,Monodelphis_domestica:0.118558):0.048344):0.025406)
    :0.175169,(Equus_asinus:0.066277,(Lobodon_carcinophagus:0.028210,
    Phoca_hispida:0.030151):0.080169):0.176209,(Ornithorhynchus_anatinus
    :0.054943,(Tachyglossus_aculeatus:0.019505,Zaglossus_bruijni:0.009571)
    :0.080786):0.168083);
```

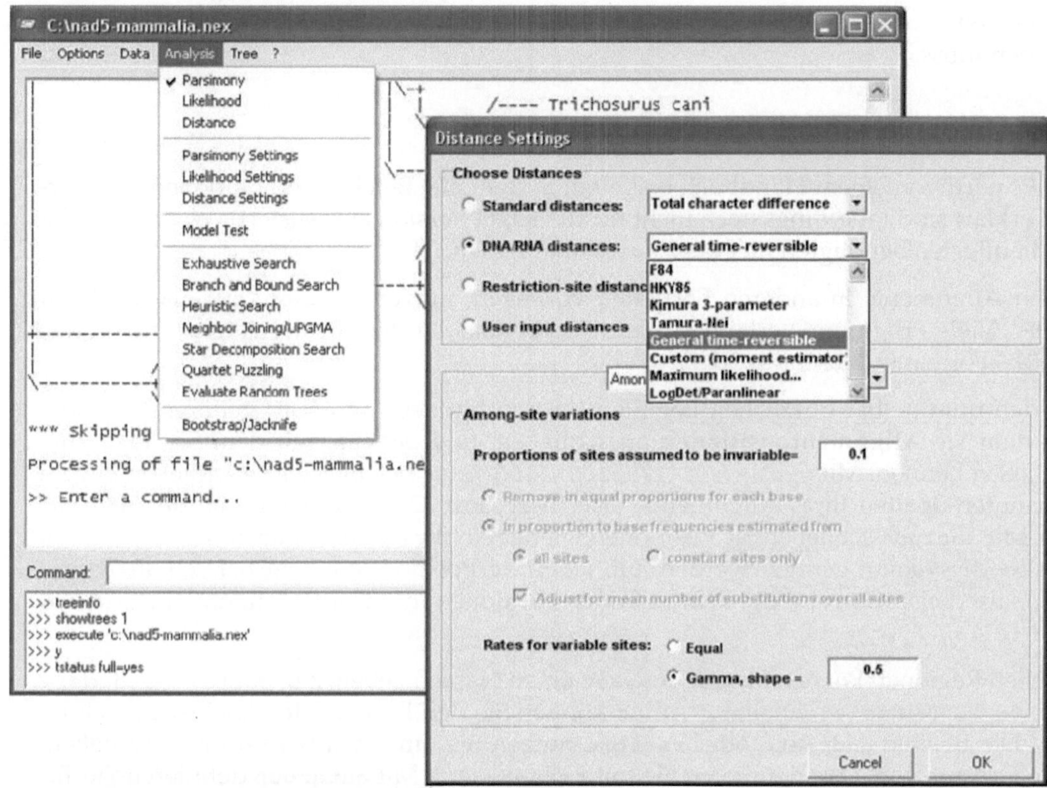

Abbildung 4.13 Die **PaupUp**-Software als ***Frontend*** für PAUP*. Bei der Einrichtung des Programms sollte der Pfad zum **Modeltest**- und zum **TreeView**-Programm angegeben werden, um deren komfortable, nahtlose Einbindung zu erlauben. Hier dargestellt ist einmal das *Analysis*- Menü (in dem sich auch der Aufruf für Modeltest findet, s. auch Abb. 10.1 auf Seite 281) und das Untermenü mit den Einstellungen für die **Distanzkorrektur**.

4.4.3 Das Leben einfacher: PaupUp

Wir erwähnten es bereits: Die ganz neue **PaupUp**-Software bietet dem Windows-Nutzer ein ***Frontend*** für die menügesteuerte Verwendung von **PAUP***, wie es ansonsten nur in der Macintosh-Version existiert (Abb. 4.13). Das PaupUp-Programm (Autoren: Fréderick Calendini und Jean-François Martin) erscheint bereits weitgehend ausgereift. Das einzige Manko ist, dass ein *Search Status*-Fenster fehlt und man daher bei den Suchen nicht ihren Fortschritt verfolgen kann (um gegebenenfalls abzubrechen ohne Zwischenwerte zu verlieren). Dem stehen aber zwei sehr große Vorteile gegenüber: Das **Modeltest**-Programm, das zur Ermittlung des geeignetsten Modells der Sequenzevolution dient und dem wir uns in Abschnitt 10.1.3 auf Seite 280 widmen, kann **direkt eingebunden** werden und ebenso das **TreeView**-Programm, so dass ein erhaltener Stammbaum direkt in die TreeView-Oberfläche weitergeben wird. (Dies kompensiert übrigens sogar einen kleinen *Bug* in der aktuellen Version (4b.10) von PAUP*: Die *Bootstrap*-Werte, für deren Speicherung der Stammbaum sonst ausdrücklich mit `from=1 to=1` gespeichert werden musste, werden korrekt transferiert.) In jedem Fall steht in PaupUp unverändert die Kommandozeile zur Verfügung, so dass der PAUP*-erfahrene Nutzer hier keine Abstriche machen muss.

4.4.4 Weitere grundlegende Befehle in PAUP*

PAUP* wird von einem Handbuch begleitet, in dem alle Befehle und Optionen ausführlich erklärt sind (allerdings noch nicht für die letzte Version aktualisiert). Wir wollen die am häufigsten benötigten hier kurz zusammenfassen.

Wenn Alignments in anderen Formaten vorliegen, nutzen Sie den **ToNexus**-Befehl in PAUP*. Viele Programme erlauben allerdings bereits den Export der Alignments in das NEXUS-Format (s. Abschnitt 3.2.1).

Zu den unmittelbar nützlichen Befehlen für den Nutzer von PAUP* gehören **exclude**, mit dem Sie **Alignmentpositionen** ausschließen, und **delete**, mit dem Sie **Taxa** ausschließen können. Mit `exclude 1-120 205 1200-1304` beispielsweise schließen Sie die genannten Spalten Ihres Alignments, also insgesamt 226 Positionen, von der Analyse aus. Mit **include** schließen Sie Positionen wieder ein (besonders einfach: `include all`). Der *backslash* kann genutzt werden, um jede n-te Position in einem Bereich anzusprechen, also beispielsweise die dritten Codonpositionen in unserem Alignment: `exclude 1-1548 \3`.

Solchen Regionen können Sie mit **charset** einen Namen geben, z.B. `charset 3rdpos = 1-1548 \3`. Mit `delete Equus_asinus` können Sie den Esel aus der Analyse ausschließen. Die Befehle **undelete** oder **restore** nutzen Sie, um Taxa wieder einzuschließen. Eine **Gruppe von Taxa** definieren Sie mit **taxset** (s.u.). Mit **outgroup** definieren Sie Taxa für die **Außengruppe**.

Zur Erinnerung: Alle Befehle können bereits in einen PAUP*-Block am Ende der NEXUS-Datei aufgenommen werden (s. Abschnitt 3.3.2 auf Seite 101) und so automatisch beim Einlesen der Datei prozessiert werden. Groß- und Kleinschreibung wird nicht unterschieden, aber denken Sie daran, jeden Befehl mit einem Semikolon abzuschließen. Das Ende der NEXUS-Datei in unserem Beispiel könnte beispielsweise so aussehen:

```
Tachyglossus_aculeatus      ... A.. T.. T.. CTT ACC TAA ...  [1854]
Zaglossus_bruijni           ... A.. C.A T.C ATT ACC TAA ...  [1854]
;
end;
BEGIN PAUP;
Taxset Prototheria = Zaglossus_bruijni Tachyglossus_aculeatus
    Ornithorhynchus_anatinus;
Taxset Eutheria = Equus_asinus Lobodon_carcinophagus Phoca_hispida;
Outgroup Eutheria Prototheria /only;
Charset third_pos = 3-.\3;
Exclude third_pos  1-15 1834-1854;
set criterion=likelihood;
Dset distance=k2p;
NJ;
Lset Nst=6 Rmatrix=est basefreq=est rates=gamma shape=est pinvar=est;
hsearch start=nj;
[Lset  Base=(0.3803 0.3191 0.0477)  Nst=6
Rmat=(0.3012 5.5526 0.7256 0.5700 4.5625)  Rates=gamma  Shape=0.5906  Pinvar
    =0.2912;]
```

```
end;
Begin Mrbayes;
Mcmcp nchains=4 ngen=1000000 samplefreq=100 savebrlens=yes printfreq=100;
Lset nst=6 rates=invgamma;
charset third_pos = 3-.\3;
exclude third_pos 1-15 1834-1854;
End;
```

Hier würden wir mit **`taxset`** die Taxa der Eutheria und die Prototheria definieren, was z.B. zweckmäßig wäre, um sie alternativ als **Außengruppen** einzusetzen. Mit **`outgroup`** werden sie hier im Beispiel beide als Außengruppe festgelegt. Normalerweise sind die **Befehle additiv** – mit der „`/only`"-Option wird hier dafür gesorgt, dass *nur* die angegeben Taxa als **Außengruppe** verwendet werden (und nicht mehr solche, die bereits vorher definiert worden waren).

Danach wird in unserem Beispiel ein **Merkmalssatz `charset`** mit dem **Namen `third_pos`** festgelegt, in dem alle dritten Codonpositionen im Alignment enthalten sind. Mit dem folgenden `Exclude`-Befehl werden diese Positionen dann von den Analysen ausgeschlossen, zusätzlich die „flatternden Enden" unseres *nad*5-Alignments der Beuteltiere, in dem nur bei einigen Arten die Sequenzen verlängert sind. Als **Optimalitätskriterium** wird mit **`set criterion=likelihood`** *Maximum Likelihood* eingestellt.

Als Distanzmaß setzen wir hier mit **`Dset`** die **Kimura-2-Parameter-Distanzen** fest, um im nächsten Schritt einen ***Neighbour Joining*** -Stammbaum **(`NJ`)** zu berechnen. Mit **`Lset`** wird hier ein komplexes Modell der Sequenzevolution **(GTR+G+I)** eingestellt, bei dem alle Parameter abgeschätzt werden sollen. Hierzu wird unter **`hsearch`** der NJ-Baum als Startbaum verwendet, der zuvor berechnet worden ist.

In den **eckigen Kommentarklammern** steht hier noch (alternativ) das Modell der Sequenzevolution, das über Modeltest (Abschnitt 10.1.3 auf Seite 280) abgeschätzt wurde, hier aber als **Kommentar ignoriert** wird. Unter dem PAUP*-Block stehen typische Einstellungen für eine Analyse in MrBayes (Kap. 8). in einem entsprechenden MrBayes-Block, der von PAUP* bei der Ausführung ebenfalls einfach ignoriert wird.

4.5 Die Zusammenfassung: Von den Daten zum Stammbaum

Wir wollen noch einmal zusammenfassen, wie Sie in überschaubarer Zeit von Ihrem Ausgangspunkt **zum Stammbaum** kommen können. Entscheidend ist natürlich Ihre Fragestellung. Ist Ihr Interesse vornehmlich taxonomisch und Sie haben (noch) gar keine eigenen Daten? Sind Sie nicht **taxonomisch**, sondern eher an der Evolution einer **Genfamilie** interessiert? Wollen Sie Ihre eigenen Daten um solche aus der Datenbank ergänzen, um dann einen Stammbaum zu berechnen? In diesen Fällen bietet **MEGA** mit seinem ***Alignment Explorer*** sicher einen guten Einstieg, um damit **vorhandene Sequenzdaten** einzuladen (idealerweise im **FASTA-Format**) und in direkter **Datenbankanbindung** um solche, die am **NCBI** deponiert sind, zu ergänzen, wie wir in diesem Kapitel beschrieben haben. Der integrierte ***Web Browser*** von MEGA hilft in sehr komfortabler Weise dabei, interessante **Datenbankeinträge** zu identifizieren und direkt in die **Alignmentoberflä-**

che zu übernehmen. Der **integrierte Clustal-Algorithmus** hilft dann gegebenfalls bei der **Alinierung** der Sequenzen, und das **Alignment** kann anschließend auch einfach **manuell editiert** werden. Man kann es nicht oft genug betonen: Dies ist ein ganz wichtiger Schritt – die **Güte des** fertigen **Alignments** muss unbedingt überprüft werden. Mit dem fertigen Alignment können Sie in **MEGA** sofort zur Tat schreiten und **Stammbäume konstruieren.** In MEGA funktionieren dann aber nur die **distanzbasierten Methoden** wirklich gut. Sie können zumindest ganz schnell einen ***Neighbour Joining***-Stammbaum konstruieren (oder einen ***Minimum Evolution***-Baum, hierzu mehr in Kap. 6). Sie können außerdem ganz leicht mit ***Bootstrapping*** einen Eindruck von der Verlässlichkeit der Knoten erhalten. Alles, was Sie hier berechnen, können Sie auf einfache Weise mit dem ***Tree Explorer*** von MEGA sehr attraktiv graphisch aufarbeiten, ausdrucken, im *.wmf-Format speichern und in andere Anwendungen übertragen. Hier ist dann aktuell das Ende der Leistungsfähigkeit vom MEGA erreicht. ***Maximum Parsimony*** ist implementiert aber sollte bestenfalls genutzt werden, um die Ergebnisse aus den Distanzverfahren mit einer anderen Methodik kurz zu überprüfen – ansonsten ist hier sehr klar der **Wechsel zu PAUP* angesagt.** MEGA nach den ersten Analysen (zunächst) zu verlassen, bietet sich auch unbedingt an, sobald die eleganten *Maximum Likelihood*-basierten Methoden zum Tragen kommen sollen, denen wir uns ab Kap. 7 widmen, denn hierzu kann MEGA aktuell noch gar nichts anbieten.

Wenn Sie ein **fertiges Alignment** schon abschließend vorliegen haben (z.B. direkt mit einem Programm wie BioEdit oder ClustalX erstellt, s. Abschnitt 3.2.1 auf Seite 88) und vor allem, wenn Sie verschiedene, leistungsfähigere Methoden für Stammbaumkonstruktionen einsetzen oder deren Ergebnisse vergleichen wollen, ist MEGA also ein Umweg. Die Verwendung von **PAUP*** ist spätestens dann zu empfehlen. Hier muss die Alinierung allerdings bereits erfolgt sein und Sie müssen die Daten zunächst in das **NEXUS-Format** umwandeln. PAUP* bietet dafür den Befehl `tonexus` an, oder aber Sie nutzen dazu die Exportfunktion Ihrer verwendeten Software oder eine der Möglichkeiten zur Umwandlung, die wir in Tabelle 3.3 auf Seite 99 dargestellt haben. Mit PAUP* können Sie nun sowohl distanzbasierte Analysen, als auch solche unter ***Maximum Parsimony*** oder ***Maximum Likelihood*** (für Nukleotidsequenzen) durchführen.

Liegen Ihre Daten einmal im NEXUS-Format vor, sind Sie auch gut vorbereitet, um zusätzlich auch eine **Bayesianische Analyse** in **MrBayes** (auch für Proteinsequenzen) oder BEAST vorzunehmen, die wir ab Kapitel 8 erläutern. Als weitere Alternative zu den ***Maximum Likelihood***-Verfahren in PAUP* und zu MrBayes bietet sich außerdem das *Quartet puzzling* für Nukleotid- und Proteinsequenzen mittels TREE-PUZZLE an, oder eine Reihe weiterer Programmen, die wir ebenfalls in Kap. 7 kurz behandeln. Für die *Likelihood*-basierten Verfahren ist in jedem Fall die Auswahl des Modells der Sequenzevolution ganz entscheidend. Hier hilft Ihnen das Programm **Modeltest**, das ganz eng mit PAUP* zusammenarbeitet und das wir in Abschnitt 10.1.3 auf Seite 280 vorstellen.

In der Mehrzahl der Fälle werden Sie für Ihren Datensatz mit den verschiedenen Programmen zwar **unterschiedliche Unterstützungen für verschiedene Knoten** und unterschiedliche Astlängen der Phylogramme finden, aber seltener **topologische Widersprüche.** So werden Sie sich schließlich für zumindest *einen* Stammbaum entscheiden wollen, den Sie präsentieren wollen. Dann könnte es z.B. sinnvoll sein, einen *Likelihood*-basierten Stammbaum aus PAUP* oder aus MrBayes darzustellen, der an seinen **Knoten** (auch) die **statistischen Unterstützungen**, die mit den verschiedenen **(anderen) Methoden** erhalten worden sind, trägt – z.B. die ***Bayesian Posterior Probabilities*** und/oder den ***Bootstrap Support*** aus den anderen Methoden und/oder den Prozentsatz kompatibler Quartette aus dem *Quartet puzzling*. Mit PAUP* unter dem Macintosh-System haben Sie einen **Stammbaumeditor** direkt zur Hand, mit PAUP* unter Windows brauchen sie eine separate Lösung. Das traditionell eingesetzte **TreeView** funktioniert hier verlässlich, um gespeicherte Strammbäume aus den Anwendungen darzustellen, bietet aber nur wenig Optionen für die graphische Aufarbeitung. Der Import einer einfachen Newick-Stammbaumdatei in den neueren ***Tree Explorer*** von MEGA ist hier vielleicht die attraktivere Option. Das ganz neue Programm **TreeGraph** – in Version 2 jetzt mit graphischer Benutzeroberfläche – erlaubt unter anderem zusätzlich, die verschiedenen Werte für die statistische Unterstützung gleichzeitig und ganz nach Wunsch formatiert zu platzieren.

4.6 Leseempfehlungen

Konkrete Rezepte und Hinweise für den Umgang mit phylogenetischer Software gibt es andernorts wenige. Eine Ausnahme ist „*The Phylogenetic Handbook*", editiert von Marco Salemi und Anne-Mieke Vandamme von 2003 – allerdings werden dort z.B. Bayesianische Verfahren nicht behandelt. „*Phylogenetic trees made easy*" von Barry Hall ist hier eine Alternative (3. Aufl., 2007), allerdings eher knapp gehalten. Schließlich ist „*Molecular Evolution – a phylogenetic approach*" von Page und Holmes (1998) zwar ganz ohne praktische Beispiele für den Umgang mit Software, aber ein hervorragendes Buch zur Einführung in die Theorie molekularer Evolution und Phylogenetik. Eine aktuelle Multigenstudie mit mitochondrialen und nukleären Genen zur Phylogenie der Beuteltiere wurde übrigens jüngst von Phillips und Kollegen publiziert (2006).

5 Parsimonieanalyse

„But rejecting a logical demand is not in itself a valid scientific refutation, and is at best a reckless practice – even outside the sciences."
Willi Hennig, *Cladistic Analysis or Cladistic Classification? A reply to Ernst Mayr,* Systematic Zoology 24:244 ff. (1974)

Der *Maximum Parsimony*-Ansatz zeichnet sich in der Phylogenetik zweifelsohne durch seine gedankliche Schlichtheit aus: Was einfach ist, ist auch gut und richtig. Ein Genbaum oder ein Stammbaum, der unsere Beobachtungen mit den einfachsten Annahmen erklären kann, ist natürlich an sich schon attraktiv. Zumindest aber sollte er ein guter Ausgangspunkt für weitere Betrachtungen sein. *Maximum Parsimony* wird allerdings gerade wegen seiner konzeptionellen Einfachheit von einigen molekularen Phylogenetikern gering geschätzt. Nur komplexere Modelle von Sequenzevolution können ihrer Meinung nach den Geschehnissen in der Evolution auf molekularer Ebene Rechnung tragen. Außerdem seien Parsimonieansätze besonders anfällig für Fehler, wie sie insbesondere durch einsame, lange Äste im Baum hervorgerufen werden. So berechtigt diese Kritik auch ist: Wenigstens bei morphologischen Daten sehen sich Parsimonieanalysen noch keiner überzeugenden Konkurrenz durch mehr statistisch orientierte, rechenaufwändigere Ansätze ausgesetzt. Doch auch bei Sequenzdaten wird sich der pragmatische Biologe zumindest freuen, wenn auch sein *most parsimonious tree* nicht völlig anders aussieht als sein mit anderen Methoden gefundener, und darum werden die schnellen, einfachen und gut etablierten Parsimonieanalysen selten in seinem Methodenarsenal fehlen.

Übersicht

5.1 Das Parsimonieprinzip

Das **Parsimonieprinzip** besagt, dass die einfachste, sparsamste (engl. *most parsimonious*) Erklärung anderen Erklärungen vorzuziehen ist. Als minimalistisches Ökonomieprinzip der formalen Logik, dem zufolge ganz generell einfache Denkmodelle den komplizierten vorzuziehen sind, ist es auch unter der Bezeichnung ***Ockham's razor*** (Ockhams Rasiermesser) bekannt. Es geht auf die Arbeiten von William of Ockham (*1285, †1349) zurück, der sich als Theologe und Philosoph um die formale Logik verdient gemacht hat. Die **Parsimonieanalyse** (engl. *Parsimony Analysis, Maximum Parsimony*) ist für phylogenetische Analysen verbreitet und beliebt. Die offensichtlichen Gründe sind:

- Die Parsimonieanalyse basiert auf einem einfachen, logisch und intuitiv einleuchtenden Prinzip, das auch außerhalb der Phylogenetik angenommen wird.
- Bei der Einführung des Parsimonieprinzips für die Kladistik wurde zunächst an morphologische Daten gedacht und für diese gibt es bis heute keine verbreitete und überzeugende Alternative zur Parsimonieanalyse. Studien mit morphologischen Merkmalen werden also meistens auf das Parsimonieprinzip zurückgreifen.
- Der Anspruch an die Rechenleistung des Computers ist nicht sehr hoch im Vergleich zu anderen Methoden, die kompliziertere Modellannahmen machen.

Parsimonieanalyse und Kladistik (engl. *cladistics*) werden, zumindest im Englischen, oft synonym verwendet.

5.1.1 Parsimonie-informative Merkmale

Für die Parsimonieanalyse betrachten wir jede Position im Alignment als eigenes Merkmal und haben es damit mit so genannten **diskreten Merkmalen** zu tun. Eine Spalte entspricht also einem Merkmal, das bei verschiedenen Taxa (Zeilen) bestimmte Merkmalszustände annimmt. Wir haben das Konzept schon mit unserem Phantasiebeispiel in Abschnitt 2.3.3 auf Seite 65 eingeführt – dort hatte das Merkmal Zellen etwa die zwei Zustände 0 und 1. Allen belebten Objekten hatten wir den Merkmalszustand 1 zugewiesen (Zellen vorhanden), den übrigen Objekten den Zustand 0 (keine Zellen).

Bezogen auf eine einzelne Spalte ist nach dem Parsimonieprinzip nun derjenige Stammbaum der beste, der die geringste Zahl an Zustandsänderungen in diesem Merkmal bedeutet. Wieder anhand der Phantasiematrix aus Abschnitt 2.3.3 verdeutlicht, wäre ein Baum sehr wenig sparsam, der viele Paare aus Lebewesen und einem unbelebten Objekt als jeweils nächste Verwandte zeigt. In so einem Baum müsste in der Evolution häufig der Merkmalszustand „Zellen vorhanden" unabhängig voneinander entstanden oder wieder verloren gegangen sein – kein sehr sparsamer Vorgang.

Man spricht von **Schritten**, wenn eine Änderung des Merkmalszustands auftritt (engl. *steps*). Eine einzige Änderung kann dabei auch mehr als nur einen Schritt bedeuten, insbesondere wenn Schritte als **„Kosten"** aufgefasst werden; das hängt von dem Merkmalstyp ab oder auch von der Gewichtung des Merkmals. Der Normalfall in der phylogenetischen Praxis bei molekularen Daten ist jedoch ein Merkmalstyp, bei dem jede Änderung des Zustands einem Schritt entspricht, sowie eine Gleichgewichtung aller Merkmale. Also entspricht in diesem Normalfall tatsächlich die Schrittzahl der Zahl an Übergängen von Merkmalszuständen.

chars: 28					5					10					15					20					25			
tax1	T	G	C	A	A	G	T	A	G	G	G	C	A	A	T	A	C	T	G	G	G	A	A	G	C	G	T	C
tax2	A	G	C	A	A	G	T	A	G	G	C	C	A	A	T	A	C	C	G	G	G	C	C	G	C	G	T	T
tax3	T	G	C	T	A	C	T	A	G	G	G	C	A	A	T	A	C	C	G	G	G	C	C	G	C	G	T	T
tax4	T	G	C	A	A	C	T	A	G	G	G	C	A	A	T	A	C	T	G	G	G	A	A	G	C	G	T	A
tax5	A	G	C	A	A	G	T	A	G	G	C	C	A	A	T	A	C	T	G	G	G	A	A	G	C	G	T	T

chars: 28					5					10					15					20					25			
tax1	T	G	C	A	A	G	T	A	G	G	G	C	A	A	T	A	C	T	G	G	G	A	A	G	C	G	T	C
tax2	A	G	C	A	A	G	T	A	G	G	C	C	A	A	T	A	C	C	G	G	G	C	C	G	C	G	T	T
tax3	T	G	C	T	A	C	T	A	G	G	G	C	A	A	T	A	C	C	G	G	G	C	C	G	C	G	T	T
tax4	T	G	C	A	A	C	T	A	G	G	G	C	A	A	T	A	C	T	G	G	G	A	A	G	C	G	T	A
tax5	A	G	C	A	A	G	T	A	G	G	C	C	A	A	T	A	C	T	G	G	G	A	A	G	C	G	T	T

Abbildung 5.1 Oben: Ein winziges Alignment als Beispiel zur Demonstration parsimonie-informativer Merkmale. Unten: Das gleiche Alignment, wobei konstante Positionen dunkelgrau, variable uninformative Positionen hellgrau und parsimonie-informative Positionen weiß unterlegt sind.

Nun ist es aber unwahrscheinlich, dass alle Merkmale (alle Spalten) für die gleiche Gruppierung von Taxa, also für die gleiche Stammbaumtopologie, sprechen. Manche Positionen verraten vielleicht gar nichts über die Phylogenie, weil alle Taxa den gleichen Merkmalszustand aufweisen. Dann spricht man von invariablen bzw. **konstanten Merkmalen** oder Positionen im Alignment (engl. *constant, invariable character*). In der Phantasiematrix von Abschnitt 2.3.3 fehlten solche Merkmale, aber man könnte sich leicht welche hinzudenken, z.B. das Merkmal „Dichte": **0** – kleiner als die von Luft, **1** – größer als die von Luft. Alle Taxa hätten dann den Zustand **1**. Möglich ist auch, dass nur eines der Taxa in seinem Merkmalszustand von den anderen abweicht. Diese Position ist dann zwar variabel, aber nicht informativ: sie ist parsimonie-uninformativ. Das würde in der Phantasiematrix z.B. auf das Merkmal „Kufen" zutreffen – nur der Hubschrauber hätte hier den Zustand „1" für „vorhanden". Bei solchen Merkmalen hilft es auch nicht, wenn ein weiterer Merkmalszustand hinzukommt, der wieder nur bei einem Taxon vertreten ist. Es müssen also mindesten *zwei* Merkmalszustände vorkommen, und jeder muss jeweils bei *mindestens zwei* Taxa vertreten sein, damit das Merkmal **parsimonie-informativ** ist.

Ein konkretes Beispiel für molekulare Daten: Angenommen, wir hätten ein rein hypothetisches Alignment wie in Abbildung 5.1 oben. mit insgesamt 28 Merkmalen (Alignmentpositionen). Versuchen Sie zunächst einmal, diejenigen Merkmale ausfindig zu machen, die überhaupt für die Parsimonieanalyse relevant sind. Richtig, das sind sie: die Merkmale Nummer 1, 6, 11, 18, 22 und 23 sind parsimonie-informativ. In Abbildung 5.1 unten sind sie einmal mittels der *character set*-Ansicht in PhyDE weiß hervorgehoben. Die konstanten, uninformativen Merkmale sind dunkelgrau unterlegt und die zwar variablen, aber dennoch **uninformativen** Positionen hellgrau. Bei letzteren sind die abweichenden Merkmalszustände Autapomorphien einzelner Taxa und helfen uns für die kladistische Analyse nicht weiter.

5.1.2 Merkmalskonflikt

Wichtig für die Auswahl des besten Stammbaumes nach dem Parsimonieprinzip (für den *most parsimonious tree*) sind also nur die parsimonie-informativen Merkmale. Aber

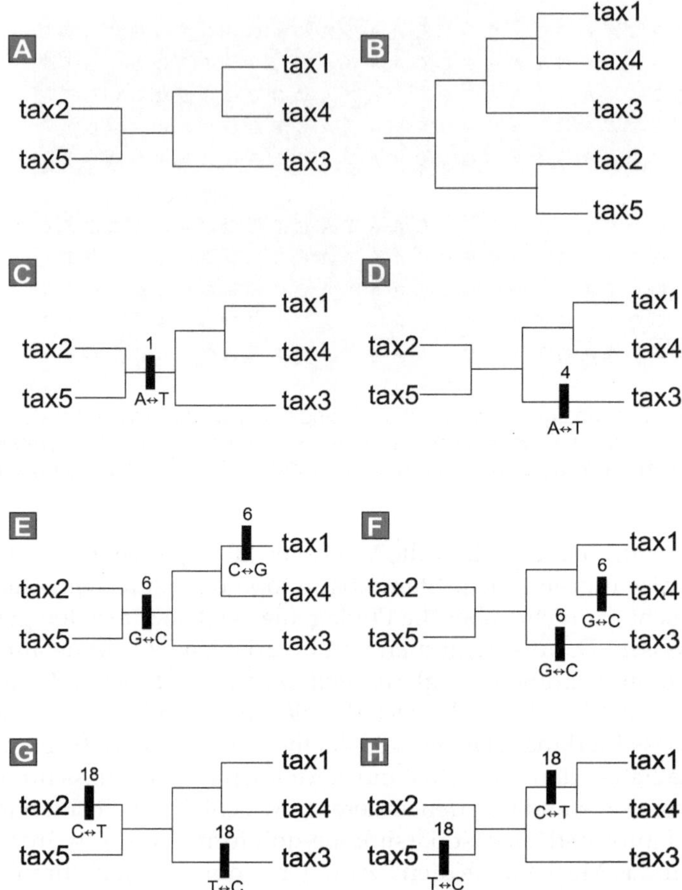

Abbildung 5.2 Rekonstruktion von Merkmalsevolution. **A.** Ein Stammbaum, auf dessen Basis die Evolution von Merkmalen aus Abb. 5.1 rekonstruiert werden soll. Hier die ungewurzelte Variante, mit der gerechnet wird. **B.** Würden beispielsweise tax2 und tax5 die Außengruppe bilden, sähe der finale gewurzelte Baum so aus wie hier rechts dargestellt – für die Berechnung interessiert jedoch nur der ungewurzelte Baum. **C.** Rekonstruktion des Merkmals 1 aus Abb. 5.1 auf diesem Beispiel-Stammbaum. Der Übergang zwischen den Merkmalszuständen (engl. *character state changes*) ist als Balken dargestellt, über dem die Merkmalsnummer steht und unter dem angegeben ist, zwischen welchen Merkmalszuständen der Übergang erfolgt. Für Merkmal 1 wird nur ein Schritt benötigt. **D.** Rekonstruktion des parsimonie-uninformativen Merkmals Nummer 4. **E.** und **F.**: Zwei mögliche Rekonstruktionen von Merkmal 6. In beiden Fällen werden jeweils zwei Merkmalsübergänge (Schritte) benötigt. **G.** und **H.**: Zwei mögliche Rekonstruktionen von Merkmal 18 aus auf dem Baum. Es werden jeweils zwei Schritte benötigt.

unter diesen sprechen höchstwahrscheinlich nicht alle für den gleichen Baum. Einige widersprechen sich wenigstens nicht, aber in realen Datensätzen werden eine Reihe von Merkmalen sogar genau dies tun: sich widersprechen. Man sagt, dass diese Merkmale dann im **Konflikt** stehen. In diesem Moment enthält der Datensatz **Homoplasie**: ein Teil der Ähnlichkeiten zwischen Taxa kann nicht mehr ausschließlich über Vererbung gemäß eines gegebenen Baumes erklärt werden. Verschiedene Merkmale werden verschiedene

Merkmal	Schritte
1	1
6	2
11	1
18	2
22	2
23	2
Summe	10

Tabelle 5.1 Benötigte Schritte für parsimonie-informative Merkmale aus dem Beispielalignment, berechnet auf dem ungewurzelten Baum aus Abb. 5.2

Bäume favorisieren. Konsequent dem Parsimonieprinzip folgend, wird schließlich derjenige Baum bevorzugt, der in der Summe über alle Merkmale hinweg die geringste Zahl an Änderungen in allen Merkmalen erfordert.

5.1.3 Ein Beispiel in Handarbeit

Schauen wir uns den Stammbaum in Abbildung 5.2 A auf der Seite gegenüber an, der eine erste Hypothese zur Verwandschaft der fünf Taxa sei.

Man kann fragen, wie viele Schritte dieser Baum wohl für das Merkmal 1 im Alignment aus Abbildung 5.1 erforderlich machen würde. Lediglich ein einziger Schritt von A nach T (oder in die andere Richtung) wäre nötig, da tax2 und tax5 ein A aufweisen wo tax1, tax4 und tax3 jeweils ein T haben (Abb. 5.2 C auf der vorherigen Seite).

Wie steht es mit Merkmal Nummer 6, dem nächsten parsimonie-informativen Merkmal aus dem Alignment? Das ist schon kniffliger, weil es zwei gleich gute (oder schlechte) Rekonstruktionsmöglichkeiten gibt. In jedem Fall aber bedarf es mindestens zweier Schritte auf dem Baum, um die Verteilung von Merkmalszuständen in Merkmal 6 mit diesem Baum zu erklären (Abb. 5.2 E und F). Weiter geht es mit Merkmal 11. Hier sind zwar andere Merkmalszustände im Spiel als bei Merkmal 1 (G und C statt A und T), aber das Muster der Verteilung ist das gleiche: tax2 und tax5 haben den einen, tax1, tax3 und tax4 den anderen Zustand. Das ergäbe also wieder so etwas wie Abbildung 5.2 C auf der Seite gegenüber, und dementsprechend *einen* Schritt. Merkmal 18 offenbart wieder ein etwas anderes Muster (Abb. 5.2 G und H). Wieder werden für beide Rekonstruktionsmöglichkeiten jeweils zwei Schritte benötigt. Das gleiche gilt für Merkmale 22 und 23. Das Ergebnis der Bemühungen ist in Tabelle 5.1 zusammengefasst: 10 Schritte erfordert der Baum für alle parsimonie-informativen Merkmale aus dem Beispielalignment zusammengenommen.

Das ist zwar schön und gut, aber natürlich noch nicht das Ende! Denn Sie kennen jetzt zwar die Anzahl der erforderlichen Übergänge unter den parsimonie-informativen Positionen (engl. den *score*) für diesen einen Baum, aber eigentliches Ziel war doch, den optimalen, kürzesten Baum zu finden. Das heißt also: unsere Betrachtungen mit einem anderen Baum wiederholt (Abb. 5.3 auf der nächsten Seite)! Spätestens jetzt ahnen Sie, wieso man Parsimonieanalysen besser doch nicht von Hand durchführen sollte ....

Das Ergebnis ist wieder in einer Tabelle zusammengefasst (Tab. 5.2). Diesmal sind es nur neun Schritte, also ist dieser zweite Baum eindeutig der bessere Kandidat. Sind wir damit fertig, haben wir den kürzesten Baum gefunden? Kann sein, oder auch nicht. Da

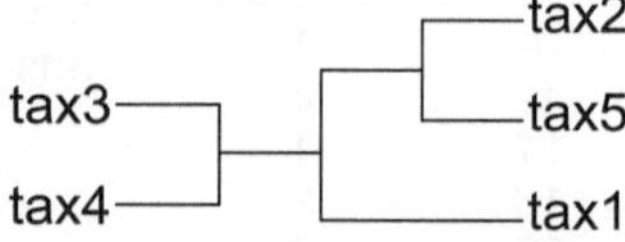

Abbildung 5.3 Ein weiterer Baum für unsere Betrachtungen der Merkmalsevolution.

Tabelle 5.2 Benötigte Schritte für parsimonie-informative Merkmale aus dem Beispielalignment, berechnet auf dem ungewurzelten Baum aus Abb. 5.3.

Merkmal	Schritte
1	1
6	1
11	1
18	2
22	2
23	2
Summe	9

hilft nur, weitere Bäume vorzuschlagen und durchzurechnen. Haben Sie erst einmal alle Bäume, die man aus den fünf Taxa konstruieren kann (es sind 15, s. Abschnitt 2.3.2) überprüft, werden Sie feststellen: Sie hatten mit dem Baum aus Abb. 5.3 tatsächlich einen kürzesten Baum gefunden, aber nicht alle. Es gibt nämlich noch drei weitere Bäume, die ebenfalls nur neun Schritte erfordern. Das Ergebnis dieser kleinen Parsimonieanalyse, die Menge der vier kürzesten Bäume, die neun Merkmalsübergänge erfordern, ist in Abbildung 5.4 gezeigt. Für die Frage nach dem optimalen Baum hatten wir bis jetzt alle konstanten und parsimonie-uninformativen Merkmale ausgeblendet. Zu Recht könnten Sie jetzt einwenden, dass aber doch alle variablen Merkmale irgendwelche Schritte auf den Bäumen erfordern müssen. Das ist auch der Fall. Natürlich erfordert etwa das variable, aber uninformative Merkmal Nummer 4 genau einen Schritt auf dem anfänglich betrachteten Baum (Abb. 5.2 D auf Seite 144). Aber es erfordert eben auf *jedem* möglichen Baum genau einen Schritt, und ist daher für die Frage nach dem kürzesten Baum irrelevant. Genauso erfordert Merkmal Nummer 28 immer genau zwei Schritte. Konstante Merkmale benötigen natürlich immer 0 Schritte. Zählt man nun die Schritte, die alle Merkmale zusammengenommen auf dem Baum erfordern, kommt man bei unserem anfänglichen Beispielbaum auf 13, und bei den tatsächlich kürzesten Bäumen auf 12 Schritte – immer 1+2 Schritte mehr aufgrund von Merkmal 4 und 28. Diese Endsumme ist die Schrittzahl oder die **Länge des Baumes** unter Berücksichtigung *aller* Merkmale, die üblicherweise in der Literatur angegeben wird.

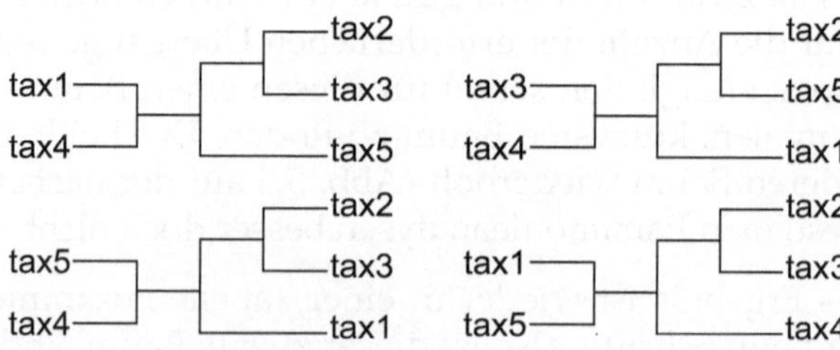

Abbildung 5.4
Alle kürzesten Bäume mit neun Übergängen der parsimonie-informativen Merkmale für die Merkmalsmatrix aus Abb. 5.1.

5.1.4 Parsimonie am PC: PAUP*

Benutzen wir PAUP*, um das gerade von Hand durchgearbeitete Beispiel einmal vom Computerprogramm nachvollziehen zu lassen. Dabei lernen Sie das in Abschnitt 4.4 schon kurz vorgestellte Programm etwas genauer kennen und können das theoretisch Erlernte in Beziehung zu Ausgaben und Kommandos bei PAUP* setzen. Dazu brauchen Sie

- Eine NEXUS-Datei mit den Daten aus Abbildung 5.1 auf Seite 143. Daraus errechnet PAUP* dann den kürzesten Baum für diese Merkmale.
- Den Baum aus Abbildung 5.2 auf Seite 144, den Sie PAUP* vorgeben können, um zu sehen, wie viele Schritte er für jedes Merkmal erfordert.

Beides dürfen Sie zusammen in einer NEXUS-Datei kombinieren, die dann so aussehen könnte:

```
#NEXUS

BEGIN DATA;
DIMENSIONS NTAX=5 NCHAR=28;
FORMAT DATATYPE=DNA GAP=- MISSING=? ;

MATRIX
tax1  TGCAAGTAGGGCAATACTGGGAAGCGTC
tax2  AGCAAGTAGGCCAATACCGGGCCGCGTT
tax3  TGCTACTAGGGCAATACCGGGCCGCGTT
tax4  TGCAACTAGGGCAATACTGGGAAGCGTA
tax5  AGCAAGTAGGCCAATACTGGGAAGCGTT
;
END;

BEGIN TREES;
tree 1=[&u]((tax2,tax5),(tax3,(tax1,tax4)));
END;
```

Eine Datei wie diese kann in jedem beliebigen Text-Editor geschrieben und gespeichert werden, wie er auch Bestandteil von PAUP* oder MEGA ist. Denken Sie unbedingt daran, wenn Sie ein Textverarbeitungsprogramm wie z.B. WORD nutzen, in der „Nur-Text" Option abzuspeichern. Zur Erinnerung: Zwischen `Begin` und `End` befindet sich jeweils ein so genannter „Block", in unserem Beispiel ein **Daten-Block** (`Data`) und ein **Baum-Block** (`Trees`). PAUP* braucht zur Arbeit zumindest immer einen Datenblock. Bäume kann man optional vorgeben, oder dies auch mit Hilfe einer separaten Datei tun. Öffnet man unsere Beispieldatei in PAUP* und gibt den Befehl „`execute`" (kurz `exe`) ein, sollte man etwa folgendes sehen:

```
Processing of file "C:\irgendeinpfad\Beispiel.nex"  begins...

Data read in DNA format

Data matrix has 5 taxa, 28 characters
Valid character-state symbols:ACGT
Missing data identified by '?'
Gaps identified by '-'
"Equate"  macros in effect:
   R,r ==> {AG}
   Y,y ==> {CT}
   M,m ==> {AC}
```

```
    K,k ==> {GT}
    S,s ==> {CG}
    W,w ==> {AT}
    H,h ==> {ACT}
    B,b ==> {CGT}
    V,v ==> {ACG}
    D,d ==> {AGT}
    N,n ==> {ACGT}

1 tree read from TREES block
```

Darin bestätigt PAUP* die Anzahl der Taxa und der Merkmale, dass letztere im DNA-Format sind, und dass ein Baum eingelesen wurde. Zur Erinnerung (Abschnitt 4.4): PAUP* beherrscht neben Parsimonie auch distanzbasierte und *Maximum Likelihood*-Verfahren zur phylogenetischen Analyse. *Parsimony* ist allerdings die Voreinstellung (*factory default*), so dass wir nichts ändern müssen. Andernfalls: `set criterion = parsimony`. Wie war das jetzt mit den variablen und informativen Merkmalen?

Gibt man den Befehl `CStatus` oder kürzer `cst` für *character status* ein, erhält man folgende Auflistung:

```
Character-status summary:
  Current optimality criterion = parsimony
  No characters are excluded
  Of 28 total characters:
    All characters are of type 'unord'
    All characters have equal weight
    20 characters are constant
    2 variable characters are parsimony-uninformative
    Number of parsimony-informative characters = 6
```

Tatsächlich erkennt PAUP* also 20 konstante, zwei uninformative, und sechs informative Merkmale, genau wie in Abbildung 5.1 auf Seite 143. Doch was ist was? Geht das genauer? Hat man schon so eine Ahnung, dass ein bestimmter Befehl eigentlich noch mehr könnte, wenn man ihn nur richtig modifiziert, empfiehlt sich die PAUP*-Hilfe. Man schreibt `cst ?` und erhält folgende Hilfe:

```
Usage: CStatus [options...] ;

Available options:

Keyword ---- Option type ------------------------ Current default setting --
Full         No|Yes                               No
Excluded     Show|Hide                            Show
```

Es gibt also noch weitere Optionen (`options`) bei diesem Befehl, und die Option `full` klingt doch für unsere Zwecke ganz passend. Sie schreiben also `Cst full=y` und erhalten eine detaillierte Liste, die Ihnen alle Merkmale, also Alignmentpositionen, und alle Merkmalszustände, also dort jeweils auftretende Nukleotide, aufführt:

```
Current status of all characters:

Character          Type          Status       Weight   States

1                  Unord           -               1   AT
2                  -             UC                1   G
3                  -             UC                1   C
4                  Unord         U                 1   AT
5                  -             UC                1   A
6                  Unord         -                 1   CG
7                  -             UC                1   T
8                  -             UC                1   A
9                  -             UC                1   G
10                 -             UC                1   G
11                 Unord         -                 1   CG
12                 -             UC                1   C
13                 -             UC                1   A
14                 -             UC                1   A
15                 -             UC                1   T
16                 -             UC                1   A
17                 -             UC                1   C
18                 Unord         -                 1   CT
19                 -             UC                1   G
20                 -             UC                1   G
21                 -             UC                1   G
22                 Unord         -                 1   AC
23                 Unord         -                 1   AC
24                 -             UC                1   G
25                 -             UC                1   C
26                 -             UC                1   G
27                 -             UC                1   T
28                 Unord         U                 1   ACT
```

Wir ignorieren zunächst einmal die Spalten *Type* und *Weight*, auf die wir später bei der Betrachtung von Merkmalstypen zurückkommen. In der Spalte *Status* finden wir `U` für uninformativ und `C` für konstant. Diejenigen Merkmale, wo weder `U` noch `C` und stattdessen ein Strich steht, sind genau die parsimonie-informativen Merkmale, die wir bereits in unserem Alignment in Abbildung 5.1 auf Seite 143 oben per Auge identifiziert hatten.

Wie berechnet man jetzt die Länge eines Baumes, etwa des von PAUP* gerade geladenen? Dazu gibt es den Befehl `pscore` (für *parsimony score*), gefolgt von der Liste der Bäume, die man evaluieren will. In unserem Fall hat PAUP* aktuell nur einen einzigen Baum im Gedächtnis, nämlich genau den, den wir in unsere NEXUS-Datei geschrieben hatten. Wir sprechen diesen Baum einfach mit „`1`" an und schreiben `pscore 1`. Hätte PAUP* mehrere Bäume gespeichert, würde „`2`" den zweiten Baum ansprechen und so weiter. Dies ist die Antwort:

```
Lengths of trees in memory:
  Character-status summary:
    Of 28 total characters:
      All characters are of type 'unord'
      All characters have equal weight
      20 characters are constant
      2 variable characters are parsimony-uninformative
      Number of parsimony-informative characters = 6
  Gaps are treated as "missing"

Tree #   1 Length  13
```

Hierbei interessiert uns eigentlich nur die letzte Zeile wirklich: Unser Baum hat die Länge 13, allerdings sind hier die nicht-informativen Merkmale noch enthalten. Wir sollten diese ausdrücklich entfernen. Dazu gibt es den Befehl `exclude` und eine vordefinierte Merkmalsmenge (engl. ***character set***) namens `uninf` (für *uninformative*). Mit `excl uninf` informiert PAUP* Sie folgendermaßen:

```
Character-exclusion status changed:
  22 characters excluded
  Total number of characters now excluded = 22
  Number of included characters = 6
```

Es werden nur noch die sechs informativen Merkmale berücksichtigt. Wiederholen Sie jetzt den Befehl `pscore 1`, erhalten Sie die Länge 10.

Nur: Das war ja gar nicht der kürzeste Baum! Lassen wir PAUP* doch einmal alle kürzesten Bäume finden. Wer Abschnitt 4.4 bereits gelesen hat, erinnert sich, dass die **heuristische Suche** nach Bäumen mit `HSearch` gestartet wird und der abgekürzte Befehl `hs` tut es auch. Die Auskunft lautet am Ende etwa so:

```
Heuristic search completed
   Total number of rearrangements tried = 48
   Score of best tree(s) found = 9
   Number of trees retained = 4
   Time used = 0.02 sec
```

Es stimmt also: vier kürzeste Bäume der Länge 9. Anzeigen lassen kann man sich die natürlich auch, mit dem Befehl `showtree`, gefolgt von einer Liste der Bäume, die wir sehen wollen. Wir wollen alle sehen, also `showtr 1-4` oder einfach `showtr all`. Das ergibt die graphisch wenig ansprechende, aber für erste Zwecke hinreichende Ausgabe aus Abbildung 5.5 auf der Seite gegenüber. Aus rein darstellungstechnischen Gründen zeigt PAUP* die Bäume, als seien sie gewurzelt, und nimmt dazu willkürlich das erste Taxon aus der Matrix als Außengruppe und schreibt dieses ganz nach oben. Mit etwas Übung im Bäumelesen erkennen Sie aber in diesen Bäumen genau die aus Abb. 5.4 auf Seite 146.

5.2 Gar nicht sparsam: Mehr über Parsimonie

Die Parsimonieanalyse fußt also auf der Annahme, dass der beste Baum derjenige ist, der die geringste Anzahl evolutiver Schritte, also Merkmalsübergänge, erfordert, um die Daten (das Alignment) zu erklären. Grundannahme ist dabei natürlich, dass Ähnlichkeiten zwischen zwei Taxa auf einen gemeinsamen Vorfahren hinweisen, von dem die Merkmalszustände, in denen sich beide Taxa gleichen, vererbt und übernommen wurden. Zur Erinnerung (Abschnitt 2.3.1): Wenn die Ähnlichkeit kein Zufallsprodukt ist sondern tatsächlich auf genetische Information zurückgeht, die vom gemeinsamen Vorfahren geerbt wurde, spricht man von **Homologie**. Natürlich aber können in der Regel nicht alle beobachteten Ähnlichkeiten und Entsprechungen über solch eine Vererbung erklärt werden. Ergänzen wir dazu noch einmal die Betrachtungen aus Abschnitt 2.3: Zufällige, nicht auf Homologie beruhende Ähnlichkeit nennt man **Analogie**. Ähnlichkeit, die auf Anpassung an ähnliche Umweltbedingungen zurückzuführen ist, nennt man **Konvergenz**. Bei **Parallelismen** gibt es eine Prädisposition der Taxa, bestimmte Charakteristika zu

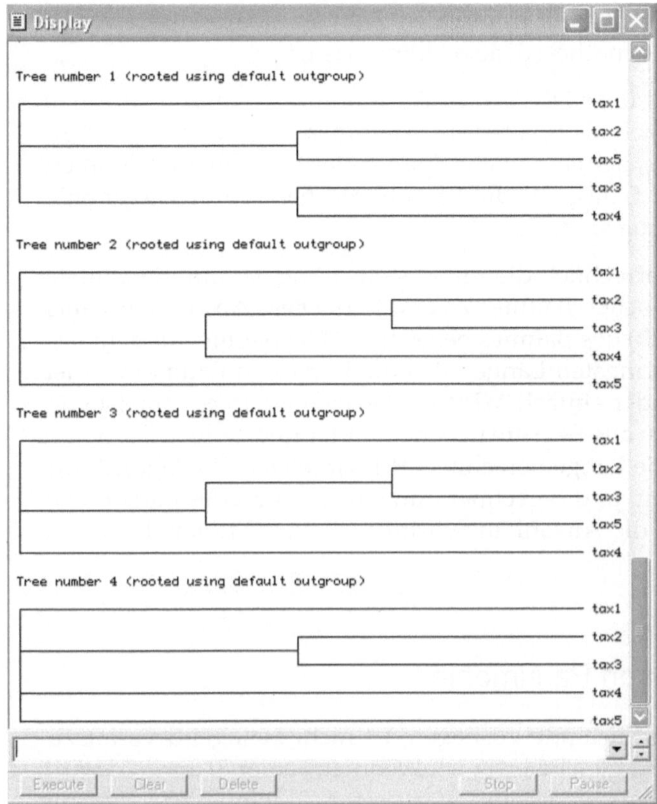

Abbildung 5.5 Ausgabe der vier kürzesten Bäume für das Beispiel in PAUP*.

entwickeln. Schließlich gibt es noch die Umkehrungen (***reversals***), bei denen ein Merkmal sich wieder zu seinem Ursprungszustand zurückentwickelt. In allen Fällen geht die Ähnlichkeit nicht auf genetische Information zurück, die vom gemeinsamen Vorfahren geerbt wurde. Der Oberbegriff hierfür ist **Homoplasie** (engl. *homoplasy*).

Prinzipiell gelten diese Termini auch für nicht-morphologische Merkmale, z.B. DNA-Alignmentpositionen. Da hier aufgrund der Einfachheit der Merkmale seltener zwischen reinem Zufall, ähnlichen Umweltbedingungen oder Prädispositionen unterschieden werden kann, wird bei molekularen Merkmalen meist pauschal einfach von Homoplasie gesprochen – also recht unspezifisch für Entsprechungen, die nicht auf genetische Information vom gemeinsamen Vorfahren zurückzuführen sind.

Ein Merkmal, dessen Evolution nur unter Annahme eines oder mehrerer dieser Mechanismen zu erklären ist, nennt man **homoplastisch**. Es kann mehr oder weniger stark homoplastisch sein (Maßzahlen hierfür lernen Sie weiter unten kennen). In der Parsimonieanalyse ist Homoplasie für zusätzliche Schritte im Baum verantwortlich, was zusätzlichen Hypothesen entspricht, die man zur Erklärung der Daten aufstellen muss (***Ad-hoc*-Hypothesen**). Die Parsimonieanalyse versucht nun, denjenigen Baum zu selektieren, der zur Erklärung der Daten die geringstmögliche Anzahl von *Ad hoc*-Hypothesen erfordert. Dies passiert einfach durch Selektion des Baumes, der insgesamt die geringste Zahl evolutiver Schritte erfordert. Schließlich ist der Baum, bei dem die Gesamtzahl an

Schritten minimal ist, auch derjenige mit der minimalen Zahl an „Extraschritten" und damit an „überschüssigen" *Ad-hoc*-Hypothesen, also Homoplasien.

Da wir in diesem Buch vorwiegend über DNA- und Aminosäuresequenzen sprechen, können Sie sich die Merkmale einfach als Spalten im Alignment vorstellen. Im Englischen fällte da häufig der Begriff ***site***, der eine solche Spalte oder Position im Alignment meint. Wir hatten oben schon erklärt, dass für die Parsimonieanalyse nur parsimonieinformative Positionen von Bedeutung sind.

Nun wird die Anzahl an Schritten errechnet, die mindestens nötig ist, um die „Entstehung" der Daten anhand eines gegebenen Baumes zu erklären. Diese Anzahl wird auch als *parsimony score* oder **Länge** (*length*) des Baumes bezeichnet. Die Bäume mit dem besten (=niedrigsten) *score* bzw. der geringsten Länge (also die kürzesten Bäume) werden als *shortest, most parsimonious trees* oder einfach ***MP trees*** bezeichnet. In der (meist englischsprachigen) Literatur findet man alle Begriffe nebeneinander und sollte wissen, was damit gemeint ist. Doch wie wird die Länge berechnet? Prinzipiell so: Ein Algorithmus bekommt einen Baum vorgeschlagen, und berechnet nun einzeln für jedes parsimonieinformative Merkmal im Datensatz die Anzahl an Schritten, die das Merkmal auf dem Baum erfordert.

5.2.1 Verschiedene Formen von Parsimonie

Wo für ein Merkmal mehr als zwei Zustände vorliegen, ist nicht zwingend vorauszusetzen, dass jeder Merkmalsübergang gleichwertig ist. Wenn aus einer '0' eine '1' wird, mag das anders zu betrachten sein, als wenn eine '1' zu einer '2' wird. Der Übergang von '0' zu '2' mag erlaubt sein, oder eben auch nicht. Und wenn ein Übergang von '1' zu '2' möglich ist: Gilt dies auch für '2' zu '1'und, wenn ja, ist dies genauso zu gewichten? Es gibt verschiedene Formen von Parsimoniemethoden, die diesen Betrachtungen Rechnung tragen. Sie tragen nach ihren Schöpfern die Bezeichnungen Wagner-, Fitch-, und Dollo-Parsimonie.

Wagner-Parsimonie funktioniert vor allem für binäre Merkmale (*binary characters*; es gibt zwei Zustände) und für *ordered multistate characters*. Bei letzteren gibt es mehrere Zustände (>2) und es ist entscheidend, von welchem Zustand zu welchem anderen übergegangen wird, um die Kosten (notwenige relative Schrittzahl in der Evolution) zu berechnen. Wagner-Parsimonie nimmt an, dass Merkmalszustände sich auf einer Skala befinden und ein **Zustandswechsel nur über etwaige Zwischenstufen** erfolgt.

DNA-Merkmale werden jedoch meist als ***un****ordered multistate characters* aufgefasst, d.h. ein Wechsel von A nach T ist genauso „kostspielig" wie einer von C nach T. Jeder Merkmalszustand kann direkt in jeden anderen übergehen. Dafür eignet sich **Fitch-Parsimonie**. Da bei Wagner und Fitch egal ist, ob von A nach T gewechselt wird oder von T nach A, bezeichnet man beide Methoden als frei **reversibel**. Daraus folgt, dass man einen gegebenen Baum wurzeln kann, wo man will – die Baumlänge ändert sich nicht. Anders ist das bei **Dollo-Parsimonie**. Hier kommt **Polarität** ins Spiel, man unterscheidet von vornherein abgeleitete und ursprüngliche Merkmalszustände. Eine weitere Einschränkung ist hier, dass ein Merkmalszustand nur einmal auf dem Baum entstehen darf, allerdings mehrfach auf einen ursprünglicheren Zustand zurückfallen kann.

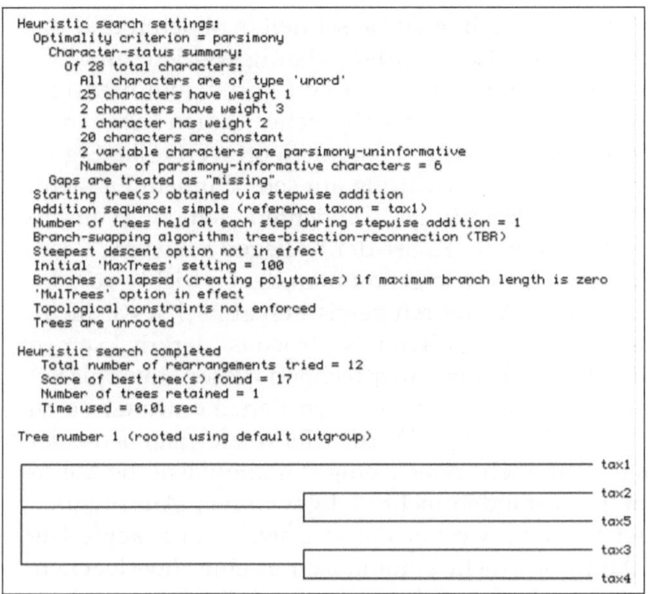

Abbildung 5.6 Einziger MP-Baum, der nach Gewichtung der Merkmale 1 und 11 gefunden wird.

Die drei besprochenen Varianten von Parsimonieanalysen hat man zu einem **generalisierten Ansatz** (*Generalized parsimony*) zusammengeführt, bei dem man allgemein Kosten für einen Übergang zwischen zwei Merkmalszuständen angibt. Dafür bedient man sich einer **Kostenmatrix** (*cost* oder *step matrix*). Die Kriterien für Wagner-, Fitch-, und Dollo-Parsimonie kann man in solchen Kostenmatrizen ausdrücken (s. Abschnitt 5.2.3 auf Seite 154), zusätzlich gibt es beliebig viele andere Vorgaben, die man mit solchen Matrizen machen kann. Insbesondere können unterschiedliche Merkmale in einem Datensatz unterschiedlichen Kostenmatrizen gehorchen. Für gewöhnliche DNA- Sequenzdaten wird man allerdings selten komplizierte Kostenmatrizen angeben, sondern nimmt die implizit vom Computerprogramm angenommenen. In der Regel werden das Matrizen sein, wo der Übergang zwischen zwei beliebigen unterschiedlichen Zuständen einen Schritt erfordert, was der Fitch-Parsimonie entspricht.

5.2.2 Merkmale auf der Goldwaage: Gewichtete Parsimonieanalyse

Man kann verschiedenen Merkmalen unterschiedliches **Gewicht** geben – manche zum Beispiel doppelt so stark gewichten wie andere und damit ihren relativen Einfluss auf das Ergebnis verdoppeln. Damit ändert sich natürlich auch die Länge eines Stammbaumes, die vorher ja schlicht die Anzahl an Schritten (Veränderungen, z.B. Substitutionen) gemessen hat. Für alle Merkmale i sei l_i die ungewichtete Länge auf dem Baum und w_i das Gewicht, dann errechnet sich die Länge L jetzt als

$$L = \sum_i l_i w_i.$$

Verschiedene Gründe für die Gewichtung von Merkmalen in der Parsimonieanalyse wurden vorgebracht. Oft wird dabei von vornherein die Güte bestimmter Positionen bezweifelt, und ihnen dann geringeres Gewicht zugeordnet. Diese Positionen werden dadurch als weniger aussagekräftig eingestuft, z.B. weil sie schnell evolvieren und damit als besonders Homoplasie-gefährdet betrachtet werden. Häufig werden zum Beispiel dritte Codonpositionen bei proteincodierenden Genen von vornherein niedriger gewichtet. Bei solchem Vorgehen ist Vorsicht angebracht. Zahlreiche Studien haben mittlerweile gezeigt, dass zunächst scheinbar „verrauschte" Positionen oft wertvolles Signal enthalten und die Argumentation für geringere Gewichtung auf sehr dünnem Eis steht. Man kann sich natürlich durch entsprechend freimütiges Gewichten „seinen" Wunschbaum zurecht basteln, wird damit aber bestimmt im Kreise der Kollegen auf wenig Resonanz stoßen. Sowieso stellt sich immer die Frage, wie genau man die Gewichte vergibt. Es gibt dafür automatisierte Ansätze: Manche Verfahren gewichten zunächst gar nicht, ermitteln einen Baum, berechnen dann mithilfe des Baumes für jedes Merkmal seinen Homoplasiegrad, gewichten dann die Merkmale neu entsprechend dieser Homoplasiegrade, um schließlich damit in weitere Runden der gewichteten Parsimonieanalyse zu gehen (**sukzessives Gewichten** – *successive weighting*). Da die Merkmale erst nach einer ersten, ungewichteten Parsimonieanalyse in mehr oder weniger homoplastische Merkmale eingeteilt werden, ist damit unter Umständen nicht viel gewonnen. Am pragmatischsten und am stärksten verbreitet ist nach wie vor der Ansatz, einfach keine Gewichte zu vergeben. Man darf sich damit nur nicht automatisch in einer überlegenen, weil objektiveren Position wähnen als der Kollege, der ein raffiniertes, sicher relativ subjektives Gewichtungs-Schema ausgearbeitet hat. Denn auch die Nicht-Gewichtung ist subjektiv: Es gibt genauso wenig einen objektiven Grund, pauschal allen Merkmalen gleiches Gewicht zukommen zu lassen. Allerdings entfällt dabei die Qual der Wahl und als Freund der Parsimonie wählt man ein klares, einfaches Verfahren (und gerät keinesfalls in den Verdacht, manipulativ diejenigen Positionen zu bevorzugen, die für den „Lieblingsbaum" sprechen).

Gewichtung von Merkmalen in PAUP*

Wenn Sie in PAUP* noch einmal den Beispieldatensatz von oben öffnen, können Sie den Effekt von der Gewichtung bestimmter Merkmale auf das Ergebnis beobachten. Um den Merkmalen 1 und 11 jeweils das Gewicht 3, und dem Merkmal 6 das Gewicht 2 zuzuordnen, schreiben Sie: `Wts 3:1 11, 2:6`. Wenn Sie dann eine **heuristische Suche** durchführen, wird statt der vier Bäume, die ohne Gewichtung gefunden werden, nur ein Baum gefunden (Abb. 5.6 auf der vorherigen Seite). Warum es genau dieser Baum ist, sollten Sie einmal versuchen, anhand der Daten (Abb. 5.1 auf Seite 143) nachzuvollziehen – es ist ganz einfach. Diejenigen Merkmale, die einen anderen Baum unterstützen würden, werden jetzt „überstimmt", weil Merkmale, die den gefundenen Baum favorisieren, viel stärker ins Gewicht fallen.

5.2.3 Merkmalstypen genauer betrachtet

Sie wissen bereits: Daten für phylogenetische Analysen werden in zwei Klassen eingeteilt: **diskrete** Merkmale und Daten zu Ähnlichkeiten oder **Distanzen**. Die letzteren können aus den ersteren leicht für alle Paare von Sequenzen bzw. Taxa abgeleitet werden, aber dies geht nicht umgekehrt. Wie aus einem Beispiel-Alignment von fünf Sequenzen von je fünf Nukleotiden eine Distanzmatrix wird, zeigt Abbildung 5.7. Mit distanzbasierten Verfahren beschäftigen wir uns ausführlich im nächsten Kapitel. Parsimonieverfahren analysieren immer die Merkmale selbst.

Bei den diskreten Merkmalen gibt es **Merkmalszustände** (engl. *character states*). Bei binären Merkmalen (engl. *binary characters*) gibt es zwei Zustände, sie werden allermeist als 0 und 1 notiert. Bei Mehrzustandsmerkmalen (engl. ***multistate characters***) gibt es natürlich beliebig viele. Wenn wir auf unser Phantasiebeispiel aus Kapitel 2 zurückkommen (Abschnitt 2.3.3) ist „Anzahl der Räder" ein typischer *multistate character*, der Entsprechungen in der Biologie in der „Anzahl der Staubblätter" oder „Anzahl der Füßchen" haben mag. Nicht-diskrete, kontinuierliche Merkmale können wir gar nicht direkt verwerten. Wir müssen Sie, ganz wie eine Art Analog-Digital-Wandler, zuerst in diskrete Merkmale verwandeln. Wir hatten so etwas für Körpermasse, Körpergöße und Farben auch schon einmal in Abschnitt 2.3.3 vorgeschlagen. Für *multistate characters* kommt gegenüber den binären Merkmalen nun eine Eigenschaft komplizierend hinzu: sie können **geordnet** oder **ungeordnet** sein (engl. *ordered* bzw. *unordered characters*). Der üblicherweise verwendete Typ ist der ungeordnete. Hierbei kann jeder Merkmalszustand zu jedem anderen wechseln, ohne dabei zwangsweise über einen intermediären Merkmalszustand gehen zu müssen (Abb. 5.8). Der ungeordnete Typ macht auch bei Nukleotiden in erster Näherung den meisten Sinn, denn warum sollte beispielsweise ein Übergang von A nach T direkt möglich sein, aber von C nach G gezwungenermaßen über A laufen? Anders würden die Dinge natürlich bei der Betrachtung von Aminosäuresequenzen liegen. Einige Codon-Substitutionen würden einen, andere zwei und wieder andere sogar drei einzelne Nukleotid-Substitutionen erfordern, die vermutlich in einzelnen Schritten ablaufen. Ein Tryptophan-Codon (TGG) braucht immer drei Substitutionen, um zu einem Codon für Histidin (CAY), Asparagin (AAY), Aspartat (GAY) oder Isoleucin (ATH) zu werden (Abb. 1.2 auf Seite 10).

Bei geordneten Merkmalen kann nur zwischen benachbarten Zuständen gewechselt werden, kein Zustand kann „übersprungen" werden ohne zusätzliche Kosten. Hier wird wiederum feiner unterschieden zwischen **linear geordneten** Merkmalen, **Merkmals**(zustands-)-**Bäumen** (engl. *character state tree*) und Matrixmerkmalen (Abb. 5.8).

Für die fünf verschiedenen Farben aus unserem Phantasiebeispiel könnten wir sowohl annehmen, dass es sich um ungeordnete oder auch um geordnete Merkmale handelt (Abb. 5.8 auf der nächsten Seite). Für „Farbe" als linear geordnetes Merkmal wären z.B. im Spektrum Blau-Grün-Gelb-Orange-Rot Übergänge immer nur zwischen den direkten Nachbarn erlaubt. Der direkte Farbwechsel von Rot zu Grün wäre verboten (Abb. 5.8). Für die Betrachtung der Anzahl von Rädern wäre das vielleicht weniger sinnvoll. Der Übergang vom Einrad zum Zweirad mag in Ordnung sein, aber dann ist die Kombination von zwei Zweirädern zu einem Vierradfahrzeug vielleicht genauso wahrschein-

Diskrete Merkmale:

Alignmentpositionen

	1	2	3	4	5
Tax1	C	C	G	T	T
Tax2	C	C	A	T	T
Tax3	C	C	A	A	A
Tax4	C	C	G	T	T
Tax5	C	C	G	T	T

→ (möglich) / ↚ (nicht möglich)

Distanz-Merkmale:

	Tax1	**Tax2**	**Tax3**	**Tax4**	**Tax5**
Tax1	0	1	3	0	0
Tax2	1	0	2	1	1
Tax3	3	2	0	3	3
Tax4	0	1	3	0	0
Tax5	0	1	3	0	0

Abbildung 5.7 Diskrete Merkmale können eindeutig in Distanzen verwandelt werden, aber nicht umgekehrt.

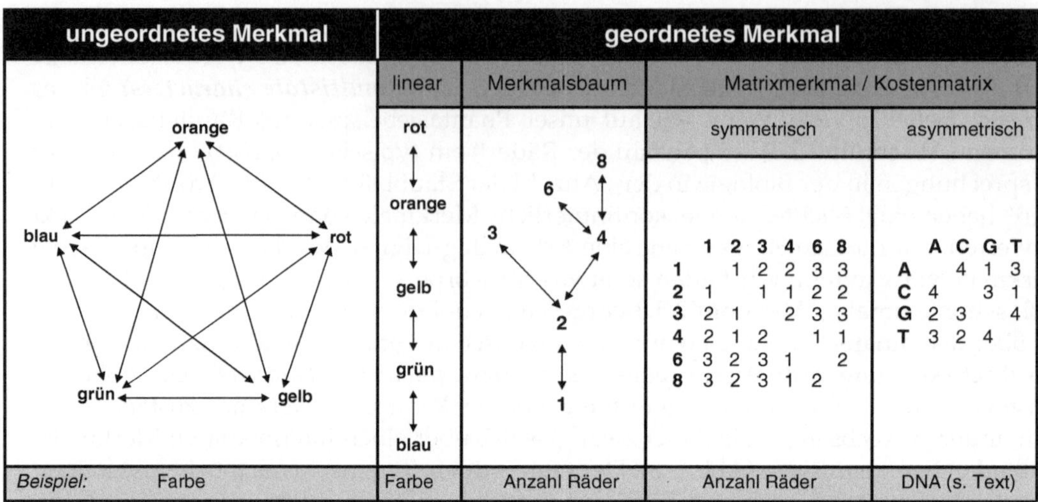

Abbildung 5.8 Typen diskreter Merkmale. Gezeigt ist die Klassifizierung in ungeordnete und verschiedene Arten geordneter Merkmale, unter Verwendung von Beispielmerkmalen aus der Phantasiematrix von Kap. 2 (Farbe, Räder) und einem im Text erläuterten Modell für die Evolution von DNA (ganz rechts). Merkmalszustände sind fett hervorgehoben.

lich wie der Gewinn eines Rades zum Dreirad hin. Der Übergang von Zweiachser zum dreiachsigen Transporter mag dann auch nur noch einen einzigen Schritt erfordern, vielleicht ebenso der zum vierachsigen LKW. (Abb. 5.8)

Bisher haben wir außerdem angenommen, dass die evolutiven Kosten für alle möglichen Übergänge zwischen Zuständen gleich sind. Auf einem Parsimonie-Baum würde jeder Übergang also einen Schritt erfordern, sie haben noch keine Gewichtungen erhalten. Auch diese Einschränkung kann man schließlich aufheben, wenn man den allgemeinsten Merkmalstyp, nämlich **Matrixmerkmale** (engl. *matrix characters*) verwendet. In den einzelnen Kästchen einer **Kostenmatrix** (engl. *cost matrix* oder *step matrix*) werden dazu die Kosten für Zustandsübergänge angegeben. Beim symmetrischen Typ sind die Kosten bei einem Übergang zwischen zwei Zuständen in beiden Richtungen identisch. Die linke Kostenmatrix in Abbildung 5.8 spiegelt genau die Übergangskosten des Merkmalsbaumes daneben wider. Beim asymmetrischen Matrixmerkmal wird schließlich auch noch die **Reversibilität** aufgehoben, d.h. ein Merkmalsübergang von a nach b kann mehr kosten als der von b nach a. Eine asymmetrische Kostenmatrix für die Evolution einer DNA-Sequenz könnte z.B. auf bestimmten biochemischen Vorstellungen zum

	A	B	C	D	E
A		1	1	1	1
B	1		1	1	1
C	1	1		1	1
D	1	1	1		1
E	1	1	1	1	

Fitch-Parsimonie (ungeordnete Merkmale)

	A	B	C	D	E
A		1	2	3	4
B	1		1	2	3
C	2	1		1	2
D	3	2	1		1
E	4	3	2	1	

Wagner-Parsimonie (geordnete Merkmale - symmetrische Matrix)

	A	B	C	D	E
A		∞	∞	∞	∞
B	1		∞	∞	∞
C	2	1		∞	∞
D	3	2	1		∞
E	4	3	2	1	

Dollo-Parsimonie (geordnete Merkmale - asymmetrische Matrix)

Abbildung 5.9 Wagner-, Fitch- und Dollo-Parsimonie über Kosten-Matrizen ausgedrückt. **A** bis **E** bezeichnen Merkmalszustände. $\infty =$ willkürlicher hoher Wert, der dafür sorgt, dass ein abgeleiteter Merkmalszustand nur einmal entstehen darf.

```
BEGIN ASSUMPTIONS;
usertype strangedna (stepmatrix)=5

    A C G T

[A] 0 4 1 3
[C] 4 0 3 1
[G] 2 3 0 4
[T] 3 2 4 0
;
typeset irgendeinname = strangedna: 1-2881;
END;
```

Abbildung 5.10 Verwendung von Matrixmerkmalen in PAUP*. Unter `usertypes` wird eine Kostenmatrix definiert, hier im Beispiel die in Abbildung 5.8 auf der Seite gegenüber vorgestellte DNA-Kostenmatrix, die den Namen `strangedna` erhält. Welche Positionen in der Datenmatrix schließlich diesem neu definierten Merkmalstyp zugeordnet werden sollen, wird mit `typeset` festgelegt; hier sind es die Positionen 1 bis 2881.

Mutationsverhalten von Nukleotidsequenzen basieren. Man könnte etwa willkürlich annehmen, dass Transitionen mit Deaminierung (C zu T, A zu G) viel einfacher ablaufen als der umgekehrte Schritt und hier die Kosten '1', bzw. '2' vergeben. Für Transversionen könnte man auf die Idee kommen, dass die Inversion eines Basenpaares (A zu T oder G zu C und umgekehrt) eher auftritt als der andere Transversionstyp (A zu C oder G zu T) und hier die Kosten 3 und 4 vergeben. Die resultierende Kostenmatrix in Abbildung 5.8 ganz rechts wäre also asymmetrisch. In der Praxis würde sie die Analysen in PAUP* ganz schön erschweren, da das Programm nun stets mit *gewurzelten* Bäumen hantieren müsste, und wir ihm auch noch vorher angeben müssten, was denn wohl die ursprünglichen Merkmalszustände sind (des gemeinsamen Vorfahren aller Taxa) – betrachten Sie das Beispiel daher bitte lediglich als Illustration.

Jetzt wo Sie alle **Merkmalstypen** kennen, können wir die **Unterschiede** zwischen Wagner-, Fitch-, und Dollo- Parsimonie rekapitulieren. Abbildung 5.9 zeigt, dass der üblicherweise eingesetzten **Fitch-Parsimonie** der einfachste Merkmalstyp zugrunde liegt, bei dem alle Übergänge gleiche Kosten erfordern. **Wagner-Parsimonie** verwendet geordnete Merkmale: Übergänge zwischen nicht benachbarten Merkmalszuständen sind hier nur über Zwischenstufen möglich, was durch erhöhte Übergangskosten in der entsprechenden Matrix ausgedrückt wird. Übergänge sind jedoch in beiden Richtungen gleich teuer. Bei **Dollo-Parsimonie** ist nur eine Übergangsrichtung erlaubt oder sie wird in der Matrix zumindest extrem favorisiert, weil die Kosten in die andere Richtung exorbitant hoch sind. Um bestimmte Übergänge ganz zu verbieten, kann man die Kosten theoretisch auf unendlich setzen (in der Praxis, z.B. bei Verwendung von Computerprogrammen wie PAUP*, wählt man einfach unsinnig hohe Kosten wie etwa 32000).

PAUP* unterstützt auch Matrix-Merkmale. Dafür gibt es so genannte `usertypes`, die man in einem Extra-Block, dem `Assumptions`-Block, definieren muss und dann über `typeset` den einzelnen Merkmalen zuordnen muss (also beispielsweise den Spalten im Alignment). Abbildung 5.10 zeigt das an dem Beispiel für unsere imaginäre Kostenmatrix für Nukleotidsubstitutionen aus Abb. 5.8 auf der Seite gegenüber. Die Matrixmerkmale begegnen uns noch einmal beim *Indel Coding* in Abschnitt 5.5 auf Seite 170.

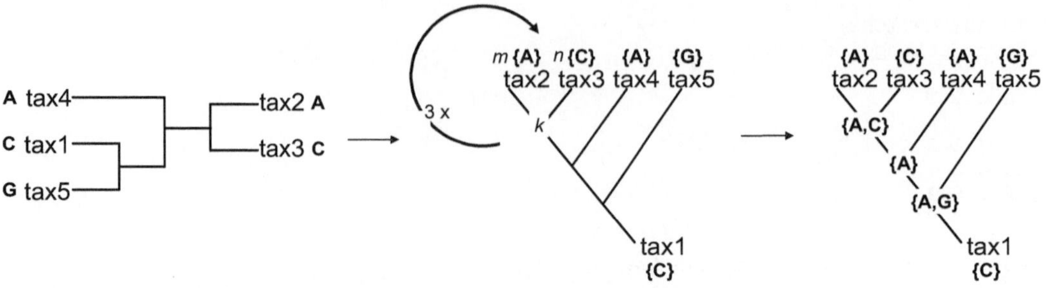

Abbildung 5.11 Illustration des Algorithmus für die Berechnung der „Länge eines Merkmals“ auf einem Baum bei Verwendung von Fitch-Parsimonie. Siehe Text für Details.

5.2.4 Wie viele Festmeter? Bestimmung der Baumlänge

Je nachdem, nach welcher Parsimoniemethode man vorgeht, ist die Prozedur zur Bestimmung der minimalen Länge, die ein gegebener Baum für ein gegebenes Merkmal hat, unterschiedlich. Das für Sequenzdaten vielleicht wichtigste Verfahren, nämlich unter Verwendung von Fitch Parsimonie, wird im folgenden kurz vorgestellt.

- Wir stellen uns einen Baum mit fünf Taxa vor, z.B. den in Abbildung 5.11. Der Baum habe zunächst einmal die Länge $L = 0$.
- Wir nehmen an, wir haben ein Merkmal (eine *site*) vor uns, dessen Merkmalszustände (*states*) die in 5.11 gezeigten seien.
- Wir wurzeln den Baum willkürlich mit einem Taxon und bezeichnen eines der Taxa als *root taxon* (Abb. 5.11 mitte). Wir erinnern uns: für die Länge ist die Position der Bewurzelung egal, weil bei Fitch-Parsimonie Reversibilität herrscht.
- Folgender Algorithmus durchschreitet den Baum von den *terminals* zur Wurzel, im Fach-Chinesisch als ***postorder traversal*** bezeichnet. Jedem internen Knoten (in unserem Beispiel drei) und auch den terminalen Knoten/Taxa wird eine Zustands-Menge (*state set*) S zugeordnet, die den Merkmalszustand (oder die möglichen Zustände) des Knotens darstellt:
  1) für jeden terminalen Knoten i enthält S_i natürlich den Merkmalszustand des entsprechenden Taxons in der Matrix (Abb. 5.11 Mitte).
  2) Gehe alle internen Knoten k durch, für die noch kein S_k definiert wurde, aber für deren zwei unmittelbare Nachfolger, m und n, die entsprechenden Zustands-Mengen S_m und S_n definiert wurden (Abb. 5.11 Mitte). Lege S_k folgendermaßen fest: Wenn $S_m \cap S_n \neq \emptyset$, dann $S_k = S_m \cap S_n$, und L bleibt wie es ist. Andernfalls $S_k = S_m \cup S_n$, und L wird um 1 erhöht.
  3) wenn k unmittelbarer Nachfahre des *root terminals* ist, geht es weiter mit 4., sonst mit 2
  4) wenn der Zustand des Knoten des *root terminals* nicht im zuletzt definierten S_k enthalten ist (wo k unmittelbarer Nachfahre des *root terminals* war), erhöhe L um 1.

Jetzt sollte L den richtigen Wert der Baumlänge für das gerade abgearbeitete Merkmal enthalten.

Das Ganze muss nun für jeden anderen denkbaren Baum, den man aus den Taxa konstruieren kann, wiederholt werden. Nachdem für alle Bäume der *score* vorliegt, wird entschieden, welcher einzelne Baum (oder welche Gruppe von Bäumen) am besten ist. Da man bei vielen Taxa aber rasch den Wald vor lauter Bäumen nicht mehr sieht, muss man sich überlegen, wie man den Wald am besten erkundet – genau das werden wir weiter unten tun.

Der oben als *postorder traversal* beschriebene Algorithmus liefert zwar die Länge eines Baumes, legt aber nicht auch fest, welcher Merkmalszustand an den jeweiligen Knoten der plausibelste ist. Dies geht jedoch auch, und dann erhält man eine *Most Parsimonious Reconstruction* (**MPR**). Man macht das mittels eines so genannten ***preorder traversal***s, das sich der Zustandsmengen aus dem *postorder traversal* bedient.

5.3 Auf Baumsuche

Die Parsimonieanalyse sucht nach einem Baum der einem **Optimalitätskriterium** am besten entspricht. Das hatten wir schon in der Eingangsübersicht zu Kapitel 4 angesprochen und die Parsimonieanalyse daher unter die Zwei-Schritt-Verfahren eingestuft. Klar ist jetzt, dass eine möglichst geringe Länge L dieses Optimalitätskriterium ist, und auch, wie wir L für einen gegebenen Baum finden. Dazu muss jedoch zuerst ein Baum vorgeschlagen werden, der analysiert wird, und später dann vielleicht doch unter den Tisch fällt, weil andere besser sind.

5.3.1 Erschöpfung garantiert: *Exhaustive search*

Bei einer kleinen Anzahl von Taxa ist es noch möglich, *alle* theoretisch möglichen Bäume durchzugehen und zu überprüfen – das nennt man eine **erschöpfende Suche** (engl. *exhaustive search*). Dazu kommt ein ***Branch-addition***-Algorithmus zum Einsatz. Der Algorithmus startet mit drei Taxa wie in Abbildung 5.12 auf der nächsten Seite gezeigt. Das vierte Taxon kann man an drei Stellen hinzufügen, was drei mögliche 4-Taxon-Bäume ergibt. Das fünfte Taxon wird an alle je fünf möglichen Zweige von jedem der drei 4-Taxon-Bäume addiert, was also schon 3 x 5 mögliche 5-Taxon-Bäume ergibt. Zur Erinnerung an Abschnitt 2.3.2: Auf diese Weise erhält man allgemein für n Taxa alle $(2n-5)!! = 1 \cdot 3 \cdot 5 \cdots (2n-5)$ möglichen verschiedenen (ungewurzelten) Bäume. In Kapitel 2 dürfte bereits klar geworden sein, dass selbst bei moderaten Datensätzen theoretisch unglaublich viele Bäume denkbar sind und unmöglich alle überprüft werden können. Was tun?

5.3.2 Abzweigen und Beenden: *Branch and bound*

Das ***Branch and bound***-Verfahren garantiert genau wie die erschöpfende Suche, dass der beste Baum auch tatsächlich gefunden wird, geht aber dazu nicht alle Möglichkeiten durch. Zunächst wird ein **Zufallsbaum** generiert und die Länge berechnet. Dann geht es weiter wie beim *Branch-addition*-Algorithmus, beginnend beim 3-Taxon-Baum, von dem ausgehend man sich „Suchpfade" in drei Richtungen vorstellen kann (Abb. 5.12 auf der nächsten Seite). Allerdings wird stets die Länge des Zufallsbaumes mit der Länge des

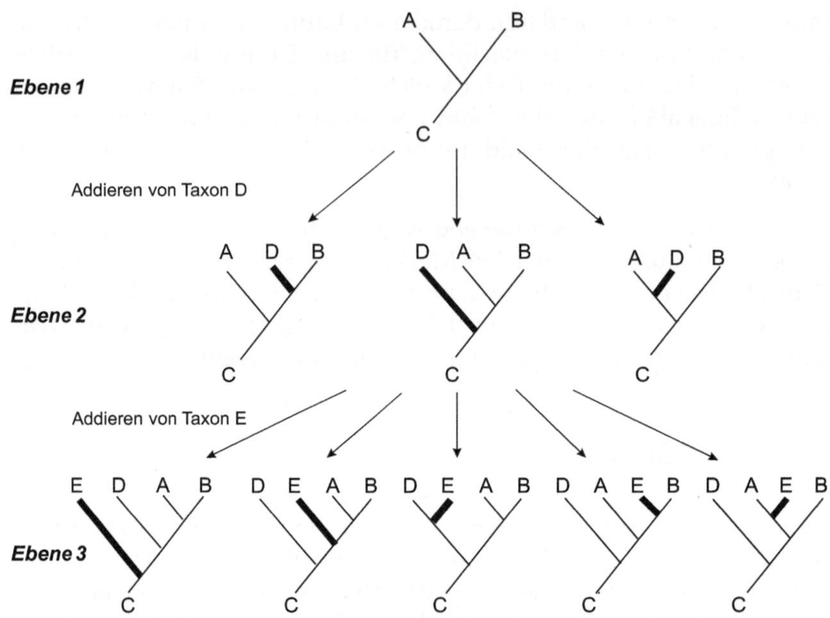

Abbildung 5.12 Das Vorgehen beim *Branch-addition*-Algorithmus für fünf Taxa. Gleichzeitig der „Suchbaum" für den *Branch-and-bound*- und den *Stepwise-addition*-Algorithmus.

gerade aktuellen Baumes verglichen. Ist der Zufallsbaum kürzer, braucht die *Branch-addition*-Suche nicht weiter zu suchen, sondern geht eine Ebene zurück (etwa von einem 5-Taxon-Baum zurück zur Ebene der 4-Taxon-Bäume) und schlägt einen neuen Suchpfad ein. Die Suche kann den Pfad deshalb vorzeitig aufgeben, weil alle nachfolgenden Bäume durch die Addition von Taxa ja nur noch länger werden können und damit in jedem Fall suboptimal sind.

Hat eine solche Suche einmal die höchstmögliche Ebene erreicht, d.h. alle vorhandenen Taxa addiert, wird die Länge dieses Baumes fortan zum Vergleich herangezogen, und nicht mehr die Länge des Zufallsbaumes. Dann geht es wieder zurück zur niedrigsten Ebene, sollten einige Pfade noch nicht versucht worden sein. Der Vorteil gegenüber der erschöpfenden Suche ist, dass nicht bei jedem „Suchpfad" bis ans bittere Ende der maximalen Ebene fortgeschritten werden muss. Daher ist das *Branch and bound*-Verfahren schneller als die erschöpfende Suche.

5.3.3 Wer sucht, der findet (nicht immer): Heuristische Suche

Auch eine *Branch and bound*-Suche wird ab etwa 20-30 Taxa zu langwierig. Dann muss man zu **heuristischen Suchen** (engl. *heuristic search*, griech. heuriskein: auffinden; Heuristik: Strategie der Bearbeitung von Problemen, die sich nicht erschöpfend und rein logisch lösen lassen) greifen, die nicht mehr garantieren können, dass der kürzeste Baum auch gefunden wird. Es gibt eine Gruppe von Problemen, die im Informatik-Jargon als ***„NP-complete"*** (NP = *non-deterministic polynomial*) bezeichnet werden, d.h. keine effizienten Algorithmen zur Lösung dieser Probleme sind bekannt. Alle Bäume mit Hilfe

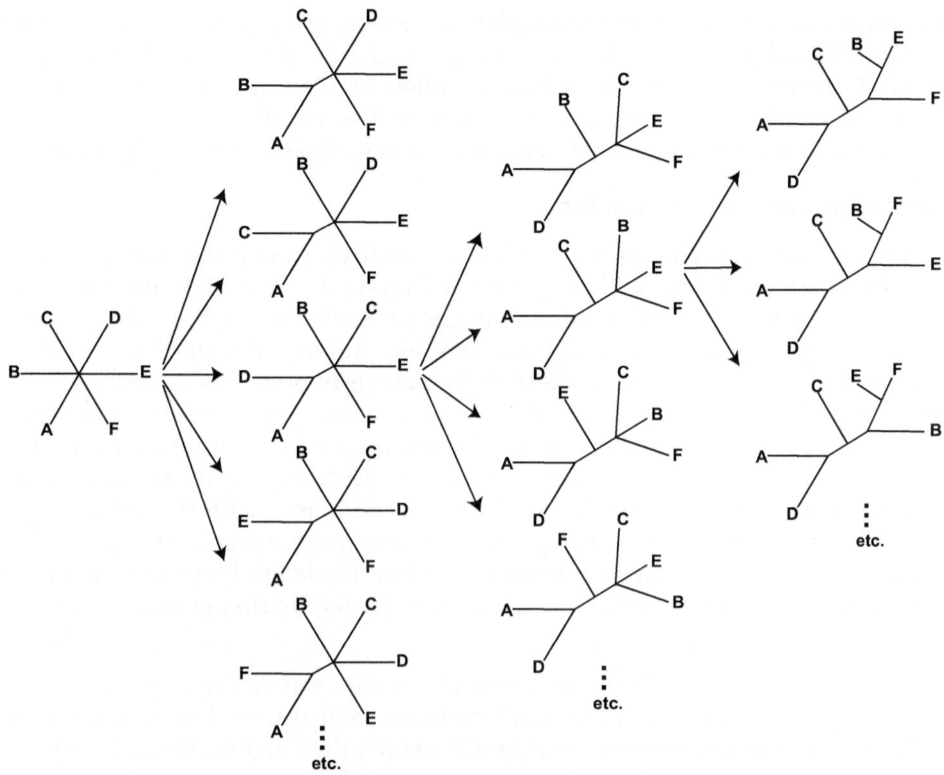

Abbildung 5.13 Das Prinzip beim *Star-decomposition*-Algorithmus am Beispiel einer zunächst unaufgelösten Sterntopologie von sechs Taxa. Zu Beginn bestehen 120 (5x4x3x2) Möglichkeiten, einen ersten internen Knoten (und damit ersten internen Ast) einzuführen. Für einen der entstehenden Bäume sind einige Möglichkeiten für die Einführung eines nächsten internen Knotens gezeigt, gefolgt von der Einführung eines dritten bis der Baum schließlich ohne Polytomien mit vier internen Knoten (insgesamt immer *n*-2 interne Knoten und *n*-3 interne Äste bei *n* Taxa) vollständig aufgelöst ist.

eines Optimalitätskriteriums zu überprüfen, gehört (leider) auch dazu; deshalb bedient man sich ab etwa >20 Taxa heuristischer Methoden. Aber je nachdem, wie umsichtig die speziellen Verfahren den Raum aller möglichen Bäume (engl. den *tree space*) durchsuchen, besteht eine unterschiedlich gute Chance, tatsächlich den kürzesten zu finden.

Stufenweises Hinzufügen: *stepwise addition*

Ein wichtiger Baustein heuristischer Baumsuchverfahren ist die Methode der schrittweisen Addition (engl. ***stepwise addition***). Wieder wird von einem 3-Taxon-Baum ausgegangen und an allen Zweigen ein viertes Taxon addiert. Jetzt aber wird die Länge aller drei möglichen 4-Taxon-Bäume bestimmt, und nur der kürzeste qualifiziert sich für die weitere Addition des fünften Taxons. Die gleiche Selektion passiert auf allen höheren Ebenen. Das geht zwar unheimlich schnell, aber wer sagt denn, dass nicht ein Baum, der auf einer niedrigen Ebene zwar schlechter abschneidet als die Konkurrenz, Ausgangspunkt für einen Pfad ist, der zu dem tatsächlich kürzesten Baum führt, wenn erst einmal alle Taxa addiert sind? Das ist natürlich in der Tat häufig der Fall. Außerdem hängt das Ergebnis stark davon ab, welche Taxa zuerst addiert werden, und in welcher Reihenfolge die anderen addiert werden. Man spricht vom Problem der **lokalen Optima**: der Algorithmus findet zwar ein Optimum, aber nicht das globale, wirkliche Optimum.

Sterne abbauen: *star decomposition*

Star decomposition ist eine seltener verwendete Alternative zu *stepwise addition*. Das berühmte, distanzbasierte *Neighbour-Joining*-Verfahren (NJ), das wir schon im vorigen Kapitel kurz kennengelernt hatten und dem wir uns im nächsten Kapitel näher widmen, ist allerdings so ein *Star decomposition*-Verfahren. Ein anfänglicher *star tree*, in dem alle Taxa sternartig an einem einzigen internen Knoten verbunden sind, wird sukzessive „abgebaut" (engl. *decomposed*). Dazu werden jeweils zwei der Taxa verbunden, was einen neuen (zweiten) internen Knoten bedeutet. Alle Möglichkeiten, zwei Taxa zu verbinden, werden evaluiert, und der beste (kürzeste) Baum ist Ausgangspunkt für eine weitere Runde, in der in dem verbliebenen Taxonbüschel ein weiterer (dritter) interner Knoten eingeführt wird, und wieder alle Möglichkeiten durchgegangen werden (Abb. 5.13). Die Einführung weiterer interner Knoten wird wiederholt bis keine Polytomie mehr existiert. Das Problem der lokalen Optima trifft auf ***star decomposition*** genauso zu wie auf *stepwise addition*.

Einem Baum, der nur aufgrund von *stepwise addition* oder *star decomposition* als kürzester identifiziert wurde, kann man also noch nicht so recht trauen. Daher kombinieren heutige Computerprogramme diese Analyse-Elemente mit weiteren Algorithmen.

Zweige vertauschen: *branch swapping*

Ganz wichtig bei den heuristischen Suchen nach den besten Stammbäumen sind so genannte ***Branch-swapping***-Algorithmen, die Zweige in einem einmal bestehenden Baum (meist durch *stepwise addition* erhalten) nach bestimmtem Muster vertauschen und danach überprüfen, ob der *score* jetzt besser geworden ist. Drei Typen sind am häufigsten im Angebot: *Nearest Neighbour Interchanges* (**NNI**), *Subtree Pruning and Regrafting* (**SPR**) und *Tree Bisection and Reconnection* (**TBR**).

Nachbarschaftsaustausch: NNI Bei NNI fasst man einen internen Zweig als einen solchen auf, der vier Teilbäume (*subtrees*) verbindet. Man tauscht einfach einen Teilbaum links mit einem Teilbaum rechts aus (Abb. 5.14 A auf der Seite gegenüber). Ähnlich funktioniert der von MEGA verwendete CNI-Algorithmus (*Closest Neighbour Interchange*, s. Abschnitt 4.3.2 auf Seite 121).

Astverpflanzung: SPR Ein Teilbaum wird „gepflückt" (*pruning*; Baum (B,(F,G)) in Abb. 5.14 B auf der Seite gegenüber) und an anderer Stelle wieder „aufgepropft" (*re-grafting*).

Baumschnittwiederverknüpfung: TBR Ein Baum wird entlang eines internen Zweiges zweigeteilt (*bisection*), der Zweig dabei aufgelöst. Danach werden die zwei entstandenen Teilbäume wieder zusammengefügt, indem ein Paar von Zweigen (eines von jedem Teilbaum) durch einen neuen internen Zweig, der zwei neue Knoten einführt, verbunden wird (Abb. 5.14 C auf der nächsten Seite).

TBR ist der derzeit beliebteste, weil ganz offensichtlich effektivste der drei Algorithmen – er mischt den bestehenden Baum so richtig durch, was bei den Alternativen nicht

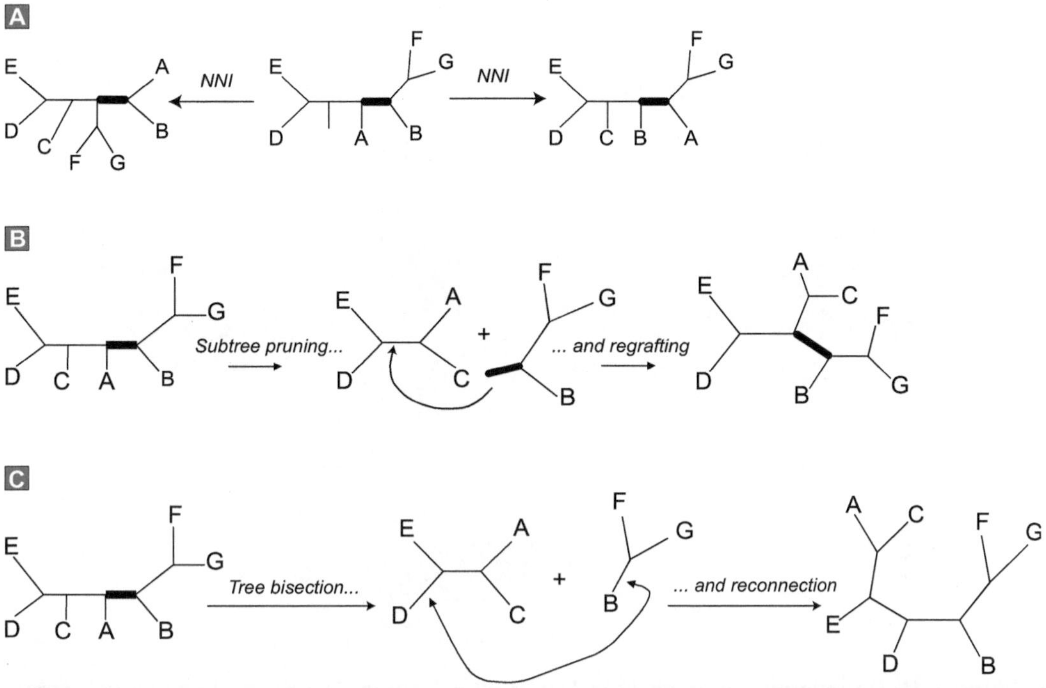

Abbildung 5.14 Die gängigsten Formen des *Branch swappings*. **A. NNI-*branch-swapping***: *Nearest Neighbour Interchanges*. Beide Möglichkeiten, an einem internen Ast (fett) einen Teilbaum links mit einem Teilbaum rechts auszutauschen, und dabei einen topologisch wirklich unterschiedlichen Baum zu erhalten, sind dargestellt. **B. SPR-*branch-swapping***: Das *Subtree Pruning and Regrafting*. Ein Teilbaum an einem internen Ast (fett) wird abgenommen und an einem anderen terminalen oder (wie hier) internen Ast wieder angesetzt. **C. TBR-*branch-swapping*** (*Tree Bisection and Reconnection*) – die effizienteste *Branch swapping*-Methode, um bei heuristischen Suchen durch Rearrangements zum besten Stammbaum zu kommen. Ein interner Ast (fett) wird aufgelöst und die beiden Teilbäume werden mit einem ganz neuen internen Ast über zwei ganz neue interne Knoten verknüpft.

so intensiv der Fall ist. Leider ist er auch der für den Computer rechenaufwändigste. Einen einzelnen NNI, SPR- oder TBR-Schritt nennt man auch einfach ***Rearrangement*** (Umgruppierung). Wenn das globale Optimum einige *Rearrangements* vom momentanen Baum entfernt ist, könnten die Zwischenstufen auf dem Weg dorthin allerdings alternative Bäume ergeben, die länger sind als der momentane. Da aus Effizienzgründen aber die Programme nur da weitermachen, wo ein Rearrangement einen besseren (kürzeren) als den momentanen Baum gefunden hat, kann es auch beim *branch swapping* passieren, dass sich der Algorithmus in einem lokalen Optimum „verfängt", weil er das globale Optimum nur auf einem unbequemen Umweg erreichen kann. Natürlich kann man bei komfortableren Programmen wie z.B. PAUP* festlegen, ob man auch suboptimale Bäume in die *Swapping*-Prozedur einschließen will – dann ist man ein wenig vor dieser Gefahr geschützt. Dafür dauert das Ganze dann aber schnell unerträglich lange, weil jetzt viel mehr Bäume gespeichert und bearbeitet werden. Wieder „verfängt" sich der Algorithmus – zeitlich gesehen. Dieses Problem hat insbesondere Phylogenetiker, die mit großen Datensätzen rechnen wollten, einige Jahre beschäftigt – es wurde

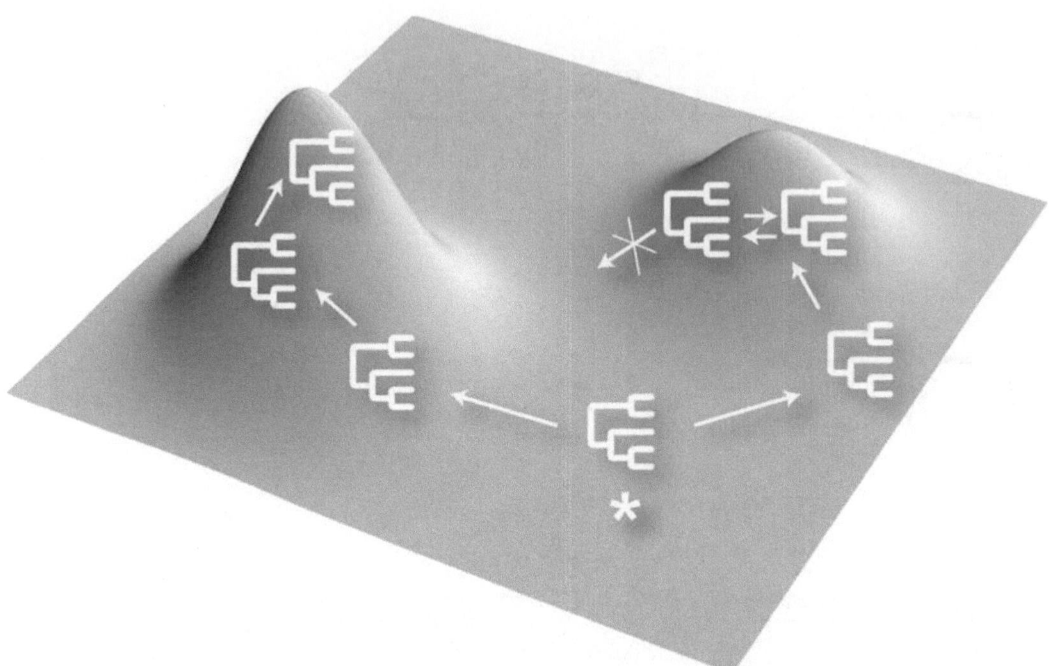

Abbildung 5.15 Bauminseln im gedachten **Raum aller Bäume**. Die Suche beginne bei dem mit einem Stern gekennzeichneten Baum unten. Das tatsächliche Optimum befindet sich auf dem Hügel links vorne. *Hill-climbing*-Algorithmen jedoch können in **lokalen Optima** (rechts hinten) verharren, weil die Kluft zwischen den Optima nicht überwunden werden kann (durchgekreuzter Pfeil).

der Terminus **Bauminsel** (engl. *tree island*) für eine Gruppe von Bäumen geprägt, die durch einen Rearrangement-Schritt voneinander entfernt sind. Man kann sich bildlich recht schön vorstellen, wie es einen *Branch-swapping*-Algorithmus auf eine „einsame Insel" verschlägt und er dort nicht wegkommt. Abbildung 5.15 verdeutlicht die generelle Tendenz von so genannten ***Hill-climbing***-Algorithmen, einem lokale Optima als globale Optima zu verkaufen. Nun gibt es aber für sehr große Datensätze einige weitere, relativ junge Algorithmen, die weniger leicht in lokalen Optima stecken bleiben – mehr dazu gleich. Die gerade besprochenen Suchalgorithmen können prinzipiell für *alle* auf diskreten Merkmalen beruhenden Zwei-Schritt-Verfahren verwendet werden – *Maximum-Likelihood*-Analysen in PAUP* beispielsweise funktionieren genauso wie hier beschrieben.

5.3.4 Zur Praxis: Variationen über die heuristische Suche in PAUP*

Mit dem Befehl `AllTrees` könnten Sie in PAUP* eine erschöpfende Suche durchführen, mit `BandB` eine *Branch and bound*-Suche. Allerdings werden wohl nur Ihre bescheidensten Datensätze in diesen Genuss kommen, wenn Sie nicht Jahre mit der Analyse verbringen wollen – tatsächlich erlaubt PAUP* die erschöpfende Suche mit `alltrees` auch nur für bis zu 12 Taxa. Für mittelgroße Datensätze hatten wir verschiedene Puzzleteile einer heuristischen Suche vorgestellt; nun versuchen wir, die entsprechenden Parameter im PAUP*-Befehl `HSearch` nachzuvollziehen. Die PAUP*-Hilfe gibt Ihnen mit `hsearch ?` einen Überblick über die Optionen (Abb. 5.16 auf der Seite gegenüber; besonders rele-

```
Usage: HSearch [options...] ;

Available options:

Keyword ---- Option type ----------------------- Current default setting --
Swap         None|NNI|SPR|TBR                     TBR
Keep         <real-value>|No                      No
MulTrees     No|Yes                               Yes
Enforce      No|Yes                               No
Constraints  <constraint-name>                    <none>
Converse     No|Yes                               No
ReconLimit   <integer-value>|Infinity             Infinity
NChuck       <integer-value>                      0
ChuckScore   <real-value>|No                      No
Start        Stepwise|NJ|Current|
             <tree-number>[-<tree-number>]       *Stepwise
AddSeq       Simple|Closest|AsIs|Random|Furthest  Simple
NReps        <integer-value>                      10
RSeed        <integer-value>                      0
RStatus      No|Yes                               No
SaveReps     No|Yes                               No
RefTax       <integer-value>                      0
Hold         <integer-value>|No                   1
NBest        <integer-value>|All                  All
AllSwap      No|Yes                               No
UseNonMin    No|Yes                               No
Steepest     No|Yes                               No
AbortRep     No|Yes                               No
Retain       No|Yes                              *No
Status       No|Yes                               Yes
DStatus      <integer-value>|None                 None
Randomize    AddSeq|Trees                         AddSeq
TimeLimit    <integer-value>|None                 None
RearrLimit   <integer-value>|None                 None
LimitPerRep  No|Yes                               No
                                                 *Option is nonpersistent
```

Abbildung 5.16 Überblick über die Optionen der heuristischen Suche in PAUP*. Gezeigt ist die PAUP*-Ausgabe nach Aufruf des Befehls `hsearch ?`. Die besonders wichtigen *Options* sind fett hervorgehoben.

vante fett hervorgehoben). Dies sind die wichtigsten: **Swap** erlaubt, die Art des *branch swappings* zu wählen. Normalerweise ist **TBR** voreingestellt (das können Sie in der Spalte `current default setting` sehen, aber auch ändern). Mit **Start** können Sie festlegen, ob das *branch swapping* auf einem vorgegebenen Baum (z.B. in der NEXUS-Datei mit eingelesen) erfolgen soll, ob zunächst über `stepwise addition` ein erster Baum gebaut werden soll (letzteres ist der Normalfall), ob ein rasch zu ermittelnder Neighbour-Joining-Baum (`NJ`) als Ausgangspunkt verwendet werden soll oder ob mit dem/n gegenwärtig vielleicht schon im Arbeitsspeicher befindlichen Baum/Bäumen gerechnet werden soll (`current`). **MulTrees** steuert, ob mehrere gleich gute oder nur ein Baum gespeichert werden. Bis auf bestimmte Fälle (z.B. während des *Bootstrappings*, darauf kommen wir zurück) macht eine Verneinung wenig Sinn, weil dann ja alternative kürzeste Bäume gar nicht erst gesucht werden. **Addseq** bezieht sich auf den *Stepwise-addition-*

Algorithmus und steuert, in welcher Reihenfolge Taxa addiert werden. Wir hatten verdeutlicht, dass die Reihenfolge entscheidend für das Ergebnis sein kann. `simple` und `random` sind die beiden üblicherweise verwendeten. `Simple` versucht, im Vorhinein eine möglichst ideale Reihenfolge des Hinzufügens von Taxa festzustellen, unter Verwendung von Distanzen zwischen den Sequenzen. `Random` wählt eine zufällige Reihenfolge. Diese Möglichkeit ist besonders dann sinnvoll, wenn verschiedene Anläufe (***replicates***, `nrep=100` oder `1000`) gemacht werden, die dann jeweils andere, zufällige Additionsfolgen verwenden. Für Parsimonieanalysen mittelgroßer Datensätze empfiehlt sich also beispielsweise: `hs /addseq=rand nreps=1000`.

Die anderen Optionen werden Sie in der Praxis seltener brauchen. Am interessantesten ist vielleicht noch die Option `keep`. Haben Sie beispielsweise drei optimal Bäume mit 1341 Schritten gefunden, mag die offensichtliche Frage sein, wie viele Sie denn fänden, wenn Sie nur einen Schritt mehr erlaubten: `hsearch keep=1342`. Mit `Constraints` und `Enforce` hingegen könnten Sie beispielsweise bestimmte Knoten im Baum zuerst definieren und dann ihr Auftreten in den Bäumen erzwingen. Mit `RSeed` wählen Sie einen *Random seed* für das Generieren der Zufallszahlen – dies wäre z.B. bei `addseq=rand` oder `Bootstrap` relevant, wollte man eine Analyse exakt replizieren. Mit `Status=No` lassen Sie das (Prozessorleistung verbrauchende) Status-Fensterverschwinden bzw. mit `DStatus=None` die ebenfalls unnötig Ressourcen fressende Ausgabe in die PAUP*-Konsole (letztere könnten Sie alternativ mit `DStatus=600` auf einmal alle zehn Minuten reduzieren). Schließlich können Sie über `AllSwap`, `Steepest`, `NBest`, `TimeLimit`, `RearrLimit`, und `LimitPerRep` die Ausführlichkeit, Dauer, und Tiefe der *Branch-swapping*-Prozedur beeinflussen. Dies würde vor allem bei großen Datensätzen einen Effekt haben, denn man könnte die Effektivität der Suche und die Gefahr der „Steckenbleibens" in *Tree islands* (siehe oben) damit beeinflussen. Keine dieser Optionen jedoch kann die Effektivität in dem Maße steigern wie neuere Ansätze, die in PAUP* noch nicht implementiert sind – wie beispielsweise die ***Parsimony Ratchet***.

5.3.5 *Size matters:* Besondere Ansätze für Riesen-Datensätze

Das Problem der lokalen Optima verschärft sich rapide mit wachsender Anzahl von Taxa im Datensatz, also mit erhöhtem *Taxon sampling*. Zu den heuristischen Verfahren, die weniger leicht in lokalen Optima stecken bleiben, zählen die *Sectorial Searches* (Goloboff 1999), die ***Parsimony Ratchet*** (Nixon, 1999), oder verschiedene derzeit weiterentwickelte Ansätze von Bernard Moret und Kollegen vom CIPRES-Projekt (`www.phylo.org`). Wir wollen hier nur die *Parsimony Ratchet* besprechen, da diese mittlerweile relativ regelmäßig eingesetzt wird. Bei der *Parsimony Ratchet* wird immer abwechselnd mit einer etwas veränderten Matrix und der Originalmatrix gerechnet. Unter Vernachlässigung einiger Details lässt sich der Algorithmus so beschreiben:

1) unter Verwendung der Originalmatrix finde einen Startbaum durch *simple addition* (oder nimm einen Zufallsbaum).
2) unter Verwendung dieses Baumes und der Originalmatrix, führe TBR durch und behalte einen kürzesten Baum.
3) verändere die Matrix, indem z.B. 5-25% der Merkmale zufällig ausgewählt werden und doppeltes Gewicht erhalten. Beginnend mit dem Ergebnisbaum aus 2), führe wieder TBR durch, behalte 1 kürzesten Baum, gehe 200 x (oder so) zu 2).

4) nachdem 2) und 3) etwa 200 mal durchlaufen sind, führe noch einmal mit der Originalmatrix TBR durch.
5) durchsuche alle besten Bäume aus 2) und 4) nach dem/den kürzesten.

Eine Variation der *Parsimony Ratchet* ist, bei Punkt 3) außerdem das Auftreten bestimmter Knoten im Baum zu erzwingen (auch das macht man mit einem spürbaren, aber nicht zu großen Anteil der Knoten, genau wie beim Aufwerten der Merkmale). Auch können einige Merkmale ignoriert statt aufgewertet werden. Sinn dieser verschiedenen möglichen Modifikationen in Schritt 3) ist immer, die Suche aus lokalen Optima „herauszukatapultieren". Wie soll das gehen? Nehmen wir an, eine „normale" heuristische Suche mit TBR-*branch swapping* sei dem optimalen Baum schon nahe, der aktuelle Baum sei in seiner Länge aber noch einige Schritte vom wirklich kürzesten Baum entfernt. Die Suche bleibt aber „stecken", weil sie nicht aus einem lokalen Optimum herauskommt: Beim Rearrangieren werden wieder andere Bäume gleicher Länge gefunden, und zum späteren *branch swapping* vorgemerkt, nie aber führt ein Rearrangement zu einem wirklich kürzeren Baum. Durch die zwischenzeitliche Ansammlung vieler gleich langer, aber suboptimaler Bäume halst sich das Computerprogramm auch noch unglaublich viel zeitraubende Arbeit auf, denn Programme wie z.B. PAUP* nehmen jeden kürzesten Baum wiederum als Ausgangspunkt für erneutes *branch swapping*. In solch einer Situation hilft frischer Wind und den bringt z.B. die Verwendung einer etwas veränderten Matrix als Grundlage für das weitere *branch swapping*. Weil jetzt einige Merkmale stärker gewichtet sind als andere, wird vielleicht eine etwas andere Topologie bevorzugt. Wird im nächsten Schritt wieder die Originalmatrix eingesetzt und mit der neuen, „aufgemischten" Topologie gerechnet, könnte sich dieser neue Baum als tatsächlich noch kürzer herausstellen – dann hat das Rearrangement unter Verwendung der veränderten Matrix aus dem lokalen Optimum hinausgeführt.

Die *Parsimony Ratchet* in der Praxis

Die *Parsimony Ratchet* ist in Programmen wie NONA, TNT oder PRAP implementiert (s. Abschnitt 3.4.6 auf Seite 108). Wichtig wird die *Ratchet* für Sie allerdings erst, wenn Sie wirklich weit über 100 Taxa im Datensatz haben oder mit den gerade besprochenen heuristischen Verfahren einfach nicht vom Fleck kommen, weil hunderttausende gleich kurzer Bäume gefunden werden und alle rearrangiert werden wollen. Mit dem frei verfügbaren **PRAP** (***Parsimony Ratchet Analyses with PAUP****) können Sie einfach eine Standard-NEXUS Datei laden, im Menü „Ratchet" wählen Sie dann „Ratchet Settings...", falls Sie die Einstellungen ändern wollen (Abb. 5.17 auf der nächsten Seite), oder direkt „Create commands". PRAP schreibt eine neue, erweiterte NEXUS-Datei mit dem Namen Ihrer NEXUS-Datei, die Sie nur in PAUP* zu öffnen und auszuführen (`execute`) brauchen.

5.4 Die Messung von Homoplasie

Einige Indices wurden entwickelt, um **Homoplasie** von einzelnen Merkmalen oder im gesamten Datensatz zu quantifizieren (engl. *fit measures* genannt, weil sie messen, inwieweit Merkmale auf einen Baum passen). Am bekanntesten sind der ***Consistency Index*** (**CI**) und ***Retention Index*** (**RI**). Wenn m die kleinste theoretisch mögliche Schrittzahl ist,

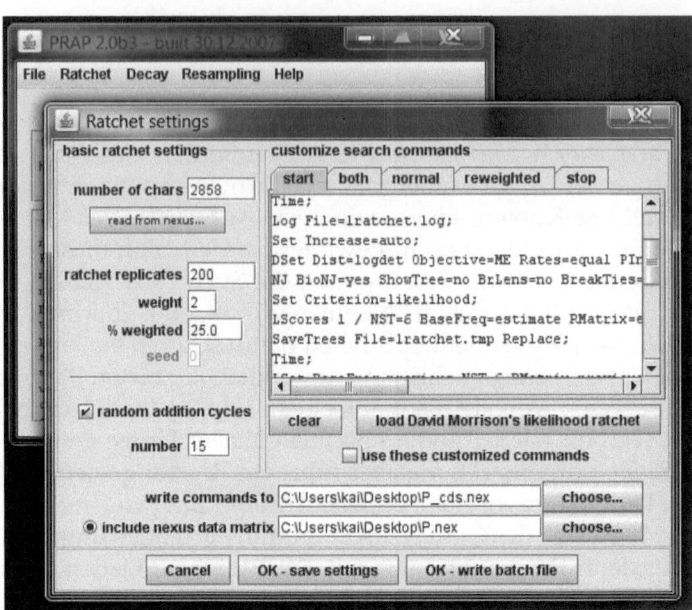

Abbildung 5.17 Heuristische Suche mit der ***Parsimony Ratchet*** in **PRAP:** Auswahl der Zahl von *Ratchet*-Wiederholungen (*replicates*, standardmäßig 200, Mitte links), des Gewichtes (*weight*, standardmäßig 2), des Anteils gewichteter Merkmale (*% weighted*, standardmäßig 25%), und der Anzahl eventueller Wiederholungen der gesamten *Ratchet replicates* (*random addition cycles*, hier sind 15 eingestellt). Darüberhinaus kann der Nutzer seit Version 2.0 die ausgegebenen Befehle detailliert steuern (*customize search commands*, rechts oben) und die *Ratchet* auch zur Beschleunigung von *Maximum-Likelihood*-Analysen (Kap. 7) einsetzen.

die das Merkmal auf einem Baum zeigen könnte, und s die Anzahl an tatsächlichen Schritten, die ein Merkmal auf einem gegebenen Baum zeigt, dann berechnet sich der *Consistency Index* als $\text{CI} = m/s$.

Nehmen wir ein binäres Merkmal (0/1) als Beispiel: Kleinste theoretisch mögliche theoretische Schrittzahl m wäre hier 1 (*ein* Wechsel zwischen 0 und 1). Wäre das Merkmal nicht homoplastisch, würde der Wechsel zwischen 0 und 1 oder in die andere Richtung genau einmal an einem bestimmten Knoten passieren: $s = 1$. Es folgt $\text{CI} = 1/1 = 1$. Merkmale ohne Homoplasie haben also einen CI von 1. Sobald „überschüssige" Schritte nötig werden, also z.B. $s = 3$, steigt der Homoplasiegehalt und erniedrigt sich der CI, etwa auf $1/3 = 0,33$. Der CI ändert sich natürlich je nach Baum, für den man ihn berechnet. Das Merkmal *per se* kann nicht ohne weiteres als homoplastisch oder nicht homoplastisch erkannt werden.

Den CI kann man auch für den gesamten Datensatz berechnen, dann wird er zur Unterscheidung auch ***Ensemble Consistency Index*** genannt. Manchmal wird nur dieser groß geschrieben (CI), während man dann für den merkmalsspezifischen *Consistency Index* zur Unterscheidung kleine Buchstaben wählt, also „ci". In der Literatur wird aber meist beides einfach als CI bezeichnet - man erkennt in der Regel mühelos aus dem Zusammenhang, was gemeint ist. Der *Ensemble Consistency Index* ist dann 1, wenn alle Merkmale nicht homoplastisch sind, also alle perfekt auf den Baum passen. Das wird

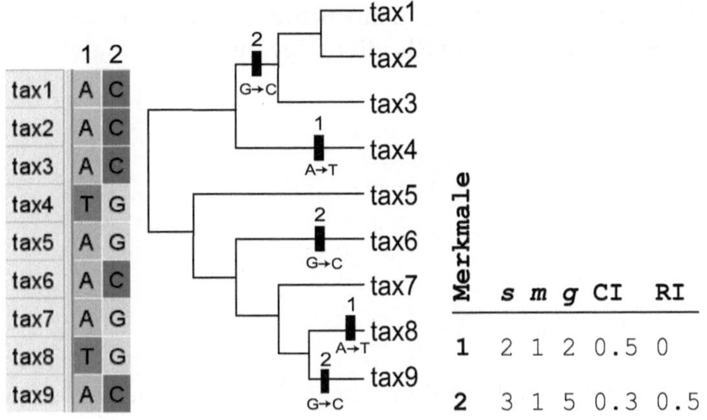

Merkmale	*s*	*m*	*g*	CI	RI
1	2	1	2	0.5	0
2	3	1	5	0.3	0.5

Abbildung 5.18 Der Unterschied zwischen dem ***Consistency Index*** **CI** und dem ***Retention Index*** **RI**. Angegeben sind die kleinstmögliche *(m)*, die größtmögliche *(g)* und die beobachtete Schrittzahl *(s)* von zwei Beispielmerkmalen auf einem Beispielbaum.

natürlich fast nie der Fall sein. Um diesen summarischen CI zu berechnen, braucht man nur für alle Merkmale i die Summe aller m_i durch die Summe aller s_i zu dividieren: $\mathrm{CI}_{\mathrm{ensemble}} = \sum_i m_i / \sum_i s_i$.

Der *Consistency Index* ist aus verschiedenen Gründen nicht das Gelbe vom Ei: Parsimonie-uninformative Merkmale tragen immer einen CI von 1 bei und erhöhen so den summarischen CI künstlich. Andererseits kann der CI nie 0 werden. Gerade das wäre aber eine wünschenswerte Eigenschaft für eine Skala aller denkbaren Homoplasiegrade, die idealerweise von 0 bis 1 reichen sollte. Drittens wird der CI bei erhöhter Taxonanzahl kleiner, auch wenn sich nichts Wesentliches an dem Informationsgehalt im Datensatz ändert.

Eine Antwort auf diese Probleme bietet der ***Retention Index*** (RI). Wenn g die größtmögliche Schrittzahl eines Merkmals auf jedem denkbaren Baum ist (die auf einem völlig unaufgelösten „Besen"), dann ist RI $= (g - s)/(g - m)$. Der ***Ensemble Retention Index*** errechnet sich wieder aus den Summen der Variablen über alle Merkmale hinweg:

$$\mathrm{RI}_{\mathrm{ensemble}} = \frac{\sum_i (g_i - s_i)}{\sum_i (g_i - m_i)}.$$

Der RI ist im ungünstigsten Fall 0, im idealen Fall 1. Abbildung 5.18 zeigt einen Baum für neun Taxa und die zwei Merkmale des Datensatzes, die auf diesem Baum homoplastisch sind. Daneben steht eine Tabelle mit entsprechenden Werten für $s, m, g,$ und die beiden Homoplasieindices CI und RI. Mit Bezug auf den *Consistency Index* kommt Merkmal 2 (CI=0,33) schlechter weg als Merkmal 1 (CI=0,5), weil es sich an drei Stellen auf dem Baum ändert. Gleichzeitig unterstützt es die Gruppe tax1 bis tax3. Ein Teil der Ähnlichkeit, die die Taxa in Bezug auf dieses Merkmal zeigen kann also als Synapomorphie gewertet werden, insofern ist es hilfreicher als Merkmal 1. Dies drückt sich im höheren RI (0,5) im Vergleich zu Merkmal 1 (RI=0,0) aus. Als praktische Übung zur Messung von Homoplasie laden Sie doch bitte einmal den Datensatz aus unserem Beispiel von oben (Seite 147) in PAUP*; in der Datei ist ja bereits ein Baum enthalten. Schreiben Sie `pscore 1/ CI=y RI=y`. PAUP* gibt neben der schon bekannten Charakterisierung des Datensatzes die Angabe der Baumlänge nun auch den CI und RI aus: `Length 13 CI 0.692 RI 0.333`. Um die Werte für alle einzelnen Merkmale zu erhalten, gibt es die Option `single`, die unter anderem den Wert `all` annehmen kann. Schreiben Sie also `pscore 1/ single=all CI=y RI=y`, erfahren Sie die CIs und RIs aller relevanten Merkmale:

```
Consistency indices for each (non-constant) character:

Tree          1     4     6    11    18    22    23    28
---------------------------------------------------------
   1      1.000 1.000 0.500 1.000 0.500 0.500 0.500 1.000

Retention indices for each (non-constant) character:

Tree          1     4     6    11    18    22    23    28
---------------------------------------------------------
   1      1.000   0/0 0.000 1.000 0.000 0.000 0.000   0/0
```

Schließlich werden Ihnen in der Literatur noch die Abkürzungen RC und HI begegnen, die für ***Rescaled Consistency Index*** und ***Homoplasy Index*** stehen. Diese Indices lassen sich aber leicht aus dem CI und RI berechnen, stellen also keine wirkliche zusätzliche Information dar. Der *Rescaled Consistency Index* ist einfach das Produkt aus CI und RI, während HI sich als eins minus CI berechnet. Probieren Sie doch einfach einmal in PAUP* den Befehl `pscore 1/ CI=y RI=y RC=y HI=y`.

5.5 Oft übergangen: Lücken im Alignment

Wir haben auf die ganz fundamentale Bedeutung einer guten **Alinierung** mehrfach hingewiesen. Solange im fertigen **Alignment** nicht homologe Nukleotide oder Aminosäuren an den gleichen Positionen stehen, ist das Ergebnis der phylogenetischen Analyse ganz unabhängig von der angewandten Methode in Frage gestellt. Dann kann man ganz leicht sehr viel Zeit verschwenden – insbesondere bei den rechenintensiven Analysen unter komplexeren Modellen der Sequenzevolution mit *Maximum Likelihood*-basierten Verfahren (Kap. 7-9). In vielen phylogenetischen Studien stellt sich das Problem, **Lücken** korrekt im Alignment zu **positionieren**, natürlich nur marginal oder gar nicht, weil konservierte proteincodierende Regionen mit nur wenigen, oder gar keinen, Längenvariationen betrachtet werden. In anderen Fällen, beispielsweise bei der Betrachtung von intergenischen Regionen, nukleären Introns oder von strukturierten RNA-Molekülen (wie den Gruppe I- und Gruppe II-Introns in den Organellen oder auch den viel untersuchten rRNAs), liegen die Dinge anders.

In besonders längenvariablen Regionen mag man dann überhaupt kein eindeutiges Alignment mehr erhalten und sollte in so einem Fall die zweifelhaften Bereiche auch aus den Analysen ausschließen – oder im Zweifelsfall überprüfen, ob sich nach ihrem Einschluss Abweichungen unter statistisch signifikanten Knoten ergeben. Kann man allerdings unter Berücksichtigung naheliegender mikrostruktureller Ereignisse und resultierender Wiederholungsmotive ein (nach bestem Wissen) korrektes Alignment erreichen (zumindest in Teilen des Datensatzes), dann kann in **Position** und **Ausdehnung** der variablen **Indels** einiges an **phylogenetischer Information** stecken. Meist fällt diese jedoch unter den Tisch, weil übliche Programme Information nur dort herausholen, wo Sequenz vorhanden ist – wo Lücken auftauchen, werden sie **ignoriert**. In Parsimonieanalysen können Lücken beispielsweise in PAUP* wahlweise als fünfter (Nukleotid-Daten) oder einundzwanzigster Merkmalszustand (Aminosäure-Daten) betrachtet werden, aber ver-

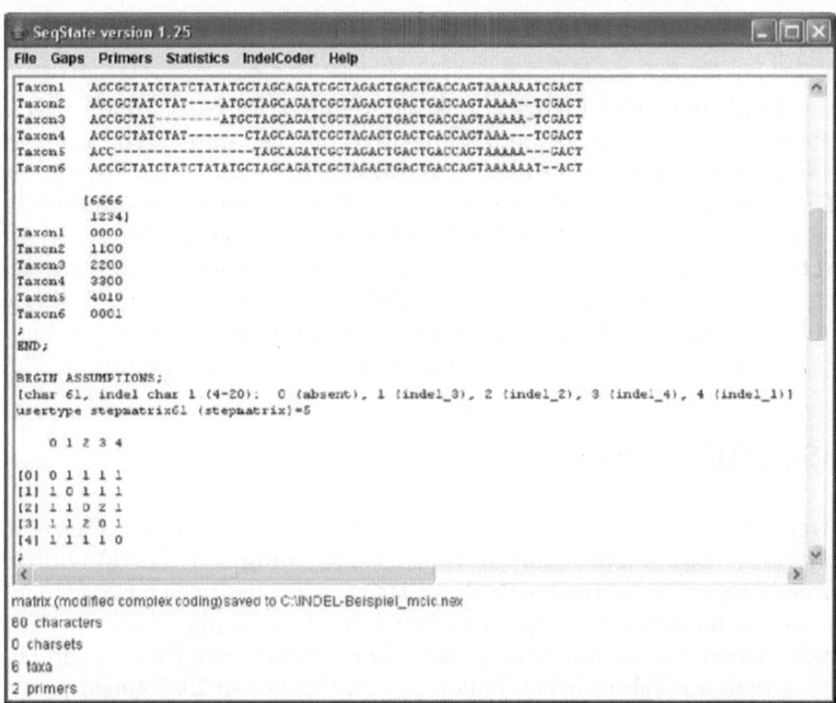

Abbildung 5.19 Die **SeqState**-Software nach Einladen einer kleinen Beispiel-NEXUS-Datei mit zwei **Indelregionen**. Im *IndelCoder*-Menü stehen eine Reihe alternativer Verfahren zur Verfügung, mit denen auftretende Indels automatisch in einer neuen, erweiterten NEXUS-Datei codiert werden können. Unten links sieht man die **Kostenmatrix**, die sich bei Verwendung von *Modified Complex Indel Coding* für die erste Indelregion (oben links) ergibt.

mutlich ist unmittelbar klar, dass dies keine glückliche Lösung ist. Das Verschwinden oder Hinzukommen eines kleinen Sequenzabschnittes geschieht nämlich in aller Regel nicht Nukleotid für Nukleotid sondern erfasst mehrere benachbarte Positionen gleichzeitig. Ein Insertionsmotiv von fünf Nukleotiden, das in zwei Taxa gemeinsam auftritt, ist vermutlich eher auf ein einziges und nicht auf fünf Mutationsereignisse zurückzuführen.

Geschickter sind da einige speziell für die Codierung von Indels im Rahmen von Parsimonie-Analysen entwickelte Verfahren. Etabliert und populär ist etwa das ***Simple Indel Coding*** (SIC) (Simmons & Ochoterena 2000); ein neuerer Vorschlag ist das ***Modified Complex Indel Coding*** (MCIC; Müller 2006). Bei beiden Verfahren codiert man Indels als neue Merkmale in einer separaten Matrix.

Eine Vielzahl von **Indels** in einem umfangreichen Alignment auf diese Weise von Hand zu codieren, ist natürlich extrem mühselig, fehleranfällig und zeitraubend, daher empfiehlt sich die Automatisierung, etwa mit Hilfe von **SeqState** (Abb. 5.19). Dieses Programm liest eine NEXUS- oder FASTA-Datei und codiert die Indels über SIC, MCIC, oder auch mehrere alternative, ältere Verfahren. Im Falle komplexer, überlappender Indels variabler Länge werden z.B. bei Verwendung von MCIC die Merkmalsübergänge durch zunehmend umfangreiche Kostenmatrices beschrieben (Abb. 5.19; zu Kostenmatrix s. Abschnitt 5.2.3 auf Seite 154). Es entsteht eine neue, erweiterte NEXUS-Datei für Analysen in PAUP*.

Wenn Insertionen als ein- oder mehrfache Kopien eines Motivs auftreten (z.B. SSRs – *simple sequence repeats*), oder ein Sequenzmotiv invertiert ist, dann stellt sich die Frage nach der Behandlung von solchen mikrostrukturellen Ereignissen im Alignment ganz besonders. Die gängigen Codierungsverfahren im Kontext einer Parsimonie-Analyse, aber auch – wie Sie in den nachfolgenden Kapiteln noch sehen werden – die üblicherweise eingesetzten Modelle für Likelihood-Analysen nutzen solche Informationen noch unvollständig. Dies liegt auch zum Teil daran, dass unsere Vorstellungen von den Mechanismen, die zu Längenmutationen führen, noch recht vage sind. Entsprechend wird an der Entwicklung immer besserer Verfahren aktuell unverändert geforscht.

5.6 Leseempfehlungen

Empfehlenswert für die Vertiefung von *Maximum Parsimony* ist das Kapitel von Swofford und Kollegen (1996) in „*Molecular Systematics*". Kitching et al. (1998) widmen dem Thema sogar ein ganzes, lesenswertes Buch („*Cladistics: the theory and practice of parsimony analysis*"). An weiteren Suchstrategien auch für den Parsimonie-Kontext wird weiter fleißig geforscht; einen Ansatz mit Hilfe genetischer Algorithmen diskutieren Hill et al. 2005, einen basierend auf Tabu-Suchen haben Lin und Kollegen 2005 getestet.

6 Distanzverfahren

„Die Matrix ist allgegenwärtig. Sie umgibt uns. Selbst hier ist sie. In diesem Zimmer. Du siehst sie, wenn Du aus dem Fenster kuckst oder den Fernseher ausmachst. Du kannst sie spüren, wenn Du auf die Arbeit gehst oder in die Kirche und wenn Du Deine Steuern zahlst.
Es ist eine Scheinwelt, die man Dir vorgaukelt, um Dich von der Wahrheit abzulenken"
Morpheus in *The Matrix* (The Wachowski Brothers 1999).

Distanzmatrix-Methoden oder Distanzverfahren machen nicht nur von Ihren Daten in Form einer DNA-Matrix Gebrauch, sondern auch von Modellen zur Sequenzevolution, die üblicherweise ebenfalls als Matrix im Sinne der linearen Algebra notiert werden – auch nichts anderes als eine Anordnung von Zahlen in Tabellenform mit Spalten und Zeilen. Mit der Kenntnis der wichtigsten dieser Modelle schlagen Sie gleich drei Fliegen mit einer Klappe, denn auch für *Maximum Likelihood* und Bayesianische Verfahren sind sie ein entscheidendes Element. Distanzverfahren reduzieren zunächst die in Ihren Sequenzen vorhandene Information zu einer Matrix aus paarweisen Distanzen, aus der dann mit einer Reihe hier vorgestellter Ansätze versucht wird, den Baum zu finden, der in der Evolution zu diesen Distanzen zwischen den Sequenzen geführt hat. Wenngleich in heutigen Studien Distanzverfahren nur noch selten das letzte Wort haben, so finden sich doch unter den hier beschriebenen Rekonstruktionsmethoden die schnellsten derzeit verfügbaren. Mit ihrer Hilfe gestaltet sich zumindest eine anfängliche Abschätzung der Verwandtschaftsverhältnisse sehr unaufwändig.

Übersicht

6.1 Unterschiede zwischen DNA-Sequenzen: Schein und Sein

Bei allen Vorteilen, die DNA-Sequenzen als phylogenetische Merkmale aufweisen, gibt es doch eine für den Phylogenetiker eigentlich wenig wünschenswerte Eigenschaft: Es gibt mit den vier Nukleotiden nur vier Merkmalszustände. Wenn ein bestimmtes Nukleotid mehr als einmal substituiert wird, verliert man schnell jede Information über die Art des Nukleotids, das vorher dort war; man weiß auch nicht, ob es überhaupt mehr als einmal substituiert wurde. Schlimmer noch: Selbst wenn in zwei Sequenzen an einer bestimmten Stelle jeweils das gleiche Nukleotid steht, dann heißt das noch lange nicht, dass an dieser Stelle auf dem Weg von der einen Sequenz zur anderen keine **Substitutionen** passiert sind. Die Stelle könnte einfach wieder zurückmutiert sein, so dass wieder das gleiche Nukleotid dort steht und so tut, als wäre nichts gewesen (Abb. 6.1). All dies wäre weniger wahrscheinlich, gäbe es mehr Merkmalszustände, und nicht nur vier – doch auch für Aminosäuresequenzen mit ihren 20 Merkmalszuständen gelten im Prinzip die gleichen Überlegungen. In Abbildung 6.2 auf der nächsten Seite sind die verschiedenen prinzipiellen Szenarien dargestellt, die im Vergleich zweier Sequenzen zu verschiedenen (oben) oder gleichen (unten) Nukleotiden an einer bestimmten Position führen können.

Die zwingende Folge ist, dass man nicht einfach nur die **beobachteten Unterschiede** zwischen zwei Sequenzen zählen kann, denn dann würde man die tatsächlich erfolgten Änderungen unterschätzen. Wenn überhaupt, funktioniert das nur bei Sequenzen, die erst vor sehr kurzer Zeit auseinander hervorgegangen sind.

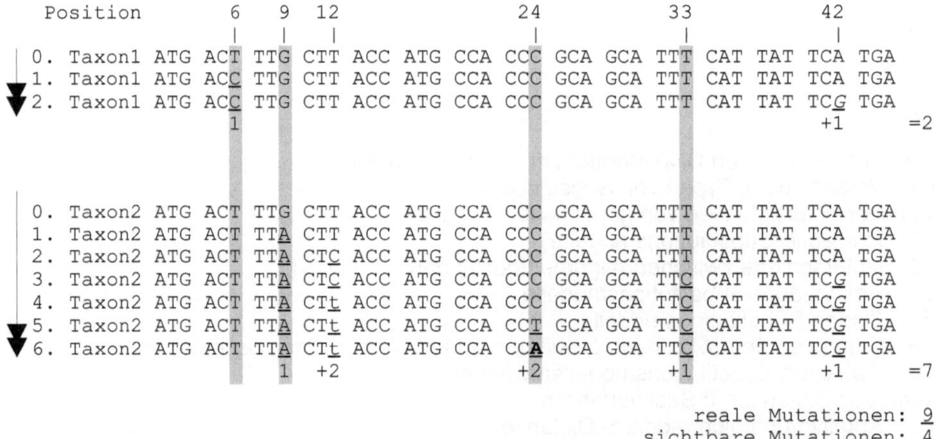

Abbildung 6.1 Beispielszenario einer Sequenzevolution: Neun bei zwei Taxa aufgetretene Punktmutationen sind durch Unterstreichung hervorgehoben. Durch Rück-Substitution (kleiner Buchstabe), mehrfache Substitution (fett) und eine parallele Substitution (kursiv) werden bei den rezenten verglichenen Sequenzen (jeweils ganz unten) jedoch nur vier Unterschiede beobachtet (grau hinterlegt).

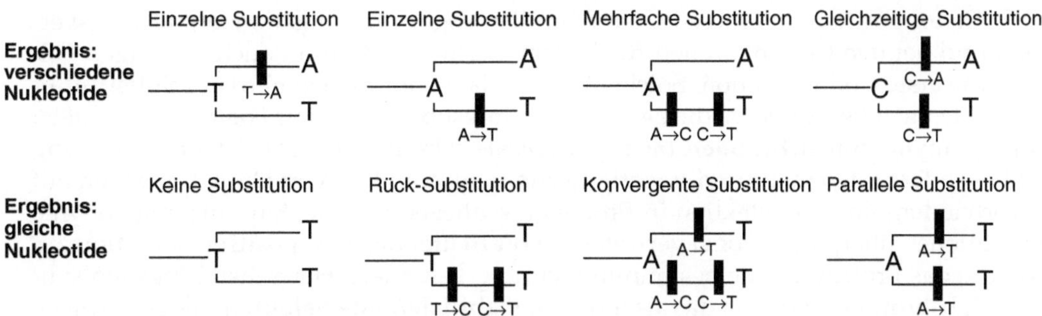

Abbildung 6.2 Die verschiedenen Substitutionsszenarien, nach denen entweder unterschiedliche (oben) oder gleiche (unten) Zustände in zwei Sequenzen beobachtet werden können.

6.1.1 Verschiedene Typen von Substitutionen

Für die Messung der **Ähnlichkeit** zweier Sequenzen ist die Unterscheidung von verschiedenen Substitutionstypen wichtig. Wir haben bereits in Abschnitt 3.2 auf Seite 86 **Transitionen** von **Transversionen** unterschieden. Wie Sie sich erinnern, gibt es zwei chemische Grundtypen von Nukleotiden, solche mit **Purin**- und solche mit **Pyrimidin**-Basen (Abschnitt 1.2 auf Seite 10). Bei Transitionen wird nur innerhalb dieser chemischen Klassen gewechselt, bei Transversionen zwischen ihnen. Entsprechend gibt es **vier verschiedene Typen von Transversionen**, aber nur **zwei verschiedene Transitionen** (Abb. 6.3). Rein statistisch müssten also Transversionen häufiger zu beobachten sein. Tatsächlich ist es aber genau umgekehrt: Transitionen treten bevorzugt auf. Dies hängt einfach mit der Biochemie der vier Nukleotide zusammen – vor allem die Verwandlung einer Base mit einer Aminofunktion (C, A) in die korrespondierende Base mit einer Ketofunktion (T, G) findet bevorzugt statt. Diese Erkenntnis kann man zur präziseren Abschätzung der erfolgten Substitutionen ausnutzen.

In proteincodierenden Regionen ist außerdem die Unterscheidung zwischen solchen Substitutionen, die einen Einfluss auf die Aminosäurezusammensetzung und damit auf das Protein haben, und solchen, bei denen das nicht der Fall ist, sinnvoll. Wegen der Degeneriertheit des **genetischen Codes** (s. Abb. 1.2 auf Seite 10) gibt es viele Substitutionen, die zu einem Basentriplett führen, das nach wie vor die gleiche Aminosäure codiert wie das Ausgangs-Triplett. Dies gilt in allen Codonfamilien für Transitionen der

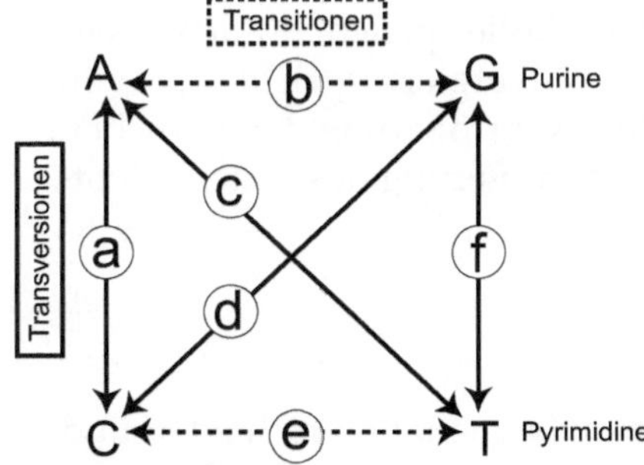

Abbildung 6.3 Transitionen (gestrichelte Pfeile, Übergänge b und e) und Transversionen (durchgezogene Pfeile, Übergänge a, c, d und f). Die üblicherweise verwendeten Buchstabenkürzel a–f spiegeln die alphabetische Reihenfolge aller denkbaren Nukleotidaustausche wider: A–C, A–G, A–T, C–G, C–T und G–T.

dritten Codonposition, in einigen Codonfamilien sogar für Transitionen *und* Transversionen und bei den Codonfamilien für Leucin, Serin und Arginin auch in einigen Fällen für die erste Codonposition. Solche Austausche nennt man **synonyme Substitutionen**. Nukleotidsubstitutionen, die eine Aminosäuresubstitution zur Folge haben, heißen **nicht-synonyme Substitutionen** (*non-synonymous substitutions*). Diese Unterscheidung wird besonders interessant und wichtig, wenn man mit Hilfe von DNA-Distanzen auf das Vorhandensein von Selektion in Proteinen schließen möchte. Sind nicht-synonyme Substitutionen überproportional vertreten, ist oft **richtende**, bzw. **positive Selektion** am Werk, die das Protein in eine bestimmte Richtung verändert. Herrschen hingegen synonyme Substitutionen vor, gilt das als Indiz für **stabilisierende Selektion** (engl. *purifying selection*).

6.2 Distanzkorrektur: Messen von genetischen Distanzen

Hat man zwei Sequenzen und will wissen, wie viele evolutionäre Änderungen zwischen beiden liegen, ist ein einfaches Abzählen der unterschiedlichen Nukleotide zumindest schon mal eine erste Näherung. Tatsächlich gibt es ein **Distanzmaß**, das genau diese Zahl erfasst, und durch die Anzahl verglichener Nukleotide dividiert – die so genannten unkorrigierten ***p*-Distanzen**. Ein Beispiel: Stellen Sie sich zwei Sequenzen aus je 1050 Nukleotiden vor. Ihr Alignment umfasst durch das Einfügen von Lücken 1100 Positionen. An insgesamt 100 Stellen steht in der einen oder der anderen Sequenz ein „–" statt eines Nukleotides; hier gibt es keine Substitutionen. Von den restlichen 1000 Positionen gibt es 20, die nicht bei beiden Sequenzen identisch sind. Dann ist die *p*-Distanz dieses Paares 20/1000=0,02. Anders ausgedrückt: die Divergenz beträgt zwei Prozent. Es gibt Ansätze, auch die Lücken (Indels) in die Berechnung der Distanz einzubeziehen – wir wollen uns hier jedoch auf die Nukleotidsubstitutionen konzentrieren.

Die Abbildungen 6.2 und 6.1 haben verdeutlicht, dass nicht jede Änderung zu einem Unterschied in der beobachteten Sequenz führt, dass also das Ausmaß der evolutionären Änderungen bei bloßem Abzählen der unterschiedlichen Nukleotide unterschätzt wird. Mit zunehmendem zeitlichen Abstand zwischen den Sequenzen wird immer wahrscheinlicher, dass ein gegebenes Nukleotid nicht nur einmal, sondern **mehrfach substituiert** wurde (und damit so genannte ***multiple hits*** aufweist). Mit zunehmendem zeitlichen Abstand werden zwar immer mehr Positionen eine Änderung erfahren, aber auch in zunehmendem Umfang Positionen wieder in *einen weiteren* oder den *alten* Zustand zurückfallen. Sobald Mehrfachsubstitutionen eine spürbare Rolle spielen, brauchen wir **Korrekturverfahren**. Sind Sequenzen schließlich sehr weit divergiert, spricht man von **Sättigung** oder *Saturation*. In diesem Fall führt eine weitere Vergrößerung der zeitlichen Distanz nicht mehr so stark oder gar nicht mehr zu einer Vergrößerung des Anteils sichtbar unterschiedlicher Nukleotide.

6.2.1 Nukleotid-Substitutionsmodelle

Es gibt also einen Unterschied zwischen den beobachtbaren Sequenzunterschieden und dem Anteil an Positionen, an denen tatsächlich Substitutionen erfolgt sind. Die Differenz

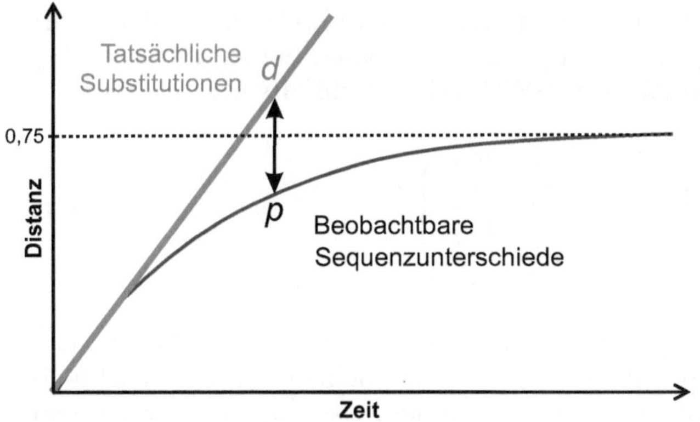

Abbildung 6.4
Beobachtbare Sequenzunterschiede (schwarz) und tatsächlich erfolgte Substitutionen (grau) zwischen zwei Sequenzen im Verlauf der Zeit. Die Differenz zwischen beiden Größen zu einem gegebenen Zeitpunkt wird mittels Distanzkorrektur geschätzt (Doppelpfeil).

zwischen beiden zu einem gegebenen Zeitpunkt wird mittels der so genannten **Distanzkorrektur** geschätzt (Abb. 6.4). Den einfachsten **Distanztyp**, den Sie gerade zuvor kennen gelernt hatten, also die p-Distanz, beschreibt man im Unterschied dazu auch als **unkorrigierte Distanz** (engl. *uncorrected distance*). Am Anfang jeder Distanzberechnung – egal ob korrigierend oder nicht – steht in jedem Fall die Ermittlung dieser p-Distanz, des *beobachteten* Anteils unterschiedlicher Nukleotide. Wenn eine **Korrektur** erfolgen soll, geht in die jeweilige Korrekturformel diese p-Distanz ein.

In der Praxis gibt es zwei verschiedene Ansätze, mit Lücken (engl. *gaps, indels*) in Alignments aus mehr als zwei Sequenzen umzugehen: Entweder es bleiben all jene Positionen bei der Berechnung unberücksichtigt, in denen irgendeine Sequenz eine Lücke aufweist (in der Annahme, dass entsprechende Bereiche vielleicht ohnehin uneindeutig aliniert sein könnten), oder es wird jedes Sequenzpaar separat betrachtet, wobei die p-Distanz natürlich nur über solche Positionen ermittelt werden kann, wo alle beide Sequenzen ein Nukleotid statt einer Lücke aufweisen. In MEGA z.B. können Sie bei Berechnung von Distanzen stets unter „Gaps/Missing Data" zwischen „Complete Deletion" und „Pairwise Deletion" wählen; PAUP* bietet verschiedene Optionen unter `DSet`.

Aber wie korrigiert man p-Distanzen nun am besten? Diese Frage hat zu einer ganzen Reihe von **Substitutionsmodellen** geführt, die zunehmend komplexere Annahmen über den Verlauf von DNA-Sequenzevolution machen. Dass es so viele sind, hat vorwiegend historische Gründe: Man hat sich zunächst von stark vereinfachenden Modellen ausgehend langsam zu allgemeineren und komplexeren Modellen weiterentwickelt, parallel zum Wachstum der DNA-Datenbanken und zu einer Leistungssteigerung der Computer, die mehr und mehr gefordert werden, je komplexer das Modell wird.

Die bekanntesten und am häufigsten eingesetzten Modelle sind, in aufsteigender Komplexität: das Jukes-Cantor-Modell (kurz JC), das Kimura-Zwei-Parameter-Modell (K2P, oft auch K80 genannt), das Felsenstein-Modell (F81), ein Modell von Hasegawa und Kollegen (HKY85), und das *General Time Reversible Model* (GTR).

Zunächst nimmt man noch vereinfachend an, dass die Wahrscheinlichkeit der einzelnen möglichen Substitutionen von Nukleotid i zu Nukleotid j über die Zeit hinweg gleich bleibt, und dass die relative Häufigkeit der Nukleotide im Gleichgewicht ist und nicht von Taxon zu Taxon stark schwankt. Die relative Wahrscheinlichkeit, dass eine Position, die mit dem Nukleotid i begann, nach einer gewissen Zeit zu Nukleotid j substituiert wurde, bezeichnet man dann als P_{ij}. Die Menge aller denkbaren Substitutionen $\{P_{ij}\}$ drückt man in einer so genannten **Substitutions-Wahrscheinlichkeits-Matrix** aus, nennen wir sie einmal $\boldsymbol{P}$:

$$\boldsymbol{P} = \begin{pmatrix} \cdot & P_{\mathrm{AC}} & P_{\mathrm{AG}} & P_{\mathrm{AT}} \\ P_{\mathrm{CA}} & \cdot & P_{\mathrm{CG}} & P_{\mathrm{CT}} \\ P_{\mathrm{GA}} & P_{\mathrm{GC}} & \cdot & P_{\mathrm{GT}} \\ P_{\mathrm{TA}} & P_{\mathrm{TC}} & P_{\mathrm{TG}} & \cdot \end{pmatrix}. \tag{6.1}$$

Die Punkte in der Diagonalen (der Hauptdiagonalen im Sinne der linearen Algebra, also von links oben nach rechts unten) bezeichnen die Wahrscheinlichkeit für das Gleichbleiben der Nukleotide. Die Wahrscheinlichkeit *aller* Szenarien, also Änderung zu einem der drei anderen Nukleotide oder Gleichbleiben des Nukleotids, muss insgesamt 1 sein, denn zusammengenommen ist das die Menge aller möglichen Ereignisse, und irgendetwas muss ja passiert sein. So kann man die Wahrscheinlichkeit an den Punkten in der Matrix einfach aus der Summe der restlichen Wahrscheinlichkeiten in den Reihen berechnen:

$$P_{ii} = 1 - \sum_{\substack{j \\ j \neq i}} P_{ij}. \tag{6.2}$$

Die konkreten Einträge in $\boldsymbol{P}$ werden einerseits von den **relativen Substitutionsraten** der einzelnen Nukleotidtypen bestimmt, die angeben, wie häufig z.B. AC im Vergleich zu AT passiert. Wenn die Austauschraten in beide Richtungen gleich hoch sind, also z.B. $AC = CA$, dann braucht man zur Beschreibung der relativen Raten maximal die sechs Buchstaben a bis f (Abb. 6.3 auf Seite 175), also quasi nur für die obere Hälfte unserer Matrix $\boldsymbol{P}$. Diese Reversibilität wird bei allen gängigen Modellen der Sequenzevolution zugrunde gelegt und hängt unmittelbar mit der Berechnung zunächst ungewurzelter Stammbäume aus den molekularen Sequenzdaten zusammen.

Außerdem wird $\boldsymbol{P}$ von den **relativen Häufigkeiten der Nukleotide** bzw. der Basenzusammensetzung (engl. *base composition*) bestimmt, also von π_A, π_C, π_Gund π_T, wobei $\sum_i \pi_i = 1$. Unterschiedliche Nukleotidhäufigkeiten gehen in alle etwas komplexeren Substitutionsmodelle ein.

Das Jukes-Cantor-Modell

Das **Jukes-Cantor-Modell** (JC) war das erste Korrekturmodell, das vorgeschlagen wurde (Jukes und Cantor 1969). Es erstaunt daher vielleicht nicht, dass es auch das einfachste ist. Es nimmt an, dass alle vier Nukleotide mit gleicher Frequenz auftreten, und dass alle Substitutionstypen gleich wahrscheinlich sind. Damit ist $a = b = c = d = e = f$ und die π_i spielen keine Rolle, so dass alle Einträge außerhalb der Hauptdiagonalen identisch sind und z.B. mit α bezeichnet werden können, während die Hauptdiagonale nach Gleichung 6.2 gefüllt wird:

$$\boldsymbol{P} = \begin{pmatrix} 1-3\alpha & \alpha & \alpha & \alpha \\ \alpha & 1-3\alpha & \alpha & \alpha \\ \alpha & \alpha & 1-3\alpha & \alpha \\ \alpha & \alpha & \alpha & 1-3\alpha \end{pmatrix} = \begin{pmatrix} \cdot & \alpha & \alpha & \alpha \\ \alpha & \cdot & \alpha & \alpha \\ \alpha & \alpha & \cdot & \alpha \\ \alpha & \alpha & \alpha & \cdot \end{pmatrix}. \tag{6.3}$$

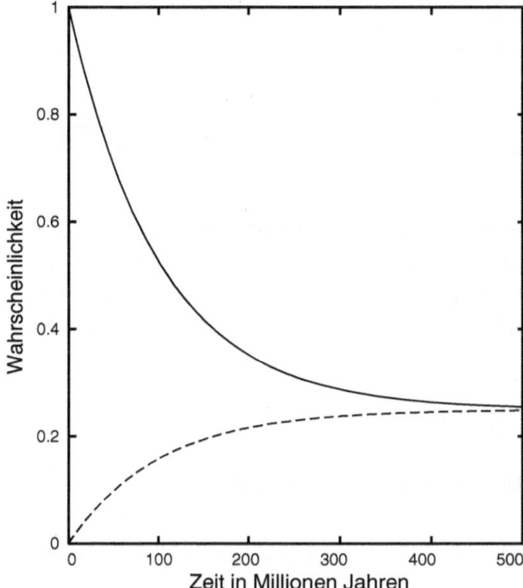

Abbildung 6.5 Zeitlicher Verlauf der Wahrscheinlichkeit, ein bestimmtes Nukleotid an einer gegebenen Alignment-Position vorzufinden, unter Annahme des **Jukes-Cantor-Modells**. Die geschlossene Linie beschreibt den Verlauf, wenn Start- und Endnukleotid gleich sind (*i=j* in Gleichung 6.4), die gestrichelte den Verlauf, wenn sie ungleich sind (*i≠j*). Beide Wahrscheinlichkeiten nähern sich (wegen vier verschiedener Nukleotide) 1/4 an. Als mittlere momentane Substitutionsrate $4\alpha\,(=\mu)$ wurden für dieses Beispiel 10^{-8} Substitutionen pro Sequenzposition pro Jahr angenommen.

Wie kommt man von einer solchen $\boldsymbol{P}$-Matrix zur Wahrscheinlichkeit einer Substitution nach der Zeit t, bzw. entlang eines Zweiges der Länge t? Für die allgemeine Beantwortung dieser Frage muss man etwas über stochastische Prozesse sagen, was wir im nächsten Kapitel tun werden (Abschnitt 7.2.4 auf Seite 208); im Fall von Jukes-Cantor kommt man, wie Sie dort sehen werden, zu folgender Lösung:

$$P_{ij}(t) = \begin{cases} \frac{1}{4} - \frac{1}{4}e^{-4\alpha t} & : \quad i \neq j \\ \frac{1}{4} + \frac{3}{4}e^{-4\alpha t} & : \quad i = j \end{cases}. \tag{6.4}$$

Den sich daraus ergebenden zeitlichen Verlauf der Wahrscheinlichkeiten für eine Veränderung oder ein Gleichbleiben einer Nukleotidposition zeigt Abbildung 6.5. Doch wie kommt man jetzt über diese Wahrscheinlichkeiten zur Distanz?

Vom Modell zur Distanz

Die unkorrigierte Distanz zwischen zwei Sequenzen (p) lässt sich indirekt auch über den Anteil gleicher Nukleotide G angeben, wobei $p = 1 - G$ ist. Praktisch ist nun, dass der erwartete Anteil identischer Nukleotide nach der Zeit t, also $G(t)$, der Wahrscheinlichkeit für ein Gleichbleiben eines gegebenen Nukleotides gleicht. Betrachten wir dazu die Szenarien, die zu identischen Nukleotiden in zwei über den Zeitraum t divergierten Sequenzen (Abb. 6.6 auf der nächsten Seite) führen können, und überlegen uns ihre Wahrscheinlichkeit. Haben beide Sequenzen **A** und **B** zum Zeitpunkt t an einer bestimmten Position z.B. ein C, dann kann die Ausgangs- bzw. Vorfahren-Sequenz dort ebenfalls ein C besessen haben. Die Wahrscheinlichkeit, dass ein C in *einer* Sequenz über den Zeitraum t verbleibt, ist $P_{ij}(t)$ mit $i = j$ wie in Gleichung 6.4 unten. Dass es in *beiden* bestehen bleibt, ist entsprechend $P_{ij}(t)^2, i = j$. Die Ausgangs-Sequenz kann an besagter Stelle aber auch ein A, ein G oder ein T besessen haben, das dann in zwei parallelen

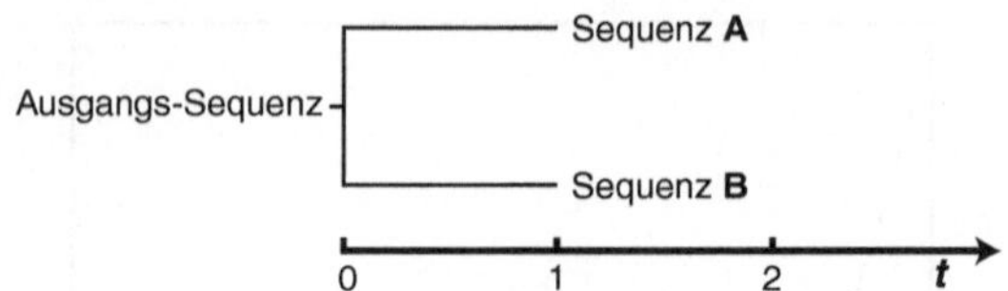

Abbildung 6.6 Sequenzen, die über den Zeitraum t von ihrer Vorfahren-Sequenz divergieren, sind voneinander $2 \cdot t$ entfernt.

Substitutionen (vgl. Abb. 6.2) zu C wurde. Die Wahrscheinlichkeit dafür ist $P_{ij}(t)^2, i \neq j$ (vgl. Gleichung 6.4 oben). Die Wahrscheinlichkeiten wären die gleichen, wenn wir statt eines Cytosins ein A, G, oder T zum Zeitpunkt t betrachten würden. Die Gesamtwahrscheinlichkeit für ein gleiches Nukleotid, und damit auch der erwartete Anteil identischer Nukleotide $G(t)$, ist daher

$$G(t) = \left(\tfrac{1}{4} + \tfrac{3}{4}e^{-4\alpha t}\right)^2 + 3\left(\tfrac{1}{4} - \tfrac{1}{4}e^{-4\alpha t}\right)^2 = \tfrac{1}{4} + \tfrac{3}{4}e^{-8\alpha t}.$$

Der erwartete Anteil unterschiedlicher Nukleotide zum Zeitpunkt t ist also

$$P = 1 - G(t) = \frac{3}{4}(1 - e^{-8\alpha t}). \tag{6.5}$$

Weil wir die Zeit t normalerweise nicht kennen und von der Substitutionsrate nicht trennen können, suchen wir lieber gleich nach einer Größe, die beides kombiniert. Diese gesuchte Größe ist die tatsächliche (im Unterschied zu der beobachteten) Anzahl von Substitutionen pro Sequenzposition und wird in der Literatur oft mit K bezeichnet. Durch Umformung wird aus Gleichung 6.5

$$8\alpha t = -\ln\left(1 - \frac{4}{3}P\right).$$

$3\alpha t$ ist die erwartete Anzahl an Substitutionen pro Sequenzposition entlang *eines* Zweiges in Abbildung 6.6 (vgl. Gleichung 6.3). Also ist $K = 2 \cdot 3\alpha t$. Damit ergibt sich als Jukes-Cantor-korrigierte Distanz bei Beobachtung von einem Anteil P unterschiedlicher Nukleotide:

$$K = -\frac{3}{4}\ln\left(1 - \frac{4}{3}P\right). \tag{6.6}$$

Das Kimura-Zwei-Parameter-Modell

Wir haben schon eingangs festgestellt, dass die Unterscheidung von Transitionen und Transversionen für die Evolution von Nukleotidsequenzen sinnvoll ist. Transitionen und Transversionen treten fast immer unterschiedlich häufig auf, meistens dominieren die Transitionen über die Transversionen.

Es ist also sinnvoll, nicht alle Substitutionstypen über einen Kamm zu scheren, sondern zwischen der Wahrscheinlichkeit einer Transversion und der Wahrscheinlichkeit einer Transition zu unterscheiden. Statt einer einzigen Substitutionswahrscheinlichkeit α wie im JC-Modell oben gibt es im **Kimura-Zwei-Parameter-Modell** (K2P oder K80) *zwei* Wahrscheinlichkeiten: α für Transitionen, und β für Transversionen. Jedes Nukleotid kann auf je drei Wegen zu drei anderen Nukleotiden substituiert werden, zwei davon sind Transversionen, einer davon ist eine Transition (Abb. 6.3 auf Seite 175). Damit ist die gesamte Substitutionsrate pro Position (*Site*) nach diesem Modell $\alpha + 2\beta$. Das Verhältnis von Transitionen zu Transversionen (***transition/transversion ratio***, oft mit **Ti/Tv** bezeichnet) ist α/β und wird üblicherweise mit dem Symbol κ (kappa) bedacht. Die Substitutions-Wahrscheinlichkeits-Matrix sieht also im K2P-Modell jetzt so aus (vergl. Gleichung 6.1):

$$\boldsymbol{P} = \begin{pmatrix} \cdot & \beta & \alpha & \beta \\ \beta & \cdot & \beta & \alpha \\ \alpha & \beta & \cdot & \beta \\ \beta & \alpha & \beta & \cdot \end{pmatrix}. \tag{6.7}$$

Auch im Kimura-2-Parameter-Modell werden noch alle Nukleotide als gleich häufig angenommen. Beobachtet man zwischen zwei Sequenzen einen Anteil p ungleiche Positionen, die auf Transitionen zurückzuführen sind, und einen Anteil q ungleiche Positionen, die auf Transversionen zurückzuführen sind, dann ist die korrigierte, „tatsächliche" Distanz K unter dem K2P-Modell:

$$K = \frac{1}{2} \ln \frac{1}{(1-2p-q)} + \frac{1}{4} \ln \frac{1}{(1-2q)}. \tag{6.8}$$

Auf die Herleitung der Korrekturformel für das Kimura-2-Parameter-Modell und die folgenden Modelle verzichten wir hier – den ganz allgemeinen Ansatz kann, wer will, weiter hinten nachlesen (Abschnitt 7.2.4 auf Seite 208).

Das Felsenstein-Modell von 1981

Neben unterschiedlichen relativen Häufigkeiten von Transitionen und Transversionen beeinflussen auch unterschiedliche relative Häufigkeiten der Nukleotide die Frequenz der einzelnen Substitutionen. So sind beispielsweise A und T in Sequenzen der Chloroplastengenome der Landpflanzen viel häufiger als G und C. Man wird dort also allein deswegen weniger oft Substitutionen antreffen, die ein C oder G ersetzen, selbst wenn ansonsten alle relativen Substitutionsraten identisch sind. Das Modell von Felsenstein (**F81-Modell**, Felsenstein 1981) berücksichtigt dies im Unterschied zum JC-Modell, und die entsprechende Substitutions-Wahrscheinlichkeits-Matrix sieht folgendermaßen aus:

$$\boldsymbol{P} = \begin{pmatrix} \cdot & \pi_C\alpha & \pi_G\alpha & \pi_T\alpha \\ \pi_A\alpha & \cdot & \pi_G\alpha & \pi_T\alpha \\ \pi_A\alpha & \pi_C\alpha & \cdot & \pi_T\alpha \\ \pi_A\alpha & \pi_C\alpha & \pi_G\alpha & \cdot \end{pmatrix}. \tag{6.9}$$

Im Spezialfall $\pi_A = \pi_C = \pi_G = \pi_T$ wird das F81 mit dem JC Modell identisch.

Das HKY85-Modell

Führt man die beiden zusätzlichen Annahmen des F81- und des K2P-Modells gegenüber dem JC-Modell zusammen, also die Berücksichtigung unterschiedlicher Nukleotidhäufigkeiten einerseits und die Unterscheidung von Transitionen und Transversionen andererseits, ergibt sich das **HKY85-Modell** von Hasegawa, Kishino und Yano (1985). Die relativen Nukleotidhäufigkeiten bleiben wie bei F81, aber die Unterscheidung von Tran-

Tabelle 6.1 Kürzel für einige **Nukleotid-Substitutionsmodelle** und ihre Charakterisierung, unter Angabe von Synonymen und Originalpublikationen. Die Benennung für intermediäre Modelle, bei denen keine Publikation angegeben ist, folgt Vorschlägen von Posada & Crandall (1998). Für jedes Modell können zusätzlich Ratenvariation zwischen den Positionen (+G) und/oder Anteile nicht-variabler Positionen (+I) berücksichtigt werden.

	Name (Publikation)	Basen-häufigkeiten	Substitutionsraten
F81	Felsenstein-81 (Felsenstein 1981)	ungleich	a=b=c=d=e=f
F84	Felsenstein-84 (Kishino & Hasegawa 1989; ≈HKY)	ungleich	a=c=d=f, b=e
GTR	(=REV) *General Time Reversible Model* (Tavaré 1986; Rodriguez et al. 1990)	ungleich	a, c, d, f, b, e
HKY	Hasegawa-Kishino-Yano-85 (Hasegawa, Kishino & Yano 1985; ≈F84)	ungleich	a=c=d=f, b=e
JC	Jukes-Cantor (Jukes & Cantor 1969)	gleich	a=b=c=d=e=f
K2P	(=K80) Kimura-2-Parameter (Kimura 1980)	gleich	a=c=d=f, b=e
K3P	(=K81) Kimura-3-Parameter (Kimura 1981)	gleich	a=f, c=d, b=e
K81uf	Kimura-3-Parameter *with unequal frequencies*	ungleich	a=f, c=d, b=e
SYM	*Symmetrical Model* (Zharkikh 1994)	gleich	a, c, d, f, b, e
T3P	Tamura-3-parameter (Tamura 1992)	GC≠AT	a=c=d=f, b=e
TN84	Tajima-Nei (Tajima & Nei, 1984; =F81)	ungleich	a=b=c=d=e=f
TN93	Tamura-Nei (Tamura & Nei, 1993; ≈HKY+F84)	ungleich	a=c=d=f, b=e
TIM	*Transitional Model*	ungleich	a=f, c=d, b, e
TIMef	*Transitional Model with equal frequencies*	gleich	a=f, c=d, b, e
TN	Tamura-Nei (Tamura & Nei 1993)	ungleich	a=c=d=f, b, e
TNef	Tamura-Nei *with equal frequencies*	gleich	a=c=d=f, b, e
TVM	*Transversional Model*	ungleich	a, c, d, f, b=e
TVMef	*Transversional Model with equal frequencies*	gleich	a, c, d, f, b=e

sitionen und Transversionen kommt hinzu:

$$\boldsymbol{P} = \begin{pmatrix} \cdot & \pi_C\beta & \pi_G\alpha & \pi_T\beta \\ \pi_A\beta & \cdot & \pi_G\beta & \pi_T\alpha \\ \pi_A\alpha & \pi_C\beta & \cdot & \pi_T\beta \\ \pi_A\beta & \pi_C\alpha & \pi_G\beta & \cdot \end{pmatrix}. \tag{6.10}$$

Das HKY85-Modell ist beliebt als Kompromiss zwischen Komplexität und geringem Rechenaufwand.

Das *General Time Reversible* Modell

Das *General Time Reversible*-Modell (**GTR**-Modell) (Rodriguez et al., 1990) ist das allgemeinste der hier besprochenen Modelle. Nur die Richtungen der Substitutionen werden unverändert nicht unterschieden, deshalb heißt es „reversibel" (z.B. A→G = G→A). Allgemein (*general*) ist es, weil hier jedem denkbaren Basenübergang eine individuelle Wahrscheinlichkeit zugestanden wird. Die Basenzusammensetzung ist genau wie beim F81-Modell flexibel. In der Substitutions-Wahrscheinlichkeits-Matrix bekommt jeder Ba-

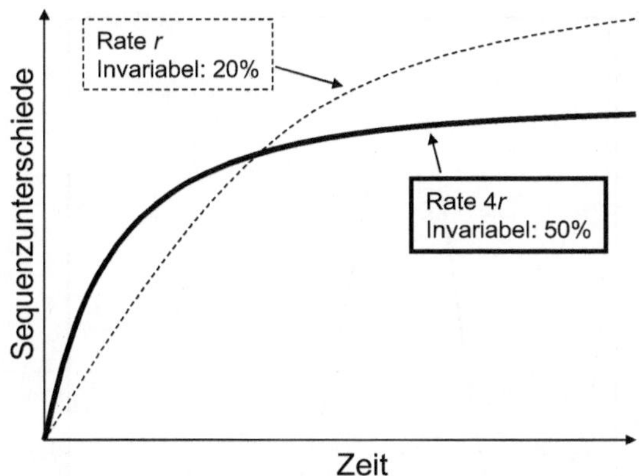

Abbildung 6.7 Die Bedeutung unterschiedlicher Substitutionsraten bei unterschiedlichem Anteil variabler/invariabler Positionen. In der gestrichelten Kurve verteilt sich eine kleinere Rate (r) auf 80% der Positionen, in der durchgezogenen Kurve eine vier mal höhere Rate auf nur 50% der Positionen.

senübergang seine eigene relative Wahrscheinlichkeit:

$$\boldsymbol{P} = \begin{pmatrix} \cdot & \pi_C a & \pi_G b & \pi_T c \\ \pi_A a & \cdot & \pi_G d & \pi_T e \\ \pi_A b & \pi_C d & \cdot & \pi_T f \\ \pi_A c & \pi_C e & \pi_G f & \cdot \end{pmatrix}. \tag{6.11}$$

Man kann jedes der einfacheren Modelle daraus ableiten, auch die bisher nicht im Detail erwähnten, indem man Bedingungen für das allgemeine GTR-Modell formuliert, also z.B. $\pi_A = \pi_C = \pi_G = \pi_T$, $a = c = d = f$ und $b = e$ für das K2P-Modell. Tabelle 6.1 auf der vorherigen Seite zeigt die oben genannten und noch einige weitere Modelle unter Angabe der Einschränkungen, die für Substitutionsraten und Nukleotidfrequenzen gelten.

LogDet

Eine Sonderrolle spielt die LogDet-Distanz, die sich nicht in diese Hierarchie einordnen lässt. Sie wird über eine spezielle Funktion definiert, die einer quadratischen Matrix $\boldsymbol{D}$ eine Zahl zuordnet, $\det(\boldsymbol{D})$. Als Matrix kommt dabei die Divergenzmatrix $\boldsymbol{D}$ zweier Sequenzen zum Einsatz, die an der Stelle $\boldsymbol{D}_{ij}$ den Bruchteil an Alignmentpositionen angibt, an denen die eine Sequenz Nukleotid i und die andere Nukleotid j besitzt. In der ursprünglichen Form (Steel 1994) ist die LogDet-Distanz dann $-\ln\det(\boldsymbol{D})$, jedoch hat es eine Reihe von Verbesserungen und Modifikationen hierzu gegeben (z.B. Lockhart et al. 1994, Lake 1994). In mancher Beziehung dem GTR-Modell überlegen, hat die Methode aber unter anderem den Nachteil, dass eine mögliche Heterogenität der Substitutionsraten entlang der Alignmentpositionen nicht berücksichtigt werden kann.

6.2.2 Unterschiede zwischen Alignmentpositionen: +Γ und +I

Bisher sind alle vorgestellten Modelle stillschweigend davon ausgegangen, dass Substitutionen an allen Alignmentpositionen passieren, und dass die Wahrscheinlichkeit dafür an allen Positionen gleich hoch ist. Dass das biologisch oft nicht realistisch ist, zeigen etliche empirische Daten. Die weniger wichtigen dritten Codonpositionen in proteincodierenden Genen haben meist eine deutlich erhöhte Substitutionsrate. Wie wichtig ist es, **Ratenunterschiede zwischen den Alignmentpositionen** zu berücksichtigen?

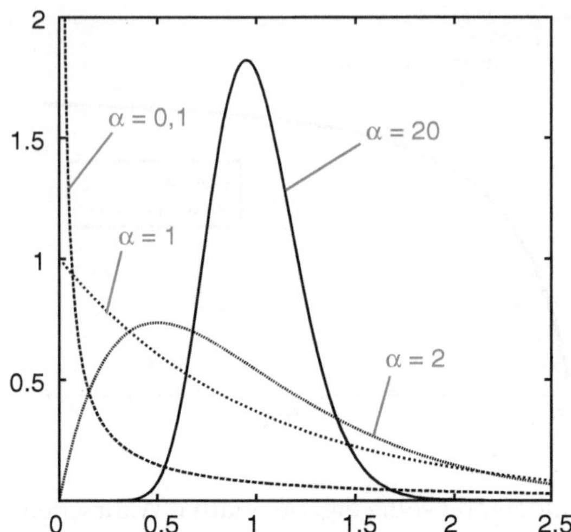

Abbildung 6.8 Die Gamma-Verteilung für verschiedene Werte des α-Parameters (*shape*-Parameters), mit $\beta = 1/\alpha$.

Abbildung 6.7 zeigt, dass es für den beobachtbaren Anteil veränderter Nukleotide einen erheblichen Unterschied machen kann, wie die Substitutionsraten zwischen den Alignmentpositionen verteilt sind. Der einfachste Fall ist, dass sich manche Positionen gar nicht (***invariable sites***), und die anderen sich alle mit gleicher Wahrscheinlichkeit verändern; dieser Fall ist in der Abbildung illustriert. Es ist zunächst sofort einsichtig, dass bei einer hohen Substitutionsrate zwei Sequenzen schneller divergieren als bei einer niedrigen Substitutionsrate. Wird jetzt aber bei den Sequenzen mit der hohen Rate einem geringeren Anteil der Positionen erlaubt, zu variieren, dann erfolgt die Sättigung (Abflachung der Kurve; s.o.) schneller als bei dem Paar mit geringerer Substitutionsrate, und auf lange Sicht führt die höhere Rate dennoch zu weniger großen Divergenzen zwischen den Sequenzen (Abb. 6.7 auf der vorherigen Seite).

Nun erscheint allerdings die Annahme, dass manche Positionen gar nicht und alle anderen auf genau die gleiche Weise variieren auch noch nicht besonders realistisch. Sie entspricht einem allzu simplen Alles-oder-Nichts-Prinzip. Man sollte vielleicht ganz allgemein erlauben, dass jede Position ihre eigene Substitutionsrate hat – ***„Among site rate variation"*** ist der englische Begriff, der Ihnen in der phylogenetischen Literatur begegnet.

Das Problem ist natürlich, dass man nicht im Voraus weiß, in welchem Ausmaß sich die Positionen relativ zueinander verändern. Also muss man das wiederum aus den Daten schätzen. Und hier mutet man dem Computer Unmögliches zu, wenn man wirklich *jeder* Position eine andere Austauschrate zugesteht. Das würde im Extremfall bedeuten, dass einem Alignment mit 1500 Positionen 1500 verschiedene Substitutionsraten zugeordnet werden müssen. Und welchen Bereich sollten diese Raten dann überspannen? Soll man versuchsweise erst einmal annehmen, dass eine (zwei, drei, ...) bestimmte Positionen doppelt (drei, vier, ... mal) so schnell evolvieren wie eine (zwei, drei, ...) bestimmte andere? Nach diesem Schema würde man wohl bis in alle Ewigkeit herumprobieren.

Der am weitesten verbreitete Ansatz macht von einer so genannten **Gamma-Verteilung** Gebrauch (Abb. 6.8), weil man mit dieser recht schön die vermuteten tatsächlichen Ver-

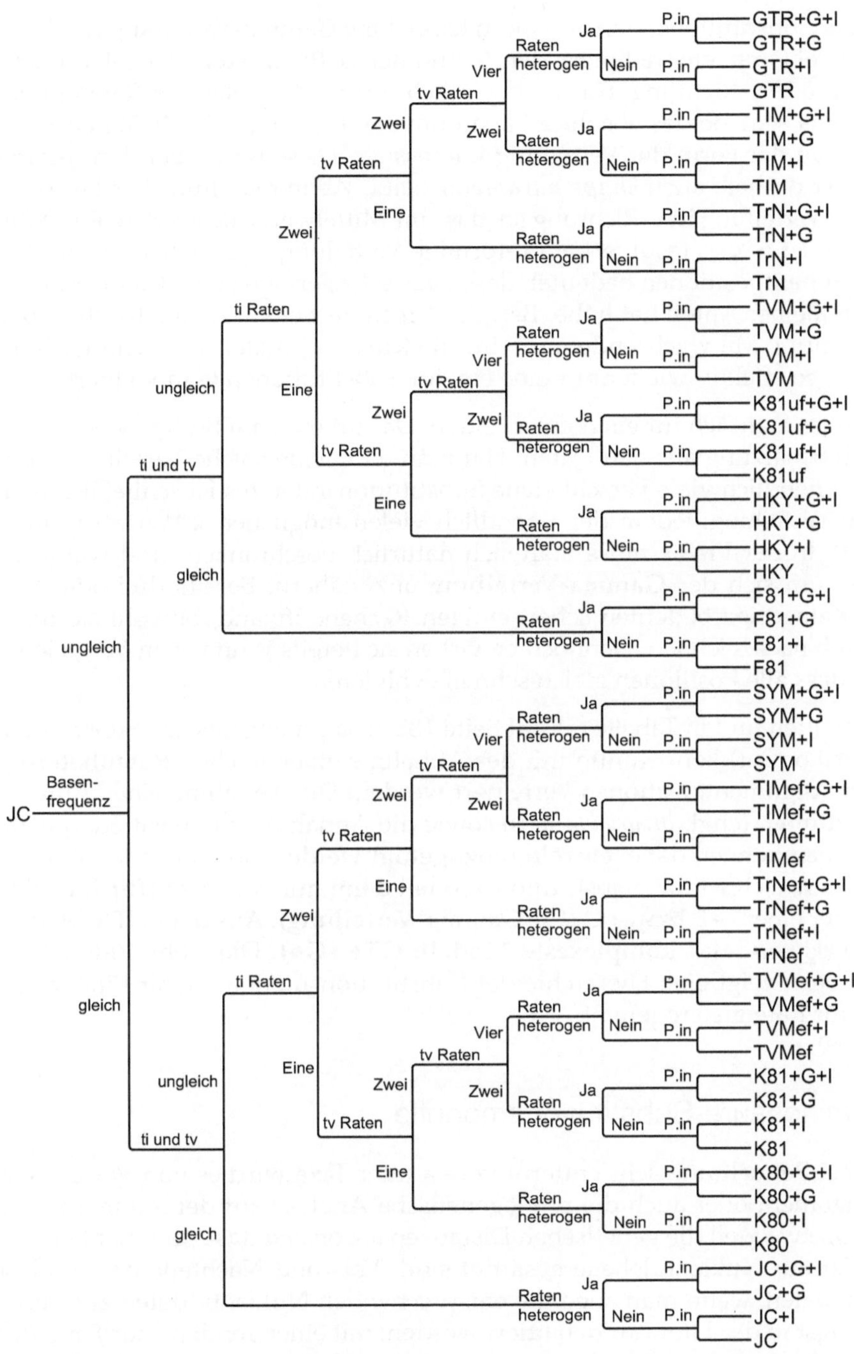

Abbildung 6.9 Hierarchische Beziehungen zwischen den gängigsten Nukleotid-Substitutionsmodellen. ti=Transitionen, tv=Transversionen, P.in=invariable Positionen. Für Erläuterungen und für weitere Abkürzungen s. Text und Tabelle 6.1 auf Seite 182.

teilungen der Substitutionsraten annähern kann. Eine Gamma-Verteilung (Γ-Verteilung) wird über zwei Parameter definiert, den β- und den **α-Parameter**. Der β-Parameter skaliert die Kurve in y-Richtung. Da wir eigentlich nur an den relativen Raten interessiert sind (es ist uns egal, ob das absolute Maximum bei 0,1, bei 2, oder 1000 liegt), sind wir letztlich nur an der Form der Verteilung interessiert. Diese wird über den α-Parameter bestimmt, der deshalb auch ***shape parameter*** heißt. Wenn man nun $\beta = 1/\alpha$ setzt, skaliert man die Verteilung in y-Richtung so, dass ihr Mittelwert (die mittlere Rate) für jedes α genau 1 ist. Ist $\alpha < 1$, resultiert ein L-förmige Verteilung (Abb. 6.8 auf Seite 184), was für die Alignmentpositionen bedeutet, dass viele sehr geringe Substitutionsraten haben, und nur ein kleiner Anteil hat hohe. Bei $\alpha > 1$ resultiert eine asymmetrische Kurve mit einem Maximum. Mit wachsendem α wird die Kurve schmaler und symmetrischer, bis man mit $\alpha = \infty$ effektiv wieder nur eine einzige Substitutionsrate modelliert.

Zunächst muss man sich für ein α entscheiden. Das tut man am Besten wieder per Computer durch Schätzung aus den Daten. Hat man dann eine solche Verteilung, liefert sie theoretisch unendlich viele verschiedene Substitutionsraten (es ist schließlich eine kontinuierliche Verteilung; jedem der unendlich vielen möglichen x-Werte ist ein y-Wert zugeordnet). In der Praxis muss man sich natürlich beschränken, und wählt diskrete **Kategorien**, um sich der **Gamma-Verteilung** anzunähern. Bereits drei oder vier verschiedene Kategorien bedeuten schon einigen Rechenaufwand, obwohl sie die Kurve erst sehr grob nachzeichnen. Dennoch bewirken sie bereits Wunder im Vergleich zu der Annahme, dass alle Positionen gleich schnell evolvieren.

Alle vorgestellten und in Tabelle 6.1 auf Seite 182 zusammengefassten Substitutionsmodelle (außer LogDet) können nun mit der Annahme einer solchen **Ratenheterogenität** entlang der Alignmentpositionen verfeinert werden. Die Annahme eines Anteils **invariabler Positionen** (engl. *invariable sites*) sowie die Annahme von positionsspezifischen variablen Raten können dabei einzeln hinzugefügt werden, aber auch kombiniert werden. Man kennzeichnet das Substitutionsmodell dann mit einem **+I (für *Invariable sites*)** und/oder einem **+Γ bzw. +G (für Gamma-Verteilung)**. Aus dem GTR-Modell wird dann beispielsweise das **komplexeste Modell: GTR+G+I**. Die Abbildung 6.9 auf der vorherigen Seite zeigt eine Hierarchie der Substitutionsmodelle unter Einbezug dieser Parameter für Ratenheterogenität.

6.2.3 Aminosäure-Substitutionsmodelle

Vor allem bei Betrachtung sehr entfernt verwandter Taxa wird es von Vorteil sein, sich für das Alignment oder auch die phylogenetische Analyse auf der Aminosäure-Ebene zu bewegen, etwa weil die genetischen Distanzen ansonsten das Alignment erschweren würden oder auf Nukleotidebene gesättigt sind. Vor- und Nachteile der Analyse von Aminosäuredaten, wenn man auch die entsprechenden Nukleotiddaten zur Verfügung hat, sind jüngst in der Literatur debattiert worden, mit einer Tendenz zur Favorisierung der direkten Nutzung von Nukleotidinformation (z.B. Simmons et al. 2002). In jedem Fall sind Grundkenntnisse der direkten Analyse von Aminosäuresequenzen wertvoll.

Das Problem unsichtbarer Substitutionen (vgl. Abb. 6.2 auf Seite 175) ist im Vergleich zu Nukleotiden (mit nur vier Merkmalszuständen gegenüber 20 bei Aminosäuren) entschärft. Analog zum recht einfachen JC-Modell für Nukleoidsequenzen kann man in

Tabelle 6.2 Übersicht über die wichtigsten **Aminosäure-Substitutionsmodelle** und ihre zugehörigen Originalpublikationen. Mit Ausnahme des einfachsten Modells (**Poisson**, das identische Substitutionsraten zwischen allen Aminosäuren annimmt, Aminosäure-Variante des **JC**-Modells für Nukleotide) und des komplexesten (GTR) sind es **empirische** Modelle, basierend auf der Auswertung verschiedener Protein-Datenbanken, teils mit Fokus auf bestimmte Organismengruppen, und unter Verwendung unterschiedlicher Methoden (s. Text, Abschnitt 6.2.3). Prinzipiell kann jedes Modell verfeinert werden, indem zusätzlich die Aminosäurehäufigkeiten anhand des vorliegenden Alignments geschätzt (**+F**) werden und/oder Ratenvariation zwischen den Positionen (**+G**) bzw. Anteile nicht-variabler Positionen (**+I**) berücksichtigt werden. Keinen speziellen Namen hat eigentlich das allgemeinste Modell, die Aminosäure-Variante des GTR-Modells bei Nukleotiden (daher hier einfach **GTR** genannt), bei der weder Aminosäurehäufigkeiten noch Substitutionsraten-Matrix fixiert sind, sondern während der Analyse aus den Daten geschätzt werden.

Name	Publikation
BLOSUM	Henikoff & Henikoff (1992)
CAT	Lartillot & Philippe (2004)
CAT-BP	Blanquart & Lartillot (2008)
Dayhoff	Dayhoff et al. (1978)
DCMut	Kosiol & Goldman (2005)
Gonnet	Gonnet et al. (1992)
GTR	Tavaré (1986)
JC	s. Poisson
JTT	Jones et al. (1992)
LG	Le & Gascuel (2008)
mtMam	Yang et al. (1998)
mtREV	Adachi & Hasegawa (1996)
PAM	s. Dayhoff
Poisson	Bishop & Friday (1987)
rpREV	Adachi et al. (2000)
rtREV	Dimmic et al. (2002)
VT	Müller & Vingron (2000)
WAG	Whelan & Goldman (2000)

Analogie zu Gleichung 6.6 eine **Jukes-Cantor-Korrektur für Aminosäuren** vornehmen, wobei P diesmal die beobachtete Divergenz auf Aminosäure-Ebene ist:

$$K = -\tfrac{19}{20} \ln \left(1 - \tfrac{20}{19} P\right), \tag{6.12}$$

wobei 19/20 und 20/19 auch manchmal durch 1 ersetzt werden (**Poisson-Korrektur**). Das stark vereinfachende Modell nimmt dabei an, dass die relativen Austauschraten zwischen allen Aminosäurepaaren identisch sind (Bishop & Friday 1987). Es dürfte klar sein, dass diese Annahme in der Realität meistens verletzt wird. Methoden zur Berechnung von Distanzen zwischen Aminosäure-Sequenzen stützen sich daher meist auf realistischere **Aminosäure-Substitutionsmodelle**. Diese kann man grob in zwei Klassen einteilen: empirische und mechanistische Aminosäure-Substitutionsmodelle.

Der Klassiker unter den **empirischen Modellen** ist die Ihnen bereits aus Abbildung 3.9 auf Seite 88 bekannte **PAM250-Matrix**, die wir dort als hilfreich bei der Entscheidung zwischen alternativen Alignments erkannt hatten. Die PAM250-Matrix kann jedoch mehr als das, denn sie stammt von einem empirischen Modell für die relativen Austausch-Wahrscheinlichkeiten zwischen Aminosäuren ab, oft als **PAM001** bezeichnet. Dayhoff und Kollegen haben dazu in den 70er Jahren, bereits bevor elektronische Datenbanken verfügbar wurden, über 1500 Aminosäure-Änderungen zwischen nächstverwandten Proteinen ausgewertet und tabelliert (Dayhoff et al. 1978). Daraus leiteten sie die Wahrscheinlichkeit einer Änderung von einer zur anderen Aminosäure ab, jeweils für unterschiedliche Gesamtdivergenzen zwischen den Proteinen. PAM steht für ***Percent Accepted Mutations***. PAM001 tabelliert dabei die Wahrscheinlichkeit einer Substitution bei einer Substitutionsrate und über einen Zeitraum hinweg, so dass durchschnittlich eine Aminosäure pro 100 Aminosäure-Positionen substituiert werden. Für entfernt verwandte Sequenzen fanden Dayhoff und Kollegen, dass PAM250 gute Ergebnisse liefert (z.B. mit BLAST, s. Abschnitt 3.1.2 auf Seite 80). Für diese Matrix wird jeder Eintrag in der PAM001-Matrix 250 mal mit sich selbst multipliziert – damit erhält man ein Modell für die Übergangs-Wahrscheinlichkeiten zwischen je zwei Aminosäuren bei größeren evolutionären Distanzen. Dieses in der Literatur auch als **Dayhoff-Matrix** bezeichnete Modell kann, genau wie die Nukleotid-Substitutionsmodelle, nicht nur für Distanzmethoden, sondern auch für *Maximum Likelihood* (Kap. 7) eingesetzt werden.

Dividiert man die Einträge in so einer PAM250-Matrix durch die Häufigkeit der ersetzten Aminosäure, und ersetzt sie durch ihren dekadischen Logarithmus, erhält man die so genannte ***Log odds***-Variante der PAM250, wie sie von Algorithmen für Alignments (s. Abschnitt 3.2.2 auf Seite 93) und Ähnlichkeits-Suchen eingesetzt wird. Es gibt weitere, meist als *Log odds*-Matrizen publizierte Tabellierungen von Austausch-Wahrscheinlichkeiten von Aminosäuren, etwa die BLOSUM-Matrizen (Henikoff & Henikoff 1992), oder die Gonnet-Matrix, beide aus dem Jahr 1992. Gemeinsam ist ihnen die Auswertung von zu dieser Zeit verfügbaren empirische Daten zu Proteinen. **BLOSUM** ist dabei auf noch weiter voneinander entfernte Sequenzen spezialisiert, wo es bei Einsatz in Algorithmen wie BLAST bessere Ergebnisse liefert. **Gonnet** und Kollegen (1992) hingegen fokussierten bei der Frage nach einer optimalen *Log odds*-Matrix auf die Verfeinerung von Alignments und das Finden angemessener *Gap penalties*.

Jones, Taylor und Thornton haben 1992 eine aktualisierte Neuauflage der Matrix von Dayhoff vorgelegt – das entsprechende Modell heißt **JTT-Modell**. Eine Variation dieser empirischen Modelle ist, statt der Aminosäurehäufigkeiten aus der empirischen Matrix diejenigen aus den zu analysierenden Daten zu nehmen. Diese Abwandlung kann man durch ein +F hinter dem Modellnamen (für *frequencies*) kennzeichnen, also z.B. **JTT+F** oder **Dayhoff+F**.

In einem anderen Ansatz wird die dem Modell zugrunde liegende Substitutions-Wahrscheinlichkeits-Matrix aus den zu analysierenden Daten über *Maximum Likelihood* bestimmt (Adachi & Hasegawa 1996). Ganz analog zum **GTR**-Modell (Gleichung 6.11) für Nukleotiddaten sieht sie für Aminosäuren wie folgt aus, wobei r_{ij} die Wahrscheinlichkeit für einen Austausch der Aminosäuren i und j sei, und π_k die relative Häufigkeit der Aminosäure k, jeweils im Ein-Buchstaben-Code (Abb. 1.2 auf Seite 10) abgekürzt:

$$\boldsymbol{P} = \begin{pmatrix} \cdot & \pi_R r_{RA} & \pi_N r_{NA} & \pi_D r_{DA} & \pi_C r_{CA} & \cdots & \pi_V r_{VA} \\ \pi_A r_{AR} & \cdot & \pi_N r_{NR} & \pi_D r_{DR} & \pi_C r_{CR} & \cdots & \pi_V r_{VR} \\ \pi_A r_{AN} & \pi_R r_{RN} & \cdot & \pi_D r_{DN} & \pi_C r_{CN} & \cdots & \pi_V r_{VN} \\ \pi_A r_{AD} & \pi_R r_{RD} & \pi_N r_{ND} & \cdot & \pi_C r_{CD} & \cdots & \pi_V r_{VD} \\ \pi_A r_{AC} & \pi_R r_{RC} & \pi_N r_{NC} & \pi_D r_{DC} & \cdot & \cdots & \pi_V r_{VC} \\ \vdots & \vdots & \vdots & \vdots & \vdots & \ddots & \vdots \\ \pi_A r_{AV} & \pi_R r_{RV} & \pi_N r_{NV} & \pi_D r_{DV} & \pi_C r_{CV} & \cdots & \cdot \end{pmatrix}. \quad (6.13)$$

Wegen der großen Zahl zu schätzender Parameter (allein 189 Austauschraten und 19 relative Häufigkeiten; im Vergleich zu 6 und 3 bei Nukleotiden) funktioniert eine verlässliche Bestimmung der Parameterwerte nur bei sehr großen Datensätzen. Verschiedene Autoren haben zusammenfassend für bestimmte Organismengruppen bzw. Genome (Kern-, Mitochondrium oder Chloroplast) anhand einer großen Zahl kombinierter Alignments solche Ratenmatrizen berechnet, und damit neue, bessere, empirische Modelle in Umlauf gebracht. Bekannt sind vor allem **mtREV** (für mitochondriale Proteine der Vertebraten; Adachi & Hasegawa 1996), **mtMam** (das Gleiche speziell für Säugetiere; Yang et al. 1998), **cpREV** (chloroplastidäre Proteine; Adachi et al. 2000) und **WAG** (nukleär codierte Proteine, **W**helan **a**nd **G**oldman 2001, nochmals aktualisiert zum **LG**-Modell von Le & Gascuel 2008).

Die zweite Gruppe von Modellen für Aminosäureaustausche, die **mechanistischen Modelle**, werden meist auf der Eben von **Codons** formuliert. Sie können aus Codon-Substitutionsmodellen (Abschnitt 6.2.4) hergeleitet werden unter Zusammenfassung synonymer Codons zu einem Merkmalszustand (der codierten Aminosäure; Yang et al. 1998). Allerdings scheint hier dann wieder die Analyse der Daten auf der Nukleotidebene, direkt unter Verwendung solcher Codon-Substitutionsmodelle, sinnvoller. Man kann aber auch einfach anhand des jeweils vorliegenden Datensatzes die oben genannten 189 Ratenparameter und 19 Häufigkeitsparameter des **GTR**-Modells (Gleichung 6.13) mittels *Maximum Likelihood* oder anhand einer Bayesianischen MCMC-Analyse (Abschnitt 8.3 auf Seite 236) schätzen – dann sollte der verwendete Datensatz jedoch tendenziell riesig sein.

Wie bei Nukleotid-Substitutionsmodellen, kann man natürlich auch bei Aminosäure-Substitutionsmodelle Heterogenität der Raten zwischen Alignmentpositionen über eine Gamma-Verteilung modellieren und / oder invariable Positionen annehmen, so dass man z.B. die Modelle **WAG+G+I** oder **JTT+G** erhält. In besonders komplexen Modellen lässt man dabei nicht nur die durchschnittliche Rate zwischen den Positionen variieren, sondern den gesamten Substitutionsprozess (sprich, die Ratenmatrix), und man legt auch nicht im Vorhinein fest, wie viele Kategorien von Substitutionsprozessen unterschieden werden sollen, sondern behandelt auch diese Anzahl an Kategorien als zu schätzenden Parameter. Für Aminosäuresequenzen durchexerziert haben dies Lartillot & Philippe (2004) und das entsprechende Modell **CAT** getauft (nach den geschätzten *substitution process* ***cat****egories*). Schließlich haben Blanquart & Lartillot (2008) zusätzlich noch erlaubt, dass der Substitutionsprozess gleichzeitig auch zwischen den Evolutionslinien variiert (**CAT-BP**; 'BP' nach dem *Nonstationary* ***b****reak* ***p****oint model*, **BP**, von Blanquart & Lartillot 2006).

6.2.4 Codon-Substitutionsmodelle

Für proteincodierende DNA-Sequenzen kann es gewinnbringend sein, wenn man das Wissen über den genetischen Code in Substitutionsmodelle einfließen lässt. Solche **codonbasierten Modelle** (engl. *codon-based models*) funktionieren prinzipiell wie Standard-Nukleotid-Substitutionsmodelle, nur dass diesmal das Codon-Triplett die Evolutionseinheit ist, nicht das einzelne Nukleotid. Die ersten vorgeschlagenen Modelle gehen auf Goldmann & Yang (1994) sowie Muse & Gaut (1994) zurück (mit den Kürzeln **GY94** und **MG94**; beide unterscheiden sich nur minimal). Als Merkmalszustände kommen dort 64 Codons in Frage abzüglich der drei Stop-Codons, die ignoriert werden, da sie zumindest in funktionalen Proteinen nicht vorkommen. Es wird entsprechend eine 61×61-Ratenmatrix $\boldsymbol{Q} = q_{ij}$ gebildet, in der die momentanen Substitutionsraten in einem winzigen Zeitabschnitt, der maximal einen Nukleotidaustausch erlaubt, festgehalten werden (wieder sei für eine genauere Darstellung dieses Konzeptes bei Markov-Modellen auf Abschnitt 7.2.4 verwiesen). Dabei bedeutet q_{ij} eine Substitution von Codon i zu Codon $j (i \neq j)$, wobei π_j die Häufigkeit des Codons j, κ das Verhältnis von Transitionen zu Transversionen, und ω das Verhältnis von nicht-synonymen zu synonymen Substitutionen angeben:

$$q_{ij} = \begin{cases} 0 & : i \,\&\, j \text{ unterscheiden sich an 2 oder 3 Positionen} \\ \pi_j & : i \,\&\, j \text{ unterscheiden sich durch eine synonyme Transversion} \\ \kappa\pi_j & : i \,\&\, j \text{ unterscheiden sich durch eine synonyme Transition} \\ \omega\pi_j & : i \,\&\, j \text{ unterscheiden sich durch eine nicht-synonyme Transversion} \\ \omega\kappa\pi_j & : i \,\&\, j \text{ unterscheiden sich durch eine nicht-synonyme Transition} \end{cases} . \tag{6.14}$$

Wie bei Nukleotid- und Aminosäuremodellen kann man hier nun wieder entweder gleiche Häufigkeiten aller Merkmalszustände (Codons) annehmen oder jedem Codon seine eigene Häufigkeit zugestehen (die Modellvarianten heißen dann hier **Fequal** und **F61**). Spezifisch für Codonmodelle ist jedoch, die zu erwartenden Codonhäufigkeiten aus den Nukleotidhäufigkeiten im Datensatz zu schätzen (**F1×4**) oder über die Nukleotidhäufigkeiten an den unterschiedlichen Codonpositionen (**F3×4**). Letzteres ist deutlich realistischer als Fequal, reduziert aber die Zahl geschätzter Parameter gegenüber F61 erheblich und ist damit ein guter Mittelweg.

Ferner kann in Codonmodellen statt der bloßen Unterscheidung von Transitionen und Transversionen auch die Unterscheidung aller sechs Nukleotidsubstitutionstypen wie im GTR-Modell erfolgen. Man liest für solche Modelle Abkürzungen wie z.B. **MG94×GTR**, denen das obige Modell aus Gleichung 6.14 als MG94×HKY85 gegenübergestellt werden kann, denn die Unterscheidung von Basenhäufigkeiten und Transitionen versus Transversionen erfolgt im HKY85-Modell. Bei einer zusätzlichen Modellierung der Ratenvariabilität zwischen Alignmentpositionen entstehen sperrige Kürzel-Giganten der Art **MG94×HKY85+F3×4+G**.

Leider zwingen Codon-Substitutionsmodelle herkömmliche Computer noch zu sehr in die Knie, um für die Rekonstruktion von Phylogenien verbreitet Anwendung zu finden. Ren et al. (2005) diskutieren Nutzen und Schwierigkeiten bei der Verwendung von Codon-Substitutionsmodellen zur Phylogenierekonstruktion. Für **Tests auf positi-**

ve oder negative Selektion in bestimmten Proteinbereichen oder in bestimmten Teilen der Phylogenie sind sie jedoch fester Bestandteil der phylogenetischen Werkzeugkiste geworden. Die Modelle und entsprechenden Tests sind in PAML implementiert oder, in etwas flexiblerer und benutzerfreundlicherer Form, in **HYPHY** von Kosakovsky Pond und Kollegen (2005). HYPHY zeichnet sich einerseits durch eine graphische Oberfläche und eine ganze Reihe fertiger mitgelieferter Tests aus, erlaubt aber als seine eigentliche Stärke, beinahe jeden erdenklichen *Likelihood*-basierten Hypothesen-Test zu konstruieren, unter Verwendung praktisch völlig frei definierbarer Substitutionsmodelle. Diese Flexibilität wird durch eine C-ähnliche Programmiersprache, in der der Benutzer dem Programm Anweisungen geben kann, ermöglicht.

Mit solch einem Codonmodell ist nun über *Maximum Likelihood* die Schätzung beteiligter Parameter wie z.B. ω, κ, oder der einzelnen relativen Substitutionsraten möglich, und daraus dann relativ einfach wiederum eine **korrigierte Distanz** abzuleiten.

Eine korrigierte Distanz, die synonyme von nicht-synonymen Substitutionen unterscheidet, versuchen auch verschiedene alternative Methoden zu errechnen, die als so genannte **Zählmethoden** (engl. *Counting methods*) dem gerade skizzierten ***Maximum-Likelihood*-Ansatz** gegenübergestellt werden können. Dazu zählen etwa die Methoden von Nei & Gojobori (1986), Pamilo, Bianchi & Li (1993) und Li, Wu & Luo (1985), die in MEGA implementiert und dort auch in der MEGA-Hilfe genauer erläutert werden. Im Prinzip werden hier synonyme und nicht-synonyme Positionen im Alignment gezählt, dann die tatsächlichen Sequenzunterschiede innerhalb synonymer und innerhalb nicht-synonymer Positionen gezählt, und schließlich die jeweiligen Verhältnisse von synonymen (bzw. nicht-synonymen) Sequenzunterschieden zu synonymen (bzw. nicht-synonymen) Position ausgerechnet und mittels einfacher Modelle (wie z.B. Jukes-Cantor) korrigiert. Dieses Vorgehen ist ungenau und hat bis auf die etwas größere Rechengeschwindigkeit nur Nachteile gegenüber dem *Maximum-Likelihood*-Ansatz – mathematische Einzelheiten dazu sind beispielsweise in Yang (2006) hervorragend zusammengefasst.

6.2.5 Distanzen über *Maximum Likelihood* und *Maximum Composite Likelihood*

Der übliche Weg, eine Distanzmatrix zu generieren, besteht im analytischen Korrigieren der paarweisen beobachteten Distanzen über eine der **Korrekturformeln** (z.B. Gleichung 6.6, Gleichung 6.8, Gleichung 6.12), denen wiederum ein bestimmtes Substitutionsmodell zugrunde liegt. Alternativ werden Distanzen über *Maximum-Likelihood* korrigiert, indem eine ***Likelihood*-Funktion** aufgestellt wird, mit der die Wahrscheinlichkeit für die beobachteten Distanzen bei gegebenem korrigierten Distanzwert und gegebenen Parameterwerten des Substitutionsmodells berechnet wird. An Parameterwerten und korrigiertem Distanzwert wird nun vom Computer so lange gedreht, bis diese Wahrscheinlichkeit maximal wird. PAUP* oder MEGA zum Beispiel erlauben, Distanzen auch auf diese Weise zu schätzen.

Einen dritten Weg gehen Tamura et al. (2004) mit der ***Maximum Composite Likelihood*-Methode**, die mittlerweile in MEGA die Voreinstellung bei Distanzanalysen ist. Statt alle Modellparameter (z.B. κ) für jedes Sequenzpaar getrennt zu optimieren (jeweils bei der Berechnung des *Maximum Likelihood*-Schätzwertes der Distanz eines Paares), wird dasjenige Set von Modellparametern genommen, bei dem die **Summe** der einzelnen paarweisen *Log-Likelihood*-Funktionen maximal wird. Dadurch wird der stochastische Gesamtfehler bei der Korrektur der Distanzmatrix geringer, weil nicht unnötig getrennt für jede Distanz Modellparameter geschätzt werden. Je akkurater die Korrektur der Distanzmatrix, desto besser funktionieren die Algorithmen, die später aus der Matrix einen Baum machen sollen, wie z.B. das *Neighbour Joining*, auf das wir in diesem Kapitel gleich eingehen.

6.2.6 Zwischen Substitutionsmodellen wählen

Alle einfacheren Nukleotid-Substitutionsmodelle sind letztlich ein Spezialfall des allgemeinsten bisher betrachteten, des GTR+G+I Modells. Genauso sind die empirischen Aminosäure-Substitutionsmodelle alle eingeschränkte Sonderfälle des GTR-Modells für Aminosäuren (Gleichung 6.13) oder könnten durch noch komplexere Codon-Substitutionsmodelle ersetzt werden. Kann man nicht einfach das jeweils realistischste und komplexeste der verfügbaren Modelle nehmen? Zunächst einmal kostet es viel mehr Zeit, wenn man viele Parameter bei der Analyse schätzen muss. Wichtiger jedoch ist, dass jede einzelne Schätzung mit einer gewissen Unsicherheit einhergeht, und je mehr verschiedene Parameter geschätzt werden, desto größer ist nachher der stochastische Gesamtfehler. Schnell kann es auch zu einer so genannten Überparametrisierung kommen, bei der die Werte einzelner Parameter nicht mehr bestimmbar sind.

So gesehen wäre dasjenige Modell zu bevorzugen, das mit der geringsten Zahl von Parametern eine vernünftige Schätzung erlaubt. Doch was ist „vernünftig"? Wenn der **stochastische Fehler** zwar **gering** bleibt, die Schätzung dafür aber völlig daneben liegt (gewissermaßen zwar sehr präzise, dafür **aber inakkurat** ist), ist auch nichts gewonnen. Dem Dilemma entkommt man nur, wenn man ein Kriterium formuliert, das entscheidet, ab wann das Hinzufügen weiterer Parameter keinen Vorteil mehr bringt.

Dafür gibt es verschiedene Ansätze, die wir in Kapitel 10 genauer beleuchten wollen. An dieser Stelle möge genügen, dass man sich dabei am liebsten auf ein Informationskriterium beruft, z.B. auf das ***Akaike Information Criterion*** (**AIC**), das im Prinzip die Anpassungsgüte (z.B. *Likelihood*) des Modells an die vorliegenden empirischen Daten mit Strafpunkten für Parameter verrechnet, um deren Anzahl gering zu halten. Für Nukleotid-Datensätze erlaubt das Programm Modeltest die entsprechenden Berechnungen, und sein Pendant für Aminosäuren ist ProtTest (Abschnitt 10.1.3).

6.3 Bäume aus Distanzen I: Suchverfahren

Oben haben wir besprochen, wie man Distanzen zwischen zwei Sequenzen misst. Auch auf Bäumen kann man Distanzen messen, die sich wiederum in einer Distanzmatrix darstellen lassen (Abb. 6.10). Diese Tatsache motivierte überhaupt erst die Entwicklung von Distanzmethoden in der phylogenetischen Methodik.

Will man umgekehrt Distanzen aus einer Distanzmatrix für die Konstruktion von Bäumen verwenden, müssen sie einige Bedingungen erfüllen, und zwar die einer **additiven**

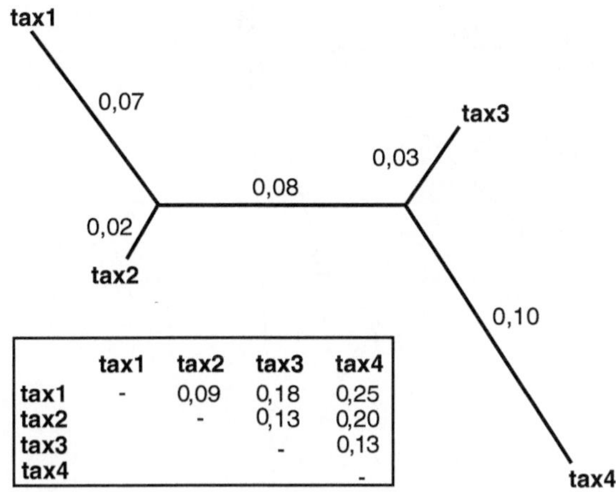

	tax1	tax2	tax3	tax4
tax1	-	0,09	0,18	0,25
tax2		-	0,13	0,20
tax3			-	0,13
tax4				-

Abbildung 6.10 Distanzen auf Bäumen lassen sich als Distanzmatrix darstellen.

Metrik. Könnte man tatsächlich fehlerfrei von beobachtbaren Sequenzunterschieden auf die evolutionäre Distanz schließen, wären diese Distanzen tatsächlich additiv und würden automatisch einen phylogenetischen Baum beschreiben.

6.3.1 Additive und nicht-additive Distanzen

Bevor wir zur Additivität kommen: Was ist überhaupt eine Metrik? Es ist eine Abstandsfunktion – wenn man es nicht anders spezifiziert, bezieht man sich dabei in der Regel auf die uns geläufige, zweidimensionale Ebene, die so genannte „Euklidische Ebene" (Euklid, *365, † ca. 300 v. Chr., griechischer Mathematiker, Begründer der so genannten euklidischen Geometrie, bis ins 19. Jahrhundert die Grundlage der Geometrie überhaupt). Formuliert für Distanzen K zwischen zwei beliebigen Sequenzen a und b, sind die Bedingungen für eine Metrik folgende:

1) Distanzen sollen nie negativ sein: $K_{ab} \geq 0$.
2) Distanzen sollen nur dann 0 sein, wenn die Sequenzen a und b auch wirklich identisch sind, also: $K_{ab} = 0$ genau dann, wenn $a = b$.
3) Symmetrie ist eine weitere Bedingung: in beiden Richtungen muss die Distanz identisch sein: $K_{ab} = K_{ba}$.

Das klingt fast noch trivial, aber manche Distanztypen, die nicht direkt aus der Nukleotidabfolge abgeleitet werden (z.B. Hybridisierungsdaten), gehorchen selbst diesen ganz grundlegenden Bedingungen eben nicht selbstverständlich.

4) Von großer Bedeutung, auch für Distanzen aus Nukleotidsequenzen, ist die **Dreiecksungleichung** (engl. *triangle inequality*). Unter Einbeziehung einer Sequenz c muss gelten:

$$K_{ac} \leq K_{ab} + K_{bc}. \tag{6.15}$$

Dadurch wird sichergestellt, dass man die Distanzen in einer Ebene als Dreieck darstellen kann, daher der Name (Abb. 6.11 auf der nächsten Seite).

Sind alle diese Bedingungen erfüllt, hat man eine **Metrik**. Eine Metrik ist eine notwendige, aber nicht hinreichende Voraussetzung für die Verwendbarkeit von Distanzen, um

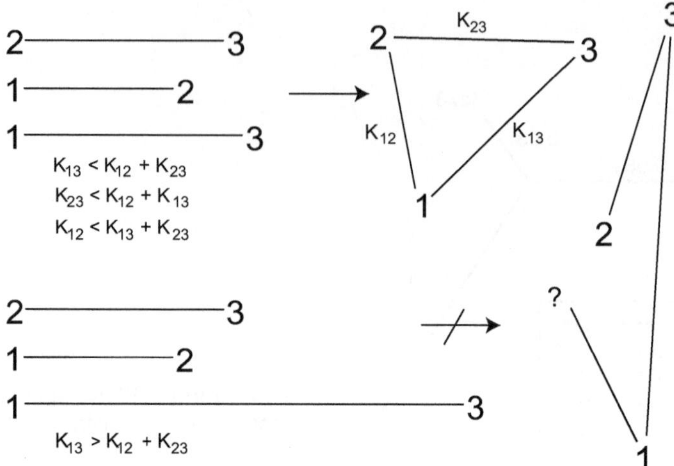

Abbildung 6.11 Gehorchen Distanzen der Dreiecks-Ungleichung, kann man sie als Dreieck darstellen (oben), ansonsten nicht (rechts).

evolutive Änderungen entlang eines Baumes zu messen. Es muss zudem noch die Vier-Punkte-Bedingung erfüllt sein:

$$K_{ab} + K_{cd} \leq \max \left(K_{ac} + K_{bd} \, , \, K_{ad} + K_{bc} \right)$$

(„max" steht für die größere der beiden Distanzsummen in der Klammer). Wenn dies der Fall ist, sind die Distanzen **additiv**; es besteht dann Additivität (engl. *(tree) additivity*). In einer Distanzmatrix, die additiv ist, lassen sich je vier Punkte so in zwei Paare einteilen, dass diese **Vier-Punkte-Bedingung** (engl. *four-point-(metric)-condition*) erfüllt ist. Es gibt dann einen ungewurzelten Baum mit den Punkten als Termini, so dass die Distanzen (Pfadlängen) zwischen allen Termini den angegebenen Werten entsprechen. Eine additive Distanzmatrix definiert also automatisch einen phylogenetischen Baum.

Leider sind reale Daten beinahe nie wirklich additiv. Selbst wenn die Evolution exakt nach dem von uns gewählten Substitutionsmodell verlaufen wäre, würden die resultierenden Distanzwerte durch stochastische Fehler (endliche Anzahl verglichener Nukleotide) von reiner Additivität abweichen. Aufgrund dieser enttäuschenden Tatsache ist es überhaupt erst notwendig, sich über die Verwandlung einer Distanzmatrix in einen Baum Gedanken zu machen, denn sonst ginge das beinahe von alleine, weil die wirklichen evolutionären Distanzen selbst *tree-additive* sind und damit den Baum definieren.

Es gilt also, denjenigen Baum zu finden, der den berechneten (geschätzten), leider nicht gänzlich additiven Distanzwerten am besten gerecht wird. Eine Gruppe von Verfahren vergleicht dazu die berechneten paarweisen Distanzen mit den entsprechenden Distanzen auf dem Baum, und sucht denjenigen Baum, der den Unterschied zwischen beiden minimiert (***Goodness of fit***). Ein anderer Ansatz minimiert die Summe aller Zweiglängen (***Minimum Evolution***).

6.3.2 Kleinste Quadrate: *Least Squares* und *Goodness of fit*

Der Fehler oder die Abweichung e (*error*), mit dem n Sequenzen auf einen Baum gepasst werden, kann ausgedrückt werden als

$$e = \sum_{\substack{i,j \\ 1 \leq i < j \leq n}} (K_{ij} - P_{ij})^2, \tag{6.16}$$

wobei K_{ij} der Schätzwert bzw. korrigierte Wert der Distanz zwischen Sequenzen i und j ist (also die Distanz zweier Sequenzen in der Ausgangsmatrix), und P_{ij} die Länge des Pfades, der die Sequenzen i und j auf dem gegebenen Baum verbindet. In Gleichung 6.16 wird schlicht über alle möglichen Sequenzpaare hinweg das Quadrat der Differenz zwischen K und P summiert. Damit drückt die Formel das bekannte **Kriterium der kleinsten Quadrate** aus (***Least-squares-fit** criterion*), das auf Carl Friedrich Gauß (*30.04.1777, †23.02.1855) zurückgeht und generell in der Statistik verbreitet ist, z.B. um eine Kurve einer Punktwolke anzupassen. Ein mögliches Kürzel für das Verfahren ist **LS**. Wenn i und j identisch sind, sind K und P jeweils 0 und tragen nichts zur Summe bei. Ferner ist K_{ij} identisch mit K_{ji}. In der Praxis stellt man entsprechend bei der Summation die Bedingung $i < j$.

So wie in Gleichung 6.16 dargestellt, handelt es sich um die ungewichtete LS-Methode. Man kann auch Gewichte w_{ij} einführen, um in Abhängigkeit von der absoluten Distanz den Einfluss der Sequenz-Paare zu steuern. Ein beliebter Gewichtungsfaktor ist $1/K_{ij}^2$. Außerdem kann man die Quadrierung der Differenz entfernen und stattdessen Betragsstriche einsetzen, und erhält dadurch ein weniger oft eingesetztes, alternatives *Goodness of fit*-Kriterium (Farris' **f-Statistik**). Unter Berücksichtigung dieser Modifikationen lautet die allgemeine Formulierung für ***Goodness of fit***-Methoden daher

$$e = \sum_{\substack{i,j \\ 1 \leq i < j \leq n}} w_{ij} |K_{ij} - P_{ij}|^a, \quad a \in \{1, 2\}, \quad w_{ij} \in \left\{1, \frac{1}{K_{ij}}, \frac{1}{K_{ij}^2}\right\}. \tag{6.17}$$

Goodness of fit-Methoden suchen nun den Baum, der die Abweichung e aus Gleichung 6.16 minimiert. Wie schon im Kapitel über Parsimonieanalyse dargestellt, steht und fällt die Methode daher mit dem Algorithmus, der Bäume vorschlägt, die dann mittels *Least-squares* oder f-Statistik evaluiert werden sollen.

6.3.3 *Minimum Evolution*

Ein ungewurzelter Baum aus n Sequenzen besitzt $2n - 3$ Zweige. Jeder Zweig z hat eine Länge l. Die Summe dieser **Zweiglängen** sei die Länge L des Baumes, also

$$L = \sum_{z=1}^{2n-3} l_z. \tag{6.18}$$

Es kommt also mal wieder auf die Länge an – ganz ähnlich wie bei der Parsimonieanalyse, nur dass diesmal nicht Schritte auf dem Baum gezählt werden, sondern diejenigen Zweiglängen addiert werden, die nach Gleichung 6.16 die Abweichung der Längen auf

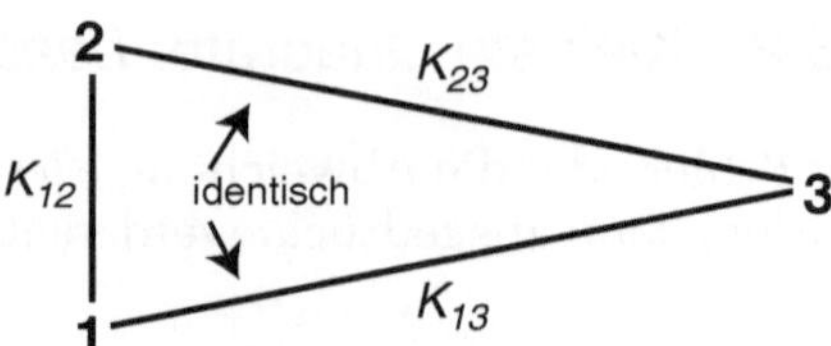

Abbildung 6.12 Ultrametrische Distanzen sind als gleichschenkliges Dreieck darstellbar.

dem Baum von den paarweisen Distanzen der Sequenzen minimieren. Dieses Kriterium ist als ***Minimum Evolution*** (**ME**) bekannt geworden – kein wirklich überzeugender Name, denn auch Parsimonie sucht natürlich den Baum, der „minimale Evolution“ impliziert. (Denkt man sich Betragsstriche um l_z, erhält man eine wenig bekannte, aber bereits früher als ME vorgeschlagene Methode, die praktisch zu gleichen Ergebnissen führt wie ME). Viele Studien sprechen dafür, dass ME besser funktioniert als LS. Auch bei ME kommt es aber vor allem stark auf die Baum-Suchstrategie an.

Halten wir also fest, dass LS- und ME-Ansätze vor ähnlichen Schwierigkeiten wie die Parsimonieanalyse stehen, wenn es darum geht, möglichst schnell möglichst viele Bäume zu überprüfen. Der entscheidende Unterschied zur Parsimonieanalyse besteht daher bei beiden im anderen Optimalitätskriterium: Distanz statt Schritte.

Ein wenig anders sieht es bei den folgenden Distanzmethoden aus, weil hier auch andere Baumkonstruktions-Algorithmen zum Tragen kommen. Diese folgen keinem expliziten Kriterium, sondern wenden einen Algorithmus auf die Distanzmatrix an, um daraus in einem Schritt einen Baum zu generieren. Damit sind wir bei den **Ein-Schritt-Methoden**, die wir bereits in Abschnitt 4.1 auf Seite 114 von den **Zwei-Schritt-Methoden** oder Baumsuchverfahren unterschieden hatten.

6.4 Bäume aus Distanzen II: *Clustering*-Methoden

Clustering-Methoden haben vor allem den Vorteil viel größerer Geschwindigkeit, aber auch einige Nachteile, wie Sie noch sehen werden. Zwei Methoden sind besonders wichtig: UPGMA und *Neighbour Joining*.

6.4.1 Ultrametrische Bäume und UPGMA

Eine **Ultrametrik** erhält man, wenn für Distanzen K_{ij} zwischen Sequenzen a, b und c zusätzlich zu den Bedingungen für eine Metrik die **verschärfte Dreiecksungleichung** gilt:

$$K_{ab} \leq \max(K_{ac}, K_{bc}). \tag{6.19}$$

Diese Bedingung impliziert, dass die beiden größten Distanzen gleich sind, darstellbar als gleichschenkeliges Dreieck (Abb. 6.12). **Ultrametrische Distanzen** setzen voraus, dass die Evolution einer **molekularen Uhr** folgt – von einem gemeinsamen Vorfahren ausgehend passieren Änderungen mit gleicher Rate in beiden Nachfahrenlinien (s. Kap. 9). Wenn die Distanzen ultrametrisch sind, gilt außerdem, dass die ähnlichsten Sequenzen auch automatisch die nächstverwandten sind. Ein ungewurzelter, additiver Baum besitzt $2n - 3$ unabhängige Zweige, deren Längen zu bestimmen sind. Ein ul-

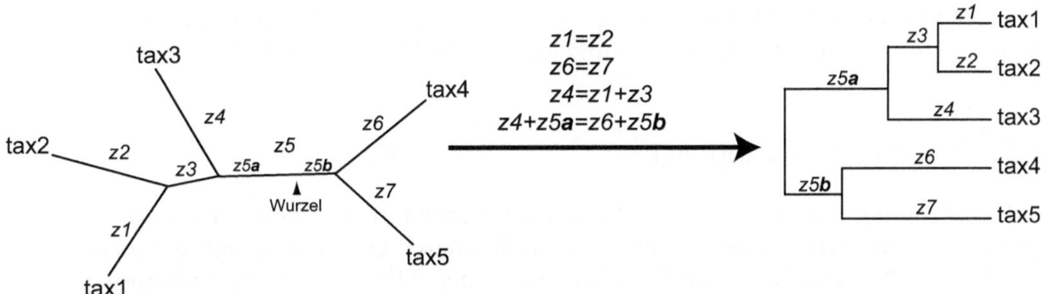

Abbildung 6.13 Additive versus ultrametrische Bäume. Die Bedingungen über dem Pfeil ergeben aus dem rein additiven linken Baum den rechten, ultrametrischen Baum.

trametrischer Baum hingegen besitzt (obwohl „automatisch gewurzelt" und damit um einen Zweig reicher) nur $n-1$, aufgrund der gegenseitigen Abhängigkeiten der Zweige, die sich aus der Bedingung der Ultrametrik ergeben (s. Bedingungen über dem Pfeil in Abbildung 6.13).

Wenn ein Baum **ultrametrisch** ist, ist es besonders einfach, die optimalen Zweiglängen mittels des *Least Squares*-Ansatzes (LS) zu finden. Das würde aber immer noch erfordern, dass alternative Topologien vorgeschlagen werden – was mit erheblichem Zeitaufwand verbunden ist. Es gibt jedoch einen sehr schnellen *Clustering*-Algorithmus, der zwar nicht garantiert, dass der gefundene Baum tatsächlich dem optimalen, ultrametrischen Baum entspricht, der aber in der Regel sehr gut funktioniert: **UPGMA**. Der UPGMA-Algorithmus (*Unweighted Pair Group Method with Arithmetic means*) ist einer der ältesten in der Phylogenetik eingesetzten Algorithmen überhaupt. Unter Verwendung einer Distanzmatrix funktioniert er im Prinzip wie folgt:

1) Suche die beiden Sequenzen/Taxa i und j mit der geringsten Distanz K_{ij}.
2) Erstelle eine neue Gruppe bzw. ein neues Cluster (i, j) aus $n_{(ij)} = n_i + n_j$ Sequenzen. Beim ersten Durchlauf ist natürlich $n_i = 1, n_j = 1$, und $n_{(ij)} = 2$.
3) Verbinde i und j unter Schaffung eines neuen Knotens (i, j). Die beiden Zweige die von i zu (i, j) und von j zu (i, j) führen, erhalten die Länge $K_{ij}/2$.
4) Berechne die Distanzen zwischen der neuen Gruppe (i, j) und allen anderen Gruppen k ($k \neq i$ und $k \neq j$) folgendermaßen:

$$K_{k,(i,j)} = K_{ki}\left(\frac{n_i}{n_i + n_j}\right) + K_{kj}\left(\frac{n_j}{n_i + n_j}\right). \qquad (6.20)$$

Die Reihen und Spalten der Distanzmatrix, die den Gruppen j und i entsprechen, werden gelöscht und durch eine Reihe und Spalte für die Gruppe (i, j) ersetzt.

Gibt es nur noch eine Zelle in der Matrix, war's das; ansonsten gehe zurück zu Schritt 1. Statt ausschließlich Sequenzen/Taxa meinen i und j bei weiteren Durchläufen zunehmend oft die neu definierten Gruppen/Cluster von Sequenzen/Taxa.

Bei der praktischen Implementierung in Computerprogrammen kann man den Vorgang noch beschleunigen, aber das Prinzip bleibt dasselbe. Bleibt festzuhalten, dass UPGMA nur dann geeignet ist, wenn die Distanzen tatsächlich einen ultrametrischen Baum reflektieren. Je stärker die Abweichung von einer molekularen Uhr, desto größer die Abweichung von Ultrametrie, und desto ungeeigneter ist UPGMA als Rekonstruktionsmethode.

6.4.2 Neighbour Joining: NJ

Neighbour Joining (**NJ**) ist der in der Phylogenetik am häufigsten verwendete *Clustering*-Algorithmus, der nicht die Bedingung einer molekularen Uhr stellt. *Neighbour Joining* ist eher ein schnelles Verfahren zur Annäherung an den *Minimum-Evolution*-Baum. Wenn die Distanzmatrix exakt die tatsächlichen evolutiven Distanzen widerspiegelt, findet NJ den richtigen zugrunde liegenden Baum. Dies ist der Algorithmus (von Saitou & Nei 1987, in einer Modifikation durch Studier & Keppler 1988):

1) Für alle n verschiedenen terminalen Knoten i, berechne jeweils

$$u_i = \sum_{\substack{j \\ j \neq i}} \frac{K_{ij}}{n-2}.$$

2) Wähle ein i und ein j so, dass $K_{ij} - u_i - u_j$ minimal ist.
3) Füge i und j zusammen, wobei ein neuer Knoten v entsteht. Berechne die Länge v_i des Zweiges von i zu dem neu entstandenen Knoten und die des Zweiges v_j von j zu v, als

$$\begin{aligned} v_i &= \frac{1}{2}K_{ij} + \frac{1}{2}(u_i - u_j) \\ v_j &= \frac{1}{2}K_{ij} + \frac{1}{2}(u_j - u_i). \end{aligned}$$

4) Berechne die Distanz zwischen dem neuen Cluster (ij) und jedem verbleibenden terminalen Knoten als $K_{k,(ij)} = (K_{ki} + K_{kj} - K_{ij})/2$.
5) Lösche die Termini i und j aus der Distanzmatrix und ersetze sie durch den neuen Knoten (ij), der jetzt als Terminus behandelt wird.
6) Verbleiben mehr als zwei Knoten, gehe zu 1); ansonsten verbinde die beiden verbleiben Knoten i und j durch einen Zweig der Länge K_{ij}.

NJ ist einen Hauch weniger effizient als UPGMA, aber man gewinnt Unabhängigkeit von der molekularen Uhr – ein erheblicher Gewinn!

6.5 Geringe Distanz zur Praxis: Distanzen in PAUP*

Wie man schnell einen *Neighbour Joining*-Baum in MEGA oder PAUP* erstellt, lernten Sie bereits in Kapitel 4 kennen. Zur Erinnerung: In PAUP* ruft man eine *Neighbour Joining*-Analyse einfach mit dem Befehl `nj` auf. Macht man keine weiteren Angaben, nimmt PAUP* als Distanzmaß einfache p-Distanzen. Wollen Sie das nicht, schafft der `DSet`-Befehl Abhilfe. Mit `DSet ?` erhalten Sie:

```
Usage: DSet [options...] ;
Available options:
```

```
Keyword ---- Option type ----------------------- Current default setting --
Distance     User|Total|Mean|Abs|P|JC|F81|TajNei|
             K2P|F84|HKY85|K3P|TamNei|GTR|Custom|
             ML|LogDet|Upholt|NeiLi               P
Rates        Equal|Gamma                          Equal
Shape        <real-value>                         0.5
PInvar       <real-value>                         0
RemoveFreq   Proportional|Equal                   Proportional
EstFreq      All|Constant                         All
Wts          RepeatCnt|Ignore                     RepeatCnt
AllSitesMean No|Yes                               Yes
Subst        All|TV|TI|TRatio                     All
Class        (<cAC><cAG><cAT><cCG><cCT><cGT>)     (a a a a a a)
BaseFreq     Equal|Empirical                      Empirical
MissDist     Infer|Ignore                         Infer
Objective    ME|LSFit                             ME
Power        <integer-value>                      2
NegBrLen     Prohibit|Allow|SetZero|SetAbsVal     SetZero
UndefMult    <real-value>                         2
DCollapse    No|Yes                               No
```

Viele dieser Optionen werden Sie vermutlich nie antasten müssen. Ein Problem bei Distanzmethoden ist, dass negative Zweiglängen auftreten können – mit der Option `NegBrLen` legt man dabei den Umgang mit solchen Fällen fest (normalerweise setzt man sie einfach auf Null, `SetZero`). Besonders wichtig aber ist die Option „`Distance`“, die das gewünschte Substitutionsmodell festlegt.

6.5.1 Das Substitutionsmodell festlegen

Um beispielsweise mit dem Substitutionsmodell „`HKY85+G`“ zu rechnen, schreiben Sie `Dset distance=HKY85 rates=gamma`. Beachten Sie dabei, dass `shape = 0.5` voreingestellt ist, also der *shape*-parameter α der Gamma-Verteilung (Abb. 6.8 auf Seite 184). Ebenfalls zur Spezifikation der Substitutionsmodelle gehört die Option `PInvar`, die den Anteil invariabler Positionen festlegt. Haben Sie `distance=custom` gewählt, können Sie sich mittels `class` eine ganz eigenes Substitutionsmodell zusammenstellen. Alternativ lassen Sie die Distanzen gar nicht aus Sequenzen berechnen, sondern geben als ursprüngliche Daten direkt eine Distanzmatrix in einem eigens dafür vorgesehenen Distanzblock in die NEXUS-Datei ein – dann müssen Sie als `Distance` den Wert `User` angeben. Die Notwendigkeit, sich mit den Optionen `custom` oder `user` auseinanderzusetzen, sollte Ihnen im molekularphylogenetischen Alltag jedoch selten oder gar nicht begegnen. Die eleganteste und empfehlenswerte Art ist, sich das geeignete Substitutionsmodell und seine Parameter anhand der Sequenzen zunächst schätzen zu lassen. Dafür gibt es eine Reihe von Modellwahl-Verfahren und auch eigene Software, die wir weiter hinten im Buch vorstellen werden (Abschnitt 10.1.1 auf Seite 278).

Zur Übung laden Sie doch einmal einen Datensatz in PAUP*, vielleicht den Beispieldatensatz zu dem *nad*5-Gen der Beuteltiere aus Kapitel 4. Versuchen Sie, anhand der gerade kennengelernten Befehle das HKY85+G-Modell zu wählen und eine *Neighbour Joining*-Analyse durchzuführen. Sie hatten Erfolg, wenn PAUP* etwa folgendes ausgibt:

```
Neighbor-joining search settings:
  Ties (if encountered) will be broken systematically
  Distance measure = HKY85
  Rates assumed to follow gamma distribution with shape parameter = 0.5
```

```
  (Tree is unrooted)

   Tree found by neighbor-joining method stored in tree buffer
   Time used = 0.00 sec

Neighbor-joining tree:
[hier steht Ihr Baum! Herzlichen Glückwunsch!]
```

Für eine UPGMA-Analyse lautet der Befehl einfach `UPGMA`. Probieren Sie auch das aus; es sollte ein ultrametrischer Baum mit allen Zweigspitzen rechts auf gleicher Höhe herauskommen.

All dies waren noch Kleinigkeiten für Ihren Rechner – wenn Sie es nicht gleich mit einem Alignment aus 1000 Sequenzen probiert haben. Sie erinnern sich, dass die Hauptvorteile von NJ und UPGMA in der hohen Geschwindigkeit der Analysen liegen.

6.5.2 Suchverfahren: LS und ME

Wollen wir Ihren Computer doch einmal etwas stärker beanspruchen. Dazu eignen sich die Distanzmethoden **Least Squares (LS)** oder **Minimum Evolution (ME)**. Um in PAUP* eine heuristische Suche mit einer dieser beiden Ansätze durchzuführen, müssen Sie zunächst das **Optimalitätskriterium** auf `Distance` setzen, das, wie Sie sich vielleicht erinnern (Abschnitt 4.4, S. 128), zunächst auf Parsimonieanalyse voreingestellt ist, also: `Set criterion=distance` oder kurz `set cr=d`. Dann sollten Sie wieder, wie gerade zuvor für NJ und UPGMA, per `Dset` das gewünschte **Substitutionsmodell** einstellen. Zusätzlich müssen Sie jetzt jedoch die Option „`objective`" festlegen. Standardmäßig rechnet PAUP* mit ***Minimum Evolution***; wenn Sie jedoch auf ***Least Squares*** bestehen, heißt es: `Dset obj=LS`.

Die zusätzliche Option `Power` legt w_{ij} aus Gleichung 6.17 von Seite 195 fest; lassen wir jedoch erst einmal die sinnvolle Voreinstellung, wie sie ist. Probieren Sie eine ME-Analyse aus: Setzen Sie das Kriterium auf `Distance`, spezifizieren Sie wieder das HKY85+G Modell (oder welches immer Sie wollen), und fordern Sie eine heuristische Suche an, genau wie für eine Parsimonieanalyse, also mit dem Befehl `hs`. Und das kommt dabei heraus:

```
Optimality criterion set to distance.

Heuristic search settings:
  Optimality criterion = distance (minimum evolution)
    Negative branch lengths allowed, but set to zero for tree-score
       calculation
    Distance measure = HKY85
    Rates assumed to follow gamma distribution with shape parameter = 0.5
  Starting tree(s) obtained via neighbor-joining
  Branch-swapping algorithm: tree-bisection-reconnection (TBR)
  Steepest descent option not in effect
  Initial 'MaxTrees' setting = 100
  Zero-length branches not collapsed
  'MulTrees' option in effect
  Topological constraints not enforced
  Trees are unrooted

Heuristic search completed
   Total number of rearrangements tried = 12
   Score of best tree(s) found = 0.10046
```

```
Number of trees retained = 1
Time used = 0.02 sec
```

Mit `showtree` sehen Sie den (ersten oder einzigen gefundenen) Baum.

6.5.3 *Bootstrapping* bei Distanzverfahren

Auch bei Distanzverfahren sollte man versuchen, den stochastischen Fehler aufgrund der endlichen Stichprobengröße abzuschätzen. Wir hatten das *Bootstrap*-Verfahren schon in Kapitel 4 angesprochen und führen es in Abschnitt 10.2.1 auf Seite 287 näher aus. In PAUP* ist dafür der Befehl `Bootstrap` reserviert, dessen vielleicht wichtigste Option `nrep` die Anzahl der Replikate (engl. *replicates*) einstellt. Fordern Sie z.B. mit `boot nrep=1000` eine Bootstrap-Analyse an, verwendet PAUP* das zuvor festgelegte Optimalitätskriterium und alle weiteren Spezifikationen, und liefert Ihnen letztlich einen distanzbasierten Baum, dessen *Clustern* (Knoten, *Clades*) der Grad der Verlässlichkeit in Prozent zugewiesen ist.

Damit haben Sie im Blitzdurchlauf das Wichtigste über Distanzmethoden in PAUP* gelernt. Mit Ihren Grundkenntnissen über Substitutionsmodelle sind Sie jetzt auch bestens gerüstet für das folgende Kapitel, in dem wir Sie in die Welt der Wahrscheinlichkeit entführen werden.

6.6 Leseempfehlungen

Wer sich in größerem Detail für Distanzmaße interessiert, ist mit „*Molecular Evolution and Phylogenetics*" von Nei & Kumar (2000) und „*Computational Molecular Evolution*" von Yang (2006) sehr gut bedient. Die Originalliteratur für gängige Distanzmaße haben wir in den Tabellen Tab. 6.1 auf Seite 182 und Tab. 6.2 auf Seite 187 zitiert. Ein eigenes Kapitel von Suzuki & Gojobori widmet sich den Codonsubstitutionsmodellen in „*The Phylogenetic Handbook*" (Salemi & Vandamme 2003); ebenso gibt es ein Kapitel von Gascuel & Guindon über neuere Ansätze für Markov-Modelle in dem Buch „*Reconstructing evolution. New mathematical and computational advances*" aus dem Jahr 2007.

7 *Maximum Likelihood*

„,Probability. You know, like two to one, three to one, five to four against. It said two to the power of one hundred thousand to one against. That's pretty improbable you know.' A million-gallon vat of custard upended itself over them without warning."
Douglas Adams, *The Hitchhikers Guide to the Galaxy* (1979)

Leben ist allgemein äußerst unwahrscheinlich. Dennoch kann man zwischen unterschiedlich unwahrscheinlichen Evolutionsszenarien unterscheiden. Phylogenetische Hypothesen über ihre Wahrscheinlichkeit zu bewerten, ist Ziel der *Maximum Likelihood*-Analysen. Obwohl in den üblichen Statistik-Rezeptbüchern für Biologen meist abwesend, ist *Maximum Likelihood* doch ein zentrales statistisches Konzept. Es liegt eigentlich vielen vertrauten Konzepten zugrunde – so ist die Abschätzung des tatsächlichen Mittelwertes durch Berechnung des Durchschnitts in einer Stichprobe auch nichts anderes als eine *Maximum Likelihood*-Schätzung. Eine Reihe wünschenswerter Eigenschaften machen *Maximum Likelihood* seit der Einführung um 1920 durch Sir Ronald Aylmer Fisher (*17.2.1890, †29.7.1962) zu einem der beliebtesten Verfahren zur Schätzung von Parametern. Dazu gehören die Annäherung an den wahren Parameter bei zunehmender Datenmenge (im Fachjargon: die Konsistenz) und eine minimale Streuung (Varianz) um den tatsächlichen Wert (die Wirksamkeit oder Effizienz). Um die Einführung von *Maximum Likelihood* in die Molekulare Phylogenetik hat sich insbesondere Joseph Felsenstein in einer Reihe früher Publikationen verdient gemacht. Trotz der jüngst einsetzenden Durchdringung der Phylogenetik mit der oft konkurrierenden Bayesianischen Statistik bleiben *Maximum Likelihood*-Analysen anhaltend für zahlreiche Fragestellungen die statistische Methode der Wahl. Wie sie funktionieren, erklärt dieses Kapitel.

Übersicht

7.1 Bedingte Wahrscheinlichkeit

Bevor wir uns *Maximum Likelihood* genauer ansehen, sei ein kleiner Exkurs in eine wichtige Grundlage aus der **Wahrscheinlichkeitsrechnung** erlaubt: die bedingte Wahrscheinlichkeit. Ganz allgemein ist die bedingte Wahrscheinlichkeit eines Ereignisses A, unter der Voraussetzung, dass das Ereignis B eingetreten ist, wie folgt definiert:

$$P(A|B) = \frac{P(A \cap B)}{P(B)}, \tag{7.1}$$

wobei sich $A|B$ als „A gegeben B" liest oder als „A, unter der Voraussetzung von B". Das Schnittmengen-Symbol bei $A \cap B$ bezeichnet das gleichzeitige Eintreten von A und B, also „A und B", vorstellbar als die Schnittmenge aus den Ereignismengen A und B (natürlich ist dabei $A \cap B = B \cap A$).

Für die Wahrscheinlichkeit einer biologischen Hypothese H angesichts gewisser biologischer Daten D gilt analog

$$P(H|D) = \frac{P(H \cap D)}{P(D)}, \tag{7.2}$$

und da natürlich umgekehrt auch $P(D|H) = P(H \cap D)/P(H)$ gilt, kann man Gleichung 7.2 umschreiben zu

$$P(H|D) = \frac{P(D|H)P(H)}{P(D)}. \tag{7.3}$$

7.1.1 *Likelihood*

Hat man nun zwei verschiedene **konkurrierende Hypothesen** H_0 und H_1, beispielsweise zwei verschiedene Verwandtschaftshypothesen bzw. Bäume (H), und Sequenzen in einem Alignment (D), gilt für das Verhältnis der Wahrscheinlichkeiten beider Hypothesen

$$\frac{P(H_0|D)}{P(H_1|D)} = \frac{P(D|H_0)}{P(D|H_1)}\frac{P(H_0)}{P(H_1)}, \tag{7.4}$$

denn $P(D)$ kürzt sich raus.

Dabei ist $P(D|H)$ die Wahrscheinlichkeit der Daten D im Lichte der Hypothese H, oder, anders ausgedrückt, die ***Likelihood*** der Hypothese H. Hierum dreht sich dieses Kapitel.

Um ein Gefühl dafür zu bekommen, warum gerade *Likelihood*-Methoden so populär sind, schauen wir kurz noch einmal auf die anderen Terme in Gleichung 7.4. In Gleichung 7.4 versteckt sich nämlich schon **Bayes' Theorem**, das Grundlage der Bayesianischen Verfahren ist, die wir im nächsten Kapitel besprechen. Mit $P(H_0|D)/P(H_1|D)$ drückt man das Verhältnis der so genannten *posterior probabilities* $P(H|D)$ der Hypothesen aus, während $P(H_0)/P(H_1)$ das Verhältnis der so genannten *prior probabilities* $P(H)$ ist. Die *prior probability* einer Hypothese ist unsere Vorstellung von der Wahrscheinlichkeit dieser Hypothese, bevor wir irgendwelche Daten dazu betrachten. Und genau da liegt der Hase im Pfeffer. Woher nehmen wir die Freiheit, die Wahrscheinlichkeit einer Hypothese einzuschätzen, ohne die Daten zu konsultieren? So genannte Bayesianische Statistiker sehen darin kein, zumindest kein generelles oder gewichtiges, Problem

– mehr dazu in Kapitel 8. Die alternative Schule der *(Non-Bayesian-)* ***Likelihoodists*** sagt, das sei von vornherein unmöglich, und lehnt daher Bayesianische Verfahren mehr oder weniger ganz ab. Sie bevorzugt diejenige Hypothese, deren *Likelihood* $P(D|H)$ maximal ist. Das ist zwar nicht automatisch auch diejenige, deren *posterior probability* maximal ist – obwohl wir ja am liebsten wissen wollen, wie wahrscheinlich die Hypothese nach Betrachtung der Daten ist, also wie hoch die *posterior probability* $P(H|D)$ ist. Aber je mehr Daten wir betrachten, desto wahrscheinlicher wird, dass in beiden Fällen die gleiche Hypothese gewählt würde. Dies wird einsichtig, wenn man bedenkt, dass sich die Gesamtwahrscheinlichkeit der Daten ($P(D|H)$) bei n unabhängigen Datenpunkten D_i, also beispielsweise n Spalten im Alignment, als Produkt der Einzelwahrscheinlichkeiten berechnet:

$$P(D|H) = P(D_1|H) \cdot P(D_2|H) \cdot P(D_3|H) \cdot \ldots \cdot P(D_n|H), \tag{7.5}$$

anders schreibbar als $\prod_{i=1}^{n} P(D_i|H)$. Dann liest sich Gleichung 7.4 wie folgt:

$$\frac{P(H_0|D)}{P(H_1|D)} = \underbrace{\prod_{i=1}^{n} \frac{P(D_i|H_0)}{P(D_i|H_1)}}_{\text{dominanter Term}} \cdot \frac{P(H_0)}{P(H_1)}. \tag{7.6}$$

Darin wird deutlich, dass das unterklammerte Produkt zunehmend dominiert, je mehr Daten einfließen. Dagegen spielen die *prior probabilities* eine abnehmende Rolle. Den Wert mit der maximalen *Likelihood* zu finden, heißt also bei zunehmend großen Datenmengen irgendwann auch, die bestmögliche Schätzung für diesen Wert zu finden. Die *Likelihood* $P(D|H)$ wird meist mit L abgekürzt.

7.1.2 ML-Schätzung beim Münzwerfen

Das Prinzip der ***Maximum Likelihood*-Schätzung** (ML-Schätzung) kann man am Beispiel des Münzwerfens vielleicht am einfachsten verdeutlichen. Eine Münze wird 10 mal geworfen, das Ereignis „Kopf" ist mit K, das Ereignis „Zahl" mit Z abgekürzt. Man beobachtet die Folge $KZKKZZKKKZ$. Anstelle einer Nukleotidabfolge im Alignment seien dies nun die betrachteten Daten. Nun soll die Wahrscheinlichkeit für das Einzelereignis „Kopf" abgeschätzt werden (ρ), mit der die Gesamtwahrscheinlichkeit für unsere beobachtete Ereignisreihe maximal wird. Die Alternative „Zahl" hat natürlich die Wahrscheinlichkeit $1 - \rho$. Weil die Einzelwürfe völlig unabhängig voneinander sind, können wir für die Berechnung der Gesamtwahrscheinlichkeit das Produkt verwenden:

$$L = P(D|\rho) = \underbrace{\rho\,(1-\rho)\,\rho\,\rho\,(1-\rho)\,(1-\rho)\,\rho\,\rho\,\rho\,(1-\rho)}_{KZKKZZKKKZ} = \underbrace{\rho^6}_{6\cdot\text{Kopf}}\,\underbrace{(1-\rho)^4}_{4\cdot\text{Zahl}}. \tag{7.7}$$

Die zugehörige Kurve, bei der die *Likelihood* L gegen ρ (von 0 bis 1) aufgetragen wurde, zeigt Abbildung 7.1 auf der nächsten Seite. Der maximale Wert (0.0012), also die *Maximum Likelihood*, liegt bei $\rho = 0.6$. Die Wahrscheinlichkeit, die obige Abfolge von Kopf und Zahl zu erhalten (oder jede andere Abfolge aus sechs mal Kopf und vier mal Zahl) wird maximal, wenn wir eine Münze verwenden, die mit einer Wahrscheinlichkeit von 60% „Kopf" liefert. Die *Maximum Likelihood*-Schätzung ergab hier also $\hat{\rho} = 0.6$ (das Dach wird

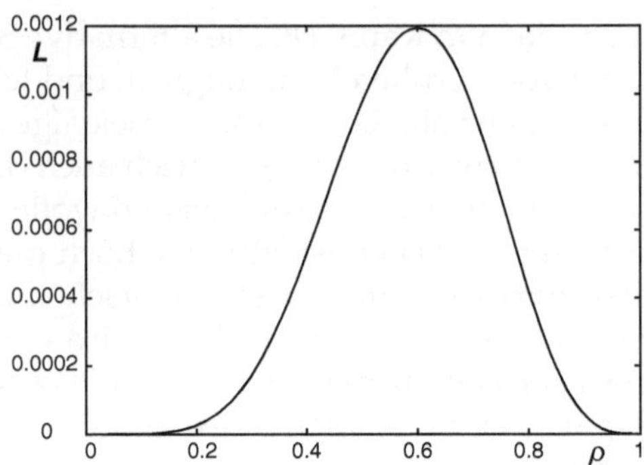

Abbildung 7.1 ML-Schätzung im Beispiel Münzwerfen. Gezeigt ist die *Likelihood* L einer gegebenen Ereignisreihe aus sechs mal Kopf und vier mal Zahl (y-Achse) in Abhängigkeit von Einzelwahrscheinlichkeiten für „Kopf", ρ (x-Achse). Das Maximum und damit das Ergebnis der ML-Schätzung liegt bei $\rho = 0.6$. Die *Likelihood* für „irgendeine Reihe mit 6 mal Zahl unter 10 Münzwürfen" wäre natürlich vielfach höher – nach den Regeln der Kombinatorik um den Faktor 10 über 6. Das Maximum dieser verschobenen *Likelihood*-Verteilung läge aber unverändert bei $\rho = 0.6$.

gerne zur Kennzeichnung eines geschätzten Parameters gebraucht). In diesem einfachen Fall hätte man das sicher auch einfach raten können, oder hätte das Kurvenmaximum über die erste Ableitung der *Likelihood*-Funktion (7.7) nach ρ suchen können, also die Gleichung $L' = 0$ lösen. Bei Bäumen wird es jedoch komplizierter.

In der Praxis wird meist mit den **Logarithmen der Wahrscheinlichkeiten (**$\log L$**)** gerechnet, unter anderem weil die Wahrscheinlichkeitswerte mit zunehmender Datenmenge schnell derartig klein werden, dass die computerinterne Darstellung der winzigen Zahlen an Grenzen stößt. Die Verwendung von Logarithmen kommt in Frage, weil bei der maximalen Wahrscheinlichkeit auch der zugehörige Logarithmus maximal ist. Es spielt dabei prinzipiell kein Rolle, ob der dekadische Logarithmus (engl. *common logarithm*) oder natürliche Logarithmus (engl. *natural logarithm*) eingesetzt wird, letzterer wird aber üblicherweise verwendet. Letztlich wird meist im Umkehrschluss der **negative Logarithmus** minimiert und genau dies sind auch die Werte, die für Stammbäume angegeben und verglichen werden, die über *Maximum Likelihood* erhalten worden sind (vgl. auch Abschnitt 10.1.1 auf Seite 279).

7.2 Berechnung der Wahrscheinlichkeit für einen gegebenen Baum

Den Parameter mit der höchsten *Likelihood* zu finden, ist natürlich noch recht einfach, wenn die Wahrscheinlichkeit so einfach zu berechnen ist wie im obigen Münzen-Beispiel. Wie aber berechnet man die Wahrscheinlichkeit einer Datenmatrix D angesichts eines phylogenetischen Baums T – also die *Likelihood* $P(D|T)$, im Folgenden einfach als L bezeichnet? Dazu macht man zunächst zwei Annahmen: Erstens, die Evolution der einzelnen Merkmale verläuft unabhängig voneinander und zweitens, die Evolution der einzelnen Linien (Zweige im Baum) verläuft nach ihrer Aufspaltung unabhängig voneinander.

7.2.1 Wahrscheinlichkeit der gesamten Daten

Wegen der ersten Annahme, dass die Evolution der n Merkmale unabhängig verläuft, berechnet sich die Gesamt-*Likelihood* L einfach als Produkt der einzelnen *Likelihoods* für

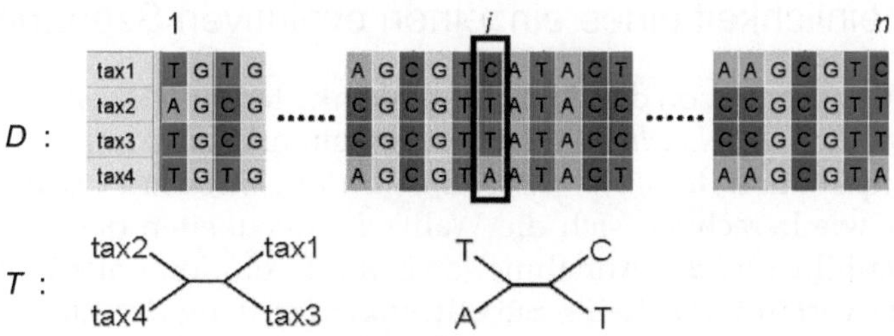

Abbildung 7.2 Beispieldaten (*D*, ein Alignment aus *n* Einzeldaten *i*) und ein Beispiel-Baum *T*, bei dem rechts Zustände des umrahmten Merkmals *i* an den Zweigspitzen gezeigt werden.

die Einzeldaten D_i. In dem Beispielalignment aus Abbildung 7.2 wäre das für die Spalten i von 1 bis n:

$$L = P(D|T) = \prod_{i=1}^{n} P(D_i|T). \tag{7.8}$$

Die Berechnung funktioniert genau wie bei den 10 unabhängigen Münzwürfen aus Gleichung 7.7, wo das Produkt aus allen Einzelwahrscheinlichkeiten die Gesamt-*Likelihood* definierte.

7.2.2 Wahrscheinlichkeit eines Merkmals

Bleibt immer noch das Problem: Wie kann man überhaupt erst die Wahrscheinlichkeit eines Einzelmerkmals berechnen? Betrachten Sie einmal nur das hervorgehobene Merkmal aus dem Alignment und den Baum T in Abbildung 7.2. Da die angenommenen Substitutionsmodelle in der Regel frei reversibel sind (Abschnitt 6.2.1 auf Seite 176), spielt die Bewurzelung für die folgenden Betrachtungen keine Rolle und die Diskussion kann sich auf ungewurzelte Bäume wie in Abbildung 7.2 beschränken. Legt man also den gezeigten Baum T zugrunde, ist klar, welche Merkmalszustände des Merkmals i (welche Nukleotide) jeweils an den Zweigspitzen vorzufinden sind – schließlich sind sie direkt zu beobachten. Doch was ist mit den zwei internen Knoten? Wir wissen nicht, welches Nukleotid etwa beim unmittelbaren gemeinsamen Vorfahren von tax2 und tax4 vorzufinden war. Es kann A, C, G oder T gewesen sein. Daher müssen wir die Wahrscheinlichkeiten für *alle* theoretisch denkbaren evolutiven Szenarien berechnen. Da es sich *gegenseitig ausschließende* Ereignisse sind, liefert uns ihre *Summe* die Wahrscheinlichkeit, dass irgendeines dieser Szenarien zutrifft, egal welches. Allen Szenarien gemeinsam sind die Merkmalszustände an den Zweigspitzen – wir betrachten immer die gleiche Topologie, aber mit *verschiedenen Merkmalszuständen an den inneren Knoten*. Im gezeigten Beispiel sind es 16 Möglichkeiten, über die summiert werden muss:

$$P(D_i|T) = \underbrace{P\left(\begin{smallmatrix}\text{T} & & \text{C}\\ & \text{A–A} & \\ \text{A} & & \text{T}\end{smallmatrix}\right) + P\left(\begin{smallmatrix}\text{T} & & \text{C}\\ & \text{A–C} & \\ \text{A} & & \text{T}\end{smallmatrix}\right) + P\left(\begin{smallmatrix}\text{T} & & \text{C}\\ & \text{A–G} & \\ \text{A} & & \text{T}\end{smallmatrix}\right) + \cdots + P\left(\begin{smallmatrix}\text{T} & & \text{C}\\ & \text{T–T} & \\ \text{A} & & \text{T}\end{smallmatrix}\right)}_{\text{Summe aller 16 Möglichkeiten für Nukleotide an den internen Knoten}}. \tag{7.9}$$

7.2.3 Wahrscheinlichkeit eines einzelnen evolutiven Szenarios

Damit wäre geklärt, wie man von den Wahrscheinlichkeiten für einzelne **evolutive Szenarios** durch Summation zur *Likelihood* für das Einzelmerkmal kommt. Von dort kommen wir über Multiplikation der *merkmalsspezifischen Likelihood* zur *Likelihood für die gesamten Daten*. Aber wie berechnen sich die Wahrscheinlichkeiten der einzelnen evolutiven Szenarios? Da hilft uns die Annahme, dass die Evolution entlang der einzelnen Zweige unabhängig verläuft, das heißt, Substitutionen entlang der Einzelzweige erfolgen mit einer Wahrscheinlichkeit, deren Größe sich nicht darum schert, was auf den Nachbarzweigen oder gar weiter entfernten Zweigen passiert ist. Man spricht bei solchen Abläufen von **Markov-Prozessen**, die uns im Folgenden noch beschäftigen werden. Bei Markov-Prozessen ist die Wahrscheinlichkeit der nächsten Veränderung nur vom aktuellen *Status Quo* abhängig. Die Wahrscheinlichkeit für eine Substitution von beispielsweise A nach C an einer bestimmten DNA-Position ist also völlig unabhängig davon, ob an der Stelle vorher ein G oder irgendein anderes Nukleotid stand – nur die Tatsache, dass im betrachteten Augenblick eben ein A dort steht, interessiert für die Berechnung der Wahrscheinlichkeit einer Substitution nach C, G oder T, oder für die Beibehaltung des A. Praktisch bei dieser Annahme ist, dass sich die Wahrscheinlichkeit eines einzelnen evolutiven Szenarios dadurch als Produkt der Einzelwahrscheinlichkeiten für die notwendigen einzelnen Substitutionen berechnen lässt. Nehmen Sie das erste Szenario links aus Gleichung 7.9 als Beispiel. Seine Wahrscheinlichkeit ist:

$$P\left(\begin{smallmatrix}T & & & C\\ & A{-}A & & \\ A & & & T\end{smallmatrix}\right) = P_{A\leftrightarrow A}\cdot P_{T\leftrightarrow A}\cdot P_{A\leftrightarrow A}\cdot P_{A\leftrightarrow C}\cdot P_{A\leftrightarrow T}.$$

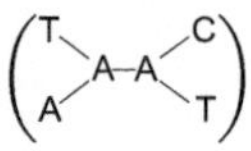

Wir nehmen dabei an, dass die Richtungen der Substitutionen egal sind. Bleibt nur noch eines: wie hoch ist nun eigentlich die Wahrscheinlichkeit für die einzelnen Substitutionen entlang eines Zweiges einer bestimmten Länge t, z.B. $P_{A\leftrightarrow C}(t)$?

7.2.4 Alte Bekannte: Substitutionsmodelle genauer betrachtet

Im vorangegangenen Kapitel haben wir DNA- Substitutionsmodelle behandelt. Zur Erinnerung: Wir hatten uns dort, weitestgehend unter Auslassung mathematischer Details, von einfachen Modellen, wie etwa dem Jukes-Cantor-Modell, bis hin zu allgemeineren, komplexen Modellen, etwa dem GTR-Modell, vorgearbeitet. Sie hatten auch die Matrix-Schreibweise bereits kennen gelernt, mittels derer diese Modelle mathematisch fassbar werden, und eine Formel für die Wahrscheinlichkeit bestimmter Substitutionen entlang eines Zweiges der Länge t für einfache Modelle gesehen (Gleichung 6.4 auf Seite 179). Wenn Ihnen das genügt und Sie es momentan nicht unbedingt genauer wissen wollen, können Sie an dieser Stelle auch zu Abschnitt 7.3 auf Seite 217 weiterblättern, ohne dabei den Faden zu verlieren. Wenn Sie hingegen gerne wüssten, wie die Wahrscheinlichkeiten ganz generell bestimmt werden, dann lesen Sie hier weiter.

Nukleotidsubstitutionen als Poisson-Prozess

Stellen Sie sich Substitutionen an einer Alignmentposition als seltene Einzelereignisse vor, deren Anzahl im Verlauf der Zeit bestimmt werden soll. Sie teilen den betrachteten Zeitabschnitt t in n winzige, gleichmäßige Scheibchen der Dicke δt (also $t = n \cdot \delta t$), die so gering ist, dass maximal *eine* Substitution (mit einer Wahrscheinlichkeit > 0) darin auftreten kann. *Reversals* oder multiple Substitutionen kommen also in δt nicht vor. Die Wahrscheinlichkeit für eine Substitution in so einer Zeiteinheit δt sei ρ. Nach n Zeiteinheiten sind dann ρn Substitutionen zu erwarten. Ist z.B. $\rho = 0,3$ hätten sich nach 10 Zeiteinheiten erwartungsgemäß 3 Substitutionen angesammelt.

Unter den genannten Rahmenbedingungen gelten folgende Wahrscheinlichkeiten P:

$$\begin{aligned} P(\textit{eine}\text{ Substitution in }\delta t) &= \rho \\ P(\textit{keine}\text{ Substitution in }\delta t) &= 1-\rho \\ P(\textit{mehr als eine}\text{ Substitution in }\delta t) &= 0 \end{aligned}$$

Über die Zeitspanne t hinweg ist somit die Anzahl der Substitutionen genau die Anzahl $k = n \cdot \rho$ an Zeitscheibchen, in denen eine Substitution passiert ist. Nehmen wir an, dass die einzelnen Zeitscheibchen alle unabhängig voneinander sind, also die Wahrscheinlichkeit für eine Substitution darin völlig unabhängig ist von den Ereignissen in den benachbarten oder irgendwelchen anderen Zeitscheibchen, dann ist die Gesamtzahl von Substitutionen binomial verteilt. Sie erinnern sich vielleicht an die **Binomialverteilung** aus der Schule – das ist die Verteilung, mit der man Fragen beantwortet wie: man werfe eine Münze 100 $\times$ ($n = 100$) und die Wahrscheinlichkeit für Kopf ist bei jedem Wurf $\rho = 0.5$ – wie wahrscheinlich ist es jetzt, genau 35 mal Kopf zu beobachten ($k = 35$)? Mit ein wenig Kombinatorik aus den Schulbüchern ergibt sich $\binom{n}{k}\rho^k(1-\rho)^{n-k}$ als Wahrscheinlichkeit für k „Treffer", wenn $k = 0, 1, \ldots, n$ und $0 \leq \rho \leq 1$. Zur Erinnerung: $\binom{n}{k}$ liest man „n über k" und steht für $n!/(k!(n-k)!)$.

Unser Problem ist jetzt, dass wir n und ρ nicht kennen, weil wir Anzahl und Dicke der Intervalle nicht eindeutig angegeben haben. Wir nehmen aber an, dass, wenn wir eine größere Anzahl n wählten, um ein und denselben Zeitraum t zu unterteilen, die Wahrscheinlichkeit ρ für eine Substitution in den (dann dünneren) Scheibchen geringer würde, $\rho \cdot n$ hingegen konstant bliebe. Um damit $P(k)$ zu berechnen, ist es möglich, den Grenzwert der Binomialverteilung zu betrachten, wenn n gegen unendlich geht, sich also die Unterteilung der Zeit in unendlich viele infinitesimal dünne Scheibchen vorzustellen:

$$\begin{aligned} P(k) &= \lim_{n\to\infty} \binom{n}{k} \rho^k (1-\rho)^{n-k} \\ &= \lim_{n\to\infty} \frac{n(n-1)\cdots(n-k+1)}{k!} \left(\frac{\rho n}{n}\right)^k \left(1-\frac{\rho n}{n}\right)^{n-k} \\ &= \lim_{n\to\infty} \frac{(\rho n)^k}{k!} \left(1-\frac{\rho n}{n}\right)^n \left(1-\frac{\rho n}{n}\right)^{-k} \frac{n(n-1)\cdots(n-k+1)}{n^k} \end{aligned}$$

Da $\rho \cdot n$ konstant, also von n unabhängig ist, gilt weiter

$$P(k) = \frac{(\rho n)^k}{k!} \cdot \lim_{n\to\infty} \left(1-\frac{\rho n}{n}\right)^n \cdot \left(1-\frac{\rho n}{n}\right)^{-k} \cdot \left(1-\frac{1}{n}\right) \cdot \left(1-\frac{2}{n}\right) \cdot \ldots \cdot \left(1-\frac{k+1}{n}\right).$$

Bedienen wir uns einer Standard-Erkenntnis aus der Analysis, nämlich

$$\lim_{n\to\infty} \left(1-\frac{x}{n}\right)^n = e^{-x},$$

dann folgt

$$\begin{aligned} P(k) &= \lim_{n\to\infty} \binom{n}{k} \rho^k (1-\rho)^{n-k} \\ &= \frac{(\rho n)^k}{k!} e^{-\rho n} \lim_{n\to\infty} \left(1-\frac{\rho n}{n}\right)^{-k} \left(1-\frac{1}{n}\right) \cdot \ldots \cdot \left(1-\frac{k+1}{n}\right), \end{aligned}$$

und da die Terme hinter „$\lim_{n\to\infty}$“ alle ein Limit von 1 haben, ist die gesuchte Wahrscheinlichkeit

$$P(k) = \frac{(\rho n)^k}{k!} e^{-\rho n}. \tag{7.10}$$

Dies beschreibt die so genannte **Poisson-Verteilung**, benannt nach Siméon-Denis Poisson (*21.06.1781, †25.04.1840, französischer Physiker und Mathematiker). Die Anzahl k an Substitutionen über den Zeitraum t kann man auffassen als poisson-verteilt mit Parameter ρn. Der erwartete Wert von k nach Zeit t ist ρn.

Bezeichnen wir die mittlere **Substitutionsrate** bezogen auf den Zeitabschnitt t (soundsoviele Substitutionen pro Zeit t) jetzt als μ, so dass $\mu \cdot t = n \cdot \rho$ die erwartete Anzahl an erfolgten Substitutionen nach der Zeit t ist, wird aus Gleichung 7.10

$$P(k) = \frac{(\mu t)^k}{k!} e^{-\mu t}. \tag{7.11}$$

Man nimmt außerdem an, dass die Anzahl k an Substitutionen in zwei nicht überlappenden Zeitabschnitten voneinander unabhängig ist, wobei k für jeden beliebigen Zeitabschnitt der Länge t wieder poissonverteilt ist. Betrachten wir ein Zeitintervall $[t, t+\delta t]$. Wenn $k(t)$ die Anzahl an Substitutionen nach Zeit t ist, und $k(t+\delta t)$ die Anzahl zu einem um δt späteren Zeitpunkt, ist die Wahrscheinlichkeit für eine bestimmte Anzahl $\delta k = k(t+\delta t) - k(t)$ an Substitutionen in diesem Zeitintervall also wieder

$$P(\delta k) = \frac{(\mu t)^{\delta k}}{\delta k!} e^{-\mu t}.$$

Mit dem bisher gesagten können wir bereits einfache Fragen beantworten, wie z.B. die nach der **Wahrscheinlichkeit *keiner* Substitution** nach Zeit t. Setzt man $k = 0$ in Gleichung 7.11 ein, erhält man $P(k = 0) = e^{-\mu t}$. Damit ist die Wahrscheinlichkeit für 1 oder mehr Substitutionen natürlich $P(k > 0) = 1 - e^{-\mu t}$.

Wenn t sehr klein ist, kann man das linear annähern mit

$$P(k = 0) \approx \mu t, \tag{7.12}$$

die Wahrscheinlichkeit einer Substitution ist dann also etwa proportional zur Dauer des Zeitintervalls t.

Nukleotidsubstitutionen als Markov-Kette

Der Poisson-Prozess ist ein Spezialfall aus einer bestimmten Familie stochastischer Prozesse, nämlich der **Markov-Ketten** (engl. *Markov chains*), benannt nach Andrei Andrejewitsch Markov (*14.06.1856, †20.07.1922, russischer Mathematiker).

Die besondere Eigenschaft von Markov-Ketten ist, dass der zukünftige Zustand eines Kettengliedes nur von dem aktuellen, gegenwärtigen Zustand abhängt und nicht von Zuständen in der Vergangenheit. Dies wird als die **Gedächtnislosigkeit** von Markov-Ketten bezeichnet. Messen wir die Zeit zunächst in diskreten Schritten. Hängt die Wahrscheinlichkeit für den Zustand zum Zeitpunkt $t + 1$ nur von dem Zustand des vorangehenden Kettengliedes zum Zeitpunkt t ab, nicht aber vom Zustand bei $t - 1$ oder $t - 2$ usw., spricht man von Markov-Ketten erster Ordnung, und nur solche interessieren uns hier.

Zur Beschreibung einer Markov-Kette bedarf es einer Zustandsmenge, die im Falle von DNA-Evolution offensichtlich $n = 4$ Zustände umfasst (A, C, G, oder T). Prinzipiell funktioniert das Ganze aber genauso für Aminosäuresequenzen ($n = 20$). Für jedes Paar dieser n Zustände werden Wahrscheinlichkeiten für Übergänge zwischen zwei Kettengliedern (engl. *transition probabilities*) in einer Übergangsmatrix (auch Transitionsmatrix) angegeben:

$$\boldsymbol{P} = \begin{pmatrix} P_{11} & \dots & P_{1n} \\ \vdots & \vdots & \vdots \\ P_{n1} & \dots & P_{nn} \end{pmatrix} = \underbrace{\begin{pmatrix} P_{AA} & P_{AC} & P_{AG} & P_{AT} \\ P_{CA} & P_{CC} & P_{CG} & P_{CT} \\ P_{GA} & P_{GC} & P_{GG} & P_{GT} \\ P_{TA} & P_{TC} & P_{TG} & P_{TT} \end{pmatrix}}_{\text{im Fall von DNA}} .$$

So steht beispielsweise der Eintrag in der ersten Zeile und zweiten Spalte für die Übergangswahrscheinlichkeit von Nukleotid A zu Nukleotid C. In unserem vereinfachenden Modell von DNA-Evolution sind die Übergangswahrscheinlichkeiten unabhängig von dem Zeitpunkt t (man spricht von einer homogenen Markov-Kette), und die Wahrscheinlichkeit, sich in einem bestimmten Zustand zu befinden, ist ebenfalls unabhängig vom Zeitpunkt (man spricht von einer stationären Markov-Kette).

Die Markov-Kette für kontinuierliche Zeit

Nun nehmen wir eine kontinuierliche Zeit an, die nicht mehr in einzelnen diskreten Schritten $t, t + 1, \dots$ gemessen werden kann. Wie bereits beim Poisson-Prozess beschrieben, unterteilen wir die Zeit wieder in unendlich viele hauchdünne Scheibchen, und es kommt zu bestimmten Zeitpunkten zu sprunghaften Zustandsänderungen. Damit wird aus der obigen Markov-Kette der besondere Fall einer **Markov-Kette für kontinuierliche Zeit**, auch Markov-Prozess genannt (engl. *time-continuous Markov chain, Markov process*). Wir betrachten wieder nur den stationären, homogenen Fall.

$X(t)$ bezeichne den Zustand zur Zeit t. Es gelte $\delta t > 0$ und $0 < t_1 < ... < t_m < \dots$, wobei m eine natürliche Zahl ist. Dann gilt wegen der Gedächtnislosigkeit des Prozesses für beliebige Zustände $j, i, \alpha_1, \alpha_2, \dots$ (bei DNA wieder A, C, G oder T)

$$\begin{aligned} & P\big(X(t_m + \delta t) = j \,|\, X(t_1) = \alpha_1, \dots, X(t_{m-1}) = \alpha_{m-1}, X(t_m) = i\big) \\ = \; & P\big(X(t_m + \delta t) = j \,|\, X(t_m) = i\big) \\ = \; & P\big(X(\delta t) = j \,|\, X(0) = i\big). \end{aligned}$$

Die letzte Zeile definiert die Übergangswahrscheinlichkeit von i nach j für das Zeitintervall δt, kurz $P_{ij}(\delta t)$. Allgemein, für jeden beliebigen Zeitraum t, beträgt die Übergangswahrscheinlichkeit entsprechend $P_{ij}(t)$.

Dann gilt offenbar

$$P_{ij}(t+\delta t) = P_{i1}(t)P_{1j}(\delta t) + P_{i2}(t)P_{2j}(\delta t) + \ldots + P_{in}(t)P_{nj}(\delta t), \tag{7.13}$$

speziell bei DNA also z.B.

$$P_{AC}(t+\delta t) = P_{AA}(t)P_{AC}(\delta t) + P_{AC}(t)P_{CC}(\delta t) + P_{AG}(t)P_{GC}(\delta t) + P_{AT}(t)P_{TC}(\delta t).$$

Wie bei der diskreten Markov-Kette werden diese Übergangswahrscheinlichkeiten wieder in einer Übergangsmatrix notiert, die jetzt jedoch vom betrachteten Zeitraum abhängt, weshalb es unendlich viele verschiedene Übergangsmatrizen gibt (für jedes denkbare t eine):

$$\boldsymbol{P}(t) = \begin{pmatrix} P_{11}(t) & \ldots & P_{1n}(t) \\ \vdots & \vdots & \ldots \\ P_{n1}(t) & \ldots & P_{nn}(t) \end{pmatrix} = \underbrace{\begin{pmatrix} P_{AA}(t) & P_{AC}(t) & P_{AG}(t) & P_{AT}(t) \\ P_{CA}(t) & P_{CC}(t) & P_{CG}(t) & P_{CT}(t) \\ P_{GA}(t) & P_{GC}(t) & P_{GG}(t) & P_{GT}(t) \\ P_{TA}(t) & P_{TC}(t) & P_{TG}(t) & P_{TT}(t) \end{pmatrix}}_{\text{im Fall von DNA}}.$$

Für die $P_{ij}(t)$ gilt dabei

$$\sum_{j=1}^{n} P_{ij} = 1. \tag{7.14}$$

Die Gesamt-Wahrscheinlichkeit dafür, dass sich das anfängliche Nukleotid nicht ändert (z.B. $P_{AA}(t)$) oder eben doch (z.B. $P_{AC}(t), \ldots, P_{AT}(t)$) muss ja nun mal 1 sein. Außerdem gilt immer $P_{ij} > 0$, wenn $t > 0$.

Ein großer Vorteil der Matrixschreibweise besteht darin, dass die Beziehung aus Gleichung 7.13 genau der Matrixmultiplikation entspricht. Die Multiplikation zweier Matrizen funktioniert wie folgt: Um das Element in Zeile i und Spalte j des Matrixproduktes $\boldsymbol{A} \times \boldsymbol{B}$ zu erhalten, muss Zeile i von $\boldsymbol{A}$ mit Spalte j von $\boldsymbol{B}$ multipliziert werden. Zeile $\times$ Spalte heißt dabei: erstes Zeilenelement $\times$ erstes Spaltenelement, plus zweites Zeilenelement $\times$ zweites Spaltenelement, etc.. Daher ist auch $\boldsymbol{A} \times \boldsymbol{B}$ im Allgemeinen nicht das Gleiche wie $\boldsymbol{B} \times \boldsymbol{A}$. Bei dem betrachteten Markov-Prozess gilt also, jetzt als Matrixprodukt ausgedrückt:

$$\boldsymbol{P}(t+\delta t) = \boldsymbol{P}(t)\boldsymbol{P}(\delta t). \tag{7.15}$$

Für $t = 0$ folgt daraus insbesondere die Anfangsbedingung $\boldsymbol{P}(0) = \boldsymbol{I}$, wobei (im Fall $n = 4$)

$$\boldsymbol{I} = \begin{pmatrix} 1 & 0 & 0 & 0 \\ 0 & 1 & 0 & 0 \\ 0 & 0 & 1 & 0 \\ 0 & 0 & 0 & 1 \end{pmatrix}$$

die **Einheitsmatrix** ist. Einheitsmatrix oder Identitätsmatrix heißt das Ganze aus folgendem Grund: Multipliziert man eine Matrix $\boldsymbol{A}$ mit der Einheitsmatrix $\boldsymbol{I}$ passender Größe, erhält man wieder $\boldsymbol{A}$: $\boldsymbol{A} \times \boldsymbol{I} = \boldsymbol{I} \times \boldsymbol{A} = \boldsymbol{A}$. Diese Einheitsmatrix also als Anfangsbedingung macht Sinn: die Wahrscheinlichkeit für ein Nukleotid vom Typ i zum Zeitpunkt

0, wenn dort am Anfang des Prozesses eben dieses Nukleotid i steht, ist natürlich 1, $P_{ii}(0) = 1$. Entsprechend ist $P_{ij}(0) = 0$, wenn $i \neq j$.

So wie in Gleichung 7.12 die Wahrscheinlichkeit angenähert wurde, kann nun auch $\boldsymbol{P}(\delta t)$ für kleine δt linear approximiert werden:

$$\boldsymbol{P}(\delta t) \approx \boldsymbol{P}(0) + \boldsymbol{P}'(0)\delta t = \boldsymbol{I} + \boldsymbol{Q}\delta t, \qquad (7.16)$$

wobei $\boldsymbol{Q} := \boldsymbol{P}'(0)$ eine von t unabhängige (konstante) Matrix ist.

Die Ratenmatrix Q

Um mittels $\boldsymbol{Q}$ und Gleichung 7.16 Wahrscheinlichkeiten $\boldsymbol{P}$ zu erhalten, die der Gleichung 7.14 gehorchen (also zeilenweise zu 1 addieren), müssen die Werte in der Diagonalen (Q_{ii}) dem negativen Betrag der Summe der restlichen Q_{ij} in jeder Reihe entsprechen:

$$\sum_{j=1}^{n} Q_{ij} = 0 \quad \text{also} \quad Q_{ii} = -\sum_{i \neq j}^{n} Q_{ij}. \qquad (7.17)$$

$\boldsymbol{Q}$ nennt man die **Ratenmatrix** (oder **Intensitätsmatrix**, $\boldsymbol{Q}$-Matrix), und sie beschreibt den Substitutionsprozess für die infinitesimal kleinen Zeitabschnitte δt. In anderen Worten: $\boldsymbol{Q}$ beschreibt die relative Veränderung der Substitutionswahrscheinlichkeiten pro Zeiteinheit. Diese ist natürlich konstant, weil wir vereinfachend angenommen hatten, dass sich die Raten über die Zeit hinweg nicht ändern. An die Stelle einer durchschnittlichen (von der Art der Nukleotide unabhängigen) Substitutionsrate μ beim Poissonprozess (wie in Gleichung 7.12) tritt in unserem allgemeineren Markov-Modell jetzt $\boldsymbol{Q}$.

In $\boldsymbol{Q}$ versammelt man seine Vorstellungen vom molekularen Evolutionsprozess; im genauen Aussehen dieser Matrix unterscheiden sich die verschiedenen Substitutionsmodelle, die vorgeschlagen wurden. In die Elemente der Matrix fließen dabei die Annahmen über die relativen Häufigkeiten der Nukleotide π_i im Gleichgewichtszustand ein (deren Summe 1 ist), sowie die relativen Raten der Nukleotidübergänge (meist so gewählt, dass die durchschnittliche Rate 1 beträgt[1]). Meist werden ihrerseits die Einträge in $\boldsymbol{Q}$ zunächst aus den Daten geschätzt.

Die Ratenmatrix zur Beschreibung von Substitutionsmodellen sieht also allgemein wie folgt aus, wobei die Einträge in der Diagonalen unter Beachtung von Gleichung 7.17 zustande kommen. Da üblicherweise nur reversible Modelle angenommen werden, bei denen Übergänge zwischen zwei Nukleotiden in beiden Richtungen gleich wahrscheinlich sind, ist die Matrix symmetrisch und unterscheidet nur sechs relative Raten a bis f:

$$\boldsymbol{Q} = \begin{pmatrix} -(\pi_C a + \pi_G b + \pi_T c) & \pi_C a & \pi_G b & \pi_T c \\ \pi_A a & -(\pi_A a + \pi_G d + \pi_T e) & \pi_G d & \pi_T e \\ \pi_A b & \pi_C d & -(\pi_A b + \pi_C d + \pi_T f) & \pi_T f \\ \pi_A c & \pi_C e & \pi_G f & -(\pi_A c + \pi_C e + \pi_G f) \end{pmatrix}.$$

[1]Das ist hilfreich, aber nicht zwingend. Weil wir Raten und Zeit nicht unterscheiden, doch deren Produkt konstant ist, kann man alle Elemente der Matrix mit dem gleichen Faktor multiplizieren, ohne dass dadurch ein anderer Substitutionsprozess beschrieben würde: Es ändert sich nur der Länge des winzigen Zeitabschnitts, den $\boldsymbol{Q}$ beschreibt.

Nehmen wir den einfachsten Fall des Jukes-Cantor-Modells (Abschnitt 6.2.1 auf Seite 178) als Beispiel: Dort sind alle Nukleotide gleich häufig ($\pi_i = 1/4$) und alle Übergänge gleich wahrscheinlich (die relative Raten sind alle 1):

$$Q = \begin{pmatrix} -\frac{3}{4} & \frac{1}{4} & \frac{1}{4} & \frac{1}{4} \\ \frac{1}{4} & -\frac{3}{4} & \frac{1}{4} & \frac{1}{4} \\ \frac{1}{4} & \frac{1}{4} & -\frac{3}{4} & \frac{1}{4} \\ \frac{1}{4} & \frac{1}{4} & \frac{1}{4} & -\frac{3}{4} \end{pmatrix}.$$

Oft trennt man der Übersichtlichkeit halber Q auch in eine Matrix aus den relativen Raten r_{ij} und eine aus den relativen Häufigkeiten π_i auf.

Die Gesamt-Substitutionsrate (für alle Nukleotidtypen zusammengenommen) ist der Durchschnitt der Summen aus allen Elementen in den Zeilen von Q, die eine Änderung des Nukleotid repräsentieren (also alle Q_{ij} in jeder Zeile wo $i \neq j$), gewichtet nach π_i. Gleichung 7.17 erlaubt uns, das einfacher zu fassen als:

$$\mu = -\sum_{i=1}^{n} Q_{ii}\pi_i. \tag{7.18}$$

Die Substitutionswahrscheinlichkeiten $P(t)$

Wie berechnet sich jetzt mit Hilfe von Q die eigentlich interessierende Matrix $P(t)$ aus den Übergangswahrscheinlichkeiten für ein gegebenes t? Eigentlich (zumindest optisch) ganz einfach:

$$P(t) = e^{Qt}. \tag{7.19}$$

Doch wie kommt man dorthin? Dazu betrachten wir Gleichung 7.15 und lassen δt gegen 0 gehen:

$$\begin{aligned} P(t+\delta t) &= P(t)P(\delta t) = P(t)(I + P(\delta t) - I) \\ &= P(t) + P(t)(P(\delta t) - I), \\ \frac{P(t+\delta t) - P(t)}{\delta t} &= P(t)\frac{P(\delta t) - I}{\delta t} \\ \text{für } \delta t \to 0\text{:} \quad P'(t) &= P(t)P'(0) = P(t)Q \end{aligned}$$

Damit haben wir eine Differentialgleichung erster Ordnung, deren eindeutige Lösung die oben genannte Funktion $P(t) = e^{Qt}$ ist (unter den Anfangsbedingungen $P(0) = I$).

Da $e^{M} := \sum_{k=0}^{\infty} \frac{1}{k!} M^k$ die Definition des Exponentials einer beliebigen Matrix M ist, kann man $P(t)$ auch so schreiben:

$$P(t) = \sum_{k=0}^{\infty} \frac{t^k}{k!} Q^k. \tag{7.20}$$

Das dann auch wirklich zu berechnen, ist eine andere Geschichte – mit einigen Tricks und Computerhilfe ist dies aber eine durchaus zu bewältigende Aufgabe. Bei unkomplizierten Substitutionsmodellen sind die Einträge in $P(t)$ jedoch auch einfacher zu berechnen, wie etwa beim Jukes-Cantor-Modell. Dort sind alle Übergangsraten identisch, und wir nehmen einmal eine Gesamtzahl von $\mu = 1$ Übergängen pro Zeiteinheit an (der tatsächliche Wert μ und die einzelnen Einträge der Q-Matrix sind, wie gesagt, hier nicht relevant, sondern die *relativen* Größen).

Im Gleichgewicht haben alle vier Basen die Häufigkeit $1/4$. Die Wahrscheinlichkeit für *keinen* Übergang nach Zeit t ist nach Gleichung (7.11) e^{-t}. Dass mindestens einer erfolgt ist, hat die Wahrscheinlichkeit $1 - e^{-t}$. *Wenn* mindestens einer erfolgt ist, kann nach Zeit t jede der vier Basen mit gleicher Wahrscheinlichkeit vorzufinden sein, also einem Viertel davon: $\frac{1}{4} - \frac{1}{4}e^{-t}$. Dass die Base anfänglich eine andere war als sie am Ende (nach Zeit t) ist, ist die Summe aus allen drei Fällen, wo ≥ 1 Übergänge passiert sind und die Base auch tatsächlich durch eine andere substituiert wurde, also $3 \cdot (\frac{1}{4} - \frac{1}{4}e^{-t}) = \frac{3}{4} - \frac{3}{4}e^{-t}$. Die Wahrscheinlichkeit für „identische Base am Anfang wie am Ende" ist also $1 - (\frac{3}{4} - \frac{3}{4}e^{-t}) = \frac{1}{4} + \frac{3}{4}e^{-t}$. Damit ist die Jukes-Cantor-Matrix der Übergangswahrscheinlichkeiten

$$\boldsymbol{P}(t) = \begin{pmatrix} \frac{1}{4} + \frac{3}{4}e^{-t} & \frac{1}{4} - \frac{1}{4}e^{-t} & \frac{1}{4} - \frac{1}{4}e^{-t} & \frac{1}{4} - \frac{1}{4}e^{-t} \\ \frac{1}{4} - \frac{1}{4}e^{-t} & \frac{1}{4} + \frac{3}{4}e^{-t} & \frac{1}{4} - \frac{1}{4}e^{-t} & \frac{1}{4} - \frac{1}{4}e^{-t} \\ \frac{1}{4} - \frac{1}{4}e^{-t} & \frac{1}{4} - \frac{1}{4}e^{-t} & \frac{1}{4} + \frac{3}{4}e^{-t} & \frac{1}{4} - \frac{1}{4}e^{-t} \\ \frac{1}{4} - \frac{1}{4}e^{-t} & \frac{1}{4} - \frac{1}{4}e^{-t} & \frac{1}{4} - \frac{1}{4}e^{-t} & \frac{1}{4} + \frac{3}{4}e^{-t} \end{pmatrix}.$$

Auch die $\boldsymbol{P}(t)$-Matrizen für all die anderen Substitutionsmodelle, die Sie bereits kennengelernt hatten, lassen sich über $\boldsymbol{P}(t) = e^{\boldsymbol{Q}t}$ bestimmen.

So eine Substitutions-Wahrscheinlichkeits-Matrix (engl. *substitution probability matrix*) wird auch als **Transitions-Wahrscheinlichkeits-Matrix** (engl. *transition probability matrix*) bezeichnet, wobei mit Transition allgemein „Übergang" gemeint ist, und nicht etwa das Gegenstück zur Transversion.

Auch für das Kimura-2-Parameter-Modell (K2P) kann man explizite Formeln finden; hier braucht man im Vergleich zum Jukes-Cantor-Modell nur eine weitere Fallunterscheidung, nämlich Transitionen (Ti, jetzt in der speziellen molekularbiologischen Bedeutung) versus Transversionen (Tv) (zur Erläuterung s. Abb. 6.3 auf Seite 175), wobei das Verhältnis $\frac{\text{Ti}}{\text{Tv}}$ mit κ (sprich: kappa) bezeichnet wird. Die zugehörige Ratenmatrix ist

$$\boldsymbol{Q} = \begin{pmatrix} \cdot & \frac{1}{4} & \frac{1}{4}\kappa & \frac{1}{4} \\ \frac{1}{4} & \cdot & \frac{1}{4} & \frac{1}{4}\kappa \\ \frac{1}{4}\kappa & \frac{1}{4} & \cdot & \frac{1}{4} \\ \frac{1}{4} & \frac{1}{4}\kappa & \frac{1}{4} & \cdot \end{pmatrix}, \tag{7.21}$$

wobei die Diagonaleinträge wieder der negative Betrag der Summe aus den restlichen Einträgen einer Zeile sind. Für die Übergangswahrscheinlichkeiten in Abhängigkeit von t bedeutet das:

$$P_{ij}(t) = \begin{cases} \frac{1}{4} - \frac{1}{4}e^{-t} & : \quad i \neq j, \quad \text{Tv} \\ \frac{1}{4} + \frac{1}{4}e^{-t} - \frac{1}{2}e^{-t\left(\frac{\kappa+1}{2}\right)} & : \quad i \neq j, \quad \text{Ti} \\ \frac{1}{4} + \frac{1}{4}e^{-t} + \frac{1}{2}e^{-t\left(\frac{\kappa+1}{2}\right)} & : \quad i = j \end{cases}. \tag{7.22}$$

Daraus ergibt sich dann die endgültige **Substitutions-Wahrscheinlichkeits-Matrix** für das K2P-Modell: $\boldsymbol{P}(t) =$

$$\begin{pmatrix} \frac{1}{4}+\frac{1}{4}e^{-t}+\frac{1}{2}e^{-t\left(\frac{\kappa+1}{2}\right)} & \frac{1}{4}-\frac{1}{4}e^{-t} & \frac{1}{4}+\frac{1}{4}e^{-t}-\frac{1}{2}e^{-t\left(\frac{\kappa+1}{2}\right)} & \frac{1}{4}-\frac{1}{4}e^{-t} \\ \frac{1}{4}-\frac{1}{4}e^{-t} & \frac{1}{4}+\frac{1}{4}e^{-t}+\frac{1}{2}e^{-t\left(\frac{\kappa+1}{2}\right)} & \frac{1}{4}-\frac{1}{4}e^{-t} & \frac{1}{4}+\frac{1}{4}e^{-t}-\frac{1}{2}e^{-t\left(\frac{\kappa+1}{2}\right)} \\ \frac{1}{4}+\frac{1}{4}e^{-t}-\frac{1}{2}e^{-t\left(\frac{\kappa+1}{2}\right)} & \frac{1}{4}-\frac{1}{4}e^{-t} & \frac{1}{4}+\frac{1}{4}e^{-t}+\frac{1}{2}e^{-t\left(\frac{\kappa+1}{2}\right)} & \frac{1}{4}-\frac{1}{4}e^{-t} \\ \frac{1}{4}-\frac{1}{4}e^{-t} & \frac{1}{4}+\frac{1}{4}e^{-t}-\frac{1}{2}e^{-t\left(\frac{\kappa+1}{2}\right)} & \frac{1}{4}-\frac{1}{4}e^{-t} & \frac{1}{4}+\frac{1}{4}e^{-t}+\frac{1}{2}e^{-t\left(\frac{\kappa+1}{2}\right)} \end{pmatrix}$$

7.2.5 Raten und Zeit

Wie Sie gesehen haben, ist die Wahrscheinlichkeit für einen Wechsel eines Nukleotids entlang eines Zweiges abhängig vom Produkt aus mittlerer Substitutionsrate und Länge des Zweiges, μt. Aber welchen Beitrag μ und t jeweils zur Größe des Produktes machen, wird nirgends explizit gefragt und kann zunächst einmal auch nicht entschieden werden. Ein Zweig kann also lang sein, weil er einen großen evolutiven Zeitraum abdeckt oder weil die Substitutionsrate in dem gegebenen Zeitraum hoch war. Nur wenn man Grund zu der Annahme hat, dass die Substitutionsrate μ über alle Verwandtschaftsgruppen hinweg konstant war (man spricht dann von einer strikten **molekularen Uhr**), bleibt t alleine verantwortlich für die relativen Längen der Zweige zueinander, und t kann direkt als Zeitspanne interpretiert werden (siehe auch Kap. 9). Normalerweise jedoch, ohne Annahme einer molekularen Uhr, setzt man μ gleich 1 und skaliert die relativen Ratenparameter $a, b, c, \ldots, f$ (gegebenenfalls auch r) so, dass die mittlere Substitutionsrate ebenfalls 1 wird. Dann spiegelt die Länge eines Zweiges die erwartete Anzahl an Substitutionen pro Alignment-Position (*site*) wider (siehe z.B. Abbildung 7.3 auf Seite 222). Davon abweichenden Verfahren widmet sich Kapitel 9.

7.2.6 Ratenheterogenität und Abhängigkeiten zwischen *sites*

Bisher haben wir bei unseren Betrachtungen von Substitutionsmodellen eine mögliche Heterogenität von Raten zwischen den Alignmentpositionen bislang noch ignoriert. Die Annahme identischer Raten quer durch alle verwendeten molekularen Merkmale hinweg spiegelt jedoch seltenst die biologischen Realitäten wider. Daher nimmt man gerne noch einen zusätzlichen relativen Ratenparameter r auf, so dass die Einträge in der Substitutions-Wahrscheinlichkeits-Matrix, im Beispiel des K2P-Modells, nun wie folgt aussehen:

$$P_{ij}(r,t) = \begin{cases} \frac{1}{4}-\frac{1}{4}e^{-rt} & : \quad i \neq j, \quad \text{Tv} \\ \frac{1}{4}+\frac{1}{4}e^{-rt}-\frac{1}{2}e^{-rt\left(\frac{\kappa+1}{2}\right)} & : \quad i \neq j, \quad \text{Ti} \\ \frac{1}{4}+\frac{1}{4}e^{-rt}+\frac{1}{2}e^{-rt\left(\frac{\kappa+1}{2}\right)} & : \quad i = j \end{cases} . \tag{7.23}$$

Aus Kapitel 6 kennen Sie bereits die Grundideen, wie man möglichst geschickt den Sequenzpositionen relative Raten zuweist – so kann man beispielsweise den unterschiedlichen Codonpositionen von vornherein eigene Raten zugestehen und legt damit drei Raten-Kategorien fest, deren relative Größe noch aus den Daten zu schätzen bliebe (ebenfalls meist über ML). Meist, zumal bei nicht-proteincodierenden Sequenzen, macht man jedoch wieder von der **Gamma-Verteilung** (Abb. 6.8 auf Seite 184) Gebrauch. Darüberhinaus kann man auch bei *Maximum Likelihood* einen Anteil invariabler Positionen im Alignment annehmen, so dass sich auch für *Likelihood*-Analysen das gesamte Spektrum von Substitutionsmodellen anbietet, wie in Abb. 6.9 auf Seite 185 hierarchisch aufgeführt.

Recht jung, teilweise noch in der theoretischen Entwicklung und noch nicht in die üblichen Softwareangebote eingegangen sind Modelle, die Abhängigkeiten zwischen den *sites* modellieren (stellvertretend seien ***Hidden Markov Models*** (HMMs) genannt, s. z.B. Felsenstein & Churchill, 1996), oder solche Modelle, die unterschiedliche Evolutionsmuster in verschiedenen Teilen des Baumes berücksichtigen (etwa ***covariotide/covarion models***, s. z.B. Shoemaker & Fitch 1989; Lockhart et al. 1998). Schließlich können sogar **Sekundärstrukturen** bei RNA über sogenannte **Kontextabhängige Modelle** (*context-dependent models*, z.B. Schöniger & von Haeseler 1999, Pedersen & Jensen 2001) berücksichtigt werden. Wir kommen darauf in Kapitel 10 (Abschnitt 10.1.5 auf Seite 283) noch einmal zurück.

7.3 Buchen sollst Du suchen: Welcher ist der beste Baum?

Kann uns der Volksmund für den Fall des Gewitters schlichtweg die Buche (*Fagus sylvatica*) empfehlen und von der Eiche (*Quercus spp.*) abraten („Eichen sollst Du weichen" wegen angeblicher höherer Wahrscheinlichkeit eines Blitzeinschlages) – die Suche nach dem besten Baum mittels *Maximum Likelihood* gestaltet sich leider etwas schwieriger. Mit unseren frisch erworbenen Fähigkeiten, die *Likelihood* eines beliebigen Baumes (zumindest theoretisch) zu berechnen, sind wir nun immerhin endlich in der Lage, Bäume zu vergleichen und den wahrscheinlichsten Baum zu wählen. Es klingt ganz einfach: für alle theoretisch denkbaren Bäume die *Likelihood* berechnen – der mit der größten hat gewonnen! Nun ist Ihnen aber inzwischen vertraut, dass es leider irrsinnig viele verschiedene mögliche Bäume gibt, wenn man mehr als eine bescheidene Anzahl von Taxa oder Sequenzen zu einer Phylogenie verknüpfen möchte. Bereits im Kapitel über Parsimonieanalyse sind wir genauer auf die damit verbundenen Schwierigkeiten eingegangen und auf die Suchmethoden, die man einsetzt, um der Unzahl von Bäumen Herr zu werden. Um sich nicht in Wiederholungen zu ergehen, sei hier nur bemerkt, dass prinzipiell für ML die gleichen **Baumsuch-Algorithmen** eingesetzt werden wie in der Parsimonieanalyse. Auch hier gibt es zunächst ein Anfügen der Taxa an einen wachsenden Baum (*stepwise addition*, Seite 161), der schließlich durch Umlagerungen einer rigorosen Überprüfung unterzogen wird (*branch swapping*, Seite 162).

Im Vergleich zur Parsimonieanalyse, wo lediglich die Zahl der Schritte auf dem Baum bestimmt werden musste, dauert die Berechnung der *Likelihood* für einen gegebenen Baum allerdings sehr viel länger (unschwer nachvollziehbar, wenn Sie sich noch einmal die notwendigen Einzelberechnungen aus den vorangegangenen Abschnitten vergegenwärtigen). Das ist auch der Grund, warum zumindest bei großen Datensätzen ML noch nicht Standard ist und nach wie vor MP oder Distanzverfahren dominieren (oder jüngst auch schon die etwas schnelleren Bayesianischen Methoden, s. Kap. 8 und 9).

Eine massive Vereinfachung der Prozedur, die *Likelihood* eines einmal vorgeschlagenen Baumes zu berechnen, verdanken wir einem Algorithmus von Felsenstein (***pruning al-***

gorithm), der ML-Analysen für die Phylogenetik überhaupt erst praktikabel gemacht hat; für Details hierzu sei auf die Leseempfehlungen auf Seite 226 verwiesen.

Leider ist die Wahrscheinlichkeit eines Baumes auch eine Funktion der Zweiglängen, nicht nur der Topologie und der Substitutionsmodell-Parameter. Da man natürlich zunächst nichts über die Länge der Zweige weiß (schließlich kennt man ja nicht einmal die optimale Topologie), müssen erst einmal verschiedene Zweiglängen für jeden im Baum auftretenden Zweig vorgeschlagen werden. Dies wäre eine sich schnell zur Sisyphus-Arbeit steigernde Prozedur, gäbe es nicht auch hier elegante Algorithmen unter Verwendung von Newton-Iterationen, die zu beschreiben ebenfalls den Rahmen dieses Kapitels sprengen würde. Auf alternative Suchverfahren und aktuelle Bemühungen, *Maximum Likelihood*-Suchen weiter zu beschleunigen, gehen wir weiter unten (Abschnitt 7.5.3) noch einmal kurz ein – doch nun erst einmal zur Praxis.

7.4 ML und *Batch Files* in PAUP*

Mit der meist höheren Komplexität der bei ML notwendigen Parameter geht einher, dass man hier nur noch selten „von Hand" per Menü oder Konsole die nötigen Befehle eingibt. Allein die Spezifikation der Substitutionsmodelle wäre eine ziemliche Fummelei, würde man sie vor jeder Analyse erneut vornehmen wollen. Stattdessen schreibt man einfach eine Folge von Befehlen in so genannte ***Batch files*** oder direkt in die NEXUS-Datei unter das Alignment und lässt das Programm diese Befehle abarbeiten. Am einfachsten durchexerzieren kann man das am Beispiel eines PAUP-Blocks für PAUP*, das womöglich am häufigsten für Phylogenierekonstruktion mittels ML eingesetzte (wenn auch darin nicht erste oder umfassendste) Computerprogramm.

7.4.1 Die wichtigsten Befehle

Nehmen wir wieder einen übersichtlichen Datensatz zur Übung, hier zur Demonstration einmal 21 ausgewählte Vertreter eines größeren Datensatzes von **chloroplastidären *trn*K-Intron-Sequenzen** der Fuchsschwanzgewächse Amaranthaceae und einiger Taxa von Nachbarfamilien in den Caryophyllales (Nelkenartige, GenBank-Akzessionsnummern AY514793–AY514862). Das Intron im Gen für die tRNA für Lysin der Chloroplasten (*trn*K) ist ein typisches Gruppe II-Intron mit der Besonderheit, dass es ein Leseraster für eine **Maturase** (*mat*K) trägt (s. Abschnitt 1.6.1 auf Seite 26).

Wenn Sie die Sequenzen z.B. im *Alignment Explorer* von MEGA (Abschnitt 4.3) sammeln und dann mit den Voreinstellungen des Clustal-Algorithmus alinieren, erhalten Sie bereits ein passables **Alignment**, bei dem Indels hauptsächlich außerhalb der codierenden Region der Maturase in den flankierenden Intronsequenzen auftreten. Allerdings ist auch die Notwendigkeit manueller Korrekturen sofort ersichtlich, z.B. dort wo Clustal wiederholte Motive oder kleine Inversionen nicht erkennt. Vielleicht haben Sie ja alternativ selbst bereits einen Datensatz, mit dem Sie die folgenden Übungen nachvollziehen möchten, oder Sie bedienen sich einfach wieder des *nad*5-Beispieldatensatzes aus Kapitel 4. Wie auch immer also Ihre Daten im **Daten-Block** der NEXUS-Datei (zwischen `Begin data;` und `End;`) aussehen – wir wollen an dieser Stelle unsere Aufmerksamkeit dem **PAUP-Block** (`Begin PAUP; ...End;`) widmen, in dem eine Reihe von Befehlen aufgelistet sind, die automatisch abgearbeitet werden, wenn die Datei ausgeführt wird (*execute*):

```
#NEXUS
BEGIN DATA;
DIMENSIONS NTAX=21 NCHAR= 2875;
FORMAT   DATATYPE=DNA GAP=-  MISSING=?;
MATRIX
Alternanthera_sessilis  ACGGCTAGG...
Blutaparon_vermiculare  ACGGCTAGG...
Froelichia_floridana    ACGGCTAGG...
Gomphrena_haagenana     ACGGCTAGG...
...                     ...
Simmondsia_chinensis    ACGGCTAGG...
;
END;

BEGIN PAUP;
log file=bsp.log;
out 21 /only;
set criterion=likelihood;
lset nst=6 rmat=(1.13772 1.61023  0.23943 0.84555 1.94351) rates=gamma shape
    =1.139743 ncat=3 basefreq=empirical;
hs;
savetree file=bsp.tre brlens=yes;
END;
```

Zunächst wird hier eine **Log-Datei** namens `bsp.log` spezifiziert (`log file=bsp.log;`), in die alle Ausgaben geschrieben werden – sehr zu empfehlen, wenn man später überprüfen will, ob bestimmte Einstellungen aktiv waren oder nicht. In der nächsten Zeile wird die **Außengruppe** angegeben: hier soll das letzte Taxon in der Matrix, die Nummer 21 (*Simmondsia*) diese Rolle übernehmen (`out 21`); das Ausschreiben des Taxonnamens wäre eine Alternative: `out Simmondsia_chinensis`. Die Option `/only` stellt sicher, dass wirklich nur Taxon Nummer 21 in der Außengruppe bleibt, und nicht eventuell noch andere Taxa von früheren **`out`**-Befehlen – der Befehl ist nämlich 'additiv' (*persistent*). So könnten Sie mit einem weiteren `out 20` zusätzlich *Halophytum* in die Außengruppe holen.

Danach wird es *Likelihood*-spezifisch: Mit **`set criterion=Likelihood`** sagen Sie PAUP*, dass Sie eine *Maximum Likelihood*-Analyse wünschen. Nach welchem **Substitutionsmodell** und mit welchen Parameterwerten die Berechnungen durchgeführt werden sollen, steht im entscheidenden Befehl **`LSet`** (*Likelihood settings*). Vielleicht ist noch aus Kapitel 6 geläufig, dass über `nst=6` das GTR-Modell (*General Time Reversible*) eingestellt wird und über `rmat` (*Rate matrix*) die relativen Ratenparameter der Austauschraten AC, AG, AT, CG und CT, wobei GT gleich 1 gesetzt ist. Zusätzlich werden positionsspezifische Substitutionsraten angenommen, die einer Gamma-Verteilung folgen sollen (`rates=gamma`), deren *shape*-Parameter α (Abb. 6.8 auf Seite 184) auf 1.139743 gesetzt wird (`shape=1.139743`), und die relativ grob über drei Kategorien angenähert werden soll (`ncat=3`). Schließlich sollen noch die relativen Häufigkeitsparameter der Nukleotidtypen empirisch aus der Datenmatrix bestimmt werden (`basefreq=empirical`) – und es kann losgehen mit der eigentlichen Berechnung unter Verwendung dieses Modells und seiner Parametereinstellungen.

Doch halt – wie kommen wir überhaupt darauf, das GTR+G-Modell und die genannten Paramterwerte zu verwenden? Wir hatten schon ganz kurz in Abschnitt 6.2.6 (S. 192) auf die verschiedenen Ansätze und Programme hingewiesen, mit denen man zwischen alternativen Modellen wählt – Abschnitt 10.1.1 auf Seite 278 hat die Einzelheiten. In unserem Beispiel hier hatten wir von ModelTest anhand unseres Datensatzes das GTR+G-Modell mit den genannten relativen Substitutionsraten und einem *shape*-Parameter von 1.139743 empfohlen bekommen.

Welche Einstellungen tatsächlich bei der Berechnung verwendet werden, das dokumentiert PAUP* mittels der Bildschirmausgabe, die wir im gezeigten Fall zusätzlich auch in unser *Log-File* schreiben lassen:

```
Optimality criterion set to likelihood.

Heuristic search settings:
  Optimality criterion = likelihood
    Likelihood settings:
      Number of substitution types  = 6
      User-specified substitution rate matrix =
                 -   1.137720   1.610230   0.239430
         1.137720          -   0.845550   1.943510
         1.610230   0.845550          -   1.000000
         0.239430   1.943510   1.000000          -
      Assumed nucleotide frequencies (empirical frequencies):
        A=0.32320  C=0.15133  G=0.17304  T=0.35243
      Among-site rate variation:
        Assumed proportion of invariable sites  = none
        Distribution of rates at variable sites = gamma (discrete
                                                  approximation)
          Shape parameter (alpha)    = 1.13974
          Number of rate categories = 3
          Representation of average rate for each category = mean
      These settings correspond to the GTR+G model
      Number of distinct data patterns under this model = 904
      Molecular clock not enforced
      Starting branch lengths obtained using Rogers-Swofford approximation
        method
      Trees with approximate likelihoods 5% or further from the target score
        are rejected without additional iteration
      Branch-length optimization = one-dimensional Newton-Raphson with pass
                                   limit=20, delta=1e-006
      -ln L (unconstrained) = unavailable due to missing-data and/or
                              ambiguities
```

Die meisten dort aufgeführten Parameter hatten wir ja explizit angegeben, so etwa die `User-specified substitution rate matrix`. Die Häufigkeiten der Nukleotide (`Assumed nucleotide frequencies`) hingegen haben wir PAUP* für uns empirisch aus dem Datensatz ermitteln lassen, was genauso schnell geht, wie feste Werte vorzugeben.

7.4.2 Die Suche kann beginnen

Schreiten wir, oder besser: PAUP*, zur Tat. Das erfolgt als Reaktion auf den Befehl `hs`, wieder eine Abkürzung für `HSearch` bzw. **heuristische Suche**. Auf dem Bildschirm (und im *Log-File*) lesen wir:

```
Starting tree(s) obtained via stepwise addition
Addition sequence: as-is
Number of trees held at each step during stepwise addition = 1
Branch-swapping algorithm: tree-bisection-reconnection (TBR)
```

```
Steepest descent option not in effect
Initial 'MaxTrees' setting = 100
Branches collapsed (creating polytomies) if branch length is less than or
   equal to 1e-008
'MulTrees' option in effect
Topological constraints not enforced
Trees are unrooted
```

Mit anderen Worten, es wird das schon vom Parsimonieverfahren aus Abschnitt 5.3.3 bekannte schrittweise Zusammenfügen von Taxa durchgeführt (`stepwise addition`), um den dadurch entstandenen Startbaum (`Starting tree`) dann mittels `Branch-swapping` (speziell: `tree-bisection-reconnection`, Abschnitt 5.3.3 ab S. 162) weiter zu optimieren. Jetzt rechnet PAUP* erst einmal ein Weilchen, oft sogar ein arg langes Weilchen, verglichen mit den Analysemethoden aus den vorangegangenen Kapiteln – zumindest wenn Sie zahlreiche Taxa und viele Merkmale abarbeiten lassen. In unserem bewusst auf nur 21 Taxa begrenzten Beispiel müssen wir uns jedoch nur etwa drei Minuten gedulden:

```
Heuristic search completed
   Total number of rearrangements tried = 3515
   Score of best tree(s) found = 13088.57314
   Number of trees retained = 1
   Time used = 00:03:13.0

1 tree saved to file "C:.....
Processing of file "bsp.nex" completed.
```

PAUP* hat also genau einen *Maximum Likelihood*-Baum gefunden (`Number of trees retained = 1`), dessen *Likelihood* $L = e^{-13088.57314}$ beträgt, ausgedrückt als negativer Logarithmus (*negative log* Likelihood; `Score of best tree(s) found = 13088.57314`). Da wir im *batch file* `savetree file=bsp.tre brlens=yes` angegeben hatten, wurde der Baum auch gleich gespeichert (`1 tree saved to file ...`), und zwar unter Angabe der Zweiglängen in Substitutionen pro Sequenzposition, die sie sich mit entsprechenden Programmen dann auch anzeigen lassen können (Abb. 7.3 auf der nächsten Seite).

Bootstrapping

Wie bei *Maximum Parsimony* und Distanzverfahren ist auch bei *Maximum Likelihood* ein Baum ohne Abschätzung der statistischen Unterstützungen für die einzelnen Knoten nur von begrenztem Wert. Das *Bootstrap*-Verfahren, das wir schon für distanz- und parsimoniebasierte Analysen verwendet hatten und dem wir uns in Kapitel 10 noch einmal näher widmen (Abschnitt 10.2 auf Seite 287), ist auch hier möglich. Es erlaubt, den einzelnen Knoten einen Prozentwert zuzuordnen, der ihre Verlässlichkeit widerspiegelt; allerdings ist dieses Vorgehen bei *Maximum Likelihood* besonders zeitintensiv und erlaubt nur eine geringe Zahl von *Bootstrap replicates*, da die Ermittlung jedes einzelnen Baums so zeitaufwändig ist. Im folgenden Abschnitt und auch im nächsten Kapitel werden Sie auf *Likelihood* basierende Methoden kennen lernen, die erlauben, die Verlässlichkeit von Knoten mit etwas geringerem rechnerischen Aufwand zu beurteilen.

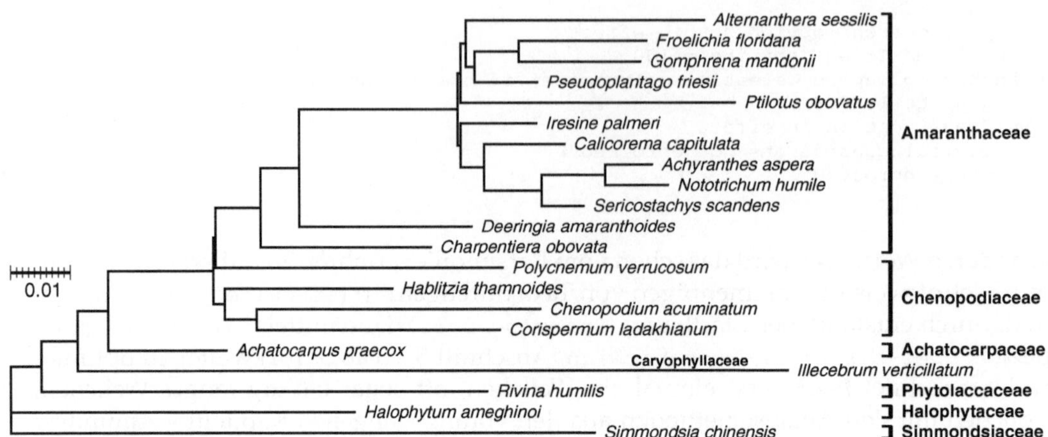

Abbildung 7.3 *Maximum Likelihood*-Baum, wie er sich nach Analyse der *trn*K-Beispieldaten mit PAUP* ergibt, mit Angabe der **Zweiglängen** in Substitutionen pro Sequenzposition (hier einmal mit TreeGraph erstellt).

7.5 Alternative Suchverfahren und weitere Software

7.5.1 Quartette, Puzzle, und Mensch-ärgere-dich-nicht

Quartett-Methoden sind eigentlich völlig unabhängig von *Maximum Likelihood*. In der phylogenetischen Praxis spielen allerdings Ansätze und Computerprogramme, die nicht gleichzeitig auf *Maximum Likelihood* basieren, eine geringe Rolle. Das Prinzip ist folgendes: Statt grosse Bäume mit vielen Taxa (zeitaufwändig) zu analysieren, werden nur Bäume aus wenigen Taxa angeschaut. Vier Sequenzen sind die kleinste Menge, die nichttrivial zu einem ungewurzelten Baum zusammengefügt werden können – daher **Quartett**. Für jedes Quartett gibt es drei mögliche ungewurzelte Bäume (Abb. 7.4), aus denen der beste ausgewählt werden muss. Die Bäume kann man auch als zwei Mengen aus je zwei Taxa auffassen (so genannte Splits, s. Abschnitt 11.3 auf Seite 318): {tax1, tax2} und {tax3, tax4}, {tax1, tax3} und {tax2, tax4}, sowie {tax1, tax4} und {tax2, tax3}.

Jetzt geht man so vor: für jedes Quartett wird überprüft, welcher der drei Bäume der beste ist. Im Fall von *Maximum Likelihood*-Analysen ist also die Frage, welcher die größte *Likelihood* aufweist. Nachher müssen die optimalen Bäume, für jedes Quartett einer, wieder zu einem großen Baum zusammengesetzt werden, unter Verwendung von Algorithmen wie dem ***Quartet puzzling*** (Strimmer & von Haeseler 1996).

Es ist einleuchtend, dass die Berechnungen für solche Vierer-Bäume zunächst einmal relativ schnell gehen, verglichen mit anderen Suchalgorithmen, die sich von vornherein den ganzen Baum vornehmen. Sind Quartett-Methoden dann nicht ohnehin die Methode der Wahl? Warum sich sofort mit großen Bäumen herumärgern?

Vom Quartett zum Baum, und warum einen das ärgern kann

Auch wenn die Berechnungen für die Einzel-Quartette eher wenig aufwändig sind, kann dann das Zusammensetzen zu einem großen Baum doch Kopfschmerzen bereiten. Für n

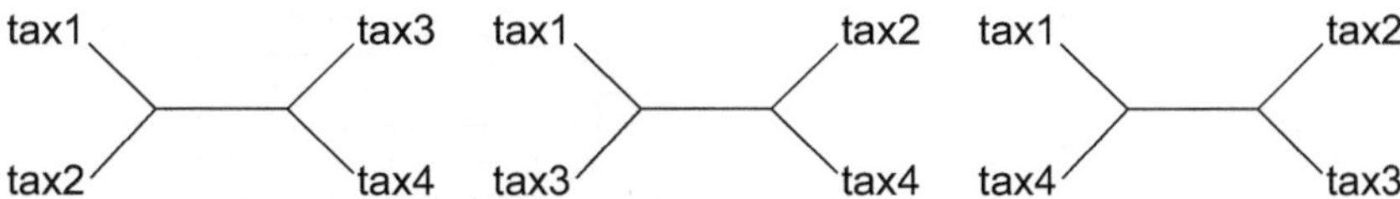

Abbildung 7.4 Drei mögliche Bäume für das Quartett {tax1,tax2, tax3, tax4}.

Sequenzen gibt es $\binom{n}{4}$ Möglichkeiten. Wenn die Daten eindeutig wären, gäbe es nur genau einen Baum, der mit allen optimalen Vierer-Bäumen kompatibel ist. In der Realität gibt es jedoch zumindest teilweise widersprüchliche oder uneindeutige Daten, die beispielsweise Homoplasie enthalten. Dann gibt es nicht mehr nur den einen besten Baum. Stattdessen wird dann derjenige Baum gesucht, mit dem die *Mehrheit* der Quartette übereinstimmt. Leider ist das mal wieder ein *NP-complete*-Problem (Abschnitt 5.3.3).

Quartet puzzling (Strimmer & von Haeseler, 1996) ist ein Algorithmus, der genau diesem Problem effizient begegnet. Er ist im Programm **TREE-PUZZLE** verwirklicht, das wir bereits erwähnt hatten (Abschnitt 3.4.3 auf Seite 105). Die Methode hat den Vorteil, dass die statistische Unterstützung der Knoten gleich als integraler Bestandteil der Analyse mit abgeschätzt wird – ein zeitraubendes *Bootstrapping* entfällt.

7.5.2 Arbeiten mit TREE-PUZZLE

Nachdem Sie das frei verfügbare TREE-PUZZLE installiert haben (Abschnitt 3.4.3 auf Seite 105, für Windows wird eine fertig kompilierte Anwendung mitgeliefert), gilt es, ihr Alignment einzuladen. TREE-PUZZLE verlangt das PHYLIP-Format (Abb. 3.12 auf Seite 94), daher müssen Sie zunächst ihre Daten vom NEXUS-Format dorthin konvertieren, z.B. unter Verwendung von PAUP*. Dazu öffnen Sie in PAUP* ihr Alignment und schreiben einfach `exp` für *„export"*. Da das PHYLIP-Format das *Default*-Format für den `export`-Befehl ist, war's das schon. Sie können allerdings auch noch per `file=trnk.phy` den Namen des Files angeben (standardmäßig würde einfach `.dat` an den Namen ihres exportierten Alignment-Files angehängt).

Nach dem Starten von TREE-PUZZLE fragt das Programm nach einer PHYLIP-Datei (die Programmoberfläche stellten wir bereits in Abbildung 3.17 auf Seite 106 kurz vor). Wenn Sie den richtigen Namen (Groß-/Kleinschreibung beachten!) eingeben, für unsere Beispiel-Daten also etwa `trnk.phy`, berichtet TREE-PUZZLE im Erfolgsfall, wie viele Sequenzen welchen Namens es erkannt hat, und ob es Nukleotid- oder Aminosäuredaten sind (man kann dies im Falle einer Fehlinterpretation der Daten durch TREE-PUZZLE aber auch manuell beeinflussen). Nach dem Laden der Daten erscheint eine Liste der möglichen Befehle:

```
GENERAL OPTIONS
b                 Type of analysis?  Tree reconstruction
k             Tree search procedure?  Quartet puzzling
v      Approximate quartet likelihood?  Yes
u           List unresolved quartets?  No
n           Number of puzzling steps?  10000
j           List puzzling step trees?  No
o                        Display as outgroup?  Alternanth (1)
z      Compute clocklike branch lengths?  No
e              Parameter estimates?  Exact (slow)
x         Parameter estimation uses?  Neighbor-joining tree
```

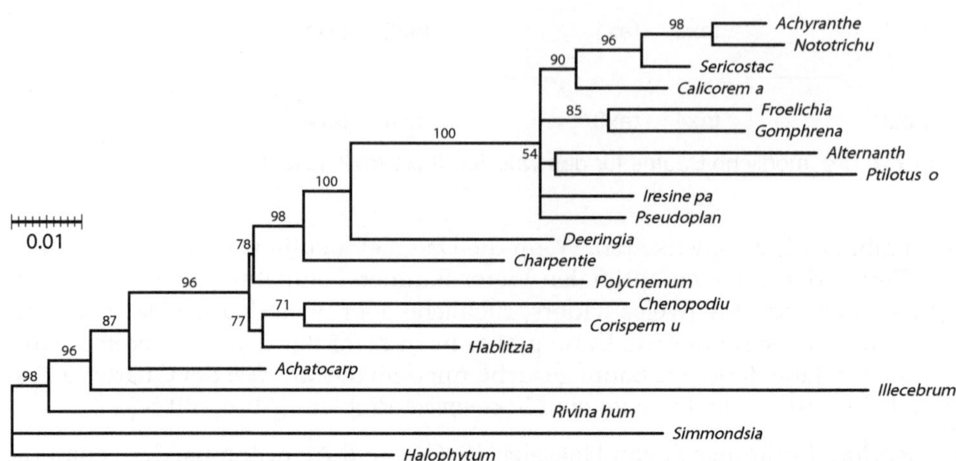

Abbildung 7.5 *Maximum Likelihood*-Baum, wie er sich nach Analyse der Beispieldaten von Seite 219 mit **TREE-PUZZLE** ergibt, mit Angabe der Zweiglängen als Substitutionen pro Sequenzposition **und Angaben zur statistischen Unterstützung der Knoten**. Knoten mit Werten <50 wurden kollabiert. Durch das PHYLIP-Format, mit dem TREE-PUZZLE arbeitet, sind hier die Taxonnamen nach 10 Buchstaben abgekürzt und müssten wieder in der Newick-Schreibweise ergänzt werden.

```
SUBSTITUTION PROCESS
d          Type of sequence input data?  Auto: Nucleotides
h             Codon positions selected?  Use all positions
m                Model of substitution?  GTR (e.g. Lanave et al. 1980)
1 A-C rate? 1.14    2  A-G rate?  1.61
3 A-T rate? 0.24    4  C-G rate?  0.85
5 C-T rate? 1.94    6  G-T rate?  1.00
f               Nucleotide frequencies?  Estimate from data set
RATE HETEROGENEITY
w          Model of rate heterogeneity?  Gamma distributed rates
a   Gamma distribution parameter alpha?  1.14 (weak rate heterogeneity)
c      Number of Gamma rate categories?  4

Quit [q], confirm [y], or change [menu] settings:
```

Das HKY85-Modell ohne Ratenheterogenität der Sequenzpositionen ist voreingestellt, und wenn Sie damit zufrieden sein sollten, würden Sie einfach `y` eintippen und TREE-PUZZLE legt los. Wollen Sie mit einem anderen Modell arbeiten, müssen Sie es über `m` für `model` spezifizieren, womit sich z.B. für das GTR-Model weitere Optionen ergeben, die relativen Substitutionsraten (1-6) anzugeben. Außerdem haben wir oben den α-Parameter für die Gamma-Verteilung mit `a` eingestellt und mit `n` die Voreinstellung von 1000 *puzzling steps* auf 10.000 erhöht – das ist hier gar kein Problem, weil mit unserem kleinen Datensatz die Analyse bereits nach einer Minute abgeschlossen ist.

Nach verrichteter Arbeit hat das Programm einige Dateien geschrieben. Der umfangreichste ist eine lange Textdatei namens `outfile` mit Angaben über die vom Programm geschätzten Parameter, einer Distanzmatrix auf der Basis des eingestellten Modells, detaillierten Angaben zu Ablauf und den Ergebnissen des *Quartet-Puzzling*-Laufes, der Unterstützung für die Knoten des Stammbaumes und dem Konsensus-Stammbaum in Newick-Schreibweise. Distanzen und Baum werden außerdem zusätzlich in den separaten Dateien `outdist` und `outtree` abgelegt. Mit einer Sofware zur Baumdarstellung können Sie `outtree` einlesen und den Stammbaum graphisch darstellen (Abbildung 7.5 auf der Seite gegenüber). Eine Konsequenz des PHYLIP-Formates ist, dass Taxon-Namen nur maximal 10 Buchstaben lang sein dürfen; man muss beim Baum also noch mal Hand anlegen, wenn er druckreif werden soll.

7.5.3 Verbesserung der Suchverfahren und aktuell weiterentwickelte Software

Programme wie **PHYML** oder **Treefinder** (Abschnitt 3.4.3) sind schneller als die bisher in diesem Kapitel vorgestellten Programme für *Maximum Likelihood*-Analysen, und nicht zuletzt ist auch die Benutzerfreundlichkeit insbesondere von Treefinder oder dem PHYML-online-Server (Guindon 2005) ein klarer Pluspunkt. Außerdem sind Sie auf Alternativen angewiesen, wenn Sie mit Proteinsequenzalignments rechnen, denn hier bietet z.B. PAUP* für *Likelihood* nichts an. Allerdings geht die Geschwindigkeit oft auf Kosten der Genauigkeit, mit anderen Worten: die *Likelihood* des Baumes, der als optimaler Baum ausgespuckt wird, ist alles andere als maximal (Morrison 2007). Oft mag es ausreichend sein, eine gute Näherung des *Maximum Likelihood*-Baumes zu erhalten, insbesondere wenn man sich auch ein Set suboptimaler Bäume dazu anschaut und nicht vorschnell biologische Rückschlüsse nur auf eine einzige, nur vermeintlich optimale Baumtopologie stützt. Alternative Ansätze versuchen ebenfalls, Geschwindigkeit zu gewinnen, dabei aber noch weniger Präzision zu verlieren.

Genetische Algorithmen (GA) sind eine Untergruppe der so genannten evolutionären Algorithmen und nutzen Techniken, die von den natürlichen Evolutionsvorgängen wie z.B. Vererbung, Selektion, Mutation und Rekombination inspiriert wurden. Eine Population möglicher Lösungen evolviert dabei über viele Generationen hin zu immer besseren Lösungen, deren Güte mittels einer Fitnessfunktion bestimmt wird. **GARLI** (*Genetic Algorithm for Rapid Likelihood Inference*, Version 0.942; Zwickl 2006) wendet dieses Konzept auf die Suche nach dem *Maximum Likelihood*-Baum an und scheint ihm dabei tendenziell im Vergleich zu den bisher genannten (aber auch zu alternativen *Maximum Likelihood*-Programmen wie IQPNNI, PhyNav, DPRml oder MultiPhyl) am nächsten zu kommen (Morrison 2007).

Kontinuierlich weiterentwickelt und GARLI daher hart auf den Fersen ist **RaxML** (Stamatakis et al. 2005), aktuell in der Version RAxML-VI-HPC v. 2.0.1 (*Randomized a(x)ccelerated maximum likelihood for high performance computing*; Stamatakis 2006). Das Programm fokussiert besonders auf sehr große Datensätze mit tausenden von Taxa und bedient sich dabei einer Reihe innovativer Algorithmen, die die Effizienz verschiedener Komponenten der Baumsuche erhöhen wie beispielsweise das *branch swapping* (Abschnitt 5.14), die Speicherung der Topologien, die Wiederverwendung bereits berechneter Komponenten der *Likelihood*-Funktionen, das schnelle Finden guter Startbäume, die Zweiglängenoptimierung und die Behandlung von Ratenheterogenität zwischen Alignmentpositionen.

Die schon bei *Maximum Parsimony* Wunder bewirkende ***Ratchet*** (Abschnitt 5.3.5) kann auch *Maximum Likelihood*-Analysen erheblich beschleunigen und wird dann als ***Likelihood Ratchet*** bezeichnet. Morrison hat 2007 eine Version vorgeschlagen, die im Zusammenspiel mit **PAUP** je nach Datensatz sogar schneller einen optimalen Baum finden kann als GARLI, obwohl PAUP selbst in keinster Weise für schnelle *Maximum Likelihood*-Suchen optimiert ist. Diese *Likelihood Ratchet* ist in **PRAP2** (Abschnitt 5.3.5, Abb. 5.17 auf Seite 168) implementiert.

7.6 Leseempfehlungen

Eine sehr genaue Herleitung des Markov-Prozesses für Nukleotid-Substitutionen (auf Englisch) findet sich im Kapitel von Strimmer & von Haeseler im Buch *„The Phylogenetic Handbook"* von Salemi & Vandamme (2003), dem auch noch mehr zum *Quartet puzzling* zu entnehmen ist. Mehr über *Maximum Likelihood* in der Phylogenetik und über Details wie den *pruning algorithm* verrät das Buch des „Erfinders" Felsenstein, *„Inferring Phylogenies"* (2004) . Weiterführende Überlegungen zur Optimierung von Baumsuchalgorithmen finden sich in einem Artikel von Whelan (2007), der sie auch in einem weiteren, zur Zeit auf Aminosäuredaten beschränkten Computerprogramm namens Leaphy zur Verfügung stellt.

8 Bayesianische Statistik

„Statistics are used much like a drunk uses a lamppost: for support, not illumination."
Vin Scully (New Yorker Sportjournalist)

Noch vor wenigen Jahren war Thomas Bayes (englischer Theologe und Mathematiker, *1702, †1761) nicht vielen Phylogenetikern ein Begriff. Heute gehört eine phylogenetische Analyse basierend auf Bayes' berühmtem Theorem fast schon zum Standardrepertoire, auch wenn über die vergleichsweise neue Methodik naturgemäß noch mehr debattiert wird, als über die Verfahren, die wir in den vorigen Kapiteln besprochen haben. Auch wer Reverend Bayes als Person nicht zuordnen kann, hat vielleicht schon vom gleichnamigen Computerprogramm MrBayes gehört, mit dessen Erscheinen der Siegeszug Bayesianischer Statistik in der Phylogenetik einsetzte. Grund für die Beliebtheit ist die im Vergleich zu *Maximum-Likelihood* (oft nur vermeintliche) Zügigkeit der Analysen, während gleichzeitig komplexe Modelle zur Sequenzevolution eingesetzt werden können.

Übersicht

8.1 Frisch ans Werk – die Verwendung von MrBayes

Wenn Sie sich mit Grundlagen der Wahrscheinlichkeitsrechnung aus Kap. 7 bereits vertraut gemacht haben, wissen Sie von dort vielleicht schon, dass sich Bayesianische Statistik statt mit der *Likelihood*, die in diesem Kapitel im Zentrum stand, mit den Posterioriwahrscheinlichkeiten (*Posterior Probabilities*) beschäftigt (Seite 204). Genug Vorkenntnisse, um sich direkt ins Vergnügen zu stürzen, und sofort einmal mit MrBayes eine Analyse zu versuchen, um dann gegebenenfalls im zweiten Teil dieses Kapitels noch einmal genauer auf die Theorie hinter allem zu schauen. MrBayes (Ronquist & Huelsenbeck 2003) ist unter `http://mrbayes.csit.fsu.edu` kostenlos beziehbar.

8.1.1 Daten einlesen und Standard-Befehle

MrBayes arbeitet mit einem *Command line interface*, d.h. es gibt keine Menüs oder Schaltflächen, sondern es werden kurze Textbefehle per Tastatur eingeben. Das ist aber auch nicht weiter schwierig und funktioniert genauso wie beispielsweise für die Windows-Version von PAUP*. Das leistungsfähige NEXUS-Dateiformat, das wir jetzt schon häufiger betrachtet haben, wird auch von MrBayes genutzt. Im Abschnitt 4.4.4 auf Seite 136 hatten wir im Vorgriff sogar schon einen **MrBayes-Block** in die NEXUS-Datei geschrieben, der von allen anderen Programmen ignoriert wird und erst jetzt für MrBayes interessant wird. Der NEXUS-Kopf und -Datenblock sieht aus wie üblich. Allerdings wird nicht *jede* mögliche Variante diese Formats unterstützt – die Angabe `datatatype=nucleotide`, die MEGA beim Export für das Datenformat verwendet, muss beispielsweise zu `datatype=dna` geändert werden (Abb. 4.6 auf Seite 127). Manchmal hilft nur etwas Experimentieren, aber genau wie PAUP* gibt auch MrBayes eine klare Rückmeldung, was nicht interpretiert wird. Folgende Schreibweise funktioniert aber auf jeden Fall, gezeigt am Beispiel des *nad*5-Datensatzes aus Kapitel 4:

```
#NEXUS

Begin data;
        Dimensions ntax=36 nchar=1854;
        Format datatype=dna gap=-;
        Matrix
Caenolestes_fuliginosus    ATTAACTTACTCTTTACCTCATCAATAATTCTATCTATTTCTAT...
  .                          .                         .            .
  .                          .                         .            .
Zaglossus_bruijni          ATTAAACTGATATTTACCTCCACCCTTTTAATATCCCTAATTAT...
        ;
End;
```

Nehmen Sie wieder diese Beispieldaten oder vielleicht schon Ihre eigenen, um die folgenden Schritte nachzuvollziehen. Genau wie PAUP* und andere Programme erlaubt auch MrBayes, Befehle in einem eigenen Programmblock direkt einzulesen, um sie nicht hintereinander von Hand eingeben zu müssen. In so einem **MrBayes-Block** werden ebenfalls wie bei PAUP* mit **`Lset`** die **Parameter des zu verwendenden DNA-Substitutionsmodells** festgelegt. Hier kann z.B. die beste Variante, die mit Modeltest gefunden wurde (s. Abschnitt 10.1.3 auf Seite 280), festgelegt werden. Allerdings kann der PAUP*-Block der Modeltest-Ausgabe nicht direkt übernommen werden. Eine Alternative ist stattdessen die Verwendung von MrModeltest, eine Abwandlung von Modeltest, geschrieben von Johan Nylander (`www.csit.fsu.edu/~nylander/`). Dieses Skript funktioniert prinzipiell wie sein großer Bruder, gibt aber das gewählte Modell gleich in einer für MrBayes geeigneten Schreibweise aus. Die Ausgabe von MrModeltest für unseren *nad*5-Beispieldatensatz enthält den folgenden MrBayes-Block:

```
[!MrBayes settings for best-fit model (GTR+I+G) selected by MrModeltest 2.2]

BEGIN MRBAYES;
 Prset statefreqpr=dirichlet(1,1,1,1);
 Lset  nst=6  rates=invgamma;
 mcmcp nchains=4 ngen=1000000 samplefreq=1000 savebrlens=yes printfreq=100;
END;
```

Die Zeile **`Lset nst=6 rates=invgamma;`** legt in der Sprache von MrBayes das **GTR+G+I-Modell** fest. Mit **`Prset`** werden die weiter unten besprochenen ***Priors*** festgelegt – in der Praxis werden Sie vielleicht selten an den *defaults* von MrBayes drehen (`statefreqpr=dirichlet(1,1,1,1)` ist so ein *default* und bräuchte von MrModeltest hier gar nicht angegeben zu werden). Wenn Sie aber z.B. die Detaileinstellungen zu Nukleotidfrequenzen, Substitutionsraten, Anteil invariabler Positionen und dem α-*Shape*-Parameter, die Modeltest für ein GTR+G+I-Modell ermittelt hat, verwenden wollen, müsste der PAUP*-Block der Modeltest-Ausgabe für MrBayes als *Priors* fixiert werden:

```
begin paup;
taxset Prototheria = Zaglossus_bruijni Tachyglossus_aculeatus
    Ornithorhynchus_anatinus;
outgroup Prototheria /only;
charset thirdpos=3-.\3;
exclude thirdpos;
lset  Base=(0.3113 0.2557 0.1311)  Nst=6
rmat=(3.0470 5.6256 2.2292 0.9896 8.4867)  Rates=gamma  Shape=1.0053  Pinvar
    =0.4303;
end;

begin mrbayes;
mcmcp nchains=4 ngen=1000000 samplefreq=1000 savebrlens=yes printfreq=100;
taxset Prototheria = Zaglossus_bruijni Tachyglossus_aculeatus
    Ornithorhynchus_anatinus;
charset thirdpos=3-.\3;
exclude thirdpos;
lset nst=6 rates=invgamma;
prset statefreqpr = fixed (0.3113,0.2557,0.1311,0.3019)
revmatpr = fixed (3.0470, 5.6256, 2.2292, 0.9896, 8.4867, 1.0000)
pinvarpr = fixed (0.4303)
shapepr = exponential (1.0053);
end;
```

Aus `Base`, `Rmat`, `Pinvar` und `Shape` bei PAUP* werden bei MrBayes hinter `prset` die *Priors* `statefreqpr`, `revmatpr`, `pinvarpr` und `shapepr`. Während die vierte Basenfrequenz (T) bei PAUP* unter `Base` nicht angegeben wird (weil sie sich mit den anderen zu '1' ergänzt), müssen Sie das hier in MrBayes unter `statefreqpr` ausdrücklich tun. Ebenso muss die relative Austauschrate von '1' für GT-Austausche in `Rmat` in `revmatpr` auch ausdrücklich aufgeführt sein. MrBayes verwendet ansonsten die gleiche NEXUS-Grammatik wie PAUP*, aber weil der PAUP*-Block beim Einlesen ignoriert wird, müssen Sie benötigte Angaben, z.B. zu Partitionen (`charset`), Taxongruppen (`taxset`) oder Außengruppen (`outgroup`), im MrBayes-Block wiederholen. Den MrBayes-Block fügt man direkt hinter den Datenblock in die **NEXUS-Datei** ein – und fertig ist sie für das Einlesen in MrBayes.

```
                          MrBayes v3.1.2

               (Bayesian Analysis of Phylogeny)

                               by

         Fredrik Ronquist and John P. Huelsenbeck

                School of Computational Science
                   Florida State University
                    ronquist@csit.fsu.edu

         Section of Ecology, Behavior and Evolution
                Division of Biological Sciences
             University of California, San Diego
                   johnh@biomail.ucsd.edu

      Distributed under the GNU General Public License

          Type "help" or "help <command>" for information
              on the commands that are available.


MrBayes > help charset

   ---------------------------------------------------------------------------
   Charset

   This command defines a character set. The format for the charset command
   is

      charset <name> = <character numbers>

   For example, "charset first_pos = 1-720\3" defines a character set
   called "first_pos" that includes every third site from 1 to 720.
   The character set name cannot have any spaces in it. The slash (\)
   is a nifty way of telling the program to assign every third (or
   second, or fifth, or whatever) character to the character set.
   This option is best used not from the command line, but rather as a
   line in the mrbayes block of a file. Note that you can use "." to
   stand in for the last character (e.g., charset 1-.\3).
   ---------------------------------------------------------------------------

MrBayes > _
```

Abbildung 8.1 Das *command line interface* von MrBayes, mit der Hilfe zum Befehl `charset`.

Jetzt startet man MrBayes. Der Anblick, der sich einem unter Windows bietet, ist in Abb. 8.1 wiedergegeben. Dort wird auch gleich Hilfe angeboten: Gibt man `help` ein, erscheint eine Liste möglicher Befehle; gibt man `help` und einen Befehlsnamen ein, erhält man Hilfe zu diesem Befehl (entsprechend also dem '?' in PAUP*). Das ganze sieht auf einem Mac oder unter Linux prinzipiell gleich aus. Haben wir den *nad*5-Datenblock mit dem MrBayes-Block zusammen in einer Datei namens `nad5-marsupials.nex` gespeichert und in demselben Ordner (*directory*) wie das Programm MrBayes platziert, brauchen wir jetzt nur `execute nad5-marsupials.nex` hinter die Eingabeaufforderung (`MrBayes>`) zu schreiben. Auch `exe nad5-marsupials.nex` funktioniert, denn MrBayes versteht, wie PAUP*, die kürzesten eindeutigen Befehls-Schreibweisen.

MrBayes liest die Daten ein und auch die Befehle, die wir im MrBayes-Block festgelegt hatten. Dabei gibt es die Eigenschaften der Daten und die Einstellungen aus, und wir sehen, welche Auswirkungen unsere `lset`- und `mcmcp`-Befehle hatten:

```
Reading data block
   Allocated matrix
   Matrix has 36 taxa and 1854 characters
   Data is Dna
   Gaps coded as -
```

```
   Setting default partition (does not divide up characters).
   Taxon  1 -> Caenolestes_fuliginosus
     .
     .
   Taxon 36 -> Zaglossus_bruijni
   Setting output file names to "n.nex.run<i>.<p/t>"
   Successfully read matrix
Exiting data block
Reading MrBayes block
   Setting Statefreqpr to Dirichlet(1.00,1.00,1.00,1.00)
   Successfully set prior model parameters
   Setting Nst to 6
   Setting Rates to Invgamma
   Successfully set likelihood model parameters
   Setting number of chains to 4
   Setting number of generations to 1000000
   Setting sample frequency to 1000
   Setting program to save branch length information
   Setting print frequency to 100
   Successfully set chain parameters
Exiting MrBayes block
```

8.1.2 Die MCMC-Analyse

Mit `mcmcp` haben wir Parameter für den MCMC-Algorithmus festgelegt, mit dessen Hilfe eine Markovkette (***Markov chain***) zur Annäherung der Verteilung von Posterioriwahrscheinlichkeiten generiert wird – gleich mehr dazu in Abschnitt 8.2.

Bei *Markov chains* spricht man von sogenannten **Generationen**. Mit `ngen=1000000` fordern wir eine Million Generationen an. Hier gilt: je mehr desto besser – aber natürlich sollte die Analyse auch nicht unendlich lange brauchen. Ferner haben wir mit `printfreq=100` verlangt, dass uns der Stand der Analyse in jeder hundertsten Generation auf dem Bildschirm ausgegeben wird. Mit `samplefreq=1000` wollen wir, dass die Bäume jeder tausendsten Generation gesammelt und in eine Datei geschrieben werden, und zwar samt Astlängen (`savebrlens=yes`). `nchains=4` schließlich stellt vier parallel laufende *Markov chains* ein.

Um zu verstehen, was die Angaben im Einzelnen bedeuten, werden wir gleich im Abschnitt 8.2 genauer auf alles zurückkommen – doch jetzt starten wir die Analyse erst einmal. Dazu schreiben wir `mcmc`. Das Programm beginnt die Analyse unter Verwendung der Parameter, die wir mit `mcmcp` in der *.nex-Datei eingestellt hatten. Wenn man es sich anders überlegt, kann man den betreffenden Parameter verändert hinter `mcmc` eingeben, z.B. `mcmc ngen=100000`, um die Markov-Kette nur 100.000 Generationen lang laufen zu lassen.

MrBayes gibt nach dem Start eine scheinbar endlos lange Kolonne von Zahlen aus, die uns unter anderem mit einer fortlaufend aktualisierten Hochrechnung darüber informiert, wie lang das Ganze schätzungsweise noch dauern wird (Spalte ganz rechts; Ausgabe im unteren Teil auch in der Horizontalen gekürzt). Für die *Markov chains* werden spaltenweise die *Likelihoods* der jeweiligen Generation angegeben. Eckige Klammern markieren die jeweilige, so genannte **„kalte" Kette (*cold chain*)**, runde Klammern die **„erhitzten" Ketten (*heated chains*)**. Der Baum der kalten Kette interessiert vor allem; die erhitzten Ketten dienen dazu, die Suche insgesamt effektiver zu gestalten, wie wir sehen werden. Ab Version 3.1 laufen in MrBayes als *Default* sogar **zwei parallele Läufe** mit der jeweils eingestellten Anzahl an Ketten (meist vier) nebeneinander (`run 2` rechts vom Stern; so kann man feststellen, ob die *Likelihoods* der kalten Ketten konvergieren):

```
Running Markov chain
...
The MCMC sampler will use the following moves:
   With prob.  Chain will change
      4.17 %   param. 1 (revmat) with Dirichlet proposal
      4.17 %   param. 2 (state frequencies) with Dirichlet proposal
      4.17 %   param. 3 (gamma shape) with multiplier
      4.17 %   param. 4 (prop. invar. sites) with sliding window
     62.50 %   param. 5 (topology and branch lengths) with extending TBR
     20.83 %   param. 5 (topology and branch lengths) with LOCAL
Creating parsimony (bitset) matrix for division 1
Initializing conditional likelihoods for terminals
Initializing invariable-site conditional likelihoods
Initializing conditional likelihoods for internal nodes
Initial log likelihoods for run 1:
   Chain 1 -- -32442.813301
   Chain 2 -- -32795.881915
   Chain 3 -- -32903.274805
   Chain 4 -- -32994.902987
Initial log likelihoods for run 2:
   Chain 1 -- -32975.654344
   Chain 2 -- -32458.031113
   Chain 3 -- -32898.932013
   Chain 4 -- -32886.475932

Chain results:

    1 -- [-32418.621] (-3276...(-32971.869) * (-32975.654) [-3...76)
  100 -- [-30252.724] (-3131...(-31294.241) * (-30403.081) [-2...20) -- 5:33:18
  200 -- [-28369.018] (-3048...(-29886.615) * (-29044.245) [-2...61) -- 6:56:35
  300 -- [-28091.318] (-2909...(-28957.868) * [-27543.254] (-2...18) -- 7:24:18
  400 -- [-27414.138] (-2834...(-28451.272) * [-27282.125] (-2...40) -- 6:56:30
  500 -- [-27069.263] (-2786...(-27846.294) * [-26704.686] (-2...24) -- 7:13:07
  600 -- [-26912.869] (-2768...(-27038.474) * [-26519.156] (-2...27) -- 7:24:10
  700 -- [-26420.048] (-2759...(-26805.240) * [-26233.718] (-2...00) -- 7:08:16
  800 -- [-26308.854] (-2678...(-26528.357) * [-26017.839] (-2...22) -- 7:17:09
...
```

8.1.3 Den Konsensusbaum erstellen

Ist die Analyse fertig, hat MrBayes mehrere Dateien angelegt: `nad5-marsupials.nex.run1.p`, `nad5-marsupials.nex.run1.t`, und entsprechende Dateien für `run2`. Hinter Dateien mit der Endung *.p verbirgt sich eine Liste von *Likelihoods* und Schätzungen für eine Reihe von Parametern für jede Generation. In der *.t-Datei sind die Stammbäume im Newick-Format (Abb. 2.4 auf Seite 60) gespeichert. Nun wollen wir natürlich nicht 1000 Bäume anschauen (in jeder 1000sten von 1.000.000 Generationen hatten wir einen speichern lassen), sondern nur **einen Konsensusbaum** sehen. Allerdings können wir nicht einfach *alle* Bäume zur Berechnung eines Konsensusbaumes heranziehen, sondern nur jene, die nach dem sogenannten ***Burn-in*** gespeichert wurden. Den *Burn-in* kann man sich als Anlaufstrecke der Ketten vorstellen, in der zunächst nur suboptimale Bäume mit schlechten *Likelihoods* gefunden werden. *Wann* es so richtig los geht, verraten einem nun die *Likelihood*-Werte in den *.p-Dateien. Die *Likelihoods* (erste Spalte) müssen sich stabi-

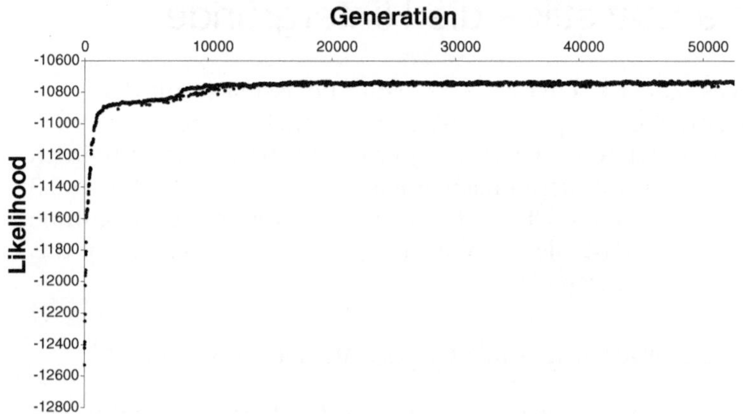

Abbildung 8.2 Plot der *Likelihoods* für die ersten 50000 Generationen.

lisiert haben, das heißt, nicht mehr kontinuierlich sinken, sondern um einen bestimmten Wert herum pendeln. Dies kann man durch einfaches Anschauen der Datei schon recht gut ausmachen, oft haben sich die *Likelihoods* bei hinreichend vielen Generationen schon innerhalb der ersten 10% stabilisiert. Eine gute Alternative ist, die *Likelihoods* graphisch auszugeben. MrBayes sieht dafür den Befehl `plot` vor, der Ihnen eine rudimentäre, semi-graphische Ausgabe auf dem Bildschirm liefert. Wer es genauer möchte, kann die Werte aus der `.p`-Datei auch in ein Programm wie Excel einlesen und ein schönes Diagramm erstellen lassen (Abb. 8.2). Eine Alternative ist neuerdings die Verwendung des Programmes Tracer (Abschnitt 9.4.2), das eigentlich zu BEAST gehört, aber auch MCMC-Ausgaben anderer Programme wie zum Beispiel MrBayes lesen und analysieren kann. Wichtig ist vor allem, dass man keine Generationen zur Berechnung des Konsensusbaumes einbezieht, die vor dem stabilen Bereich liegen. Nimmt man in unserem Beispiel 50.000 Generationen (entsprechend 50 gespeicherten Bäumen) als *Burn-in* an, ist man hier auf der sicheren Seite. Um einen Konsensusbaum zu berechnen, ist in MrBayes der Befehl `sumt` vorgesehen (*summarize trees*). Um die ersten 50 Bäume zu ignorieren, lautet der Befehl `sumt burnin=50`. MrBayes schreibt den Konsensusbaum im Newick-Format in eine Datei, die auf `.con` endet. Ihn dann anzuzeigen und wunschgemäß graphisch aufzuarbeiten, bleibt den Programmen zur Baumdarstellung überlassen (Abschnitt 3.5 auf Seite 109) – wir greifen unser Beispiel noch einmal im Abschnitt 10.3.5 auf Seite 302 auf. Der Konsensusbaum enthält, ähnlich wie *Bootstrap*- oder *Jackknife*-Bäume (Abschnitt 10.2 auf Seite 287), Zahlen an den Knoten. Sie stehen auch hier für die Häufigkeit, mit der eine bestimmte Klade unter den gesammelten Bäumen aufgetreten ist. In der Bayesianischen Analyse werden diese Werte meist als die Wahrscheinlichkeit gehandelt, dass die jeweilige Klade korrekt ist (wozu es allerdings unterschiedliche Ansichten gibt, s. Abschnitt 10.3.4 auf Seite 301). Gruppen mit `0.99` tauchen in 99% aller Bäume auf. Die mittleren Zweiglängen werden ebenfalls ausgegeben und können dann zusammen mit den Wahrscheinlichkeitswerten (den sogenannten *posterior probabilities*) angezeigt werden. Die `.t`-Datei mit den Einzelbäumen kann auch mit PAUP* gelesen werden – dort hat man dann noch etwas mehr Möglichkeiten als in MrBayes, Einfluss auf die Konstruktion des Konsensusbaumes zu nehmen.

8.2 Bayesianische Statistik – die Hintergründe

Bayesianische Statistik (Bayes-Statistik, Bayessche Statistik) befasst sich mit der sogenannten **Posterioriwahrscheinlichkeit** (A-posteriori-Wahrscheinlichkeit, *posterior probability, lat.* posterior = der hintere, letztere). Diese wird errechnet basierend auf einem anfänglichen Modell und neuen Erkenntnissen nach einem Experiment. Abbildung 8.3 auf Seite 236 gibt eine zusammenfassende Übersicht über Grundkonzept und zentrale Begriffe dieser Denkrichtung der inferentiellen (schließenden) Statistik. Schauen wir uns jedoch zunächst einmal ein einfaches Beispiel an.

8.2.1 Statistische Schlussfolgerung nach Bayes am Beispiel Würfel

Im Falle eines Würfels könnte das Ausgangsmodell basierend auf Hintergrundwissen etwa vorsehen, dass 20% aller Würfel einer Lieferung derartig gefälscht sind, dass sie in durchschnittlich neun von zehn Würfen eine sechs zeigen und nur in einem von zehn Würfen eine andere Zahl. Die anderen 80% seien normal und zeigten brav in durchschnittlich einem aus sechs Fällen eine sechs, aber nicht öfter. Unter Annahme dieses Modells ist die Wahrscheinlichkeit, dass irgendein zufällig ausgewählter Würfel gefälscht ist, natürlich 20% $(= 0,2)$, also

$$P(\text{gefälscht}) = 0,2 \qquad \text{und} \qquad P(\text{normal}) = 0,8. \tag{8.1}$$

Bayesianische Verfahren kommen nun ins Spiel, wenn man beispielsweise den blind ausgewählten Würfel 10 mal werfen dürfte, die Ergebnisse notierte, und *danach* einschätzen dürfte, wie hoch die Wahrscheinlichkeit ist, dass der Würfel gefälscht ist. Diese Wahrscheinlichkeit *nach* diesen Beobachtungen wird jetzt als Posterioriwahrscheinlichkeit bezeichnet.

Likelihoods am Beispiel Würfel

Nehmen wir an, man habe sieben mal eine sechs beobachtet (also z.B. die Folge 1662666646 oder 6662636665). Dieses Ergebnis, eine bestimmte Folge aus sieben Sechsen bei insgesamt 10 Würfen, wollen wir hier einmal als unsere Daten auffassen und D nennen. Die Wahrscheinlichkeit, sie mit einem *normalen* Würfel zu erhalten, beschreibt man platzsparend als

$$P(D|\text{normal}).$$

Lies: Die Wahrscheinlichkeit P, die Daten D zu erhalten – *gegeben, dass* ein normaler Würfel im Spiel ist. Für unser Beispiel heißt das

$$P(D|\text{normal}) = \underbrace{\left(\frac{1}{6}\right)^7}_{\text{7 mal eine 6}} \cdot \underbrace{\left(\frac{5}{6}\right)^3}_{\text{3 mal etwas anderes}} = \frac{5^3}{6^{10}} = 2,07 \cdot 10^{-6}. \tag{8.2}$$

Entsprechend ist die Wahrscheinlichkeit, dieses Ergebnis mit einem gefälschten Würfel zu erhalten

$$P(D|\text{gefälscht}) = \underbrace{\left(\frac{9}{10}\right)^7}_{\text{7 mal eine 6}} \cdot \underbrace{\left(\frac{1}{10}\right)^3}_{\text{3 mal etwas anderes}} = \frac{9^7}{10^{10}} = 4,78 \cdot 10^{-4}. \tag{8.3}$$

Wie zu erwarten, ist es also wahrscheinlicher, diese 6er-Flut mit einem der gefälschten Würfel zu erhalten, als mit einem normalen. Damit haben wir aber erst die *Likelihoods* und noch keinerlei Vorabinformationen einbezogen. *Maximum Likelihood* würde also in diesem Beispiel, nur auf Daten und Modell basierend, ein klares Votum für „gefälscht" abgeben (Abb. 8.4 auf Seite 238).

Posteriori- und Prioriwahrscheinlichkeiten

Die Posterioriwahrscheinlichkeit dafür, dass der Würfel *unter Berücksichtigung der gemachten Beobachtung* gefälscht ist, ist nun einfach zu berechnen mit Hilfe des folgenden Theorems, das Reverend Thomas Bayes unsterblich gemacht hat, und daher wenig überraschend als **Bayes' Theorem** bezeichnet wird. Man nehme an, H_a sei eine bestimmte Hypothese und D repräsentiere irgendwelche Daten, dann gilt:

$$P(H_a|D) = \frac{P(D|H_a)P(H_a)}{\sum_i P(D|H_i)P(H_i)}. \tag{8.4}$$

Der Nenner, $\sum_i P(D|H_i)P(H_i)$, ist dabei die Summe über alle Hypothesen H, von denen eine beliebige einzelne hier als H_i bezeichnet wird und die sich *gegenseitig ausschließen* müssen. In diesem Nenner addieren sich die *posterior probabilities* aller Hypothesen zu 1 (wie es für vernünftige Wahrscheinlichkeitsrechnung zu fordern ist).

In unserem Beispiel entspricht das:

$$P(\text{gefälscht}|D) = \frac{P(D|\text{gefälscht}) \cdot P(\text{gefälscht})}{P(D|\text{gefälscht}) \cdot P(\text{gefälscht}) + P(D|\text{normal}) \cdot P(\text{normal})}, \tag{8.5}$$

mit unseren Vorgabewerten also

$$P(\text{gefälscht}|D) = \frac{4,78 \cdot 10^{-4} \cdot 0,2}{4,78 \cdot 10^{-4} \cdot 0,2 + 2,07 \cdot 10^{-6} \cdot 0,9} = 0,98. \tag{8.6}$$

Wir stellen fest, dass die (Ausgangs-)Wahrscheinlichkeit, einen gefälschten Würfel erwischt zu haben, nach Einbeziehung der kleinen Versuchsreihe erheblich gestiegen ist (von 20% auf 98%) – wir können danach beinahe sicher sein, einen gefälschten Würfel vor uns zu haben (Abb. 8.4 auf Seite 238).

$P(H_a|D)$ ist also die Posterioriwahrscheinlichkeit. Doch wo es *posteriori* gibt, vermutet man zurecht auch *priori*. **Prioriwahrscheinlichkeiten** (A-priori-Wahrscheinlichkeiten, *prior probabilities*) sind die Wahrscheinlichkeiten der Hypothesen *vor* Betrachtung der Daten (*lat.* prior = der vordere, erstere). Man spricht hier auch im Jargon von ***priors***. In obiger Gleichung ist das einfach $P(H_a)$; in unserem Würfelbeispiel war es das „Ausgangsmodell" aus Gleichung 8.1, das die Wahrscheinlichkeit für einen gefälschten Würfel *vor* dem Experiment (P(gefälscht)) bei 0.2 gesehen hatte.

8.2.2 Bayesianische Statistik und Phylogenetik

Und wie kommen wir jetzt vom Würfel und den Allgemeinfällen zu den aktuellen Objekten unserer Begierde, zu Stammbäumen? Indem wir uns zunächst noch einmal als Kontrast vergegenwärtigen, was bei *Maximum Likelihood* geschieht: Da wird nach den

Abbildung 8.3 Grundbegriffe und Prinzip **Bayesianischer Statistik**. Ausgangspunkt ist die **gemeinsame Wahrscheinlichkeitsverteilung** (*joint probability distribution*) aus Parameter *H* und Daten *D*, *P(H,D)* – der oben dreidimensional und unten als Konturdiagramm angedeutet Berg. Diese gemeinsame Verteilung ist das Produkt aus **Prioriverteilung** (*prior distribution*, *P(H)*) und der ***Likelihood*-Verteilung** *P(D|H)*. Die *Likelihood* errechnet man unter Verwendung geeigneter statistischer Modelle wie in Abschnitt 7.2 beschrieben. Die Prioriverteilung spiegelt unsere Annahmen über die Verteilung des Parameters wider, beruhend auf Vorkenntnissen und Hintergrundwissen. Marginalisierung (kleine graue Pfeile), also die Summation bzw. Integration der gemeinsamen Verteilung über eine der Zufallsvariablen *D* oder *H*, führt zu **Randverteilungen** (*marginal distributions*). Würde man über alle denkbaren Werte für die Daten integrieren (vertikaler grauer Pfeil), führte das wieder zur Prioriverteilung (oben). Integriert man analog den Parameter *H* heraus (horizontaler grauer Pfeil) dann erhält man die Randverteilung der Daten (***marginal likelihood***). Die **bedingten Wahrscheinlichkeitsverteilungen** (*conditional distributions*) entsprechen Scheiben, die man aus der gemeinsamen Wahrscheinlichkeitsverteilung herausschneidet, z.B. an den mit weißen Linien gekennzeichneten Stellen, und skaliert. Jede bedingte Wahrscheinlichkeitsverteilung ergibt sich aus der gemeinsamen Wahrscheinlichkeitsverteilung und der passenden Randverteilung durch Division. So ist z.B. *P(D|H)=P(H,D)/P(H)* (vgl. Abschnitt 7.1.1 auf Seite 204): In diesem Fall schneidet man entlang der vertikalen weißen Linie (womit man einen bestimmten Parameterwert fixiert) und erhält nach Division durch *P(H)* die Verteilung der *Likelihoods*. Analog erhält man bei einem Schnitt entlang der horizontalen weißen Linie (die tatsächlich beobachteten Werte der Daten) per Division durch *P(D)* die **Posterioriverteilung** (*posterior distribution*, *P(H|D)*). Diese ist meist das eigentliche Ziel Bayesianischer Analysen, und die *marginal likelihood* ist es, die einem dabei oft Steine in den Weg legt: Über alle Werte, die *H* theoretisch annehmen könnte, zu integrieren, ist oft unmöglich, z.B. wenn *H* die Baumtopologie ist. Abbildung 8.4 auf Seite 238 illustriert die Begriffe noch einmal für das Würfelbeispiel aus dem Text. ►

Bäumen gesucht, die die gegebenen Daten (das Alignment) am wahrscheinlichsten erscheinen lassen. Die Bayesianische Analyse bewertet Bäume nach ihrer *posterior probability*. Dabei zielt sie aber anders als *Maximum Likelihood* nicht auf nur einen einzigen Baum ab, sondern will gleich die gesamte Posterioriverteilung berechnen, um über diese neben einem zusammenfassenden Wert für den gefragten Parameter (z.B. einen Konsensusbaum oder einen Mittelwert) auch gleich ein *credibility interval* abzuleiten, welches die Unsicherheit und Ungenauigkeit bei der Parameterschätzung widerspiegelt. Dieses gibt, wenn man vorab 5% als Signifikanzlevel wählt, den minimalen Parameterwertebereich an, der 95% der Fläche unter der Verteilungskurve ausmacht – in Analogie zu einem 95%-Konfidenzintervall z.B. bei *Maximum Likelihood* (Kap. 7). Nun ist es allerdings im Normalfall auch für die aktuell schnellsten Computer leider viel zu zeitaufwändig, die *posterior probabilities* bei Bäumen analytisch zu berechnen – das heißt strikt gemäß Formel 8.4 auf der vorherigen Seite – und damit die Posterioriverteilung exakt abzubilden. Der Nenner dieser Formel hat es nämlich in sich – schließlich muss über *alle denkbaren Hypothesen* (hier also über alle verschiedenen Bäume) summiert werden. Daher weicht man diesem Nenner mit einem geeigneten Algorithmus aus – dem MCMC-Algorithmus.

8.3 *Markov Chain Monte Carlo*

Mit ***Markov Chain Monte Carlo*** (**MCMC**) wird eine Klasse von Algorithmen bezeichnet, die zufällige Stichproben aus Wahrscheinlichkeitsverteilungen simulieren. Dies wird durch Konstruktion einer Markov-Kette erreicht, die die gewünschte Verteilung als ihre stationäre Verteilung aufweist.

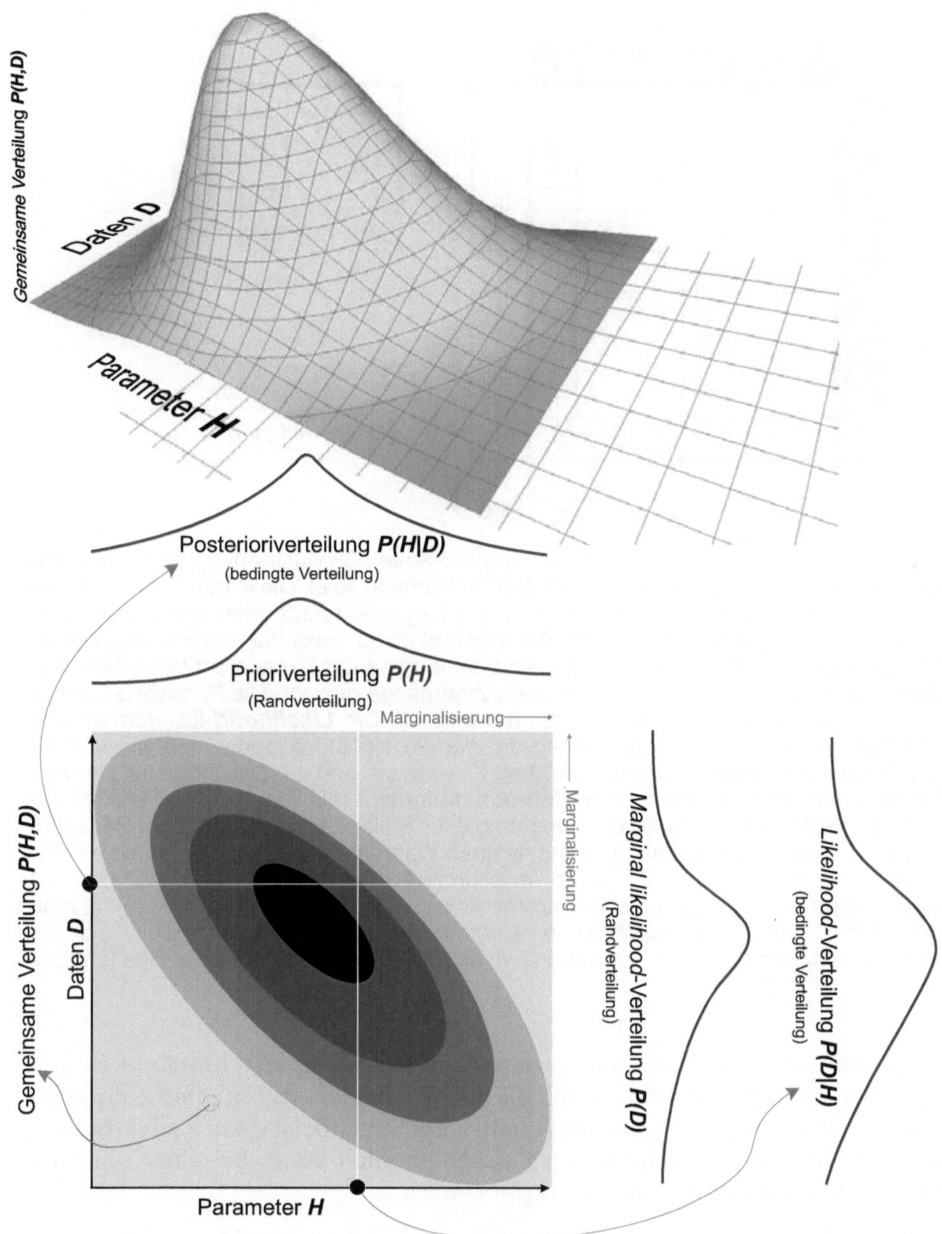

In Abschnitt 7.2.4 hatten wir bereits erwähnt, dass bei Markov-Ketten die Wahrscheinlichkeitsverteilung für die Zustände künftiger Kettenglieder nur vom Zustand des aktuellen, gegenwärtigen Kettengliedes abhängt und nicht von den Zuständen in der Vergangenheit – und dies gilt für jedes Kettenglied. Man spricht dabei von der Gedächtnislosigkeit von Markov-Ketten (Abschnitt 7.2.4). Sind bestimmte Bedingungen erfüllt, hat die Kette eine stationäre Verteilung: in diesem Fall folgen die auftretenden Zustände, wenn man die Kette lang genug laufen lässt, tendenziell *einer* Wahrscheinlichkeitsverteilung, und hängen nicht mehr von der Zahl durchlaufener Kettenglieder oder den Anfangsbe-

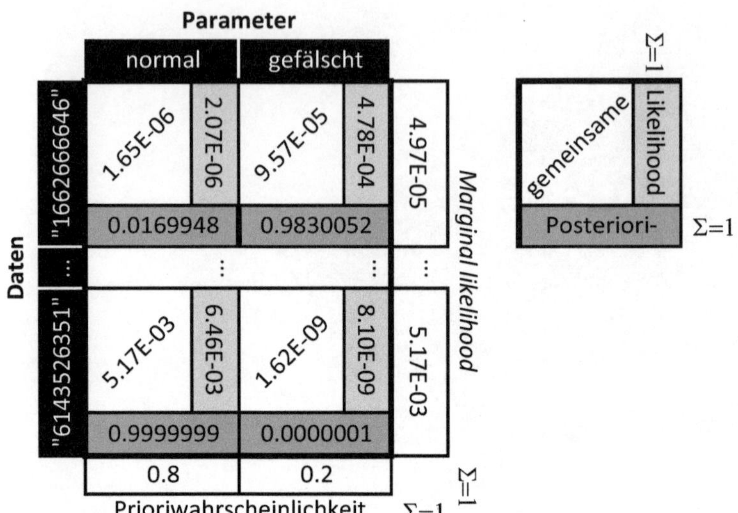

Abbildung 8.4 Tabellarische Übersicht der in Abb. 8.3 auf Seite 236 illustrierten Größen **Bayesianischer Statistik** für das in Abschnitt 8.2.1 eingeführte Würfelbeispiel. Die in den Tabellenzellen eingetragenen Wahrscheinlichkeitstypen sind wie in der Legende rechts oben dargestellt über Grauton und Textorientierung unterschieden. Im Beispiel gibt es nur zwei Parameterwerte, jedoch viele mögliche Datensätze. „1662666646" (oben) sind die in unserem Experiment tatsächlich beobachteten Daten, darunter ist eine weitere denkbare Ziffernfolge gezeigt. Die Prioriverteilung ist ganz unten – bestehend nur aus den zwei Werten 0.8 und 0.2. Die ***Likelihood*** für „normal" und „1662666646" (oben links) errechnet sich anhand der gemachten Modellannahmen wie in Gleichung 8.2. Das Produkt aus **Prioriwahrscheinlichkeit** für „normal" und der *Likelihood* für „normal" und „1662666646" liefert deren **gemeinsame Wahrscheinlichkeit** (als Wert einer zweidimensionalen gemeinsamen Wahrscheinlichkeitsverteilung an dieser Stelle analog Abb. 8.3 auf Seite 236 – hier $1,8605 \cdot 10^{-06}$). Durch Summation der gemeinsamen Wahrscheinlichkeiten über beide Parameterwerte hinweg liefert die *Marginal likelihood*-Verteilung (rechts außen) die Wahrscheinlichkeit dafür, die Daten zu beobachten, egal welcher Parameterwert zutrifft – hier $4,97 \cdot 10^{-05}$. Teilt man die gemeinsame Wahrscheinlichkeit durch diese *Marginal likelihood*, erhält man schließlich die **Posterioriwahrscheinlichkeit**. „$\sum = 1$" deutet an, wo sich die Werte in Zeilen oder Spalten zu 1 addieren.

dingungen ab. Bei MCMC wird nach einer großen Zahl von Schritten („Kettengliedern") eine Stichprobe aus der Kette genommen und als Stichprobe der erwünschten Zielverteilung aufgefasst. Im Zusammenhang mit Bayesianischer Statistik ist diese Zielverteilung die **Posterioriverteilung** der verschiedenen Parameter, allen voran bei einer üblichen phylogenetischen Analyse der Parameter „Topologie".

Wenn diese Stichprobe aus dem stationären Bereich der konstruierten Markov-Kette nur groß genug ist, kann man den Prozentsatz, mit dem eine bestimmte Klade bei den Bäumen auftritt, als die Wahrscheinlichkeit interpretieren, dass diese Klade korrekt ist, also im „richtigen" Baum vorkommt (vereinfacht gesagt).

Das „Monte Carlo" im Namen spielt auf den gleichnamigen Stadtteil im Fürstentum Monaco an, der für seine Spielbank (Casino) weltberühmt ist. Sowohl bei Glücksspielen in Casinos als auch bei MCMC spielt das Zufallselement eine zentrale Rolle. So wie auch in Monte Carlo das Haus zwar auf lange Sicht der sichere Gewinner ist, an einem einzigen Abend aber schon mal an die Wand gespielt werden kann, sinkt die Möglichkeit falscher Rückschlüsse bei der MCMC-Methode mit zunehmender Generationenzahl – die Masse macht's.

Der Algorithmus geht in MrBayes dabei im Prinzip so vor: ausgehend von einem Startbaum wird wiederholt und nach bestimmten Regeln ein neuer Baum vorgeschlagen, und dann wird mit Hilfe weiterer Regeln entschieden, ob der neue Baum akzeptiert wird und damit das nächste Kettenglied bildet.

8.3.1 MCMC zur Phylogenierekonstruktion

MrBayes verwendet eine MCMC-Variante, die Metropolis-Hastings-Green-Algorithmus genannt wird. Für Phylogenierekonstruktion funktioniert sie im Prinzip wie folgt: Ein Baum (vom Nutzer dem Programm vorgegeben oder ein Zufallsbaum) mit bestimmter Topologie und bestimmten Zweiglängen (nennen wir ihn T_i) und bestimmte DNA-Substitutionsparameter bilden den **Ausgangszustand der Kette**. Die Baumtopologie und die anderen Parameter werden nun zufällig geändert, und damit wird ein neuer Baum T_j vorgeschlagen. Die Frage ist nun: Akzeptieren wir den neuen Baum, oder belassen wir es lieber beim alten? Dazu wird der Quotient A der *posterior probabilities* beider Bäume berechnet:

$$A = \frac{P(T_j|D)}{P(T_i|D)} = \frac{\frac{P(D|T_j)P(T_j)}{P(D)}}{\frac{P(D|T_i)P(T_i)}{P(D)}} = \frac{P(D|T_j)P(T_j)}{P(D|T_i)P(T_i)}. \tag{8.7}$$

Wenn $A \geq 1$, dann wird der neu vorgeschlagene Baum T_j akzeptiert. Ansonsten ($A < 1$) wird eine Zufallszahl generiert (zwischen 0 und 1). Ist sie kleiner als A, dann wird der neu vorgeschlagene Baum T_j akzeptiert, sonst bleibt der alte. Mit anderen Worten wird der vorgeschlagene Baum mit der Wahrscheinlichkeit $R = \min(1, A)$ akzeptiert, also dem kleineren der beiden Werte 1 und A. Danach geht das Ganze in die nächste Runde und könnte immer so weiter gehen, hätte der Benutzer nicht eine Anzahl von Generationen angegeben, bei der der Algorithmus dann stoppt. Nach einer Weile (nach dem *burn-in*) sollte sich die Kette im Gleichgewicht befinden; alle Bäume, die ab dann gespeichert werden, stellen die Stichprobe aus der *posterior distribution* dar. Der Witz ist hier, dass sich bei der Berechnung von A in Gleichung 8.7 der quasi unberechenbare Nenner $P(D)$ wegkürzt, weshalb erst die Verwendung von Markovschen Ketten den Bayesianischen Ansatz in der Phylogenierekonstruktion heimisch werden ließ.

Verkompliziert allerdings wird die Sache wiederum dadurch, dass der Baum T ja nicht nur durch eine bestimmte Topologie t sondern auch durch eine bestimmten Kombination aus Astlängen l definiert ist, hinzu kommen die DNA-Substitutionsparameter s, der *shape parameter* α der Γ-Verteilung (und eventuell noch weitere Parameter; also $T = \{t, l, s, \alpha, \ldots\}$). Die Wahrscheinlichkeit, mit der während der wachsenden Markov-Kette für irgendeinen dieser Parameter eine Änderung hin zum neuen Zustand j vorgeschlagen wird, muss natürlich auch noch berücksichtigt werden. Nennen wir sie mal $P(S_j|S_i)$, während die Wahrscheinlichkeit für einen Schritt in die umgekehrte Richtung $P(S_i|S_j)$ sei. Dann nähern wir uns dem, was MrBayes wirklich während einer Generation einer MCMCMC-Kette zu berechnen hat:

$$R = \min\Big(1,\ \underbrace{\frac{P(D|T_j)}{P(D|T_i)}}_{Likelihoods} \cdot \underbrace{\frac{P(T_j)}{P(T_i)}}_{\text{priors}} \cdot \underbrace{\frac{P(S_i|S_j)}{P(S_j|S_i)}}_{\text{Änderungsvorschläge}}\Big). \tag{8.8}$$

Oft kommen so genannte ***uninformative priors*** zum Einsatz, etwa wenn allen möglichen Topologien eine gleiche *prior probability* zugewiesen wird. Dann ist $P(T_j)/P(T_i) = 1$ und damit ignorierbar. Der eigentlich zeitaufwändige Knackpunkt liegt also in der Berechnung der *Likelihoods*. Wer Kapitel 7 ganz gelesen hat, wird sich noch vielleicht noch erinnern, wie man diese findet – hier sei noch einmal das Wesentlichste bündig wiederholt:

Die gesuchte *Likelihood* ist die Wahrscheinlichkeit der Daten D, gegeben einen Baum T – die jetzt schon bekannte $P(D|T)$. Fangen wir mit den Daten an. Diese sind natürlich unser Alignment, unsere Matrix aus untereinander geschriebenen DNA-Sequenzen, bei der wir wieder mit D_i die Daten an Position i bezeichnen (Abb. 7.2 auf Seite 207). Die Wahrscheinlichkeit von D_i berechnet man nun unter Annahme

1) eines Baumes (einer Topologie t) mit bestimmten Zweiglängen (l)
2) eines Substitutions-Modells.

Zur Erinnerung: Ein DNA-Substitutionsmodell beschreibt man am einfachsten durch eine Ratenmatrix

$$\boldsymbol{Q} = \begin{pmatrix} -(\pi_C a + \pi_G b + \pi_T c) & \pi_C a & \pi_G b & \pi_T c \\ \pi_A a & -(\pi_A a + \pi_G d + \pi_T e) & \pi_G d & \pi_T e \\ \pi_A b & \pi_C d & -(\pi_A b + \pi_C d + \pi_T f) & \pi_T f \\ \pi_A c & \pi_C e & \pi_G f & -(\pi_A c + \pi_C e + \pi_G f) \end{pmatrix}$$

mit relative Raten a bis f und relativen Häufigkeiten der Nukleotide π_i. Die anderen häufig verwendeten Substitutionsmodelle (Tab. 6.1 auf Seite 182) sind nur Spezialfälle des allgemeinen *General Time Reversible*-Modells. Auch im GTR-Modell wird allerdings aus praktischen Gründen Reversibilität angenommen (also zum Beispiel $r_{\mathrm{C}\to\mathrm{A}} = r_{\mathrm{A}\to\mathrm{C}}$). Die *Likelihood*, die Daten an Alignment-Position i vorzufinden, ist die Summe über alle theoretisch möglichen Zuordnungen von Nukleotiden zu internen Knoten des Baumes T, wie ab Seite 207 erläutert. Wenn man noch positionsspezifische Ratenunterschiede annimmt, die einer Γ-Verteilung folgen (Abb. 6.8 auf Seite 184), muss man einen weiteren Parameter ins Spiel bringen, nämlich α, den so genannten *shape*-Parameter der Γ-Verteilung. Wir tun an dieser Stelle einfach mal so, als könnten wir diese *Likelihood* der Daten für jede beliebige Alignment-Position i mühelos berechnen, wenn wir einen Baum mit Topologie t und Zweiglängen l, sowie eine Substitutions-Wahrscheinlichkeits-Matrix s und ein bestimmtes α vorraussetzen – wir hätten jetzt also $P(d_i|t, l, S, \alpha)$. Die gesuchte *Likelihood* des Baumes ist dann endlich:

$$P(D|T) = P(D|t, l, s, \alpha) = \prod_i P(D_i|t, l, s, \alpha). \tag{8.9}$$

$\prod_i$ ist dabei das Produkt über alle i, d.h. die *Likelihoods* der einzelnen Alignment-Positionen werden miteinander multipliziert.

```
Continue with chain? (yes/no):
      Chain completed in 8028 seconds
      Chain used 8560.24 seconds of CPU time
      Likelihood of best state for "cold" chain was -10720.12
      Acceptance rates for the moves in the "cold" chain:
         With prob.  Chain accepted changes to
           48.42 %   param. 1 (revmat) with multiplier
            5.22 %   param. 2 (state frequencies) with Dirichlet proposal
           10.29 %   param. 3 (gamma shape) with multiplier
           18.84 %   param. 4 (topology and branch lengths) with LOCAL
           25.62 %   param. 4 (topology and branch lengths) with extending TBR
           45.38 %   param. 5 (branch lengths) with multiplier
           27.42 %   param. 5 (branch lengths) with nodeslider

      State exchange information:

                   1       2       3       4
           ----------------------------------
         1 |              0.52    0.24    0.10
         2 |  166270              0.59    0.30
         3 |  166677  166454              0.62
         4 |  167294  166766  166539

      Upper diagonal: Proportion of successful exchanges
      Lower diagonal: Number of attempted exchanges

      Chain information:

        ID -- Heat
       -----------
         1 -- 1.00  (cold chain)
         2 -- 0.83
         3 -- 0.71
         4 -- 0.63

      Heat = 1 / (1 + T * (ID - 1))
         (where T = 0.20 is the temperature and ID is the chain number)
   Exiting MrBayes block
```

Abbildung 8.5 Zusammenfassung der MCMCMC-Analyse durch MrBayes unter Angabe der verwendeten Temperatur und der Erhitzung der einzelnen Ketten.

8.3.2 MCMCMC = MC^3

MrBayes nutzt einen Spezialfall von MCMC: *„**Metropolis-coupled Markov Chain Monte Carlo**"* oder kurz **MCMCMC**. Wem selbst diese Abkürzung noch zu lang ist, der darf auch MC^3 schreiben. Dabei laufen verschiedene voneinander unabhängige Ketten nebeneinander, die von Zeit zu Zeit Information austauschen. Wozu? Vergegenwärtigen wir uns noch einmal übliche **heuristische Suchen**, z.B. unter *Maximum Likelihood* oder *Maximum Parsimony*. Dort wird eine Art Landschaft aus Hügeln und Tälern abgetastet (Abb. 5.15 auf Seite 164). Hügel sind Bereiche mit Bäumen hoher Wahrscheinlichkeit, Täler Bereiche mit Bäumen niedriger Wahrscheinlichkeit. Der Algorithmus kann nun auf solchen mittelhohen Hügeln hängen bleiben, während es weit höhere Hügel in der Nachbarschaft gibt. Dort kommt *Maximum Likelihood* aber nicht hin, weil dazu scheinbar in die Irre leitende Unwahrscheinlichkeits-Abgründe überquert werden müssten. Der Informationsaustausch bei MC^3 ermöglicht nun, solche Täler einfach zu überspringen. Wenn eine Suche im suboptimalen Mittelgebirge schwelgt und sich dort niederzulassen droht, dürfte sie eine ab und zu eintreffende Höhenangabe einer anderen Suche aus dem Himalaya aufrütteln. Manche der **Ketten** bei MC^3 werden als ***heated*** **(erhitzt)** bezeichnet, und das will sagen, dass die *posterior probabilities* ihrer Bäume erhöht werden. Wie *genau* sie erhöht werden, hängt von der Temperatur ab, die in MrBayes standardmäßig auf `0.2` gesetzt wird, aber vom Benutzer geändert werden kann. Es hängt auch von dem Index der Kette ab (die dritte Kette etwa erfährt eine andere Änderung der *posterior probability* als die zweite). MrBayes verrät einem freundlicherweise am Ende einer Analyse, welche Temperatur eigentlich verwendet wurde und wie stark welche Kette „erhitzt" wurde (Abb. 8.5 auf der vorherigen Seite).

8.3.3 Zurück zu MrBayes

Mit diesem Hintergrundwissen wird hoffentlich transparenter, was wir in Abschnitt 8.1.1 ab Seite 229 MrBayes in Form von Kommandos aufgetragen hatten, und auch die Kontrollausgabe von MrBayes vor der eigentlichen Analyse (ab Seite 230) macht mehr Sinn: Als Substitutionsmodell hatten wir das *General Time Reversible model* mit *site*-spezifischen Raten angefordert, daher die Auskunft `Setting Nst to 6` und `Setting Rates to Invgamma`. Danach gab MrBayes Eigenschaften unserer MCMCMC Analyse aus: Länge, Anzahl paralleler Ketten u.s.w. Dann wurden die gewählten *priors* angegeben. Wir hatten für die Beispielanalyse einfach Standard-*priors* übernommen, hätten aber andere *priors* für Nukleotidhäufigkeiten, Austauschraten, die Anzahl invariabler Positionen etc. wählen können, wie auf Seite 229 gezeigt. Nach einer kurzen Beschreibung der gelesenen Daten erfolgte auf Seite 232 eine Auflistung der möglichen Änderungen, die in jedem Schritt der Kette vorgeschlagen werden sollen, und mit welcher Wahrscheinlichkeit welche davon tatsächlich vorgeschlagen werden soll. Dann ging es los mit der eigentlichen MCMCMC-Analyse.

Nach vollendeter Analyse gibt MrBayes noch einmal rückblickend Informationen über die Vorgänge in den Ketten aus (Abb. 8.5 auf der vorherigen Seite). Mit `sumt` (Abschnitt 8.1.3 auf Seite 232) ist man dann schließlich am Ziel. Oder vielleicht nur fast. Denn die große Frage ist nun: war die Kette lang genug? Je länger, desto genauer wird die Posterioriverteilung angenähert – soviel ist schon mal klar; aber wo bei begrenzter verfügbarer Zeit für die Analysen das Optimum liegt, ist eine Wissenschaft für sich und praktisch bei jedem Datensatz anders. Für den pragmatisch orientierten Benutzer scheint jedoch am wichtigsten, auf die folgenden zwei Dinge zu achten: (1) Sind die Ketten am Ende und über eine große Zahl von Generationen hinweg tatsächlich stationär (Abb. 8.2)? (2) Konvergieren die Ketten der verschiedenen unabhängigen Läufe (`nruns`), finden sich also mit allen Einzelläufen identische Topologien zumindest ohne signifikant unterschiedliche *clade probabilities*? Muss man eine der Fragen verneinen, sollte man die Ketten länger laufen lassen. Die Ergebnisse verschiedener hintereinander erfolgter oder paralleler Läufe kann man später, jeweils von dem *Burn-in*-Bereich bereinigt, zusammenführen.

MrBayes hilft einem bei der Abschätzung der Konvergenz auch durch Angabe eines so genannten *Potential scale reduction factor* (**PSRF**), der für alle Parameter möglichst nahe 1.0 liegen sollte. Man erhält ihn wenn man in MrBayes den Befehl `sump` wählt, der einem für alle Parameter neben dem PSRF auch Mittelwert, Median, und 95%-*credibility intervals* ausgibt.

8.4 Leseempfehlungen

Der Bayesianische Ansatz wird ausführlich in Felsensteins Buch „Inferring Phylogenies" (2004) erklärt. Literatur zu pro und contra des zugrundeliegenden statistischen Konzepts und des speziellen Ansatzes von MrBayes wird in Kapitel 10 aufgeführt. Mathematische Einzelheiten verrät das Buch von Yang (2006) *„Computational Molecular Evolution"*. Eine Übersicht geben auch Huelsenbeck et al. (2001), und einzelne interessante Aspekte beleuchten Huelsenbeck et al. (2004), Lartillot & Philippe (2004), Yang & Rannala (2005) sowie Mossel & Vigoda (2005).

9 Raten und Zeiten

„The essence of life is statistical improbability on a colossal scale."
Richard Dawkins in *„The Blind Watchmaker"* (1986)

Fossilien erlauben einen direkten Blick in die Vergangenheit der Evolutionsgeschichte und ermöglichen die zeitliche Einordnung vieler evolutionärer Ereignisse. Allerdings dokumentieren sie die Zeitpunkte der Verzweigungen im Baum des Lebens nur sehr lückenhaft. Mit molekularen Datensätzen und dem Konzept molekularer Uhren versucht man schon seit vielen Jahren, auch solche Verzweigungen in Stammbäumen zu datieren, für die uns verlässliche Fossilbelege im *fossil record* (noch) fehlen. Erst in den letzten Jahren haben die dazu eingesetzten Methoden einen gewissen Reifegrad erreicht, der ihnen zu der inzwischen recht weiten Verbreitung verholfen hat. Dieses Kapitel liefert einen Überblick über die verschiedenen Ansätze und gibt konkrete Hinweise für den Umgang mit zwei zentralen Programmen zur molekularen Datierung: r8s und BEAST.

Übersicht

9.1 Die molekulare Uhr

Fossilien entstehen dort, wo Lebewesen Strukturen ausgebildet haben, die durch ihre **Biochemie und Morphologie** Fußabdrücke in der Fossilgeschichte hinterlassen können. Skelette und verholzte Strukturen sind wunderbar, aber etwa für Mikrobiologen oder Bryologen eben nicht hilfreich. In Abwesenheit fossiler Dokumente erscheinen bestimmte erdgeschichtliche Ereignisse noch rätselhaft (und geben so den nimmermüden Kreationisten immer wieder eine vermeintlich scharfe Munition im Kampf gegen Aufklärung und wissenschaftliche Erkenntnis). Wo kommen die Angiospermen her? Sind die Gymnospermen eine Abstammungsgemeinschaft, ein Monophylum? Aus welchen Bryophyta gingen die **Gefäßpflanzen (Tracheophyten)** hervor, wenn überhaupt? Gab es wirklich einen ***„Big Bang"*** der Evolution zu Beginn des **Kambriums** vor 543 Millionen Jahren, mit dem die Grundlage für die Baupläne aller Tiere gelegt wurde? Sind die plötzlichen **Massenaussterben** wie an der Grenze Kreide/Trias (KT- oder CT-*border*) real oder täuschen die Fossilfunde? Dies sind alles Fragen, die noch auf endgültige Antworten warten und vermutlich werden auch hier Moleküle eine große Rolle spielen. Denn auch solche Verzweigungen im Baum, für die es weder Fossilien noch geologische Ereignisse gibt, die eine unmittelbare zeitlich Einordnung erlauben, versucht man mittels molekularer Datensätze zu datieren. Notwendig hierfür ist das Konzept der **molekularen Uhren**.

Der Begriff der **molekularen Uhr** (*Molecular Clock*) wird parallel, und manchmal missverständlich, für ganz unterschiedliche Phänomene in der Biologie gebraucht. Gelegentlich taucht der Begriff zur Beschreibung von Biorhythmen, vor allem der circadianen Rhythmik, aber auch in der Entwicklungsbiologie, z.B. für die molekularen Grundlagen von Alterungsprozessen (metabolische Raten), auf. Wir interessieren uns hier natürlich für die Definition im Sinne der molekularen Phylogenetik. Hier wurde die Hypothese einer molekularen Uhr von Zuckerkandl & Pauling (1965) zuerst aufgestellt. Sie postuliert, dass die **Substitutionsrate** für eine gegebene DNA-Region oder ein Protein in allen betrachteten Abstammungslinien (etwa innerhalb einer Klade oder eines ganzen Baumes) identisch und damit **konstant** ist. Der Grad der Divergenz zwischen je zwei Sequenzen ist unter dieser Annahme proportional zu der Zeit, die seit der Trennung beider Sequenzen verstrichen ist – ein phylogenetischer Baum, der die Änderungen entlang der Zweige abbildet, wird in diesem Fall zum ultrametrischen Baum (Abb. 2.4 auf Seite 60). Nach Eichung anhand von Fossilfunden oder anderen erdgeschichtlichen Eckdaten (**Kalibrierung**) kann dann für einen beliebigen Knoten sein historisches Alter berechnet werden – es entsteht ein **Chronogramm**, dessen Zweiglängen die verstrichene Zeit angeben. Das Alter von Kladen kann dort dann direkt abgelesen werden. Auch wenn man aufgrund anderer Studien bereits die **absolute Substitutionsrate** des untersuchten Gens oder Genomabschnitts in der untersuchten Organismengruppe kennt (also Angaben wie etwa „2,4 Substitutionen pro Alignmentposition pro 1 Mrd Jahre"), kann man damit dem Chronogramm auch ganz ohne fossile Kalibrierung eine Zeitachse verpassen.

Doch warum sollten Substitutionsraten überhaupt konstant sein? Einen Hinweis gibt die Theorie der **neutralen Evolution**, die von Mooto Kimura (1968, 1983) formuliert wurde. Nach diesem Konzept sind die meisten Substitutionen, die wir in molekularen Sequenzen beobachten können, neutral – also weder von Vorteil noch von Nachteil für den

Organismus und können daher auch weder positiv noch negativ selektioniert werden. Diese Austausche sollten also als rein stochastischer Prozess mit einer gleichbleibenden durchschnittlichen Rate in den Genomen zu Veränderungen führen.

Inzwischen ist jedoch klar, dass es nur für wenige Loci und eher eng gefasste taxonomische Gruppen eine **konstante, strikte molekulare Uhr** (*strict molecular clock*) über weite erdgeschichtliche Zeiträume hinweg gibt. Warum? Für unterschiedliche Evolutionsraten in den Entwicklungslinien gibt es theoretisch die unterschiedlichsten Gründe: Zwischen den Taxa variierende Generationszeiten, Populationsgrößen, metabolische Umsatzraten, veränderte Genauigkeiten der DNA-Polymerasen und Korrekturmechanismen gehören zu den offensichtlichsten. Nur wissen wir in den meisten Fällen, bei denen besonders augenfällige Abweichungen von der molekularen Uhr vorliegen, nicht, welcher dieser Faktoren der entscheidende ist oder welche Kombination aus ihnen vorliegt. Im Ergebnis aber haben manche Linien daher höhere **Substitutionsraten** als andere – wir sprechen von *Lineage effects*.

9.1.1 *Relative rate tests:* Tickt der Baum richtig?

Ob sich Substitutionsraten zweier Linien signifikant unterscheiden, ist über eine Reihe so genannter ***Relative rate tests*** feststellbar. Im einfachsten Fall sieht solch ein Test aus wie in Abbildung 9.1 auf der nächsten Seite dargestellt: Unterschiede der (korrigierten) Distanzen der zwei verglichenen Taxa werden unter Verwendung eines dritten Taxons als Außengruppe ermittelt und auf ihre Signifikanz geprüft. Mit nur wenig Mehraufwand kann der Test auch statt nur zwei einzelner Taxa zwei ganze Gruppen von Taxa vergleichen, über die dann auf die eine oder andere Weise (gewichtet) gemittelt wird. Nach diesem Prinzip funktioniert z.B. das Programm **RRTree** von Robinson-Rechavi & Huchon (2000), das für die Distanzkorrektur allerdings maximal das K2P-Modell beherrscht. Auch **MEGA** bietet mit dem **Tajima-Nei-Test** einen *Relative rate test* an, der allerdings nicht-parametrisch ist, ganz ohne Korrektur auskommt und daher weniger sensitiv ist. Er wird in der MEGA-Hilfe ausführlich erläutert, und es lohnt sich vielleicht, einmal damit zu experimentieren. Die sensitivsten Tests sind ***Likelihood-Ratio***-Tests (Abschnitt 10.1 auf Seite 278), bei denen die Nullhypothese im Unterschied zur alternativen Hypothese keine molekulare Uhr annimmt. Solche Tests beherrscht beispielsweise das schon erwähnte **HYPHY** (Abschnitt 6.2.4 auf Seite 191). Nutzt man wie im letztgenannten Fall keine paarweisen Distanzen, sondern die Likelihood des Baumes, kann der Test besonders einfach auch auf den gesamten Baum unter Einschluss aller Taxa ausgeweitet werden und braucht nicht mehr nur auf jeweils zwei Schwestergruppen zu fokussieren. Dies geht nicht nur in HYPHY, sondern z.B. auch im Programm r8s (Sanderson 2003), das wir weiter unten im Detail besprechen.

Wenn solche Tests nur minimale, insignifikante Ratenunterschiede im Baum finden, kann man noch gut von einer (strikten) molekularen Uhr ausgehen und ohne großen Fehler datieren (allerdings sind Topologie und Kalibrierungspunkte davon ganz unabhängige Quellen für Fehler, weshalb dennoch große Vorsicht bei der Interpretation geboten ist). Wenn **Ratenunterschiede** aber **signifikant** werden, geht das nicht mehr. Entweder man verzichtet nun auf Datierungsversuche, oder aber man bedient sich überwiegend recht neuer Verfahren, die die Annahme einer strikten molekularen Uhr lockern – mehr oder weniger stark und auf verschiedene Weise.

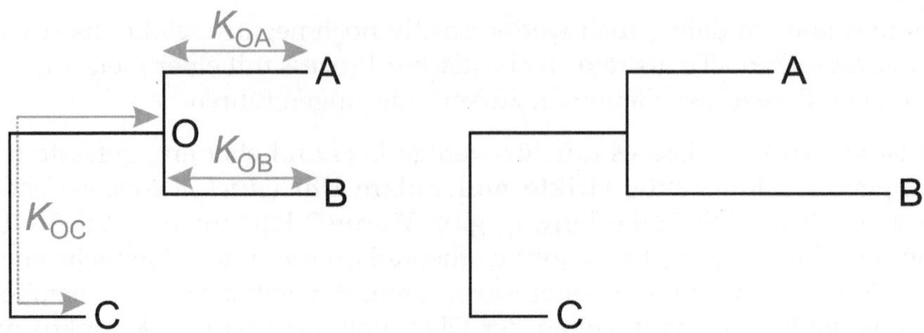

Abbildung 9.1 Prinzip des ***Relative rate tests***. A und B seien die zu vergleichenden Sequenzen, C die Außengruppe. Seit A und B aus dem gemeinsamen Vorfahren O hervorgegangen sind, ist notwendigerweise auf beiden Zweigen exakt die gleiche Zeit verstrichen, denn die Taxa A, B und C sind (in den allermeisten Fällen) kontemporär, also aus ein und demselben Zeitabschnitt – bei rezenten Taxa sozusagen dem Heute. Daher kann man Unterschiede der Distanzen zwischen O und A einerseits (K_{OA}) und O und B andererseits (K_{OB}) eindeutig auf Ratenunterschiede (und nicht auf die unterschiedliche verstrichene Zeit) zurückführen. K_{OA} kann nur indirekt aus den beobachtbaren Distanzen (K_{AC}, K_{BC}, K_{AB}) berechnet werden als $K_{AC} - ((K_{BC} + K_{AC} - K_{AB})/2)$ – dies gilt analog auch für K_{OB}. Wenn $K_{OA} - K_{OB}$ **signifikant** von Null abweicht (im Baum **rechts** angedeutet), sind die Raten unterschiedlich. Je nach Testtyp kann über diese Signifikanz z.B. anhand analytisch ermittelter Standardfehler bei der Berechnung der Distanzen entschieden werden (wenn eine Distanzkorrektur per Modell vorgenommen wird) oder aber per *Bootstrap* (Abschnitt 10.2.1 auf Seite 287).

9.1.2 Typen molekularer Uhren

Ganz grob kann man unterscheiden zwischen **strikten molekularen Uhren**, bei denen es nur eine einzige Rate gibt, die global im ganzen Baum gilt, und solchen, die diese Annahme abschwächen, und daher unter der Überschrift ***relaxed molecular clocks*** („gelockerte molekulare Uhren") zusammengefasst werden. Ein erster Ansatz der Abschwächung ist, einfach mehrere **lokale Uhren** (*local clocks*) anzunehmen, die jeweils in bestimmten Teilen des Baumes gelten. Die Schwierigkeit besteht in der Frage, wie viele dieser Uhren wo auf dem Baum platziert werden. Dies kann im einfachsten Fall einfach von Hand im Vorfeld der Analyse erfolgen; beispielsweise könnte man aus biologischen Überlegungen heraus Evidenzen dafür haben, dass eine bestimmte Klade höhere Substitutionsraten aufweist als der Rest des Baums, oder hat Abweichungen von einer konstanten Uhr anhand von *Relative rate tests* (Abschnitt 9.1.1) gefunden. Die Höhe der Substitutionsrate der globalen strikten Uhr oder auch der einzelnen lokalen Uhr lässt man dabei in aller Regel vom jeweiligen Analyseprogramm schätzen, z.B. über *Maximum Likelihood*. In diesem Fall ist, wie schon erwähnt, mindestens ein Kalibrierungspunkt vonnöten (meist durch Fossilien gesetzt), der die Zahl von Substitutionen entlang der Zweige in Zeitspannen übersetzt – es sei denn man nutzt einen Schätzwert für die absolute Substitutionsrate im betrachteten Genomabschnitt und traut ihm, wozu bis heute nur in seltenen Fällen Anlass bestehen dürfte. Das Programm **r8s** beispielsweise beherrscht die Datierung mittels solcher lokaler Uhren.

Eine besondere Methode, lokale Uhren im Baum zu positionieren, bietet der Ansatz von Britton und Kollegen (2007), der im Programm **PATHd8** implementiert ist. Verwendet wird die *Mean Path Length*-Methode (Britton 2005), die die mittlere Pfadlänge **MPL** (also mittlere Zweiglänge) zwischen einem Knoten und allen seinen terminalen Nachfahrenknoten bestimmt. Hat man eine Altersangabe für den fraglichen Knoten, kann man die über diesen Teil des Baums gemittelte Substitutionsrate bestimmen, indem man MPL durch das Alter dividiert. So kann man dann wiederum die Knoten, deren Alter man zuvor nicht kannte, datieren. Die abgewandelte Form dieser Methode, die in PATHd8 zum Einsatz kommt, mittelt nun über Regionen im Baum, die voneinander durch Knoten mit fixiertem Alter getrennt sind. Das Verfahren ist vergleichsweise einfach, dementsprechend auch nicht sonderlich genau – dafür können aber Bäume mit vielen Taxa und vielen Kalibrationspunkten zügig berechnet werden. Das Programm ist gratis beziehbar von `http://www2.math.su.se/PATHd8/`.

Eine spezielle konzeptionelle Gruppe von „gelockerten" molekularen Uhren geht ebenfalls davon aus, dass in verschiedenen Teilen des Baumes verschiedene Raten gelten, letztlich also wieder mehrere Uhren lokal verschieden schnell ticken. Sie setzt jedoch nicht voraus, dass man sich vorher selber überlegt, wie viele verschiedene Uhren man an welcher Stelle im Baum anordnen sollte – in der Tat dürften dafür auch in den allermeisten Fällen notwendige Vorinformationen fehlen, und prinzipiell darf hierbei auch jeder Zweig nach seiner eigenen unabhängigen Uhr ticken. Das Verfahren nimmt an, dass Substitutionsraten ebenfalls evolvieren und aus den Raten der Vorfahren hervorgehen. Gemäß dem Motto „der Apfel fällt nicht weit vom Stamm" liegt hier die Vorstellung zugrunde, dass Evolutionslinien wohl eher dann hohe Raten aufweisen, wenn ihr Vorfahre ebenfalls schnell evolvierte, aber eher langsam evolvieren, wenn der Vorfahre niedrige Substitutionsraten hatte. Anders ausgedrückt sind nach dieser Vorstellung die **Raten autokorreliert** – hohe Raten bedingen tendenziell ebenfalls hohe Raten bei den Nachfahren, niedrige führen in aller Regel zu niedrigen. In der Praxis wird das mit verschiedenen Ansätzen erreicht, die alle darin übereinstimmen, dass letztendlich große Raten-„Sprünge" von niedrig zu hoch oder umgekehrt als unwahrscheinlich erachtet werden und die Variation der Raten über den Baum hinweg dadurch minimiert bzw. geglättet wird (**Ratenglättung**, *Rate smoothing*). Pionier war hier Michael Sanderson mit einem nicht-parametrischen Ansatz – **NPRS** (*Nonparametric rate smoothing*, Sanderson 1997), den er später verfeinert hat zu einem semiparametrischen Verfahren, das eine ***Penalized Likelihood*** maximiert (**PL**, Sanderson 2002). Das ist die Wahrscheinlichkeit der Daten D angesichts eines bestimmten Sets von Zweiglängen als Produkten aus Raten r und Zeiten t, abzüglich einer gemäß einer „Straffunktion" (*penalty function*) von r abhängigen Größe $S(r)$, die zuvor mit einer Glättungskonstanten G multipliziert wird: $p(D|r \times t) - GS(r)$. Diese Glättungskonstante wird mittels ***Cross-validation*** (Vergleichsprüfung) bestimmt. PL ist zur Zeit das vermutlich noch am häufigsten eingesetzte Datierungsverfahren. Auch dieses Verfahren ist im Programm r8s implementiert.

Eine Motivation für die beschriebenen *Rate smoothing*-Verfahren war sicher, dass es bei dem ursprünglichen Ansatz lokaler Uhren problematisch ist, die Bestimmung der Anzahl und Position der lokalen Uhren einfach auf den Benutzer abzuwälzen. Auf der anderen Seite der Medaille hat man sich so jedoch die sicher nicht immer gerechtfertigte Annahme autokorrelierter Raten eingehandelt. Ein noch junger, vielversprechender, *Likelihood*-basierter Ansatz der Datierung mittels lokaler molekularer Uhren geht auf Yang (2004) zurück: ***Hybrid local clocks***. Dabei werden die zunächst mittels parametrischer Ratenglättung abgeschätzten Raten für jeden Zweig über ein *Clustering*-Verfahren gruppiert und dadurch lokale Uhren geschaffen, die dann wiederum die Basis für die abschließende Knotendatierung sind. Yang taufte den Algorithmus **AHRS** (*Ad Hoc Rate Smoothing*); eine Implementierung findet sich in seinem Programmpaket PAML (Yang 1997, Abschnitt 3.4.3 auf Seite 105). Die Positionierung der lokalen Uhren auf dem Baum wird hierbei vom Programm übernommen, nicht jedoch die Festlegung der Anzahl lokaler Uhren. Aris-Brosou (2007) hat den Ansatz weiter verbessert, und damit letzteres erreicht – unter anderem durch Verwendung eines noch jungen Algorithmus für hierarchisches *Clustering* (**HOPACH**, *Hierarchical Ordered Partitioning and Collapsing Hybrid*; van der Laan et al. 2003), der schließlich eine automatische Schätzung der benötigten Anzahl lokaler Uhren ermöglicht.

Auch aus Bayesianischer Sicht (Kap. 8) hat man sich dem Datierungsproblem über eine Glättung von Ratenunterschieden genähert, indem man zunächst ebenfalls auf autokorrelierte Raten setzte (Thorne et al. 1998). Lange Zeit war hierbei das Program **multidivtime** (Thorne et al. 1998; Thorne & Kishino 2002) in Kombination mit PAML marktführend; Rutschmann hat 2005 eine detaillierte Schritt-für-Schritt-Anleitung dafür zusammengestellt, erhältlich unter `www.plant.ch/software.html`. **PHYBASE** (Aris-Brosou & Yang 2001) ist multidivtime recht ähnlich, mit einigen Vor- (flexiblere *priors*) aber auch Nachteilen (keine Partitionierung der Daten). Allerdings wird die Annahme autokorrelierter Raten oft den tatsächlichen Verhältnissen nicht gerecht, insbesondere wenn es tatsächlich einmal zu einer sprunghaften Änderung von Raten gekommen sein sollte (vgl. z.B. Ho et al. 2005). Huelsenbeck und Koautoren (2000) haben ebenfalls im Bayesianischen Kontext ein allgemeineres Vorgehen vorgeschlagen, bei dem Ratenänderungen sowohl auf Zweigen als auch an Knoten erlaubt und über einen Poisson-Prozess modelliert werden. Hier sind sprunghafte Änderungen möglich – allerdings gibt es bei dem ursprünglich vorgeschlagenen Modell ein Problem mit der Identifizierbarkeit der Parameter (eine so genannte Überparametrisierung, *overparameterization*; Rannala 2002) und es ist auch keine allgemein zugängliche Software dafür verfügbar. Einen anderen Weg, die Annahme autokorrelierter Raten aufzuweichen, gehen Drummond und Kollegen (2006), und ihren Ansatz sowie die zugehörige Software BEAST werden wir uns später ab Seite 256 einmal genauer anschauen.

9.2 Das A und O: Die Kalibrierung

Paläontologische oder **geologische Befunde** (und zwar möglichst viele davon) sind zur Eichung molekularer Phylogenien nötig, also um mittels molekularer Uhren unseren molekularen Stammbäume eine **zeitliche Skalierung** zu geben. Nur – paläontologische und geologische Befunde selbst leiden nicht selten unter einer erheblichen Ungenauigkeit. Wenn dann über alle Maßen singuläre Zeitwerte in molekularen Stammbäumen extrapoliert werden, ist das Ergebnis zuweilen irgendwo im Intervall zwischen belustigend und hochgradig skurril. Der Gedankenaustausch von Graur & Martin (2004) und Hedges & Kumar (2004) beispielsweise legt hiervon Zeugnis ab. In vielen Fällen wurden bislang mit molekularen Daten **Alter von Kladen** ermittelt, die weit über die durch Fossilfunde suggerierten hinausgingen (Douzery et al. 2004). Wie häufig in der molekularen Phylogenetik wurden und werden unverändert Datensätze mit schwacher Taxonauswahl, ungenügenden Merkmalen und schlechter Analytik überbewertet. Einige der vermeintlichen **Konflikte** lösen sich allerdings bereits auf, wenn man das **Alter ei-**

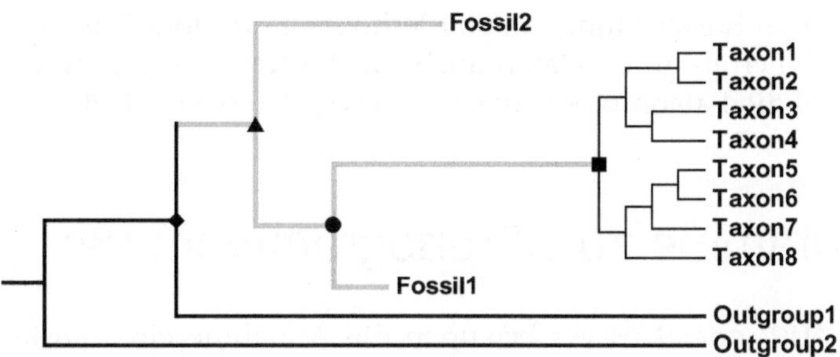

Abbildung 9.2 Ein **Fossil** (Fossil1), das morphologisch klar zur Innengruppe gehört liefert das **Mindestalter** der **Innengruppe** (Kreis), das als **Kalibrierungspunkt** zur Skalierung eines Chronogramms verwendet wird. Das Alter des letzten gemeinsamen Vorfahren der Innengruppe (des **MRCA**, *Most Recent Common Ancestor*, Quadrat) ist niedriger, das Alter der **Stammlinie** seit Trennung von einer (möglichst nahen) **Außengruppe** (Outgroup1, Raute) ist höher. Weitere Fossilien (z.B. Fossil2, Dreieck) machen die Rekonstruktion der Chronogramme genauer.

ner Klade und das **fossile Mindestalter** für den letzten gemeinsamen Vorfahren (*Most recent common ancestor*, **MRCA**) rezenter Taxa sauber auseinanderhält (Abb. 9.2). Unter Einbeziehung von Außengruppen erhalten wir mit molekularen Daten das Höchstalter der Stammlinie und idealerweise auch für den gemeinsamen Vorfahren der betrachteten Taxa in der Innengruppe. Fossile Daten sind entlang dieser Achse platziert und geben das Mindestalter der Klade an.

Zunehmend verfügen wir über molekulare Datensätze von größerem Umfang und über eine bessere Methodik zur Analyse, und damit verschwinden groteske Diskrepanzen zwischen Fossilbefunden und molekularen Stammbäumen langsam. So werden viele der alten Schätzungen über das Alter von Kladen und Aufspaltungen mit zunehmend besseren Datensätzen und Analyseverfahren korrigiert – in der Regel nach unten in Richtung auf die realen Fossilfunde hin. Die Schätzungen zum **Alter der Angiospermen**, bzw. zur Aufspaltung monokotyler und dikotyler Blütenpflanzen sind hier ein Beispiel von vielen (Chaw et al. 2004; Goremykin et al. 1997; Martin et al. 1989; Wolfe et al. 1989). Bis auf die Titelseite von Nature brachte es die molekular begründete Erkenntnis, dass **Farne** offensichtlich erst „im Schatten der Angiospermen" in der **Kreidezeit** diversifizierten (Schneider et al. 2004). Entsprechendes wurde auch für die Diversifizierung der Ameisen gefunden (Moreau et al. 2006). Eine schöne aktuelle Zusammenfassung für die Datierungen der Entwicklungslinien der Pflanzen unter kritischer Würdigung früherer Arbeiten bieten Sanderson & Kollegen (2004). Ein anderes Beispiel ist die nun verbesserte Abschätzung des Alters der **Metazoa** aus neuen molekularen Datensätzen, die nun mit einer unaufgelösten Polytomie der Phyla im **Kambrium** kongruent sind (Rokas et al. 2005), nachdem zuvor viel höhere Altersschätzungen präsentiert worden waren.

Die **Eichung** molekularer Phylogenien mit möglichst zahlreichen **fossilen Kalibrierungspunkten** ist offensichtlich von ganz fundamentaler Bedeutung. Selbst in Studien, bei denen nicht weit aus dem fossil begründeten Zeitrahmen hinaus extrapoliert werden sollte, wie bei der Untersuchung der ältesten Eudikotylen-Linien (Anderson et al. 2005), zeigte sich, dass bereits der Verzicht auf nur eines von sechs Fossildokumenten zu stark veränderten Einschätzungen führte. Near & Sanderson (2004) und Rutschmann et al. (2006) sind lesenswerte Artikel die sich intensiv der Kalibrationsthematik widmen. Bei allen wünschenswerten Entwicklungen von Methoden und Modellen liegt der entscheidende Schlüssel nämlich in guten Daten auch für die Kalibrierung, und hier hat ganz klar zunächst einmal die Paläontologie das Sagen (vgl. Crepet et al. 2004).

9.3 Phylogramme zu Chronogrammen: r8s

Programme wie PAUP* oder MrBayes erlauben die Annahme einer strikten, universalen molekularen Uhr, z.B. mit der Einstellung `lset clock=yes` in PAUP*. Wie oben besprochen, ist diese Annahme jedoch oft nicht begründbar. Das Programm r8s, das auf die Arbeit von Mike Sanderson zurückgeht, nimmt aktuell eine herausgehobene Stellung ein und dürfte bis heute hinter den meisten Publikationen, die eine relaxierte molekulare Uhr einsetzen, stehen. Das Programm ist frei erhältlich unter `http://loco.biosci.arizona.edu/r8s/` – eine ausführbare Version gibt es allerdings nur für den Mac (OS 10.3), nicht für das Windows-Betriebssystem. Außerdem wird der Quellcode zur Kompilierung auf UNIX/LINUX zur Verfügung gestellt. Auch auf dem Mac arbeitet das Programm nur auf Kommandozeilenniveau und muss aus dem Terminal gestartet werden. Dafür ist r8s allerdings von einem ganz ausgezeichneten Manual begleitet, das dem Nutzer den Einstieg erleichtert und ihn auf die Schwierigkeiten und Fallstricke, abhängig von den gegebenen Daten und Vorgaben, hinweist. Das Programm nutzt das NEXUS-Format, in dem ein eigener r8s-Block (`begin r8s;`) definiert werden kann und auch sollte, um die Arbeit zu erleichtern. Die Vorgabe für r8s ist ein mit anderen Programmen ermittelter Stammbaum mit Astlängen, ein **Phylogramm**. Hierfür muss das „alternative" NEXUS-Format verwendet werden, weil r8s aktuell noch keine *translation tables* unterstützt, in PAUP* also `savetree format=altnexus`. Das Programm braucht außerdem eine Angabe über die Anzahl der Positionen, mit denen die Astlängen des Baumes ermittelt wurden. In r8s sind neben Standardmethoden unter Annahme globaler molekularer Uhren solche Methoden implementiert, die eine Relaxierung der molekularen Uhr durch Raten-„Glättung" (*smoothing*) erlauben: **NPRS** (*Non-Parametric Rate Smoothing*) und **PL** (*Penalized Likelihood*; Abschnitt 9.1.2 auf Seite 249). Neben einem Phylogramm verwendet das Programm weitere Nutzervorgaben zur externen Kalibrierung auf zwei Arten: Einem (oder mehreren) Knoten kann ein festes Alter zugewiesen werden (***fixage***) und/oder es werden Einschränkungen (***constraints***) für das minimale oder maximale Alter des Knotens vorgenommen. Die jeweiligen Kladen werden als **MRCA** (*Most Recent Common Ancestor*) im r8s-Block der Stammbaumdatei definiert.

Wir benutzen hier als Beispiel einmal den Datensatz aus 61 Chloroplasten-Genen für 24 Landpflanzen-Taxa mit komplett sequenzierten Chloroplastengenomen (vorwiegend Blütenpflanzen) von Leebens-Mack und Kollegen (2005). Die NEXUS-Datei ist unter `http://chloroplast.cbio.psu.edu/misc/JLM_MBEnuc.nex` erhältlich. Wie die Autoren auch, ignorieren wir der Vergleichbarkeit halber alle Positionen mit Lücken und reduzieren durch `exclude gapped` das Alignment von 47130 auf 39969 Positionen in den Analysen. Diese Behandlung von *gaps* ist sicher übertrieben konservativ, ohne dabei mögliche Probleme mit dem Alignment gänzlich zu lösen – allerdings halten die Autoren fest, dass ihre Ergebnisse prinzipiell auch bei Einbeziehung von *gapped positions* erhalten wurden, wovon wir uns in der Tat überzeugen konnten. Natürlich ist auch die Taxonauswahl zu gering, um verlässliche Aussagen zum Alter der einzelnen Linien zu machen – in dem Artikel ging es jedoch explizit um die genomweite Perspektive und den Effekt des Hinzufügens einzelner Taxa (und es standen seinerzeit auch gar nicht mehr Taxa mit komplett sequenzierten Chloroplastengenomen zur Verfügung). Für unsere Zwecke der Demonstration ist hier die geringe Taxonanzahl von Vorteil, da sie die Analysezeiten kurz hält, während die große Zahl von Merkmalen den Fehler bei der Einschätzung der einzelnen Zweiglängen klein hält. Die heruntergeladene NEXUS-Datei enthält bereits einen PAUP*-Block mit Befehlen, um Taxa im Alignment, die nicht in die publizierte Analyse eingingen, zu entfernen – schreiben Sie am Ende noch `delete Panax` dazu, um auch dieses Taxon, das im veröffentlichten Artikel nicht vorkommt, auszuschließen. Es sollten nun 24 Taxa und 39969 Positionen in der verbleibenden Matrix sein. Finden Sie nun unter Parsimonie den kürzesten Baum mittels `hsearch`. Sie werden nur einen finden (62087 Schritte), und er entspricht topologisch auch gut den Ergebnissen weit umfangreicherer aktueller Analysen basierend auf kompletten Chloroplastengenomen (z.B. Jansen et al. 2007). Wechseln Sie zu *Maximum Likelihood* (`set criterion=likelihood`) und speichern Sie ein Phylogramm mit Zweiglängen als *substitutions per site* ab (am besten etwas präziser als normal, mit 8 Nachkommastellen: `savetree form=alt brlen=y maxdec=8 file=brlen.tre;`).

Nun erstellen Sie in einem Texteditor wie z.B. dem von PAUP* eine r8s-Befehlsdatei mit einem **`trees`-Block**, in den Sie die gerade gespeicherte Baumdatei im NEWICK-Format kopieren und einen **`r8s`-Block**, mit dessen Hilfe Sie die zu kalibrierenden Knoten, die Alterseinschränkungen bzw. -fixierungen (vgl. Abb. 9.3 auf Seite 255), und zuletzt die Analyseeinstellungen definieren:

```
#nexus
begin trees;
tree jlmtree(((((((((Nicotiana:0.00486429,...,Physcomitr:0.19781661);
END;

BEGIN r8s;
PRUNE Marchantia;
BLFORMAT lengths=persite nsites=39969 ultrametric=no;
MRCA Euphyllophyta Acorus Amborella Arabidopsi Atropa Calycanthu Ginkgo Lotus
    Medicago Nicotiana Nuphar Nymphaea Oenothera Oryza Pinus Psilotum Ranunc
    Saccharum Spinacia Triticum Typha Yucca Zea;
MRCA Ginkgo_Pinus Ginkgo  Pinus;
MRCA Poaceae Oryza Saccharum Triticum Zea;
MRCA Eudikotyle Arabidopsi Atropa Lotus Medicago Nicotiana Oenothera Ranunc
    Spinacia;

FIXAGE taxon=Eudikotyle age=125;
CONSTRAIN taxon=Euphyllophyta min_age=380 max_age=410;
CONSTRAIN taxon=Ginkgo_Pinus min_age=310;
CONSTRAIN taxon=Poaceae min_age=55;

SET smoothing=10000 penalty=log;
DIVTIME method=pl algorithm=tn ;
DESCRIBE plot=chrono_description;
END;
```

Im r8s-Block wird hier zunächst das Lebermoos *Marchantia* als Schwestertaxon zur Gruppe aller anderen Pflanzen (Abb. 12.2 auf Seite 327) mittels `PRUNE` aus dem Baum entfernt. Auf diese Weise umgeht man das Problem, dass PAUP* beim Wurzeln des zunächst ungewurzelten Baumes die Wurzel an einer willkürlichen Stelle entlang des Zweiges zur

Außengruppe gesetzt hätte – damit wären unsinnige Zweiglängen in die r8s-Analysen eingegangen. So wird nun *Marchantia* lediglich genutzt, um die Position der Wurzel für den eigentlich analysierten Teil des Baumes (ohne *Marchantia*) zu bestimmen. Mit **BLFORMAT** werden dem Programm die Informationen über das eingelesene Phylogramm im vorstehenden `TREES`-Block gegeben: `nsites` ist die Anzahl der Sequenzpositionen, die in die Abschätzung der Astlängen eingegangen sind, `length` gibt an, ob die Substitutionen entlang des Astes pro Position abgeschätzt wurden – hier mit `persite` also z.B. wie für eine typische *Maximum Likelihood*-Rekonstruktion – oder alternativ mit `total` als Gesamtzahl der Austausche, also z.B. aus einer typischen Parsimonieanalyse.

Mit **MRCA** werden hier Kladen, bzw. Knoten, benannt und im Folgenden wird das Alter des ersten fixiert und für die anderen werden Angaben zu minimalem und maximalem Alter gemacht. Wir haben uns hier im Beispiel an die *constraints* aus Leebens-Mack et al. (2005) gehalten. Mit **DIVTIME** wird über `method=pl` eine *Penalized Likelihood*-Analyse unter dem *Truncated Newton*-Algorithmus eingestellt. Die *Penalty*-Funktion („Straffunktion") verhindert zu stark voneinander abweichende Raten in benachbarten Linien, wie in Abschnitt 9.1.2 erläutert. Die hier unter **SET** gewählte *log penalty* ist eine Neuerung in der aktuellen Programmversion v1.7, die dem Problem entgegenkommen soll, dass mit der Kalibrierung junger Knoten im Baum das Alter tiefer liegender Knoten bei der Extrapolation überschätzt wurde. Als *Smoothing*-Parameter dieser Straffunktion wurde hier für die endgültige Datierung `10000` eingestellt. Dieser Parameterwert muss jedoch zunächst über eine Vergleichsprüfung (***cross-validation***) gefunden werden. Dazu muss r8s vor der endgültigen Analyse mit leicht veränderten Einstellungen unter `DIVTIME` laufen gelassen werden: `DIVTIME method=pl crossv=yes cvstart=0 cvinc=1 cvnum=8;`.

Damit werden automatisch eine Reihe verschiedener Glättungs-Werte durchprobiert, und zwar logarithmisch: es würden im gezeigten Bespiel acht Werte (`cvnum`) mit einem Inkrement von jeweils eins (`cvinc`) in den Zehnerpotenzen, beginnend bei 0 (`cvstart`) durchprobiert, also: $1, 10, 100, \ldots, 10^7$. Mit **DESCRIBE** schließlich kann der Baum dann in verschiedenen Varianten auf den Bildschirm ausgegeben werden, die sich in der Bedeutung der Zweiglängen unterscheiden – am wichtigsten ist hier sicher die Ausgabe als Chronogramm im NEWICK-Format mittels `plot=chrono_description`.

Um r8s tatsächlich laufen zu lassen, navigieren Sie in der Konsole in das Verzeichnis, wo das Programm liegt, und rufen dort r8s wie folgt auf: `./r8s -b -f name-des-batch-files`. `-b` steht für den *Batch*-Modus (d.h., Sie geben Befehle nicht nacheinander ein sondern sie werden aus der zuvor angelegten Datei ausgelesen), `-f` (für *file*) wird vom Namen der *Batch*-Datei gefolgt. Wollen Sie die Analyseergebnisse direkt vom Bildschirm in eine Datei umleiten, ergänzen Sie dahinter noch „`> filename`". Nach der *Cross-validation*-Analyse präsentiert r8s die folgende Tabelle:

```
log10
smooth  smooth          Sq Error        Chi Square Error
-----------------------------------------------------------------
  0.00       1          662016040.09    48980.59        (Good)
  1.00      10          585217229.17    45823.08        (Good)
  2.00   1e+02          460515440.55    39513.24        (Good)
  3.00   1e+03          131717020.00    18334.19        (Good)
  4.00   1e+04          53485025.69     10676.70        (Good)
  5.00   1e+05          53171899.23     11531.66        (Good)
  6.00   1e+06          55572022.71     12313.49        (Good)
  7.00   1e+07          57006316.85     12620.56        (Good)
```

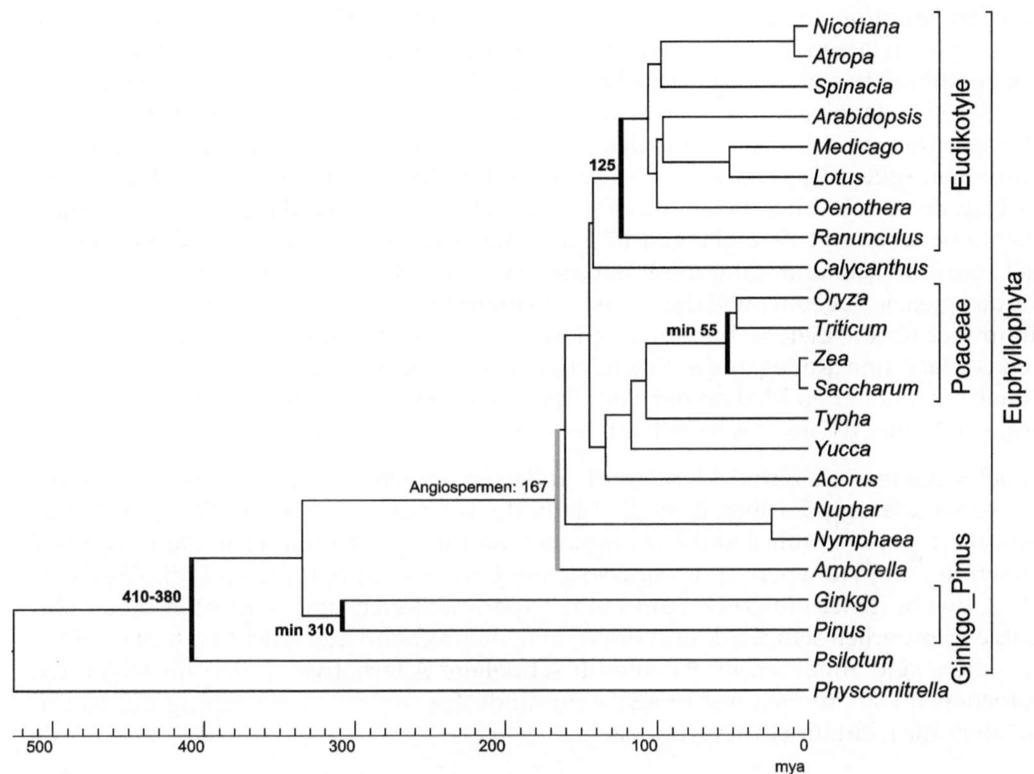

Abbildung 9.3 Mit dem Programm **r8s** gefundenes Chronogramm für den Datensatz aus Leebens-Mack et al. (2005). Einschränkungen (*constraints*) für das Alter des **MRCA** (*Most recent common ancestor*) der rechts bezeichneten Gruppen sind über den Zweigen angegeben, die entsprechenden Knoten fett hervorgehoben. So wurde z.B. das Alter der Eudikotylen für die Analyse auf 125 Millionen Jahre (mya, *million years ago*) gesetzt, und das der Euphyllophyta auf 410-380 mya. Die Knotenalter lassen sich auf der Zeitskala unten ablesen. Das Alter der Angiospermen (grauer Knoten) wurde hier per **PL** (*Penalized Likelihood*) auf 167 mya geschätzt. Das Lebermoos *Marchantia* im zugrunde liegenden ungewurzelten Phylogramm wurde zur Bewurzelung des Baumes verwendet und dabei aus der Berechnung des Chronogramm ausgeschlossen.

Hieraus ist zu entnehmen, das der Glättungs-Wert von 10^4 den niedrigsten *chi square error* (und damit besten *cross-validation score*) hat. Daher sollte man nun über `SET` diesen Wert mit `smoothing=10000` für die abschließende Analyse fixieren und das Programm erneut aufrufen.

Das schließlich resultierende Chronogramm wurde in Abbildung 9.3 einmal mit TreeGraph inklusive einer Zeitskala dargestellt. Die Knotenalter stimmen gut mit den von Leebens-Mack und Kollegen ermittelten überein.

Konfidenzintervalle für die Knotenalter haben wir auf diese Weise allerdings noch keine. Hier überlässt r8s nun leider das meiste dem Benutzer. Man muss eine Serie von z.B. 100 oder 1000 Datensätzen per ***Bootstrap*** simulieren (das geht z.B. mit PHYLIP, Abschnitt 3.3.1 auf Seite 98), für jeden dieser Datensätze erneut die Zweiglängen auf der optimalen Baumtopologie optimieren, die resultierenden 100 oder 1000 Phylogramme von r8s einlesen lassen (z.B. alle in den trees-Block kopieren) und dann den gleichen r8s-Block ausführen wie zuvor. Mit dem Befehl `profile taxon=Poaceae parameter=age` z.B. ließen sich dann 95%-Konfidenzintervalle für das Alter des MRCA der Poaceae herausfinden. Dies ist das vom Autor des Programms im Manual empfohlene Vorgehen. Möchte man seinen Datensatz ohnehin während der phylogenetischen Analyse einem Bootstrap unter ML unterziehen, ist es jedoch sicher effizienter, dabei den Baum jedes *Bootstrap replicates* mit Zweiglängen in eine Datei schreiben zu lassen (z.B. von PAUP, PhyML, oder GARLI), und dann diese Bäume in r8s zu laden. Dies liefert natürlich meist nicht das gleiche Ergebnis wie die zuerst genannte Prozedur, da die Zweiglängen jetzt nicht immer für die gleiche Topologie optimiert werden. Auf diese Weise jedoch haben Leebens-Mack und Kollegen die Konfidenzintervalle bestimmt und als Punktschätzer für die Knotenalter den Median der Verteilung genommen. So kamen sie für die Angiospermen (bei uns 167 mya, Abb. 9.3 auf der vorherigen Seite) auf 161 (158-165) mya.

Michael Sanderson als Entwickler von PL äußert in der Dokumentation zu r8s amüsiert seine Verwunderung darüber, dass die Methode mit mehr als etwa 35 Taxa überhaupt funktioniert. Dies hat mit den Schwierigkeiten zu tun, gleichzeitig viele Parameter mit eingeschränktem Wertebereich unter *Maximum Likelihood* zu optimieren (vgl. Abschnitt 9.4.1). Obwohl daher einige Geduld beim Experimentieren und Austesten neuer Datensätze erforderlich sein wird, und diese dementsprechend auch nicht zu umfangreich sein sollten, sind Analysen in r8s eine oft schnellere Alternative zu den im folgenden besprochenen Datierungen mit BEAST – zumindest wenn die Abschätzung der Konfidenzintervalle nicht im Vordergrund steht.

9.4 *Relaxed Phylogenetics* und BEAST

BEAST (*Bayesian Evolutionary Analysis by Sampling Trees*, Drummond & Rambaut 2007) ist anders als die vorgenannten Programme mehr als nur ein Programm, mit dessen Hilfe man bei Vorgabe eines mittels anderer Software erstellten Phylogramms sekundär den Knoten Zeiten zuordnen kann. Der Einsatz relaxierter molekularer Uhren ist andersherum integraler Bestandteil der Phylogenierekonstruktion selbst, Phylogenie (Topologie) und Divergenz-Zeiten werden während der Analyse gemeinsam geschätzt. Das Programm war damit der erste Repräsentant einer neuen Verfahrensklasse der Phylogenetik, die *„**Relaxed Phylogenetics**"* genannt wurde. Hier erfolgt ein explizites Modellieren der Substitutionsraten entlang der Zweige während der phylogenetischen Analyse.

Im Gegensatz dazu kannte die klassische molekulare Phylogenetik (repräsentiert von den anderen bisher im Buch besprochenen Programmen) nur zwei Extreme, wenn es um die Rekonstruktion der Topologie geht: Entweder wird hier jedem Zweig seine eigene, unabhängige Rate zugestanden und eine Entflechtung von Raten und Zeit gar nicht erst versucht. Raten und Zeitspannen entlang der Zweige sind dann nur als deren Produkt schätzbar und einzeln nicht auflösbar. Damit sind hier keine Aussagen über Zeiten oder absolute Raten (Änderungen pro Zeiteinheit) möglich. Die Bäume sind immer ungewurzelt, und eine Wurzel kann nur anhand zusätzlicher Annahmen, in der Regel über Festlegung einer Außengruppe, gesetzt werden. Es ergibt sich daher die Einschränkung, dass verwendete Markov-Modelle immer zeitlich umkehrbar – *time reversible* – sein müssen. Als Alternative erlauben die klassischen Programme oft auch die Annahme einer strikten molekularen Uhr. Es ist klar, dass beide Extreme für viele reale Datensätze eher unrealistisch und zu stark vereinfachend sein dürften.

Nur wenn der Benutzer einen Baum schon vorgibt, wenn es also nicht um Phylogenie-Rekonstruktion an sich geht, erlauben Programme wie die unter Abschnitt 9.1.2 auf Seite 248 genannten eine Vermittlung zwischen diesen beiden Extremen, nämlich mehrere lokale Uhren oder eine unter Annahme von Autokorrelation modellierte Ratenverteilung im Baum.

Der junge Ansatz der „*Relaxed Phylogenetics*" liefert gemäß Simulationsstudien und empirischer Daten eine erhöhte Richtigkeit und Präzision der Phylogenien gegenüber dem klassischen Ansatz (Drummond et al. 2006). Wäre dies auch schon Grund genug, sich relaxierter Phylogenetik zu widmen, so ist der besondere Reiz natürlich, mit dem Baum gleich noch ein Zeitskala mitgeliefert zu bekommen - in einem Rutsch zusammen mit der Schätzung der Phylogenie, und ferner, dass bei allen Parameterschätzungen inklusive der Divergenzzeiten, **Unsicherheiten bei den Topologien** gleich mitberücksichtigt werden.

9.4.1 Datierung im Bayesianischen Kontext: Das Schöne am BEAST

BEAST fokussiert also ganz auf so genannte **kalibrierte Phylogenien**, solche mit einer Zeitskala. Dabei ist ein Vorteil gegenüber praktisch allen anderen Programmen zur Datierung mit *relaxed clocks*, dass die dort angenommene Autokorrelation von Raten bei BEAST *nicht* mehr vorausgesetzt wird - im Gegenteil lässt sich im Nachhinein feststellen, ob die zugrundegelegten Daten auf eine solche Korrelation hinweisen oder nicht.

Genau wie MrBayes macht sich BEAST Bayesianische Statistik (Abschnitt 8.2 auf Seite 234) zunutze, und verwendet ebenfalls Markov Chain Monte Carlo (MCMC; Abschnitt 8.3 auf Seite 236) als zugrundeliegenden Algorithmus. Aber ist der Bayesianische Ansatz für Datierungszwecke sinnvoll, und worin unterscheidet er sich mit Bezug auf die Suche nach dem besten Chronogramm von der *Maximum-Likelihood*-Perspektive beispielsweise bei *Penalized Likelihood*?

Wenn nicht nur sehr viele verschiedene, teilweise voneinander abhängige Parameter gleichzeitig geschätzt werden sollen, sondern die Werte dieser Parameter auch noch nur aus einem eingeschränkten Wertebereich kommen dürfen, steht der *Maximum-Likelihood*-Ansatz vor einem besonders schwierigen analytischen Problem, das zumindest enorme Rechenkapazitäten erfordert. Zu den Vorteilen des Bayesianischen Ansatzes gehört im Vergleich dazu, dass im Prinzip mit weniger großen analytischen Verrenkungen komplexere, parameterreichere (und damit zumeist realistischere) Modelle zum Einsatz kommen können (Rannala 2002, Holder & Lewis 2003), und dass die Prioriverteilung auf ganz einfache Weise den eingeschränkten Parameter-Wertebereich einbringt.

Und es gibt noch andere Vorteile. Wir erinnern uns: In einer Bayesianischen Analyse ist die **Posterioriverteilung das Ergebnis**, nicht wie bei *Maximum Likelihood* (ML) zunächst nur ein **Punktschätzer** (ein *point estimate*, das *Maximum Likelihood-estimate* oder **MLE**), der alle Parameter haargenau so einstellt, dass sie zusammen die *Likelihood* maximieren. Erst nachträglich können dann bei ML Konfidenzintervalle meist durch Annahme einer Normalverteilung der MLEs angenähert werden – eine oft problematische Näherung, deren Alternativen (z.B. parametrischer *Bootstrap*, Abschnitt 10.2.3 auf Seite 293) wiederum noch weit rechenaufwändiger sind. Aus Bayesianischer Sicht wird das Problem der Konfidenzintervalle ganz einfach per Intervallschätzung über die Posterioriverteilung gelöst: Bei einem zuvor festgelegten Signifikanzlevel α von z.B. 5% gibt man das Parameterintervall an, das den richtigen Wert mit $1 - \alpha$ (95%) Wahrscheinlichkeit enthält (*Highest posterior density credible set*, **HPD**). Die Betrachtung der Posterioriverteilung anstelle des MLEs kann aber auch eine größere Robustheit gegenüber Fehlern bei der gleichzeitigen Schätzung insbesondere auch von solchen Parametern bedeuten, die nicht eigentliches Ziel der Analyse sind (***nuisance parameters***, wie z.B. ti/tv wenn man vor allem an der Schätzung der Topologie interessiert ist; Holder & Lewis 2003). Solche „lästigen" Parameter, auf deren punktgenaue Schätzung es nicht ankommen soll, werden im Bayesianischen Ansatz herausintegriert (**Marginalisierung**, Abb. 8.3 auf Seite 236). An Punktschätzer kommt man dann bei Bedarf sekundär sehr einfach durch Berechnung des **Modus** (*mode*) oder Mittelwertes (*mean*) der Posterioriverteilung.

Einige dieser sonst scheinbar eher akademischen Unterschiede zwischen *Maximum Likelihood* und Bayesianischen Ansätzen spielen bei Einsatz relaxierter molekularer Uhren zur phylogenetischen Analyse eine größere Rolle als bei „klassischer" *Likelihood*-basierter Phylogenetik aus den Kapiteln 7 oder 8: die Modelle sind automatisch sprunghaft komplexer und parameterreicher durch das explizite Modellieren der Ratenverteilung. Dazu macht die Kalibrierung einen eingeschränkten Wertebereich für eine Reihe von Parametern nötig, und spätestens bei den Konfidenzintervallen für die Knotenalter möchte man allzu große Ungenauigkeiten oder unendliche Rechenzeiten vermeiden.

Zu den vielleicht wichtigsten Vorteilen Bayesianischer *relaxed clock*-Analysen gehört jedoch, dass die Kalibrierung eben nicht nur über die üblicherweise eingesetzten Minimal- oder Maximal-Alter, fixen Zeitpunkte oder Zeitintervalle erfolgen muss, sondern über Wahrscheinlichkeitsverteilungen, die unseren Kenntnisstand (bzw. unsere Unsicherheit) über die zeitliche Einordung etwa eines Fossils sehr viel besser abbilden können sollten (Ho 2007).

Ein kein ganz unwichtiges Detail der speziellen Implementierung in BEAST ist, dass für die Analyse-Anweisungen ein sehr strukturiertes **XML**-Dateiformat verwendet wird, das flexibler, standardisierter, und für den Nutzer besser lesbar ist als Befehlsdatei-Formate anderer Software zur Phylogenierekonstruktion. So erleichtert es eine konsequente Dokumentation der Analysen und damit deren Wiederholbarkeit.

Schließlich gibt es einige weitere Besonderheiten bei BEAST, mit denen sich das Experimentieren lohnt, wenn Sie auf **Populationsebene** arbeiten oder mit viralen Isolaten, die eine reale Datierung der Sequenzisolate aus junger Vergangenheit haben (v.a. bedingt durch das eigene Forschungsgebiet der Autoren von BEAST ist die Software dafür optimiert). So können in BEAST beispielsweise die **Zeitpunkte der Probennahmen von Sequenzen berücksichtigt** werden. Das macht für die allermeisten phylogenetischen Studien keinen Unterschied: Hat man z.B. DNA von in den Jahren 2007 und 2008 gesammelten Pflanzen zusammen mit DNA-Isolaten von Herbarbelegen aus den Jahren 1988 und 1994, sind diese Zeitunterschiede völlig vernachlässigbar, wenn diese Sequenzen in ein Alignment eingehen, das 200 Millionen Jahre Evolutionsgeschichte überspannt. Bei Virenpopulationen, deren DNA zwischen 1988 und 2008 eine signifikante Evolution durchlaufen hat, macht es hingegen einen sehr großen Unterschied, und man kann die unterschiedlichen Zeitpunkte der Probennahme zur Kalibrierung verwenden.

Darüberhinaus bietet BEAST eine Reihe demographischer bzw. genealogischer Parameter für Populationsanalysen (deren Behandlung den Rahmen dieses Buches sprengen würde) – in den ***coalescent priors*** hierfür steckt eine besondere Stärke des Programms.

9.4.2 Die Praxis mit BEAST

Neben BEAST selbst benötigen Sie eine Reihe von weiteren Einzelprogrammen, die alle unter `http://beast.bio.ed.ac.uk/#Downloads` beziehbar sind. Im Einzelnen sind dies

- **BEAUti** – für das schnelle Generieren von BEAST-XML-Befehlsdateien;
- **BEAST** – der Kern des ganzen. Liest XML-Befehlsdateien, produziert log-files mit den Parameterwerten der einzelnen MCMC-Kettenglieder und Dateien mit Bäumen;
- **Tracer** – analysiert die MCMC-log-files (kann auch solche von MrBayes lesen). Erlaubt statistische Auswertung und ist Basis u.a. für die Entscheidung, ob der BEAST-Lauf in Ordnung war oder mit veränderten Parametern wiederholt werden sollte;
- **TreeAnnotator** – analysiert die Dateien mit Bäumen, die BEAST anlegt. Produziert einen Baum im Newick-Format, der wichtige Parameter der Posterioriverteilung zusammenfasst, z.B. Konsensus-Topologie, Posterioriwahrscheinlichkeiten für Knotenverlässlichkeit, Mittelwerte und Konfidenzintervalle für Knotenalter;
- **FigTree** – stellt den von TreeAnnotator produzierten Baum dar und erlaubt in begrenztem Umfang eine graphische Aufbereitung;
- **LogCombiner** – nicht unbedingt benötigt. Erlaubt die bequeme Kombination unabhängiger BEAST-Läufe, wenn diese prinzipiell auf der gleichen XML-Befehlsdatei beruhen.

Die XML-Datei erstellen mit BEAUti

Eine typische *relaxed clock*-Analyse mit BEAST würde wie folgt ablaufen: Sie starten BEAUti, und laden dort zunächst Ihre NEXUS-Datei ein (`File > Import Nexus...`). Wir benutzen hier als Beispiel wieder den Chloroplastengenom-Datensatz von Leebens-Mack et al. 2005 (Abschnitt 9.3 auf Seite 252) – diese Autoren hatten PAUP* für den ML-Baum genutzt sowie r8s für ihre Datierung. Wir reproduzieren die Analyse jetzt einmal aus Bayesianischer Perspektive. Mit den PAUP*-Befehlen `export file=jlm.nex format=nexus;` können Sie ein „aufbereitetes" Nexus-File namens jlm.nex für die folgende Analysen mit BEAST herstellen, und in BEAUti importieren. Im BEAUti-Hauptfenster finden Sie verschiedene *Panels* (Rasterkarten) vor – ganz links eines mit dem Titel *„Data"* (Abb. 9.4 auf der nächsten Seite). Hier ist in der Regel nichts zu tun, es sei denn Sie arbeiten mit Sequenzen, die durch Probennahme in der Vergangenheit ein bestimmtes Alter haben (Viren-Isolate (Abschnitt 9.4.1 auf der Seite gegenüber) oder uralte *ancient DNA* (Abschnitt 9.6 auf Seite 273). Deren Handhabung ist sehr einfach, Anleitungen dafür finden sich auch ggf. als PDF-Dateien zum Herunterladen auf der BEAST-Homepage.

Von generellem Interesse ist viel eher das Taxa-*Panel* (Abb. 9.5 auf Seite 261). Hier gilt es, Gruppen von Taxa zu definieren, meist mit dem Ziel Ihnen später Kalibrierungspunkte

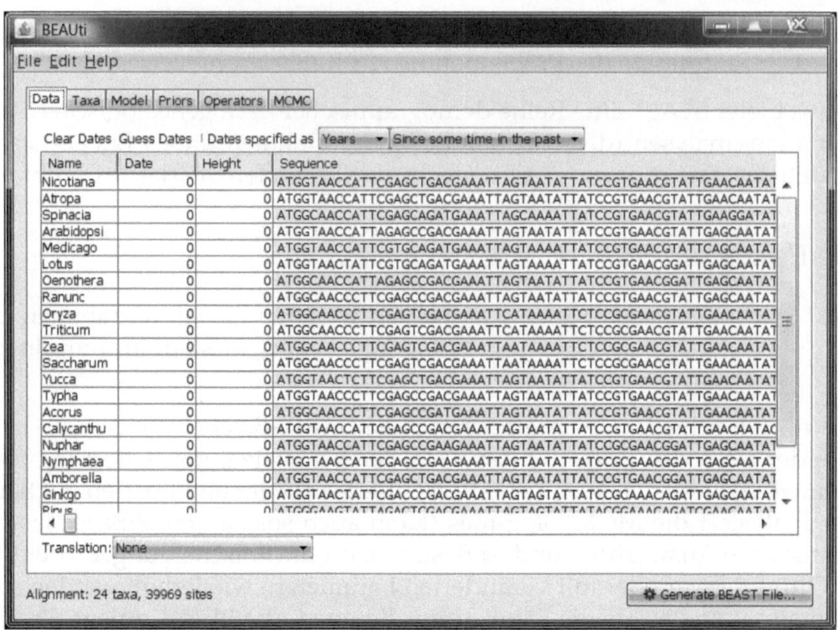

Abbildung 9.4 Laden eines Alignments in **BEAUti** – das ***Data***-Eingabefeld. Das Programm liest NEXUS-Dateien. Den Sequenzen kann hier auch ein Datum zugewiesen werden, falls Sie mit Sequenzen arbeiten, die durch Probennahme in der Vergangenheit ein bestimmtes Alter haben (Viren-Isolate oder *ancient DNA*).

zuzuordnen. Das Anlegen neuer Taxongruppen anhand der „+"-Schaltfläche l.u., sowie die Zuordnung von Taxa mit den Pfeilen ist selbsterklärend. Hier kann man auch ein Häkchen bei „Monophyletic?" setzen, wenn man die Monophylie der betreffenden Taxa mit Sicherheit aus anderen Quellen kennt. Die Gruppen werden in BEAST dann während der MCMC-Analyse monophyletisch gehalten – die resultierenden Posterioriwahrscheinlichkeiten an den betroffenen Kladen können dann nicht mehr als Indiz für Monophylie dienen. Definieren Sie für unser Beispiel dieselben Gruppen wie weiter oben für r8s (Abb. 9.3 auf Seite 255).

Nicht allen hier definierten Gruppen müssen später auch informative Prioriwahrscheinlichkeiten (*priors*) zugeordnet werden. Das Anlegen solcher Gruppen kann sich auch ohne Kalibrierung als Ziel lohnen, z.B. um sich über Tracer später Statistiken ausgeben zu lassen oder Vergleiche zu anderen Parametern anzustellen. (Andererseits sind natürlich die Altersabschätzungen und zugehörigen Posterioriverteilungen aller Knoten, egal ob diese zuvor explizit als Gruppe definiert wurden oder nicht, später auch über die von BEAST angelegten Baumdateien abrufbar, da diese zusätzliche, über das Standard-Nexus- bzw. Newick-Format hinausgehende Informationen enthalten). Definieren Sie zu diesem Zweck eine zusätzliche Gruppe namens „Angiospermen" (Abb. 9.5).

Das Entspannen der Uhr

Ein weiteres *Panel* trägt die Bezeichnung *„Models"* (Abb. 9.6 auf Seite 262). Hier können Sie im oberen Teil zunächst einmal die längst aus den vorigen Kapiteln vertrauten

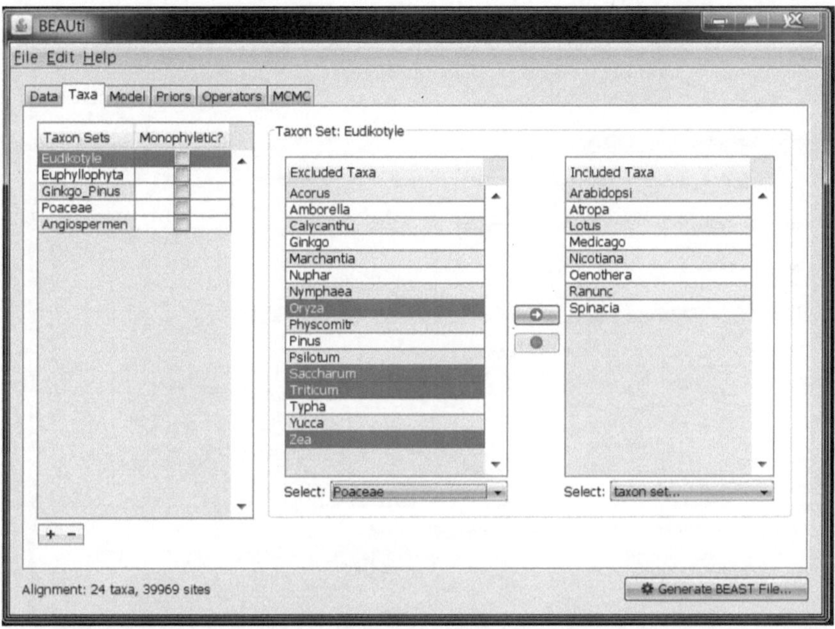

Abbildung 9.5 Festlegung von **Taxongruppen** in BEAUti. Dem *Most recent common ancestor* (**MRCA**) der definierten Gruppen (egal ob monophyletisch oder nicht) kann später eine Alterseinschränkung über eine entsprechende Prioriverteilung zugeordnet werden.

Markov Models für Nukleotidsubstitutionen einstellen. Wir entscheiden uns hier für das altbekannte GTR+G-Modell mit geschätzten Nukleotidhäufigkeiten und gammaverteilten Raten in vier Kategorien (Abschnitt 6.2.1 auf Seite 182). BEAUti bietet auch eine Partitionierung des Datensatzes an, allerdings nur anhand der Codon-Positionen. Kompliziertere Partitionierungen müssten Sie per Hand im XML-Code nachtragen (zur BEAST-XML-Datei kommen wir später).

Wirklich BEAST-spezifisch ist im *Model*-Eingabefeld eigentlich nur der untere Teil, in dem die Art der molekularen Uhr eingestellt wird. Für jede Datierungs-Analyse müssen Sie zunächst einmal das standardmäßig vorhandene Häkchen vor *„fix mean substitution rate"* entfernen. Wenn Sie nicht guten Grund haben, eine bestimmte, konstante Substitutionsrate über die gesamte Phylogenie Ihrer Taxa hinweg anzunehmen, gehört dort kein Häkchen hin. Schließlich ist der ganze Witz relaxierter phylogenetischer Analysen ja gerade, eben keine gleichmäßig tickende Uhr anzunehmen. Selbst wenn Sie irgendwoher eine verlässliche Schätzung solch einer gleichmäßigen Substitutionsrate haben – ihr Wert ist bestimmt nicht 1.0.

Der Beweggrund der Autoren von BEAST, hier 1.0 voreinzustellen, ist einfach: nimmt man 1.0 als Rate an, geben die Zweiglängen ganz wie bei üblichen nicht-relaxierten Analysen á la MrBayes die gewohnten *„substitutions per site"* an. Stellen Sie *„Relaxed clock: uncorrelated lognormal"* ein – die funktioniert besser als die Alternative *„uncorrelated exponential"* (Drummond et al. 2006). Ein Hinweis an dieser Stelle wäre vielleicht noch, sehr komplexe Datensätze zunächst einmal mit der weniger rechenintensiven *strict clock* laufen zu lassen – einfach, um zu schauen, ob die MCMC-Analyse mit den gewählten

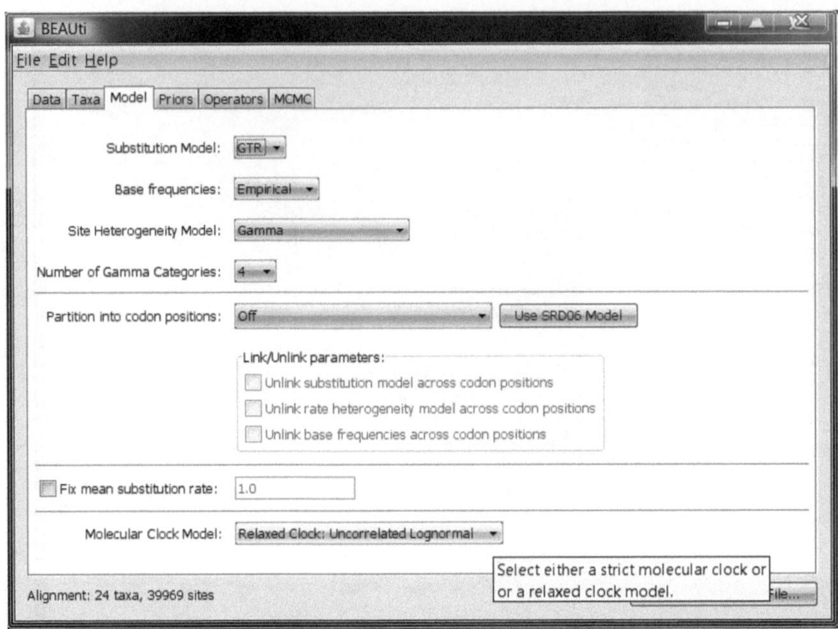

Abbildung 9.6 Einstellen der **Substitutionsmodelle** und des Modells zur **molekularen Uhr** in BEAUti. Hier ausgewählt das GTR-Modell (mit vier Gamma-Kategorien) und die *„Relaxed clock: uncorrelated lognormal"*.

Einstellungen vernünftig läuft. Falls nicht, ist der Erfolg mit dem wesentlich komplexeren Modell unter einer *relaxed clock* eher unwahrscheinlich.

Einstellen der Prioriverteilungen

Zu den vielleicht folgenschwersten Einstellungen gehört, was Sie im *Priors-Panel* eingeben (Abb. 9.7 auf Seite 264). Die Autoren von BEAST werden nicht müde, immer wieder in Originalpublikationen, *Manuals*, Tutorien und auf der Homepage zu betonen, dass die Möglichkeit, als Nutzer Prioriwahrscheinlichkeiten zu bestimmen sowohl eine Chance als auch eine Last ist. Unabhängig von der Frage (die die Welt der Statistik in widerstreitende Lager teilt), ob *priors* überhaupt sinnvoll definiert werden können oder sollten (Abschnitt 10.3.4 auf Seite 301), können Sie hier natürlich über Sinn und Unsinn Ihres Ergebnisses entscheiden. Nicht stark genug hervorgehoben werden kann daher, dass es wichtig ist, bei einer publizierten Analyse immer auch die zugrunde liegende XML-Befehlsdatei öffentlich zugänglich zu hinterlegen – idealerweise auf einer dafür vorgesehenen Websites des Journals – um vielleicht sehr subjektive oder aus Sicht anderer auch schon einmal fragwürdige Annahmen, die in die Analysen eingingen, dem kritischen Leser zumindest verfügbar zu machen.

Für Analysen oberhalb des Populationsniveaus war in BEAST bisher als ***Tree Prior*** der so genannte **Yule-Prozess** die einzige sinnvolle Einstellung. Der Yule-Prozess modelliert jedoch nur den Verzweigungs-, also Art- bzw. Linienbildungsvorgang. Seit neuestem (ab Version 1.4.8) ist nun ein allgemeinerer, sinnvollerer ***Birth-and-death***-Prozess auswählbar, der Speziation (Artbildung bzw. Linienaufspaltung) und das Aussterben von Linien modelliert. Nutzen Sie diesen für phylogenetische Analysen auf Artebene oder höher. Wenn Sie sich hingegen innerhalb einer Population bewegen, nutzen Sie eine der verschiedenen angebotenen coalescent *priors*. Die Optionen, die BEAST für infraspezifische Analysen bietet, zählen zu den innovativsten Komponenten der Software, sind jedoch ohne Kenntnis populationsgenetischer Grundlagen, die in diesem Buch aus Platzgründen ausgespart bleiben mussten, schwer zu würdigen. Auch hierfür finden sich aber auf der BEAST-Homepage hilfreiche Anleitungen und Verweise zu methodischen Originalpublikationen der BEAST-Autoren.

Doch kommen wir nun zu den weiteren, für die Datierung besonders wichtigen, *priors*. Mit **tmrca(Gruppenname)** stellen Sie die Prioriverteilung (*prior distribution*) für das Alter des unmittelbaren gemeinsamen Vorfahren dieser von Ihnen zuvor definierten Gruppe von Taxa ein (Abb. 9.7 auf der nächsten Seite). Dabei wählen Sie zunächst die Art der Verteilung – konzeptionell einfach ist hier eine Normalverteilung, der Sie neben dem Mittelwert (Kalibrierungspunkt) auch die Unsicherheit der Datierung per Standardabweichung mit auf den Weg geben können. Eine Normalverteilung spiegelt aber sicher oftmals nur unzureichend unseren Kenntnisstand mit Bezug auf Fossilien oder andere Kalibrierungspunkte wider. Von r8s sind Sie minimale und maximale Altersangaben gewohnt – das entspricht scharfen Grenzen der Verteilungen. Diese erreicht man in BEAST z.B. durch eine gleichförmige (*uniform*) Verteilung. In Abbildung 9.7 auf der nächsten Seite ist das einmal am Kalibrationspunkt für Gräser (Poaceae) gezeigt: ein Mindestalter von 55 Mio Jahren wird eingestellt, indem die Untergrenze auf 55 Mio Jahre (jünger darf der Knoten nicht werden) gesetzt wird, und die Obergrenze willkürlich hoch (z.B. 1000 Mio Jahre). Ein `max`-*constraint* aus r8s wird emuliert, indem die Obergrenze auf den entsprechenden Wert, die Untergrenze jedoch auf 0 gesetzt wird; für einen `max-min`-*constraint* gibt man dann natürlich ganz einfach Maximal- und Minimalwert als Grenzen der gleichförmigen Verteilung an.

Ideal für Fossilien (Ho 2007) ist eine verschobene **Logarithmische Normalverteilung** (Lognormalverteilung, *Lognormal distribution*), bei der angenommen wird, dass der eigentliche Divergenzzeitpunkt am wahrscheinlichsten ein gewisse Zeit vor Auftreten der frühesten fossilen Evidenzen war. Die Angabe sinnvoller Verteilungsmittelwerte und Standardabweichungen ist sicher nicht einfach, aber ein empfohlenes Vorgehen ist hier, diese so einzustellen, dass 95% der Dichtefunktion über einem Zeitintervall liegen, das unser Vorwissen am besten widerspiegelt. Abbildung 9.8 auf Seite 265 zeigt dies am Beispiel der Kalibrierung anhand des Alters der Gymnospermen (Gruppe `Ginkgo_Pinus`). Eine gute alternative Prioriverteilung ist die parameterärmere **Exponentialverteilung** (*exponential distribution*), wenn bei *Lognormal* nicht alle Parameter befriedigend einstellbar sind. Die anfangs genannte Normalverteilung dagegen eignet sich eher für Kalibrierung über geographische Ereignisse, etwa die Entstehung von Inseln, mit Unsicherheiten bei der Datierung – oder allgemein immer dann, wenn die Unschärfe eines zeitlichen Fixpunktes in beide Richtungen der Zeitachse modelliert werden soll.

Für unser Beispiel verwenden wir Normal- und gleichförmige Verteilungen, weil dies den `min/max` bzw. `fixage` *constraints* für r8s aus Leebens-Mack et al. (2005) am ehesten entspricht und wir so jetzt der Einfachheit halber auf detaillierte Überlegungen zur Wahl von Mittelwert, x-Achsenverschiebung und Standardabweichung bei den komplizierteren Prioriverteilungen erst einmal verzichten können. Abbildung 9.7 zeigt das Anlegen

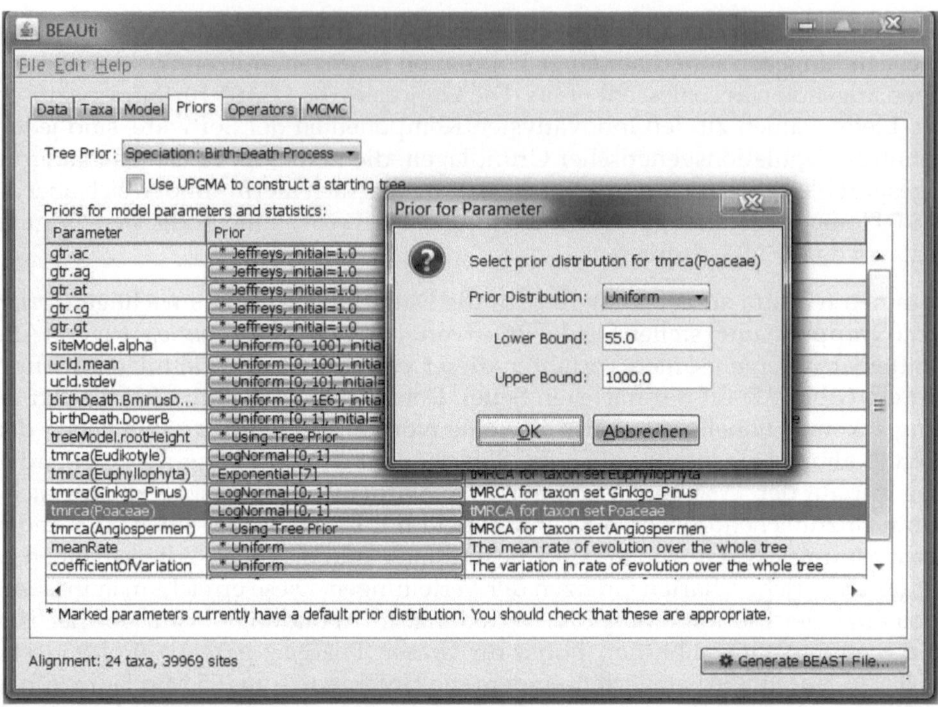

Abbildung 9.7 Auswahl von **Prioriverteilungen** (*prior distributions*) und **Kalibrierung**. Hier wird als Kalibrationspunkt für Gräser (Poaceae) ein Mindestalter von 55 Mio Jahren eingestellt, unter Verwendung einer **gleichförmigen** (*uniform*) Verteilung mit scharfen Grenzen, wobei die Untergrenze auf 55 Mio Jahre (jünger darf der Knoten nicht werden) gesetzt wird, und die Obergrenze willkürlich hoch, so dass effektiv ein '*min-constraint*' wie in r8s erwirkt wird.

eines uniform *priors* für die Poaceae. Analog geht man für Ginkgo_Pinus (310 - 1000) vor und setzt dann die Grenzen für die Euphyllophyta: 380 - 410. Schließlich nimmt man für die Eudikotylen eine Normalverteilung um 125 Mio. Jahre mit recht geringer Standardabweichung (5 Mio Jahre) an, um dem fixierten Alter von 125 Mio Jahren aus Leebens-Mack et al. (2005) nahe zu kommen. Sie müssen hier nicht für jede zuvor definierte Taxongruppe eine informative Prioriverteilung angeben. Sie können dort auch einfach „* *Using Tree Prior*“ stehen lassen – dann können Sie später über Tracer Statistiken für diese Gruppe abfragen (auch dann, wenn die Gruppe z.B. gar nicht monophyletisch ist und daher die gleiche Information nicht über Knoten aus der von BEAST angelegten Baumdatei verfügbar ist). Davon machen wir hier für die Gruppe der Angiospermen Gebrauch.

MCMC-Einstellungen

Die Einstellungen im Eingabefeld „*Operators*“ werden Sie eher selten ändern müssen – außer, Sie stellen fest, dass sich Ihre MCMC-Analyse nicht wie gewünscht verhält, beispielsweise sehr ineffizient ist. Dazu gibt Ihnen BEAST dann aber später Tips, wenn erst mal eine Analyse gelaufen ist. Das Häkchen bei *Auto-Optimize* jedenfalls nimmt Ihnen hier den größten Teil der Arbeit ab.

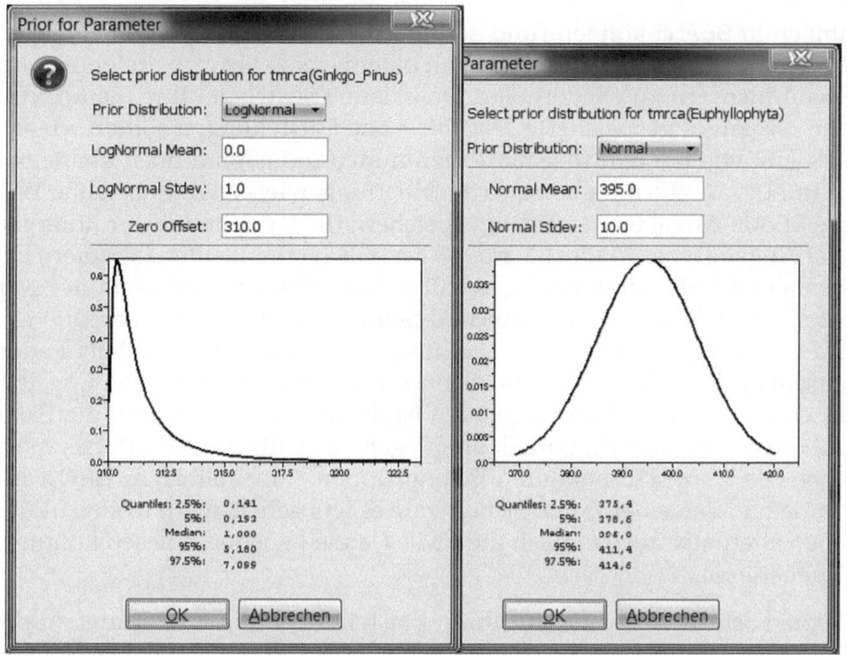

Abbildung 9.8 Prioriverteilungen für die **Kalibrierung**. **A**. Hier wird als Kalibrationspunkt für Gymnospermen ein Mindestalter von 310 Mio Jahren eingestellt, unter Verwendung einer **Lognormal**-Verteilung mit unscharfer Obergrenze, jedoch durch eine Verschiebung (*offset*) auf 310 Mio Jahre festgelegter scharfer Untergrenze. Dieser Typ einer Prioriverteilung modelliert die Unsicherheit bei Fossildatierungen vielleicht am besten; besser jedenfalls als einfache min- und max -constraints, wesentlich besser als die ebenfalls wählbare **Normalverteilung** (**B**, am Beispiel der Kalibrierung über das Alter der Euphyllophyta), und auch besser als die Exponentialverteilung; allerdings lastet bei Verwendung von Lognormal-Verteilungen die geschickte und oft grenzwertig subjektive Einstellung von noch mehr Parametern als bei den anderen Verteilungen auf den Schultern des Anwenders.

Bei den MCMC-Settings schließlich legen Sie fest, wie im Prinzip von MrBayes aus Abschnitt 8.1.2 auf Seite 231 schon gewohnt, wie viele Generationen die Markov-Kette durchläuft und wie oft dabei der Kettenzustand in eine Datei bzw. auf den Bildschirm ausgegeben werden soll. Wie viele Generationen sinnvoll sind, ist schwer vorhersagbar – oft helfen nur ein paar Testläufe. Einzelläufe können im Nachhinein auch mit LogCombiner kombiniert werden. Im Großen und Ganzen steigt mit der Größe des Datensatzes die notwendige Zahl von Generationen. Die voreingestellten 10 Mio dürften für kleine Datensätze hinreichend sein, für Datensätze von heutzutage schon üblichen Dimensionen von hundert oder mehr Taxa sind sie sicher eher die Untergrenze. Viele unabhängige, später kombinierte Läufe mit jeweils weniger Generationen könnten aber ohnehin der bessere Ansatz sein.

Die vom Programm Tracer im nächsten Schritt nach dem MCMC-Lauf errechnete **ESS** (*effective sample size*) gibt einen ersten Hinweis, ob noch mehr Generationen durchlaufen werden sollten – wir kommen darauf zurück. Wir probieren hier in einem ersten Anlauf zunächst einmal 2 Millionen Generationen und speichern den Kettenzustand alle 1000 Generationen.

Alle Einstellungen in BEAUti können (und sollten) Sie als Vorlage (*Template*) speichern, um später bequem die gleiche Analyse, ggf. mit einem etwas überarbeiteten Alignment oder erweiterten Datensatz, zu wiederholen. Dann laden Sie wieder Ihre (neue) NEXUS-Datei und dann das zuvor gespeicherte *Template* – alle Einstellungen sollten wiederhergestellt sein. Es gibt wie bei den meisten Programmen momentan noch kleine Schönheitsfehler bei BEAUti, auf die man besser frühzeitig hingewiesen werden sollte: Wichtig ist, dass Sie die BEAUti-Angaben regelmäßig speichern (leider geht das nur unter immer wieder erneuter Angabe eines Pfades). Laden Sie nämlich erneut einen (anderen) Datensatz, gehen schon mal Teile der gerade gewählten Einstellungen verloren oder werden Benutzer-Einstellungen fälschlich als Standard-Settings markiert. Als *Template* gespeichert und wieder geladen, sollten Ihre Einstellungen jedoch erhalten bleiben. Laden Sie am besten konsequent erst die Daten und dann nur ein einziges *Template*. Ein *Template* zu laden, während ein anderes bereits geladen ist, bietet zwar prinzipiell die Flexibilität, sich modular eine *Template*-Bibliothek anzulegen, aber führt in der Praxis meist zu Doppeleinträgen von identisch benannten Taxongruppen – also sollte man BEAUti immer neu starten vor dem Laden einer Datei. Sicher wäre es wünschenswert, wenn zukünftige BEAUti-Versionen alternativ auch einfach die XML-Dateien wieder einlesen könnten, die sie für BEAST generieren.

Um nun im letzten Schritt basierend auf Ihren Einstellungen die XML-Datei zu produzieren, die dann die eigentliche MCMC-Analyse in BEAST steuert, klicken Sie einfach auf die Schaltfläche ganz rechts unten: *„generate BEAST file..."*.

Das BEAST in Aktion

Dann starten Sie BEAST, wählen im sich direkt öffnenden Dialogfeld die zuvor gespeicherte XML-Datei aus, und sehen BEAST bei der Arbeit zu (falls Sie gerade nichts Besseres zu tun haben – 2 Millionen Generationen beim einem Datensatz der hier verwendeten Dimension können je nach Rechenleistung mehrere Stunden in Anspruch nehmen). Als *Burn-in* (Abschnitt 8.1.3) werden in BEAST standardmäßig einfach 10% der eingestellten Generationenzahl behandelt – das kann man im Nachhinein bei der Analyse der ausgegebenen MCMC-Verteilung jederzeit justieren, falls nötig. BEAST muss genau wie BEAUti immer wieder neu gestartet werden, sollte man eine Analyse abbrechen oder ein Fehler aufgetreten sein: anschließendes Laden eines neuen XML-Files führt nur zu weiteren Fehlern. Nicht enttäuscht sein: In unserem Beispiel werden Sie tatsächlich solch eine Fehlermeldung erhalten, die sinngemäß aussagt, dass abgebrochen wurde, weil die *Likelihood* des Startbaumes 0 sei.

Selbst Hand anlegen: Editieren der XML-Datei

Unter *tree prior* erlaubt BEAUti durch Abhaken des entsprechenden Kontrollkästchens die Verwendung eines per UPGMA (Abschnitt 6.4.1 auf Seite 196) generierten Startbaumes (Abb. 9.7 auf Seite 264). Hakt man das (wie wir im Beispiel) nicht ab, wird ein zufälliger Baum generiert und als Startbaum verwendet. Beides führt bei realen Datensätzen wohl eher in der Regel als ausnahmsweise zu Problemen. BEAST beschwert sich dann, dass es nicht weiterrechnen könne, da die *Likelihood* des Anfangsbaumes 0 sei.

Eine Ursache kann sein, dass abrupte Grenzen (*„hard bounds"*) von *priors* (z.B. *uniform, lognormal transposed*) im Konflikt mit dem Startbaum stehen. Alter der Knoten (*node heights*) im Startbaum etwa dürfen nicht außerhalb des Wertebereichs liegen, der über

```
<!-- Construct a rough-and-ready UPGMA tree as an starting tree
    <upgmaTree id="startingTree">
            <distanceMatrix correction="JC">
                    <patterns>
                            <alignment idref="alignment"/>
                    </patterns>
            </distanceMatrix>
    </upgmaTree> -->

    <newick id="startingTree">
            (((((((((((Nicotiana:9.742664, Atropa:9.742664):88.064344,...;
    </newick>

    <treeModel id="treeModel">
            <newick idref="startingTree"/>
            <rootHeight>
                    <parameter id="treeModel.rootHeight"/>
            </rootHeight>
            <nodeHeights internalNodes="true">
                    <parameter id="treeModel.internalNodeHeights"/>
            </nodeHeights>
            <nodeHeights internalNodes="true" rootNode="true">
                    <parameter id="treeModel.allInternalNodeHeights"/>
            </nodeHeights>
    </treeModel>
```

Abbildung 9.9 Vorgeben eines Startbaumes in der **BEAST-XML-Datei**. **Änderungen** gegenüber dem von BEAUti erzeugten Code sind **hervorgehoben**.

die *priors* festgelegt wird. Wenn beispielsweise eine gleichförmige Prioriwahrscheinlichkeitsverteilung für einen bestimmten Knoten nur im Wertebereich 300-330 größer als Null ist, der Knoten des zufälligen Startbaumes aber bei 400 liegt, dann geht gar nichts mehr. Das gleiche passiert, wenn für eine Taxongruppe Monophylie festgelegt wurde (Abb. 9.5 auf Seite 261), diese Gruppe im Startbaum dann aber nicht monophyletisch ist.

Abhilfe schafft hier, wenn man einen Startbaum selbst vorgibt. Hierfür verlässt man jedoch den bequemen Boden von BEAUti und muss sich daran machen, die XML-Datei in einem beliebigen Texteditor selbst „nachzueditieren", wie in Abbildung 9.9 gezeigt.

Eigentlich sind nur drei Dinge zu ändern: den *Tag* `<upgmaTree>` bzw. `<coalescentTree>` (je nachdem ob der Haken bei *UPGMA tree* gesetzt war oder nicht) muss man samt Inhalt wie gezeigt über `<!- ... ->` auskommentieren (oder löschen) und stattdessen einen neuen **`<newick>`-*Tag* hinzufügen**, der den neuen Startbaum enthält. Zuletzt muss man noch im `TreeModel`-*Tag* richtig auf `newick` verweisen (statt z.B. auf `upgmaTree`).

In der Fehlermeldung weist BEAST darauf hin, welche der *Likelihoods* den unsinnigen Wert „-Inf" haben – an dieser Stelle hakt es. Die Reihenfolge entspricht der Reihenfolge der *priors* im **`<mcmc>`-*Tag*** im XML-file. Ist also z.B. der dritte Wert für *Distribution Likelihood* -Inf, und findet man an dritter Stelle der `tmrca`-*statements* im XML ein *uniform prior*, dann lohnt sich, die dort gesetzten Grenzen zu überprüfen und zu schauen, ob der Startbaum damit kompatibel ist. *Boolean-Likelihoods* mit dem Wert „-Inf" in dieser Fehlermeldung hingegen weisen darauf hin, dass die Monophylie bestimmter Taxongruppen zwar in BEAUti fixiert wurde, aber der Startbaum die Taxa dieser Gruppe nicht als Monophylum enthält.

Die NEWICK-Beschreibung für den neuen Startbaum sollte am besten von vornherein ultrametrisch sein. So einen Baum kann man z.B. mit PAUP* erstellen: Topologie laden, mit `lset clock=yes` eine konstante molekulare Uhr einstallen und mit `savetree brlens=yes` einen Baum mit Zweiglängen speichern. Die Zweiglängen entsprechen dann zunächst *substitutions per site*, aber können in BEAST über das „`rescaleHeight`"-Attribut des `newick`-*tags* reskaliert werden. Achtung: Ein „`rootHeight`"-Attribut, wie in der Dokumentation zu lesen, gibt es dafür nicht. Weil man auf diese Art aber wieder zunächst nicht sieht, ob ungewollt interne Knoten in Widerspruch zu den *priors* geraten, kann man auch in einem Baumeditor wie TreeGraph die Zweiglängen hochskalieren und dabei direkt prüfen, ob bestimmte Knoten außerhalb des erlaubten Wertebereichs liegen, und die Zweiglängen dort gegebenenfalls anpassen.

In der Praxis erfolgreich ist, zunächst eine grobe „Hochrechnung" per r8s zu nutzen, um sich von diesem Programm über `describe chrono_description` ein Chronogramm ausgeben zu lassen, mit Knotenaltern die garantiert innerhalb des Wertebereichs liegen, das über die *priors* in BEAUti festgelegt wurde. Da Sie praktischerweise einen solchen Baum bereits aus der r8s-Beispielanalyse (Abschnitt 9.3 auf Seite 255) haben, ist dies sicher zumindest hier der einfachste Weg. Kopieren Sie also die Newick-Beschreibung, die r8s als `chrono_description` ausgibt, in das `<newick>`-*Tag*. Jetzt sollte die Analyse mit der neuen XML-Datei problemlos funktionieren.

Die MCMC-Verteilung analysieren mit Tracer

BEAST hat eine Datei mit der Endung .log angelegt (wenn Sie nicht in BEAUti unter *log file name* etwas anderes eingegeben hatten). Starten Sie nun das Programm Tracer und wählen Sie über *import Trace File* diese Log-Datei.

Ein erster Blick sollte der **ESS** (*effective sampling size*) gelten. Was ist das? BEAST hat 2000 mal Stichproben aus der MCMC-Kette entnommen (2 Mio. Schritte, jeder 1000ste wurde gespeichert). Aber statt wirklich eine Stichprobengröße von 2000 zu haben, fällt die effektive Stichprobengröße geringer aus, weil Stichprobenwerte korrelieren (benachbarte Proben haben ähnliche Werte). Die ESS könnte z.B. nur bei ca. 20 liegen, wie in Abbildung 9.10 auf der nächsten Seite im Falle des Parameters tmrca(Euphyllophyta). Das heißt, dass nur etwa jeder 100ste Stichprobenwert (2000/20) wirklich als unabhängig von den anderen gewertet werden kann. Die Stichprobenwerte repräsentieren die Posterioriverteilung dann nicht gut. ESS-Werte von unter 100 werden von Tracer rot markiert. Natürlich eine willkürliche Grenze – aber eine kleinere tatsächliche Stichprobengröße als 100 will man auch wirklich nicht haben, wenn man mit den aus der Verteilung geschätzten Werten statistisch belastbar weiter operieren möchte.

Das ganze kann man sich auch bildlich veranschaulichen: Klickt man für einen Parameter mit kleiner ESS im Fenster rechts oben auf Trace, werden die tatsächlichen Stichprobenwerte pro Generation bzw. Schritt der MCMC-Kette angezeigt – quasi die Rohdaten-„Spur" (*Trace*) der MCMC-Kette (daher Tracer). Hier sieht man bei kleinen ESS-Werten, dass benachbarte Proben ähnliche Werte aufweisen. Warum tun sie das überhaupt? Aus Abschnitt 8.3.1 auf Seite 239 wissen Sie noch, dass neue Parameterwerte vorgeschlagen werden von Kettenglied zu Kettenglied. Wir haben es aber mit einer Vielzahl von Parametern zu tun (Topologie, Zweiglängen, Substitutionsmodell etc.), und sinnvollerweise werden nicht alle auf einmal komplett geändert. Bleiben jedoch viele Parameter gleich

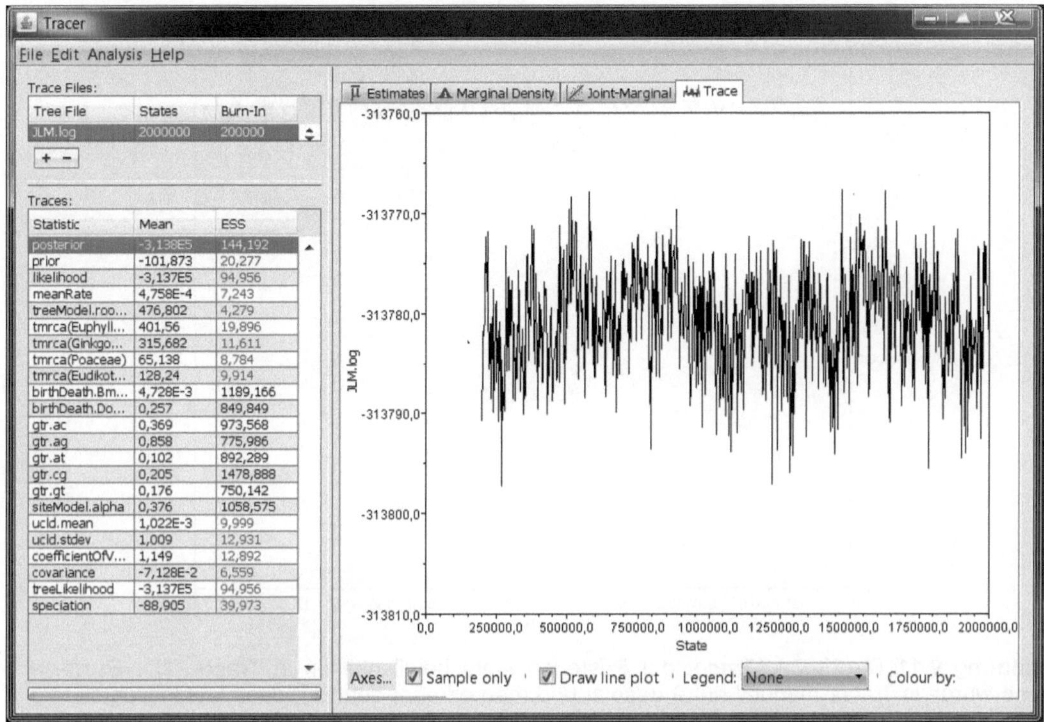

Abbildung 9.10 Tracer nach Laden einer log-Datei, die jederzeit, auch während einer laufenden Analyse, geladen werden kann. Hier ist unsere Beispielanalyse nach zwei Millionen Generationen zu sehen. Eine erste Kontrolle gilt der Frage: Sind **ESS**-Werte (*effective sampling size*) vieler bzw. wichtiger Parameter kleiner als 100? Falls ja (wie hier), sollte die Kette länger laufen. Ist die Spur (*Trace*) für „posterior" ohne klaren Trend (z.B. kontinuierlich steigend)? Falls ja (wie hier): gut, sonst (vgl. Abb. 9.11 auf der nächsten Seite) ggf. den *Burn-in* Bereich (oben links) vergrößern.

und nur einer oder wenige erhalten einen neuen Wert, ist eine gewisse Ähnlichkeit benachbarter Kettenzustände zu erwarten. Über „Trace" kann man auch die *Burn-in*-Phase justieren – falls die Werte noch nicht stabil um einen Mittelwert herumpendeln, sondern z.B. im Anfangsbereich links noch kontinuierlich steigen (Abb. 9.11 auf der nächsten Seite). Sollten sie das tun, sind auch die ESS-Abschätzungen unzuverlässig. Haben also wichtige Parameter rote ESS-Werte, heißt es: Die ESS-Werte müssen höher werden. Die Autoren empfehlen > 200, lieber mehr. Dafür muss man die MCMC-Kette länger laufen lassen, bei einer ESS von 20 zum Beispiel mindestens zehnmal länger. Am besten geht man dafür zurück zu BEAUti, lädt das zuvor gespeicherte *Template*, und gibt im MCMC-Eingabebereich bei *length of chain* den entsprechend nach oben korrigierten Wert ein, um dann das neu generierte XML-file wieder von BEAST abarbeiten zu lassen.

In dem mit *„Marginal Density"* beschrifteten Tab (*Density* ist eine Kurzform von *probability density function*) kann man sich in Tracer die angenäherte Rand-Posterioriwahrscheinlichkeits-Dichtefunktion (Abb. 8.3 auf Seite 236) für den jeweils links ausgewählten Parameter anzeigen lassen – hier summieren sich die Wahrscheinlichkeiten (gezeigt in Prozent) unter der Kurve zu 1 (100%) – daher als Symbol die stilisierte Verteilung mit der „1" darin. Die Wahrscheinlichkeits*dichte* kommt hier begrifflich

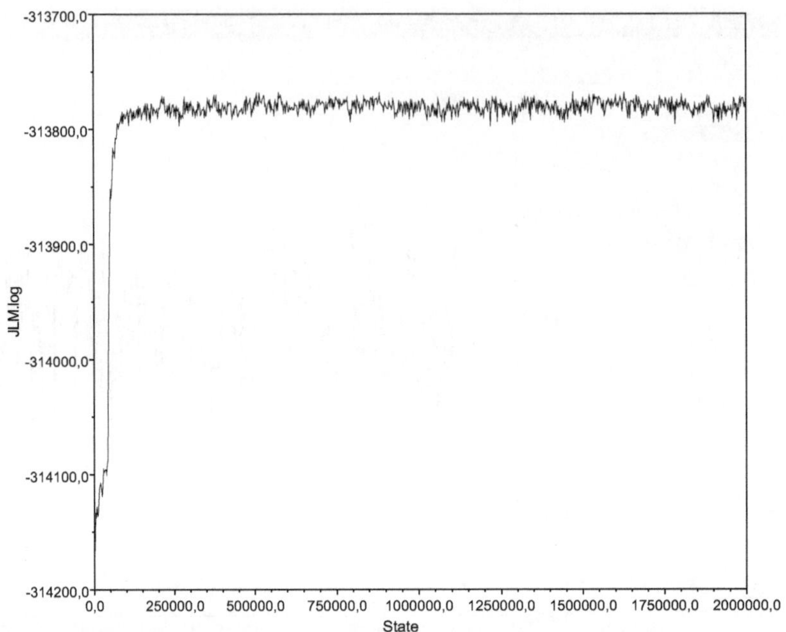

Abbildung 9.11 Die 'Spur' (***Trace***) der Posterioriwahrscheinlichkeiten in **Tracer**. Die ***Burn-in-Phase*** wurde in Tracer manuell auf 0 gesetzt und man erkennt deutlich, dass tatsächlich ca. die ersten 10% der Kette ausgeschlossen werden sollten.

ins Spiel, weil nicht alle Parameter diskrete Zufallsvariablen sind (mit abzählbar vielen möglichen Werten wie z.B. im Würfelbeispiel aus Abschnitt 8.2.1 auf Seite 234), sondern meist stetige, bei denen die Wahrscheinlichkeit, einen ganz bestimmten einzelnen Wert zu beobachten, gleich Null ist (z.B. die relative Substitutionsrate A→G, „gtr.ac" in Abb. 9.7 auf Seite 264). Im *Tab „Joint-Marginal"* schließlich zeigt das Programm die Korrelation zwischen zwei links ausgewählten Parametern an. In Tracer kann man sich die Verteilungen, *Traces* und andere Grafiken sehr schön als PDF-Datei exportieren lassen; allerdings sind Änderungen an den Achseneinstellungen, die prinzipiell möglich sind, nicht immer von Erfolg gekrönt.

TreeAnnotator

Um einen Baum zu erhalten, der die Posterioriverteilung sinnvoll zusammenfasst, bemühen Sie das Programm TreeAnnotator. Als *input file* wählen Sie die Datei mit der Endung .trees, die BEAST gespeichert hatte. Unter *output* geben Sie irgendeinen selbst gewählten Namen an, z.B. „summary.tre". Bei *Burn-in* geben Sie entweder die standardmäßigen 10% der MCMC-Kette an (also das erste Zehntel der Bäume in der .trees-Datei verwerfen) – in Tracer hatten Sie ja zuvor überprüft, ob die Kette ab dort bereits tatsächlich stabil war. Bei *„target tree type"* wählen Sie am besten *„Maximum clade credibility"*. Hier könnte man auch einen selbst spezifizierten Zielbaum angeben (z.B. einen *Maximum-Likelihood*-Baum aus einer anderen Analyse), der dann mit den Werten aus der Posterioriverteilung annotiert würde. *„Posterior probability limit"* gibt die minimale Posterioriwahrscheinlichkeit an, die eine Klade haben muss, damit TreeAnnotator sie anno-

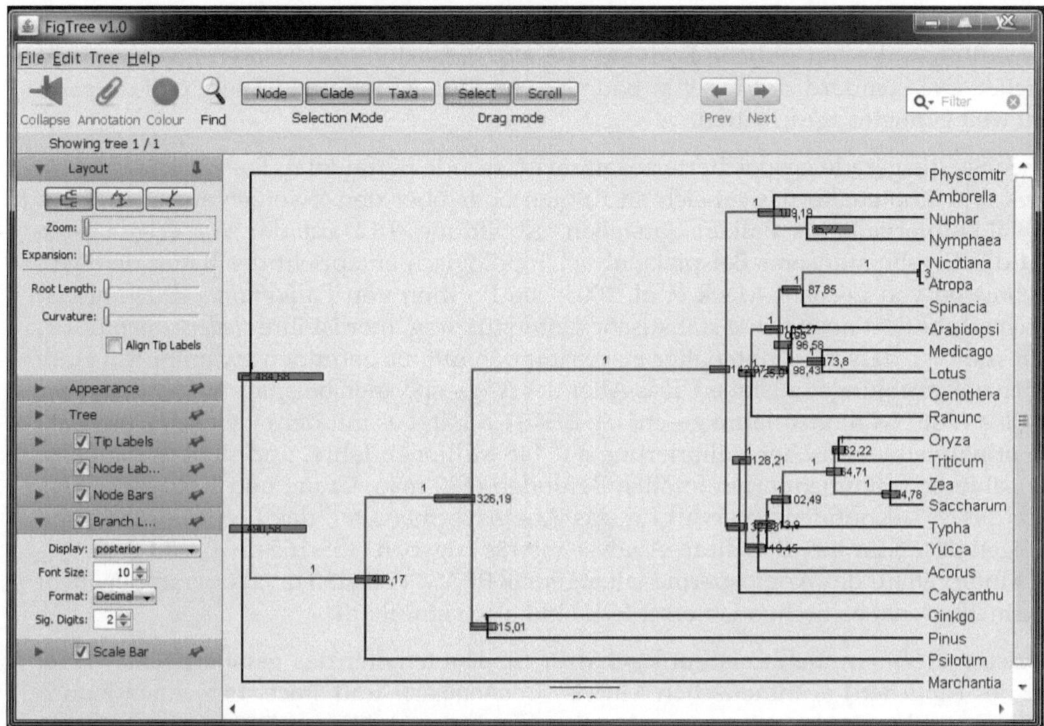

Abbildung 9.12 Anzeige eines **Konsensusbaumes** aus einer BEAST-Analyse im Programm **FigTree.** Alleinstellungsmerkmal im Vergleich zu anderen Baumeditoren ist, dass die Konfidenzintervalle für Knotenalter als Balken dargestellt werden können, wenn diese über TreeAnnotator ermittelt und anhand eines erweiterten Newick-Formates FigTree mitgeteilt wurden. Knotenalter sind rechts neben den Knoten, Posterioriwahrscheinlichkeiten der Kladen über den Zweigen angegeben – allerdings sind die Möglichkeiten in FigTree für eine lesbare Anordnung und Formatierung der Text- und Grafikelemente beschränkt, und so ist eine weitere Aufbereitung (z.B. der exportierbaren PDF-Datei) mittels Grafikprogramm vor einer Publikation oft nötig. Die von BEAST geschätzten Knotenalter sind insgesamt jünger als die mit r8s (Abb. 9.3 auf Seite 255) gefundenen; während beispielsweise das Alter der Angiospermen mit r8s auf 167 Millionen Jahre geschätzt wird, ist es hier mit 148 Millionen Jahre näher am fossil dokumentierten Mindestalter der Angiospermen.

tiert. Standardmäßig ist 0.5 eingestellt, so dass nur Knoten > 0.5 annotiert werden. Setzt man den Wert hier auf 0.0, werden alle Knoten des Zielbaumes beschriftet. Über „*Node heights*" kann man steuern, ob die Zweiglängen des Zielbaumes erhalten bleiben sollen („*keep target heights*"), oder die mittleren Knotenalter („*mean heights*") aus der .trees- Datei verwendet werden sollen (sollen sie in unserem Fall). Schließlich klickt man auf „*Run*" und erhält eine neue Baumdatei („summary.tre") mit nur noch *einem*, zusammenfassenden Baum.

Graphische Ausgabe mit FigTree

Um den Baum nun auch anzuzeigen und grafisch aufzubereiten, ist wieder ein anderes Programm vonnöten: **FigTree**. Warum schon wieder ein zusätzliches Programm? Einige Informationen, wie z.B. 95%-HPD-Intervallgrenzen (Abschnitt 9.4.1 auf Seite 258), lassen sich in herkömmlichen Baumbeschreibungsformaten nicht unterbringen, daher sind Baumeditoren, die nur übliche Formate wie z.B. Newick/NEXUS lesen können, nicht geeignet. Die Standardisierung von Baumbeschreibungsformaten ist hier einfach noch nicht weit genug fortgeschritten.

Öffnen Sie die gerade gespeicherte zusammenfassende Baumdatei. *Posterior clade probabilities* und Knotenalter lassen sich an Knoten oder über den Zweigen anzeigen, bzw. 95%-HPD-Intervalle als Balken darstellen. Abbildung 9.12 auf der vorherigen Seite zeigt das Ergebnis unserer Beispielanalyse. Topologisch entspricht der Baum den ML-Ergebnissen von Leebens-Mack et al. 2005; die Position von *Calycanthus* (Magnoliids) jedoch erfuhr dort noch keine statistische Unterstützung, hier ist ihre *clade credibility* 1.0. Interessant ist, dass die Knotenalter insgesamt den mit r8s gefunden zwar ähnlich sind, tendenziell aber jünger ausfallen. Das Alter der Angiospermen beispielsweise hatten wir mit PL auf 167 Millionen Jahre geschätzt; BEAST schätzt es mit dem gleichen Datensatz und prinzipiell identischer Kalibrierung auf 148 Millionen Jahre, und sieht es damit etwas näher an dokumentierten fossilen Befunden (132 mya, Crane und Kollegen 2004). Auch das 95%-Konfidenzintervall für das Angiospermenalter, das Leebens-Mack und Kollegen (2005) für ihre Bootstrap-Analyse mit r8s angeben (158-165 mya) und das 95%-HPD-Intervall für das Angiospermenalter gemäß BEAST (142-153 mya) überlappen nicht – die methodenspezifischen Unterschiede sind also signifikant.

Morrison (2008) empfiehlt als Punktschätzer für Knotenalter das **geometrische Mittel** statt des (üblichen) arithmetischen Mittels. TreeAnnotator und Tracer berechnen jedoch leider nur arithmetisches Mittel oder Median (Zentralwert der Verteilung) – Sie müssten also externe Statistiksoftware benutzen, um die vielleicht eleganteste Zusammenfassung der Verteilung von Divergenzzeiten in einem Wert zu erhalten, der dann in unserem Beispiel noch ein wenig näher an die fossil dokumentierten 132 mya heranrücken würde. Auch FigTree erlaubt wie Tracer die Ausgabe der Grafik im PDF-Format, so dass der Baum in anderen Grafikeditoren schließlich den letzten Schliff vor einer Publikation bekommen kann.

9.5 Absolute Substitutionsraten und Diversifikationsraten

Manchmal ist das Alter bestimmter Kladen gar nicht das eigentliche Ziel, sondern man möchte Informationen über eine wichtige und interessante Größe, die bei „uhrlosen" Ansätzen immer unter den Tisch fallen musste: die **absoluten Substitutionsraten**, also die Anzahl von Substitutionen pro Alignmentposition pro Zeiteinheit, meist gemessen in der Einheit *Substitutions per Site per Billion years* (**SSB**). Die oft verblüffend starken Schwankungen dieser Rate in verschiedenen Organismen und Genloci zählen zu den interessanteren Themenkomplexen aktueller molekularer Phylogenetik (z.B. Parkinson et al. 2005) und ihre möglichen Ursachen sind Fokus laufender Forschungsarbeiten.

Wie Sie gesehen haben, berechnen Programme wie BEAST oder r8s diese Raten ohnehin direkt für jeden Zweig, da sie prinzipiell jedem Zweig seine eigene Uhr zugestehen. Aber auch anders erstellte Chronogramme kann man nutzen, um an die absoluten Raten zu gelangen: hat man einmal eine verlässliche Schätzung für die Anzahl von Substitutionen, die entlang eines Zweiges aufgetreten sind (also ein Phylogramm), sowie die Zeitspanne, die von diesem Zweig überstrichen wird (über das Chronogramm), dann lassen sich die Raten natürlich unmittelbar für jeden Zweig berechnen. Grafisch dargestellt werden sie in einem so genannten **Ratogramm**, dessen Zweiglängen zur jeweiligen Rate entlang des Zweiges proportional sind.

r8s kann ein solches Ratogramm im NEWICK-Format ausgeben, wenn man am Ende einer Analyse einfach `describe plot=rato_description` verlangt. Auch FigTree (Abb. 9.12 auf Seite 271) kann die absoluten Raten, die sich nach einer BEAST-Analyse ergeben, zumindest als Zahl an den Zweigen anzeigen. Weil man den Programmen meist die Altersangaben in Millionen Jahren (statt Milliarden Jahren) mit auf den Weg gibt, sind die ausgegebenen absoluten Raten meist in der Einheit *substitutions per site per million years*. Die Zweigdicke oder -farbe automatisch der Rate entsprechend gestalten lassen kann man in TreeGraph, womit dann Zeitspanne und Rate gleichzeitig in einer Abbildung veranschaulicht werden können (Abb. 9.13 auf der nächsten Seite).

Hat man einmal eine Zeitskala, erschließt sich noch eine weitere interessante Größe: wie viele Linien entstanden pro Zeiteinheit in welchem Zeitabschnitt und in welchem Teil des Baumes? Man spricht von **Diversifikationsraten**, und ein zentraler Ansatz bei ihrer Analyse sind so genannte *Lineage-through-time plots* (**LTT**). Eine sehr gute, aktuelle Übersicht über die Analyse von Diversifikationsraten gibt der Artikel von Ricklefs (2007). Neben der notwendigen Genauigkeit der Datierung per molekularer Uhr ist vor allem die möglichst weitgehende Vollständigkeit der Taxonauswahl in den untersuchten Organismengruppen besonders wichtig (Nee 2001).

Mit einer vernünftigen Einschätzung der Diversifikationsraten kann man dann einer ganzen Reihe interessanter Fragen nachgehen, die bei Verwendung herkömmlicher undatierter Phylogenien unzugänglich bleiben: etwa nach den ökologischen Faktoren, die Artbildungsereignisse einer bestimmten Organismengruppe beeinflusst haben.

9.6 Fossile DNA, *ancient DNA*

Eine ideale Ergänzung zur Eichung eines Stammbaums über das Alter von Fossilien ist natürlich, die **molekularen Sequenzen aus ausgestorbenen Arten oder Fossilfunden** direkt zu erhalten. Viele Berichte über den Erfolg, aus solchen Materialien DNA zu amplifizieren, haben ihren Weg bis in die weitere öffentliche Aufmerksamkeit gefunden, sich aber oft als Kontaminationen mit DNA aus lebenden Organismen (gelegentlich den Experimentatoren selbst) herausgestellt. Inzwischen sind klare Qualitätskontrollen für solche Studien postuliert worden (Gilbert et al. 2005; Pääbo et al. 2004).

Interessante Berichte der letzten Zeit betreffen die Isolierung von DNA aus 7500 Jahre alten menschlichen Skeletten (Haak et al. 2005) und die Klonierung von DNA aus einem Höhlenbären (ausgestorben seit 40.000 Jahren) ohne einen Schritt der DNA-Amplifizierung (Noonan et al. 2005).

Jüngst gelang sogar die Rekonstruktion der kompletten mitochondrialen DNA aus einem Mammut (*Mammuthus primigenius*) aus dem Pleistozän in einem Multiplex-PCR-Ansatz (Krause et al. 2005). Die phylogenetische Analyse zeigte eine etwas engere Ver-

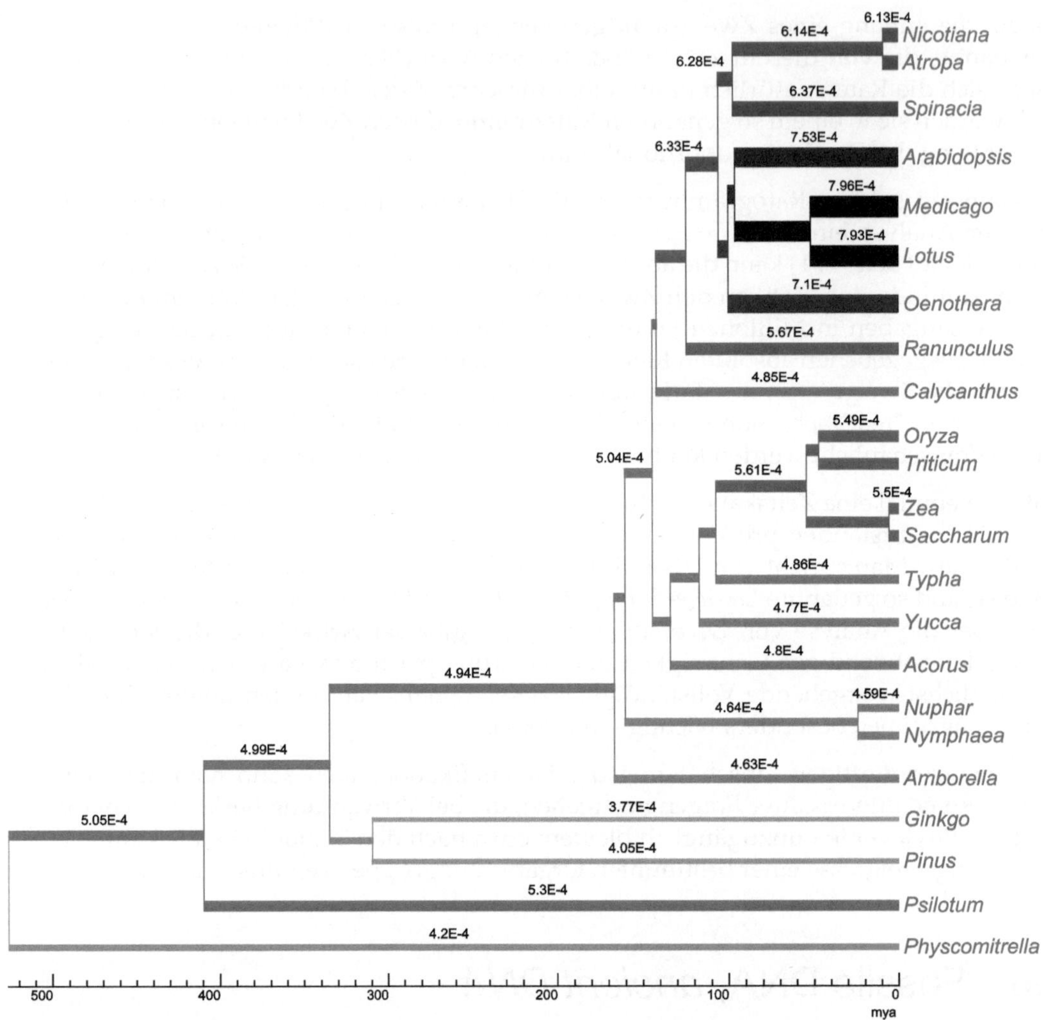

Abbildung 9.13 Mögliche grafische Darstellung absoluter Substitutionsraten im Baum, als Spezialform eines **Ratogramms**: hier sind Zweigdicke und Graustufe in TreeGraph automatisch den Raten der Zweige aus der r8s-Beispielanalyse (Abb. 9.3 auf Seite 255) angepasst worden; gleichzeitig ist das Knotenalter anhand der Zeitskala ablesbar und damit die Information des Chronogramms erhalten. Die absoluten Raten stehen auch über den Zweigen (passend zur Zeitskala in *substitutions per site per million years*). Man erkennt deutlich die Ratenerhöhung im Chloroplastengenom in abgeleiteteren Blütenpflanzen wie etwa den Hülsenfrüchtlern *Medicago* und *Melilotus*.

wandtschaft zum asiatischen als zum afrikanischen Elefanten, im Wesentlichen aber eine Aufspaltung der drei Arten in einem sehr kurzen Zeitraum. BEAST erlaubt, solche *ancient DNA* direkt zusammen mit DNA heutiger Organismen zu analysieren und darüber Datierungen vorzunehmen (Abschnitt 9.4.1 auf Seite 258).

9.7 Leseempfehlungen

Relaxed clocks sind immer noch ein Gebiet, das einer rapiden Entwicklung unterliegt. Eine Zwischenbilanz ziehen die lesenswerten Übersichtsartikel von Renner (2005) und Welch & Bromham (2005). Rutschmann (2006) gibt einen Überblick über die bis zum Jahre 2005 verfügbare Software zur Datierung. Die Einflüsse von verschiedenen fossilen Kalibrierungspunkten und unterschiedlichen Methoden auf molekulare Datierungen für Datensätze der Metazoa vergleichen beispielsweise auch Hug und Roger (2007). Speziell dem Thema „*ancient DNA*" widmen sich Ho und Koautoren (2007) in ihrem Artikel „*Bayesian Estimation of Sequence Damage in Ancient DNA*". Das Buch „*Computational Molecular Evolution*" von Yang (2006) bietet für den Interessierten tiefe Einblicke in die mathematischen Details insbesondere auch von *Relaxed clock*-Analysen im Bayesianischen Kontext. Ein Vergleich verschiedener *Relaxed clock*-Methoden findet sich im Artikel von Lepage und Kollegen (2007).

10 Testen und Vergleichen: Modelle, Bäume und Methoden

„Immer, wenn Dir eine Theorie als die wirklich einzig mögliche erscheint, nimm das als Zeichen, dass Du weder die Theorie noch das zu lösende Problem verstanden hast."
Karl Popper in *Objective Knowledge - an evolutionary approach* (1972)

Woher weiß man eigentlich, welche der im Buch vorgestellten Rekonstruktionsmethoden man verwenden soll? Gar nicht (zumindest nicht ohne weiteres). Sonst würden wir hier nur „die" beste Methode vorstellen und empfehlen, den Rest zu ignorieren. So einfach ist das Ganze aber nun einmal nicht, und es gibt eine Reihe von Publikationen über diese Frage, nicht selten eher philosophischer Natur. Wir geben in diesem Kapitel einen Überblick. Entscheidet man sich für Distanz- und *Likelihood*-basierte Analysen, dann ist die Frage, welches der zahlreichen Modelle aus den vorangegangenen Kapiteln man eigentlich einsetzen soll? Dafür gibt es verschiedene Tests, die wir hier vorstellen – oder man überlässt die Wahl des Modells der Analyse selbst. Hat man einmal einen Baum, gibt es verschiedene Wege, den Grad des Vertrauens abzuschätzen, den man in bestimmte Verzweigungen haben darf – ein Schritt, der mindestens genauso wichtig ist wie die Rekonstruktion des Baumes selbst, denn sonst könnten höchst wackelige, keinem Test standhaltende Hypothesen nicht von den wirklich beinahe sicheren Kernerkenntnissen einer phylogenetischen Studie unterschieden werden. Bayesianische Verfahren liefern diese Abschätzung der Knotenverlässlichkeit gleich mit, andere Methoden nicht – dieses Kapitel stellt die gängigen Verfahrensweisen vor.

Übersicht

10.1 *Phylogenetics' next Topmodel*: Welches ist das beste Modell?

Alle Modelle sind falsch – es sind eben nur Modelle, und die Realität können, sollen und werden sie niemals exakt abbilden. Dennoch sind manche Modelle nützlicher als andere, und man sollte meinen, dass es grundsätzlich wünschenswert ist, wenn die Substitutionsmodelle der biologischen Realität so nah wie möglich kommen, also möglichst komplex sind.

Alle einfacheren Nukleotid-Substitutionsmodelle, die wir in früheren Kapiteln betrachtet haben, sind letztlich ein Spezialfall des allgemeinsten der verbreiteten Modelle, nämlich des GTR+G+I-Modells (Abschnitt 6.2.1 auf Seite 182). Dieses wiederum ist nur ein Spezialfall der kompliziertesten bisher vorgeschlagenen, noch nicht zum Standard gewordenen Modelle. Warum nicht einfach diese realistischsten der verfügbaren Modelle nehmen? Dafür gibt es zwei Antworten: Zum einen kostet es erheblich mehr Zeit, die vielen Parameter komplexer Modelle bei der Analyse zu berücksichtigen und zu schätzen, was besonders bei umfangreichen Datensätzen und normaler Prozessorleistung zum Problem werden kann. Zum anderen geht jede einzelne Schätzung mit einer gewissen Unsicherheit einher, und je mehr verschiedene Parameter geschätzt werden, desto größer ist nachher der stochastische Gesamtfehler, insbesondere wenn der Datensatz im Vergleich zur Anzahl der Parameter nicht übermäßig groß ist. Im Extremfall könnte man so viele oder beinahe so viele Parameter wie unabhängige Datenpunkte vorsehen. Das wäre dann ein klarer Fall von Überanpassung (engl. *overfitting*), mit dem Ergebnis eines **überangepassten Modells** das quasi perfekt zu den Daten passt, und das nicht oder kaum mehr falsifizierbar ist und keine testbaren Vorhersagen mehr erlaubt – anschaulich erläutert beispielsweise in den *Supplementary Information* von Sullivan & Joyce (2005) am Beispiel einer Regressionsanalyse.

Am besten nimmt mal also dasjenige Modell, mit dem eine akkurate Parameterschätzung gelingt *und* der stochastische Gesamtfehler gering bleibt. Dies geht nur mit Hilfe eines Kriteriums, das über die erlaubten Parameter im Modell entscheidet.

10.1.1 Tests zum Vergleich der Substitutionsmodelle: LRT

Eine Möglichkeit, Substitutionsmodelle zu vergleichen, besteht in der Verwendung so genannter ***Likelihood Ratio Tests*** (**LRT**). Deren **Prüfgröße** (engl. *test statistic*) ist der Quotient aus der maximalen *Likelihood* der alternativen Hypothese M_1 und der maximalen *Likelihood* der Nullhypothese M_0 (nach Optimierung aller beteiligten Parameterwerte):

$$\frac{P(D|M_1)}{P(D|M_0)} = \frac{L_1}{L_0}. \tag{10.1}$$

Weil die Wahrscheinlichkeiten bei großen Datensätzen sehr gering sind, rechnet man lieber mit den natürlichen Logarithmen der Wahrscheinlichkeit, die dann als *log-Likelihoods* bezeichnet werden. Gleichung 10.1 wird dann zu:

$$\Delta = \ln L_1 - \ln L_0. \tag{10.2}$$

Bei alternative Hypothesen, deren eine ein Spezialfall der anderen ist („geschachtelte" Modelle, *nested hypotheses/models*), ist 2Δ ziemlich genau verteilt wie **Chi-Quadrat** (χ^2). χ^2-Verteilungen werden in der Statistik vielfach eingesetzt, sind durch genau einen Parameter v charakterisiert (den Mittelwert), und nichts anderes als die schon bekannte Γ-Verteilung mit $\alpha = v/2$ und $\beta = 2$ (Abb. 6.8 auf Seite 184). v wird auch als Freiheitsgrad (engl. *degree of freedom, df*) bezeichnet (die Erläuterung der Herkunft dieses Begriffs würde hier zu weit vom Thema abführen). Bei unserem LRT entspricht v der Differenz der Anzahl von Parametern der verglichenen Modelle. Vergleichen Sie beispielsweise einmal das Jukes-Cantor-Modell (M_0) mit dem F81-Modell (M_1). Hier käme eine Chi-Quadrat-Verteilung mit 3 Freiheitsgraden ($v = 3$) zum Tragen, denn die Differenz der Parameter ist 3: bei F81 werden zusätzlich 3 Nukleotidhäufigkeiten geschätzt (die vierte ergibt sich von selbst, da die Summe 1 sein muss). Für unseren Beispieldatensatz aus Kap. 4 und den in Abb. 4.12 auf Seite 134 gezeigten Baum ist $\ln L_0 = -30320.0547$ und $\ln L_1 = -29328.5859$ und damit $2\Delta = 2(\ln L_1 - \ln L_0) = 1982.9375$. Mittels einer χ^2-Tabelle (in jedem Statistikbuch-Anhang) oder besser per Computer stellt man schnell fest, dass M_1 (F81) signifikant besser ist.

Genau das macht das Programm **Modeltest** (Posada & Crandall 1998; Abschnitt 10.1.3) automatisch, wenn man ihm einen Datensatz und einen vorgegeben Baum zur Verfügung stellt. Dann vergleicht es in einer **hierarchischen Abfolge** jeweils ein einfacheres mit einem komplexeren Substitutionsmodell, also ein parameterärmeres mit einem parameterreicheren (in Abbildung 6.9 auf Seite 185 jeweils den unteren mit dem oberen Ast einer Gabelung). Diagnostiziert es eine signifikante Erhöhung der *Likelihood* bei Annahme eines komplexeren Modells, geht es zur nächsten Ebene weiter, und vergleicht es mit einem noch komplexeren. Wenn es keine signifikante Erhöhung der *Likelihood* feststellt, fügt es den überprüften Parameter hier nicht hinzu, geht dann aber zur nächsten Ebene, um die Hinzunahme *anderer* Parameter zu testen (Abb. 6.9 auf Seite 185). Der hierarchischen Abfolge wegen wird diese Kaskade auch als **hierarchischer *Likelihood Ratio Test*** (**hLRT**) bezeichnet. Nur am Rande sei erwähnt: Um über die zusätzliche Annahme invarianter Positionen und gamma-verteilter Raten zu unterscheiden, benutzt Modeltest nicht mehr einfach χ^2 als Nullverteilung, sondern Mischverteilungen (genauer nachzulesen in der Dokumentation des Programms).

10.1.2 Wahl mittels Informationskriterien

Lässt sich bei zwei verglichenen Modellen nicht das eine als Spezialfall des anderen auffassen, gerät der LRT an seine Grenze. Nun kann man zumindest nicht mehr so bequem die χ^2-Verteilung nutzen. Dann spätestens beruft man sich lieber auf Informationskriterien, z.B. auf das ***Akaike Information Criterion*** (**AIC**, Akaike 1974), das im Prinzip die Anpassungsgüte (z.B. *Likelihood*) des Modells an die vorliegenden empirischen Daten mit Strafpunkten für die Parameterzahl p verrechnet, um deren Anzahl gering zu halten. Für jedes Modell M_i der zu vergleichenden Kandidaten-Modelle wird dabei der AIC-Wert berechnet als

$$\text{AIC} = -2 \ln P(D|M_i)_{\max} + 2p_i, \tag{10.3}$$

Es wird also wieder die *log-Likelihood* nach Optimierung aller beteiligten Parameterwerte berechnet, und mit der Zahl der Parameter p_i verrechnet. Eine Variation für den Fall, dass man viele Parameter im Vergleich zur Datenmenge (Positionen im Alignment n) hat

($n/p < 40$), ist das ***corrected Akaike Information Criterion*** (**AIC**$_c$, Burnham & Anderson 2002):

$$\text{AIC}_c = -2 \ln P(D|M_i)_{\max} + 2p_i + \frac{2p_i(p_i+1)}{n-p_i-1}. \qquad (10.4)$$

Das alternative ***Bayesian Information Criterion*** (**BIC**) (Schwarz 1978) funktioniert ähnlich wie das AIC, nur dass die Stichprobengröße (Positionen im Alignment) n anders in die Berechnung eingeht:

$$\text{BIC} = -2 \ln P(D|M_i)_{\max} + 2p_i \ln(n). \qquad (10.5)$$

Auch AIC und BIC sind in Modeltest verfügbar. Basierend auf dem BIC haben Minin et al. (2003) die Wahl von Modellen aus **entscheidungstheoretischer** Perspektive vorgeschlagen und bieten auch ein Perl-Skript unter `www.webpages.uidaho.edu/~jacks/DTModSel.html` zur Durchführung der entsprechenden Berechnungen an. Eine sehr gute Einführung in die Denkweise der Entscheidungstheorie und zu dem speziellen, manchmal mit **DT** (für *decision theory*) abgekürzten Test findet sich im Review-Artikel von Sullivan & Joyce (2005).

10.1.3 Die Praxis mit Model- und ProtTest

Obwohl **Modeltest** (`http://darwin.uvigo.es/software/modeltest.html`) auch Listen mit *Likelihood scores* auswerten kann und einige weitere Funktionen hat, werden Sie Modeltest in der Praxis vorwiegend auf die im Folgenden beschriebene Art einsetzen. Unter dem Macintosh-Betriebssystem existiert für Modeltest eine bescheidene grafische Oberfläche, unter Windows oder Linux mussten Sie bislang mit der Konsole vorlieb nehmen. Nun bietet das **PaupUp-*Frontend*** (Abschnitt 3.3.2 auf Seite 101) eine grafische Oberfläche an, über die PAUP* (s. auch Abschnitt 4.4.3 auf Seite 135) und auch Modeltest sehr bequem gesteuert werden können. Wenn Sie PaupUp bei der Installation mitgeteilt haben, wo es das ausführbare Modeltest-Programm findet, sollte alles ganz einfach sein; andernfalls müssen Sie das unter dem Menüpunkt „Options-Preferences" noch nachholen (Abb. 10.1 auf der nächsten Seite).

In **PaupUp** öffnen Sie die **NEXUS-Datei** mit Ihrem Alignment. Achten Sie darauf, dass die gewünschten Bereiche des Alignments und die gewünschten Taxa eingeschlossen sind. Im Menü „Analysis" existiert „Modeltest" als eigener Punkt, und es öffnet sich ein Fenster wie in Abb. 10.1 auf der Seite gegenüber dargestellt. Sobald Sie starten, können Sie dabei zuschauen, wie für alle **56 verschiedenen Modelle** aus Abbildung 6.9 auf Seite 185 die *Likelihoods* der Daten unter dem jeweiligen Modell ermittelt werden. Dies geschieht unter Verwendung eines zu Beginn berechneten *Neighbour Joining*-Baumes. Das ist ein gut vertretbarer Ausgangspunkt, aber man könnte auch mit einem anderen guten Baum starten, den man für den Datensatz bereits hat – dies hat praktisch keinen Einfluss auf die Modellauswahl. Bei der Analyse wird eine Datei namens `model.scores` und ein *log file* namens `modelfit.log` angelegt. Im alleinstehenden Modeltest-Programm müssten Sie die `model.scores`-Datei einladen, in PaupUp geschieht das von selbst und Sie erhalten die Ausgabe direkt im Arbeitsfenster (Abb. 10.1). Am Ende steht die **Empfehlung des am besten geeigneten Modells** nach dem *Hierarchical* Likelihood *Ratio Test*

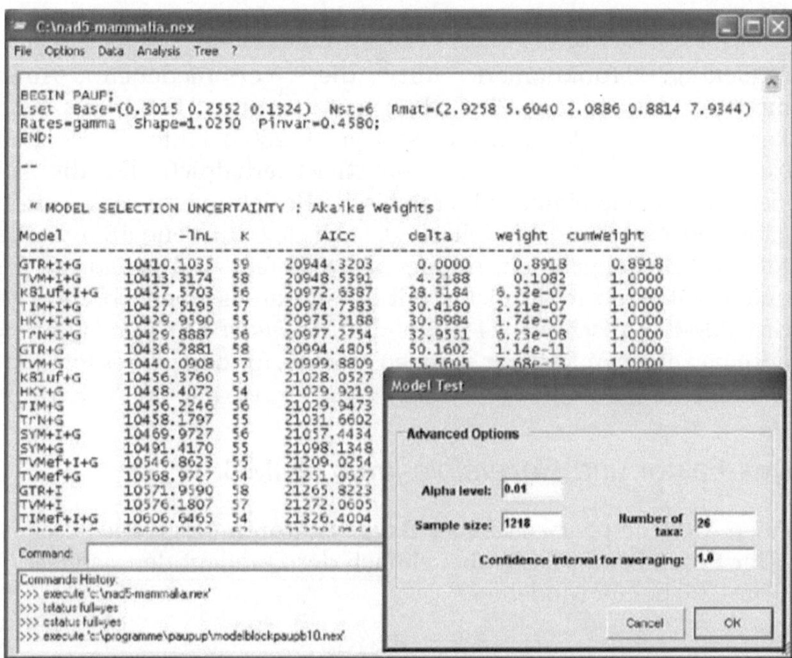

Abbildung 10.1 Die Verwendung von **Modeltest** aus **PaupUp** heraus. Abgebildet ist das Fenster mit Einstellungsmöglichkeiten und das Hauptfenster, das nach vollendeter Analyse eine Tabelle mit den *Likelihoods* der einzelnen Modelle zeigt und einen PAUP-Block (oben im Arbeitsfenster), der zur Einstellung des ausgewählten Substitutionsmodells (hier das GTR+I+G-Modell) direkt in eine NEXUS-Datei kopiert werden kann.

(hLRT) und dem *Akaike Information Criterion* (AIC). Außerdem erhalten Sie direkt die Parametereinstellungen für das optimale Modell in der passenden Syntax für PAUP* in einem **PAUP*-Block** ausgegeben, den Sie nur noch ans Ende Ihrer NEXUS-Datei zu kopieren brauchen. (Wenn sie im Menü „File/Edit" wählen, ruft Modeltest dazu den Texteditor in Ihrem PAUP*-Programm auf.) Bei unserem Beispieldatensatz aus Kap. 4 mit 36 Taxa haben wir mit $2n - 3$ Astlängen 69 Parameter für das einfachste Jukes-Cantor-Modell. Mit zunehmend komplexeren Modellen kommen weitere abzuschätzende Parameter hinzu – bis zu 10 für das GTR+I+G-Modell (für 3 relative Basenhäufigkeiten, 5 relative Austauschraten, den Anteil invariabler Positionen I und den α-Parameter für die Γ-Verteilung). In der Praxis wird sehr oft das GTR+G+I-Modell vorgeschlagen und führt auch in unserem Beispiel (mit dann insgesamt 79 Parametern) die Liste der besten *Likelihood scores* an (Abb. 10.1).

Wenn Sie nach der Wahl des Modells nicht ohnehin mit PAUP* weiterarbeiten wollen, ist die Verwendung von **jModeltest** (Posada 2008; `http://darwin.uvigo.es/software/jmodeltest.html`) wahrscheinlich der einfacherer Weg – dieser neueste Neuzugang in der Modeltest-Programmfamilie verfügt über eine selbsterklärende grafische Oberfläche und beherrscht zudem Modellwahl auf entscheidungstheoretischer Grundlage (**DT**, Abschnitt 10.1.2) und das *Model averaging* (Abschnitt 10.1.4, S. 282).

Wahl des Aminosäure-Substitutionsmodells

Die Modell-Selektion funktioniert für die verschiedenen Aminosäure-Substitutionsmodelle (Abschnitt 6.2.3, S. 186) ganz analog. Hier bietet das speziell dafür entwickelte Programm ProtTest (Abascal et al. 2005) Hilfe. Es ist gratis unter `http://darwin.uvigo.es/software/prottest.html` erhältlich. Da die konkurrierenden Modelle nicht in eine einfache hierarchische Beziehung zu setzen sind wie die meisten der gängigen Nukleotid-Modelle (vgl. Abb. 6.9 auf Seite 185) werden keine hLRTs, aber AIC und BIC angeboten. Anders als ModelTest, und genau wie jModelTest, nutzt ProtTest nicht PAUP, da PAUP nichts mit Aminosäuresequenzen anfangen kann; stattdessen wird PhyML (Abschnitt 3.4.3) für die *Maximum Likelihood*-Optimierungen eingesetzt. Wer seinen eigenen Rechner schonen möchte, für den gibt es ProtTest auch als Server-Variante unter `http://darwin.uvigo.es/software/prottest_server.html`.

10.1.4 Bayes-Faktor und *Reversible-jump* MCMC

Alternativ können Modelle paarweise über **Bayes-Faktoren** (engl. *Bayes factors*) verglichen werden. Der Bayes-Faktor ist hierbei einfach der Quotient der *marginal likelihoods* (Abb. 8.3 auf Seite 236) beider Modelle M_i,

$$B_{jk} = \frac{P(D|M_j)}{P(D|M_k)}. \tag{10.6}$$

Wie schon bei AIC und BIC, müssen die Modelle nicht verschachtelt sein und die Unterschiede in der Parameterzahl gehen in die Berechnungen nicht explizit ein. Leider kann die *marginal likelihood* eines Modells nicht ohne weiteres bestimmt werden (Abb. 8.3 auf Seite 236), aber grob geschätzt werden über das harmonische Mittel (engl. *harmonic mean*) der *Likelihood*-Werte einer MCMC-Stichprobe (Abschnitt 8.3; Newton & Rafters 1994). Dieses berechnet MrBayes beispielsweise automatisch, wenn man den Befehl `sump` wählt. Ein Modellvergleich in MrBayes funktioniert daher ganz einfach: Sie lassen zwei verschiedene Analysen laufen (mit zwei verschiedenen Modellen) und sich dabei den Logarithmus der *marginal likelihoods* beider Modelle als *harmonic mean* schätzen und per `sump` ausgeben. Die Differenz beider Logarithmen ist der Logarithmus des Bayes-Faktors. Die Werte des Bayes-Faktors werden gemeinhin entsprechend den Empfehlungen von Kass & Raftery (1995) interpretiert (Tab. 10.1).

Model averaging und *Reversible-jump Markov chain Monte Carlo*

Statt sich für ein einziges Modell zu entscheiden und die Unsicherheit, das richtige erwischt zu haben, einfach in Kauf zu nehmen, kann man die in Frage kommenden Modelle gewichten (etwa nach ihrem AIC, *Akaike weights*), dann die Parameterschätzungen mit

Tabelle 10.1 Interpretation von Bayes-Faktoren nach den Empfehlungen von Kass & Raftery (1995).

$\ln B_{jk}$	B_{jk}	Evidenz gegen Modell M_k
0–1	1–3	kaum erwähnenswert
1–3	3–20	deutlich
3–5	20–150	stark
>5	>150	sehr stark

den verschiedenen Modellen wiederholen, und schließlich einen durchschnittlichen Parameterwert schätzen unter Berücksichtigung der Gewichtung der einzelnen Modelle. Dies wird als ***Model averaging*** bezeichnet und ist in **jModelTest** implementiert.

Von dort ist es konzeptionell nur ein kleiner Schritt zu einer vielleicht noch konsequenteren Einbeziehung der Unsicherheit bei der Modellwahl in die phylogenetische Analyse unter einer klar Bayesianischen Sichtweise und Verwendung von ***Reversible-jump Markov chain Monte Carlo*** als Algorithmus (**RJMCMC**). Dabei werden während der MCMC auch Vorschläge zum Wechsel zwischen den in Frage kommenden Modellen gemacht (z.B. Huelsenbeck et al. 2004). Die Häufigkeit, mit der einzelne Modelle während der MCMC aufgesucht werden, entspricht dann ihrer Posteriorwahrscheinlichkeit. Der Standard-MCMC-Algorithmus (Abschnitt 8.3 auf Seite 236) funktioniert dafür nicht, weil die verschiedenen Modelle eine unterschiedliche Anzahl von Parametern aufweisen. Die Kette muss, wie es im Jargon heißt, zwischen verschiedenen „Dimensionen der Parameterräume" springen können, und dies kann MCMC nicht, sondern ist die Spezialität von RJMCMC. Nur die wenigsten Computerprogramme implementieren zur Zeit *Reversible-jump* Markov chain Monte Carlo. Eine Ausnahme ist **BayesTraits** (Pagel & Meade 2006; `www.evolution.rdg.ac.uk/BayesTraits.html`), das vor allem für die Analyse der Korrelation von Merkmalen gedacht ist. Sowohl für BEAST als auch für MrBayes (das jetzt schon in begrenztem Maße *model jumping* zwischen empirischen Aminosäure-Modellen erlaubt) ist eine Implementierung jedoch geplant.

10.1.5 „*The winner is...*": Modelle auf dem Weg zur Realität

Die Praxis zeigt, dass von den üblichen in Software implementierten Nukleotid-Substitutionsmodellen sehr oft GTR+G, GTR+I, oder **GTR+G+I** vorgeschlagen werden und nur selten einfachere Modelle empfohlen werden. Insbesondere die Annahme von Ratenheterogenität zwischen Alignmentpositionen (+G) macht einen großen Unterschied und wird beinahe immer empfohlen (Kelchner & Thomas 2007; Whelan 2008). Meist sind die Vorschläge basierend auf hLRT und Informationskriterien sehr ähnlich. Die Tendenz von hLRT und AIC, insbesondere bei großen Datensätzen parameterreiche Modelle zu belohnen, ist ein bekanntes Phänomen (Yang 2006). Das BIC jedoch bestraft zu viele Parameter weit stärker als AIC. Vielleicht ist die Tatsache, dass dennoch in der Praxis meist komplexere Modelle empfohlen werden, vor allem Ausdruck dafür, dass unsere bisher im Umlauf befindlichen Modelle allesamt eher noch zu simpel sind (Kelchner & Thomas 2007). Natürlich kann man unvorsichtigerweise Modelle immer so konstruieren, dass sie überangepasst sind oder manche Parameterwerte einfach nicht vernünftig geschätzt werden können, egal wie viele Daten man auf das Problem loslässt (*non-identifiability*; Rannala 2002) – doch dies spricht nicht gegen viele Parameter an sich. Insbesondere im Zeitalter der vergleichenden Analyse ganzer Genome mit Hunderttausenden von Merkmalen scheint die Sorge, mit zu einfachen Modellen inkonsistente Schätzungen zu provozieren, vielleicht doch etwas größer als die Gefahr, trotz der Größe der Datensätze nicht genügend Datenpunkte für eine verlässliche Schätzung der Parameterwerte zu haben. Vor diesem Hintergrund sind die aktuellen Entwicklungen auf dem Modell-Markt mit immer realistischeren Modellen umso begrüßenswerter.

Zeitliche Heterogenität der Evolutionsmuster

In den allermeisten bisher betrachteten Substitutionsmodellen wurde für alle Zweige im Baum ein und derselbe Substitutionsprozess angenommen; lediglich die *relaxed-clock*-Modelle (Abschnitt 9.1.2) erlaubten die Variation der Gesamtrate (also unabhängig von betroffenem Nukleotid oder betroffener Aminosäure) im Baum.

Tuffley & Steel (1998) haben eine besondere Form der Modellierung dieser zeitlichen Ratenvariabilität vorgeschlagen, so genannte **Covarion**-Modelle. Diese nehmen an, dass über die Zeit hinweg zwischen zwei Substitutionsprozessen gewechselt werden kann; in dem einen ist einer Alignmentposition erlaubt, dass Nukleotidaustausche stattfinden (Zustand „an"), in dem anderen ist dies nicht erlaubt („aus"). Wenn sie „an" ist, evolviert die Position gemäß eines der typischen Nukleotid-, Aminosäure- oder Codonsubstitutionsmodelle. Die Übergänge zwischen „an" und „aus" werden durch zwei weitere Parameter kontrolliert, die die Raten der Übergänge von „an" zu „aus" (s_{10}) und „aus" zu „an" (s_{01}) angeben. Mit dem GTR-Modell (Abschnitt 6.11) im „an"-Zustand und k als Skalierungskonstante, die den Anteil mit Zustand „an" an der Gesamtzeit angeben, ergibt sich die Ratenmatrix

$$
\boldsymbol{Q} = \begin{pmatrix}
 & \mathrm{A_{aus}} & \mathrm{C_{aus}} & \mathrm{G_{aus}} & \mathrm{T_{aus}} & \mathrm{A_{an}} & \mathrm{C_{an}} & \mathrm{G_{an}} & \mathrm{T_{an}} \\
\mathrm{A_{aus}} & \cdot & 0 & 0 & 0 & s_{01} & 0 & 0 & 0 \\
\mathrm{C_{aus}} & 0 & \cdot & 0 & 0 & 0 & s_{01} & 0 & 0 \\
\mathrm{G_{aus}} & 0 & 0 & \cdot & 0 & 0 & 0 & s_{01} & 0 \\
\mathrm{T_{aus}} & 0 & 0 & 0 & \cdot & 0 & 0 & 0 & s_{01} \\
\mathrm{A_{an}} & s_{10} & 0 & 0 & 0 & \cdot & k\pi_C a & k\pi_G b & k\pi_T c \\
\mathrm{C_{an}} & 0 & s_{10} & 0 & 0 & k\pi_A a & \cdot & k\pi_G d & k\pi_T e \\
\mathrm{G_{an}} & 0 & 0 & s_{10} & 0 & k\pi_A b & k\pi_C d & \cdot & k\pi_T f \\
\mathrm{T_{an}} & 0 & 0 & 0 & s_{10} & k\pi_A c & k\pi_C e & k\pi_G f & \cdot
\end{pmatrix}. \tag{10.7}
$$

MrBayes kann Analysen unter dieser Art eines Covarion-Modells durchführen. Wang et al. (2007) haben eine generalisierte Form von Covarion-Modellen vorgeschlagen, kurz **GCM** genannt.

Noch allgemeiner und vielversprechender ist ein Modelltyp von Whelan (2008), **THMM** genannt (für ***Temporal Hidden Markov Model***). *Hidden Markov Models* (HMMs) allgemein sind stochastische Modelle, die sich aus zwei Zufallsprozessen zusammensetzen: der erste entspricht einer Markov-Kette, deren Zustände versteckt (*hidden*) und unsichtbar sind; der zweite bringt beobachtbare Zustände anderer Art hervor, die von den Zuständen des ersten abhängen. Bei THMMs sind die zwei Prozesse: 1. Nukleotidsubstitutionen, die gemäß eines Standard-Substitutionsmodells ablaufen und zu beobachtbaren Zustandsänderungen führen und 2. Wechsel zwischen verschiedenen Formen dieser Standard-Substitutionsprozesse. In solch einem Modell variieren nun nicht mehr wie im GCM-Modell nur die Gesamtsubstitutionsraten im Baum, sondern auch Nukleotidzusammensetzung (π_A etc.) und Substitutionstypen (z.B. κ oder die relativen Raten $a, b, ...e$ im GTR-Modell). In einem THMM gibt es n verschiedene Substitutionsprozesse, wobei (im Falle von Nukleotiddaten und Annahme eines HKY85-Nukleotidsubstitutionsmodells) der $x$te Prozess wie folgt durch eine Ratenmatrix $\boldsymbol{N}^x = N^x_{i,j}$ beschrieben werden kann:

$$\boldsymbol{N^x} = \mu^x \begin{pmatrix} \cdot & \pi_C^x & \pi_G^x\kappa^x & \pi_T^x \\ \pi_A^x & \cdot & \pi_G^x & \pi_T^x\kappa^x \\ \pi_A^x\kappa^x & \pi_C^x & \cdot & \pi_T^x \\ \pi_A^x & \pi_C^x\kappa^x & \pi_G^x & \cdot \end{pmatrix}. \tag{10.8}$$

μ^x ist dabei die Gesamtsubstitutionsrate des Prozesses x, $\pi_C^x, \ldots, \pi_T^x$ sind die Nukleotidhäufigkeiten in diesem Prozess, und κ^x ist das dort geltende Verhältnis von Transitionen zu Transversionen. Natürlich könnte man hier analog auch ein GTR-Modell mit den Raten $a^x, \ldots, e^x$ annehmen.

Diese n verschiedenen Unterprozesse sind die versteckten Klassen (engl. *hidden classes*) des HMM. Sie sind durch den zweiten Prozess verknüpft, der die Übergangsraten zwischen den verschiedenen Klassen spezifiziert, diesmal anhand einer $n \times n$ Ratenmatrix:

$$\boldsymbol{W} = \begin{pmatrix} \cdot & r^{2,1}\pi^2 & r^{3,1}\pi^3 & \ldots & r^{n,1}\pi^n \\ r^{1,2}\pi^1 & \cdot & r^{3,2}\pi^3 & \ldots & r^{n,2}\pi^n \\ r^{1,3}\pi^1 & r^{2,3}\pi^2 & \cdot & \ldots & r^{n,3}\pi^n \\ \vdots & \vdots & \vdots & \ddots & \vdots \\ r^{1,n}\pi^1 & r^{2,n}\pi^2 & r^{3,n}\pi^3 & \ldots & \cdot \end{pmatrix}. \tag{10.9}$$

Die Wahrscheinlichkeiten für jede versteckte Klasse werden durch $\pi^1, \ldots, \pi^n$ ausgedrückt; $r^{k,l}$ steht für die relativen Raten für den Wechsel zwischen den Klassen k und l. Der Prozess ist ebenfalls wieder reversibel (*time reversible*), so dass $r^{k,l} = r^{l,k}$.

Zum endgültigen THMM-Modell kommt man durch Kombination beider Matrizen zu einer $n4 \times n4$-Ratenmatrix $\boldsymbol{Q}$, bei der Nukleotidsubstitutionen (tiefgestellte Buchstaben) durch Wechsel zwischen i und j, und Übergänge zwischen versteckten Klassen (hochgestellte Buchstaben) durch Wechsel zwischen k und l dargestellt werden:

$$Q_{i,j}^{k,l} = \begin{cases} 0 & i \neq j \text{ und } k \neq l \\ N_{i,j}^k & i \neq j \text{ und } k = l \\ \pi_j^l W^{k,l} & i = j \text{ und } k \neq l \end{cases}. \tag{10.10}$$

Das Modell soll demnächst im Programm Leaphy (`www.manchester.ac.uk/bioinformatics/leaphy`; Whelan (2007)) verfügbar sein. Ein weiteres Modell, das im Unterschied zu allen anderen bisher genannten keinen stationären oder homogenen Markovprozess voraussetzt, und vor allem keine Reversibilität verlangt, geht auf Barry & Hartigan (1987) zurück und wurde z.B. von Jayaswal et al. (2005) ausgearbeitet. Es wird oft als ***General Markov Model*** (**GMM**) bezeichnet, und es kursieren einige Varianten, die leichte Vereinfachungen vornehmen. Dennoch ist das GMM in phylogenetischen Analysen schwerer handhabbar als das THMM (Whelan 2008).

Sekundärstruktur und mikrostrukturelle Evolution

Selbst diese zuletzt vorgestellten, wahrlich recht komplizierten Modelle übersehen noch immer einige Grunderkenntnisse zur DNA-Evolution, weshalb die Entwicklung weiterer, realistischerer Markov-Modelle noch längst nicht beendet ist. Sie alle ignorieren nämlich Lücken im Alignment, die durch Insertionen, Deletionen, oder allgemein Prozesse der mikrostrukturellen Evolution (z.B. Inversionen, Transpositionen) notwendig werden, will man homologe Position übereinanderstellen. Die Nichtbeachtung von Lücken kommt dadurch zustande, dass die zu ihrer Entstehung beitragenden Prozesse auf nicht von vornherein offensichtliche Art und Weise **mehrere Position auf einmal** betreffen, was verhindert, dass sie bequem in die bisher besprochenen Markovmodelle, die den Substitutionsprozess positionsweise beschreiben, integriert werden könnten. Die in der Literatur manchmal auftauchenden Alternativen, Lücken als fünfte (21., 62.) Merkmalszustände zu betrachten, oder sie wie N bzw. X (d.h., als Hybride der möglichen Merkmalszustände) zu behandeln, kann man mit wenig Überlegung als inakzeptabel ausschließen. Wir waren darauf in Abschnitt 5.5 auf Seite 170 bereits eingegangen, wie auch auf die Möglichkeiten, Lücken bei Parsimonieanalysen zu berücksichtigen.

Man kann – z.B. in MrBayes – binär (also 01-) codierte Indels (z.B. über SIC codiert, Abschnitt 5.5) mit einem recht einfach gestrickten **Binärmodell** (engl. *binary model*) bedienen, bei dem lediglich unterschiedliche Häufigkeiten π_1 und π_0 der Zustände 0 und 1 berücksichtigt werden (wie beim F81-Modell für Nukleotide, Abschnitt 6.2.1, S. 181):

$$\boldsymbol{Q} = \begin{pmatrix} & 0 & 1 \\ 0 & \cdot & \pi_1 \\ 1 & \pi_0 & \cdot \end{pmatrix}. \tag{10.11}$$

Die binäre Datenmatrix lässt sich dann zusammen mit Nukleotiddaten in einer partitionierten Analyse analysieren, wenn man ihr dieses Binärmodell zuordnet, und den Nukleotiddaten gleichzeitig eines der Nukleotid-Substitutionsmodelle. Das Computerprogramm der Wahl für dieses Vorgehen wäre momentan MrBayes.

Damit ist man aber noch weit von einer realistischen Einbettung der mikrostrukturellen Evolutionsprozesse in ein Gesamtmodell, das auch den Nukleotid- (oder Codon-, Aminosäure-) Substitutionsprozess umfasst, entfernt. Der große Vorteil von solch einem Modell wäre, dass nun auch die Alinierung in einem Schritt zusammen mit der Baumsuche erfolgen könnte. Erste Versuche, dies zu erreichen, gehen auf Kishino und Kollegen (1990) zurück. Thorne und Kollegen schlugen darauf basierend das **TKF91**-Modell vor (Thorne et al. 1991; Thorne et al. 1992), das den Indel-Evolutionsprozess aber immer noch zu stark vereinfacht (Yang 2006), obwohl es bereits große Ansprüche an die Rechenleistung stellt. Dieses Modell steht in BEAST zur Verfügung. Zur Zeit wird aktiv an Ansätzen geforscht, die weitere Verbesserungen gegenüber diesen Modellen bringen (z.B. Redelings & Suchard 2005), doch man hat sich bisher noch auf kein wirklich befriedigendes Modell geeinigt und eine Implementierung selbst der meisten einfacheren Varianten in den gängigen Softwarepaketen steht noch aus.

Lediglich für die Berücksichtigung von Sekundärstrukturen und durch diese hervorgerufene Abhängigkeiten zwischen den Alignmentpositionen gibt es eine ganze Reihe spezialisierter Modelle (z.B. Tillier & Collins 1995, Schöniger & von Haeseler 1999, Smith et al. 2004), wobei auch hier eine Implementierung in allgemein verfügbarer Software noch auf sich warten lässt, sieht man einmal von dem **Doublet-Modell** (Schöniger & von Haeseler 1994) ab, das in MrBayes Einzug gefunden hat. Das Modell erlaubt, **kompensatorische Nukleotidsubstitutionen** (**CBCs** = *compensatory base changes*) in *stem regions* z.B. von rRNA zu berücksichtigen. Gibt man die Alignmentpositionen an, die in den *stem-*

Regionen gepaart sind (über den `pairs`-Befehl in MrBayes) und partitioniert den Datensatz in *stem*- und *loop*-Regionen, dann kann man den *stem*-Regionen dieses Doublet-Modell zuordnen, den anderen Regionen passende Standardmodelle, und dann alle Daten zusammen analysieren. Das Doublet-Modell weist dabei diesen Paaren (*doublets*, z.B. A-A, A-C, ...) Raten mittels einer 16×16-Matrix $\boldsymbol{Q}$ zu. Wenn i und j zwei unterschiedliche *doublets* sind, und kl ein Paar von Einzelnukleotiden, zwischen denen der Übergang mit der relativen Rate r_{kl} stattfindet, dann wird die Matrix wie folgt gefüllt:

$$Q_{i,j} = \begin{cases} \pi_j r_{kl} & i \,\&\, j \text{ unterscheiden sich durch 1 Nukleotid} \\ 0 & i \,\&\, j \text{ unterscheiden sich durch 2 Nukleotide} \end{cases} . \qquad (10.12)$$

10.2 Evaluation von Stammbäumen

Wir haben im Verlauf des Buches schon mehrfach von *Bootstrapping* gesprochen und es auch schon mit PAUP durchgeführt, aber sind eine Erläuterung des zugrundeliegenden Konzeptes bisher schuldig geblieben. Dies wollen wir hier nachholen.

Resampling Plans ist die übergeordnete Bezeichnung für ***Bootstrap*** und ***Jackknife*** – beide sind sich sehr ähnlich, bei beiden werden aus den Beobachtungen (Daten) mehrfache, zufällige und unabhängige Stichproben (engl. *samples*) genommen, daher *Resampling*. Die *Jackknife*-Prozedur ist historisch zuerst vorgeschlagen worden, aber im Rahmen phylogenetischer Analysen wurde zuerst der *Bootstrap* eingeführt (Felsenstein 1985).

10.2.1 *Bootstrap* und *Jackknife*

Das grundsätzliche **Prinzip des *Bootstraps*** zeigt Abbildung 10.2 auf der nächsten Seite. Aus einer Stichprobe einer unbekannten Verteilung sollen Eigenschaften (Parameter) dieser Verteilung geschätzt werden; im gezeigten Beispiel soll der *tatsächliche Mittelwert* μ anhand des *Durchschnitts der Stichprobe* $\bar{y}$ geschätzt werden. Es ist nun schwierig, die Variabilität dieser Schätzung zu beschreiben, wenn man keine weiteren Stichproben nehmen kann, um wiederholt $\bar{y}$ zu schätzen (linke Spalte, graue Häufigkeits-Verteilungen für weitere zufällige Stichproben). Dies gilt besonders, wenn es sich um eine kompliziertere Größe als den im Beispiel verwendeten Mittelwert handelt, die geschätzt werden soll. Eine Lösung ist der *Bootstrap*. Dazu wird über **Ziehen mit Zurücklegen** wiederholt eine Pseudo-Stichprobe gleichen Umfangs wie die Original-Stichprobe zusammengestellt. Die Varianz der verschiedenen, auf einzelnen Bootstrap-Wiederholungen (***Replicates***) basierenden Schätzungen $\bar{y}^*$(rechte Spalte), ist eine gute Annäherung an die Varianz, die man beobachten würde, könnte man weitere tatsächliche Stichproben nehmen (linke Spalte). Für viele Verteilungstypen und Schätzer ist gezeigt worden, dass die Variabilität akkurat abgebildet wird, wenn die Stichprobe groß und die **Anzahl der Bootstrap-Wiederholungen hoch** ist.

Bei phylogenetischen Datensätzen kann oder will man nicht weitere Datensätze mit mutmaßlich gleichen Eigenschaften zusammenstellen, sondern anderweitig empirische Information über die Varianz in den zugrundeliegenden evolutionären Prozessen gewinnen. Da die Eigenschaften der Taxa (die Vertikale der Alignments) durch ihre Verwandtschaft offensichtlich mehr oder weniger starke gegenseitige Abhängigkeiten zeigen, die

Abbildung 10.2 Das **Prinzip des *Bootstrappings*** erläutert an einem Beispiel: eine Vogelart legt 50 Eier pro Gelege; die Anzahl tatsächlich schlüpfender Küken pro Gelege, μ, soll bestimmt werden. Es wird eine Stichprobe mit N=25 genommen (oben links), also bei 25 verschiedenen Gelegen gezählt, wobei durchschnittlich $\bar{y} = 14$ Küken ermittelt werden (gestrichelte Linie). Weitere Stichproben (unten links, grau) seien aus Kostengründen nicht möglich. Die Häufigkeits-Verteilungen solch hypothetischer Stichproben (grau) sind also unbekannt. Die Varianz, die man beobachten würde, wenn weitere Stichproben genommen werden könnten, kann aber durch den *Bootstrap* abgeschätzt werden, indem wiederholt Daten aus der einzigen realen Stichprobe zufällig neu zusammengestellt werden und daraus jeweils die Anzahl geschätzt wird ($\bar{y}^*$; Ziehen mit Zurücklegen; rechts, schwarz). ►

aus statistischen Gründen nicht erlaubt sind, sind die Merkmale (die Horizontale der Alignments) geeigneter als die Taxa, um mittels *Bootstrap* eine Abschätzung von Varianz zu betreiben. Gemessen wird also in der Regel die Variabilität phylogenetischen Signals von Merkmal zu Merkmal. Dazu wird eine *Bootstrap*-Merkmalsmatrix gleicher Größe wie die Originalmatrix per Ziehen und Zurücklegen zufällig neu zusammengestellt, wie in Abbildung 10.3 gezeigt. Jede neue Matrix dient als Basis für die Rekonstruktion des optimalen Baumes oder der optimalen Bäume. Der *Bootstrap*-Baum fasst dann die Ergebnisse der einzelnen Bootstrap-Wiederholungen zusammen, indem er die Häufigkeit, mit der bestimmte Knoten gefunden wurden, angibt (in der Regel als Zahl über den Zweigen; Abb. 10.3 oben rechts). Meist handelt es sich dabei um einen ***Majority Rule*-Konsensusbaum**, d.h., wenn ein Knoten in z Prozent oder mehr der Bootstrap-Wiederholungen gefunden wird, wird er gezeigt. Üblicherweise ist $z = 50$. In Abbildung 10.3 oben rechts ist jedoch auch ein Baum gezeigt, bei dem ein Knoten nur in 40% der Bootstrap-Wiederholungen gefunden wurde. Finden sich in einem Replikat *mehrere* (n) optimale Bäume, kann man zunächst *daraus* einen ***Strict Consensus*-Baum (SC)** berechnen und dann für jedes *Replicate* nur diesen in die Berechnung des *Bootstrap*-Baumes einfließen lassen (unterer *Bootstrap*-Baum oben rechts in Abb. 10.3). Alternativ gewichtet man jeden einzelnen der in Konflikt stehenden Bäume eines *replicates* geringer, und berechnet den *Bootstrap*-Baum als Konsensus aus allen Einzelbäumen, wobei jede einzelne Topologie das Gewicht $1/n$ erhält – der ***Frequency-Within-Replicates*-Ansatz** (**FWR**, oberer *Bootstrap*-Baum oben rechts). Letzterer ist der Ansatz, den PAUP* verwendet. Die Werte, die schließlich den Kladen zugeordnet werden, bezeichnet man als ***Bootstrap*-Werte** (engl. *Bootstrap-p-values, Bootstrap proportions*).

Jackknife

Jackknifing funktioniert ähnlich wie *Bootstrapping*, aber im Unterschied dazu wird in jedem *replicate* ein bestimmter Anteil zufällig ausgewählter Merkmale gelöscht. Manche Autoren argumentieren, dass ein Anteil von $1/e$ (also etwa 37%) gelöschten Merkmalen auf lange Sicht zu denselben Ergebnissen führt, die mit *Bootstrapping* erreicht würden (Farris et al. 1996). In manchen Fällen, so kann man zeigen, ist jedoch die *Jackknife*-Unterstützung bei einem Anteil von 50% gelöschten Merkmalen näher an den *Bootstrap*-Werten (Felsenstein 2004). Die Erfahrung zeigt, dass die *Bootstrap*-p-Werte (oder die *Bootstrap*-Unterstützung eines Knotens in Prozent) mit den entsprechenden *Jackknife*-Werten bei $1/e$ gelöschten Merkmalen recht gut übereinstimmen. Beim Vergleich der Unterstützung bestimmter Knoten zwischen verschiedenen Bäumen sollte man also nicht einfach *Bootstrap* mit *Jackknife* vergleichen und auch nicht *Jackknife*-Werte von verschiedenen Bäumen, ohne die Parameter des *Resampling Plans* möglichst genau zu kennen.

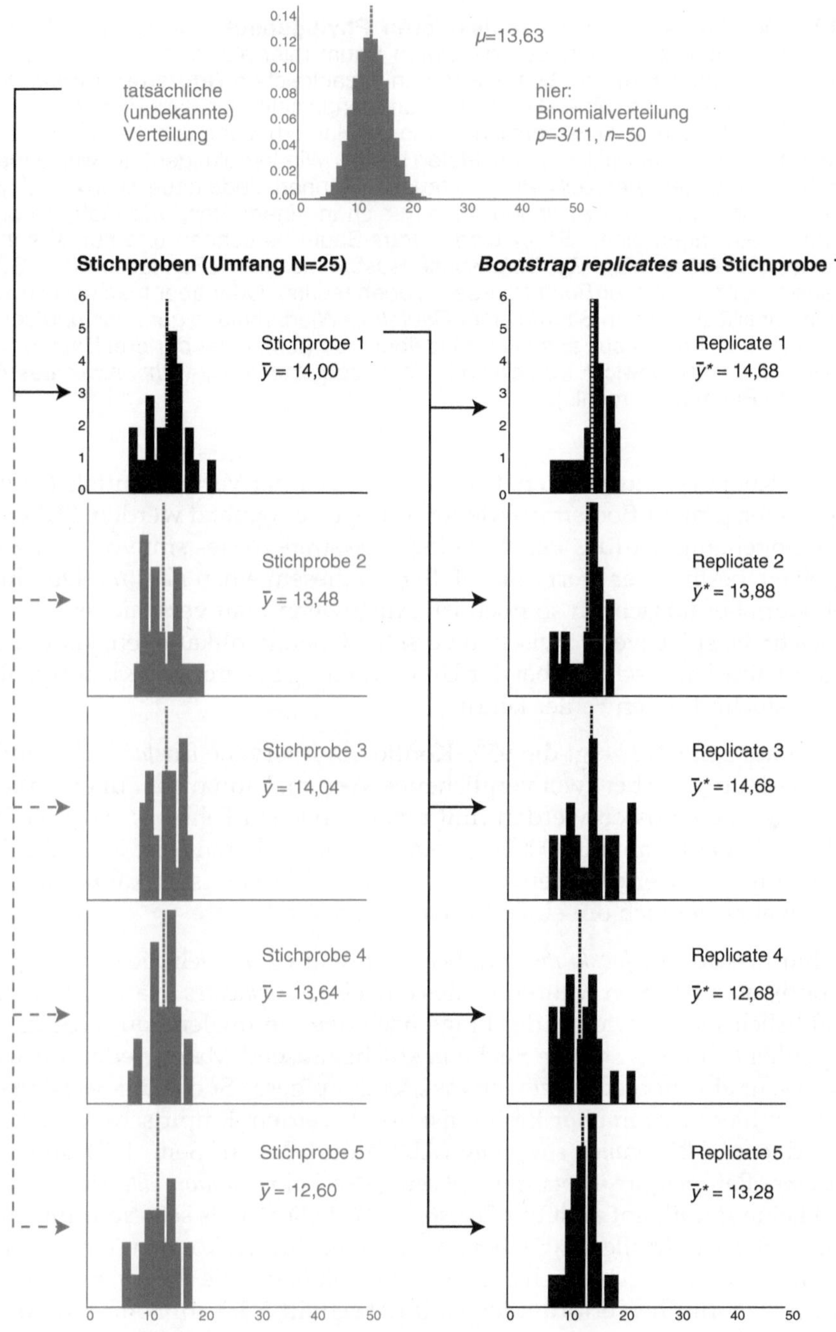

Optimale Parameter bei *Bootstrap* und *Jackknife*

Prinzipiell sind *Bootstrap* und *Jackknife* anwendbar unabhängig von der Rekonstruktionsmethode – es ist also genausogut möglich, unter *Maximum Parsimony* wie unter *Maximum Likelihood* und auch bei Distanzverfahren mittels *Resampling* die Verlässlich-

Abbildung 10.3 Der ***Bootstrap*** in der **molekularen Phylogenetik**. Die Original-Datenmatrix (grau, oben) führt zu dem rechts daneben gezeigten Baum (hier als Beispiel der kürzeste, per *Maximum Parsimony* gefundene). Die Matrix wird nun in zahlreichen ***Bootstrap Replicates*** wiederholt zufällig neu zu Matrices gleichen Umfanges sammengestellt. Das dabei verwendete Prinzip des „Ziehens mit Zurücklegen" wird verdeutlicht durch die Hervorhebung von drei Merkmalen 1–3, die teilweise gar nicht (z.B. Merkmal 3 in den letzten beiden Wiederholungen), teilweise mehrfach (z.B. Merkmal 3 in den ersten drei *replicates*) auftauchen können. Jede neue Matrix wird genutzt, um erneut einen optimalen Baum zu finden. Finden sich in einem *Replicate* mehrere optimale Bäume, kann man aus ihnen einen ***Strict Consensus***-Baum berechnen und nur diesen in die Berechnung eines ***Bootstrap Majority Rule***-Konsensusbaumes einfließen lassen (der SC- oder *strict-consensus*-Ansatz; s. unterer *Bootstrap*-Baum oben rechts). Oder aber man gewichtet jeden einzelnen der in Konflikt stehenden Bäume einer *Bootstrap*-Wiederholung geringer, und berechnet den *Bootstrap*-Baum als Konsensus aus allen Einzelbäumen (d.h., jeder der drei Bäume des vorletzten *replicates* erhält das Gewicht 1/3 usw.; der FWR- oder *frequency-within-replicates*-Ansatz; s. oberer *Bootstrap*-Baum oben rechts). ►

keit bestimmter Knoten einzuschätzen. Die Abschätzung der Varianz mittels *Resampling* wird umso genauer, je mehr Bootstrap-Wiederholungen eingesetzt werden. Daher ist die Kenntnis der Ungenauigkeit (des Fehlers) eines *Bootstrap*-Wertes sinnvoll, um z.B. einzuschätzen, ob ein bestimmter Wert nur zufällig bei diesem einen *Boostrap*-Durchlauf so hoch ausfiel oder aber tatsächlich so hoch ist. Auch wenn man verschiedene *Bootstrap*-Bäume vergleicht, beispielsweise zwischen verschiedenen Publikationen, kann man nur dann auf signifikante Unterschiede bei der Unterstützung bestimmter Kladen schließen, wenn man den stochastischen Fehler kennt.

Abbildung 10.4 auf Seite 292 zeigt die 95%-Konfidenz-Intervalle für *Jackknife*- und *Bootstrap*-Werte: überlappen sie bei zwei verglichenen Werten, kann nicht auf einen tatsächlichen Unterschied geschlossen werden (mit einem üblichen Fehler 1. Art von 5%). Es wird auch deutlich, dass man mit 10000 *replicates* auf der sicheren Seite ist und bei signifikanten Unterstützungswerten ab etwa 90% schon recht sicher sein kann, dass es sich nicht genauso wahrscheinlich um eine 91 oder 89 handeln könnte.

Erheblichen Einfluss auf die *Jackknife*- und *Bootstrap*-Werte hat auch die Genauigkeit der Suche nach optimalen Bäumen während jedes einzelnen *Replicates*. Natürlich kann man nicht so ausführlich suchen wie bei der Frage nach dem optimalen Baum für die Originalmatrix – schließlich muss so eine Suche ja etliche tausend Male wiederholt werden. Die Frage, wie sehr eine notgedrungen etwas „schlampigere" Suche die *Bootstrap*-Werte beeinflusst, kann hier nicht in aller Breite diskutiert werden. Empirische Daten zeigen, dass ein gründliches TBR *branch swapping* (Abschnitt 5.3.3 auf Seite 162) unter Beibehaltung nur *eines* Baumes pro *Bootstrap replicate* (also keine *random addition cycles* oder *ratchet cycles*) keine signifikant anderen *Bootstrap*-Werte liefert als sehr zeitraubende, extrem gründliche Suchen (Müller 2005). Bei Parsimonieanalysen können selbst sehr große Datensätze, für die bei der Suche nach einem optimalen Baum die *Parsimony Ratchet* oder andere schnelle Algorithmen erforderlich sind (Abschnitt 5.3.5 auf Seite 166), ohne allzugroßen Aufwand einem *Bootstrap* unterzogen werden.

In der **Praxis** sind ***Bootstrap*** und ***Jackknife*** sehr einfach über den Befehl `bootstrap` bzw. `jackknife` in PAUP* durchzuführen (s. Abschnitt 4.4 auf Seite 128), wobei als Parameter vor allem die Anzahl der Wiederholungen (z.B. `nrep=10000`) mitzugeben ist – als *Default* sind hier nur 100 voreingestellt. Mit `pctdelete` geben Sie den gewünschten

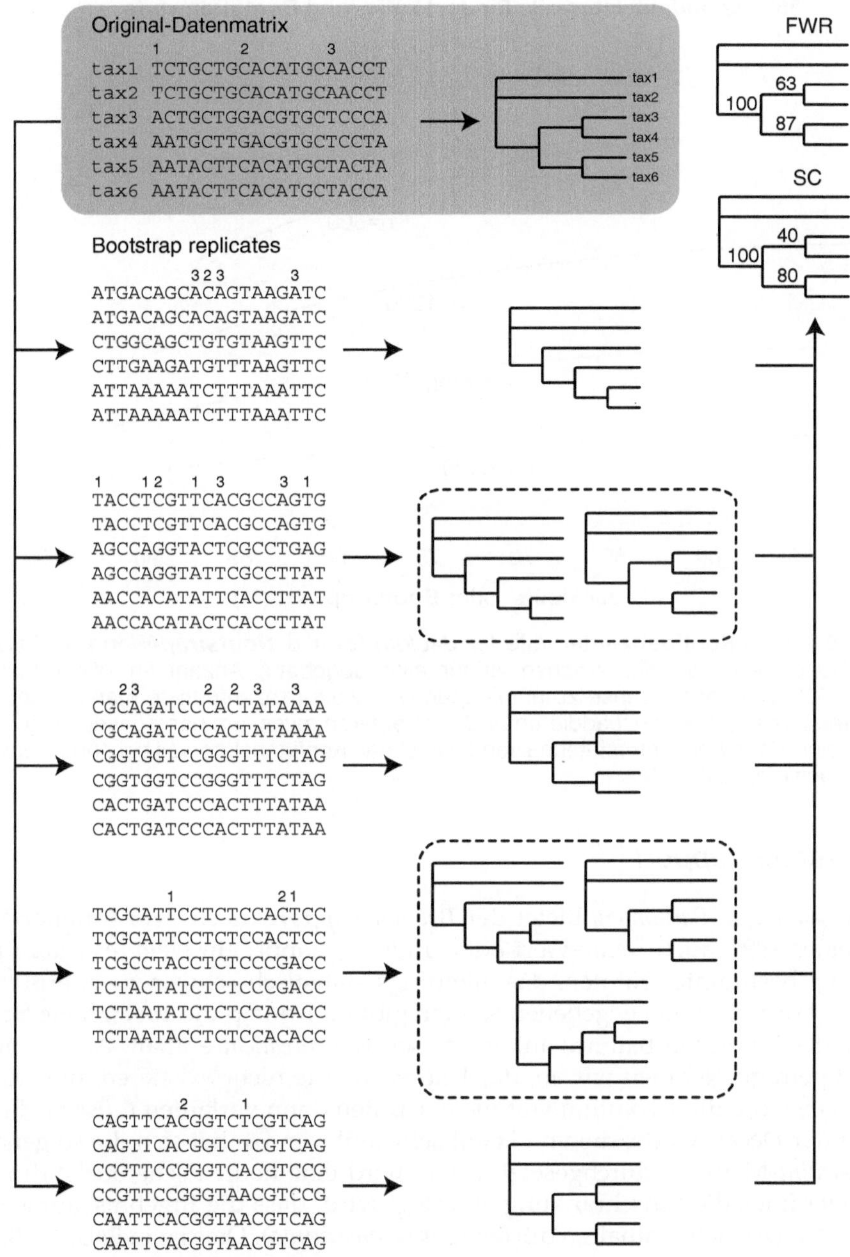

Prozentsatz auszuschließender Merkmale auf den Weg, z.B. `pctdelete=36.8`. PAUP* verwendet für die Baumsuche in den einzelnen Wiederholungen die aktuellen Voreinstellungen unter `hsearch` für die **heuristische Suche**. Hinter einem / können Sie die gewünschten Einstellungen für die Suche im *Bootstrapping* aber bestimmen. So würde der Befehl `bootstrap nreps=500 /addseq=random nreps=100`) ein *Bootstrapping* mit 500 Replikaten mit je 100 zufälligen Taxonadditionen in der heuristischen Suche starten; sinnvoller wäre allerdings (s.o.) `bootstrap nreps=10000 /addseq=simple`.

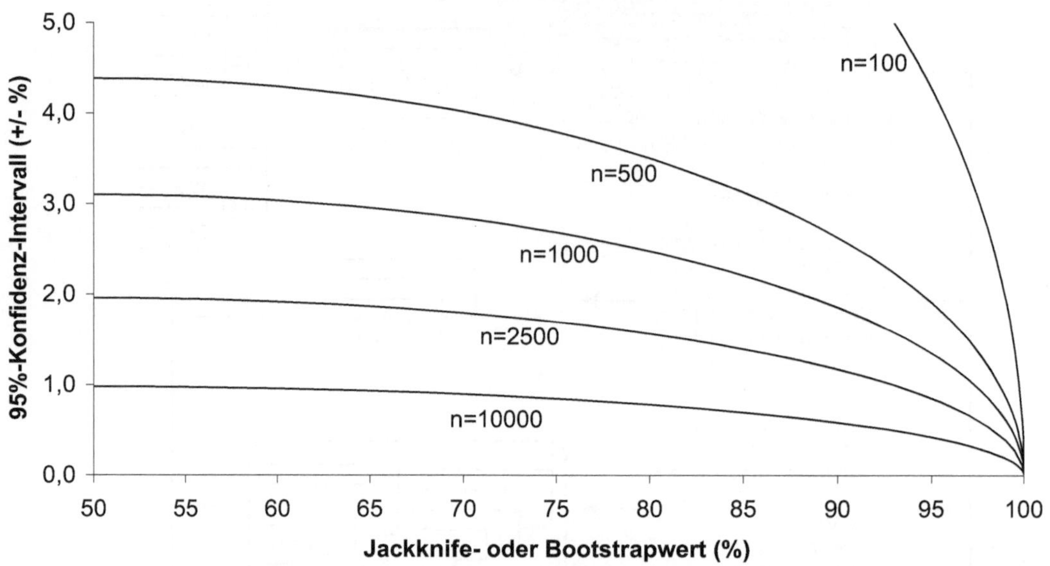

Abbildung 10.4 95%-Konfidenz-Intervalle für ***Jackknife***- und ***Bootstrap***-Werte. Für steigende Unterstützungswerte auf der x-Achse ist für eine gegebene Anzahl an Wiederholungen (n=100... n=10000) auf der y-Achse zu entnehmen, wie viele Prozentpunkte man zu einem gegebenen Unterstützungswert hinzuaddieren *und* subtrahieren muss, um das Konfidenzintervall zu erhalten. Für eine *Bootstrap*-Unterstützung von 70% ist das Konfidenzintervall bei 1000 Replikaten also beispielsweise etwa 67–73%.

10.2.2 *Bremer support*

Speziell für *Maximum Parsimony* bietet der ***Bremer support*** (nach dem Erfinder Karen Bremer; Bremer 1994; auch *Decay*-Wert oder -Index genannt) ein weiteres Maß für die Unterstützung bestimmter Knoten, das allerdings statistisch schwer zu interpretieren ist. Ein *Decay*-Wert für einen gegebenen Knoten gibt im Prinzip die **zusätzliche Schrittzahl**/Länge des kürzesten Baumes an, der diesen Knoten *nicht* enthält. Anders ausgedrückt wird gefragt: Nehmen wir an, der Knoten würde nicht existieren; um wie viel *weniger sparsam* hätte die Evolution laut meiner Daten dann verlaufen müssen? Für die Berechnung der Decay-Werte, die von Hand sehr mühsam ist, hat sich die so genannte *Reverse constraint*-Methode durchgesetzt. Dabei wird eine heuristische Suche durchgeführt, der allerdings die Einschränkung auferlegt wird, dass die Ergebnisbäume einen bestimmten Knoten nicht enthalten dürfen (engl. *constraints*). Dies ist in PAUP* z.B. über den Befehl `constraints` möglich. Der kürzeste Baum oder die kürzesten Bäume ohne diese Verzweigung werden also gesucht. Ihre Schrittzahl minus die Schrittzahl des tatsächlich kürzesten Baumes ohne Einschränkungen ergibt den *Bremer support* oder *Decay*-Wert für diesen Knoten. Es gibt einige Computerprogramme hierfür; eines, das auf allen Computersystemen gleichermaßen läuft und auch *Bremer support*-Analysen für sehr große Datensätze mittels der *Parsimony ratchet* zugänglich macht, ist PRAP (Abschnitt 5.3.5 auf Seite 167).

10.2.3 Parametrischer *Bootstrap* und Simulationen

Der **parametrische *Bootstrap*** ist eine Form der **Simulations**-Analyse. Hierbei wird wiederholt ein künstlicher Datensatz generiert, anhand bestimmter Bäume, Substitutionsmodelle und -parameter. Im Spezialfall des parametrischen *Bootstraps* werden Parameter verwendet, die anhand echter Daten, also anhand eines Orginal-Datensatzes, geschätzt wurden. Weil im Unterschied zum oben besprochenen *nicht*-parametrischen *Bootstrap* (das „nicht-parametrisch" lässt man meist weg) eben Parameter vorgegeben sind (Substitutionsmodelle, Nukleotidhäufigkeiten, Baum, etc.) heißt dieses *Resampling* „parametrisch". Je nach spezieller Fragestellung können auch hier wieder alle Bäume über die Bootstrap-Wiederholungen hinweg gesammelt und die Häufigkeit der Knoten im Konsensusbaum bestimmt werden. Im phylogenetischen Alltag wird das Verfahren seltener eingesetzt, sicher auch weil solch eine Analyse etwas aufwändiger ist und in den üblichen Software-Paketen nicht angeboten wird.

Das kleine Programm **DNATREE** ist wie das große PHYLIP-Paket auch aus dem Hause Felsenstein und kostenlos unter `ftp://evolution.gs.washington.edu/pub/dnatree/` zu beziehen. Es simuliert für eine gewünschte Zahl von Taxa die Evolution einer DNA-Sequenz von gewünschter Länge. Diese generierten Datensätze für Baum und Matrix können für weitere Analysen gespeichert werden. Das Programm funktioniert genau wie die PHYLIP-Programme mit interaktiven Abfragen von Parametern.

Besonders viele Optionen für eine Simulation von Daten anhand vorgegebener Bäume, Substitutionsmodell-Parameter, und sogar einschließlich von Indels bietet z.B. ROSE von Jens Stoye und Kollegen (Stoye et al. 1998; `http://bibiserv.techfak.uni-bielefeld.de/rose/`); Alternativen sind SeqGen (bzw. PSeqGen für Proteine; Grassly et al. 1997; `http://tree.bio.ed.ac.uk/software/seqgen/`), Hetero (Jermiin et al. 2003; ist nur auf 4-Taxon-Bäume beschränkt, erlaubt aber eigene Markovmodelle für jeden Zweig), oder indel-Seq-Gen (Strope et al. 2006; besonders realistische Simulation von Proteindatensätzen inklusive Längenmutationen).

10.2.4 Topologische Tests

Um zwei (oder mehr) alternative Baumtopologien zu vergleichen und zu entscheiden, ob sie sich signifikant unterscheiden oder welche die beste ist, gibt es eine Reihe so genannter **Topologischer Tests**, die wir hier nur kurz streifen wollen. Einer der ältesten ist der **Templeton-Test** (Templeton 1983), der unter *Maximum Parsimony* Merkmal für Merkmal die Längen beider Bäume vergleicht und über einen Wilcoxon-Rangsummen-Test über die Signifikanz der Unterschiede entscheidet. Eine *Likelihood*-basierte Alternative ist der **Kishino-Hasegawa-Test** (KH-Test, Kishino & Hasegawa 1989), der die Differenzen der positionsspezifischen *Likelihood-Scores* vergleicht, unter der Annahme sie seien normalverteilt. In vielen Fällen ist der **Shimodaira-Hasegawa- Test** (SH-Test, Shimodaira & Hasegawa 2001) geeigneter (z.B. bei mehrfachen Tests zwischen mehreren Topologien, starker Abweichung von der Normalverteilung, Vergleich von *a priori*-Topologien mit *a posteriori*-Topologien aus einer phylogenetischen Analyse). Diese Testverfahren finden Sie in PAUP* implementiert. Der Befehl `lscores /all khtest=normal;` fordert z.B. den KH-Test für die *Likelihood Scores* aller Bäume an, die aktuell im Speicher sind. Die Suche nach dem idealen topologischen Test liefert regelmäßig weitere Verbesserungen, z.B. den *Expected Likelihood Weights Test* (**ELW**-Test von Strimmer & Rambaut 2002; verfügbar in TREE-PUZZLE, Abschnitt 3.4.3 auf Seite 105), oder den *Frequentist Significance Test* (**FST**) und *Frequentist Hypothesis Test Test* (**FHT**) von Aris-Brosou (2003). Die Frage nach dem geeignetsten Test ist natürlich nicht ganz unabhängig von der Frage nach der im gegebenen Fall idealen phylogenetischen Rekonstruktionsmethode, dem Thema des kommenden Abschnitts.

Unter Ablösung des bis vor kurzem am liebsten eingesetzten SH-Tests ist der ***Approximately Unbiased Test*** (**AU-Test**) von Shimodaira (2002) mittlerweile beinahe zum Standard avanciert. Er ist verfügbar im Programm CONSEL von Shimodaira & Hasegawa (`www.is.titech.ac.jp/~shimo/prog/consel/`), das von einer leicht verständlichen Dokumentation begleitet wird, in dem die konzeptionellen Verbesserungen gegenüber dem SH-Test dargelegt werden und das vor allem auch detaillierte praktische Anleitungen zur Verwendung von **CONSEL** im Zusammenspiel mit PAUP oder PAML enthält.

10.3 Typische Probleme, Stärken und Schwächen der Methoden

Die Vielfalt der im Buch vorgestellten Rekonstruktionsmethoden hat sicher auch etwas Verwirrendes. Heute liest man ein Plädoyer für Methode *A*, morgen preist eine andere Arbeit die Unschlagbarkeit von Methode *B* – wie soll man sich da für eine der Methoden entscheiden, und muss oder sollte man das überhaupt? Zu dem Thema, welche phylogenetische Rekonstruktionsmethode vorzuziehen sei, gibt es eine Reihe von (Streit-) Schriften, die oft ins Philosophische spielen. Solange sich die Autoren dann nicht darin gefallen, in Hegel'scher Tradition mit Wortschöpfungen in unentwirrbaren Satzungetümen den oft fragwürdigen bis fehlenden Inhalt zu verschleiern, ist es sicher auch ganz sinnvoll, dass die Philosophie an dieser Stelle mitredet. Wenn man nämlich Phylogenetik mit dem Ziel von Erkenntnisgewinn betreibt, und sich irgendwann fragt, ob man nicht auf dem Holzweg ist, kommt man um erkenntnistheoretische Betrachtungen kaum herum. Es verwundert daher nicht, dass der Erkenntnistheoretiker Sir Karl Raimund Popper (*28.07.1902, †17.09.1994) in den zitierten Debatten auch die größte Rolle spielt.

Man sollte gleich vorwegschicken: Für jede Methode gibt es bestimmte Situationen, in denen sie fehlschlägt. Keine Methode funktioniert gut unter allen Bedingungen oder immer besser als alle anderen Methoden, daher sollte man sich über einzelne Stärken und Schwächen der alternativen Ansätze im klaren sein. Zu den Kriterien für die Bewertung der Eignung der Analysemethoden gehören:

Annahmen. Manche Methoden machen (oft stillschweigende) Annahmen, die erfüllt sein müssen, damit ihre Anwendung überhaupt Sinn macht.

Robustheit. Wie anfällig ist die Methode für kleinere Verstöße gegen die Grundannahmen der Methode? Geht gleich gar nichts mehr oder ist sie da tolerant?

Konsistenz (engl. *consistency*). Sie besteht, wenn folgendes gilt: je mehr Daten, desto mehr nähert sich das Ergebnis der Methode dem richtigen Ergebnis.

***Power* (engl. für Teststärke, Kraft).** Gibt an, mit welcher Wahrscheinlichkeit z.B. ein Signifikanztest gegen eine Nullhypothese entscheidet, wenn diese auch wirklich falsch ist. (Die *Power* ist übrigens $1 - \beta$, wobei β als Fehler 2. Art bezeichnet wird.). Die Teststärke steigt auch mit wachsender Stichprobengröße. Im Vergleich verschiedener Tests/Methoden kann man also fragen, wie viel Daten benötigt werden, bevor die Methode ein vernünftiges Resultat liefert.

Effizienz. Zu den rein theoretischen Überlegungen kommen die praktischen: wie lange dauert eine Analyse mit der einen oder der anderen Methode? Wie schnell bekomme ich ein Ergebnis?

Die Methoden wurden und werden auf zweierlei Art vergleichend getestet: Erstens durch so genannte tatsächliche oder experimentelle Phylogenien (z.B. von Mäusen oder Viren). Man kennt die tatsächliche Phylogenie der Organismen und kann nun die zu vergleichenden Methoden auf deren DNA-Sequenzen ansetzen und schauen, inwieweit sie die richtige Phylogenie rekonstruieren. Zweitens mit Hilfe von Simulationsstudien, wie schon unter Abschnitt 10.2.3 angesprochen. Man simuliert einen DNA-Datensatz anhand eines vorgegebenen Baumes und vorgegebenen DNA-Substitutionsmodells. Dieser Datensatz wird dann mit den verschiedenen Methoden analysiert. Um statistische Aussagen zu ermöglichen, wird das Ganze vielfach wiederholt, mit etwas anderen Datensätzen und/oder Bäumen (wie beim *Bootstrap*). Dann wird die „Trefferquote" der Methoden untereinander verglichen. Ein Nachteil des ersten Ansatzes ist der vergleichsweise hohe Aufwand, weil man zunächst die Phylogenie im Labor „bauen" muss. Nachteil des zweiten Ansatzes ist, dass die Daten mittels vereinfachender Modelle generiert wurden und nur bedingt die Wirklichkeit widerspiegeln. Allerdings kann man davon ausgehen, dass eine Methode, die bereits unter stark vereinfachenden Annahmen versagt, nicht ausgerechnet unter realitätsnahen, komplexen Bedingungen funktioniert.

Präzision *vs.* Akkuratheit

Beim Vergleich der Methoden muss man aufpassen, dass man nicht Präzision mit Akkuratheit verwechselt. Akkuratheit meint die Richtigkeit des berechneten Baumes, d.h., beantwortet die Frage „Wie nah kommt dieser Baum der tatsächlichen Phylogenie?" Präzision hingegen ist ein Maß für die Zahl alternativer Hypothesen, die ausgeschlossen werden können. Eine präzise Methode kann exakt einen Baum liefern, der aber völlig daneben liegt. Die Formulierung 1+1=2 ist weniger präzise, aber akkurater als 1,00020+1,41979= 3,14159. Entsprechend weist die Parsimonieanalyse den Bäumen nur ganze Zahlen (engl. *integers*) zu, *Maximum Likelihood* jedoch Kommazahlen (engl. *floating point numbers, decimal numbers*). Es ist wahrscheinlicher, dass zwei Bäume genauso viele Schritte benötigen als dass sie etwa auf 20 Nachkommastellen genau den gleichen *Likelihood score* erhalten. *Maximum Likelihood* spuckt also eher nur einen Baum aus, der deshalb aber nicht automatisch akkurater ist als ein Konsensusbaum einiger per Parsimonieanalyse gefundener Bäume.

10.3.1 *Maximum Parsimony*

Es gibt bei *Maximum Parsimony* eigentlich keine expliziten Annahmen, was von den Verfechtern dieser Methode oft als der große Vorteil gegenüber den modellbeladenen Alternativen dargestellt wird. Wenige Annahmen garantieren nun aber absolut nicht, dass eine Methode unter vielen Bedingungen funktioniert; ebensowenig sind wenig Annahmen automatisch besser. Während *Maximum Parsimony* allgemein eigentlich sehr gut

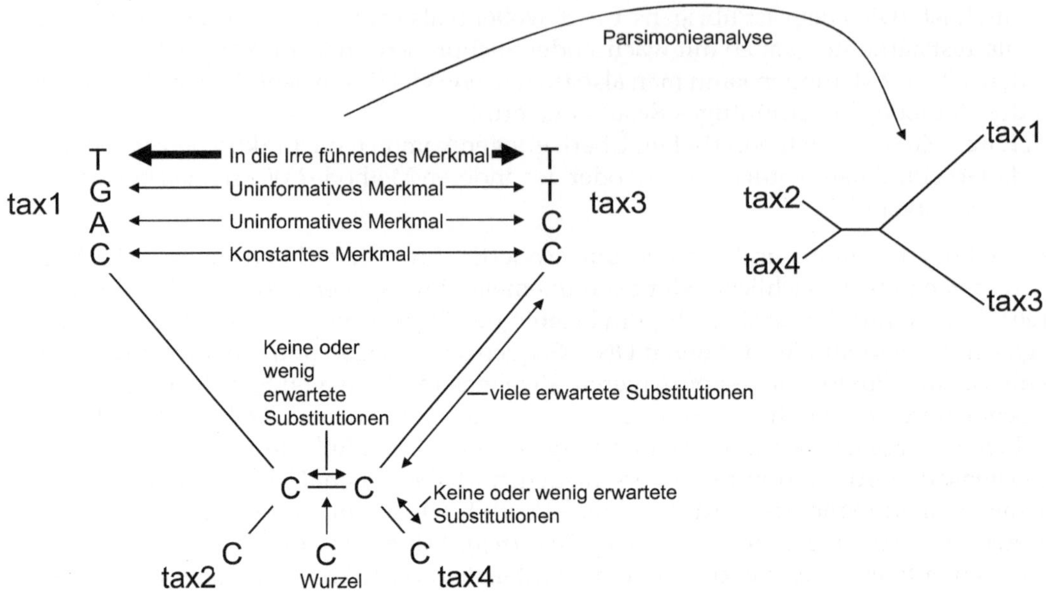

Abbildung 10.5 *Long Branch Attraction* (LBA). Der „richtige" Baum ist links abgebildet, wobei die Zweiglängen die erwartete relative Anzahl an Substitutionen widerspiegeln. Die möglichen Grundmuster an beobachteten Nukleotiden bei tax1 und tax3 (konstant, variabel aber uninformativ, informativ aber fehlleitend) sind gezeigt, ausgehend von einem C bei den Vorfahren-Knoten. Die Parsimonieanalyse bevorzugt den falschen Baum rechts, weil entlang der Zweige zu tax1 und tax3 viele Substitutionen passiert sind, während die anderen Zweige viel weniger Substitutionen aufweisen. Nun ist es relativ wahrscheinlich, dass diese Substitutionen, wenn sie zu einem parsimonie-informativen Merkmal führen, ausgerechnet den falschen Baum unterstützen. Der richtige Baum würde nur dann unterstützt, wenn (unwahrscheinliche weil seltene) Substitutionen entlang des inneren Zweiges stattfinden, oder parallele Substitutionen in je einem Paar aus langem und kurzem Zweig auf der linken bzw. rechten Seite des Baumes (noch unwahrscheinlicher).

funktioniert, können größere Divergenzen zwischen den Sequenzen und ein steigender Grad an Homoplasie zum erheblichen Problem werden. *Maximum Parsimony* kommt auch dann schnell an die Grenzen seiner Leistungsfähigkeit, wenn manche Sequenzen sehr viel schneller evolvieren als andere im Datensatz, oder wenn manche Substitutionstypen deutlich häufiger sind als andere. Man kann diesen Effekten dann natürlich durch unterschiedliche Gewichtung begegnen, macht damit aber wieder zusätzliche Annahmen, die schon in die Richtung von Substitutionsmodellen bei *Maximum Likelihood* gehen.

Verläuft die Evolution auf bestimmte Art und Weise, kann Parsimonie sich als nichtkonsistent erweisen. Das heißt, die Hinzunahme von immer mehr Daten führt nicht zu einem immer besseren Ergebnis; stattdessen wird das falsche Ergebnis mit immer größerer Bestimmtheit produziert. In diesem Fall spricht man davon, dass *„sich lange Zweige anziehen"* (***Long Branch Attraction*** **(LBA)**, Abb. 10.5). Damit Parsimonie den richtigen Baum findet, müssen mehr Merkmale die Gruppierung ((tax1, tax2),(tax3, tax4)) unterstützen als ((tax1,tax3),(tax2, tax4)). Wenn der innere Zweig kurz ist im Verhältnis zu den langen Zweigen, die zu tax1 und tax3 führen, kann durch zufällige, parallele Änderun-

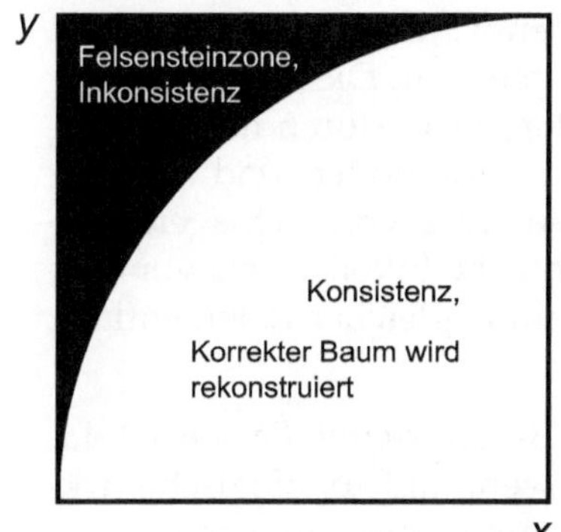

Abbildung 10.6 Die Felsensteinzone. x bezeichnet die Länge der kurzen Zweige aus Abb. 10.5, y die der langen. Wenn $y > \sqrt{x(1-x)}$, ist *Maximum Parsimony* inkonsistent.

gen entlang der langen Zweige, also Homoplasien in tax1 und tax3, die Gruppierung ((tax1,tax3),(tax2, tax4)) bevorzugt werden. Die Änderungen entlang des internen Zweiges werden dann unter Umständen von den zufällig konvergierenden Merkmalen entlang der terminalen Zweige quantitativ überboten und nach dem Parsimoniekriterium wird so der falsche Baum gewählt. Diese Situation tritt in der so genannten Felsensteinzone auf (Abb. 10.6), also ab einem bestimmten Verhältnis der Zweiglängen zueinander.

Dem LBA-Problem kann in der Praxis vor allem durch **verdichtetes Taxonsampling** begegnet werden. Es sind ja nicht die langen Zweige an sich, die ein Problem darstellen, sondern dass gleiche Substitutionen entlang beider Zweige aufgetreten sind. Fügt man nun weitere Taxa ein, „verkürzt" man bildlich gesprochen die Zweige (*breaking up of long branches*, Abb. 10.7). Es wird dadurch unwahrscheinlicher, dass die unmittelbaren Vorfahrenknoten von tax1 und tax3 noch das gleiche Nukleotid enthalten (C im obigen Beispiel), weil durch das Einfügen der Taxa neue unmittelbare Vorfahrenknoten geschaffen werden, die mehr Zeit hatten, Substitutionen zu akkumulieren. Damit verwischt dann zusehends die ungünstige Konstellation aus Abbildung 10.5. Natürlich kann man nicht in allen Fällen weitere Taxa einfügen, z.B. dann nicht, wenn man bereits alle rezenten Vertreter einer Gruppe berücksichtigt hat.

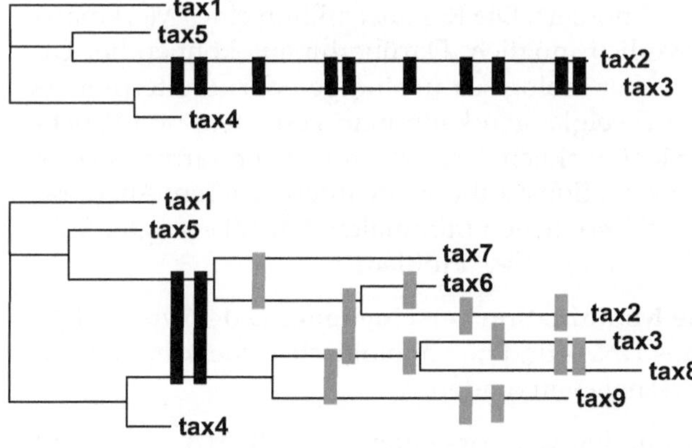

Abbildung 10.7 Lösung des *Long Branch Attraction*-Problems durch Einfügen weiterer Taxa. Tax2 und tax3 zeigen bei obiger Taxonauswahl zahlreiche parallele Substitutionen (schwarze Balken) und die Parsimonieanalyse würde sie dadurch fälschlich einer Klade zuordnen. Bei gleichbleibenden Raten angenommener, zunehmender Homoplasie verteilen sich diese Effekte (grau) nach Hinzufügen weiterer Taxa (tax6–tax9) auf alle neuen Linien.

Eine neuseeländische Gruppe um Michael Hendy, David Penny, und Michael Steel hat sich besonders um phylogenetische Innovationen verdient gemacht. Diese Forscher haben nicht nur neben Felsenstein zuerst statistische *Resampling*-Prozeduren für die Phylogenetik eingesetzt oder mit den so genannten Hadamard-Methoden und LogDet-Distanzen gänzlich neue Ansätze zur phylogenetischen Analyse vorgeschlagen (Abschnitt 6.2.1 auf Seite 183). Auch der Beweis für die gelegentliche Inkonsistenz von *Maximum Parsimony* bei mehr als vier Taxa, selbst unter Annahme gleicher Raten entlang der Zweige, geht auf diese Arbeitsgruppe zurück.

Es gibt andererseits auch den seltenen Fall, dass gerade LBA *Maximum Parsimony* dazu bringt, den korrekten Baum zu finden, dann nämlich, wenn auf topologisch wirklich *benachbarten* Zweigen viele parallele, eigentlich unabhängige Substitutionen passiert sind. *Maximum Parsimony* interpretiert diese fälschlich als Synapomorphien, liefert damit aber das korrekte Ergebnis. Das jedoch ist eher eine Kuriosität, ganz ähnlich übrigens in Grenzfällen bei *Maximum Likelihood* zu beobachten, als ein Pluspunkt für die Methode.

10.3.2 Distanzmethoden

Distanzmethoden bleiben derzeit unverzichtbar für immunologische oder DNA-Hybridisierungsdaten. Wo *Maximum Likelihood* nicht verfügbar ist oder viel zu zeitaufwänding (bei großen Datensätzen), sind Distanzmethoden insofern sinnvoll als immerhin versucht wird, bescheidene Kenntnisse über evolutionäre Prozesse auf molekularer Ebene über Modelle in die Berechnungen einfließen zu lassen. Durch diese Verwendung von Substitutionsmodellen wurden Distanzverfahren konzeptionell oft näher an *Maximum Likelihood* als an *Maximum Parsimony* gesehen oder gar als Annäherung an *Maximum Likelihood* aufgefasst. Zahlreiche Simulationsstudien belegen jedoch die deutliche Überlegenheit von *Maximum Likelihood* gegenüber Distanzverfahren.

Die Hauptnachteile von Distanzen liegen im **Informationsverlust** verglichen mit den Original-Sequenzdaten (Abb. 10.8). Verschiedene Ausgangs-Sequenzmatrizen können ein und dieselbe Distanzmatrix liefern. *Maximum Parsimony* und *Maximum Likelihood* nutzen die Daten direkt und damit besser aus. Außerdem erlaubt nur die Betrachtung diskreter Daten, den Beitrag der einzelnen Merkmale zur Länge der einzelnen Zweige festzustellen, was bei Distanzen nicht funktioniert. Die Rekonstruktion eines Merkmalszustandes an internen Knoten ist schwerlich möglich. Darüberhinaus können bei Distanzmethoden mathematisch korrekte, aber biologisch unsinnige oder uninterpretierbare Zweiglängen resultieren. Negative Zweiglängen kann man verbieten, und Bruchteile von Substitutionen, die natürlich nicht wirklich passiert sind, als Erwartungswerte über eine gegebene Zeitspanne bei gegebener Substitutionsrate interpretieren. Aber gravierende Unterschätzungen der biologisch möglichen minimalen Anzahl erfolgter Substitutionen bleiben ein für Distanzmethoden typisches Problem.

Schließlich ist bei Distanzmethoden die **Kombination verschiedener Datentypen nicht gut möglich** (etwa eine Kombination aus DNA- und morphologischen Merkmalen), anders als bei Methoden, die diskrete Merkmale verwenden.

Ein spezieller Algorithmus für Distanzen, den wir vorstellten, ist **UPGMA** (Abschnitt 6.4.1 auf Seite 196). Dieses Verfahren nimmt ausdrücklich an, dass die analysierten Daten **ultrametrisch** sind. Implizit heißt das aber, dass Evolutionsraten über alle Evoluti-

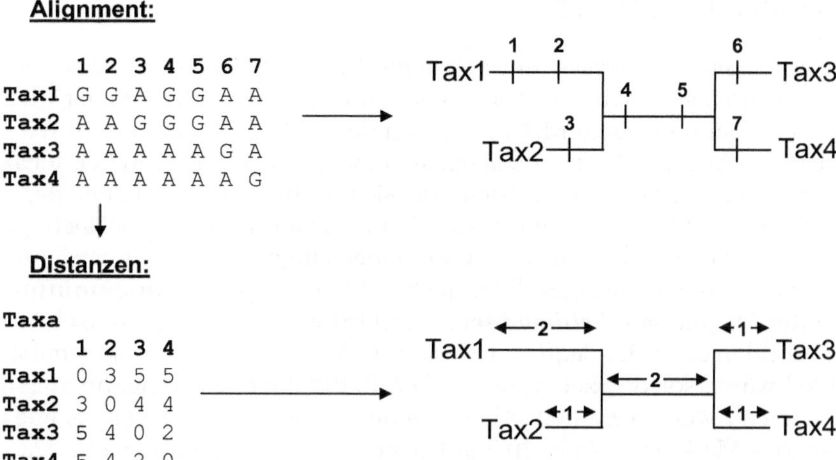

Abbildung 10.8 Informationsverlust bei Distanzverfahren: der einzelne Beitrag bestimmter Alignmentpositionen zum Baum ist nicht mehr nachvollziehbar. Die Doppelpfeile im unteren Baum geben die Distanzen zwischen jeweils zwei Knoten an. Auch aus obigem Parsimonie-Baum gehen diese Distanzen hervor, zusätzlich ist aber ersichtlich, welches Merkmal einen Beitrag zur Zweiglänge macht. (Der Einfachheit halber wurden hier als Distanz die absolute Anzahl an Unterschieden verwendet, die identisch ist zur Anzahl von Schritten im Sinne der Parsimonieanalyse).

onslinien hinweg konstant sind. Sind sie das tatsächlich, so spricht für diesen Algorithmus seine große Effizienz, und UPGMA ist dann auch konsistent. Die Verletzung der Annahme von Ultrametrie in der Realität ist in der Regel jedoch erheblich. Angewendet auf nicht-ultrametrische Daten produziert UPGMA **fehlerhafte Topologien**. Im Vergleich dazu ist ***Neighbour Joining*** (Abschnitt 6.4.2 auf Seite 198) die bessere Wahl, weil für ultrametrische wie auch nicht-ultrametrische additive Distanzen geeignet, und dabei kaum aufwändiger. In Simulationen ist *Neighbour Joining* manchmal sogar effizienter als UPGMA, selbst wenn eine molekulare Uhr gilt. Auf die Verwendung von UPGMA für phylogenetische Analysen sollte man aufgrund der heute vorhandenen Alternativen somit schlicht verzichten.

Alle Distanzmethoden, die korrigierte Distanzen verwenden, stehen und fallen natürlich mit der Distanzkorrektur, die bei geringen Distanzen generell besser funktioniert als bei großen. Auch gilt, dass der stochastische Fehler bei der Distanzkorrektur zunimmt, je geringer die Sequenzlänge ist und je größer die Variation der Substitutionsraten zwischen den Sequenzpositionen. Wenn Distanzen falsch geschätzt werden, werden Verfahren wie *Neighbour Joining* inkonsistent.

Gegenüber *Neighbour Joining* haben ***Minimum Evolution*** und ***Least Squares*** (Abschnitt 6.3 auf Seite 192) den Vorteil, dass alternative Topologien verglichen werden. Der Preis dafür ist der höhere Rechenaufwand, insbesondere, da bereits bei relativ kleinen Datensätzen nur noch mittels heuristischer Suchverfahren vorgegangen werden kann.

10.3.3 *Maximum Likelihood*

Vergleicht man *Maximum Likelihood* mit *Maximum Parsimony*, zeigt sich, dass *Maximum Likelihood* gewissermaßen „mehr rausholt" aus den Daten. Das allein ist natürlich noch kein Vorteil, wenn dann mit dem Mehr an Daten dennoch Unfug angestellt wird. Aber man führe sich vor Augen: *Maximum Parsimony* ignoriert Zweiglängen bei der Beurteilung eines gegebenen Baumes (wenngleich man sich nachträglich die Länge der Zweige in angenommenen Schritten anzeigen lassen kann). Dahingegen berücksichtigt *Maximum Likelihood*, dass eine Substitution entlang eines langen Zweiges wahrscheinlicher ist als entlang eines kurzen Zweiges. Entsprechend können **parsimonie-uninformative Positionen unter *Maximum Likelihood* sehr wohl informativ** sein: ein einzelnes abweichendes Nukleotid in einer der Sequenzen bringt nichts für die Parsimonieanalyse, aber unter *Likelihood* wären solche Szenarien im Vorteil, die die entsprechende Substitution auf einem längeren Zweig vermuten. Als Konsequenz gibt es auch so etwas wie ein „in die Irre führendes Merkmal" (Abb. 10.5 auf Seite 296) in dem Sinne nicht: Da die betroffenen Zweige in dieser Abbildung recht lang sind, ist die Wahrscheinlichkeit für das Muster, das *Maximum Parsimony* in die Irre führt, gar nicht so gering. Daher ist *Maximum Likelihood* unter vielen Bedingungen konsistent, wenn *Maximum Parsimony* es nicht mehr ist.

Ein Nachteil von *Maximum Likelihood* ist der deutlich erhöhte Rechenaufwand gegenüber den anderen Methoden – ganz besonders, wenn man auch die statistische Unterstützung der Knoten einschätzen will. Bei *Bootstrapping* oder *Jackknifing* unter *Maximum Likelihood* sind noch heute trotz sich überschlagender Entwicklungen auf dem Prozessor-Markt die meisten PCs nicht in der Lage, größere Datensätze in befriedigender Zeit abzuarbeiten. Auf die meist schnellere Alternative, mittels *Quartet puzzling* die Knotenunterstützung gleich mit abzuschätzen (Abschnitt 7.5.1 auf Seite 222), sei hier noch einmal ausdrücklich hingewiesen.

Maximum Likelihood hat sich als relativ robust gegen eine Verletzung der zugrundeliegenden Annahmen erwiesen. Die Formulierung hinreichender Bedingungen für die Konsistenz von *Maximum Likelihood* geht wieder auf die Neuseeländische Arbeitsgruppe zurück (Steel et al. 1994); die Konsistenz geht natürlich verloren bei starker **Abweichung der Substitutionsmodelle von der Realität**, unter der die Sequenzen tatsächlich evolviert sind.

Maximum Likelihood wurde vor allem von Anhängern des Parsimonieverfahrens kritisiert mit dem Argument, dass statistische oder Wahrscheinlichkeits-Aussagen über singuläre historische Ereignisse nicht viel Sinn machen, und dass einzig und allein die Kladistik mit Karl Poppers weithin akzeptierter Wissenschaftstheorie (Popper, 1935) kompatibel sei, nicht aber *Maximum Likelihood*. Dem widersprechen die Befürworter von *Maximum Likelihood* (man könne Wahrscheinlichkeitsaussagen ganz unabhängig davon machen, wann die betreffenden Ereignisse stattfinden oder -fanden) – manche glauben bei Popper vielmehr Argumente *für Maximum Likelihood* und *gegen Maximum Parsimony* zu finden. Der Schlagabtausch in der Literatur zu diesem Thema unter Berufung auf die Philosophie hat zumindest etwas durchaus Unterhaltsames.

Doch wenn auch die Bedeutung von Poppers Kritischem Rationalismus im Allgemeinen und von seinem erkenntnistheoretischen Konzept der Bewährung von Hypothesen im Besonderen heutzutage weithin akzeptiert ist, so scheint sein Gedankengebäude bei sorgfältiger Betrachtung keinesfalls für die Rechtfertigung der alleinigen Gültigkeit einer bestimmten phylogenetischen Rekonstruktionsmethode geeignet.

10.3.4 Bayesianische Verfahren

Prinzipiell gelten die im Abschnitt zu *Maximum Likelihood* aufgeführten Vorteile bezüglich der weitgehenden Ausnutzung der in den Daten vorhandenen Information auch für Bayesianische Verfahren. Auch der Vorzug, über sorgfältig ausgewählte Modelle Evolutionsszenarien in einem ausgereiften statistischen Kontext beurteilen zu können, gilt für *Maximum Likelihood* und Bayesianische Verfahren gleichermaßen. Die Seelenverwandtschaft beider Ansätze und ihre große Ähnlichkeit untereinander verglichen etwa mit *Maximum Parsimony*, sind in Kapitel 7 und 8 schon zum Ausdruck gekommen. Der Teufel steckt allerdings im Detail.

Einerseits sind die von der Bayesianischen Statistik gesuchten ***posterior probabilities*** sicher die eigentlich interessante Größe – eben die Wahrscheinlichkeit unserer Hypothesen im Lichte der Daten. Sie zu berechnen geht allerdings in den meisten Fällen mit Komplikationen einher, besonders aber im Zusammenhang mit phylogenetischer Rekonstruktion. Das zentrale Problem ist die Frage, ob sinnvolle ***prior probabilities*** auf nicht völlig subjektive Weise gefunden werden können. **Subjektivität** ist für Bayesianische Statistiker eine nicht zu vermeidende Selbstverständlichkeit, der über die *prior probabilities* viel Raum gegeben wird – zuviel Raum, wie die Gegner finden, die andererseits natürlich zugeben müssen, dass absolute Objektivität illusorisch ist.

Selbst wenn man mit den Grundüberzeugungen Bayesianischer Statistik gut leben kann, tun sich im Spezialfall der phylogenetischen Analyse einige Schwierigkeiten auf. Einige Studien haben mittels Simulation (Suzuki et al. 2002; Erixon et al. 2003) oder empirischer Daten (z.B. Simmons et al. 2004) gezeigt, dass die *posterior clade probabilities*, errechnet aus der mittels MCMC angenäherten *posterior distribution*, oft bei weitem zu hoch ausfallen.

Es ist bekannt, dass der klassische nicht-parametrische Bootstrap eher sehr konservativ ist, und daher oft tendenziell zu niedrig ausfällt – weshalb höhere *posterior clade probabilities* im Vergleich dazu nicht automatisch verwundern müssten. Die *Über*schätzung des tatsächlichen Fehlers erster Art (den zu schätzen der ursprüngliche Zweck des *Bootstraps* ist) fällt jedoch beim *Bootstrap* weitaus geringer aus als die (je nach Fragestellung auch „gefährlichere") *Unter*schätzung dieses Fehlers durch *posterior clade probabilities*.

Um das Problem der Zuweisung von allzu subjektiven *priors* zu umgehen, werden in der Praxis und in Programmen wie MrBayes (Abschnitt 8.1 auf Seite 228) so genannte uninformative oder ***flat priors*** verwendet. Sie sollen unser Unwissen über die *priors* modellieren. Oft tun sie das aber nicht. Das Problem zum Beispiel, allen (unendlich vielen) möglichen Zweiglängen *priors* zuzuordnen, beschreibt Felsenstein sehr anschaulich in seinem Buch (Felsenstein 2004). Gravierender ist, dass auch die scheinbar uninformativen *priors* für die Topologien (engl. *topological priors*) einen systematischen Fehler bei den *posterior clade probabilities* zur Folge haben können (Pickett und Randle 2005), der bei realistischen Datensätzen allerdings selten zum Tragen kommen dürfte (Brandley et al. 2006).

Abbildung 10.9 Unterschiede zwischen den vier Methoden der Stammbaumrekonstruktion (MP, NJ, ML, BI) am Beispiel des *nad*5-Datensatzes der Beuteltiere (Knotenunterstützung gezeigt nur bei zumindest 50%). Für die Metatheria, für die Außengruppentaxa und für acht Knoten in der Innengruppe werden im Stammbaum (gezeigt ist der ML-Baum auf der Grundlage des GTR+G+I Modells, alle Positionen einbezogen) durchgängig mit allen Verfahren maximale statistische Unterstützung gefunden (schwarze Punkte). Insgesamt 14 weitere Knoten in der Topologie (andere Symbole) werden zwar immer identifiziert, erhalten aber variable statistische Unterstützung, generell am höchsten in der Bayesianischen Analyse (Tabelle unten). Die Behandlung der dritten Codonposition (Einbeziehung oder Ausschluss) hat hier eher höheres Gewicht als die eingesetzte Analysemethode. Die Knotenunterstützung wurde aus 10000 *Bootstrap*-Wiederholungen für MP und NJ und aus 1000 Wiederholungen für ML ermittelt, bzw. als *clade posterior probability* aus den Bäumen der Bayesianischen Analyse mit MrBayes (2000000 Generationen, jeder hundertste Baum gespeichert, 1000 Bäume als *Burnin* verworfen). ▶

Es ist auch nicht ganz klar, wie lange eine Markov-Kette (MCMC) tatsächlich laufen muss, bevor man sicher sein kann, dass man sich der *posterior distribution* angemessen angenähert hat. Je länger je lieber ist hier die Regel. Eine Überprüfung durch mehrere MCMC-Läufe ist dringend zu empfehlen, wofür die Option parallel laufender Markov-Ketten in der aktuelle Version von MrBayes sehr hilfreich ist.

Ansonsten hat die Bayesianische Herangehensweise einige Vorteile gegenüber dem *Maximum Likelihood*-Ansatz, wie wir in Abschnitt 9.4.1 auf Seite 257 bereits bei der Erläuterung von BEAST erwähnt hatten. Im Prinzip können parameterreichere, realistischere Modelle verwendet werden (Rannala 2002, Holder & Lewis 2003). Da bei einer Bayesianischen Analyse die Posterioriverteilung das Ergebnis ist, nicht wie bei *Maximum Likelihood* nur ein Punktschätzer, werden hier Konfidenzintervalle ganz einfach per Intervallschätzung über die Posterioriverteilung ermöglicht, und kein zusätzlicher Rechenaufwand (z.B. *Bootstrapping*) ist nötig. Außerdem werden Parameter, die nicht eigentliches Ziel der Analyse sind (*nuisance parameters*), durch Marginalisierung herausintegriert (Abb. 8.3 auf Seite 236), was eine größere Robustheit gegenüber Fehlern bei der gleichzeitigen Schätzung vieler Parameter mit sich bringt.

10.3.5 Unterschiede zwischen den Methoden: Praxisbeispiel

Natürlich liegen die probabilistischen Ansätze (*Maximum Likelihood*, ML und *Bayesian inference*, BI) durch die Möglichkeit eleganterer statistischer Hypothesentests und die Verwendung immer realistischerer Modelle inzwischen in der Gunst der meisten molekular arbeitenden Phylogenetiker vorn. Lange Rechenzeiten mögen hier noch der einzig nennenswerte Nachteil sein und darum ist vielleicht ein mit *Neighbor-Joining* (NJ) oder *Maximum Parsimony* (MP) schnell konstruierter Baum zumindest für den ersten Überblick ganz wünschenswert. Wer weitestgehend ausschließen will, dass er ein bestimmtes Ergebnis nicht nur aufgrund der Wahl einer bestimmten Analysemethode erhält, wendet vielleicht sowieso die unterschiedlichen Verfahren parallel an. Stimmen die Ergebnisse überein, kann man rein methodische Artefakte schon besser ausschließen, andernfalls ist Vorsicht geboten.

Schauen wir uns als Beispiel noch einmal unseren *nad*5-Datensatz der Beuteltiere an und vergleichen, welche Unterstützung die verschiedenen Methoden für die einzelnen Kno-

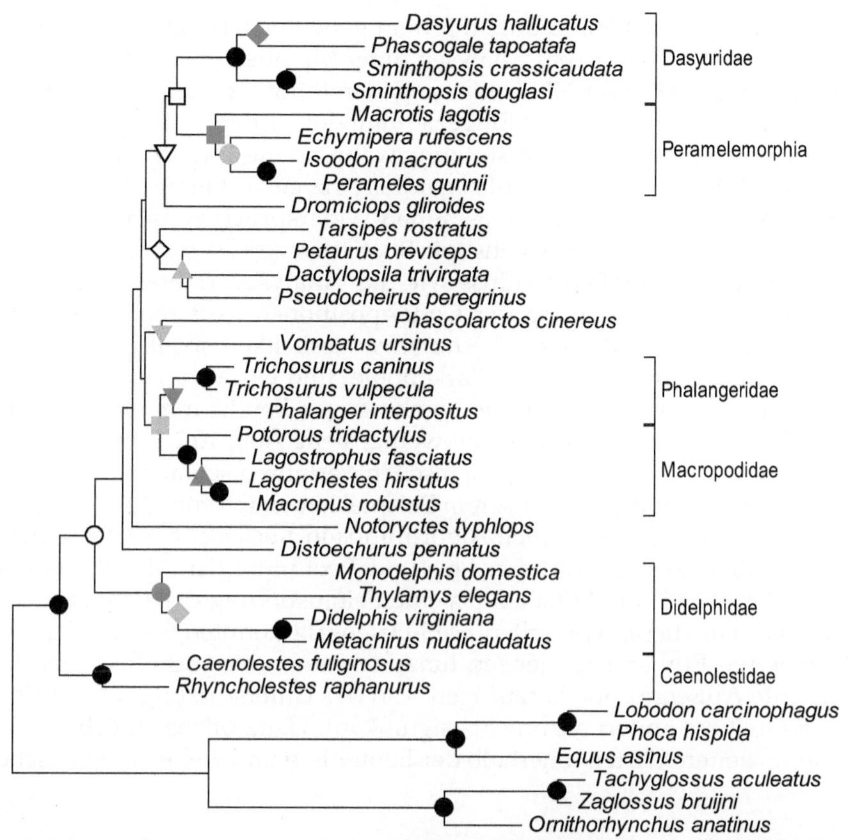

	Maximum Parsimony 10.000 BS		Neighbour Joining (K2P) 10.000 BS		Maximum Likelihood 1000 BS		MrBayes	
Codonpositionen	**12**	**123**	**12**	**123**	**12**	**123**	**12**	**123**
● Didelphidae	85	99	98	99	99	100	100	100
■ Peramelemorphia	79	87	85	96	93	98	100	100
◆ *Dasyurus/Phascogale*	82	80	68	82	85	94	98	100
▲ ((Lagorchestes,Macropus),Lagostrophus)	90	62	67	78	94	87	100	100
▼ Phalangeridae	--	80	99	99	57	95	96	100
● *((Isoodon,Perameles),Echymipera)*	57	66	86	95	62	90	76	100
■ (Macropodidae,Phalangeridae)	--	--	74	80	53	--	97	85
◆ *((Didelphis,Metachirus),Thylamis)*	68	54	--	60	75	--	82	78
▲ DPP Klade	71	--	--	--	90	--	100	100
▼ (Phascolarctos,Vombatus)	--	--	--	--	--	--	86	100
○ Caenolestidae basal	--	--*	--	--*	--	--	90	98
□ (Dasyuridae,Peramelemorphia)	--	--	--	--	--	--	88	85
◇ DPPT Clade	--	--	--	--	--	--	82	95
▽ (Dromiciops,(Dasyurid.,Peramelemorph.)	--	--	--	--	--	--	72	--

Maximale Unterstützung (≥99%, ●) mit allen Methoden für: *Sminthopsis*, Dasyuridae (Marderbeutler), Caenolestidae, (Opossummäuse, Paucituberculata), Macropodidae, *Didelphis/Metachirus*, *Isoodon/Perameles*, *Trichosorus*, Metatheria, Prototheria, *Tachyglossus/Zaglossus*, Mammalia, *Phoca/Lobodon*, *Notoryctes basal MP: 74 NJ: 70.

ten liefern. Die 30 Arten der Metatheria als Klade und acht weitere Knoten in der Innengruppe der Beuteltiere werden von den vier verschiedenen Verfahren ausnahmslos maximal unterstützt (Abb. 10.9). Andere werden zwar immer identifiziert, finden aber ein unterschiedliches Maß an Unterstützung, mit dem generellen Trend von eher konservativer Unterstützung in den *Bootstrap*-Analysen unter MP über etwas höhere Unterstützung durch *Bootstrap* bei ML und NJ bis hin zu generell höherer Unterstützung bei BI. Die Bayesianische Analyse liefert unter Einbeziehung der dritten Codonposition sogar für acht weitere Knoten maximale Unterstützung während die anderen Ansätze hier alle konservativer sind. Für fünf Knoten ist BI sogar das einzige Verfahren, dass (schwache) Unterstützung anzeigt. Wichtig allerdings: Einen Widerspruch zwischen den vier Verfahren im Sinne inkompatibler, wenigstens mit Bootstrap von 70 gestützter Knoten finden wir nirgendwo. Ebenso großen Einfluss wie das Analyseverfahren hat zumindest in diesem Beispiel die Einbeziehung der Codonpositionen. Aus rein praktischer Sicht keine geringe Rolle zur Ermittlung der Knotenverlässlichkeit spielt die Analysezeit. 10.000 *Bootstrap*-Wiederholungen für die Parsimonie- und Distanzanalysen können in nur wenigen Minuten durchgeführt werden, wohingegen bereits nur 100 *Bootstrap*-Replikate unter *Maximum Likelihood* (also viel zu wenig, siehe Abb. 10.2.1 auf Seite 290) oder eine Million Generationen bei den Bayesianischen Verfahren schon einige bis etliche Stunden an Rechenzeit benötigen. In unserem Beispiel haben wir für 1000 Bootstrap-Replikate der ML-Analyse auf den schnellen Algorithmus in Treefinder zurückgegriffen. Im Beispiel würde die Einbeziehung weiterer Loci und Taxa unter den Metatheria voraussichtlich einen *viel* größeren Effekt haben als eine Feinjustierung der Parameter bei den Analysemethoden. Für diesen speziellen *nad*5-Datensatz könnten Sie aus den Datenbanken noch über 100 Eutheria-Sequenzen hinzunehmen oder auch Taxa aus den Sauropsida als distante Außengruppe hinzufügen – an der Unterstützung für die Knoten innerhalb der Beuteltiere ändert sich nichts signifikant. Ganz offensichtlich ist hier also die Einbeziehung weiterer Arten innerhalb der Beuteltiere und weiterer genetischer Loci der Weg.

10.4 Leseempfehlungen

Ein Artikel des Philosophen E. Sober (2004) bietet einen Einstieg in die unterschiedlichen Sichtweisen von Bayesianischer und nicht-Bayesianischer Statistik. In diesem Zusammenhang lesenswert ist auch Haber (2005). Eine kleine Auswahl von Artikeln zu Popper und Phylogenetik wäre Faith (1992), Kluge (1997), De Queiroz & Poe (2001), Helfenbein & DeSalle (2005) und Faith (2006). Genaueres zu Konfidenzintervallen und Suchmethoden bei *Resampling Plans* und zu *Bremer support* findet sich in Müller (2005). Die Bedingungen, unter denen *Maximum Parsimony* inkonsistent wird, sind in Li (1997) sehr schön veranschaulicht. Natürlich lohnt sich auch die Lektüre entsprechender Kapitel im Lehrbuch des Entdeckers dieses Phänomens (Felsenstein 2004). Bos & Posada (2005), Sullivan & Joyce (2005) und Kelchner & Thomas (2007) bieten einen gute Überblick über den aktuellen Stand bei Modellwahl-Verfahren.

11 Viele Loci, viele Taxa, viele Bäume

„The time will come, I believe, though I shall not live to see it, when we shall have very fairly true genealogical trees of each great kingdom of Nature."
Charles Darwin (in einem Brief an Thomas Henry Huxley vom 26.09.1857)

Eine gut begründete Phylogenie ist das Hauptziel vieler molekularphylogenetischer Studien. Das Verzweigungsmuster des Stammbaumes, das Kladogramm, steht im Kern des Interesses. Was molekulare Daten hier zu leisten vermögen, dürfte außer Frage stehen. Allein: die gute Analyse alleine macht es nicht, der Datensatz selbst muss für die Fragestellung stimmen – wenn die Auswahl von Taxa oder genetischen Loci eine Schieflage hat oder das Alignment nicht gut überprüft ist, nützen die raffiniertesten Methoden gar nichts. Die letzten Jahre der molekularen Phylogenetik waren oft von massivem, vielleicht manchmal sogar etwas unkritischem Datensammeln geprägt. Multigenansätze sind zum Standard geworden und *„Phylogenomics"* erscheint einigen als der heilige Gral des Feldes. Allerdings wären vielen Datensätzen letztlich mehr Taxa deutlich besser bekommen als immer längere Sequenzen in den Alignments. Wie löchrige Datensätze zu Supermatrices und vor allem wie große Mengen unabhängiger, oft inkongruenter, Bäume zu *Supertrees* verknüpft werden können, wollen wir zumindest kurz umreißen. Schließlich: Bäume an sich sind nicht immer der Weisheit letzter Schluss. In der Evolution ist viel mehr passiert, als das lediglich abermillionenmal in Aufspaltungen aus einer Art zwei geworden wären. Die Verschmelzungen von Genomen in der Polyploidisierung, der Horizontale Gentransfer oder das *Lineage Sorting* sind Beispiele dafür, dass die Dinge nicht immer einfach liegen. Wie Netzwerkdarstellungen die klassischen Stammbäume ergänzen, soll hier auch kurz zur Sprache kommen.

Übersicht

11.1 Loci, Taxa und die Probleme

11.1.1 Loci zur Auswahl

Die Auswahl geeigneter **genetischer Loci** für **molekularphylogenetische Untersuchungen** ist – zumindest für Studien in Eukaryonten – immer noch nicht übermäßig groß. Das hat meist methodische Gründe: Wenn erst einmal ein PCR-Ansatz gefunden ist, der verlässlich funktioniert, wird der Locus gerne für weitere Studien herangezogen. Hinzu kommt natürlich, dass man durch parallele Arbeiten auf einen insgesamt weiter wachsenden Datensatz in den öffentlichen Datenbanken zugreifen kann. Die ausgewählten Loci liegen oft auf der DNA der Organellen, den **Mitochondrien** und **Chloroplasten**. Die **Organellengenome** sind stöchiometrisch überrepräsentiert und damit als ***Template*** leichter zugänglich. So ist es kein Wunder, dass für die Isolierung von DNA-Sequenzen aus Fossilien vor allem zunächst auf die **mitochondriale DNA** gesetzt wird (s. Abschnitt 9.6 auf Seite 273), bei Pflanzen natürlich auch auf die **chloroplastidäre DNA**.

Ähnliches gilt für die **rRNA-Gencluster** im Nukleus (Abb. 11.1 auf der Seite gegenüber). Sie sind in hundert- bis tausendfachen Tandem-Wiederholungen angeordnet und damit über einem einzelnen Kerngen ebenfalls stöchiometrisch weit überrepräsentiert. Das Arrangement der **rRNAs**, separiert von den **ITS-Regionen** (***Internal Transcribed Spacers***) in einer vielfach wiederholten Anordnung ist hoch konserviert. Aus den konservierten rRNAs heraus können die beiden variablen ITS-Regionen leicht amplifiziert werden und erschließen damit Loci von beträchtlicher Variabilität. Die rRNAs selbst sind natürlich viel konserviertere Sequenzen als die ITS- und IGS-Bereiche und decken daher viel weitere taxonomische Distanzen ab. Die einzelnen rRNA-Cluster evolvieren nicht frei durch unabhängige Sequenzveränderungen. Sie sind das Paradebeispiel für eine **konzertierte Evolution**: die einzelnen Genkopien gleichen sich über Rekombinationsmechanismen in ihren Sequenzen immer wieder einander an. Für den allotetraploiden Tabak *Nicotiana tabacum* wurde gefunden, dass sich die rRNA-Gencluster des väterlichen Hybridisierungspartners, *N. tomtentosiformis,* durchgesetzt haben (Volkov et al. 1999). Von einer solchen konzertierten Evolution gibt es allerdings Ausnahmen und die rRNA-Cluster in einer Art oder sogar in einem Individuum können zu **Paralogen** mit unterschiedlichen Sequenzen divergieren.

Methodisch bedingt, z.B. bei der direkten Sequenzierung von PCR-Produkten, kann die real existierende Diversität schnell übersehen werden (Small et al. 2004). Von einer sehr auffälligen nicht-konzertierten Evolution der ITS-Region wurde z.B. bei *Mammillaria*, einer Gattung der Cactaceae, berichtet (Harpke & Peterson 2006). Auch in der Gattung *Eucalyptus* wurden viele Paraloge des rRNA-Genclusters identifiziert, viele davon offensichtlich Pseudogene (Bayly & Ladiges 2007).

Ein anderes interessantes Beispiel für die Abweichung von konzertierter Evolution bei koexistierenden Genen wurde für die **Ubiquitinproteine** gefunden, deren Funktion die Markierung zum Abbau bestimmter Proteine in der Zelle ist. Ubiquitin wird in den Genomen der Eukaryonten typischerweise von drei nebeneinander existierenden Loci für Fusionsproteine codiert (Abb. 11.1 auf der nächsten Seite): Als Polyubiquitin, als Fusion an Protein L40 der großen ribosomalen Untereinheit und als Fusion an Protein S27 der kleinen ribosomalen Untereinheit. Die Ubiquitinsequenzen der drei verschiedenen

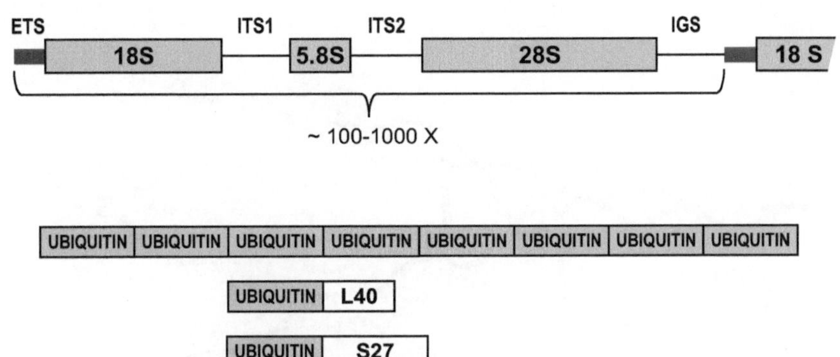

Abbildung 11.1 Beispiele für **repetitive Genarrangements** in den Genomen der Eukaryonten, die meist, aber nicht immer, einer **konzertierten Evolution** unterliegen, bei der die Kopien nicht unabhängig voneinander divergieren, sondern in ihren Sequenzen einander angeglichen bleiben. **Oben**: Das Arrangement der ribosomalen rRNAs als Abfolge der 18S, 5.8S und 28S rRNAs mit den **ITS**- (*Internal Transcriped Spacer*) und flankiert von den **ETS**- (*External Transcribed Spacer*) und **IGS**- (*Intergenic Spacer*) Regionen, das in Hunderten bis Tausenden von (Tandem-) Kopien vorliegen kann. **Unten**: Das Arrangement der **Ubiquitin**-Loci. Das hoch konservierte 76-Aminosäuren-Protein geht aus Vorläufern im **Polyubiquitin** und aus Fusionen mit den ribosomalen Proteinen L40 oder S27 hervor, die nebeneinander in den Genomen existieren.

Loci unterliegen offensichtlich in aller Regel einer konzertierten Evolution, aber Ausnahmen davon wurden in einigen Arten für den Ubiquitin-S27-Locus und auch für den Ubiquitin-L40-Locus gefunden (Catic und Ploegh 2005).

Ähnlich wie es in der klassischen Systematik **widersprüchliche Einschätzungen** gibt, stehen auch unabhängige molekulare Datensätze manchmal nicht miteinander im Einklang. Die in der molekularen Phylogenetik weit genutzte **18S rRNA** ist für Untersuchungen bei Blütenpflanzen sogar schon als *positively misleading* bezeichnet worden (Duvall und Bricker 2004). Mit ihr wurde im Widerspruch zu anderen molekularen und nicht-molekularen Studien immer wieder eine **Paraphylie** der Monokotylen gefunden. Die Erschließung weiterer Loci neben den klassischen, vielfach verwendeten ist also in jedem Fall von Interesse. Datenbanken wie **TreeBase** oder andere, taxonomisch spezialisiertere (s. Tab. 3.1 auf Seite 76), helfen, den Überblick zu behalten.

Zu den **nukleären Gensequenzen**, die neben der mitochondrialen DNA und denen des rRNA-Clusters schon häufig für phylogenetische Studien herangezogen worden sind, gehören die **Globine**, Strukturproteine wie **Aktin** und **Tubulin**, und die ***Heat-Shock* Proteine**, insbesondere das **HSP70**. Für besonders tief reichende Phylogenien über alle Domänen des Lebens sind die **Elongationsfaktoren** EF1/α und EF2/γ von großer Bedeutung. In den Metazoa sind aktuelle Beispiele für andere, bislang noch nicht ganz so häufig eingesetzte Alternativen die Gene für **Transthyretin (TTR)** und das **Interphotoreceptor-Retinoid-bindende Protein (IRBP)** in der Phylogenie der Carnivoren (Yu et al. 2004) oder die **RNA-Polymerase II (RBP2)** für die Phylogenie der Tausendfüßer (Myriapoda, Regier et al., 2005). Gute Vorhersagen darüber, welche Genregionen für eine gegebene phylogenetische oder taxonomische Fragestellung am Besten geeignet sind, kann man *a priori* nicht so einfach machen – für die Phylogenie der didelphiden Beuteltiere z.B. scheint das Gen für das **Dentin Matrix Protein 1 (DMP1)** mehr

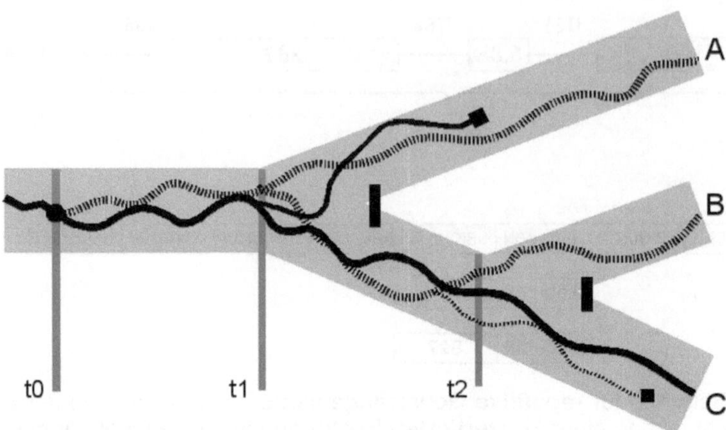

Abbildung 11.2 Koaleszenz – das Verschmelzen von Entwicklungslinien, entgegen der Richtung phylogenetischer Aufspaltungsprozesse, wenn sie in der Zeit zurückverfolgt werden. Die Aufspaltung von **Populationen** (grauer Hintergrund) oder die Entstehung von Arten an **Paarungsbarrieren** (schwarze Balken) und die **Divergenz von Allelen** eines genetischen Locus sind unabhängig. Ein neues Allel (gestrichelt), das zu einem Zeitpunkt t0 erstmalig auftritt, kann zunächst gemeinsam mit dem Stammallel zum Zeitpunkt t1 in zwei Tochterpopulationen weiter koexistieren. Die Allele können aber in den neuen Populationen in der Häufigkeit abnehmen und (unabhängig) verlorengehen (Quadrate in Linien A und C). Bei einem weiteren **Aufspaltungsereignis** t2 kann möglicherweise von vornherein nur ein Allel in eine Tochterpopulation B eingehen. Die Phylogenie der Allele durch dieses ***Lineage sorting*** spiegelt in diesem Extremfall für die Linien B und C statt der realen Auftrennung der Arten zum Zeitpunkt t2 eine viel entferntere Verwandtschaft vor, die auf den **Koaleszenzzeitpunkt** t0 zurückgeht.

Information mitzubringen als IRBP (Jansa et al. 2006). Eine Studie an Mäusen (Murinae) mit drei verschiedenen nukleären Genen – der **Acidic Phosphatase Type 5 (AP5)**, dem **Growth Hormone Receptor (GHR)**, und dem **Recombination Activating Gene (RAG1)** hat insgesamt eine Überlegenheit der Information in den nukleären gegenüber den sonst häufig eingesetzten, mitochondrialen Genabschnitten gefunden (Steppan et al. 2005).

Für die Verwendung von DNA-Sequenzen der **Organellen (Mitochondrien und Chloroplasten)** in molekularphylogenetischen Studien muss man im Hinterkopf behalten, dass sie in sexuell kreuzenden Spezies nur **maternal vererbt** wird (dies gilt meist – es wurden aber schon einige Fälle paternaler und **biparentaler** Weitergabe der Organellen gefunden). Mit der Untersuchung chloroplastidärer und mitochondrialer DNA wird also zunächst einmal nur die **mütterliche Linie** verfolgt. Unterschiede der Sequenzen zwischen Arten und unterschiedliche **Allele** innerhalb einer Art sind im Hinblick auf die **Koaleszenz** der Allele vor allem bei Betrachtung kurzer Zeiträume und kurz aufeinanderfolgender Aufspaltungen von großer Bedeutung (Abb. 11.2). Mit dem **Y-Chromosom** besteht die Alternative (zumindest in männlichen Individuen) die **paternale Linie** nachzuverfolgen. Bei Pflanzen ist es nicht zuletzt aufgrund der häufigen **Hybridisierungsereignisse**, die zu **polyploiden Arten** führen, besonders interessant, Phylogenien, die mit **chloroplastidären Sequenzen** ermittelt worden sind, mit solchen aus **nukleären Sequenzen** zu **vergleichen**. Auf diese Weise können die männlichen und weiblichen Partner des Hybridisierungsereignisses identifiziert werden – ein aktuelles Beispiel zeigt dies für polyploide *Senecio*-Arten (Kadereit et al. 2006).

Auch wenn Betrachtungen wie Hybridisierungsereignisse gar nicht im Vordergrund stehen, will oder muss man aber vielleicht auf **variablere Loci des Kerngenoms** ausweichen, weil in einigen Pflanzenfamilien die **chloroplastidären Sequenzen zu konserviert** sind. Hier kann auf niedrigen taxonomischen Niveaus gut mit variablen Sequenzen langer **Introns** gearbeitet werden, denn PCR-Primer können in benachbarten Exonsequenzen ankern, wie z.B. für die **β-Amylase** in der Süßkartoffel *Ipomoea* gezeigt wurde (Rajapakse et al. 2004), oder jüngst für die Palmengattung *Chamaedorea* mit den beiden Kerngenen **Phosphoribulokinase (PRK)** und **RNA Polymerase II (RBP2)** beschrieben wurde (Thomas et al. 2006).

Auf Familienniveau sind z.B. Gene wie **Granule Bound Starch Synthase (GBSS I)** in den Solanaceae herangezogen worden (Peralta und Spooner 2001). Schon hier zeigt sich aber, dass in anderen Familien, wie den Araliaceae, zusätzliche **Paraloge** auftreten können (s. Abschnitt 2.4.2 auf Seite 70), die dann besondere Aufmerksamkeit in der phylogenetischen Analyse erfordern (Mitchell und Wenn 2004). Entsprechendes wurde für das **LFY/FLO-Gen (leafy/floricaula)** gefunden, einen wichtigen **Transkriptionsfaktor** in der **Blütenentwicklung**, der in einer Unterfamilie der Fabaceae (Leguminosae), den Caesalpinioideae, dupliziert ist (Archambault et al. 2004). Die Entstehung von **Paralogen** bei der Entwicklung von **Genfamilien** fand man beispielsweise auch in einer Studie an den Genen für die **Alkoholdehydrogenase (ADH)** in der artenreichen Gattung *Carex* (Poales), bei der sechs **verschiedene Genkopien** gefunden wurden (Roalson und Friar 2004).

Konservierte, codierende Sequenzen erscheinen *a priori* vielleicht als erste Wahl für **phylogenetisch alte Aufspaltungen**, **Intronsequenzen** oder **intergenische Regionen** eher für **jüngere Taxa** (Abschnitt 2.4.1 auf Seite 69). In der Tat scheinen z.B. die hochkonservierten Sequenzen der mitochondrialen DNA bei Pflanzen für solche Fragestellungen, beispielsweise in den Bryophyten (Beckert et al. 1999, 2001), gut geeignet. In den pflanzlichen Chondriomen kommt hinzu, dass auch die Intronsequenzen sehr konserviert sind (Knoop 2004). Aber auch sequenzvariablere Regionen sind bei geschickter Taxonauswahl (*Taxon sampling*) und sorgfältiger Betrachtung von Indels (Abschnitt 5.5 auf Seite 170) für tief liegende Knoten in der Phylogenie viel informativer, als man zunächst annehmen könnte, wie z.B. für Intronsequenzen (Borsch et al. 2003; Löhne und Borsch 2005) oder schnell evolvierende proteincodierende Regionen (Müller et al. 2006) der Chloroplasten gezeigt wurde.

11.1.2 Loci nebeneinander: Orthologe und Paraloge

Pflanzen tendieren in besonders starkem Maße zur Ausbildung von Genfamilien (s. Abb. 2.9 auf Seite 71). Die Phylogenie der entsprechenden Loci im Kerngenom hat darum oft mehr mit der Untersuchung der **Diversifizierung einer Genfamilie** als mit der **organismischen Phylogenie** der untersuchten Taxa zu tun. Die Familien von 138 Peroxidase-Genen im Reis *Oryza sativa* (Passardi et al. 2004) oder von 441 Genen für RNA-bindende Proteine des PPR-Typs (*Pentatricopeptide Repeats*) in *Arabidopsis thaliana* (Lurin et al. 2004) sind Beispiele für besonders große Genfamilien. Das Anwachsen der PPR-Genfamilie in der Landpflanzenlinie und ihre Diversifizierung ist ein spannendes Phänomen, das offensichtlich mit dem Einfluss des Nukleus auf Prozessierung der Transkripte in den Organellen zu tun hat (Andrés et al. 2007, O'Toole et al. 2008; Rüdinger et al. 2008). Die jeweiligen Isoformen in verschiedenen Spezies als **Orthologe** und **Paraloge** auseinanderzuhalten, ist allerdings eine große Herausforderung.

Natürlich kann die Diversifizierung der Genfamilie an sich, zumindest in frühen Stadien der Evolution mit überschaubarer Kopienzahl, auch als phylogenetisch informatives Merkmal dienen. Die frühe Duplikation von GAPDH-Genen (codierend für Glycerinaldehyd-3-Phosphat-Dehyrogenasen) in Algen sind hier ein Beispiel (Petersen et al. 2003). Die Entstehung von zunächst homoiologen und dann paralogen Kopien kann eine taxonomische Diversifizierung beschreiben oder auch etablierte Phylogenien stützen oder ihnen widersprechen. Ein herausragendes Beispiel ist auch die (kleine) **Phytochrom-Genfamilie**: Die frühe **Duplikation** in Phytochrom A und Phytochrom C und das parallele Studium beider **Paraloge** in diversen Blütenpflanzen war (ganz ohne Außengruppe) für die phylogenetische Rekonstruktion der frühesten Angiospermenlinien nützlich (Mathews und Donoghue 1999). Ganz besondere Bedeutung kommt natürlich der Evolution von Genfamilien zu, die ganz unmittelbar und funktional mit der unterschiedlichen Entwicklung der Individuen (**Ontogenese**) in verschiedenen Arten zu tun haben (Abschnitt 12.3 auf Seite 340). Mit den Untersuchungen an diesen Genen wird die Brücke zwischen **Phylogenie** und **Ontogenie**, zwischen Phylogenetik und **Entwicklungsbiologie**, zur **Evo-Devo** geschlagen.

Etwas anders sieht die Situation in den Prokaryonten aus. Auch hier waren zwar rRNA-Sequenzen zunächst bestimmend für molekularphylogenetische Studien, aber durch die vielen, inzwischen verfügbaren **bakteriellen Genome** aus **beiden Domänen** und vielen **Reichen der Prokaryonten** ist hier ein reicher Fundus von verschiedenen Genen vorhanden, auf den zugegriffen werden kann. Für ein typisches bakterielles Protein können inzwischen weit über 200 Homologe in verschiedensten Prokaryontenarten der **Archaea** und **Eubacteria** in den Datenbanken gefunden werden. Die Fusion der einzelnen Loci in Multigenstudien (Multi-Locus-Analysen), auf die wir weiter unten noch einmal kommen, ist darum bei Studien über Prokaryonten noch weit mehr übliche Praxis als bei solchen über Eukaryonten. **Koexistierende Paraloge** in Bakterien sind viel seltener als in Eukaryonten, können aber auftreten. Eventuell in Adaptation an Umweltbedingungen kommt es dann auch in Prokaryonten zur Entwicklung **kleiner Genfamilien**, wie z.B. für den CorA-Typus von Kationentransportern zu beobachten (Knoop et al. 2005). Für die phylogenetischen Studien in Prokaryonten ist damit weniger die Evolution von Paralogen als vielmehr der völlige **Ersatz funktionaler Gene** durch **Xenologe** im **horizontalen Gentransfer** von Bedeutung.

11.1.3 Taxa *versus* Loci

Die Diskussion, ob sich vorgeschlagene Topologien von Stammbäumen eher durch **zusätzliche Merkmale** oder durch **zusätzliche Taxa** stabilisieren, beschäftigt die phylogenetische Literatur unverändert – trivial zugespitzt also auf die Frage: „Was ist besser für die phylogenetische Studie – mehr Taxa oder mehr Loci?" Während einige Forscher ganz klar die **Erweiterung der Datensätze** um zusätzliche Taxa (also in der Vertikalen mit einem erweiterten ***Taxon sampling***) empfehlen (Graybeal 1998), kommen andere Studien eher zu gegensätzlichen Einsichten und plädieren für mehr Merkmale, d.h. Loci/Nukleotide (Rosenberg und Kumar 2001). Die Diskussion mag müßig erscheinen, denn hier kommt es nun wirklich auf den Einzelfall an: Für eine Studie an einem phylogenetisch gar nicht informativen Locus nützt sicher auch die Erweiterung um noch mehr Taxa nichts. *Vice versa* wird es wenig Sinn machen, unklare Topologien mit je einem Vertreter der Ordnungen der Metazoa durch die Untersuchung zusätzlicher Loci stabilisieren zu wollen. Hier ist vor allem der biologische Sachverstand gefragt, der zunächst einmal einen Überblick über die klassische Inventur an Taxa schaffen muss. Wenn die Arten sehr ungleichmäßig über die taxonomische Gruppe von Interesse verteilt sind, bringt das für die Erkenntnis sehr wenig. 70 Vögel in einer Betrachtung von 90 Vertebraten oder 85 Hypnaceae in einer Betrachtung von 100 Bryophyten sind offensichtlich wenig hilfreich.

Viel besser ist man beraten, **einsame lange Äste** in den wachsenden Stammbäumen zu identifizieren und hier gezielt Taxa einzufügen. Wir hatten in Abschnitt 10.3.1 auf Seite 295 schon dargelegt, dass bei *Maximum Parsimony* eine Erhöhung der Anzahl der Merkmale in vielen Situationen ein falsches Ergebnis nur mit umso größerer Bestimmtheit liefert – eine Erweiterung des Taxon-Spektrums ist hier stattdessen geboten. Auch die anderen Methoden sind von dem dahinter steckenden *Long Branch Attraction*-Phänomen nicht unberührt. Insgesamt gibt es aber zu der *Sampling*-Frage noch recht widersprüchliche Empfehlungen in der Literatur (s. z.B. Russo et al. 1996, Huelsenbeck et al. 1996, Givnish & Sytsma 1997, Kim 1998). Erweitertes *Taxon sampling* nach bester Möglichkeit zum Aufbrechen der langen einsamen Äste im Stammbaum wird hier allerdings *immer* ein guter Weg sein. Das Pendel scheint in der **Taxa-versus-Loci-Debatte** für bessere Stammbäume deutlich in Richtung der Taxa auszuschlagen – ein Punkt der zuletzt z.B. auch von Hedtke und Kollegen (2006) experimentell deutlich gemacht wurde.

In vielen Fällen sind dem ***Taxon sampling*** aber ganz natürliche Grenzen gesetzt – für Beuteltiere oder Gnetopsida ist der Vorrat an lebenden Arten schnell erschöpft. Einsame Gattungen an der Basis ihrer Kladen wie *Takakia* unter den Laubmoosen, *Haplomitrium* unter den Lebermoosen, oder *Amborella* unter den Angiospermen sind andere Beispiele. Hier kann natürlich nur mit einem erweiterten Satz an Merkmalen fortgefahren werden. Dann allerdings stellt sich die Frage, ob die kritische Würdigung der einzelnen Loci und die Identifizierung molekularer Apomorphien nicht viel wichtiger wird, als die reine Addition von Sequenzen. In der Botanik beispielsweise sind aktuell in dieser Hinsicht die Multigenstudien zusammengesetzter (concatenierter) plastidärer Gene prominent geworden, die die Taxa-versus-Loci-Debatte erneut aufleben ließen. Erst mit dem Hinzufügen zusätzlicher Taxa konnten die Datensätze aus mehreren zusammengesetzten Plastidengenen die Stammbaumtopologien der Landpflanzenphylogenie bestätigen, die mit Einzelgendatensätzen bei hohem Taxonsampling vorher gefunden worden waren (Qiu et al. 2006). Solange man bei solchen Studien das *Sampling* derzeit noch aus Zeit- und Kostengründen nicht gleichermaßen in der Vertikalen (Taxa) massiv erhöhen kann, bleibt vermutlich die Identifizierung besonders informativer Loci der effektivere Weg, um Fortschritte in der Auflösung schwieriger phylogenetischer Fragestellungen zu erzielen. Wie wertvoll die sorgfältige Betrachtung einzelner Loci und eine erweiterte Taxonauswahl sind, zeigt auch ein konkretes Beispiel der Phylogenie der Metazoa (Baurain et al. 2007). Die Identifizierung informativer Loci wird dabei natürlich angesichts der aktuell rasant wachsenden Zahl verfügbarer kompletter Genome (s. z.B. Tab. 1.3 auf Seite 18) immer leichter möglich.

11.1.4 Taxa *und* Loci: Multigenansätze und Phylogenomik

Multigenanalysen gehören inzwischen zum Standard in der molekularen Phylogenetik. Hat ein Labor erst einmal einen interessanten Satz an DNA-Präparationen aus den studierten Arten verfügbar, ist es meist ein Einfaches, die Untersuchungen auf **weitere Loci** zu erweitern. Ein neu erstellter **Datensatz** kann außerdem bei gleichem ***Taxon sampling*** ganz leicht mit Daten zu anderen Loci aus den öffentlichen Datenbanken **fusioniert** werden. Studien dieser Art waren es, an denen spannende neue Einsichten gewonnen wurden. Die Identifizierung von *Amborella trichopoda* als bestes Kandidatentaxon für den rezenten Vertreter der ursprünglichsten, basalen Blütenpflanzenlinie (Angiospermen) ist hierfür ein Beispiel (Qiu et al. 1999; Parkinson et al. 1999).

Der Begriff der **Phylogenomik** (engl. *Phylogenomics*) wurde von Jonathan Eisen in den späten 1990er Jahren geprägt und sollte eigentlich das gegenseitige Wechselspiel zwischen evolutionär-phylogenetischen und genomischen Studien bezeichnen. Inzwischen wird Phylogenomik aber gerne als Schlagwort verwendet und ist dann inhaltlich schlicht reduziert auf Arbeiten zur phylogenetischen Rekonstruktion mit sehr großen Datensätzen. Wenn bei solchen Ansätzen die oben genannten Gefahren, beispielsweise von Paralogen, ausgeschlossen sind und gleichzeitig neben vielen Loci auch viele Taxa analysiert werden, kann mit spannenden Einsichten gerechnet werden. Ein Beispiel dafür aus jüngster Zeit ist eine „phylogenomische" Studie zur Stammesgeschichte der Vögel auf der Grundlage von 19 Loci (ca. 32 KBp Alignmentlänge) mit 169 Taxa, die der Ornithologie tatsächlich sehr interessante Einsichten zu wahrscheinlichen (interordinalen) Verwandtschaftsverhältnissen aufzeigen konnte (Hacket et al. 2008), so z.B. die Abstammung der Kolibris von den Nachtschwalben. Auch im Laufe dieser Studie war klar geworden, um wie viel robuster die Stammbäume wurden, als die ursprünglich geplante Zahl von 75 Arten mehr als verdoppelt wurde.

Um es aber noch einmal zu betonen: weniger kann hier auch mehr sein. Genau wie der morphologisch arbeitende Phylogenetiker **unsichere Homologien hinterfragt**, sollte sich der molekulare Phylogenetiker fragen, ob ein weiteres Gen an sich überhaupt Informationen für die kladogenen Ereignisse von Interesse mitbringt. Eine rein numerische Betrachtung wäre natürlich völlig unsinnig und eine hoch angepriesene 120-Taxa-78-Locus-Studie muss nicht automatisch Ehrfurcht erzeugen. Ein Datensatz, der von 20 Knoten 15 bereits gut auflöst, wird durch die horizontale Addition eines weiteren Datensatzes, der keinen einzigen Knoten statistisch verlässlich identifiziert, nicht besser. Die horizontale Datensammlung sollte in keinem Fall unter Vernachlässigung der Vertikalen, also der erweiterten Taxonauswahl, ablaufen (Jeffroy et al. 2006). Wenn Simulationsstudien auch in dieser Hinsicht feststellten, dass inkomplette Taxonauswahl kein großes Problem für phylogenetische Rekonstruktionen darstellt, ist das für reale Daten sicher keine Beruhigung. Besonders klar wird dies für Betrachtungen der Außengruppe (der ***Outgroup***) zur Bewurzelung der Stammbaumtopologie für die **Innengruppe** (***Ingroup***). Hier ist der weitgehende Konsens, eine **möglichst nahe verwandte Außengruppe** zu verwenden (z.B. Graham et al. 2002). Um auch hier lange Äste in der Phylogenie zu vermeiden, kann man eine Gruppe von *mehreren* Außengruppentaxa dazu einsetzen, die *Long Branch Attraction*, die wir im vorigen Kapitel erörtert haben, zu minimieren.

Für das Konzept der **Ecdysozoa** ist besonders auffällig, wie immer noch **kein Konsens** erzielt werden konnte: Unterstützt durch eine Wenig-Loci-viele-Taxa-Studie (Philippe et al., 2005) wird das Konzept durch eine Wenig-Taxa-viele-Loci-Studie (Philip et al., 2005) wieder in Frage gestellt. Eine einfache Vergleichbarkeit der Studien ist nicht gegeben, aber die *Long Branch Attraction*, vor allem auch durch distante Außengruppen, ist ein offensichtliches Problem bei der Erweiterung um Sequenzen anstelle von Taxa (Telford und Copley 2005). Andere, sequenzunabhängige molekulare Merkmale wie die Evolution der **Hox-Gencluster** (s. Abschnitt 12.3 auf Seite 340) oder das Auftreten von Introns werden hier vielleicht sogar hilfreicher sein und ein abschließendes Votum geben können.

Viele Arbeiten werden als **Multigenanalysen** bezeichnet, die allerdings erhebliche **Lücken in den Datenmatrices** aufweisen. Inwieweit hier die phylogenetischen Einsichten beeinträchtigt werden, ist ebenfalls noch eine offene Frage, aber zumindest liegt hier kein prinzipielles Problem vor. In einer solchen Multigenmatrix kann ein Schlüsseltaxon beispielsweise helfen, lange Äste, die einer *long branch attraction* unterliegen, zu brechen, auch wenn für dieses Taxon noch nicht alle Sequenzinformationen vorliegen (Wiens 2006). Unter dem Strich wird für reale Datensätze das gleiche gelten, wie oben gesagt: Entscheidend ist, dass für die *informativen* Regionen in der Matrix die Daten vorliegen. Hier läuft man bei molekularen Daten natürlich viel eher Gefahr, viele Daten zu sammeln, ohne ihren Einzelwert zu hinterfragen als bei klassischen, morphologischen Daten.

Schließlich ist eine letzte generelle Frage, wie man höhere, **übergeordnete Taxa** am besten repräsentiert (weil man meist nicht alle zugehörigen Arten oder gar Populationen oder Individuen in den Datensatz aufnehmen *kann*). Verschiedene Strategien werden z.B. von Bininda-Emonds & Kollegen (1998) diskutiert. Die in den meisten Fällen sinnvolle ist auch die aus rein praktischen Gründen meist angewandte: Bei dem so genannten ***Exemplar Approach*** werden einfach die Merkmalszustände der einen Art (bzw. Sequenz), so wie sie sind, als **Repräsentanten** des übergeordneten Taxons betrachtet, egal ob man Grund zu der Annahme hat, dass ein bestimmter Merkmalszustand (z.B. ein Nukleotid an einer Position) für das Taxon ursprünglich ist oder dass es den mehrheitlichen Merkmalszustand abbildet. Wenn mehr als ein Repräsentant des höheren Taxons eingesetzt werden kann – umso besser. Eng verknüpft damit ist die Frage, ob Sequenzen oder allgemein **Merkmalszustände nicht identischer Arten** (Populationen, Individuen, usw.) in **Supermatrices** zusammengesetzt werden dürfen (als so genannte ***Composite Taxa***), um **Lücken in der Datenmatrix** zu vermeiden. Es wurde davor gewarnt, dass solche Ansätze manchmal in die Irre führen können (Malia et al. 2003), aber auch hier kommt es auf die Sachlage im Detail an: Zwei Arten oder auch verschiedene Taxa höheren Niveaus in Multigenstudien zusammenzusetzen, ist legitim, solange mit gutem Gewissen bestenfalls ganz kleine Unterschiede in den Loci angenommen werden können. Die hoch konservierten mitochondrialen Sequenzen von Pflanzen innerhalb einer Gattung sind vielleicht ein Beispiel: Für eine Phylogenie höherer taxonomischer Niveaus ist es sicher kaum erforderlich, zwischen zwei Arten der Baumfarne in der Gattung *Angiopteris* zu unterscheiden, die auf 2000 Nukleotiden eine einzige Substitution in ihrer mtDNA zeigen.

11.2 Mehr als ein Baum: Konsensus und Superbäume

Wenn Sie Ihre Stammbäume mit den distanzbasierten *Clustering*-Verfahren wie *Neighbour Joining* ermitteln, bekommen Sie für Ihr Alignment immer genau einen Baum (Kap. 6) und bei den *Maximum Likelihood*-Verfahren (Kap. 7) wird das in aller Regel auch so sein. Wenn Sie hingegen Ihre Stammbäume mit *Maximum Parsimony* berechnen (Kap. 5), kann es leicht vorkommen, dass Ihnen von vornherein mehrere Stammbäume gleicher Qualität als Ergebnis geliefert werden. Bei den Bayesianischen Verfahren (Kap. 8,9) ist das Durchmustern riesengroßer Mengen von Bäumen, aus denen ein Konsensus ermittelt wird, integraler Bestandteil der Methode.

11.2.1 Konsensusbäume

Wie nun sieht so ein Konsensusbaum aus einzelnen Bäumen aus, die sich in ihrer Topologie widersprechen? Die Polytomien in Stammbäumen hatten wir in Kapitel 2 schon besprochen (Abb. 2.6 auf Seite 65). Weiche Polytomien in Kladogrammen sagen uns, dass wir noch nicht wissen, wie die Stammesgeschichte wirklich verlaufen ist und wir so lange durch aufgelöste Dichotomien auch nicht suggerieren wollen, mehr zu wissen. Solche Polytomien zeigen uns unmittelbar auf, wo in der Phylogenetik noch etwas zu tun ist.

Polytomien entstehen bei der Berechnung von **Konsensus-Stammbäumen**, die mehrere Stammbäume in einer Darstellung zusammenfassen. Am wichtigsten sind zwei Typen von Konsensusbäumen: *Strict consensus* und *Majority rule consensus.* Bei beiden wird die Häufigkeit einzelner Knoten in der Menge betrachteter Bäume bestimmt. Beim ***Strict consensus*** werden dann überhaupt nur noch diejenigen Knoten gezeigt, die bei *allen* Einzelbäumen gleichermaßen vorhanden sind. Beim ***Majority rule consensus*** werden Knoten gezeigt, die bei einer (vorher zu bestimmenden) Mehrheit vorhanden sind – üblicherweise bei $\geq$ 50% der Einzelbäume. Weniger oft eingesetzt werden die folgenden Typen von Konsensusbäumen. Der ***Semi-strict consensus*** (oder *Combinable component consensus*) enthält alle Knoten des *strict consensus*, zusätzlich jedoch solche, denen kein anderer Knoten in der Menge betrachteter Bäume widerspricht. Der ***Nelson consensus*** (oder *Nelson-Page consensus*) enthält diejenigen miteinander kompatiblen Kladen aller Bäumen, die am häufigsten zu finden sind. Der ***Adams consensus*** ist von Edward Adams 1972 als erste Konsensus-Methode überhaupt vorgeschlagen worden. Sie funktioniert nur bei gewurzelten Bäumen. Es werden alle 3-Taxon-Bäume vom Typ (A,(B,C)) gesucht, denen *keiner* der Einzelbäume widerspricht, und dann ein Baum aus diesen 3-Taxon-Bäumen konstruiert. Eine ausgezeichnet Übersicht über die Konsensusmethoden und ihre detaillierten mathematischen Hintergründe finden Sie in einem Artikel von David Bryant (2003).

Eine grundsätzlich andere Methode zum Konsensusbaum zu kommen ist, die Bäume über eine binäre Matrix zu beschreiben, und dann die kombinierten Matrizen der Einzelbäume über *Maximum Parsimony* zu analysieren – der sogenannte ***MRP consensus*** (*Matrix Representation using Parsimony*). Dies funktioniert nicht nur bei Bäumen, die genau die gleichen Taxa enthalten (jedoch in eventuell unterschiedlichen Verknüpfungen), sondern auch für Bäume, die lediglich Schnittmengen aus gemeinsamen Taxa haben. Fehlende Taxa in einem Einzelbaum werden schlicht mit `?` statt `0` oder `1` notiert, und man spricht bei dem Ergebnisbaum (nun mit der Obermenge aller Taxa) von einem ***Supertree***. *MRP* ist nur eine, aber gängige, Methode zur Erstellung von *Supertrees*.

11.2.2 Superbäume und Supermatrices

Auf dem Weg zum tatsächlichen Baum des Lebens, dem *Tree of Life* mit den Millionen rezenter Taxa, stehen sich zwei grundsätzliche Strategien gegenüber: **Supermatrices** und Superbäume (***Supertrees***). Die Datensätze für eine Supermatrix genetischer Loci würden naturgemäß riesig, die Rechenzeiten für die phylogenetischen Analysen schlicht astronomisch. Solche Supermatrices hätten naturgemäß viele Löcher, denn viele gut geeignete Loci für molekulare Phylogenetik in einer gegebenen Klade hätten gar keine Homologen in einer anderen. Die diversen oben diskutierten Probleme phylogenetischer Analysen – fehlende Informationen in Taxa, Paraloge, *Long Branch Attraction* u.s.w. – betreffen Supermatrices in besonderem Maße. Allerdings haben Supermatrices als Alternative zu Superbäumen unverändert ihre Fürsprecher (Sanderson et al. 2003; Driskell et al. 2004; de Queiroz & Gatesy 2007).

Superbäume hingegen sind Ziel und Ergebnisse von *Divide-and-Conquer*-Strategien (D&C, „Teile und herrsche"), um große Phylogenien zu rekonstruieren. Ein Superbaum rekonstruiert eine Phylogenie für die **Obermenge aller Taxa aus den Einzelbäumen**, die seiner Berechnung zugrunde liegen. Das Problem ist mit einem kleinen Beispiel in Abb. 11.3 auf der nächsten Seite einmal für vier Ausgangsbäume skizziert: Nur zwei Phylogramme (1 & 2) haben eine identische Taxonauswahl mit den Taxa A, B, C, D und E. Allerdings liegt schon hier (neben unterschiedlichen Astlängen) ein topologischer Konflikt für Taxon C vor, wenn auch nur mit sehr schwacher *Bootstrap*-Unterstützung. Im dritten Baum fehlen Taxa B und E, dafür kommen nun Taxa F, G, H und I hinzu. Der vierte Baum schließlich hat wieder eine andere Auswahl von sechs aus den insgesamt neun Taxa der Obermenge über alle vier Bäume. Der perfekte Superbaum unserer Wünsche (Abb. 11.3, oben rechts) würde alle Informationen aus den vier Einzelbäumen optimal zusammenfassen, so dass: 1. vorhandene Informationen maximal erhalten bleiben, 2. die geringst möglichen Konflikte zu den Einzelbäumen entstehen und wir 3. idealerweise sogar noch Informationen über Astlängen und die Verlässlichkeit der Knoten erhalten.

Die schon erwähnte *Matrix Representation using Parsimony* (**MRP**) war ein Durchbruch bei der Etablierung des Superbaum-Konzeptes. Sie ist heute aber nur eine von verschiedenen Methoden zur Erstellung von *Supertrees*. Ein Übersichtsartikel von Olaf Bininda-Emonds von 2004 führt bereits 15 weitere Methoden auf. Die Superbaum-Ansätze werden unterschieden nach *Agreement Supertrees* und *Optimization Supertrees*. Zu letzteren gehören neben MRP auch **MRC** – die *Matrix Representation using Compatibility*, **MRD** – die *Matrix Representation using Distances* (auch *Average Consensus* genannt), *Bayesian Supertrees* oder *Quartet Supertrees*. Einen Vergleich von 14 Superbaum-Methoden hatten auch Wilkinson und Kollegen im Jahr 2005 angestellt. Die Arbeit an Algorithmen und neuen Methoden und Konzepten zur Konstruktion von Superbäumen läuft allerdings mit hoher Intensität weiter – aktuelle Neuzugänge sind *Majority-Rule Supertrees* (Cotton & Wilkinson 2007) und *Maximum Likelihood Supertrees* (Steel & Rodrigo 2008).

Abbildung 11.3 Das **Superbaum**-Konzept. Vier einzelne Phylogramme 1-4 (links) zeichnen sich nur in einem Fall durch kongruente (1 und 2), sonst nur überlappende Taxonauswahl von insgesamt neun Taxa in der Obermenge aus. Das Wunschziel für einen Superbaum wäre eine aufgelöste Topologie mit allen neun Taxa – idealerweise sogar noch mit Astlängen und Abschätzung der Knotenunterstützung (oben rechts). Viele Superbaumverfahren basieren auf einer *Matrix Representation* in der die Knoten der einzelnen Stammbäume gegen alle Taxa aufgetragen werden – in der Box als 0/1/?-Matrix mit den Knoten der vier gewurzelten Stammbäume (außer dem Wurzelknoten) von oben nach unten durchnummeriert. Die Ergebnisse für die Konstruktion von Superbäumen mit dem **PhySIC**-Algorithmus sind – abhängig von steigenden (v.o.n.u.) Bootstrap-Schwellenwerten (BP) – rechts in NEWICK-Schreibweise und mit drei gezeichneten Bäumen dargestellt. Die Ergebnisausgabe von PhySIC bei einem Bootstrap-Schwellenwert von 70 ist unten als Beispiel dargestellt. Die Superbäume haben in unserem Beispiel zwischen null (BP51-67 wg. PC; BP >81 wg. PI) und fünf internen Knoten (BP 68-77). ►

Mit MRP wurde es erstmals möglich, mit lediglich überlappenden Taxonsätzen und topologischen Konflikten in den Einzelbäumen recht gut umzugehen. Die Mehrzahl der publizierten Superbäume geht bislang auf MRP zurück. Die Idee der *Matrix Representation* haben wir einmal unter unseren vier Phantasiebäumen in Abb. 11.3 skizziert. Die Knoten in *allen* Einzelbäumen werden in der Horizontalen gegen die Obermenge über *alle* Taxa in der Vertikalen aufgetragen. Taxa, die an einem Knoten verknüpft sind, erhalten eine '1', die anderen eine '0'. Wenn Taxa im gegebenen Baum nicht vertreten sind, wird ein '?' (für fehlendes Merkmal) in die Matrix eingetragen. Wir erhalten eine einfache Matrix, die mit *Maximum Parsimony* (Kap. 5) analysiert werden kann. An so einer schlichten Matrix lässt sich natürlich noch viel verfeinern – z.B. indem den Knoten je nach Verlässlichkeit Gewichte gegeben werden (s. z.B. Davies et al. 2004), oder auch Distanzen und damit Astlängen erfasst werden, wie beim *Average Consensus* (MRD, Lapointe et al. 2003).

Genau wie sich das Für und Wider für die unterschiedlichen Methoden phylogenetischer Analyse durch die Literatur zieht, gilt das auch für die Algorithmen zur Konstruktion von Superbäumen. So werden u.a. zwei Probleme des MRP-Verfahrens in der Literatur diskutiert. Zum einen kann der MRP-Superbaum neue Kladen enthalten, die von keinem einzigen der Ausgangsbäume unterstützt werden. Zum anderen kann bei auftretenden Polytomien nicht abgeleitet werden, ob sie entweder aus mangelnder Auflösung in den Einzelbäumen resultieren oder ob sie auf Widerspruch zwischen den Einzelbäumen zurückzuführen sind.

Ein recht interessantes neues Verfahren, das sich genau dieser Probleme annimmt, ist von Ranwez und Kollegen (2007) vorgeschlagen worden: **PhySIC** – *Phylogenetic Signal with Induction and non-Contradiction*. Hier handelt es sich um eine so genannte *Veto Supertree*-Methode (Ranwez et al. 2007), zu der zweckmäßigerweise auch gleich ein ganz einfacher Webserver angeboten wird (`www.atgc-montpellier.fr/PhySIC/`), so dass Sie mit Ihren Einzelbäumen gleich experimentieren können. PhySIC basiert auf zwei Konzepten, die *Induction Property* (PI) und *Non-Contradiction Property* (PC) genannt werden und aufgelöste Knoten nur sehr konservativ vergeben. Die PI sorgt dafür, dass nur Knoten im Superbaum berücksichtigt werden, die in mindestens einem Einzelbaum auftauchen oder widerspruchsfrei durch Induktion aus den Einzelbäumen abgeleitet werden können. Die PC sorgt dafür, dass nur Knoten auftauchen, die keinem der Einzelbäume widersprechen. Der PhySIC-Algorithmus arbeitet in Polynomialzeit: bei k Ausgangsbäu-

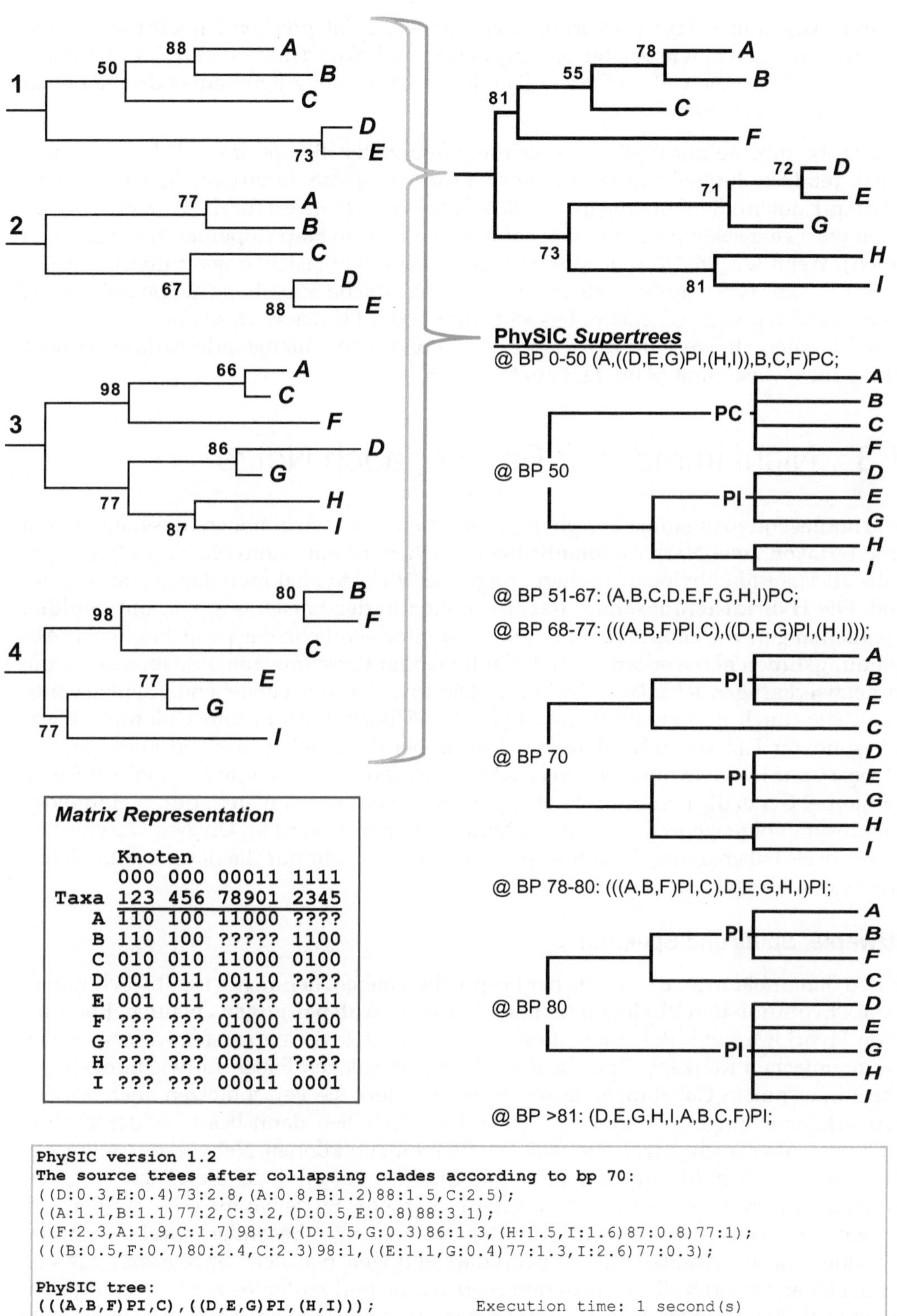

Taxa	000 123	000 456	00011 78901	1111 2345
A	110	100	11000	????
B	110	100	?????	1100
C	010	010	11000	0100
D	001	011	00110	????
E	001	011	?????	0011
F	???	???	01000	1100
G	???	???	00110	0011
H	???	???	00011	????
I	???	???	00011	0001

```
PhySIC version 1.2
The source trees after collapsing clades according to bp 70:
((D:0.3,E:0.4)73:2.8,(A:0.8,B:1.2)88:1.5,C:2.5);
((A:1.1,B:1.1)77:2,C:3.2,(D:0.5,E:0.8)88:3.1);
((F:2.3,A:1.9,C:1.7)98:1,((D:1.5,G:0.3)86:1.3,(H:1.5,I:1.6)87:0.8)77:1);
(((B:0.5,F:0.7)80:2.4,C:2.3)98:1,((E:1.1,G:0.4)77:1.3,I:2.6)77:0.3);

PhySIC tree:
(((A,B,F)PI,C),((D,E,G)PI,(H,I)));          Execution time: 1 second(s)
```

men mit insgesamt n Taxa proportional zu $kn^3 + n^4$. Entsprechend spielt hier für die Rechenzeiten – genau wie bei der phylogenetischen Rekonstruktion einzelner Bäume – die Zahl der Taxa eine viel größere Rolle (als die Länge der Alignments oder hier eben die Zahl der Einzelbäume).

Als Eingabe möchte der PhySIC-Server die gewurzelten Bäume im üblichen Newick-Format (einfach hintereinander in einer Datei) – gerne inklusive Astlängen und Bootstrap-Knotenunterstützungen. Der *Bootstrap*-Schwellenwert für die Betrachtung der Kladen wird eingestellt (und optional kann auch noch ein Start-Superbaum vorgegeben werden). Wenn wir PhySIC mit unseren vier kleinen Phantasiebäumen füttern, bekommen wir je nach *Bootstrap*-Schwellenwert unterschiedliche Superbäume. Die polytomen Knoten werden je nach gegebener Ursache mit PI oder PC markiert, so dass der Anwender gleich einen Hinweis auf die Ursache der Polytomie – mangelnde Auflösung oder Widerspruch – bekommt (Abb. 11.3 auf Seite 316).

11.3 Nicht immer nur Bäume, auch Netze

Die grundlegende Annahme bei phylogenetischen Rekonstruktionen, dass aus **einem Vorläufertaxon zwei Nachkommenlinien** entstehen, ist eine sinnvolle Grundannahme für die allermeisten phylogenetischen Ereignisse. Viele **Ausnahmen** liegen aber auf der Hand. Die **Hybridisierungsereignisse**, bei denen in der Entstehung von **polyploiden Organismen** ganze **Genome fusionieren**, sind offensichtliche Beispiele, bei denen **Abstammungslinien netzwerkartig** wieder miteinander **verschmelzen**. Wir sprechen dann von netzwerkartiger, *retikulater* Evolution. Die Invasion der entstehenden eukaryontischen Zelle durch ihre zukünftigen Organellen Mitochondrium und Chloroplast war ein besonderer Fall von **retikulater Evolution**, bei dem viele Gene verlorengegangen und viele Gene in den evolvierenden Nukleus transferiert worden sind. In einigen Fällen sind hierbei Gene, die bereits im Wirtsorganismus vorhanden waren, durch Homologe im Endosymbiontengenom, also durch **Xenologe** ersetzt worden. Diverse Enzyme des Stoffwechsels haben daher Evolutionsgeschichten, die nicht nur die der ursprünglichen Wirtszelle wiedergeben.

Netzwerke, *Splits* und Spektren

Mit den Stammbäumen, die wir bisher besprochen haben, nehmen wir natürlich immer an, dass **Evolution** und **Phylogenese** in **dichotomen Aufspaltungen** ablaufen. Ereignisse von Hybridisierung, Rekombination oder horizontalem Gentransfer widersprechen diesem einfachen Konzept. Offensichtlich laufen in solchen Fällen Entwicklungslinien nicht immer nur in Gabelungen auseinander, sondern sie verschmelzen auch wieder. Netzwerkdarstellungen können das wirkliche Geschehen dann besser widerspiegeln als Bäume. Aber auch ungeachtet solcher Phänomene können Netwerkdarstellungen wünschenswert sein: Mit ihnen können Alternativen der Phylogenese gleichzeitig veranschaulicht werden, die sich beim Vergleich mehrerer Einzelbäume oder bei Betrachtung eines Konsensusbaums nicht unmittelbar offenbaren. Besonders zwei Computerprogramme haben Ansätze zu Netzwerkdarstellungen realisiert: **Spectronet**, das von Michael Langton und Kollegen programmiert wurde und kostenlos zur Verfügung steht (Huber et al. 2002) und **SplitsTree**, das in seiner aktuellen, Java-basierten Version v4.1 ein

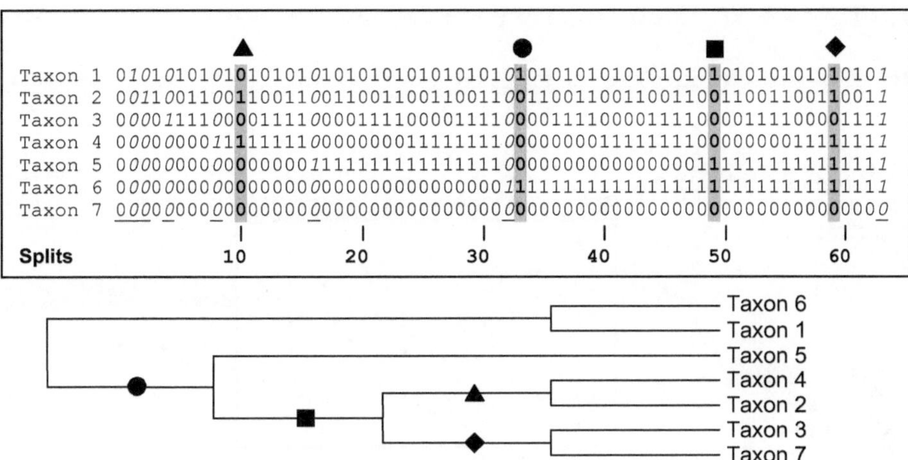

Abbildung 11.4 Jeder gegebene Satz an Taxa kann auf verschiedene Weisen durch **Aufteilungen**, so genannte ***Splits***, in zwei Gruppen zerlegt werden. Für n **Taxa existieren** 2^{n-1} **möglicher Splits**, die die Taxa auf alle denkbaren Weisen aufteilen, für sieben Taxa also 64. Alle möglichen Aufspaltungen können mit der dargestellten Logik als Binärzahlen codiert werden. Einige der Aufspaltungen sind trivial, weil sie immer eines der Taxa abtrennen (kursiv, unterstrichen) oder einfach den ganzen Taxonsatz von imaginären anderen Taxa abgrenzen (Position 0). Anhand eines völlig aufgelösten, dichotomen Stammbaums sind die *Splits* als Teilungen der Äste vorstellbar. Für die unten dargestellte Topologie aus sieben Taxa sind die vier nicht trivialen *Splits* (10, 33, 49 und 59) mit Symbolen hervorgehoben.

sehr großes Spektrum an Analyseoptionen und komfortablen Darstellungsmöglichkeiten bietet (Huson & Bryant 2006). Beide Programme arbeiten mit dem NEXUS-Format. Für die zugrunde liegenden Konzepte ganz wichtig sind die sogenannten **Splits**: alle möglichen Aufteilungen einer Menge von Taxa (oder eines Stammbaumes) in je zwei Hälften. Für jeden Satz von n Taxa gibt es 2^{n-1} Splits, also Teilungsmöglichkeiten. Die Aufteilungen kann man mittels der Binärzustände 0 und 1 charakterisieren, die die Zugehörigkeit zu der einen oder der anderen Klade codieren (Hendy und Penny 1993). Auf diese Weise kann man alle möglichen Splits als Binärzahlen darstellen und mit der entsprechenden natürlichen Zahl benennen (Abb. 11.4).

Nun würde es nur im Falle einer idealen Matrix so sein, dass alle Merkmale für die gleiche Topologie sprechen. Einige werden einander widersprechen und verschiedene Verzweigungen befürworten. Es gibt also **inkompatible *Splits***. Welche Kladen durch wie viele Merkmale explizit unterstützt werden und wie viele andere dieser Klade widersprechen, kann man mittels der **Spektralanalyse** sichtbar machen. Spectronet liefert zwei graphische Ausgaben, um den Konflikt zwischen Merkmalen zu visualisieren (Abb. 11.5). In einer **Kompatibilitätsmatrix** kann man festhalten, ob zwei beliebige Merkmale im Datensatz im Konflikt stehen und in einem so genannten **Lento-Plot** (Lento et al. 1995) kann die Anzahl unterstützender und widersprechender Merkmale für die Kladen dargestellt werden. Wir stellen das hier am Beispiel einer einfach nachvollziehbaren Phanatsiematrix aus 20 binären Merkmalen für zehn Taxa vor (Abb. 11.5). Die Beziehungen zwischen den Taxa können in einem so genannten ***Median Network*** (Bandelt et al. 1995) dargestellt werden. Das *Median Network* wird den Konflikten der Splits

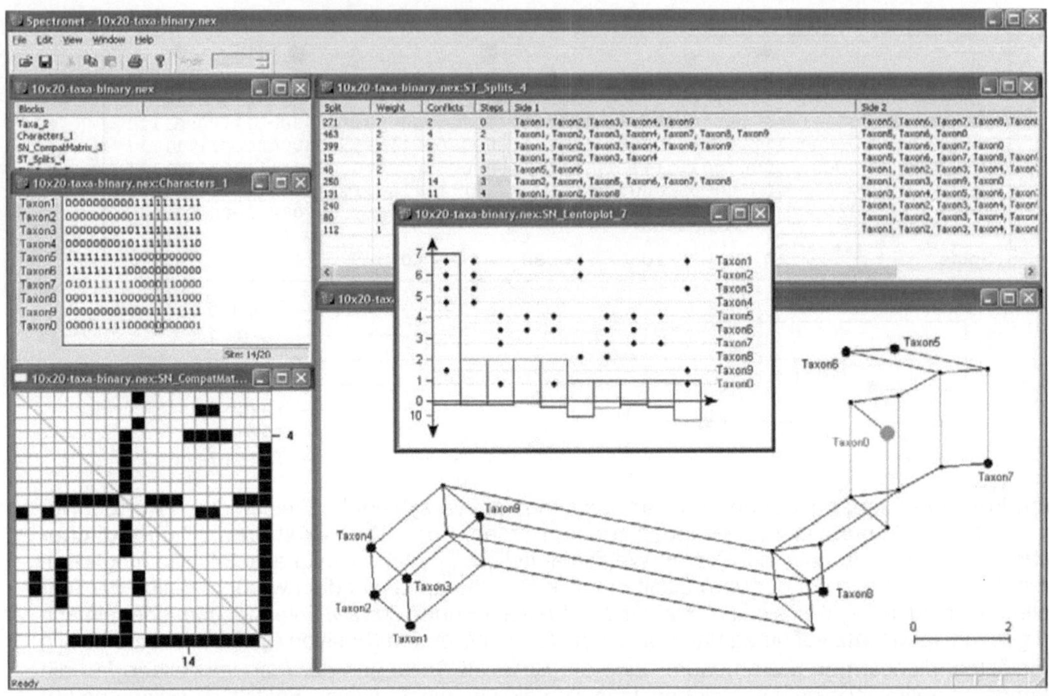

Abbildung 11.5 Die Arbeitsoberfläche von **Spectronet**, hier für die Analyse einer Phantasiematrix aus 20 binären Merkmalen für 10 Taxa (links), die als NEXUS-Datei eingelesen wurde. Mit einer ***Compatibility Matrix*** (unten links) können Konflikte zwischen Merkmalen (schwarze Boxen) herausgestellt werden, hier indiziert der Konflikt zwischen Merkmalen 4 und 14. Besonders häufig stehen in dieser Matrix Merkmal 9 und 20 mit den anderen im Konflikt. Alle ***Splits*** im Datensatz können aufgelistet werden (oben rechts) und erhalten je nach Häufigkeit in der Matrix Gewichte (*Weights*), die den widersprüchlichen *Splits* im Datensatz (*Conflicts*) gegenübergestellt werden. In einem **Lento-Plot** kann dieser Zusammenhang graphisch dargestellt werden (Mitte). Die Punkte indizieren hier die Taxa einer jeweiligen Klade und die Balken ober- und unterhalb der x-Achse geben Unterstützung und Konflikt im Datensatz an (man beachte die unterschiedliche Skalierung der y-Achse). Die identifizierten *Splits* können zur Ermittlung eines **Netzwerks** (unten rechts) herangezogen werden. Das Netzwerk kann grafisch durch Drehung an allen Knoten aufgearbeitet werden, hier sind außerdem die Knoten der Taxa in der Matrix hervorgehoben. Die anderen Knoten kann man z.B. als weitere mögliche Merkmalszustände im Netzwerk auffassen, die noch nicht beobachtet worden sind. Die Daten zu *Splits*, *Compatibility Matrix*, Lentoplot und das *Median Network* können in eigenen Blöcken einer NEXUS-Datei gespeichert werden (ST_Splits, SN_Compatmatrix, SN_Lentoplot, SN_Graph).

gerecht – wenn in einer idealen Matrix alle Splits kompatibel wären, würde das Netzwerk zum klassischen Stammbaum werden.

Nur für **binäre Merkmalszustände** ist es trivial, *Splits* zu ermitteln – schon für Nukleotidsequenzen müssen weitere Annahmen gemacht werden. Wenn mehr als zwei verschiedene Nukleotide an einer Position auftreten, besteht eine Möglichkeit darin, nur noch Purine und Pyrimidine zu unterscheiden (eine Option in Spectronet). Eine Alternative besteht in der Verwendung von Distanzen. Die üblicherweise ermittelten Astlängen eines Stammbaumes, die korrigierte Distanzen oder Wahrscheinlichkeiten für Nukleotidaustausche wiedergeben, können mit der Hadamard-Transformation, die Hendy und

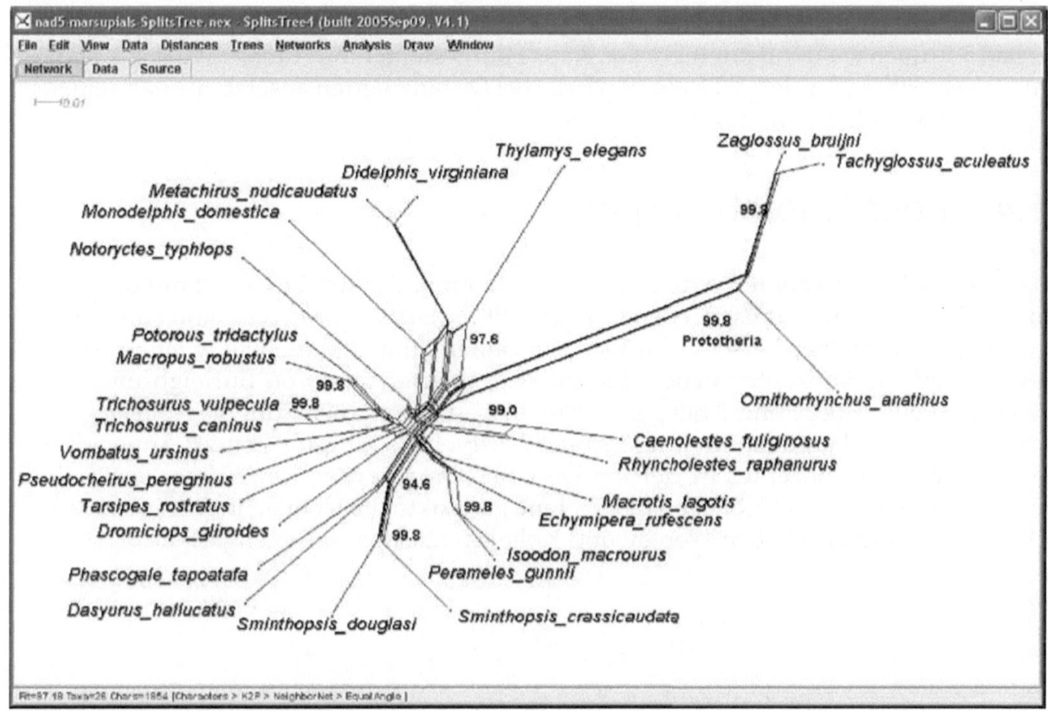

Abbildung 11.6 Die Arbeitsoberfläche von **SplitsTree**, hier für die Analyse unserer Beispielmatrix von *nad*5-Sequenzen aus den Marsupialia und Prototheria. Die Software erlaubt nach Einlesung einer NEXUS-Datei die Errechnung klassischer Stammbäume im *Trees*-Menü oder von **Netzwerken** im „Networks"-Menü. SplitsTree beherrscht verschiedene Distanzverfahren und Distanzkorrekturen. Die erhaltenen Netzwerke oder Stambäume können sehr komfortabel bearbeitet und in verschiedenste Formate exportiert werden. Hier dargestellt ist als Beispiel die ***NeighbourNet***-Analyse auf der Basis von K2P-Distanzen nach einem *Bootstrapping.*

Penny hier eingeführt haben, in die zu beobachtenden Splits überführt werden und *vice versa* (Hendy & Penny 1993, Hendy et al. 1994). Wir wollen hier nicht im Detail weiter darauf eingehen, weil die Methodik für etwa zwei Dutzend Taxa eine Begrenzung in der Praxis findet, die sich aus der exponentiell wachsenden großen Zahl an möglichen Splits mit den wachsenden Datensätzen ergibt und damit für ausgedehnte molekulare Datensätze nicht von großem Interesse ist. Nicht unerwähnt soll aber die (zunehmend attraktivere) **SplitsTree**-Software bleiben (Autoren: Daniel Huson und David Bryant), die es kostenlos von `www.splitstree.org` zu beziehen gibt und die viele Optionen für **Netzwerkberechnungen**, aber auch Berechnungen üblicher Baumtopologien, bietet. Das Java-basierte Programm kann phylogenetische Rekonstruktionen auf Distanzbasis (Neighbour Joining, BioNJ, UPGMA) mit verschiedenen Distanzkorrekturen (JC, K2P, F81, F84, HKY85, LogDet) durchführen. Die Auswirkungen der unterschiedlichen Distanzkorrekturen können direkt beobachtet werden. Wenn auf Ihrem Rechner PHYLIP (DNAPARS) und/oder PHYML installiert sind, können sie als externe Anwendungen aus SplitsTree heraus gestartet werden. Netzwerke und Stammbäume können auf verschiedene Weise durch Verschieben von Ästen und Knoten graphisch aufgearbeitet werden und die Netzwerke und Bäume können in einer NEXUS-Datei gespeichert werden. Als

Beispiel ist in der Abb. 11.6 auf der vorherigen Seite die Analyse unseres Datensatzes mit den *nad*5-Sequenzen der Beuteltiere aus Kap. 4 dargestellt. Eine Alternative dazu ist die *Split Decomposition* (Bandelt & Dress 1992), die bei Distanzwerten ansetzt, die nach einem vorgegeben Korrekturmaß bestimmt wurden.

11.4 Leseempfehlungen

Neben dem schon erwähnten Artikel von Bininda-Emonds (2004) existiert mit dem von ihm im gleichen Jahr herausgegebenen Buch „*Phylogenetic Supertrees*" eine Sammlung von Beiträgen einzelner Forscher im Feld der Superbäume. Aktuellere, weitere Arbeiten zu Superbaumkonzepten neben den im Text zitierten sind von Burleigh und Kollegen (2006) und Moore und Kollegen (2006), insbesondere auch zum *Bootstrapping* auf dem Weg zu Superbäumen. Ein interessantes Beispiel aus jüngster Zeit zu Anwendungen des Supertree-Konzeptes ist der Artikel zum „*Delayed rise of present-day mammals*" von Bininda-Emonds und Kollegen (2007). Eine ganz aktuelle Übersicht über Netzwerk-Methoden im Vergleich haben Wooley und Kollegen (2008) zusammengestellt.

12 Molekulare Einsichten zu alten und neuen Kladen

„It is at the molecular level that the tinkering aspect of natural selection is perhaps most apparent. What characterizes the living world is both its diversity and its underlying unity. The living world contains bacteria and whales, viruses and elephants, organisms living at -20° C in polar areas and others at 70° C in hot springs."
Francois Jacob, *Evolution and Tinkering*, Science 196:1161 ff. (1977)

Nach vielen Betrachtungen zu Algorithmen, Daten, Konzepten, Programmen, Strategien und Tests in der Phylogenetik wollen wir uns hier abschließend wieder ganz der Biologie widmen. Welche Erkenntnisse der molekularen Phylogenetik in den letzten Jahren die beeindruckendsten wären, darüber ließe sich sicher leidenschaftlich debattieren – ebenso natürlich, welche noch ganz offenen Fragen die spannendsten für die Zukunft sind. Unsere ganz persönliche Auswahl in diesem Kapitel ist da sicher sehr subjektiv. Wichtig ist vor allem die Einsicht, dass unser Wissen insgesamt zwar stetig und in beeindruckendem Maße wächst, aber dass sich gerade das Neue, Spannende immer erst einmal in schöner Tradition der Naturwissenschaften dem kritischen Hinterfragen, dem Warten auf Unterstützung durch unabhängige Ansätze oder eben der Falsifizierung stellen muss.

Übersicht

12.1 Einsichten und offene (Streit)fragen

Keine Frage: Molekulare Stammbäume haben in den letzten Dekaden viele spannende Einsichten erbracht, jede Aufzählung könnte nur eine willkürliche Zufallsauswahl sein. Die Einteilung der Ordnungen der plazentalen Säugetiere (**Eutheria**) in die vier Überordnungen **Afrotheria, Euarchontoglires, Laurasiatheria** und **Xenarthra** (Madsen et al. 2001; Murphy et al. 2001) mag genauso dazugehören wie die Einsicht, dass eine so primitiv erscheinende Gefäßpflanze wie ***Psilotum*** nicht urtümlich, sondern ein degenerierter **eusporangiater Farn** ist (Pryer et al. 2001). Je tiefer die Verzweigungen im Stammbaum des Lebens liegen, desto schwieriger wird die Identifizierung verlässlicher Merkmale. Wo die Morphologie vor dem Problem steht, kaum noch sichere Synapomorphien entdecken zu können, hat die molekulare Phylogenetik das Problem, dass auf langen terminalen und langen internen Ästen wenige informative Merkmale im Rauschen der Homoplasien untergehen. Insgesamt hat molekulare Phylogenetik die klassische Systematik sehr oft gut bestätigt, in vielen Fällen aber auch interessante Überraschungen geliefert.

12.1.1 Die Tiere: Metazoa (Animalia)

Das revolutionäre Konzept der **Ecdysozoa**, der **Häutungstiere** (Aguinaldo 1997), als gemeinsamer Klade aus Arthropoda (Insekten, Spinnen, Krebse), **Nematoda** (Fadenwürmer) und anderen Stämmen (Abb. 12.1) hat das klassische Konzept der „Gliedertiere" (**Articulata)** aus (Pan-)Arthropoden und **Annelida** (Ringelwürmer) abgelöst und ist ein Beispiel für revolutionäre Umbrüche in unserem Verständnis der Stammesgeschichte der Tiere. Wenn auch manchmal angezweifelt (Wolf et al. 2004; Rogozin et al. 2007; Zheng et al. 2007), scheinen sich die zunächst rein molekular begründeten Kladen („Überstämme") der **Ecdysozoa** und der **Lophotrochozoa** als Schwestergruppen innerhalb der **Protostomia** (Urmünder) nun aber immer weiter zu festigen (Podsiadlowski et al. 2007, Dunn et al. 2008, Telford et al. 2008). Ein Beispiel für neue Einsichten auf einem etwas niedrigeren taxonomischen Niveau innerhalb der Arthropoda ist die Erkenntnis, dass die engsten lebenden Verwandten der Insekten nicht die Tausendfüßer sondern die Krebstiere sind (Regier et al., 2005; Abb. 12.1).

Etwas schwieriger hingegen sieht es noch für viel tiefer sitzende Knoten im Stammbaum der Tiere aus. Das Konzept der Schwämme (**Porifera**) als Schwestergruppe zu allen anderen **Metazoa** (den **Eumetazoa**) schien gut begründet (Abb. 12.1). Eine andere Stammesgeschichte der frühesten Entwicklungslinien der Metazoa mit den Ctenophora (Rippenquallen) als Schwestergruppe zu allen anderen Metazoa haben nun allerdings Dunn und Kollegen (2008) auf der Basis großer EST-Datensätze nahe gelegt. Wie so häufig scheint hier aber noch Vorsicht bei möglicherweise übereilten Schlüssen geboten (Telford 2008). Die Arbeit von Dunn und Kollegen hatte wiederum sehr gute Unterstützung für die Ecdysozoa und Lophotrochozoa und zusätzliche Auflösung in diesen beiden Gruppen geliefert (Abb. 12.1). Für die Taxonauswahl der basalen Kladen fehlte aber vor allem der eigentümliche, primitive *Trichoplax adhaerens* mit nur vier unterscheidbaren Zelltypen, für den der eigene Stamm der Placozoa eingerichtet ist. Fast zeitgleich wurde nun von Srivastava und Kollegen 2008 das komplette Genom von *Trichoplax* ermittelt und hat eher die Auffassung bestätigt, dass dieser Stamm erst nach den Porifera abzweigt (Abb. 12.1). Das Genom von *Trichoplax* hat eine verblüffend hohe Zahl von Gemeinsam-

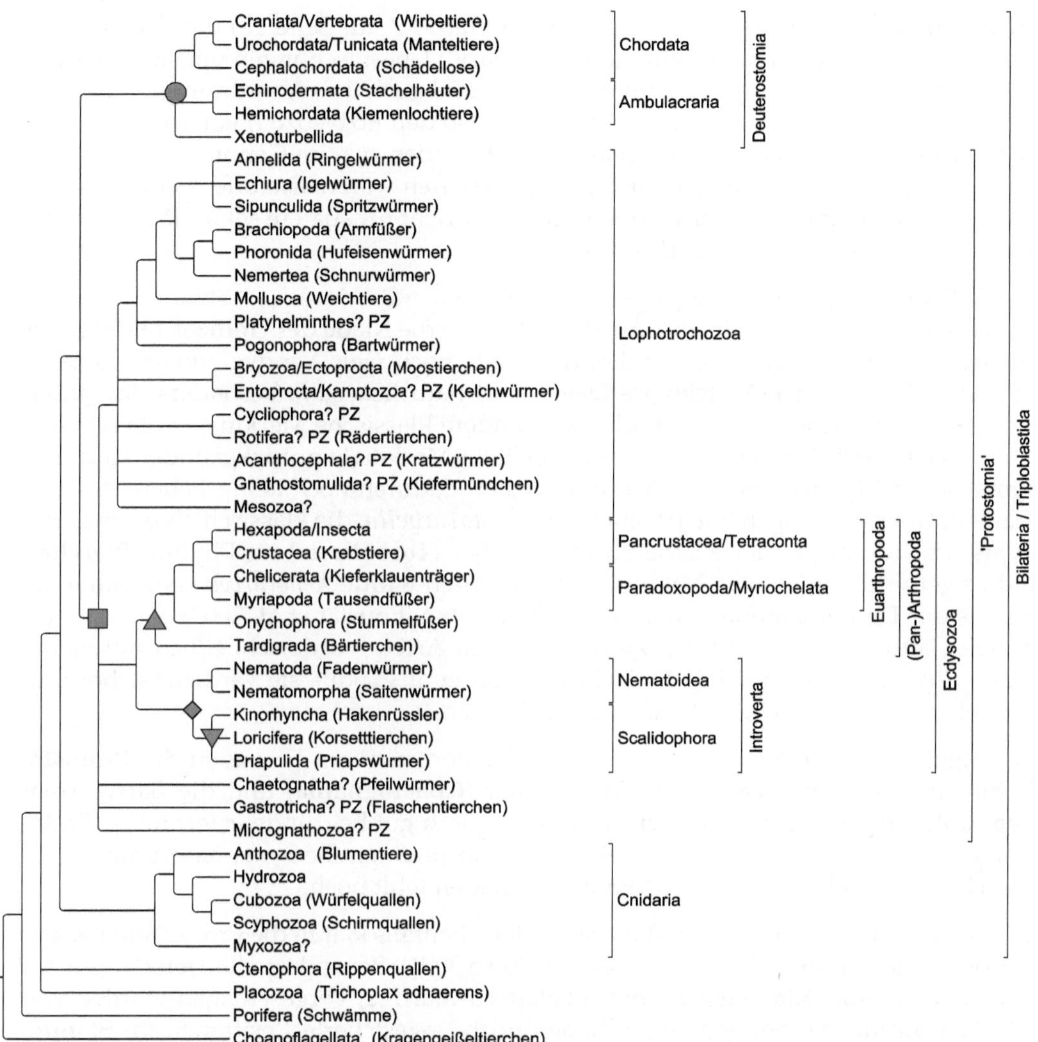

Abbildung 12.1 Stark vereinfachende Zusammenfassung einer hypothetischen Phylogenie der **Metazoa** als vorsichtige Synopsis diverser molekularer Befunde. Die **Choanoflagellata** (Kragengeißler) sind offensichtlich Vertreter der rezenten Protistengruppe, aus denen die vielzelligen Metazoa hervorgegangen sind. Ungesicherte Stellungen (?) haben vor allem Taxa, für die die Gruppe der **Platyzoa** (Plattwurmartige) vorgeschlagen wurde (PZ) und die extrem reduzierten Mesozoa und die Myxozoa, letztere hier provisorisch als Schwestergruppe der **Cnidaria** aufgeführt. Die **Platyhelminthes** selbst sind hier auf Grundlage einer rezenten Studie, die allerdings nicht die weiteren Kladen der möglichen Platyzoa abgedeckt hatte, in die Lophotrochozoa gestellt, die sich gemeinsam mit den **Ecdysozoa** als **Protostomia** (Urmünder, Quadrat) von den **Deuterostomia** (Neumünder, Kreis) absetzt. Die möglichen Subkladen der **Panarthropoda** (Dreieck), der Scalidophora (inv. Dreieck) und der **Cycloneuralia** (oder Invertata, Raute) sind hervorgehoben.

keiten mit den anderen, „höheren" Metazoa offenbart: Intronpositionen, Syntenie und Konservierung von Transkriptionsfaktoren, die mit den Differenzierungsprozessen der weit komplexeren Organismen in Beziehung gebracht wurden. Genau wie *Trichoplax* hatte zuvor das komplett sequenzierte Genom (Tab. 1.3 auf Seite 18) der Seeanemone *Nematostella vectensis* (als Repräsentant der Cnidaria) Überraschungen mit sich gebracht (Putnam et al., 2007): Eine große Zahl von Genen und auch ihre Anordnungen sind eher in Vertebraten als in Insekten oder Nematoden (also den Ecdysozoa) konserviert. Sogar 80% der Introns in den Genen der Seeanemone befinden sich im Genom des Menschen an den gleichen Orten. Viele genomische Eigenschaften waren also offensichtlich schon sehr früh in den Eumetazoa vorhanden und dies spricht für spätere sekundäre Vereinfachungen in den Genomen der Ecdysozoen.

Mit den **Choanoflagellata** (Kragengeißeltierchen wie z.B. *Monosiga*) scheint die Protistengruppe identifiziert zu sein, die mit allen Metazoa die Klade der **Holozoa** bildet (Abb. 12.1). Im Stammbaum der Tiere sind andererseits noch viele Verzweigungen gänzlich ungeklärt oder unsicher. Molekulare Daten sind natürlich ganz besonders dort interessant, wo verlässliche morphologische oder andere klassische Merkmale vollends fehlen, z.B. weil durch Parasitismus viele abgeleitete Merkmale zurückgebildet sind. Die enigmatischen **Myxozoa** und die **Mesozoa** haben dadurch noch keine sichere Position gefunden. Überraschungen boten Genera wie ***Xenoturbella***, die klassisch als eigene, monotypische Ordnung in der Klasse Strudelwürmer (**Turbellaria**) im Phylum **Platyhelminthes** geführt worden war. Mit molekularen Daten wurde *Xenoturbella* (vorläufig) an die Basis der **Deuterostomia** (Neumünder) überführt (Bourlat et al. 2003). Diese merkwürdige Gattung mit bislang nur zwei bekannten Arten wurde schließlich mit einem eigenen Phylum Xenoturbellida bedacht (Bourlat et al. 2006) – sie verdient sicher umfangreichere organismische und molekulare Studien.

Eine entgegengesetzte Neuordnung aus den Deuterostomiern heraus in die **Protostomia** hinein haben die rätselhaften Pfeilwürmer (**Chaetognatha**) und die Bartwürmer (**Pogonophora**) erfahren. Der entwicklungsbiologisch gut begründete Terminus 'Protostomier' scheint inzwischen fraglich, eine klare morphologische Synapomorphie für die lediglich noch von Protostomiern dominierte Kladen fehlt noch.

Die Brachiopoda wurden mit molekularen Daten ebenfalls klar in die Protostomia-Klade und dort in die Lophotrochozoen gestellt (de Rosa 2001). Besonders alle Tierstämme, für die die gemeinsame Klade der **Platyzoa** (Plattwurmartige) vorgeschlagen worden war (Abb. 12.1 auf der vorherigen Seite), haben noch ungesicherte Positionen im Stammbaum.

Schließlich ergaben sich aber auch auf viel niedrigeren taxonomischen Niveaus der Metazoa zuletzt sehr interessante Einsichten in die Phylogenien einiger Tiergruppen. Der *'delayed rise'* der rezenten Mammalia (Bininda-Emonds et al. 2007) ist hier ein beachtenswertes Beispiel für eine Phylogenie der Säugetiere, die sich um molekulare Datierung bemüht, wie wir sie in Kapitel 9 behandelt haben. Eine taxonomisch umfassende Studie mit fast 1900 Käferarten (Coleoptera) auf der Grundlage von drei untersuchten Genen haben Hunt und Kollegen (2007) durchgeführt und eine beeindruckende phylogenomische Studien zur Stammesgeschichte der Vögel (Hackett et al. 2008; Abschnitt 11.1.4 auf Seite 312) hat u.a. beispielsweise ein bisher unerkanntes Schwestergruppenverhältnis von Papageien und Sperlingen aufgedeckt.

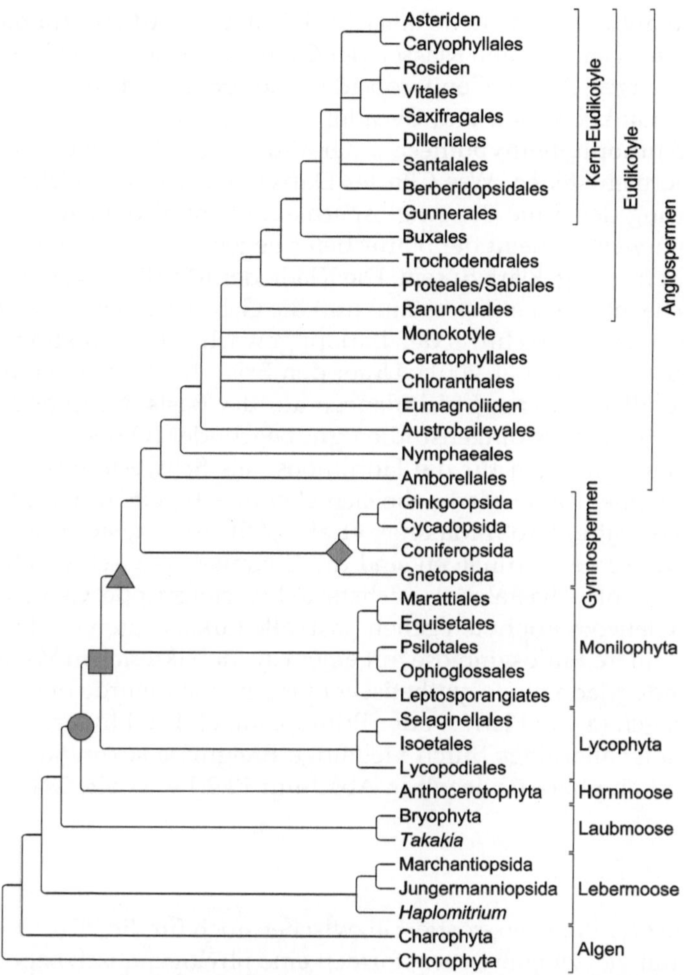

Abbildung 12.2 Vereinfachende Zusammenfassung der Phylogenie der **Landpflanzen** (Embryophyta). Gut gestützte Kladen sind die **Angiospermen** (Blütenpflanzen), **Spermatophyta** (Samenpflanzen) und **Monilophyta** – gemeinsam bilden sie die **Euphyllophyta** (Dreieck) und diese wiederum gemeinsam mit den **Lycophyta** (Bärlappgewächsen) die **Tracheophyta** (Gefäßpflanzen, Quadrat). Die Verwandschaft der **Horn-**, **Laub-** und **Lebermoose** ist nicht ganz klar, aber die Hornmoose (**Anthocerotophyta**) als Schwestergruppe der Gefäßpflanzen (Kreis) sind molekular gestützt. Die isolierten Genera *Takakia* und *Haplomitrium* stehen offensichtlich jeweils an der Basis der Laub- respektive Lebermoose. Unklar bleiben z.B. die Monophylie der **Gymnospermen** (Raute) sowie die genauen Positionen der artenreichen **Monokotylen** und **Eudikotylen** innerhalb der Angiospermen.

12.1.2 Die 'Pflanzen': Plantae

Bei den Landpflanzen (Embryophyta) herrscht im Vergleich zu den Tieren etwas mehr Klarheit für das Rückgrat des Stammbaumes (Abb. 12.2). Eine Klade mit **unklarem Status** sind allerdings die **Gymnospermen**. Auch mit molekularen Daten konnte noch keine endgültige Klärung herbeigeführt werden – vielmehr wurden je nach Taxonauswahl,

Genauswahl und analytischer Methode tatsächlich **unterschiedliche Topologien** vorgeschlagen. Die Taxa der vier rezenten Klassen der Gymnospermen sitzen im Stammbaum entweder auf sehr langen Ästen (Coniferopsida) und/oder sind sehr arm an rezenten Arten (Gnetopsida, Ginkgoopsida und Cycadopsida). Allerdings hat keine molekulare Studie bisher die **Anthophytenhypothese** unterstützt, nach der die Gnetopsida an der Basis der Angiospermen stehen. Was Charles Darwin ein „abscheuliches Mysterium" nannte, den Ursprung der Blüte der Angiospermen, bleibt also auch aktuell noch ungeklärt. Interessanterweise scheint der Status tiefer liegender Verzweigungen unter den Landpflanzen sogar besser geklärt zu sein: Die Klade der **Monilophyta** (oder Moniliformopses), die die Schachtelhalme (*Equisetum*) und die Gabelblattgewächse (*Psilotum*) mit den echten Farnen unter Ausschluss der Bärlappgewächse (Lycopodiophyta) vereint, ist molekular gestützt (Pryer et al. 2001). Unter den Bryophyta scheinen die Lebermoose als Schwester zu allen anderen Landpflanzen auf der Basis mitochondrialer Introns und inzwischen auch durch Multigenstudien gut begründet (Qiu et al. 1998; Qiu et al. 2006). Entsprechendes gilt auch für die Hornmoose als Schwestergruppe zu den Gefäßpflanzen – eine gemeinsame Klade, die sich ebenfalls bereits durch mitochondriale Introns abgezeichnet hatte (Groth-Malonek et al. 2005). Als engste rezente Verwandte der Landpflanzen unter den Grünalgen sind die Charales inzwischen sehr klar favorisiert, gefolgt von den Coleochaetales als nächster Schwestergruppe. Gemeinsam mit den Rotalgen und den Glaucocystophyten gehen (fast) alle Eukaryonten mit Plastiden offensichtlich auf eine primäre Endosymbiose mit einem cyanobakteriellen Vorläufer zurück. Für diese umfassende Klade photosynthetischer Organismen wurde der Name **Archaeplastida** vorgeschlagen (auch: Plantae oder Primoplantae). Die Phylogenie der einzelligen Archaeplastida ist allerdings durch vielfältige Ereignisse sekundärer und tertiärer Endosymbiosen verkompliziert, wie wir in Abschnitt 12.2.1 auf Seite 334 sehen werden.

12.1.3 Die Pilze: Fungi

Genau wie für Tiere und Pflanzen existiert inzwischen auch für die Pilze als dritter Klade von Eukaryonten mit vielzelligen Lebensformen eine phylogenetisch begründete Systematik, die sich auf molekulare Einsichten stützt (Hibbett et al. 2007). Recht gut aufgelöste Phylogenien aus umfangreichen Multigen-Datensätzen haben hier eine entscheidende Rolle gespielt – die 6-Gen-Studie mit 200 Taxa von James und Kollegen (2006) ist hier ein Paradebeispiel. Problematischer als bei den Tieren und Pflanzen sind die besonders häufig reduzierten, oft auch einzelligen Lebensformen, die dominant vegetativen neben den sexuellen Fortpflanzungsmodi und schließlich die Abwesenheit vergleichbarer Fossilbelege. Zwei klassisch definierte Abteilungen der Pilze – die Ascomycota (Schlauchpilze) und die Basidiomycota (Basidienpilze) sind jeweils als monophyletisch bestätigt und als Schwestergruppen in dem Unterreich Dikarya zusammengefasst worden (Abb. 12.3). Entsprechendes gilt für ihre jeweiligen Unterabteilungen: die Rostpilze (Pucciniomycotina), die Brandpilze (Ustilaginomycotina) und die Ständerpilze (Agaricomycotina) bei den Basidiomycota und die Unterabteilungen Taphrinomycotina, Saccharomycotina und Pezizomycotina bei den Ascomycota. Zwei andere, klassisch definierte Abteilungen der Fungi hingegen sind wahrscheinlich keine natürlichen Monophyla: die Jochpilze (Zygomycota) und vor allem die Töpfchenpilze (Chytridiomycota). Zumindest die meist einzelligen, begeißelten Chytridiomycota (auch als Flagellatenpilze bezeichnet) sind ganz offensichtlich ein Paraphylum an der Basis der Pilzphylogenie, das

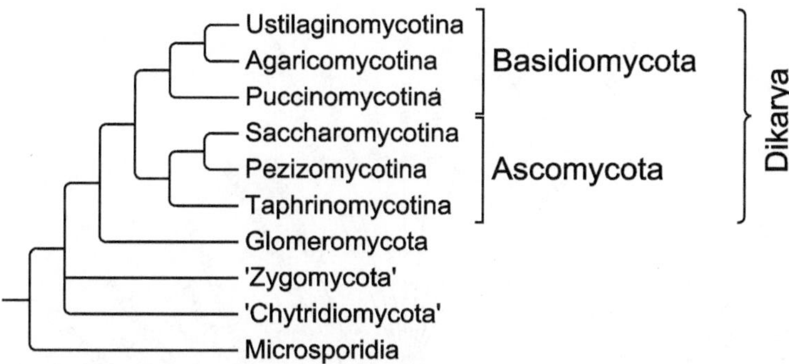

Abbildung 12.3 Phylogenie der **Pilze**. Klar als Monophyla gestützt sind die Abteilungen Ascomycota, die Basidiomycota und auch die Glomeromycota. Die enigmatischen, einzelligen, endoparasitären Microsporidia stehen möglicherweise nicht an der Basis, sondern zweigen sehr früh innerhalb der ebenfalls meist einzelligen Chytridiomycota ab – eventuell von endoparasitischen Formen ähnlich heutigen Arten wie *Rozella allomycis* (James et al. 2006). Die klassischen Abteilungen Chytridiomycota und vermutlich auch die Zygomycota sind höchstwahrscheinlich Paraphyla (Anführungszeichen).

morphologisch nur über Symplesiomorphien definiert ist. Durch molekulare Analysen hatten diese vier klassischen Abteilungen der Pilze mit den Glomeromycota als fünftem eigenen Phylum eine Ergänzung bekommen (Schüßler et al. 2001). Die Glomeromycota umfassen die schwer analysierbaren, weil nicht-kultivierbaren, Endomykorrhiza-Pilze (AM-Pilze, Arbuskuläre Mykorrhiza-Pilze), als Symbiosepartner der meisten Pflanzen. Phylogenetisch werden sie aktuell als Schwestergruppe der Dikarya verstanden. Besonders schwierig phylogenetisch zu fassen blieben die Microsporidia. Als Einzeller (meist intrazellulär parasitär) formal den Protisten zugehörig, wurde ihre Affinität zu den Pilzen immer wieder vorgeschlagen und mit der umfassenden Multigenstudie von James und Kollegen (2006) wurden sie in der Tat als sehr frühe Entwicklungslinie in die Pilze gestellt – möglicherweise als sehr abgeleitete Form basaler Chytridiomyceten.

12.1.4 Auf dem Weg zur Wurzel des Lebens: Die Einzeller

Es scheint heute unzweifelhaft, dass sich alle drei Großgruppen der komplexen, mehrzelligen Eukaryonten jeweils aus aquatischen, begeißelten Protisten entwickelt haben. In tiefer liegenden Kladen eukaryontischer Stammesgeschichte werden die Stammbäume aktuell noch zu Büschen. Das gilt in ganz ähnlicher Weise auch für die beiden anderen **Domänen des Lebens**, die **Eubacteria** und die **Archaea** (Abb. 12.4). Die Beziehungen unter den diversen Protistengruppen sind recht unsicher, allerdings gibt es diverse Vorschläge für Kladen höherer Ordnung (Cavalier-Smith und Chao 2003; Adl et al. 2005, 2007). Eine umfassende Klade aus Tieren (mit ihren einzelligen Vorläufern, den Choanozoa, als **Holozoa**) und Pilzen (mit ihren einzelligen Verwandten, den Microsporidia; s. 12.1.3), hat den Namen **Opisthokonta** bekommen. Ein ganz aktuelles Beispiel für eine Multigenanalyse mit 31 Orthologen in 191 Spezies mit komplett sequenzierten Genomen, die alle Domänen des Lebens einbezieht, präsentieren Ciccarelli und Kollegen (2006).

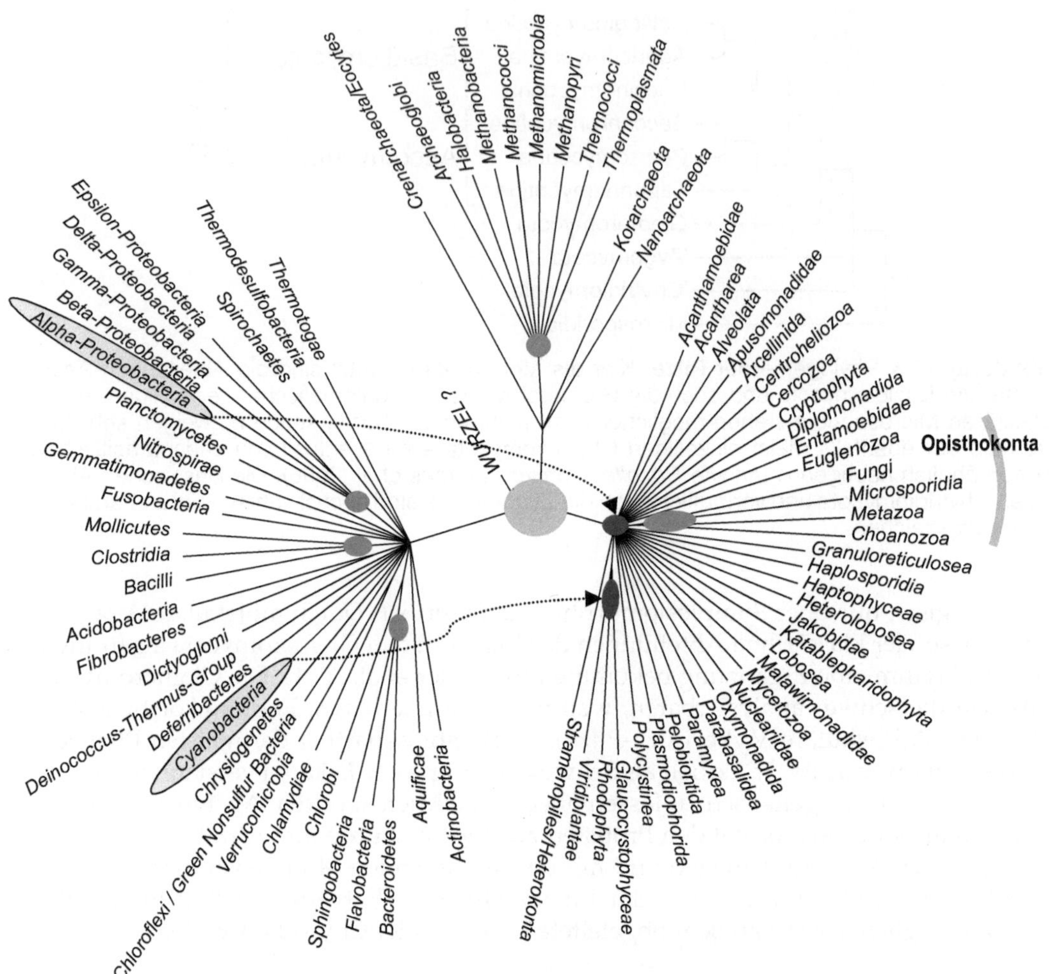

Abbildung 12.4 Die **Phylogenie der drei großen Domänen des Lebens** – Eubakterien (links), Archaea (oben) und Eukaryonten (rechts) – stellt sich in großen Teilen eher als Busch denn als Baum dar. Horizontaler Gentransfer, sekundäre Endosymbiosen und Verlust von Organellen und auch ganze Genomfusionen in der Frühzeit der Evolution verkomplizieren das Bild. Recht eindeutig hingegen sind **zwei primäre Endosymbiosen** (Pfeile). Die erste hat aus einem α-protobakteriellen Vorläufer zu den Mitochondrien geführt, die zweite aus einem Cyanobakterium zu den photosynthetischen Eukaryonten (für die der Begriff Archaeplastida vorgeschlagen wurde, s. Abschnitt 12.2.1). Hier dargestellt sind die aktuell verwendeten, obersten hierarchischen Niveaus der *Taxonomy Database*; zusätzliche oder alternative Kladen höherer Ordnung sind vorgeschlagen worden. Einige eindeutige Kladen höherer Ordnung sind mit grauen Kreisen hervorgehoben, oben beginnend die **Euryarchaeota** unter den **Archaea**, die **Opisthokonta** in den Eukaryonten, eine **Bacteroidetes/Chlorobi-Klade**, die gram-positiven **Firmicutes** und die gram-negativen **Proteobakterien** in den Eubakterien. Besonders komplex ist das Bild unter den Protisten, den eukaryontischen Einzellern. Hier sind – bedingt durch **sekundäre Endosymbiosen** und/oder Verlust von Organellen – in vielen Gruppen photosynthetische und nicht-photsynthetische Gruppen zusammengefasst, z.B. die **Dinoflagellaten** neben den **Apicomplexa** in den **Alveolata**, oder die **Eugleniden** neben den **Kinetoplastida** in den **Euglenozoa**.

12.1.5 LUCA oder: Wie fing alles an?

Eine der spannendsten Aufgaben molekularer Phylogenetik ist es, zum molekularen Verständnis für Schlüsselerfindungen der Evolution beizutragen. Die Etablierung des Harnstoffzyklus zur Entsorgung des Ammoniaks, um den Auszug der Tiere aus dem Wasser zu ermöglichen oder die Ligninbiosynthese, mit denen Gefäßpflanzen dem Planeten ein völlig anderes Aussehen gegeben haben, sind Beispiele. Das sicherlich größte verbleibende Rätsel in der Evolutionsgeschichte liegt jedoch in der Entstehung der ersten lebenden Zelle.

Alles Leben, wie wir es kennen, ist biochemisch geeint durch das Auftreten von Nukleotiden, von Zuckern in der stereochemischen D-Konformation, von 20 proteinogenen Aminosäuren in der L-Konformation, von DNA, RNA und Proteinen und durch den Fluss der genetischen Information durch diese drei Typen von Makromolekülen, immer mit den im Wesentlichen gleichen Mechanismen von Transkription und Proteinbiosynthese (Abschnitt 1.3 auf Seite 11) und unter Verwendung eines (fast) universellen Codes (Abb. 1.2 auf Seite 10). Diese Eigenschaften sollten daher auch den letzten gemeinsamen Vorfahren aller Lebensformen – den ***Last Universal Common Ancestor* (LUCA)** – ausgezeichnet haben. Die Entstehung von einigen einfachen biochemischen Verbindungen (v.a. organische Säuren, aber auch Harnstoff und einige Aminosäuren) in einer reduzierenden „Uratmosphäre" aus einfachsten chemischen Ausgangsmolekülen (Methan, Ammoniak, Wasserstoff und Wasser) unter energetischer Einwirkung durch elektrische Entladung hat Stanley Miller 1953 in seinem legendären Experiment nachgewiesen (dem „**Miller-Urey-Experiment**"). Mit vielen variierten Folgeexperimenten wurde gezeigt, dass 13 der natürlichen proteinogenen Aminosäuren, Zucker und auch die Pyrimidin- und Purinbasen der Nukleinsäuren entstehen können.

Allerdings sind von einem solchen Reaktionsgemisch einfacher organischer Chemie zu einem abgeschlossenen, membranumschlossenen Reaktionsraum oder gar zu einer kompartimentierten Zelle noch viele große Schritte zu nehmen. Typische komplexe Reaktionsabläufe in einer lebenden Zelle, wie wir sie heute kennen, würden kaum unter freier Diffusion ins Reaktionsmedium entstehen können. Darum ist die Frage, wann und wie eine **präbiotische Biochemie** durch **biologische Membranen** abgeschlossen wurde, besonders wichtig.

Interessanterweise liegt gerade hier, ungeachtet aller sonstiger Gemeinsamkeiten, ein wesentlicher Unterschied zwischen **Eubakterien** und **Eukaryonten** auf der einen und den **Archaea** auf der anderen Seite. Bei Eukaryonten und Eubakterien sind die Ester von Fettsäuren an einem Glycerin-3-Phosphat-Grundkörper die Membranbausteine. Bei den Archaea hingegen handelt es sich um Etherbindungen von Isoprenkomponenten an einem Glycerin-1-Phosphat-Grundkörper. Die stereospezifischen Enzyme, die hier in der Synthese der Membranlipide die entscheidende Rolle spielen (G1P-DH und G3P-DH) sind nicht homolog, sondern sind offensichtlich unabhängig aus anderen Dehydrogenasen im Primärstoffwechsels entstanden (Peretó et al. 2004).

Es ist eigentlich unvorstellbar, dass sich die Abgrenzungen eines Reaktionsraums durch unterschiedliche **Biomembranen** erst unabhängig entwickelt haben, nachdem Reaktionsabläufe mit einer Proteinbiosynthese, wie wir sie heute kennen, etabliert waren. Eine hinreichende Konzentration der Reaktionspartner muss auch in vorbiotischer Zeit in den frühen Stadien biochemischer Evolution durch andere Mechanismen gewährleistet worden sein. Eventuell haben ganz andere Gegebenheiten für eine räumliche Organisierung einer zunehmend komplexeren Biochemie gesorgt. Organisierte mineralische Oberflächen sind dafür Kandidaten und insbesondere Eisensulfide mit ihren katalytischen Eigenschaften sind hierfür vorgeschlagen worden. Insofern kann die Frage zugespitzt lauten: „War LUCA überhaupt eine Zelle?" Einen interessanten Überblick über die formulierten Konzepte, insbesondere auch zum viel zitierten submarinen Hydrothermalkrater (*Submarine hydrothermal vent*) mit viel zusätzlichen Spekulationen und einer zusammenfassenden Darstellung eines Szenarios, das eine nicht-zelluläre, mineralgebundene Evolution von Information und Katalyse vorsieht, bieten Koonin & Martin (2005). Stanley Miller selbst stellt allerdings aus chemischen Gründen die Bedeutung eines *Submarine hydrothermal vent* mit mineralischen Komponenten als Katalysatoren einer präbiotischen Evolution in Frage. Die Konzentrierung eines Reaktionsgemisches an der Erdoberfläche scheint ein wichtigerer Faktor zu sein, um komplexere Chemie zu erzeugen. Eine besonders attraktive Annahme ist die Entstehung einer **Protozelle** mit einer **Membran** aus einer **Doppelschicht** (Bilayer) aus chemisch zunächst noch einfacheren „Proto"-Membranlipiden wie z.B. Fettsäuren, ihren alkoholischen Derivaten und Glycerinmonoestern. Wie Mansy und Kollegen (2008) zeigen konnten, sind solche Membranen sogar für die Aufnahme von größeren geladenen Molekülen wie z.B. Nukleotiden durchlässig und erlauben ihre Polymerisierung im Innenraum der Protozelle.

Die Entdeckung der **autokatalytischen RNA-Moleküle** (Ribozyme) zu Beginn der 1980er-Jahre schien eine Brücke zwischen Informationsspeicherung und biochemischer Aktivität zu schlagen und veranlasste Walter Gilbert zur Prägung des populären Begriffes von der primordialen **RNA-Welt**. Allerdings bleibt die Idee von RNA als der ersten materiellen genetischen Grundlage nur Hypothese, denn chemisch erscheint gerade die präbiotische Entstehung der instabilen RNA-Nukleotidbausteine unwahrscheinlich. Als Alternative für ein frühes, informationsspeicherndes Makromolekül mit größerer Wahrscheinlichkeit für präbiotische Entstehung sind stattdessen die PNAs, die Peptidnukleinsäuren, vorgeschlagen worden (Nelson et al. 2000). DNA hingegen scheint ein Spätankömmling in der Entstehung der Zelle gewesen zu sein – chemisch kann man DNA mit der Deoxyribose und Thymin als Base als modifizierte RNA auffassen. Nach einer zweistufigen Entwicklung von RNA als erstem Informationsspeicher ist möglicherweise eine U-DNA Welt mit Uracil anstelle des Thymidins der uns bekannten DNA vorausgegangen (Forterre 2005).

Um auf den Stammbaum des zellulären Lebens die Wurzel zu setzen, fehlt uns naturgemäß eine geeignete Außengruppe (Abb. 12.4 auf Seite 330). Eine gute Lösung schien allerdings in sehr alten Genduplikationen (ATPasen, Elongationsfaktoren) zu bestehen, die der Diversifizierung in die drei Linien vorausgegangen sind. Eine besonders klare Aussage in dieser Hinsicht schienen die beiden paralogen Elongationsfaktoren EF-1/Tu und EF-2/γ zu machen (Baldauf et al. 1996). Beide Gene sprechen klar für ein Schwestergruppenverhältnis von Archaea und Eukaryonten und damit für eine Bewurzelung auf dem (langen) Ast zu den Eubakterien. Auch mit den stark erweiterten Datensätzen, die uns inzwischen zur Verfügung stehen, kommt man für die Elongationsfaktoren zum gleichen Ergebnis (Abb. 12.5). Auch für alle tRNAs und die Aminoacyl-tRNA-Synthetasen kann man annehmen, dass sie auf einen einzigen Vorläufer zurückzuführen sind und sich vor der Aufspaltung in die drei Linien diversifiziert hatten. So kommen

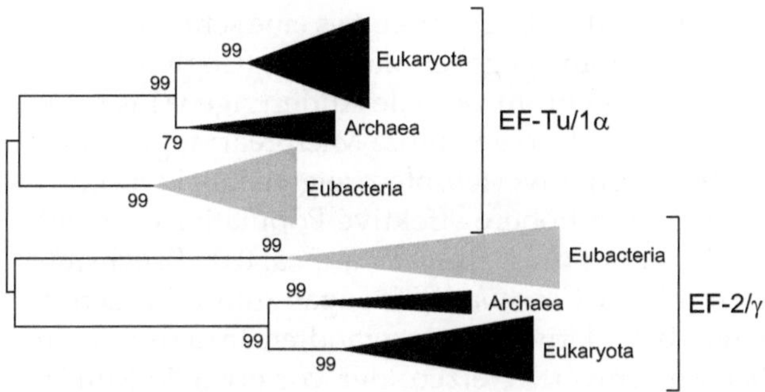

Abbildung 12.5 Phylogenie aus 124 Sequenzen der paralogen Elongationsfaktoren EF-Tu/1α und EF-2/γ. Die Abgrenzung der drei Domänen wird mit *beiden* Paralogen deutlich: Beide Hälften des Stammbaums sprechen für ein Schwestergruppenverhältnis aus Archaea und Eukaryonten.

Xue & Kollegen (2005) mit der Annahme, dass die geringsten Unterschiede zwischen vorhandenen tRNAs und/oder Aminoacyl-tRNA-Synthetasen in einer Art auf eine Nähe zum „*Cenancestor*" LUCA hinweisen, im Gegensatz zu den EF-Daten auf eine Wurzel in der Nähe des Archaebakteriums *Methanopyrus*. Mit mehr und mehr Genomdaten wird allerdings klar, dass massiver horizontaler Gentransfer (HGT) sowohl bei der Evolution der prokaryontischen Genome selbst wie auch bei der Genese des eukaryontischen Genomes eine ganz entscheidende Rolle gespielt hat.

Die Entstehung der eukaryontischen Zelle ist immer noch ein Rätsel. Es ist seit einiger Zeit offenbar, dass Gene, die mit dem Fluss der Information durch Transkription und Translation zu tun haben, stärkere Ähnlichkeit mit ihren archaebakteriellen Pendants haben, während diejenigen, die die operative Biochemie des Stoffwechsels vermitteln, eher stärker ihren eubakteriellen Gegenstücken ähneln. Statt einem Stammbaum des Lebens haben Rivera und Lake (2004) für Diversifizierung zumindest der frühesten Entwicklungslinien der Einzeller und damit auch der Entstehung des Ur-Eukaryonten einen Ring des Lebens (Ring of Life) vorgeschlagen. Der Kommentar von Bapteste und Walsh dazu (2005) ist ebenso lesenswert. Das Genom dieses Ur-Eukaryonten lässt sich am Besten als Fusion aus einem archaealen und einem photosynthetisch-eubakteriellen Genom begreifen, in dem die informationsverarbeitenden Komponenten archaealen Ursprungs und die enzymatisch-operationalen aus eubakteriellem Ursprung überlappt haben.

12.2 Genome in Bewegung

Die konzeptionelle Verknüpfung von **Evolution und Genetik** ging aus der Beobachtung von Veränderungen hervor, die weit umfangreicher waren als die kleinen, punktuellen Veränderungen in Sequenzen, die wir heute vornehmlich untersuchen. Die größeren **chromosomalen Rearrangements**, die Dobzhansky an *Drosophila*-Arten beobachten konnte, stellten hier zuerst die Verbindung zwischen der stofflichen Grundlage Erbmaterial und evolutiver Veränderung her. Nach Jahren recht erfolgreicher molekularer Phylogenetik auf der Grundlage homologer Sequenzen sind es aber oft auch die sprunghaften Veränderungen größeren Ausmaßes im Erbmaterial, die besonders interessant sind.

Zu den Veränderungen, die ganze Genome betreffen, gehören die Vervielfachungen des kompletten Chromosomensatzes durch **Polyploidisierung**. Was für die Evolutionsgeschichte der Blütenpflanzen ein häufiges Phänomen ist, scheint bei Tieren eher selten zu sein; von Fischen und Amphibien ist es bekannt. Allerdings scheint es eine sehr alte komplette Duplikation des ancestralen Metazoengenoms gegeben zu haben (Coghlan et al. 2005). In Säugetieren üblich sind dagegen kleinere chromosomale Änderungen (Insertionen, Deletionen, Inversionen oder Translokationen), so genannte Microrearrangements, die ein Gen oder mehrere hintereinander betreffen. Invertebraten zeigen dabei (vermutlich bedingt durch kürzere Generationszeiten und höhere effektive Populationsgrößen) insgesamt noch höhere Häufigkeiten, so dass man für *Drosophila* auf ca. 0,06 Bruchstellen pro MBp und mya (Million Jahre) kommt, für *Caenorhabditis* sogar zum zehnfachen Wert. Bei Pflanzen werden Vergleiche schon bei relativ nahe verwandten Taxa durch die extremen Unterschiede der Genomgrößen erschwert. Weizen, der vor etwa 50 Millionen Jahren einen gemeinsamen Vorfahren mit dem Reis hatte, trägt ein Genom, das mit 15.000 MBp etwa 40 mal so groß ist wie das inzwischen komplett sequenzierte Reisgenom. Die genomweite Perspektive auf solche strukturellen Veränderungen der Kerngenome ist noch jung. Für Organellen hingegen gibt es schon etwas länger Einblicke in die Evolution kompletter Genome, und sie haben einige Überraschungen offenbart.

12.2.1 Organellen-DNA, verschlungene Pfade der Evolution

Über die Nützlichkeit der **Organellengenome** in Mitochondrien und Chloroplasten zur Aufklärung der Phylogenie ihrer Wirtszellen besteht kein Zweifel; über ihre jeweilige ursprüngliche Abstammung aus α-Proteobakterien und Cyanobakterien auch nicht (Abb. 12.4 auf Seite 330). Viele Facetten der Evolution der Organellen und ihrer Genome sind aber auch an sich höchst interessant und informativ. Genau wie in der mitochondrialen Linie wird auch durch den **Gentransfer** aus dem Plastom das Kerngenom der Wirtszelle umgestaltet. Die Vielfalt verschiedener Chloroplastentypen mit unterschiedlicher Pigmentausstattung hielt lange die Diskussion aufrecht, ob es verschiedene **primäre Endosymbiosen** verwandter Cyanobakterien, möglicherweise mit verschiedenen Wirtszellen gegeben hat. Die molekularen Daten wiesen dann aber auf ***eine einzige*** **primäre Endosymbiose** mit einem Cyanobakterium hin (McFadden und van Dooren 2004), aus der eine primäre eukaryontische Zelle mit der Fähigkeit zu oxygener Photosynthese entstand (Abb. 12.6 auf Seite 336). Aus dieser primären Endosymbiose, die die **Plantae** i.w.S. (oder '**Archaeplastida**') etablierte, gingen offensichtlich **drei Entwicklungslinien** mit rezenten Vertretern hervor: Eine grüne Entwicklungslinie mit Chlorophyll a und b (**Viridiplantae** oder Chlorobionta), die **Glaucophyten** und die Linie der Rotalgen **(Rhodophyta**), die Plastiden mit anderen zusätzlichen Pigmenten (Chlorophyll c, Fucoxanthin, Peridinin, Phycobilin, Phycocyan) hervorbrachte. Landpflanzen gehen aus der grünen Entwicklungslinie hervor, in der sie neben den einfachen Grünalgen (Chlorophyta) gemeinsam mit ihren nächst Verwandten vom Algentypus die Klade der **Streptophyta** eröffnen. Ein großes Spektrum andererer photosynthetischer Organismen entstand durch ***sekundäre*** **Endosymbiosen**, in denen einzellige Grün- und Rotalgen selbst zu **Endosymbionten** wurden (Abb. 12.6 auf Seite 336). So sind aus diversen, unabhängigen, sekundären Endosymbiosen unterschiedlicher Eukaryontenzellen mit einzelligen Grünalgen die Euglenophyta, die Chlorarachniophyten und ein Typ von „grünen" Dinoflagellaten hervorgegangen. Aus den sekundären Symbiosen mit Rotalgen sind die Cryptophyta (Cryptophyceae, Cryptomonaden), die Haptophyta (Coccolithophora), der dominante Peridin-Typ von Dinoflagellaten und die Heterokontophyta mit Diatomeen (Kieselalgen), Goldalgen (Chrysophyceae) und Braunalgen (Phaeophyceae) entstanden.

Ökologisch dominant tauchen die Dinoflagellaten vom Rotalgentypus gelegentlich als *Red tides* (Algenpest) auf. Eine hochinteressante Besonderheit zeigen die Cryptophyten und die Chlorarachniophyten: Reste des Kerngenoms des eukaryontischen Endosymbionten sind dort noch als **Nukleomorph** vorhanden. Die drei Chromosomen des Nukleomorph-Genoms im Cryptomonaden *Guillardia theta* (551 kBp) sind bereits komplett sequenziert (Douglas et al. 2001).

Dinoflagellaten (Dinophyta) haben offensichtlich eine ganz besonders ausgeprägte Tendenz, Organellen zu verlieren, aber andere auch wieder aufzunehmen (Saldarriaga et al. 2001). ***Tertiäre* Endosymbiosen**, bei der (heterotrophe) Wirtszellen vom Dinoflagellatentyp Cryptophyten oder Haptophyten als Endosymbionten aufnahmen (Abb. 12.6), haben schließlich zu weiteren Dinoflagellatentypen geführt (Falkowski et al. 2004). Molekular sind Dinoflagellaten ebenfalls außergewöhnlich, was ihre chloroplastidäre DNA betrifft. Einzelne chloroplastidäre Gene sind auf **Minizirkeln** lokalisiert – kleine, zirkuläre Chromosomen individuell für jedes Gen (Zhang et al. 1999). Darüberhinaus sind Dinoflagellaten auch die Rekordhalter für den **Gentransfer** in den Nukleus. Sehr viele Gene, die sonst auf den Plastomen zu finden sind, haben hier ihren Weg in den Nukleus gefunden (Hackett et al., 2004). Diese Kerngene entstammen erkennbar zum Teil der grünen wie auch der roten Entwicklungslinie und dokumentieren damit die Geschichte der wechselnden Endosymbionten in den Dinoflagellaten. Eine ganz besonders interessante Beobachtung haben Laatsch und Kollegen (2004) für den Dinoflagellaten *Ceratium horridum* berichtet: Hier sind die plastidären Minizirkel gar nicht mehr in den Plastiden sondern im Nukleus lokalisiert. Komplexe, serielle Endosymbiosen sind vielleicht gar keine Seltenheit in der Natur: Okamoto & Inouye (2005) beschrieben jüngst eine sekundäre Symbiose „zum Zuschauen" in der Entstehung: Die Aufnahme einer *Nephroselmis*-artigen Grünalge in einen Flagellaten, der den Namen *Hatena* erhalten hat.

Im Tierreich haben die extrem reduzierten Genome der bakteriellen Endosymbionten in Aphiden und Pysilliden – *Buchnera aphidicola* mit 422 kBp (Pérez-Brocal et al. 2006) und *Carsonella ruddii* mit 160 kBP (Nakabachi et al., 2006) – das Kontinuum vom genetisch autarken Bakterium zum vollkommen abhängigen Endosymbionten offenbart (Tab. 1.3 auf Seite 18). Die vielleicht größte Überraschung hat jüngst aber die Untersuchung des Protisten ***Paulinella chromatophora*** gebracht, dessen Chromatophorengenom von rund 1 MBp von Nowack und Kollegen (2008) komplett entschlüsselt wurde: Ganz offensichtlich sind die **Chromatophoren** von *Paulinella* das Ergebnis einer zweiten, unabhängigen primären Endosymbiose durch Aufnahme eines Cyanobakteriums, dessen Genom in viel geringerem Maße reduziert wurde als nach der (bisher als einzigartig vermuteten) Etablierung der Plantae (Archaeplastida). Vermutlich gehen die Chromatophoren von *Paulinella* auf ein β-Cyanobakterium zurück, während die primäre Etablierung der Plastiden in den Plantae (Abb. 12.6 auf der nächsten Seite) auf ein α-Cyanobakterium zurückging.

Offensichtlich können **Chloroplasten sekundär degenerieren** und ihre originäre Fähigkeit zur Phyotosynthese verlieren. Von unmittelbarer Bedeutung ist in diesem Zusammenhang die Evolutionsgeschichte der **Trypanosomen** (**Kinetoplastida** wie *Leishmania* oder *Trypanosoma brucei*, dem Erreger der Schlafkrankheit), die mit den Euglenida in den Euglenozoa zusammengefasst werden (Abb. 12.4 auf Seite 330). Diverse Gene offensichtlich chloroplastidärer Herkunft in den Genomen der Kinetoplastida zeugen von

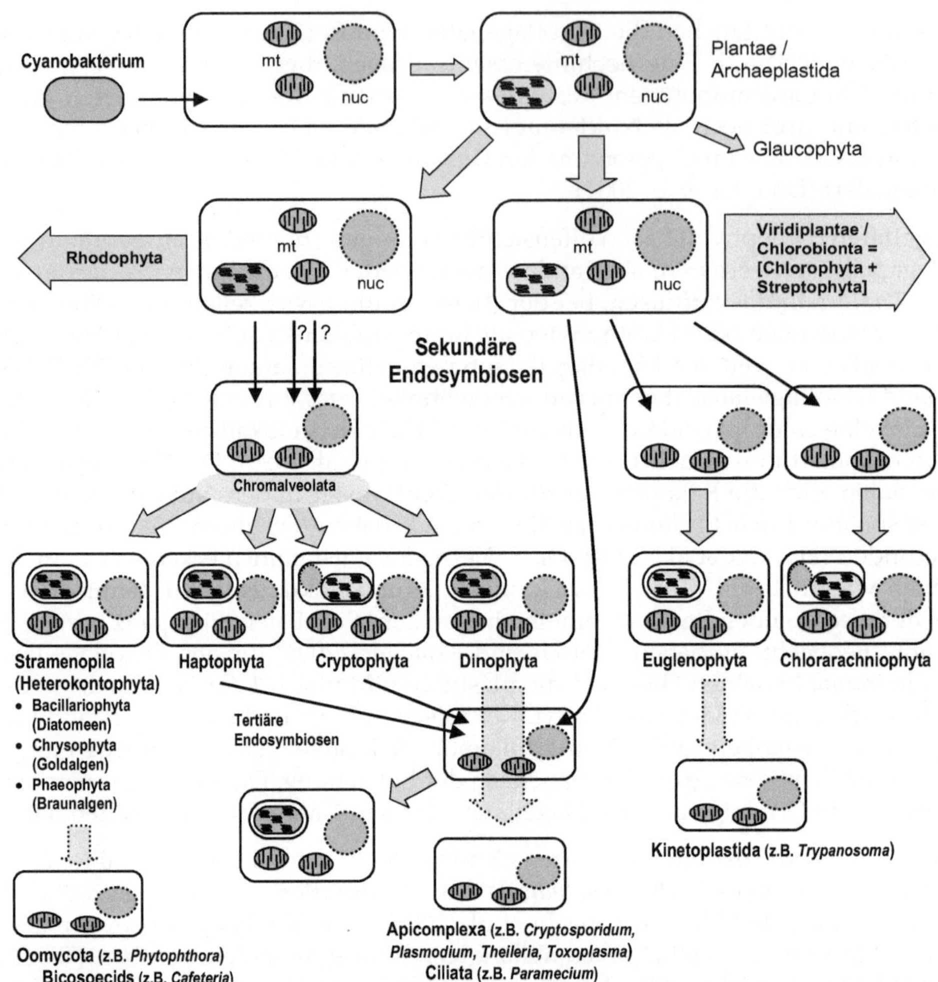

Abbildung 12.6 Photosynthetische Eukaryonten gehen auf eine **primäre Endosymbiose** eines Cyanobakteriums mit einer heterotrophen Eukaryontenzelle mit Nukleus (nuc) und Mitochondrien (mt) zurück, aus denen drei Linien mit rezenten Vertretern entstanden sind – neben den Rhodophyta (Rotalgen) und Glaucophyta die Viridiplantae (Chlorophyta und Streptophyta, Grünalgen und Landpflanzen). Die große Diversität weiterer photosynthetischer Eukaryonten geht auf diverse unabhängige **sekundäre Endosymbiosen** zurück, die sich zellbiologisch in weiteren Membranhüllen um die Organellen ausdrückt. Reste eines Nukleus des eukaryontischen Endosymbionten sind in **Chlorarachniophyta** und **Cryptomonaden** (Cryptophyta) als **Nukleomorph** zu finden – ihre Zellen enthalten also insgesamt **vier Genome**. Die Dinophyta (Dinoflagellata) werden gemeinsam mit den Apicomplexa und den Ciliata, bei denen die photosynthetischen Organellen offenbar wieder verloren gegangen sind, in die Alveolata gruppiert. Die Dinophyta sind eine besonders heterogene Gruppe bei denen offensichtlich sogar ursprüngliche Plastiden durch neue Endosymbiosen (auch aus der grünen Linie) ersetzt wurden Die Cryptophyta, Haptophyta und photosynthetischen Stramenopila (Heterokontophyta) werden als Chromista zusammengefasst. Die beiden Gruppen Chromista und Alveolata werden gemeinsam als Chromalveolata zusammengefasst. Auch bei den Heterokonta/Stramenopila gibt es in den Oomycota und Bicosoecida sekundäre Verluste der Plastiden, ebenso bei den Kinetoplastida in der 'grünen' Entwicklungslinie.

früherem Besitz und sekundären Verlust von Chloroplasten in den Trypanosomen nach Divergenz von den eugleniden Algen (Hannaert et al. 2003). Reste einer Plastiden-DNA findet man in Parasiten wie dem Malariaerreger *Plasmodium falciparum* und dem Erreger der Toxoplasmose *Toxoplasma gondii* (Apicomplexa), die mit den Ciliaten und den Dinoflagellaten systematisch in die Alveolata gestellt werden. Der von Moore und Kollegen (2008) beschriebene photosynthetisch aktive Protist *Chromera velia* steht den apicomplexen Parasiten besonders nahe. Schließlich wurden von Reyes-Prieto und Kollegen (2008) auch in den Genomen der nicht-photosynthetischen Ciliaten *Tetrahymena* und dem Pantoffeltierchen *Paramecium* Gene gefunden, die ihren Ursprung in endosymbiontischen Rotalgen hatten. Auch diese Organismen gehen also auf photosynthetisch aktive Vorläufer zurück und insgesamt wird das Konzept der Chromalveolata (Abb. 12.6 auf der Seite gegenüber) gestützt. Auch in parasitischen Blütenpflanzen (z.B. *Orobanche*) kann die Fähigkeit zur Photosynthese sekundär verlorengehen. Natürlich stellt sich hier die offensichtliche Frage, warum überhaupt noch Organellengenome aufrecht erhalten werden – Spekulationen bieten Barbrook & Kollegen an (2006).

Für die **Mitochondrien** gab es seit langem Spekulationen darüber, dass eine Degeneration des Organells in manchen Entwicklungslinien zu **Hydrogenosomen** führt, wenn sich die Wirtszelle an anaerobe Lebensbedingungen adaptiert. Hydrogenosomen sind ganz offensichtlich in verschiedensten Protisten unabhängig entstanden und tragen in der Regel keine DNA mehr. Die Entdeckung eines typischen mitochondrialen Restgenoms in den Hydrogenosomen von *Nyctotherus ovalis* war ein wichtiges, letztes Beweisstück für die Hypothese einer Degeneration von Mitochondrien in Hydrogenosomen (Boxma et al. 2005). Inzwischen erscheint es unwahrscheinlich, dass es überhaupt rezente, primär amitochondriate Protisten gibt. Die Aufnahme eines Proteobakteriums in die werdende Eukaryontenzelle mag in Wirklichkeit sogar eher eine Fusion von Zelltypen und großen Teilen von Genomen als nur die Inkorporation eines separaten Organells gewesen sein.

12.2.2 Bewegte DNA: Transposons, Introns, Gentransfer

Die Beobachtung, dass DNA nicht nur punktuellen, in erdgeschichtlichen Dimensionen seltenen Veränderungen ihrer Sequenz ausgesetzt ist, sondern dass in den Genomen Bewegung ist, die man an plötzlichen Einzelereignissen beobachten kann, ist spätestens seit Barbara McClintocks Beobachtung der **transposablen Elemente** im Mais vollkommen klar. Mobile DNA ist inzwischen in den verschiedensten Ausprägungen in praktisch allen Organismen gefunden und benannt worden.

Retroelemente wie die **SINEs** und **LINEs**, die ***Short*** und die ***Long INterspersed repetitive Elements***, haben sich als phylogenetisch informative molekulare Merkmale erwiesen, die in diversen Studien herangezogen wurden. Die Klade der Wale ist beispielsweise durch mindestens drei, diejenige aus Walen und dem Flusspferd (*Hippopotamus*) durch vier und ihre gemeinsame Gruppierung mit den Ruminantia wiederum durch vier Insertionen begründet, die in den Nachbargruppen nicht auftreten (Nikaido et al. 1999). SINEs und LINEs haben im Gegensatz zu Sequenzdaten die besondere molekulare Eigenschaft, den Merkmalsaustauschen eine **Polarität** zu geben, denn einmal gewonnen, gehen sie nicht oder extrem selten wieder verloren – es sei denn im Zuge umfassender chromosomaler Deletionen. Solche Ereignisse sind es dann, die ihre Nutzung bei weiten phylogenetischen Distanzen schwierig machen. Völlig frei von **Homoplasie**, also unabhängigen Insertionen an homologen Loci, dürften auch sie nicht sein. Vor allem aber ist der experimentelle Aufwand, die Insertionen von SINEs und LINEs nachzuweisen, weit höher als der von konventionellen, sequenzbasierten Ansätzen.

Über Herkunft, Verbreitung und Bedeutung der **Introns** wird unverändert noch viel spekuliert. Dabei wurde die Debatte oft auf die Standpunkte einer ***Introns early*** versus einer ***Introns late***-Hypothese zugespitzt. Im Sinne ersterer ist insbesondere, dass Introns eine tragende Rolle in der (frühen) Evolution von Proteinen gespielt haben, indem durch die Vermittlung von ***Exon Shuffling*** funktionale Proteindomänen neu kombiniert worden sind. Dies ist immer wieder mit neuen Daten scheinbar belegt worden, nur um gleich darauf wieder in Frage gestellt zu werden (Logsdon et al. 1995). Interessante Kandidaten für *Exon Shuffling*-Ereignisse sind allerdings solche Gene, bei denen ein **Gentransfer** aus den Organellen in den Nukleus die Addition einer Peptidsequenz an den Aminoterminus als Importsignal für den Import in die Organellen erfordert hat. Bei Pflanzen gibt es hier überzeugende Beispiele nach Transfer ribosomaler Proteingene aus den Mitochondrien in den Nukleus (Wischmann und Schuster 1995; Kadowaki et al. 1996). Ein gegebenes Intron in einem nukleären Gen ist in seiner Position recht stabil und kann durch seine variable Sequenz zur phylogenetischen Feinauflösung auf niedrigen taxonomischen Niveaus in der Regel gut beitragen. Bei vielen der in jüngerer Zeit untersuchten nukleären Gene (s. Abschnitt 11.1.1 auf Seite 306) sind es vornehmlich solche, positionell konservierte Introns, die von phylogenetischem Interesse sind.

Die schlichte **An- oder Abwesenheit** von **Introns** im Kerngenom ist sicher nicht völlig erratisch, wie man bei der Betrachtung von Genfamilien feststellt, aber insgesamt doch schwer als phylogenetisches Merkmal zu verwenden. Für die organellentypischen Introns in den Mitochondrien der Landpflanzen hingegen sieht das anders aus. In den Chloroplasten besteht nur sehr geringe Variabilität im Auftreten der organellentypischen Gruppe I- und Gruppe II-Introns. Die etwa zwei Dutzend Introns in den **Plastomen** sind in ihren Positionen von den Algen bis zu den Blütenpflanzen hoch konserviert. Allerdings hatten zwei neu erworbene Introns (***Intron gain***) in zwei tRNA-Genen im Plastom als molekulare Synapomorphien die Charophyceen-Algen an die Basis der Landpflanzen gestellt (Manhart und Palmer 1990), ein Befund der heute durch viele molekulare Merkmale außer Zweifel steht.

In die **mitochondriale DNA** der Pflanzen scheinen Introns weitgehend erst sukzessive mit der Eroberung der Landoberfläche eingetreten zu sein. Die tiefste Dichotomie unter Embryophyten – zwischen Lebermoosen und allen anderen Landpflanzen (s. Abb. 12.2) – wurde zunächst mit drei mitochondrialen Introns begründet, die nur in der **NLE**-Linie (den „***Non-Liverwort Embryophytes***") auftreten (Qiu et al. 1998). Dieses Bild hat sich weiter gefestigt (Knoop 2004) und andere Introns scheinen ein Schwestergruppenverhältnis von Hornmoosen mit den Gefäßpflanzen zu begründen (Groth-Malonek et al. 2005). Diese Hornmoos-Tracheophyten-Klade wurde dann auch in Multigenanalysen gefunden (Qiu et al. 2006). Andere, interessante molekulare Apomorphien sind das „Zerbrechen" mancher Gruppe II-Introns, offensichtlich durch Rekombination in den Organellengenomen. Wiederum gibt es in Chloroplasten wenige, ancestrale Ereignisse. Die Rekombination in einem Intron des *rps*12-Gens geht bereits der Etablierung der Landpflanzen voraus. In den Mitochondrien der Pflanzen hingegen existieren fünf Introns, die in Laubmoosen, Hornmoosen, Lycophyten und Farnverwandten noch intakt sind, dann aber in der Entwicklungslinie zu den Blütenpflanzen zerbrechen (Malek & Knoop, 1998) und dort das Zusammenfügen flankierender Introns durch ***Trans-Splicing*** erfordern.

Gentransfer: horizontal, lateral und intraorganellär

Ein uropathogener, ein enteropathogener und ein Laborstamm von *Escherichia coli* haben nicht einmal 40% aller Gene in den Genomen aller drei Stämme gemein (Welch et al. 2002). Der für Bakterien sowieso schon schwierige **Artbegriff** scheint damit durch Genomanalysen nicht gerade einfacher zu werden. Eine bakterielle Spezies klassischen Verständnisses weist ganz offensichtlich noch viel mehr genomische Plastizität auf, als wir es von Eukaryonten kennen. Bakterien sind offenbar für die Aufnahme von DNA prädestiniert – einzelsträngige DNA (*single strand* DNA, ssDNA) ist das transportierte Substrat bei Konjugation und Transformation (Chen et al. 2005). Der **horizontale Gentransfer** (HGT) ist ein nicht unwesentliches Element in der **Evolution prokaryontischer Genome**. Hierbei scheinen phylogenetische Distanzen fast keine Rolle zu spielen: Im Genom des **Eubakteriums** *Thermotoga maritima* sind 25% aller **Gene** offensichtlich **archaebakteriellen Ursprunges**, z.T. sogar angeordnet in **Clustern**, die denen in **Archaea** entsprechen (Nelson et al. 1999). Ein interessanter Fall betrifft das Gen für das ***Heat Shock Protein HSP70*** (dnaK): Die identifizierten Kopien in verschiedenen Bakterien sprechen für eine **ancestrale Genverdoppelung** in den Eubakterien, gefolgt von einem differentiellen Verlust jeweils einer der beiden Kopien, wohingegen Archaea das Gen durch horizontalen Gentransfer erhalten haben (Gribaldo et al. 1999). Die aktuellen Einschätzungen zu den Auswirkungen des HGT in Prokaryonten liegen im Spektrum zwischen interessanter Besonderheit und ganz fundamentaler Triebkraft für die Evolution der Bakterien (Lawrence und Hendrickson 2003). Tatsächlich haben genomische Studien an verschiedenen, klassisch definierten *Neisseria*-Arten und -Stämmen klare Überlappungen gezeigt und damit zum einem Konzept der „**unscharfen Arten**" (***Fuzzy species***) geführt (Hanage et al. 2005). Der Begriff des **lateralen Gentransfers** wird leider inzwischen mit dem des **horizontalen Gentransfers** gleichwertig verwendet. Damit geht die eigentliche Einschränkung des ersteren auf die DNA-Übertragungen von Organismen, die in *regelmäßigem*, **natürlichem Genaustausch** stehen (z.B. bei der Übertragung mobiler DNA zwischen Stämmen einer Pilzart) verloren. Auch in Eukaryonten existiert horizontaler Gentransfer. Mit der Sequenzierung des Humangenoms wurden zunächst viele vermeintliche Belege auf HGT gefunden, die sich aber nicht bewahrheitet haben. Allerdings sind einige Fälle von **horizontalem Gentransfer** in den einfachen eukaryotischen Einzellern, den **Protisten**, nachgewiesen (Andersson et al. 2005). Eine weit größere Überraschung waren allerdings Berichte über die Identifizierung von **Fremd-DNA in den Mitochondrien** einiger Blütenpflanzen (Bergthorsson et al. 2003), in *Gnetum* (Won & Renner 2003) und insbesondere in der Kandidatenart für die basalste rezente Blütenpflanze *Amborella*, die besonders aufnahmebereit für fremde mitochondriale DNA zu sein scheint (Bergthorsson et al. 2004).

Eine dritte Form des Gentransfers ist der **interorganelläre Gentransfer** *zwischen* den Genomen in einer Zelle. Der Transfer von Genen aus den Organellen scheint phylogenetisch nicht so informativ zu sein, wie man zunächst annehmen könnte. Die Anzahl *unabhängiger* Ereignisse von Gentransfer aus den Organellen in den Nukleus ist weit höher als die der möglicherweise kladistisch informativen – für eine frühe Phylogenie der

Chloroplastenlinie z.B. etwa im Verhältnis 4:1 (Martin et al. 1998; Martin et al. 2002). Für 14 mitochondriale Gene, die für ribosomale Proteine in Angiospermen codieren, wurde eine Vielzahl von unabhängigen Gentransferereignissen in den Nukleus gefunden (Adams et al., 2002). Ein Gegenbeispiel ist hier andererseits der Transfer des mitochondrialen *nad7*-Gens aus den Mitochondrien in den Nukleus bei Pflanzen. Als exklusives Ereignis nur in den Lebermoosen außer *Haplomitrium* belegt es sehr schön das Schwestergruppenverhältnis (Abb. 12.2 auf Seite 327) dieser evolutionär alten Gruppe zu allen anderen, rezenten Lebermoosen (Groth-Malonek et al. 2007).

Besondere Hoffnung könnte man in die, vermeintlich seltenen, **genomischen Rearrangements** der Organellengenome als informative Merkmale setzen. Allerdings ist ein experimenteller Ansatz, um in einer taxonomischen noch unerschlossenen Gruppe in hohem Durchsatz solche Rekombinationen zu finden, sicher nicht einfach. Die Identifizierung klarer, informativer Apomorphien hat eher Seltenheit. Ein Beispiel für eine interessante Ausnahme ist ein Rearrangement des Chlorplastengenoms in Landpflanzen, mit dem die Lycophyta als basale Gruppe der Gefäßpflanzen identifiziert worden sind (Raubeson und Jansen 1992) – also als Bestätigung einer Klade der Euphyllophyta, die inzwischen mit vielen anderen molekularen Studien bestätigt ist (Abb. 12.2). Rearrangierungen der mitochondrialen DNA sind in Blütenpflanzen so häufig, dass sie kaum als Merkmal eingesetzt werden können – in der Frühzeit der Landpflanzenevolution sind allerdings noch einige Genarrangements, die in Algen vorhanden sind, erhalten geblieben (Groth-Malonek et al. 2007). Die Inversion eines tRNA-Gens in solch einem alten Genarrangement in der mitochondrialen DNA von Lebermoosen und unabhängige sekundäre Verlustereignisse passen z.B. sehr gut zu anderen phylogenetischen Befunden (Wahrmund et al. 2008).

12.3 Gene, die wirklich Unterschiede machen: Hox, MADS etc.

Die Gene, die in den meisten Studien für **molekularphylogenetische Untersuchungen** herangezogen werden, haben mit den wirklich spannenden Veränderungen in der Evolution, die zu **Innovationen** und großen **morphologischen oder biochemischen Veränderungen** führen, oder gar neue Arten entstehen lassen, vermutlich bestenfalls ganz peripher zu tun. Die großen Ähnlichkeiten der Gensequenzen des Menschen mit denen anderer Primaten insbesondere des Schimpansen oder des Bonobo legen eindringlich nahe, dass wir andernorts nach den Ursachen erheblicher Andersartigkeit suchen müssen. Umgekehrt wissen wir bereits seit den 60er Jahren, dass Sequenzunterschiede erheblich sein können, ohne dass die Proteine erkennbar anders funktionieren. Mit anderen Worten: Die konservierten oder weniger konservierten homologen Loci der Genome, die die molekulare Phylogenetik meist untersucht, sind gut geeignet, die Stammesgeschichte der Organismen zu rekonstruieren. Mit der Evolution neuer Funktionen haben sie in der Regel wenig zu tun, es sei denn sie tragen in noch unerkannter Weise zu veränderten Protein-Protein-Interaktionen bei. Veränderte genetische Regulationskaskaden spielen hier offensichtlich eine viel größere Rolle. Genau wissen wir natürlich nicht, welche kleinen molekularen Veränderungen zu **Schlüsselinnovationen** führen. Die **molekulare Entwicklungsbiologie** allerdings kennt inzwischen sehr viele Gene, vor allem Transkriptionsfaktoren, die solche Schlüsselrollen – zumindest in der **Ontogenese** der Organismen – übernehmen. Christiane Nüsslein-Volhard, Eric Wieschaus und Edward Lewis haben für ihre wegweisenden Arbeiten an *Drosophila melanogaster* 1995 den Nobelpreis erhalten. Viele Regulationskaskaden sind durch diese und darauf folgende Arbeiten zumindest in **Modellorganismen** wie ***Drosophila***, der **Maus** oder dem **Zebrabärbling** *Danio rerio* inzwischen sehr gut verstanden. Die **Hox-Gene** (so genannte **homöotische Gene**) der Metazoa, die die Polarität und Segmentierung des Embryos bestimmen, sind hier herausragend. Ihren Namen haben sie von der **Homöobox**, einem 180 Bp langen Abschnitt, der ein Proteinmotiv von 60 Aminosäuren mit DNA-Bindungseigenschaften trägt. Die Kolineariät zwischen der Anordnung der Hox-Gene, die in den Genomen der Eukaryonten in Clustern organisiert sind, und ihren Expressionsmustern entlang einer anterior-posterioren Orientierung im Embryo ist verblüffend. Diese Arrangements sind offensichtlich eine sehr alte Entwicklung in den Bilateria (s. Abb. 12.1 auf Seite 325): Entsprechungen zu den so genannten Antennapedia- und Bithorax-Komplexen aus *Drosophila* findet man in den anderen Phyla in Genclustern mit mehreren Kopien – in der Maus z.B. vierfach auf den Chromosomen 2, 6, 11 und 15. Entsprechend sind Hox-Homologe auch in den einfacheren Phyla der Metazoa zu finden, aber eben nicht in der **Cluster-Anordnung**, die offensichtlich die Schlüsselentwicklung für die Etablierung der **anterior-posterialen Körperachse** der Bilateria war (Balavoine et al. 2002). Mikrostrukturelle Eigenschaften der Hox-Cluster scheinen das **Ecdysozoa/Lophotrochozoa**-Konzept (Abb. 12.1 auf Seite 325) zu bestätigen. Einen kritischen Punkt in der Phylogenie an der Basis der Bilateria nehmen natürlich die zwar symmetrisch aufgebauten aber **„acoelomaten" Platyhelminthes** ein. Auch in ihnen wurden zwar **einzelne Hox-Gene** aber **keine Cluster-Anordnung** wie in den echten, triploblastischen Bilateria gefunden (Cook et al. 2004). Einzelne Hox-Homologe mit einer hoch konservierten Homöobox sind sogar in den früh abzweigenden Phyla der Metazoen (Cnidaria, Ctenophora, Placozoa) zu finden, selbst bei den Porifera, die an die Basis der Metazoa gestellt werden (Abb. 12.1 auf Seite 325). In den **Cnidaria** fand man in EST-Analysen eine verblüffend hohe **genetische Komplexität**, aber auch Gene, die man bislang nur außerhalb der Metazoa kannte (Technau et al. 2005). Die phylogenetische Position der Porifera ist auch durch typisch tierische Zell-Zell-Kontaktproteine (*aggregation factor and -receptor*, Kollagen- und Fibronectin-artige Proteine) unterstützt (Müller et al. 2004).

In Blütenpflanzen ist es die Familie der **MADS-Box**-Transkriptionsfaktoren (genauer der MIKC-Untertyp dieser Familie), die die reproduktiven Strukturen der Pflanzen, eben die Blüte, definiert (Becker & Theißen 2003). Genau wie die Hox-Gene erscheinen solche Gene natürlich nicht plötzlich auf der Bühne der Evolution. So ist es kein Wunder, wenn **MADS-Box-Gene** vom MIKC-Typ zunächst in **Gymnospermen**, dann auch in **Farnen** und schließlich sogar in **Moosen** gefunden wurden. In phylogenetischen Analysen gruppieren die einzelnen verschiedenen Mitglieder über weite taxonomische Distanzen hinweg in Subkladen der Genfamilie. Es lassen sich also möglicherweise **funktionale Orthologe** in einer Subklade, z.B. der Klasse B homöotischer Gene (nach dem ABC-Modell der Blütenentwicklung), **in Angiospermen und Gymnospermen** identifizieren. Die (funktionale) Diversifizierung ging also offensichtlich diversen kladogenen Ereignissen in der Geschichte der Landpflanzen voraus (Münster et al. 1997; Winter et al. 1999). Insgesamt scheint die Diversität der Genfamilie in Gymnospermen derjenigen in Angiospermen vergleichbar. Auch für die MADS-Box-Proteine des Pflanzentypus wurde mit einem großen Datensatz eine **molekulare Datierung** unternommen – um, in nicht untypischer Weise (Kap. 9), zu exorbitanten Schätzungen und auf ein Alter von 650 Mio. Jahren zu kommen, also weit in das Präkambrium hinein und vermutlich weit vor die Entstehung der Landpflanzen (Nam et al. 2003).

Ein großartiges Beispiel **evolutiver Innovation** ist sicher das **Linsenauge** der Vertebraten. Seine Komplexität veranlasste selbst Darwin zum Eingeständnis, wie schwer eine Evolution vorstellbar sei, die zur Komplexität unserer Augen führt. Die **Crystalline** spielen als die abundanten, löslichen Proteine der Augenlinse eine ganz zentrale Rolle nach der Entwicklung anteriorer Photorezeptoren. Verblüffenderweise hat sich herausgestellt, dass viele der Crystalline eine **Doppel-** oder sogar **Dreifachfunktion** in der Zelle erfüllen – sie sind auch Enzyme des Primärstoffwechsels wie die Lactatdehydrogenase oder die α-Enolase und **molekulare Chaperone**. Solchen Mehrfachfunktionen (*Gene sharing*) können **Genduplikationen** (auch ohne nennenswerte Sequenzdivergenz) vorausgegangen sein, wie im Fall der α- und δ-Crystalline, oder nicht einmal das, wie im Falle der ϵ- und τ-Crystalline, bei denen dasselbe Gen die Doppelfunktion erfüllt. Kürzlich wurde die Entwicklungsgeschichte der $\beta\gamma$-Crystalline bis in den Urochordaten *Ciona intestinalis* (die Schlauchascidie) zurückverfolgt (Shimeld et al. 2005). In *Ciona* wurde der offensichtliche ancestrale Zustand des $\beta\gamma$-Crystallin-Gens identifiziert: als Protein noch nicht funktional voll adaptiert, aber bereits mit einem Promotor ausgestattet, der spezifische Expression in Photoreceptor-Zellen vermittelt. Das $\beta\gamma$-Crystallin kann man hier als ein Beispiel für einen Vorläuferprotein auffassen, an dem **adaptive Evolution** ansetzen kann. Auch die scheinbar so **einmaligen, molekularen Erfindungen** neuer Genstrukturen sind aber offensichtlich nicht ganz frei von **Analogie** und **konvergenter Evolution**: Ein chimärer Rotlicht-Photorezeptor als Hybrid aus einer Phytochrom- und einer Phototropin-Komponente ist in der Evolution offensichtlich unabhängig, mindestens zweimal, entstanden. Als Beispiel konvergenter molekularer Evolution, vermutlich in Anpassung an Schwachlichtbedingungen, ist der chimäre Proteintyp im Farn *Adiantum* und der Grünalge *Mougeotia* identifiziert worden (Suetsugu et al. 2005).

Besonders befriedigend sind natürlich die Identifizierungen molekularer Innovationen in vermuteten Kladen mit unsicheren, in Einzellern oft nur ultrastrukturellen, Synapomorphien. Hier ist die von Gould und Kollegen (2008) nun beschriebene Genfamilie der **Alveoline** als Charakteristikum der Alveolata (Apicomplexa, Ciliata und Dinoflagellata) ein gutes Beispiel. Noch tiefer in die **Phylogenie der Eukaryonten** reicht eine Studie an den **molekularen Motoren** der **Myosin-Genfamilie** (Richards und Cavalier-Smith 2005). Einige molekulare Synapomorphien in den Genfamilien, die sich mit den kompletten Genomsequenzen einiger Eukaryonten offenbaren, unterstützen eine tiefe Zweispaltung in die monociliaten **Unikonta** (Tiere, Pilze, Amoebozoa) einerseits und die zweigeißligen **Bikonta** (Viridiplantae, d.h. Pflanzen im weitestesten Sinne, Excavata und Chromalveolata) andererseits.

Wie groß oder wie klein der Beitrag veränderter Gensequenzen gegenüber den Änderungen von Regulationsmustern der Gene bei signifikanten evolutiven Innovationen ist, darüber ist jüngst erst wieder ein leidenschaftliche Debatte entbrannt (s. z.B. Pennisi 2007). Vor allem mit den verblüffenden Erkenntnissen von Allan Wilson und Mary-Claire King, die Mitte der 1970er Jahre erstmals einen Unterschied von nur etwa 1% bei Sequenzvergleichen zwischen dem Menschen und dem Schimpansen ausmachten, wurde die Idee, dass Änderungen der Regulation viel mehr Bedeutung für wichtige morphologische oder andere evolutionäre Veränderungen haben, als Änderung der Proteinsequenzen selbst. Mit den verfügbaren Genomen von *Homo sapiens* und *Pan troglodytes* wissen wir nun exakt, dass es bei direktem Sequenzvergleich tatsächlich 1,23% Unterschiede sind. Hinzu kommen aber 3% zusätzliche Unterschiede durch Indels und diverse Gene, die sich seit Auftrennung aus dem gemeinsamen Vorfahren vor rund sechs Millionen Jahren in ihrer Kopienzahl nach oben oder unten verändert haben: +689/-86 beim Menschen vs. +26/-729 beim Schimpansen (Cohen 2007).

12.4 Leseempfehlungen

Einen sehr schönen Einstieg in die Mechanismen molekularer Evolution in historischer Perspektive – zwar etwas weniger phylogenetisch orientiert und nicht mehr ganz aktuell, aber mit viel mehr Beispielen als wir hier aufführen können – bietet *„Fundamentals of Molecular Evolution"* von Dan Graur und Wen-Hsiun Li (2000). Ein neues Buch zur Forschung über den Anfang des Lebens ist *„Genesis"* von Robert Hazen (2005). Einen guten Überblick über die Entwicklungen vom Stammbaum des Lebens zum Ring des Lebens in der frühesten Phylogenie der Prokaryonten und der eukaryontischen Zelle bietet der aktuelle Artikel von McInerney und Kollegen (2008). Was die spannendsten Erkenntnisse aktueller molekularer Phylogenetik sind, darüber ließe sich trefflich streiten. Wer einen aktuellen Eindruck in die laufenden Forschungsarbeiten bekommen will, liest *BMC (Biomed Central) Evolutionary Biology, Cladistics, Journal of Molecular Evolution, Molecular Biology and Evolution, Molecular Phylogenetics and Evolution* und *Systematic Biology*. Hier und da schaffen es auch Erkenntnisse der molekularen Phylogenetik in die hoch angesehenen Zeitschriften mit weitem Leserkreis wie die *Proceeding of the National Academy of Sciences of the USA (PNAS), Nature* oder *Science*, und natürlich sind auch die taxonomisch orientierten Zeitschriften des unmittelbaren Fachgebietes wichtig, in denen heute Phylogenetik praktisch überall stark molekular orientiert ist. Ein aktueller Übersichtsartikel von Sean Carroll (2008) zeigt die Entwicklungen zu einer neuen modernen Synthese von molekularer Evolutionsbiologie und Entwicklungsbiologie auf.

Literatur

Abascal F, Zardoya R, Posada D (2005) ProtTest: selection of best-fit models of protein evolution. *Bioinformatics* **21**, 2104-2105.

Adachi J, Hasegawa M (1996) Model of amino acid substitution in proteins encoded by mitochondrial DNA. *Journal of Molecular Evolution* **42**, 459-468.

Adachi J, Waddell P, Martin W, Hasegawa M (2000) Plastid genome phylogeny and a model of amino acid substitution for proteins encoded by chloroplast DNA. *Journal of Molecular Evolution* **50**, 348-358.

Adams KL, Qiu YL, Stoutemyer M, Palmer JD (2002) Punctuated evolution of mitochondrial gene content: High and variable rates of mitochondrial gene loss and transfer to the nucleus during angiosperm evolution. *Proceedings of the National Academy of Sciences of the U.S.A.*, **99**, 9905-9912.

Adl SM, Simpson AG, Farmer MA, et al. (2005) The New Higher Level Classification of Eukaryotes with Emphasis on the Taxonomy of Protists. *Journal of Eukaryotic Microbiology* **52**, 399-451.

Adl SM, Leander BS, Simpson AG, et al. (2007) Diversity, nomenclature, and taxonomy of protists. *Systematic Biology* **56**, 684-689.

Aguinaldo AM, Turbeville JM, Linford LS, Rivera MC, Garey JR, Raff RA, Lake JA (1997) Evidence for a clade of nematodes, arthropods and other moulting animals. *Nature*, **387**, 489-493.

Akaike H (1974) A new look at the statistical model identification. *IEEE Transactions on Automatic Control* **19**, 716-723.

Alberts B, Johnson A, Lewis J, Raff M, Roberts K, Walter P (2002) *Molecular biology of the cell*. 5. Aufl. Garland Science, New York.

Altschul SF, Gish W, Miller W, Myers EW, Lipman DJ (1990) Basic local alignment search tool. *Journal of Molecular Biology*, **215**, 403-410.

Anderson CL, Bremer K, Friis EM (2005) Dating phylogenetically basal eudicots using *rbc*L sequences and multiple fossil reference points. *American Journal of Botany*, **92**, 1737-1748.

Andersson JO (2005) Lateral gene transfer in eukaryotes. *Cellular and Molecular Life Sciences*, **62**, 1182-1197.

Andrés C, Lurin C, Small ID (2007) The multifarious roles of PPR proteins in plant mitochondrial gene expression. *Physiologia Plantarum* **129**, 14-22.

Archambault A, Bruneau A (2004) Phylogenetic utility of the LEAFY/FLORICAULA gene in the Caesalpinioideae (Leguminosae): Gene duplication and a novel insertion. *Systematic Botany*, **29**, 609-626.

Aris-Brosou S (2003) Least and Most Powerful Phylogenetic Tests to Elucidate the Origin of the Seed Plants in the Presence of Conflicting Signals under Misspecified Models. *Systematic Biology*, **52**, 781-793.

Aris-Brosou S (2007) Dating Phylogenies with Hybrid Molecular Clocks. *PLoS ONE* **2**, e879.

Aris-Brosou S, Yang Z (2001) PHYBAYES: a program for phylogenetic analyses in a Bayesian framework. Department of Biology (Galton Laboratory), University College London, London, UK.

Attenborough D (1979) *Life on earth*. Collins, London.

Axelrod, Robert and Hamilton, William D. (1981). The Evolution of Cooperation. *Science*, **211**, 1390-1396.

Balavoine G, de Rosa R, Adoutte A (2002) Hox clusters and bilaterian phylogeny. *Molecular Phylogenetics and Evolution*, **24**, 366-373.

Baldauf SL, Palmer JD, Doolittle WF (1996) The root of the universal tree and the origin of eukaryotes based on elongation factor phylogeny. *Proceedings of the National Academy of Sciences of the U.S.A.*, **93**, 7749-7754.

Bandelt HJ, Dress AW (1992) Split decomposition: a new and useful approach to phylogenetic analysis of distance data. *Molecular Phylogenetics and Evolution*, **1**, 242-252.

Bandelt HJ, Forster P, Sykes BC, Richards MB (1995) Mitochondrial portraits of human populations using median networks. *Genetics* **141**, 743-753.

Bapteste E, Walsh DA (2005) Does the 'Ring of Life' ring true? *Trends in Microbiology* **13**, 256-261.

Barbrook AC, Howe CJ, Purton S (2006) Why are plastid genomes retained in non-photosynthetic organisms? *Trends in Plant Science*, **11**, 101-108.

Barry D, Hartigan J (1987) Asynchronous distance between homologous DNA sequences. *Biometrics* **43**, 261-276.

Baurain D, Brinkmann H, Philippe H (2007) Lack of resolution in the animal phylogeny: closely spaced cladogeneses or undetected systematic errors? *Molecular Biology and Evolution* **24**, 6-9.

Bayly MJ, Ladiges PY (2007) Divergent paralogues of ribosomal DNA in eucalypts (Myrtaceae). *Molecular Phylogenetics and Evolution* **44**, 346-356.

Becker A, Theissen G (2003) The major clades of MADS-box genes and their role in the development and Evolution of flowering plants. *Molecular Phylogenetics and Evolution*, **29**, 464-489.

Beckert S, Muhle H, Pruchner D, Knoop V (2001) The mitochondrial *nad*2 gene as a novel marker locus for phylogenetic analysis of early land plants: a comparative analysis in mosses. *Molecular Phylogenetics and Evolution*, **18**, 117-126.

Beckert S, Steinhauser S, Muhle H, Knoop V (1999) A molecular phylogeny of bryophytes based on nucleotide sequences of the mitochondrial *nad*5 gene. *Plant Systematics and Evolution* **218**, 179-192.

Bergthorsson U, Adams KL, Thomason B, Palmer JD (2003) Widespread horizontal transfer of mitochondrial genes in flowering plants. *Nature*, **424**, 197-201.

Bergthorsson U, Richardson AO, Young GJ, Goertzen LR, Palmer JD (2004) Massive horizontal transfer of mitochondrial genes from diverse land plant donors to the basal angiosperm Amborella. *Proceedings of the National Academy of Sciences of the U.S.A.*, **101**, 17747-17752.

Bininda-Emonds OR P, Bryant DA, Russel AP (1998) Supraspecific taxa as terminals in cladistic analysis: implicit assumptions of monophyly and comparison of methods. *Biological Journal of the Linnean Society*, **64**, 101-133.

Bininda-Emonds OR (2004) The evolution of supertrees. *Trends in Ecology and Evolution* **19**, 315-322.

Bininda-Emonds OR (2004) *Phylogenetic Supertrees: Combining Information to Reveal the Tree of Life*. Kluwer Academic Publishers, Amsterdam.

Bininda-Emonds OR, Cardillo M, Jones KE, *et al.* (2007) The delayed rise of present-day mammals. *Nature* **446**, 507-512.

Bishop MJ, Friday AE (1987) Tetropad relationships: the molecular evidence. In: *Molecules and morphology in evolution: conflict or compromise?* (ed. Patterson C), pp. 123-139. Cambridge University Press, Cambridge.

Blair JE, Hedges SB (2005) Molecular phylogeny and divergence times of deuterostome animals. *Molecular Biology and Evolution* **22**, 2275-2284.

Blanquart S, Lartillot N (2006) A Bayesian Compound Stochastic Process for Modeling Nonstationary and Nonhomogeneous Sequence Evolution. *Molecular Biology and Evolution* **23**, 2058-2071.

Blanquart S, Lartillot N (2008) A Site- and Time-Heterogeneous Model of Amino Acid Replacement. *Molecular Biology and Evolution* **25**, 842-858.

Borsch T, Hilu W, Quandt D, Wilde V, Neinhuis C, Barthlott W (2003) Non-coding plastid *trn*T-*trn*F sequences reveal a well resolved phylogeny of basal angiosperms. *Journal of Evolutionary Biology*, **16**, 558-576.

Bourlat SJ, Nielsen C, Lockyer AE, Littlewood DT, Telford MJ (2003) Xenoturbella is a deuterostome that eats molluscs. *Nature*, **424**, 925-928.

Bourlat SJ, Juliusdottir T, Lowe CJ, *et al.* (2006) Deuterostome phylogeny reveals monophyletic chordates and the new phylum Xenoturbellida. *Nature* **444**, 85-88.

Boxma B, de Graaf RM, van der Staay GW, van Alen TA, Ricard G, Gabaldon T, van Hoek AH, SY M-v d S, Koopman WJ, van Hellemond JJ, Tielens AG, Friedrich T, Veenhuis M, Huynen MA, Hackstein JH (2005) An anaerobic mitochondrion that produces hydrogen. *Nature*, **434**, 74-79.

Brandley MC, Leache AD, Warren DL, McGuire JA (2006) Are unequal clade priors problematic for Bayesian phylogenetics? *Systematic Biology*, **55**, 138-146.

Bremer K (1994) Branch support and tree stability. *Cladistics* **10**, 295-304.

Britton T (2005) Estimating Divergence Times in Phylogenetic Trees Without a Molecular Clock. *Systematic Biology* **54**, 500 - 507.

Britton T, Anderson CL, Jacquet D, *et al.* (2007) Estimating Divergence Times in Large Phylogenetic Trees. *Systematic Biology* **56**, 741-752.

Burbrink FT, Pyron RA (2008) The Taming of the Skew: Estimating Proper Confidence Intervals for Divergence Dates. *Systematic Biology* **57**, 317 - 328.

Burleigh JG, Driskell AC, Sanderson MJ (2006) Supertree Bootstrapping Methods for Assessing Phylogenetic Variation among Genes in Genome-Scale Data Sets. *Systematic Biology* **55**, 426-440.

Burnham K, Anderson D (2002) *Model Selection and Multimodel Inference: A Practical Information-Theoretic Approach*, 2nd ed. Springer-Verlag, New York.

Carroll SB (2008) Evo-devo and an expanding evolutionary synthesis: a genetic theory of morphological evolution. *Cell* **134**, 25-36.

Catic A, Ploegh HL (2005) Ubiquitin–conserved protein or selfish gene? *Trends in Biochemical Sciences*, **30**, 600-604.

Cavalier-Smith T, Chao EE (2003) Phylogeny of choanozoa, apusozoa, and other protozoa and early eukaryote megaevolution. *Journal of Molecular Evolution*, **56**, 540-563.

Chase MW, Cowan RS, Hollingsworth PM, *et al.* (2007) A proposal for a standardised protocol to barcode all land plants. *Taxon* **56**, 295-299.

Chaw SM, Chang CC, Chen HL, Li WH (2004) Dating the monocot-dicot divergence and the origin of core eudicots using whole chloroplast genomes. *Journal of Molecular Evolution*, **58**, 424-441.

Chen I, Christie PJ, Dubnau D (2005) The ins and outs of DNA transfer in bacteria. *Science*, **310**, 1456-1460.

Ciccarelli FD, Doerks T, von Mering C, Creevey CJ, Snel B, Bork P (2006) Toward automatic reconstruction of a highly resolved tree of life. *Science*, **311**, 1283-1287.

Coghlan A, Eichler EE, Oliver SG, Paterson AH, Stein L (2005) Chromosome evolution in eukaryotes: a multi-kingdom perspective. *Trends in Genetics*, **21**, 673-682.

Cohen J (2007) Evolutionary biology. Relative differences: the myth of 1%. *Science* **316**, 1836.

Cook CE, Jimenez E, Akam M, Salo E (2004) The Hox gene complement of acoel flatworms, a basal bilaterian clade. *Evolution and Development*, **6**, 154-163.

Cotton JA, Wilkinson M (2007) Majority-rule supertrees. *Systematic Biology* **56**, 445-452.

Crane PR, Herendeen P, Friis EM (2004) Fossils and plant phylogeny. *American Journal of Botany* **91**, 1683-1699.

Crepet WL, Nixon KC, Gandolfo MA (2004) Fossil evidence and phylogeny: the age of major angiosperm clades based on mesofossil and macrofossil evidence from Cretaceous deposits. *American Journal of Botany* **91**, 1666-1682.

Crick F (1988) *What mad pursuit.* Basic Books (Perseus Books Group) New York.

Darwin C (1859) *On the origin of species by means of natural selection or the preservation of favoured races in the struggle for life.* John Murray, London.

Davies TJ, Barraclough TG, Chase MW, et al. (2004) Darwin's abominable mystery: Insights from a supertree of the angiosperms. *Proceedings of the National Aca-*

demy of Sciences of the U.S.A. **101**, 1904-1909.

Dawkins R (1976) *The selfish gene.* Oxford University Press, Oxford.

Dawkins R (1991) *The blind watchmaker.* Penguin, London.

Dawkins R (2006) *The god delusion.* Bantam Press, London.

Dayhoff MO, Schwartz RM, Orcutt BC (1978) A model of evolutionary change in proteins. In: *Atlas of protein sequence and structure* (ed. Dayhoff MO), National Biomedical Research Foundation, Washington, DC.

De Queiroz A, Gatesy J (2007) The supermatrix approach to systematics. *Trends in Ecology and Evolution* **22**, 34-41.

De Queiroz K (2006) The PhyloCode and the distinction between taxonomy and nomenclature. *Systematic Biology,* **55**, 160-162.

De Queiroz K, Poe S (2001) Philosophy and phylogenetic inference: a comparison of likelihood and parsimony methods in context of Karl Popper's writings on corroboration. *Systematic Biology,* **50**, 305-321.

De Rosa R (2001) Molecular data indicate the protostome affinity of brachiopods. *Systematic Biology,* **50**, 848-859.

Dereeper A, Guignon V, Blanc G, *et al.* (2008) Phylogeny.fr: robust phylogenetic analysis for the non-specialist. *Nucleic Acids Research* **36**, W465-W469.

Dimmic MW, Rest JS, Mindell DP, Goldstein D (2002.) RArtREV: An amino acid substitution matrix for inference of retrovirus and reverse transcriptase phylogeny. *Journal of Molecular Evolution* **55**, 65-73.

Ditfurth H v (1970) *Kinder des Weltalls.* Hoffmann & Campe, Hamburg.

Ditfurth H v (1972) *Im Anfang war der Wasserstoff.* Hoffmann und Campe, Hamburg.

Dobzhansky, T (1973) Nothing in Biology Makes Sense Except in the Light of Evolution. *The American Biology Teacher,* **35**, 125-129.

Douglas S, Zauner S, Fraunholz M, Beaton M, Penny S, Deng LT, Wu XN, Reith M, Cavalier-Smith T, Maier UG (2001) The highly reduced genome of an enslaved algal nucleus. *Nature,* **410**, 1091-1096.

Douzery EJ, Snell EA, Bapteste E, Delsuc F, Philippe H (2004) The timing of eukaryotic evolution: does a relaxed molecular clock reconcile proteins and fossils? *Proceedings of the National Academy of Sciences of the U.S.A.,* **101**, 15386-15391.

Driskell AC, Ane C, Burleigh JG, *et al.* (2004) Prospects for building the tree of life from large sequence databases. *Science* **306**, 1172-1174.

Drummond AJ, Ho SYW, Philips MJ, Rambaut A (2006) Relaxed phylogenetics and dating with confidence. *PLoS Biology* **4**, e88.

Drummond AJ, Rambaut A (2007) BEAST: Bayesian evolutionary analysis by sampling trees. *BMC Evolutionary Biology* **7**, 214.

Dunn CW, Hejnol A, Matus DQ, *et al.* (2008) Broad phylogenomic sampling improves resolution of the animal tree of life. *Nature* **452**, 745-749.

Duvall MR, Bricker EA (2004) 18S gene trees are positively misleading for monocot/dicot phylogenetics. *Molecular Phylogenetics and Evolution,* **30**, 97-106.

Edgar RC (2004) MUSCLE: multiple sequence alignment with high accuracy and high throughput. *Nucleic Acids Research* **32**, 1792-1797.

Erixon P, Svennblad B, Britton T, Oxelman B (2003) Reliability of Bayesian posterior probabilities and bootstrap frequencies in phylogenetics. *Systematic Biology,* **52**, 665-673.

Faith DP (1992) On corroboration: a reply to Carpenter. *Cladistics,* **8**, 265-273.

Faith DP (2006) Science and philosophy for molecular systematics: Which is the cart and which is the horse? *Molecular Phylogenetics and Evolution,* **38**, 553-557.

Falkowski PG, Katz ME, Knoll AH, Quigg A, Raven JA, Schofield O, Taylor FJ (2004) The evolution of modern eukaryotic phytoplankton. *Science,* **305**, 354-360.

Farris JS, Albert VA, Källersjö M, Lipscomb D, Kluge AG (1996) Parsimony Jackknifing outperforms Neighbour Joining. *Cladistics,* **12**, 99-124.

Felsenstein J (1985) Confidence limits on phylogenies: An approach using the bootstrap. *Evolution,* **39**, 783-791.

Felsenstein J (2004) *Inferring Phylogenies.* Sinauer, Sunderland.

Felsenstein J, Churchill HA (1996) A hidden Markov model approach to variation among sites in rate of evolution. *Molecular Biology and Evolution,* **13**, 93-104.

Forterre P (2005) The two ages of the RNA world, and the transition to the DNA world: a story of viruses and cells. *Biochimie,* **87**, 793-803.

Fortey R (2008) *Leben. Eine Biographie. Die ersten vier Milliarden Jahre* DTV München.

Gascuel O, Guindon S (2007) Modelling the variability of evolutionary processes. In: *Reconstructing evolution. New mathematical and computational advances* (eds. Gascuel O, Steel M), pp. 65-107. Oxford University Press.

Gascuel O, Steel M (2007) Reconstructing evolution. New mathematical and computational advances. Oxford University Press.

Gilbert MT, Bandelt HJ, Hofreiter M, Barnes I (2005) Assessing ancient DNA studies. *Trends in Ecology & Evolution,* **20**, 541-544.

Giribet G, Distel DL, Polz M, Sterrer W, Wheeler WC (2000) Triploblastic relationships with emphasis on the acoelomates and the position of Gnathostomulida, Cycliophora, Plathelminthes, and Chaetognatha: a combined approach of 18S rDNA sequences and morphology. *Systematic Biology,* **49**, 539-562.

Givnish TJ, Sytsma KJ (1997) Consistency, characters, and the likelihood of correct phylogenetic inference. *Molecular Phylogenetics and Evolution,* **7**, 320-330.

Goldman N, Yang Z (1994) A codon-based model of nucleotide substitution for protein-coding DNA sequences. *Molecular Biology and Evolution* **11**, 725-736.

Goloboff PA (1999) Analyzing large data sets in reasonable times: Solutions for composite optima. *Cladistics,* **15**, 415-428.

Gonnet GH, Cohen MA, Benner SA (1992) Exhaustive matching of the entire protein sequence database. *Science* **256**, 1443-1445.

Goremykin VV, Hansmann S, Martin WF (1997) Evolutionary analysis of 58 proteins encoded in six completely sequenced chloroplast genomes: Revised molecular estimates of two seed plant divergence times. *Plant Systematics and Evolution*, **206**, 337-351.

Goremykin VV, Hirsch-Ernst KI, Wolfl S, Hellwig FH (2004) The chloroplast genome of *Nymphaea alba*: Whole-genome analyses and the problem of identifying the most basal angiosperm. *Molecular Biology and Evolution*, **21**, 1445-1454.

Gould SJ (1989) *Wonderful Life.* W.W. Norton & Company, New York, London.

Gould SB, Tham WH, Cowman AF, McFadden GI, Waller RF (2008) Alveolins, a New Family of Cortical Proteins that Define the Protist Infrakingdom Alveolata. *Molecular Biology and Evolution*, **25**, 1219-1230.

Graham SW, Olmstead RG, Barrett SC H (2002) Rooting phylogenetic trees with distant outgroups: A case study from the commelinoid monocots. *Molecular Biology and Evolution*, **19**, 1769-1781.

Grassly NC, Adachj J, Rambaut A (1997) PSeq-Gen: an application for the Monte Carlo simulation of protein sequence evolution along phylogenetic trees. *Computer Applications in the Biosciences* **13**, 559-560.

Graur D, Li W-H (2000) *Fundamentals of Molecular Evolution.* 2. Aufl. Sinauer Associates, Inc., Sunderland, MA.

Graur D, Martin W (2004) Reading the entrails of chickens: molecular timescales of evolution and the illusion of precision. *Trends in Genetics*, **20**, 80-86.

Graybeal A (1998) Is it better to add taxa or characters to a difficult phylogenetic problem? *Systematic Biology*, **47**, 9-17.

Gribaldo S, Lumia V, Creti R, de Macario EC, Sanangelantoni A, Cammarano P (1999) Discontinuous occurrence of the hsp70 (dnaK) gene among Archaea and sequence features of HSP70 suggest a novel outlook on phylogenies inferred from this protein. *Journal of Bacteriology*, **181**, 434-443.

Grosshans H, Filipowicz W (2008) Molecular biology: the expanding world of small RNAs. *Nature* **451**, 414-416.

Groth-Malonek M, Knoop V (2005) Bryophytes and other basal land plants: the mitochondrial perspective. *Taxon*, **54**, 293-297.

Groth-Malonek M, Pruchner D, Grewe F, Knoop V (2005) Ancestors of trans-splicing mitochondrial introns support serial sister group relationships of hornworts and mosses to vascular plants. *Molecular Biology and Evolution*, **22**, 117-125.

Groth-Malonek M, Wahrmund U, Polsakiewicz M, Knoop V (2007) Evolution of a pseudogene: Exclusive survival of a functional mitochondrial nad7 gene supports Haplomitrium as the earliest liverwort lineage and proposes a secondary loss of RNA editing in Marchantiidae. *Molecular Biology and Evolution* **24**, 1068-1074.

Guindon S, Gascuel O (2003) A simple, fast, and accurate algorithm to estimate large phylogenies by maximum likelihood. *Systematic Biology* **52**, 696-704.

Guindon S, Lethiec F, Duroux P, Gascuel O (2005) PHYML Online – a web server for fast maximum likelihood-based phylogenetic inference. *Nucleic Acids Research* **33**, W557-W559.

Haak W, Forster P, Bramanti B, Matsumura S, Brandt G, Tanzer M, Villems R, Renfrew C, Gronenborn D, Alt KW, Burger J (2005) Ancient DNA from the first European farmers in 7500-year-old Neolithic sites. *Science*, ***310***, 1016-1018.

Haber MH (2005) On probability and systematics: possibility, probability, and phylogenetic inference. *Systematic Biology*, ***54***, 831-841.

Hackett JD, Yoon HS, Soares MB, Bonaldo MF, Casavant TL, Scheetz TE, Nosenko T, Bhattacharya D (2004) Migration of the plastid genome to the nucleus in a peridinin dinoflagellate. *Current Biology*, ***14***, 213-218.

Hackett SJ, Kimball RT, Reddy S, *et al.* (2008) A phylogenomic study of birds reveals their evolutionary history. *Science* **320**, 1763-1768.

Hall TA (1999) BioEdit: a user-friendly biological sequence alignment editor and analysis program for Windows 95/98/NT. *Nucleic Acids Symposium Series*, ***41***, 95-98.

Hanage WP, Fraser C, Spratt BG (2005) Fuzzy species among recombinogenic bacteria. *BMC Biology*, ***3***, 6.

Hannaert V, Saavedra E, Duffieux F, Szikora JP, Rigden DJ, Michels PA, Opperdoes FR (2003) Plant-like traits associated with metabolism of Trypanosoma parasites. *Proceedings of the National Academy of Sciences of the U.S.A.*, ***100***, 1067-1071.

Harpke D, Peterson A (2006) Non-concerted ITS evolution in Mammillaria (Cactaceae). *Molecular Phylogenetics and Evolution* **41**, 579-593.

Harris S (2004) *The end of faith: religion, terror and the future of reason* W.W. Norton & Co., Inc., New York.

Hasegawa M, Kishino H, Yano T-A (1985) Dating the human-ape splitting by a molecular clock of mitochondrial DNA. *Journal of Molecular Evolution*, **22**, 160-174.

Hazen RM (2005) *Genesis. The scientific quest for life's origin.* Joseph Henry Press, Washington, DC.

Hebert PD, Gregory TR (2005) The promise of DNA barcoding for taxonomy. *Systematic Biology*, ***54***, 852-859.

Hedges SB, Kumar S (2004) Precision of molecular time estimates. *Trends in Genetics*, **20**, 242-247.

Hedtke S, Townsend T, Hillis D (2006) Resolution of Phylogenetic Conflict in Large Data Sets by Increased Taxon Sampling. *Systematic Biology* **55**, 522-529.

Helfenbein KG, DeSalle R (2005) Falsifications and corroborations: Karl Popper's influence on systematics. *Molecular Phylogenetics and Evolution*, **35**, 271-280.

Hendy MD, Penny D (1993) Spectral analysis of phylogenetic data. *Journal of Classification*, ***10***, 5-24.

Hendy MD, Penny D, Steel MA (1994) A discrete Fourier analysis for evolutionary trees. *Proceedings of the National Academy of Sciences of the U.S.A.*, ***91***, 3339-3343.

Henikoff S, Henikoff JG (1992) Amino acid substitution

matrices from protein blocks. *Proceedings of the National Academy of Sciences of the U.S.A.*, **89**, 10915-10919.

Hill T, Lundgren A, Fredriksson R, Schioth HB (2005) Genetic algorithm for large-scale maximum parsimony phylogenetic analysis of proteins. *Biochimica et Biophysica Acta* **1725**, 19-29.

Ho SYW, Larson G (2006) Molecular clocks: when times are a-changin'. *Trends in Genetics*, **22**, 79-83.

Ho SYW (2007) Calibrating molecular estimates of substitution rates and divergence times in birds. *Journal of Avian Biology* **38**, 409-414.

Ho SYW, Heupink T, Rambaut A, Shapiro B (2007) Bayesian Estimation of Sequence Damage in Ancient DNA. *Molecular Biology and Evolution* **24**, 1416-142.

Ho SYW, Philips MJ, Drummond AJ, Cooper A (2005) Accuracy of Rate Estimation Using Relaxed-Clock Models with a Critical Focus on the Early Metazoan Radiation. *Molecular Biology and Evolution* **22**, 1355-1363.

Hodgson GM, Knudsen T (2006) Why we need a generalized Darwinism, and why generalized Darwinism is not enough. *Journal of Economic Behavior and Organization* **61**, 1-19.

Holder M, Lewis PO (2003) Phylogeny Estimation: Traditional and Bayesian Approaches. *Nature Reviews Genetics* **4**, 275-284.

Huber KT, Langton M, Penny D, Moulton V, Hendy M (2002) Spectronet: a package for computing spectra and median networks. *Applied Bioinformatics*, **1**, 159-161.

Huelsenbeck JP, Bull JJ, Cunningham CW (1996) Combining data in phylogenetic analysis. *Trends in Ecology & Evolution*, **11**, 152-158.

Huelsenbeck JP, Larget B, Alfaro ME (2004) Bayesian Phylogenetic Model Selection Using Reversible Jump Markov Chain Monte Carlo. *Molecular Biology and Evolution*, **21**, 1123-1133.

Huelsenbeck JP, Ronquist F (2001) MRBAYES: Bayesian inference of phylogenetic trees. *Bioinformatics*, **17**, 754-755.

Huelsenbeck JP, Ronquist F, Nielsen R, Bollback JP (2001) Bayesian inference of phylogeny and its impact on evolutionary biology. *Science*, **294**, 2310-2314.

Huelsenbeck JP, Larget B, Swofford D (2000) A compound Poisson process for relaxing the molecular clock. *Genetics* **154**, 1879-1892.

Hug LA, Roger AJ (2007) The Impact of Fossils and Taxon Sampling on Ancient Molecular Dating Analyses. *Molecular Biology and Evolution* **24**, 1889-1897.

Huson D, Bryant DA (2006) Application of Phylogenetic Networks in Evolutionary Studies. *Molecular Biology and Evolution*, **23**, 254-267.

Jahn I, Schmitt M (2001) *Darwin & Co. Eine Geschichte der Biologie in Portraits.* C.H. Beck, München.

James TY, Kauff F, Schoch CL, *et al.* (2006) Reconstructing the early evolution of Fungi using a six-gene phylogeny. *Nature* **443**, 818-822.

Jansa SA, Forsman JF, Voss RS (2006) Different patterns of selection on the nuclear genes IRBP and DMP-1 affect the efficiency but not the outcome of phylogeny estimation for didelphid marsupials. *Molecular Phylogenetics and Evolution*, **38**, 363-380.

Jansen RK, Cai Z, Daniell H, *et al.* (2007) Analysis of 81 Genes from 64 Chloroplast Genomes Resolves Relationships in Angiosperms and Identifies Genome-Scale Evolutionary Patterns. *Proceedings of the National Academy of Sciences of the U.S.A.* **104**, 19369-19374.

Jayaswal V, Jermiin LS, Robinson J (2005) Estimation of Phylogeny Using a General Markov Model. *Evolutionary Bioinformatics Online* **1**, 62-80.

Jeffroy O, Brinkmann H, Delsuc F, Philippe H (2006) Phylogenomics: the beginning of incongruence? *Trends in Genetics* **22**, 225-231.

Jermiin LS, Ho SYW, Ababneh F, *et al.* (2003) Hetero: a program to simulate the evolution of DNA on a four-taxon tree. *Applied Bioinformatics* **2**, 159-163.

Jobb G, von Haeseler A, Strimmer K (2004) TREEFINDER: a powerful graphical analysis environment for molecular phylogenetics. *BMC Evolutionary Biology* **4**, 18.

Jobson RW, Nielsen R, Laakkonen L, Wikstrom M, Albert VA (2004) Adaptive evolution of cytochrome c oxidase: Infrastructure for a carnivorous plant radiation. *Proceedings of the National Academy of Sciences of the U.S.A.*, **101**, 18064-18068.

Jones DT, Taylor WR, Thornton JM (1992) The rapid generation of mutation data matrices from protein sequences. *Comput.Appl.Biosci.* **8**, 275-282.

Judson HF (1996) *The eighth day of creation.* Cold Spring Harbor Laboratory Press, Plainview, NY.

Jukes TH, Cantor CR (1969) Evolution of protein molecules. In: *Mammalian protein metabolism* (ed. Munro H), Academic Press, New York.

Kadereit JW, Uribe-Convers S, Westberg E, Comes HP (2006) Reciprocal hybridization at different times between Senecio flavus and Senecio glaucus gave rise to two polyploid species in north Africa and south-west Asia. *New Phytologist*, **169**, 431-441.

Kadowaki KI, Kubo N, Ozawa K, Hirai A (1996) Targeting presequence acquisition after mitochondrial gene transfer to the nucleus occurs by duplication of existing targeting signals. *EMBO Journal*, **15**, 6652-6661.

Katoh K, Toh H (2008) Improved accuracy of multiple ncRNA alignment by incorporating structural information into a MAFFT-based framework. *BMC Bioinformatics* **9**, 212.

Kauff F, Cox CJ, Lutzoni Fo (2007) WASABI: An Automated Sequence Processing System for Multigene Phylogenies. *Systematic Biology* **56**, 523 - 531.

Kelchner SA (2000) The evolution of non-coding chloroplast DNA and its application in plant systematics. *Annals of the Missouri Botanical Garden*, **87**, 482-498.

Kelchner SA, Thomas MA (2007) Model use in phylogenetics: nine key questions. *Trends in Ecology and Evolution* **22**, 87-94.

Kim J (1998) Large-scale phylogenies and measuring the performance of phylogenetic estimators. *Systematic Biology*, **47**, 43-60.

Kim JH, Antunes A, Luo SJ, *et al.* (2006) Evolutionary analysis of a large mtDNA translocation (numt) into the nuclear genome of the Panthera genus species. *Gene* **366**, 292-302.

Kimura M (1968) Evolutionary rate at the molecular level. *Nature*, **217**, 624-626.

Kimura M (1980) A simple model for estimating evolutionary rates of substitutions through comparative studies of nucleotide sequences. *Journal of Molecular Evolution*, **16**, 111-120.

Kimura M (1981) Estimation of evolutionary distances between homologous nucleotide sequences. *Proceedings of the National Academy of Sciences of the U.S.A.*, **78**, 454-458.

Kimura M (1983) *The neutral theory of molecular evolution*. Cambridge University Press, Cambridge.

Kishino H, Hasegawa M (1989) Evaluation of the maximum likelihood estimate of the evolutionary tree topologies from DNA sequence data, and the branching order in Hominoidea. *Journal of Molecular Evolution*, **29**, 170-179.

Kishino H, Miyata T, Hasegawa M (1990) Maximum likelihood inference of protein phylogeny and the origin of chloroplasts. *Journal of Molecular Evolution* **31**, 151-160.

Kishino H, Thorne JL, Bruno WJ (2001) Performance of a divergence time estimation method under a probabilistic model of rate evolution. *Molecular Biology and Evolution*, **18**, 352-361.

Kjer KM, Gillespie JJ, Ober KA (2007) Opinions on Multiple Sequence Alignment, and an Empirical Comparison of Repeatability and Accuracy between POY and Structural Alignment. *Systematic Biology* **56**, 133-146.

Kluge AG (1997) Testability and the refutation and corroboration of cladistic hypotheses. *Cladistics*, **13**, 81-96.

Knoop V (2004) The mitochondrial DNA of land plants: peculiarities in phylogenetic perspective. *Current Genetics*, **46**, 123-139.

Knoop V, Brennicke A (1994) Promiscuous mitochondrial group II intron sequences in plant nuclear genomes. *Journal of Molecular Evolution* **39**, 144-150.

Knoop V, Groth-Malonek M, Gebert M, Eifler K, Weyand K (2005) Transport of magnesium and other divalent cations: evolution of the 2-TM-GxN proteins in the MIT superfamily. *Molecular Genetics and Genomics*, **274**, 205-216.

Koch MA, Dobes C, Matschinger M, Bleeker W, Vogel J, Kiefer M, Mitchell-Olds T (2005) Evolution of the trnF(GAA) gene in Arabidopsis relatives and the brassicaceae family: monophyletic origin and subsequent diversification of a plastidic pseudogene. *Molecular Biology and Evolution*, **22**, 1032-1043.

Koonin EV, Martin W (2005) On the origin of genomes and cells within inorganic compartments. *Trends in Genetics*, **21**, 647-654.

Kosakovsky Pond SL, Frost SD W, Muse SV (2005) HyPhy: hypothesis testing using phylogenies. *Bioinformatics*, **21**, 676-679.

Kosiol C, Goldman N (2005) Different Versions of the Dayhoff Rate Matrix. *Molecular Biology and Evolution* **22**, 193-199.

Krause J, Dear PH, Pollack JL, Slatkin M, Spriggs H, Barnes I, Lister AM, Ebersberger I, Pääbo S, Hofreiter M (2006) Multiplex amplification of the mammoth mitochondrial genome and the evolution of Elephantidae. *Nature*, **439**, 724-727.

Krauss V, Pecyna M, Kurz K, Sass H (2005) Phylogenetic mapping of intron positions: a case study of translation initiation factor eIF2gamma. *Molecular Biology and Evolution*, **22**, 74-84.

Kress WJ, Erickson DL (2007) A two-locus global DNA barcode for land plants: the coding rbcL gene complements the non-coding trnH-psbA spacer region. *PLoS ONE*. **2**, e508.

Kumar S, Tamura K, Nei M (2004) MEGA3: Integrated software for molecular evolutionary genetics analysis and sequence alignment. *Briefings in Bioinformatics*, **5**, 150-163.

Kutschera U (2006) *Evolutionsbiologie*. 2. Aufl. Ulmer, Stuttgart.

Kutschera U, Niklas KJ (2004) The modern theory of biological evolution: an expanded synthesis. *Naturwissenschaften*, **91**, 255-276.

Laatsch T, Zauner S, Stoebe-Maier B, Kowallik KV, Maier UG (2004) Plastid-derived single gene minicircles of the dinoflagellate Ceratium horridum are localized in the nucleus. *Molecular Biology and Evolution* **21**, 1318-1322.

Lahaye R, van der BM, Bogarin D, *et al.* (2008) DNA barcoding the floras of biodiversity hotspots. *Proceedings of the National Academy of Sciences of the U.S.A.*, **105**, 2923-2928.

Lake JA (1994) Reconstructing evolutionary trees from DNA and protein sequences: Paralinear distances. *Proceedings of the National Academy of Sciences of the U.S.A.*, **91**, 1455-1459.

Lapointe FJ, Wilkinson M, Bryant D (2003) Matrix representations with parsimony or with distances: two sides of the same coin? *Systematic Biology* **52**, 865-868.

Lartillot N, Philippe H (2004) A Bayesian Mixture Model for Across-Site Heterogeneities in the Amino-Acid Replacement Process. *Molecular Biology and Evolution*, **21**, 1095-1109.

Lassmann T, Sonnhammer E (2005) Kalign - an accurate and fast multiple sequence alignment algorithm. *BMC Bioinformatics* **6**, 298.

Lawrence JG, Hendrickson H (2003) Lateral gene transfer: when will adolescence end? *Molecular Microbiology*, **50**, 739-749.

Le S, Gascuel O (2008) An Improved General Amino Acid Replacement Matrix. *Molecular Biology and Evolution* **25**, 1307-1320.

Leebens-Mack J, Raubeson LA, Cui L, Kuehl JV, Fourcade MH, Chumley TW, Boore JL, Jansen RK, DePamphilis CW (2005) Identifying the Basal Angiosperm Node in Chloroplast Genome Phylogenies: Sampling One's Way Out of the Felsenstein Zone. *Molecular Biology and Evolution*, **22**, 1948-1963.

Lento GM, Hickson RE, Chambers GK, Penny D (1995) Use of spectral analysis to test hypotheses on the origin of pinnipeds. *Molecular Biology and Evolution*, **12**, 28-52.

Lepage T, Bryant D, Philippe H, Lartillot N (2007) A General Comparison of Relaxed Molecular Clock Models. *Molecular Biology and Evolution* **24**, 2669-2680.

Leroi AM (2004) *Tanz der Gene.* Elsevier, München.

Lesk AM (2003) *Bioinformatik - Eine Einführung.* Spektrum Akademischer Verlag, Heidelberg, Berlin.

Lewin R (2006) *Patterns in Evolution. The new molecular view* Palgrave Macmillan.

Li WH (1997) *Molecular Evolution.* Sinauer, Sunderland.

Li W-H, Wu C-L, Luo C-C (1985) A new method for estimating synonymous and nonsynonymous rates of nucleotide substitution considering the relative likelihood of nucleotide and codon changes. *Molecular Biology and Evolution,* **2**, 150-174.

Lin Y-M, Fang S-C, Thorne JL (2005) A tabu search algorithm for maximum parsimony phylogeny inference. *European Journal of Operational Research* **176**, 1908-1917

Lockhart PJ, Steel MA, Barbrook AC, Huson DH, Charleston MA, Howe CJ (1998) A covariotide model explains apparent phylogenetic structure of oxygenic photosynthetic lineages. *Molecular Biology and Evolution,* **15**, 1183-1188.

Lockhart PJ, Steel MA, Hendy M, Penny D (1994) Recovering evolutionary trees under a more realistic model of sequence evolution. *Molecular Biology and Evolution,* **11**, 605-612.

Logsdon JM, Tyshenko MG, Dixon C, Jafari JD, Walker VK, Palmer JD (1995) 7 Newly Discovered Intron Positions in the Triose-Phosphate Isomerase Gene - Evidence for the Introns-Late Theory. *Proceedings of the National Academy of Sciences of the U.S.A.,* **92**, 8507-8511.

Löhne C, Borsch T (2005) Molecular evolution and phylogenetic utility of the petD group II intron: a case study in basal angiosperms. *Molecular Biology and Evolution,* **22**, 317-332.

Lolle SJ, Victor JL, Young JM, Pruitt RE (2005) Genome-wide non-mendelian inheritance of extra-genomic information in Arabidopsis. *Nature* **434**, 505-509.

Loytynoja A, Milinkovitch MC (2001) SOAP, cleaning multiple alignments from unstable blocks. *Bioinformatics* **17**, 573-574.

Lurin C, Andres C, Aubourg S, Bellaoui M, Bitton F, Bruyere C, Caboche M, Debast C, Gualberto J, Hoffmann B, Lecharny A, Le Ret M, Martin-Magniette ML, Mireau H, Peeters N, Renou JP, Szurek B, Taconnat L, Small I (2004) Genome-wide analysis of Arabidopsis pentatricopeptide repeat proteins reveals their essential role in organelle biogenesis. *Plant Cell,* **16**, 2089-2103.

Maddison DR, Swofford DL, Maddison WP (1997) Nexus: An extensible file format for systematic information. *Systematic Biology,* **46**, 590-621.

Madsen O, Scally M, Douady CJ, Kao DJ, DeBry RW, Adkins R, Amrine HM, Stanhope MJ, de Jong WW, Springer MS (2001) Parallel adaptive radiations in two major clades of placental mammals. *Nature,* **409**, 610-614.

Malek O, Knoop V (1998) Trans-splicing group II introns in plant mitochondria: the complete set of cis-arranged homologs in ferns, fern allies, and a hornwort. *RNA* **4**, 1599-1609.

Malia MJ, Jr., Lipscomb DL, Allard MW (2003) The misleading effects of composite taxa in supermatrices. *Molecular Phylogenetics and Evolution,* **27**, 522-527.

Manhart JR, Palmer JD (1990) The gain of two chloroplast tRNA introns marks the green algal ancestors of land plants. *Nature,* **345**, 268-270.

Mansy SS, Schrum JP, Krishnamurthy M, *et al.* (2008) Template-directed synthesis of a genetic polymer in a model protocell. *Nature* **454**, 122-125.

Martin W, Gierl A, Saedler H (1989) Molecular evidence for pre-Cretaceous angiosperm origins. *Nature,* **339**, 46-48.

Martin W, Rujan T, Richly E, Hansen A, Cornelsen S, Lins T, Leister D, Stoebe B, Hasegawa M, Penny D (2002) Evolutionary analysis of Arabidopsis, cyanobacterial, and chloroplast genomes reveals plastid phylogeny and thousands of cyanobacterial genes in the nucleus. *Proceedings of the National Academy of Sciences of the U.S.A.,* **99**, 12246-12251.

Martin W, Stoebe B, Goremykin V, Hapsmann S, Hasegawa M, Kowallik KV (1998) Gene transfer to the nucleus and the evolution of chloroplasts. *Nature,* **393**, 162-165.

Mathews S, Donoghue MJ (1999) The root of angiosperm phylogeny inferred from duplicate phytochrome genes. *Science,* **286**, 947-950.

Mayr E (1997) *This is biology.* Harvard University Press, Cambridge, MA.

Mayr E (2001) *What evolution is.* Basic Books, New York

McFadden GI, van Dooren GG (2004) Evolution: Red algal genome affirms a common origin of all plastids. *Current Biology,* **14**, R514-R516.

McInerney JO, Cotton JA, Pisani D (2008) The prokaryotic tree of life: past, present... and future? *Trends in Ecology and Evolution* **23**, 276-281.

Minin V, Abdo Z, Joyce P, Sullivan J (2003) Performance-Based Selection of Likelihood Models for Phylogeny Estimation. *Systematic Biology* **52**, 674 - 683.

Misof B., Misof K. A Monte Carlo approach successfully identifies randomness in multiple sequence alignments: A more objective means of data exclusion. *Systematic Biology,* im Druck.

Mitchell A, Wen J (2004) Phylogenetic utility and evidence for multiple copies of Granule-Bound Starch Synthase I (GBSSI) in Araliaceae. *Taxon,* **53**, 29-41.

Moore RB, Obornik M, Janouskovec J, *et al.* (2008) A photosynthetic alveolate closely related to apicomplexan parasites. *Nature* **451**, 959-963.

Moore BR, Smith SA, Donoghue MJ (2006) Increasing Data Transparency and Estimating Phylogenetic Uncertainty in Supertrees: Approaches Using Nonparametric Bootstrapping. *Systematic Biology* **55**, 662-676.

Moreau CS, Bell CD, Vila R, Archibald SB, Pierce NE (2006) Phylogeny of the Ants: Diversification in the Age of Angiosperms. *Science* **312**, 101-104.

Morgenstern B (1999) DIALIGN 2: improvement of the segment-to-segment approach to multiple sequence alignment. *Bioinformatics* **15**, 211-218.

Morris D (1968) *Der nackte Affe.* Droemer Knaur, München, Zürich.

Morrison DA (2008) How to Summarize Estimates of Ancestral Divergence Times. *Evolutionary Bioinformatics* **4**, 75-95.

Morrison DA (2006) Multiple sequence alignment for phylogenetic purposes. *Australian Journal of Botany* **19**, 479-539.

Morrison DA (2007) Increasing the efficiency of searches for the maximum likelihood tree in phylogenetic analysis of up to 150 nucleotide sequences. *Systematic Biology* **56**, 988-1010.

Mossel E, Vigoda E (2005) Phylogenetic MCMC Algorithms are misleading on mixtures of trees. *Science*, ***309***, 2207-2209.

Mülhardt C (2006) *Der Experimentator: Molekularbiologie/Genomics.* 5. Aufl. Spektrum Akademischer Verlag GmbH, Heidelberg, Berlin.

Müller J, Müller K (2004) TreeGraph: automated drawing of complex tree figures using an extensible tree description format. *Molecular Ecology Notes*, ***4***, 786-788.

Müller K (2004) PRAP - computation of Bremer support for large data sets. *Molecular Phylogenetics and Evolution*, ***31***, 780-782.

Müller K (2005) The efficiency of different search strategies in estimating parsimony jackknife, bootstrap, and Bremer support. *BMC Evolutionary Biology*, ***5***, 58.

Müller K (2006) Incorporating information from length-mutational events into phylogenetic analysis. *Molecular Phylogenetics and Evolution*, ***38***, 667-676.

Müller K, Borsch T, Hilu KW (2006) Phylogenetic utility of rapidly evolving DNA at high taxonomical levels: contrasting *matK*, *trnT-F* and *rbcL* in basal angiosperms. *Molecular Phylogenetics and Evolution* **41**, 99-117.

Müller T, Vingron M (2000) Modeling amino acid replacement. *Journal of Computational Biology* **7**, 761-776.

Müller WE, Wiens M, Adell T, Gamulin V, Schröder HC, Müller IM (2004) Bauplan of urmetazoa: basis for genetic complexity of metazoa. *International Review of Cytology-A Survey of Cell Biology*, ***235***, 53-92.

Münster T, Pahnke J, Di Rosa A, Kim JT, Martin W, Saedler H, Theissen G (1997) Floral homeotic genes were recruited from homologous MADS-box genes preexisting in the common ancestor of ferns and seed plants. *Proceedings of the National Academy of Sciences of the U.S.A.*, ***94***, 2415-2420.

Murphy WJ, Eizirik E, O'Brien SJ, Madsen O, Scally M, Douady CJ, Teeling E, Ryder OA, Stanhope MJ, de Jong WW, Springer MS (2001) Resolution of the early placental mammal radiation using Bayesian phylogenetics. *Science*, ***294***, 2348-2351.

Muse SV, Gaut BS (1994) A likelihood approach for comparing synonymous and onsynonymous nucleotide substitution rates, with application to the chloroplast genome. *Molecular Biology and Evolution* **11**, 715-742.

Nakabachi A, Yamashita A, Toh H, *et al.* (2006) The 160-kilobase genome of the bacterial endosymbiont Carsonella. *Science* **314**, 267.

Nam J, dePamphilis CW, Ma H, Nei M (2003) Antiquity and Evolution of the MADS-Box Gene Family Controlling Flower Development in Plants. *Molecular Biology and Evolution*, ***20***, 1435-1447.

Near TJ, Sanderson MJ (2004) Assessing the quality of molecular divergence time estimates by fossil calibrations and fossil-based model selection. *Philosophical Transactions of the Royal Society London, B Biol. Sci.* **359**, 1477-1483.

Nee S (2001) Inferring speciation rates from phylogenies. *Evolution* **55**, 661-668.

Nei M, Gojobori T (1986) Simple methods for estimating the numbers of synonymous and nonsynonymous nucleotide substitutions. *Molecular Biology and Evolution*, ***3***, 418-426.

Nei M, Kumar S (2000) *Molecular evolution and phylogenetics.* Oxford University Press, New York.

Nelson KE, Clayton RA, Gill SR, Gwinn ML, Dodson RJ, Haft DH, Hickey EK, Peterson LD, Nelson WC, Ketchum KA, McDonald L, Utterback TR, Malek JA, Linher KD, Garrett MM, Stewart AM, Cotton MD, Pratt MS, Phillips CA, Richardson D, Heidelberg J, Sutton GG, Fleischmann RD, Eisen JA, White O, Salzberg SL, Smith HO, Venter JC, Fraser CM (1999) Evidence for lateral gene transfer between Archaea and Bacteria from genome sequence of Thermotoga maritima. *Nature*, ***399***, 323-329.

Nelson KE, Levy M, Miller SL (2000) Peptide nucleic acids rather than RNA may have been the first genetic molecule. *Proceedings of the National Academy of Sciences of the U.S.A.*, ***97***, 3868-3871.

Newton MA, Raftery AE (1994) Approximate Bayesian inference by the weighted likelihood bootstrap (with discussion). *Journal of the Royal Statistical Society B Met.* **56**, 3-48.

Nikaido M, Rooney AP, Okada N (1999) Phylogenetic relationships among cetartiodactyls based on insertions of short and long interpersed elements: hippopotamuses are the closest extant relatives of whales. *Proceedings of the National Academy of Sciences of the U.S.A.*, ***96***, 10261-10266.

Nixon KC (1999) The Parsimony Ratchet, a new method for rapid parsimony analysis. *Cladistics*, ***15***, 407-414.

Noonan JP, Hofreiter M, Smith D, Priest JR, Rohland N, Rabeder G, Krause J, Detter JC, Pääbo S, Rubin EM (2005) Genomic sequencing of Pleistocene cave bears. *Science*, ***309***, 597-599.

Notredame C, Higgins D, Heringa J (2000) T-Coffee: A novel method for multiple sequence alignments. *Journal of Molecular Biology* **302**, 205-217.

Nowack EC, Melkonian M, Glockner G (2008) Chromatophore genome sequence of *Paulinella* sheds light on acquisition of photosynthesis by eukaryotes. *Current Biology* **18**, 410-418.

Okamoto N, Inouye I (2005) A secondary symbiosis in progress? *Science*, ***310***, 287.

O'Toole N, Hattori M, Andres C, *et al.* (2008) On the expansion of the pentatricopeptide repeat gene family in plants. *Molecular Biology and Evolution* **25**, 1120-1128.

Pääbo S, Poinar H, Serre D, Jaenicke-Despres V, Hebler J, Rohland N, Kuch M, Krause J, Vigilant L, Hofreiter M (2004) Genetic analyses from ancient DNA. *Annual Review of Genetics*, **38**, 645-679.

Page RD M, Holmes EC (1998) *Molecular evolution. A phylogenetic approach.* Blackwell Science Ltd., Oxford.

Pagel M, Meade A (2006) Bayesian Analysis of Correlated Evolution of Discrete Characters by Reversible-Jump Markov Chain Monte Carlo. *The American Naturalist* **167**, 808.

Pamilo P, Bianchi NO, Li W-H (1993) Evolution of the Zfx and Zfy, genes: Rates and interdependence between the genes. *Molecular Biology and Evolution*, **10**, 271-281.

Parkinson CL, Adams KL, Palmer JD (1999) Multigene analyses identify the three earliest lineages of extant flowering plants. *Current Biology*, **9**, 1485-1488.

Parkinson CL, Mower JP, Qiu YL, *et al.* (2005) Multiple major increases and decreases in mitochondrial substitution rates in the plant family Geraniaceae. *BMC Evolutionary Biology* **5**.

Passardi F, Longet D, Penel C, Dunand C (2004) The class III peroxidase multigenic family in rice and its evolution in land plants. *Phytochemistry* **65**, 1879-1893.

Pedersen AM K, Jensen JL (2001) A dependent-rates model and an MCMC-based methodology for the maximum-likelihood analysis of sequences with overlapping reading frames. *Molecular Biology and Evolution*, **18**, 763-776.

Pennisi E (2008) Evolutionary biology. Deciphering the genetics of evolution. *Science* **321**, 760-763.

Peralta IE, Spooner DM (2001) Granule-bound starch synthase (GBSSI) gene phylogeny of wild tomatoes (*Solanum* L. section *Lycopersicon* [Mill.] Wettst. subsection *Lycopersicon*). *American Journal of Botany*, **88**, 1888-1902.

Peretó J, Lopez-Garcia P, Moreira D (2004) Ancestral lipid biosynthesis and early membrane evolution. *Trends in Biochemical Sciences*, **29**, 469-477.

Perez-Brocal V, Gil R, Ramos S, *et al.* (2006) A small microbial genome: the end of a long symbiotic relationship? *Science* **314**, 312-313.

Petersen J, Brinkmann H, Cerff R (2003) Origin, evolution, and metabolic role of a novel glycolytic GAPDH enzyme recruited by land plant plastids. *Journal of Molecular Evolution*, **57**, 16-26.

Philip GK, Creevey CJ, McInerney JO (2005) The Opisthokonta and the Ecdysozoa may not be clades: stronger support for the grouping of plant and animal than for animal and fungi and stronger support for the Coelomata than Ecdysozoa. *Molecular Biology and Evolution*, **22**, 1175-1184.

Philippe H, Lartillot N, Brinkmann H (2005) Multigene analyses of bilaterian animals corroborate the monophyly of Ecdysozoa, Lophotrochozoa, and Protostomia. *Molecular Biology and Evolution*, **22**, 1246-1253.

Phillips MJ, McLenachan PA, Down C, Gibb GC, Penny D (2006) Combined mitochondrial and nuclear DNA sequences resolve the interrelations of the major Australasian marsupial radiations. *Systematic Biology*, **55**, 122-137.

Pickett KM, Randle CP (2005) Strange bayes indeed: uniform topological priors imply non-uniform clade priors. *Molecular Phylogenetics and Evolution*, **34**, 203-211.

Podsiadlowski L, Braband A, Mayer G (2008) The complete mitochondrial genome of the onychophoran Epiperipatus biolleyi reveals a unique transfer RNA set and provides further support for the ecdysozoa hypothesis. *Molecular Biology and Evolution* **25**, 42-51.

Popper K (1935) *Logik der Forschung.* Springer, Wien.

Popper K (1972) *Objective Knowledge – an evolutionary approach.* Clarendon Press, Oxford.

Popper K (1994) *Alles Leben ist Problemlösen. Über Erkenntnis, Geschichte und Politik.* Piper, München.

Posada D (2008) jModelTest: Phylogenetic Model Averaging. *Molecular Biology and Evolution* **25**, 1253-1256.

Posada D, Buckley TR (2004) Model selection and model averaging in phylogenetics: advantages of Akaike information criterion and Bayesian approaches over likelihood ratio tests. *Systematic Biology*, **53**, 793-808.

Posada D, Crandall KA (1998) MODELTEST: testing the model of DNA substitution. *Bioinformatics*, **14**, 817-818.

Pryer KM, Schneider H, Smith AR, Cranfill R, Wolf PG, Hunt JS, Sipes SD (2001) Horsetails and ferns are a monophyletic group and the closest living relatives to seed plants. *Nature*, **409**, 618-622.

Putnam NH, Srivastava M, Hellsten U, *et al.* (2007) Sea anemone genome reveals ancestral eumetazoan gene repertoire and genomic organization. *Science* **317**, 86-94.

Qiu YL, Cho YR, Cox JC, Palmer JD (1998) The gain of three mitochondrial introns identifies liverworts as the earliest land plants. *Nature*, **394**, 671-674.

Qiu YL, Lee J, Bernasconi-Quadroni F, Soltis DE, Soltis PS, Zanis M, Zimmer EA, Chen Z, Savolainen V, Chase MW (1999) The earliest angiosperms: evidence from mitochondrial, plastid and nuclear genomes. *Nature*, **402**, 404-407.

Qiu YL, Li L, Wang B, *et al.* (2006) The deepest divergences in land plants inferred from phylogenomic evidence. *Proceedings of the National Academy of Sciences of the U.S.A.* **103**, 15511-15516.

Quandt D, Müller K, Stech M, Hilu KW, Frey W, Frahm J-P, Borsch T (2004) Molecular evolution of the chloroplast trnL-F region in land plants. In: *Molecular Systematics of Bryophytes* (eds. Goffinet B, Hollowell V, Magill R), Missouri Botanical Garden Press, St. Louis.

Rajapakse S, Nilmalgoda SD, Molnar M, Ballard RE, Austin DF, Bohac JR (2004) Phylogenetic relationships of the sweetpotatoe in *Ipomoea* series Batatas (Convolvulaceae) based on nuclear beta-amylase gene sequences. *Molecular Phylogenetics and Evolution*, **30**, 623-632.

Rannala (2002) Identifiability of parameters in MCMC Bayesian inference of phylogeny. *Systematic Biology* **51**, 754-760.

Ranwez V, Berry V, Criscuolo A, *et al.* (2007) PhySIC: a veto supertree method with desirable properties. *Systematic Biology* **56**, 798-817.

Raubeson LA, Jansen RK (1992) Chloroplast DNA evidence on the ancient evolutionary split in vascular land plants. *Science*, **255**, 1697-1699.

Redelings BD, Suchard MA (2005) Joint Bayesian estimation of alignment and phylogeny. *Systematic Biology* **54**, 401-418.

Regier JC, Shultz JW, Kambic RE (2005) Pancrustacean phylogeny: hexapods are terrestrial crustaceans and maxillopods are not monophyletic. *Proceedings of the Royal Society B: Biological Sciences* **272**, 395-401.

Regier JC, Wilson HM, Shultz JW (2005) Phylogenetic analysis of Myriapoda using three nuclear protein-coding genes. *Molecular Phylogenetics and Evolution*, **34**, 147-158.

Reisz RR, Muller J (2004) Molecular timescales and the fossil record: a paleontological perspective. *Trends in Genetics*, **20**, 237-241.

Ren F, Tanaka H, Yang Z (2005) An empirical examination of the utility of codon-substitution models in phylogeny reconstruction. *Systematic Biology*, **54**, 808-818.

Renner SS (2005) Relaxed molecular clocks for dating historical plant dispersal events. *Trends in Plant Science*, **10**, 550-558.

Reyes-Prieto A, Moustafa A, Bhattacharya D (2008) Multiple genes of apparent algal origin suggest ciliates may once have been photosynthetic. *Current Biology* **18**, 956-962.

Richards TA, Cavalier-Smith T (2005) Myosin domain evolution and the primary divergence of eukaryotes. *Nature*, **436**, 1113-1118.

Richly E, Leister D (2004) NUMTs in sequenced eukaryotic genomes. *Molecular Biology and Evolution* **21**, 1081-1084.

Ricklefs RE (2007) Estimating diversification rates from phylogenetic information. *Trends in Ecology and Evolution* **22**, 601-610.

Rivera MC, Lake JA (2004) The ring of life provides evidence for a genome fusion origin of eukaryotes. *Nature* **431**, 152-155.

Roalson EH, Friar EA (2004) Phylogenetic analysis of the nuclear alcohol dehydrogenase (Adh) gene family in Carex section Acrocystis (Cyperaceae) and combined analyses of Adh and nuclear ribosomal ITS and ETS sequences for inferring species relationships. *Molecular Phylogenetics and Evolution*, **33**, 671-686.

Robinson-Rechavi M, Huchon D (2000) RRTree: Relative-rate tests between groups of sequences on a phylogenetic tree. *Bioinformatics*, **16**, 296-297.

Rodriguez FJ, Oliver JL, Marín A, Medina JR (1990) The general stochastic model of nucleotide substitution. *Journal of Theoretical Biology* **142**, 485-501.

Rogozin IB, Wolf YI, Carmel L, Koonin EV (2007) Ecdysozoan clade rejected by genome-wide analysis of rare amino acid replacements. *Molecular Biology and Evolution* **24**, 1080-1090.

Rokas A, Kruger D, Carroll SB (2005) Animal evolution and the molecular signature of radiations compressed in time. *Science*, **310**, 1933-1938.

Rosenberg MS, Kumar S (2001) Incomplete taxon sampling is not a problem for phylogenetic inference. *Proceedings of the National Academy of Sciences of the U.S.A.*, **98**, 10751-10756.

Rüdinger M, Polsakiewicz M, Knoop V (2008) Organellar RNA editing and plant-specific extensions of pentatricopeptide repeat (PPR) proteins in jungermanniid but not in marchantiid liverworts. *Molecular Biology and Evolution* **25** 1405-1414.

Russo C, Takezaki N, Nei M (1996) Efficiencies of different genes and different tree-building methods in recovering a known vertebrate phylogeny. *Molecular Biology and Evolution*, **13**, 525-536.

Rutschmann F (2005) Bayesian molecular dating using PAML/MULTIDIVTIME. A step-by-step manual. Version 1.5 (July 2005). *http://www.plant.ch/software.html.*

Rutschmann F, Eriksson T, Salim KA, Conti E (2006) Assessing Calibration Uncertainty in Molecular Dating: The Assignment of Fossils to Alternative Calibration Points. *Systematic Biology* **56**, 591-608.

Saarela JM, Rai HS, Doyle JA, et al. (2007) Hydatellaceae identified as a new branch near the base of the angiosperm phylogenetic tree. *Nature* **446**, 312-315.

Saitou N, Nei M (1987) The Neighbor-Joining Method - A New Method for Reconstructing Phylogenetic Trees. *Molecular Biology and Evolution* **4**, 406-425.

Saldarriaga JF, Taylor FJ, Keeling PJ, Cavalier-Smith T (2001) Dinoflagellate nuclear SSU rRNA phylogeny suggests multiple plastid losses and replacements. *Journal of Molecular Evolution*, **53**, 204-213.

Salemi M, Vandamme A-M (2003) *The Phylogenetic Handbook.* Cambridge University Press, Cambridge.

Sambrook J, Russell DW (2001) *Molecular cloning: a laboratory manual.* 3. Aufl. Cold Spring Harbor Laboratory Press, Cold Spring Harbor.

Sanderson MJ (1997) A nonparametric approach to estimating divergence times in the absence of rate constancy. *Molecular Biology and Evolution*, **14**, 1218-1231.

Sanderson MJ (2002) Estimating absolute rates of molecular evolution and divergence times: a penalized likelihood approach. *Molecular Biology and Evolution*, **19**, 101-109.

Sanderson MJ (2003) Molecular data from 27 proteins do not support a Precambrian origin of land plants. *American Journal of Botany*, **90**, 954-956.

Sanderson MJ, Thorne JL, Wikström N, Bremer K (2004) Molecular evidence on plant divergence times. *American Journal of Botany*, **91**, 1656-1665.

Sanderson MJ (2003) r8s: inferring absolute rates of molecular evolution and divergence times in the absence of a molecular clock. *Bioinformatics* **19**, 301-302.

Sanderson MJ, Driskell AC, Ree RH, Eulenstein O, Langley S (2003) Obtaining maximal concatenated phylogenetic data sets from large sequence databases. *Molecular Biology and Evolution* **20**, 1036-1042.

Savard L, Li P, Strauss SH, Chase MW, Michaud M, Bousquet J (1994) Chloroplast and nuclear gene sequences indicate late Pennsylvanian time for the last common ancestor of extant seed plants. *Proceedings of the National Academy of Sciences of the U.S.A.*, ***91***, 5163-5167.

Savolainen V, Anstett MC, Lexer C, *et al.* (2006) Sympatric speciation in palms on an oceanic island. *Nature* **441**, 210-213.

Sayre A (1975) *Rosalind Franklin and DNA.* Norton and Co., New York.

Schmidt HA, Strimmer K, Vingron M, von Haeseler A (2002) TREE-PUZZLE: maximum likelihood phylogenetic analysis using quartets and parallel computing. *Bioinformatics*, ***18***, 502-504.

Schneider H, Schuettpelz E, Pryer KM, Cranfill R, Magallon S, Lupia R (2004) Ferns diversified in the shadow of angiosperms. *Nature*, ***428***, 553-557.

Schöniger M, von Haeseler A (1994) A stochastic model and the evolution of autocorrelated DNA sequences. *Molecular Phylogenetics and Evolution* **3**, 240-247.

Schöniger M, von Haeseler A (1999) Toward assigning helical regions in alignments of ribosomal RNA and testing the appropriateness of evolutionary models. *Journal of Molecular Evolution*, ***49***, 691-698.

Schrödinger E (1944) *What is life?* Cambridge University Press, Cambridge.

Schüßler A, Schwarzott D, Walker C (2001) An new fungal phylum, the Glomeromycota: phylogeny and evolution. *Mycological Research* **105** 1413-1421.

Schwarz (1978) Estimating the dimension of a model. *Annals of Statistics* **6**, 461-464.

Seibel PN, Muller T, Dandekar T, Schultz J, Wolf M (2006) 4SALE - A tool for synchronous RNA sequence and secondary structure alignment and editing. *BMC Bioinformatics* **7**.

Shimeld SM, Purkiss AG, Dirks RP, Bateman OA, Slingsby C, Lubsen NH (2005) Urochordate betagamma-crystallin and the evolutionary origin of the vertebrate eye lens. *Current Biology*, ***15***, 1684-1689.

Shimodaira H (2002) An approximately unbiased test of phylogenetic tree selection. *Systematic Biology*, ***51***, 492-508.

Shimodaira H, Hasegawa M (2001) CONSEL: for assessing the confidence of phylogenetic tree selection. *Bioinformatics*, ***17***, 1246-1247.

Shoemaker RC, Fitch WM (1989) Evidence from nuclear sequences that invariable sites should be considered when sequence divergence is calculated. *Molecular Biology and Evolution*, ***6***, 270-289.

Simmons MP, Ochoterena H (2000) Gaps as characters in sequence-based phylogenetic analyses. *Systematic Biology*, ***49***, 369-381.

Simmons MP, Pickett KM, Miya M (2004) How meaningful are Bayesian support values? *Molecular Biology and Evolution*, ***21***, 188-199.

Simmons MP, Ochoterena H, Freudenstein JV (2002) Amino acid vs. nucleotide characters: challenging preconceived notions. *Molecular Phylogenetics and Evolution* **24**, 78-90.

Small RL, Cronn RC, Wendel JF (2004) Use of nuclear genes for phylogeny reconstruction in plants. *Australian Systematic Botany*, ***17***, 145-170.

Smith AD, Lui TWH, Tillier ERM (2004) Empirical Models for Substitution in Ribosomal RNA. *Molecular Biology and Evolution* **21**, 419-427.

Sneath PH A, Sokal RR (1962) Numerical taxonomy. *Nature*, ***193***, 855-860.

Sober E (2004) The contest between parsimony and likelihood. *Systematic Biology*, ***53***, 644-653.

Soltis PS, Soltis DE, Savolainen V, Crane PR, Barraclough TG (2002) Rate heterogeneity among lineages of tracheophytes: Integration of molecular and fossil data and evidence for molecular living fossils. *Proceedings of the National Academy of Sciences of the U.S.A.*, ***99***, 4430-4435.

Soltis PS, Soltis DE (2004) The origin and diversification of angiosperms. *American Journal of Botany* **91**, 1614-1626.

Srivastava M, Begovic E, Chapman J, *et al.* (2008) The *Trichoplax* genome and the nature of placozoans. *Nature* **454**, 955-960.

Stamatakis A (2006) RAxML-VI-HPC: maximum likelihood-based phylogenetic analyses with thousands of taxa and mixed models. *Bioinformatics* **22**, 2688-2690.

Stamatakis A, Ludwig T, Meier H (2005) RAxML-III: a fast program for maximum likelihood-based inference of large phylogenetic trees. *Bioinformatics* **21**, 456-463.

Stearns SC, Hoekstra RF (2005) *Evolution – An introduction.* 2. Aufl. Oxford University Press, Oxford.

Steel MA (1994) Recovering a tree from the Markov leaf colourations it generates under a Markov model. *Applied Mathematics Letters*, ***7***, 19-23.

Steel MA, Szekely L, Hendy M (1994) Reconstructing trees when sequence sites evolve at variable rates. *Journal of Computational Biology*, ***1***, 153-163.

Steel MA, Rodrigo A (2008) Maximum likelihood supertrees. *Systematic Biology* **57**, 243-250.

Steenkamp ET, Wright J, Baldauf SL (2006) The protistan origins of animals and fungi. *Molecular Biology and Evolution*, ***23***, 93-106.

Steppan SJ, Adkins RM, Spinks PQ, Hale C (2005) Multigene phylogeny of the Old World mice, Murinae, reveals distinct geographic lineages and the declining utility of mitochondrial genes compared to nuclear genes. *Molecular Phylogenetics and Evolution*, ***37***, 370-388.

Storch V, Welsch U, Wink M (2007) *Evolutionsbiologie* Springer, Berlin, Heidelberg.

Stoye J (1998) Multiple sequence alignment with the divide-and-conquer method. *Gene* **211**, GC45-GC56.

Stoye J, Evers D, Meyer F (1998) Rose: generating sequence families. *Bioinformatics* **14**, 157-163.

Strimmer K, Rambaut A (2002) Inferring confidence sets of possibly misspecified gene trees. *Proceedings of the Royal Society of London Series B*, ***269***, 137–142.

Strimmer K, von Haeseler A (1996) Quartet puzzling: A quartet maximum likelihood method for reconstructing tree topologies. *Molecular Biology and Evolution*, ***13***, 964-969.

Strope CL, Scott SD, Moriyama EN (2007) indel-Seq-Gen: A New Protein Family Simulator Incorporating Domains, Motifs, and Indels. *Molecular Biology and Evolution* **24**, 640-649.

Studier JA, Keppler KJ (1988) A Note on the Neighbor-Joining Algorithm of Saitou and Nei. *Molecular Biology and Evolution* **5**, 729-731.

Stupar RM, Lilly JW, Town CD, *et al.* (2001) Complex mtDNA constitutes an approximate 620-kb insertion on Arabidopsis thaliana chromosome 2: implication of potential sequencing errors caused by large-unit repeats. *Proceedings of the National Academy of Sciences of the U.S.A.* **98**, 5099-5103.

Subramanian A, Weyer-Menkhoff J, Kaufmann M, Morgenstern B (2005) DIALIGN-T: an improved algorithm for segment-based multiple sequence alignment. *BMC Bioinformatics* **6**, 66.

Suetsugu N, Mittmann F, Wagner G, Hughes J, Wada M (2005) A chimeric photoreceptor gene, NEOCHROME, has arisen twice during plant evolution. *Proceedings of the National Academy of Sciences of the U.S.A.*, **102**, 13705-13709.

Sullivan J, Joyce P (2005) Model Selection In Phylogenetics. *Annual Review of Ecology, Evolution, and Systematics* **36**, 445-466.

Suzuki Y, Glazko GV, Nei M (2002) Overcredibility of molecular phylogenetics obtained by Bayesian phylogenetics. *Proceedings of the National Academy of Sciences USA*, **99**, 16138-16143.

Swofford DL (1998) *PAUP*. Phylogenetic Analysis Using Parsimony (*and other Methods)*. Sinauer Associates, Sunderland.

Swofford DL, Olsen G, Waddell PJ, Hillis DM (1996) *Phylogenetic inference*. In: *Molecular Systematics* (eds. Hillis DM, Moritz C, Mable BK), Sinauer, Sunderland.

Tajima F, Nei M (1984) Estimation of evolutionary distance between nucleotide sequences. *Molecular Biology and Evolution*, **1**, 269-285.

Talavera G, Castresana J (2007) Improvement of Phylogenies after Removing Divergent and Ambiguously Aligned Blocks from Protein Sequence Alignments. *Systematic Biology* **56**, 564 - 577.

Tamura K (1992) Estimation of the number of nucleotide substitutions when there are strong transition-transversion and G + C-content biases. *Molecular Biology and Evolution*, **9**, 678-687.

Tamura K, Dudley J, Nei M, Kumar S (2007) MEGA4: Molecular Evolutionary Genetics Analysis (MEGA) software version 4.0. *Molecular Biology and Evolution* **24**, 1596-1599.

Tamura K, Nei M (1993) Estimation of the number of nucleotide substitutions in the control region of mitochondrial DNA in humans and chimpanzees. *Molecular Biology and Evolution*, **10**, 512-526.

Tamura K, Nei M, Kumar S (2004) Prospects for inferring very large phylogenies by using the neighbor-joining method. *Proceedings of the National Academy of Sciences of the U.S.A.* **101**, 11030-11035.

Tautz D, Arctander P, Minelli A, Thomas RH, Vogler AP (2003) A plea for DNA taxonomy. *Trends in Ecology & Evolution*, **18**, 70-74.

Tavaré S (1986) Some probabilistic and statistical problems on the analysis of DNA sequences. *Lectures on Mathematics in the Life Sciences* **17**, 57-86.

Technau U, Rudd S, Maxwell P, Gordon PM, Saina M, Grasso LC, Hayward DC, Sensen CW, Saint R, Holstein TW, Ball EE, Miller DJ (2005) Maintenance of ancestral complexity and non-metazoan genes in two basal cnidarians. *Trends in Genetics*, **21**, 633-639.

Telford MJ, Copley RR (2005) Animal phylogeny: fatal attraction. *Current Biology*, **15**, R296-R299.

Telford MJ (2008) Resolving animal phylogeny: a sledgehammer for a tough nut? *Developmental Cell* **14**, 457-459.

Templeton AR (1983) Phylogenetic inference from restriction endonuclease cleavage site maps with particular reference to the evolution of humans and the apes. *Evolution*, **37**, 221-244.

Thomas MM, Garwood NC, Baker WJ, Henderson SA, Russell SJ, Hodel DR, Bateman RM (2006) Molecular phylogeny of the palm genus Chamaedorea, based on the low-copy nuclear genes PRK and RPB2. *Molecular Phylogenetics and Evolution*, **38**, 398-415.

Thorne J, Kishino H, Felsenstein J (1991) An evolutionary model for maximum likelihood alignment of DNA sequences. *Journal of Molecular Evolution* **33**, 114-124.

Thorne JL (1992) Inching towards reality: an improved likelihood model of sequence evolution. *Journal of Molecular Evolution* **33**, 114-124.

Thorne JL, Kishino H, Painter IS (1998) Estimating the rate of evolution of the rate of molecular evolution. *Molecular Biology and Evolution* **15**, 1647-1657.

Tillier ERM, Collins RA (1995) Neighbor Joining and Maximum Likelihood with RNA Sequences: Addressing the Interdependence of Sites. *Molecular Biology and Evolution* **12**, 7-15.

Tuffley C, Steel M (1998) Modeling the covarion hypothesis of nucleotide substitution. *Mathematical Biosciences* **147**, 63-91.

van der Giezen M, Tovar J (2005) Degenerate mitochondria. *EMBO Reports* **6**, 525-530.

van der Laan MJ, Pollard KS (2003) A new algorithm for hybrid hierarchical clustering with visualization and the bootstrap. *Journal of Statistical Planning and Inference* **117**, 275-303.

Volkov RA, Borisjuk NV, Panchuk II, Schweizer D, Hemleben V (1999) Elimination and rearrangement of parental rDNA in the allotetraploid Nicotiana tabacum. *Molecular Biology and Evolution*, **16**, 311-320.

Wägele JW (2001) *Grundlagen der phylogenetischen Systematik*. 2. Aufl. Verlag Dr. Friedrich Pfeil, München.

Wang HC, Spencer M, Susko E, Roger AJ. 2007. Testing for covarion-like evolution in protein sequences. *Molecular Biology and Evolution* **24**, 294-305.

Watson JD (1968) *The double helix*. Touchstone (reprint), New York.

Watson JD (2001) *Genes, Girls and Gamov: After the double helix*. Alfred A. Knopf, New York.

Watson JD (2004) *DNA. The secret of life* Arrow Books, London.

Watson JD (2007) *Avoid boring people: Lessons from a life in science* Oxford University Press, Oxford.

Weising K, Nybom H, Wolff K, Kahl G (2005) *DNA Fingerprinting in Plants: Principles, Methods, and Applications* 2. Aufl. CRC Press, Boca Raton.

Welch JJ, Bromham L (2005) Molecular dating when rates vary. *Trends in Ecology & Evolution*, **20**, 320-327.

Welch R, Burland V, Plunkett G, Redford P, Roesch P, Rasko D, Buckles E, Liou SR, Boutin A, Hackett J, Stroud D, Mayhew G, Rose D, Zhou S, Schwartz D, Perna N, Mobley H, Donnenberg M, Blattner F (2002) Extensive mosaic structure revealed by the complete genome sequence of uropathogenic Escherichia coli. *Proceedings of the National Academy of Sciences of the U.S.A.*, **99**, 17020-17024.

Whelan S (2007) New Approaches to Phylogenetic Tree Search and Their Application to Large Numbers of Protein Alignments. *Systematic Biology* **56**, 727-740.

Whelan S (2008) Spatial and Temporal Heterogeneity in Nucleotide Sequence Evolution. *Molecular Biology and Evolution* **25**, 1683-1694.

Whelan S, Goldman N (2001) A general empirical model of protein evolution derived from multiple protein families using a maximum-likelihood approach. *Molecular Biology and Evolution* **18**, 691-699.

Wiens JJ (2006) Missing data and the design of phylogenetic analyses. *Journal of Biomedical Informatics*, **39**, 34-42.

Wildman D (2008) The Taming of the Skew: Estimating Proper Confidence Intervals for Divergence Dates. *Systematic Biology* **57**, 317-28.

Wilkinson M, Cotton JA, Creevey C, *et al.* (2005) The shape of supertrees to come: tree shape related properties of fourteen supertree methods. *Systematic Biology* **54**, 419-431.

Will KW, Mishler BD, Wheeler QD (2005) The perils of DNA barcoding and the need for integrative taxonomy. *Systematic Biology*, **54**, 844-851.

Wilm A, Higgins DG, Notredame C (2008a) R-Coffee: a method for multiple alignment of non-coding RNA. *Nucleic Acids Research* **36**, e52.

Wilm A, Linnenbrink K, Steger G (2008b) ConStruct: Improved construction of RNA consensus structures. *BMC Bioinformatics* **9**, 219.

Winter KU, Becker A, Munster T, Kim JT, Saedler H, Theissen G (1999) MADS-box genes reveal that gnetophytes are more closely related to conifers than to flowering plants. *Proceedings of the National Academy of Sciences of the U.S.A.*, **96**, 7342-7347.

Wischmann C, Schuster W (1995) Transfer of rps10 from the mitochondrion to the nucleus in *A. thaliana*: evidence for RNA-mediated transfer and exon shuffling at the integration site. *FEBS Letters*, **374**, 152-156.

Wolf YI, Rogozin IB, Koonin EV (2004) Coelomata and not Ecdysozoa: evidence from genome-wide phylogenetic analysis. *Genome Research*, **14**, 29-36.

Wolfe KH, Gouy M, Yang YW, Sharp PM, Li WH (1989) Date of the monocot-dicot divergence estimated from chloroplast DNA sequence data. *Proceedings of the National Academy of Sciences of the U.S.A.*, **86**, 6201-6205.

Won H, Renner SS (2003) Horizontal gene transfer from flowering plants to *Gnetum*. *Proceedings of the National Academy of Sciences of the U.S.A.*, **100**, 10824-10829.

Woolley SM, Posada D, Crandall KA (2008) A Comparison of Phylogenetic Network Methods Using Computer Simulation. *PLoS ONE* **3**, e1913.

Xu X, Ji Y, Stormo GD (2007) RNA Sampler: a new sampling based algorithm for common RNA secondary structure prediction and structural alignment. *Bioinformatics* **23**, 1883-1891.

Xue H, Ng SK, Tong KL, Wong JT (2005) Congruence of evidence for a Methanopyrus-proximal root of life based on transfer RNA and aminoacyl-tRNA synthetase genes. *Gene*, **360**, 120-130.

Yang Z (2004) A heuristic rate smoothing procedure for maximum likelihood estimation of species divergence times. *Acta Zoologica Sinica* **50**, 645-656.

Yang Z (2007) PAML 4: phylogenetic analysis by maximum likelihood. *Molecular Biology and Evolution* **24**, 1586-1591.

Yang Z, Nielsen R, Hasegawa M (1998) Models of amino acid substitution and applications to mitochondrial protein evolution. *Molecular Biology and Evolution* **15**, 1600-1611.

Yang Z, Rannala B (2005) Branch-length prior influences Bayesian posterior probability of phylogeny. *Systematic Biology*, **54**, 455-470.

Yu L, Li QW, Ryder OA, Zhang YP (2004) Phylogenetic relationships within mammalian order Carnivora indicated by sequences of two nuclear DNA genes. *Molecular Phylogenetics and Evolution*, **33**, 694-705.

Zhang Z, Green BR, Cavalier-Smith T (1999) Single gene circles in dinoflagellate chloroplast genomes. *Nature*, **400**, 155-159.

Zharkikh A (1994) Estimation of evolutionary distances between nucleotide sequences. *Journal of Molecular Evolution*, **39**, 315-329.

Zheng J, Rogozin IB, Koonin EV, Przytycka TM (2007) Support for the Coelomata clade of animals from a rigorous analysis of the pattern of intron conservation. *Molecular Biology and Evolution* **24**, 2583-2592.

Zimmer C (2001) *Evolution - the triumph of an idea.* Harper Collins, New York.

Zuckerkandl E, Pauling L (1965) *Evolutionary divergence and convergence in proteins.* Academic Press, New York.

Zwickl D (2006) GARLI, Genetic Algorithm for Rapid Likelihood Inference, version 0.942.

Glossar

Adaptation, Adaptive Evolution: Evolution unter positiver →Selektion, die Anpassung und Veränderung favorisiert. Ggs. →negative (*purifying*) Selektion.

Adelphotaxon: wenig gebräuchliche Bezeichnung für →Schwestertaxon, (-gruppe).

***Akaike Information Criterion* (AIC)**: Kriterium zur Auswahl unterschiedlich komplexer Modelle (der Sequenzevolution) auf der Basis von →*Likelihood* und Parameterzahl, s. Abschnitt 10.5.

Alignment: Ergebnis einer →Alinierung.

Alinierung: Untereinanderstellen homologer Positionen von Nukleotid- oder Proteinsequenzen (i.d.R. verschiedener Taxa, aber z.B. auch von Paralogen einer Genfamilie) durch die Einführung von Lücken in den Sequenzen. Ergebnis ist das →Alignment.

Allel: Variante eines genetischen Locus. Die häufigste Variante in einer Population wird i.d.R. als das Wildtyp-Allel betrachtet. Sichelzell-Hämoglobin, Varianten der Alkoholdehydrogenase oder des CCD5-Rezeptors (die mit HIV-Resistenz einhergehen) sind wichtige allelische Formen in menschlichen Populationen, die sich phänotypisch ausdrücken.

Allopatrische Artbildung: Entstehung von →Arten nach räumlicher Auftrennung (geographischer Isolation) einer →Population. Ggs. →Sympatrische Artbildung.

Allospezies: →Arten, die räumlich getrennt, aber noch kreuzbar sind.

Alternatives Spleißen: Die Entstehung von mehr als einer reifen →mRNA aus nur einem →Gen durch differentielle Entfernung von →Introns, z.B. die variable Nutzung von Spleiß-Donor (GT) und/oder -Akzeptormotiven (AG) in der pre-mRNA.

Aminosäure: Organische Verbindung, die eine Aminofunktion (NH_2) und eine Carboxylfunktion (COOH) trägt. Bei Aminosäuren, die in die →Proteinbiosynthese eingehen, handelt es sich um α-L-Aminosäuren. Aminogruppe, Carboxylgruppe und ein variabler Rest hängen am gleichen, asymmetrischen, optisch aktiven Kohlenstoffatom, das in der räumlichen L-Konfiguration vorliegt. Es gibt zwanzig proteinogene Aminosäuren (Abb. 1.2 auf Seite 10), für die heute meist der 1-Buchstaben-Code von A (Alanin) bis Y (Tyrosin) verwendet wird. Die Abkürzung B wird zstzl. verwendet für die Alternative zwischen D/N (Aspartat/-agin), Z für E/Q (Glutamat/-in). Nur in sehr seltenen Sonderfällen treten in Proteinen Selenocystein als 21. und Pyrrolysin als 22. Aminosäure auf.

Aminosäureaustauschmatrices: Substitutionsmatrices mit Werten (Bonus- und Maluspunkten) für alle paarweisen Austausche der 20 natürlichen, proteinogenen →Aminosäuren. Verwendet für die →Alinierung von Proteinsequenzen bei Datenbanksuchen und als Modelle der Sequenzevolution bei phylogenetischen Analysen mit Proteinsequenzen. Die klassischen PAM-Matrices (*Percent Accepted Mutations*) basieren auf der PAM1-Matrix für Vergleiche zwischen Proteinen mit 1% Divergenz und gehen durch Multiplikation auseinander hervor. Matrices mit beliebigen PAM-Werten können unter `www.bioinformatics.nl/tools/pam.html` ermittelt werden. Alternative Matrices sind die BLOSUM-Matrices (*Blocks Substitution Matrix*), die auf *Blöcken* konservierter Peptidsequenzen mit bestimmten Sequenzähnlichkeiten in % basieren. Die BLOSUM-62-Matrix ist beispielsweise die Voreinstellung für (sensitive) Datenbanksuchen nach ähnlichen Proteinen mit →BLAST. Für noch sensitivere Suchen nach divergenten Proteinsequenzen bieten sich BLOSUM-45 (oder PAM250), für hoch konservierte Proteine (oder mit kurzen Suchsequenzen) die BLOSUM-80- (oder PAM1)-Matrices an. Weitere Alternativen sind die Gonnet-Matrices. Insbesondere für phylogenetische Rekonstruktion herangezogen werden auch das JTT-Modell (Jones-Taylor-Thornton), das WAG-Modell (Whelan and Goldman), sowie eine Reihe weiterer spezialisierterer und/oder komplexerer Modelle der Proteinsequenzevolution. S. Abschnitt 6.2.3 auf Seite 186.

Aminoterminus: Dasjenige Ende eines Proteins, mit dem die →Proteinbiosynthese beginnt. Erste →Aminosäure ist in der Regel Methionin (in Bakterien Formyl-Methionin), entsprechend einem ATG-Startcodon (Abb. 1.2 auf Seite 10) nahe dem 5'-Ende der →mRNA.

Among-site rate heterogeneity, -variation: Unterschiedliche Substitutionsraten über die Positionen in einem →Alignment. Wird i.d.R. über eine →Gamma-Verteilung modelliert, oder indem verschiedenen Komponenten des Markov-Modells erlaubt wird, zwischen den Positionen zu variieren – s. CAT (Abschnitt 6.2.3 auf Seite 189) und THMM (Abschnitt 10.1.5 auf Seite 284).

Anagenese: Evolutionärer Wandel entlang einer unverzweigenden Linie, also Veränderung *ohne* →Kladogenese.

Analogie: Entsprechung in einem Merkmal, die nicht auf gemeinsame genetische Information zurückgeht. Beispiel: Flügel der Insekten und Vögel oder Linsenaugen bei Vertebrata und Cephalopoda. Vgl. →Homologie, →Homoiologie.

Ancestor, ancestral: Vorläufer, Vorfahre.

***Ancient* DNA**: DNA, die aus totem, in der Regel zumindest historisch (Mumien) oder paläontologisch bedeutsamem Material (ausgestorbener) →Arten gewonnen wird. Erfolgreiche Arbeiten dazu z.B. an Fossilien von Mammut und Neandertaler.

Aneuploidie: Abweichung von der natürlichen Chromosomenzahl einer →Art. Meist gar nicht mit dem Leben vereinbar oder mit schweren genetischen Schädigungen einhergehend. Wichtigstes Beispiel beim Menschen ist die Trisomie 21, die sich im Down-Syndrom äußert.

Anticodon: Trinukleotid in der Mitte einer →tRNA, das spezifisch mit dem komplementären →Codon in einer →mRNA paaren kann. Die dritte Codonposition unterliegt der flexiblen →*Wobble*-Paarung mit der ersten Anticodonposition, so dass nicht für jedes andere Codon, das dieselbe →Aminosäure codiert, eine eigene tRNA benötigt wird.

Apicoplast (Apikoplast): Reduzierte und hoch spezialisierte Form der →Plastiden aus der sekundären Symbiose einer Rotalge (→Rhodophyta) in der →Protistengruppe der →Apicomplexa.

Apomorphie: Abgeleitetes, neu entstandenes Merkmal. Von fundamentaler Bedeutung für →kladistische Analysen. S. auch →Synapomorphie.

***Approximately Unbiased Test* (AU)**: Topologischer Test, evaluiert die Unterschiedlichkeit zweier Bäume anhand ihrer *Likelihood Scores* mittels einer speziellen →Bootstrap-Technik. S. Abschnitt 10.2.4 auf Seite 294.

Archaea („Arch(a)ebakterien"): Neben den →Eubakterien und den →Eukaryonten eine der drei →Domänen des Lebens. Mit ersteren zusammen als zelluläres Leben ohne Zellkern in die →Prokaryonten (Prokaryota) zusammengefasst. Eindeutiges →Monophylum mit Membranlipiden vom Glycerin-Isoprenoid-Ether-Typus. Im Gegensatz zu Eubakterien keine Zellwand aus Peptidoglykan (Murein). S. Abschnitt 12.1.5 auf Seite 331.

Archaeplastida: Vorgeschlagener Begriff für die Klade aller eukaryontischen Organismen, die sich aus der primären Endosymbiose eines Cyanobakteriums ableiten (auch: Plantae oder Primoplantae), also die Glaucophyta, Viridiplantae und Rhodophyta.

Art, Artkonzept: Wichtigstes, aber nicht einziges, Artkonzept ist das der *biologischen* Art (Spezies) nach Ernst Mayr, das eine Art als mindestens eine Population definiert, die von anderen Populationen reproduktiv isoliert ist und deren Individuen untereinander unter natürlichen Bedingungen fruchtbare Nachkommen erzeugen können.

Ast, auch Zweig (engl. *branch, edge*): Elemente eines Stammbaums, die entweder als *interne* Äste die →Knoten miteinander verbinden oder als *terminale* Äste die (rezenten) Taxa tragen. Terminale Äste werden selten auch Blätter (*leaves*) genannt.

Astlänge: spiegelt in einem →Phylogramm das Ausmaß evolutionärer Veränderung entlang eines Astes wider, entweder gemessen in →Merkmalsübergängen (*Maximum Parsimony*), Substitutionsraten (*Maximum Likelihood*, Bayesianische Verfahren), oder Anteilen an Gesamtdistanzen (Distanzverfahren).

Atavismus: Anomales Auftreten eines evolutionär ursprünglicheren →Merkmalszustandes, der beim betrachteten Organismus meist keine Funktion hat; beim Menschen z.B. Halsfisteln, die auf die während der Embryonalentwicklung angelegten Kiementaschen zurückgehen.

Außengruppe (engl. *outgroup*): →Taxon oder Taxa die eindeutig entfernter mit allen Taxa der →Innengruppe verwandt sind als alle Taxa der Innengruppe untereinander. Dient dazu, einen Stammbaum zu bewurzeln (→Wurzel). Bsp.: Vögel und / oder Fische als Außengruppen für die Säugetiere, Algen als Außengruppe für die Landpflanzen oder Nagetiere als Außengruppe für die Primaten.

Autapomorphie: In der →Kladistik ein abgeleitetes Merkmal, das ein einzelnes Taxon (oder auch der unmittelbare gemeinsame Vorfahr einer Gruppe von Taxa) gegenüber seinen evolutiven Vorläufern neu erworben hat. Ggs. →(Sym-)Plesiomorphie (ursprüngliches Merkmal).

***Bacterial Artificial Chromosome* (BAC)**: Klonierungsvektor basierend auf F-Plasmiden zur Klonierung großer DNA-Fragmente (ca. 100 KBp) in Genomsequenzierungsprojekten.

Bakteriophagen: →Viren.

Barcode of Life: Strategie, mit Hilfe einer (oder mehrerer) Nukleotidsequenzen eine Spezies eindeutig zu beschreiben, favorisiert durch das *Consortium for the Barcode of Life* (`www.barcoding.si.edu`). Für die Metazoa ist bereits ein Bereich des mitochondrialen *cox*1-Gens etabliert. Für Pflanzen ist die homologe Region zu konserviert und die Suche nach Alternativen hat sich sehr schwierig gestaltet. Hier werden aktuell Kombinationen von zwei oder drei chloroplastidären Loci (Abb. 1.7 auf Seite 25) diskutiert: *mat*K (eine introncodierte Maturase im *trn*K-Gen), der *trn*H-*psb*A- und der *atp*F-*atp*H-Spacer, sowie die große Untereinheit der Ribulose-1,5-Bisphosphat Carboxylase (*rbc*L, RUBISCO) oder die RNA-Polymerase-Gene *rpo*B und *rpo*C1 (Kress & Erickson 2007; Chase et al. 2007; Lahaye et al. 2008). Pro und Contra diskutierten aktuell Hebert & Gregory (2005) und Will & Kollegen (2005).

Basal, basale Gruppe oder Klade: Gruppe, die in einem gewurzelten Baum als erste von den anderen Gruppen abzweigt und damit die →Schwestergruppe zu allen anderen Taxa der Innengruppe ist (z.B. Lebermoose innerhalb der Landpflanzen).

Basen, Basenpaare (Bp): Paarige Anordnung der →Nukleotide im →DNA-Doppelstrang, die durch die Ausbildung von zwei, bzw. drei Wasserstoffbrücken zwischen den organischen Basen Adenin und Thymin einerseits, bzw. Cytosin und Guanin andererseits, zustande kommt (Abb. 1.1 auf Seite 4). In der →RNA tritt statt Thymin Uracil auf. Die resultierenden Uridinnukleotide erlauben neben der Paarung mit Adenin auch die schwache Paarung mit Guanin, eine Grundvoraussetzung für die →Wobble-Paarung bei der →tRNA – →mRNA Interaktion in der dritten Codonpsition.

Baumsuchverfahren (auch: Zwei-Schritt-Verfahren): Im Gegensatz zu den →*Clustering*- oder Ein-Schritt-Verfahren, Methodik, die in einem ersten Schritt (mehr oder weniger zufällige) Bäume generieren, die dann anhand eines gegebenen Optimalitätskriteriums (Distanz, *Likelihood*, Parsimonie) auf der Grundlage der Daten miteinander verglichen werden. S. Abschnitt 4.1.

Bayesianische Verfahren: (engl. *Bayesian Inference*, BI) Auf Bayesianischer Statistik beruhende Rekonstruktion von Stammbäumen, die die Wahrscheinlichkeit des Baumes bei gegebenen Daten betrachtet (im Gegensatz zur Wahrscheinlichkeit der Daten für einen gegebenen Baum bei *Maximum Likelihood*). Ist mit der Entwicklung des Programms MrBayes eine (schnelle) Alternative zu den bisherigen *Maximum Likelhood*-Ansätzen geworden. Siehe Kap. 8.

Binäre / Binomiale Nomenklatur: →Nomenklatur.

BLAST (engl. *Basic Local Alignment Search Tool*): Schneller Algorithmus zur Identifizierung zunächst ähnlicher (*potentiell* homologer) Sequenzen in Datenbanken. WWW-verfügbar, z.B. an den großen öffentlichen Sequenzdatenbanken, z.B. `www.ncbi.nlm.nih.gov/BLAST/`. BLASTN identifiziert ähnliche Nukleotidsequenzen, BLASTP ähnliche Proteinsequenzen, BLASTX erlaubt die Suche mit einer Nukleotidsequenz nach Übersetzung in alle (6) Leseraster gegen eine Proteinsequenzdatenbank und TBLASTN die Suche mit einer Proteinsequenz gegen die Übersetzung einer Nukleotidsequenzdatenbank. Siehe Abschnitt 3.1.2 auf Seite 80.

BLOSUM (engl. *Blocks Substitution Matrix*): Serie von →Aminosäureaustauschmatrices.

Bootstrap: Statistisches Verfahren, um die Verlässlichkeit der Knoten in einem Stammbaum einzuschätzen. Beim *Bootstrap*- Verfahren werden neue Zufallsdatensätze (*Replicates*) konstruiert, wobei jeder neue Datensatz aus zufälligem „Ziehen-mit-Zurücklegen" aus den Merkmalen des Ausgangsdatensatzes hergestellt wird. Eine Alternative ist das →Jackknife-Verfahren, bei dem in den (*Replicates*) Merkmale ausgeschlossen werden. S. Abschnitt 10.2 auf Seite 287.

Branch and bound: Ein Algorithmus für die Suche nach einem optimalem Stammbaum, der im Unterschied zu →heuristischen Verfahren garantiert, dass dieser auch tatsächlich gefunden wird. S. Abschnitt 5.3.2 auf Seite 159.

Branch swapping: Eine Gruppe von Algorithmen, mit deren Hilfe Bäume vorgeschlagen werden, die dann anhand eines gegebenen →Optimalitätskriteriums bewertet werden. S. Abschnitt 5.3.3 auf Seite 160.

***Bremer support* (auch: *Decay index*)**: Bei →*Maximum Parsimony* Maß für die Verlässlichkeit eines Knotens in einem Stammbaum, der unter dem Parsimoniekriterium ermittelt wurde. Gibt die Anzahl zusätzlicher Schritte an, bei der die →Klade kollabiert.

Carboxyterminus: Ende eines Proteins mit der letzten Aminosäure mit freier Carboxylfunktion ohne weitere Peptidbindung, entsprechend dem letzten Codon vor dem Stopcodon nahe dem 3'-Ende einer →mRNA.

Chaperone: Proteine, die bei der korrekten Faltung anderer Proteine in eine funktionale Tertiärstruktur (z.B. auch nach Transport durch eine Membran) helfen. Oft so genannte *Heat-Shock*-Proteine.

Chloroplast: Grüne, chlorophyllhaltige Differenzierungsform der Plastiden. →Organell der Zelle, das wie die →Mitochondrien nach der →seriellen Endosymbiontentheorie auf ein endosymbiontisches Bakterium, hier ein Cyanobakterium, zurückgeht und eine eigene chloroplastidäre DNA, das Plastom trägt. Das Primärereignis der Etablierung eines Cyanobakteriums als Chloroplast in einer eukaryontischen Zelle erschien einzigartig. Inzwischen ist aber klar, dass die Chromatophoren des Protisten *Paulinella chromatophora* auf eine unabhängige, viel rezentere Endosymbiose mit einem Cyanobakterium zurückgehen.

Chondriom: →mitochondriale DNA. Begriff aber alternativ auch verwendet für die Gesamtheit aller Mitochondrien einer Zelle.

Chromalveolata: Von Thomas Cavalier-Smith vorgeschlagene Bezeichnung für eine Gruppe von →Protisten mit vermutlich gemeinsamem Ursprung, in der die Chromista (Cryptophyta, Haptophyta und Stramenopila) mit den Alveolata (Apicomplexa, Ciliata und Dinoflagellata) zusammengefasst werden. Der letzte gemeinsame Vorfahre wäre dann höchstwahrscheinlich ein →Protist mit sekundär aus Rotalgen erworbenen Plastiden. Zuletzt unterstützt durch Gene mit offensichtlichem Ursprung aus Rotalgen auch in den aplastidären Ciliaten *Paramecium* (Pantoffeltierchen) und *Tetrahymena* (Reyes-Prieto et al. 2008). S. Abb. 12.6 auf Seite 336.

Chromatiden: Die beiden Arme (Schwesterchromatiden) des H-förmigen →Chromosoms nach Verdoppelung und Kondensation der DNA vor der Zellteilung in der Mitose.

Chromosom: Im engeren Sinn die durch dichte Bindung an →Histone kompaktierte Form der →DNA, die in →Eukaryonten während der Zellteilungen anfärbbar und mikroskopisch sichtbar wird (chromos=Farbe, somos=Teilchen). Begriff wird im erw. Sinn auch für andere, große DNA-Moleküle in der Natur verwendet, z.B. Bakterienchromosom. Für die Genome der endosymbiontischen →Organellen in der eukaryontischen Zelle, Chloroplasten und Mitochondrien, werden die Bezeichnungen →Plastom und →Chondriom verwendet.

Chronogramm: Form eines datierten ultrametrischen Stammbaums mit einer Zeitskala, bei dem sich im Ggs. zum →Phylogramm alle rezenten Taxa auf einer Geraden wieder finden und dem die Alter der Knoten entnommen werden können. S. z.B. Abbildung 9.3 auf Seite 255. S. auch →Ratogramm.

***Closest Neighbour Interchange* (CNI)**: Eine Form des →*Branch Swappings*.

Clustal: Gängiger Algorithmus mit dem während einer →Alinierung Lücken in Einzelsequenzen eingefügt werden. S. Abschnitt 3.2.2 auf Seite 93.

***Clustering*-Verfahren**: Phylogenetische Rekonstruktionsmethode mit der anhand der Distanzen zwischen den Taxa in einem Schritt ein Baum generiert wird. Auch Ein-Schritt-Verfahren oder algorithmische Verfahren genannt. Bsp. sind *Neighbour Joining* (NJ) und *Unweighted Pair Group Method with Arithmetic Mean* (UPGMA). S. Abschnitt 6.4 auf Seite 196.

Codon: Trinukleotid, das für eine der 20 proteinogenen →Aminosäuren codiert oder als eines von drei Stopcodons (UAA, UAG, UGA) den Abbruch der →Proteinbiosynthese bewirkt. S. Abb. 1.2 auf Seite 10.

Codonfamilien: Gruppen von →Codons die für dieselbe →Aminosäure codieren, z.B. GGA, GGC, GGG und GGU für Glycin (GGN) oder UUC und UUU für Tryptophan (UUY).

Confidence interval: →Konfidenzintervall.

***Consistency Index* (CI)**: In der Parsimonieanalyse ein Index zur Messung von Homoplasie einzelner Merkmale oder (als *Ensemble CI*) des gesamten Datensatzes bei einem gegebenen Baum. S. Abschnitt 5.4 auf Seite 167.

Deletion: Das Fehlen eines oder mehrerer Nukleotide oder Aminosäuren im Vergleich zu homologen Nukleotid- oder Proteinsequenzen in einem →Alignment. Vgl. →Insertion, →Indel.

Desoxyribonukleinsäure: →DNA.

Dichotomie: Gabelung, Zweispaltung, hier in einem phylogenetischen Baum. Siehe auch →Polytomie.

Diploid: →Meiose.

Distanz: Maß für die Unterschiedlichkeit zweier Sequenzen, im einfachsten Falle der Anteil unterschiedlicher Nukleotide oder Aminosäuren (*p*-Distanz, Hamming-Distanz), häufiger aber ein daraus berechneter, anhand von Modellannahmen über die Sequenzevolution mit einem →Substitutionsmodell korrigierter Wert.

Distanzverfahren: Gruppe von Verfahren zur Ermittlung einer Phylogenie anhand der →Distanz zwischen allen Sequenzpaaren.

Distanzmatrix: Matrix aller paarweisen genetischen →Distanzen von Sequenzen in einem Datensatz.

DNA, engl. *Desoxyribonucleic Acid*: Makromolekül, das Erbinformation als Abfolge von →Nukleotiden mit den vier verschiedenen organischen Basen Adenin, Cytosin, Guanin und Thymin speichert. Das kettenartige Rückgrat entsteht über Phosphodiesterbindungen zwischen den 5'- und 3'-OH-Positionen der Pentose Desoxyribose. DNA liegt in der Zelle doppelsträngig mit antiparalleler 5'-3'-Orientierung vor. Der Doppelstrang hat einen Durchmesser von 2 nm und eine Ganghöhe von 10 Basenpaaren, entsprechend einer Längsausdehnung von 3,4 nm. Für die Stabilität der Doppelhelix ist noch vor den Wasserstoffbrücken die Stapelung der aromatischen Basen (*Base stacking*) verantwortlich, zu der Thymin nur wenig beiträgt. S. Abb. 1.1, Seite 4.

Dollo-Parsimonie: Besondere Form von →*Maximum Parsimony*: Merkmalsübergänge sind gerichtet und ein abgeleiteter Merkmalszustand darf nur einmal auf dem Baum entstehen, allerdings mehrfach auf einen ursprünglicheren Zustand zurückfallen. S. Abschnitt 5.2.1 auf Seite 152.

Domäne: Nach aktuellem Verständnis höchstes taxonomisches Niveau, auf dem alles Leben auf der Erde einer von drei Domänen zugeordnet wird: →Eubakterien, →Archaea und →Eukaryonten.

Dominant, dominantes Merkmal: Ein Merkmal, das bereits zur Ausprägung kommt, wenn die zugrunde liegende Erbanlage nur auf einem →Allel, also →heterozygot vertreten ist. Ggs. →rezessiv.

EBI (*European Bioinformatics Institute*): Einrichtung der Europäischen Union, die sich der Sammlung von molekularen Daten, der Pflege von Datenbanken und der Entwicklung bioinformatischer Software widmet. Geht im Kern auf die erste EMBL-Sequenzdatenbank von 1980 zurück. Sitz auf dem Wellcome Trust Campus in Hinxton bei Cambridge, UK. `www.ebi.ac.uk`.

Ediacara-Fauna (auch: Vendobionta): Fossilfunde vielzelliger komplexer, präkambrischer Lebensformen aus dem späten Proterozoikum vor ca. 580 Mio. Jahren. Benannt nach den Ediacara-Hügeln Südaustraliens. Eigentlich aber schon zuvor durch Funde in Namibia dokumentiert.

Ein-Schritt-Verfahren: →*Clustering*-Verfahren.

Endosymbiontentheorie: →Serielle Endosymbiontentheorie.

Epigenetik: Von Conrad Hal Waddington (*08.11.1905, †26.09.1975) in den 40er Jahren geprägter Begriff. Wird heute verstanden als die erbliche Weitergabe von veränderten Eigenschaften, die *nicht* auf Veränderungen der DNA-Sequenz zurückgehen. Die biochemischen Ursachen liegen v.a., aber nicht ausschließlich, in der chemischen Modifizierung der →DNA-bindenden →Histone (*Histone Code*) und in der Methylierung von Cytosinresten in der DNA. So genannte CpG-Inseln (Häufung von CG-Dinukleotiden) insbesondere in Promotorregionen eukaryontischer Gene sind z.B. Substrate für Methylierung zu 5-Methylcytosin. Ein und dasselbe →Genom kann also in den verschiedensten epigenomischen Ausprägungen existieren, ganz offensichtlich z.B. in den verschiedenen Zell- und Gewebetypen eines komplexen eukaryontischen Organismus.

Auch →RNA-Moleküle spielen bei der Ausprägung des spezifischen 'Epigenoms' eine entscheidende Rolle, vmtl. insbesondere bei noch wenig verstandenen epigenetischen Phänomenen (z.B. Lolle et al. 2005).

Eubakterien, Eubacteria, Bacteria *s.str.*: Einschränkung des umfassenden, alten Begriffes „Bakterien" in Abgrenzung von den →Archaea auf eine →Domäne des Lebens. Eindeutiges →Monophylum →prokaryontischer Organismen mit Phospholipiden vom Glycerin-Fettsäureester-Typus in den Membranen. S. Abschnitt 12.1.5 auf Seite 331.

Eukaryonten (Eukaryota): Ein- oder mehrzellige Organismen, bei denen die Erbinformation in einem membranumschlossenen Zellkern (Nukleus, Karyon) lokalisiert ist. Neben den →Archaea und →Eubakterien eine der drei →Domänen des Lebens.

Evo-Devo: Die Betrachtung von ontogenetischen Vorgängen in der Entwicklungsbiologie aus einer evolutionär-stammesgeschichtlichen Perspektive, z.B. die Diversifizierung der MADS-Box-Gene der Blütenentwicklung bei Pflanzen oder der Hox-Gencluster bei Tieren. S. Abschnitt 12.3 auf Seite 340.

Evolution: (Stammesgeschichtliche) Entwicklung, insbesondere die Entstehung neuer biologischer →Arten im Zusammenspiel aus →Mutation und →Selektion.

Excavata: Von Thomas Cavalier-Smith vorgeschlagene Großgruppe innerhalb der →Protisten, noch unklar umrissen. Umfasst v.a. viele, oft parasitisch lebende Protisten mit stark oder ganz degenerierten Mitochondrien, →Hydrogenosomen oder →Mitosomen, insbesondere die Metamonada (Parabasalia, z.B. Trichomonas, Oxymonada, Retortamonada, Diplomonada mit z.B. *Giardia*). Daneben gehören dazu: Jakobidae (=Loukozoa), Heterolobosea (=Percolozoa, z.B. *Naegleria*), Euglenozoa (z.B. *Euglena, Trypanosoma*). Die beiden letztgenannten Gruppen gemeinsam werden aufgrund ihrer charakteristischen mitochondrialen Membranen gemeinsam als Discicristata bezeichnet. Der alte Begriff Archezoa für vermutete, primär amitochondriate Eukaryonten ist obsolet.

Exon: Bereich eines →Gens, der beim Reifungsprozess eines Transkriptes durch →Spleißen in der reifen →RNA vertreten ist. Ggs. →Intron.

Extinkt: ausgestorben.

FASTA: 1. Einfaches und universelles Dateiformat für molekulare Sequenzdaten. Trägt in der ersten Dateizeile hinter dem Größer-Zeichen „>" die Bezeichnung einer Sequenz, in den folgenden Zeilen die Nukleotid- oder Proteinsequenz selbst. 2. Programm zur Identifizierung von Sequenzähnlichkeiten. Heute weitgehend durch den schnelleren →BLAST-Algorithmus abgelöst. S. Abschnitt 3.1.2 auf Seite 80.

Felsensteinzone: Kritischer Bereich von kurzen Ästen zwischen Knoten mit langen Ästen, die bei *Maximum Parsimony* zum Phänomen der →*Long Branch Attraction* führen (Abb. 10.6 auf Seite 297).

Fitch-Parsimonie: Besondere Form von *Maximum Parsimony*, die auch auf die als reversibel betrachteten Austausche in DNA-Sequenzen anwendbar ist. Merkmalsübergänge sind 1. reversibel und 2. sind nicht benachbarte Merkmalszustände ohne Zwischenschritte in einem Schritt erreichbar, also 0→1 = 1→2 = 2→1 = 2→0. S. Abschnitt 5.2.1 auf Seite 152.

Gamma-Verteilung: Eine Wahrscheinlichkeitsverteilung, die in der →Phylogenetik genutzt wird, um in einem →Substitutionsmodell die Variation von Substitutionsraten entlang der unterschiedlichen Positionen eines →Alignments zu beschreiben. Wird dann i.d.R. mit der Bezeichnung +Γ oder +G an den Namen des Substitutionsmodells angehängt (z.B. 'GTR+G').

Gap creation / extension penalties: →Maluspunkte.

GC-Gehalt: Prozentualer Anteil an G+C-Nukleotiden (die in der →DNA Basenpaare bilden) in einem Sequenzabschnitt oder einem Genom.

Gen: Ein DNA-Abschnitt, aus dem ein funktionales Transkript entstehen kann, v.a. also →mRNAs, →tRNAs und →rRNAs. Regulatorische Regionen, insbesondere der →Promotor, sind eingeschlossen, aber der Begriff wird oft auch nur reduziert auf den DNA-Bereich angewendet, aus dem unmittelbar die jeweilige RNA (oder sogar nur das jeweilige Protein) hervorgeht. Ein Gen kann als Modul funktional in andere Organismen eingebracht werden. Grenzfälle für den Genbegriff ergeben sich mit weiteren, neu entdeckten, kleinen RNAs mit regulatorischer Funktion, insbesondere bei Phänomenen der →RNA-Interferenz (s. Abschnitt 1.6.6 auf Seite 31).

GenBank: Datenbank von Nukleotid- und Proteinsequenzen, die in den USA am →NCBI verwaltet wird.

Genbaum: Stammbaum eines genetischen Locus. Nicht zwingend mit dem Stammbaum der →Taxa identisch, z.B. weil neben →Orthologen auch →Paraloge oder →Xenologe in die Konstruktion der Phylogenie mit einbezogen wurden.

Generalisierte Parsimonie: Übergeordnetes Konzept von *Maximum Parsimony*, das alle anderen Parsimonie-Konzepte (Dollo-, Fitch-, Wagner- etc.) als Spezialfälle umfasst und erlaubte Merkmalsübergänge über Kostenmatrices steuert. S. Abschnitt 5.2.3 auf Seite 154.

Genetischer Code: Übersetzungstabelle zwischen den 64 möglichen →Codons und den damit codierten 20 Aminosäuren sowie den Stopcodons (s. Abb. 1.2 auf Seite 10). Auch „universeller" genetischer Code genannt. Ausnahmen existieren aber in einigen genetischen Systemen die dann einem etwas anderen Code folgen, oft z.B. in den semiautonomen →Mitochondrien mit eigener →Proteinbiosynthese (s. Abb. 1.8 auf Seite 29).

Genfamilie: Koexistierende, sequenzähnliche

→Gene mit ähnlicher Funktion in einem →Genom.

Genom: Gesamtheit der Erbinformationen eines Organismus. Komplette →DNA-Sequenz. Alle →Gene einschließlich →intergenischer Regionen. Die erste, komplett verfügbare Genomsequenz eines autonom lebenden Organismus war die von *Haemophilus influenza* im Jahr 1995, s. Tab. 1.3 auf Seite 18.

Genomik: Wissenschaftliche Betrachtungen von gesamten →Genomen, oft auch nur die Ermittlung ihrer kompletten →DNA-Sequenzen.

Genotyp: Begriff für die Gesamtheit von charakteristischen →Allelen im Genom eines Individuums. Die Grundgesetze der Genetik sind beispielsweise an Erbsen und Fruchtfliegen mit unterschiedlichen Merkmalen (→Phänotypen) gefunden worden, die ihre Ursachen in unterschiedlichen Genotypen der untersuchten Individuen hatten.

Gentransfer: Übertragung von Sequenzen zwischen →Genomen. Mit der Entdeckung immer weiterer Beispiele für horizontalen Gentransfer (HGT), des Gentransfers zwischen unterschiedlichen →Arten, vornehmlich zwischen Prokaryonten und über große phylogenetische Distanzen, wird die konventionelle Weitergabe von Erbmaterial als vertikal bezeichnet. Berühmtestes Beispiel für horizontalen Gentransfer sogar zwischen den →Domänen →Eubacteria und →Eukaryota ist die Übertragung von T-DNA aus *Agrobacterium* auf Pflanzenzellen, wobei die Pflanze Tumore ausbildet. Lateraler Gentransfer wird meist mit horizontalem gleichgesetzt, bezeichnet i.e.S. aber die Übertragung von Sequenzen zwischen (enger) verwandten Organismen, die in regelmäßigem, natürlichem Genaustausch stehen (z.B. mitochondriale Introns zwischen Hefestämmen oder konjugative Plasmide zwischen Bakterien). Der interorganelläre Gentransfer ist die Wanderung von Erbmaterial zwischen den Genomen einer Zelle – also vornehmlich, aber nicht ausschließlich, aus →Chloroplasten und →Mitochondrien in den Nukleus. S. Abschnitt 12.2.2 auf Seite 337.

Geordnetes Merkmal: →Merkmal mit →Merkmalszuständen, die *nicht* in beliebiger Weise direkt ineinander übergehen können. S. Abschnitt 5.2.3 auf Seite 154.

Gewichtete Parsimonie (engl. *weighted parsimony*): Eine Form von →*Maximum Parsimony*, bei der unterschiedlichen Merkmalen ein unterschiedliches Gewicht und damit ein unterschiedlicher Einfluss auf das Ergebnis zugestanden wird. S. Abschnitt 5.2.2 auf Seite 153.

Gigabasenpaare (GBp): 1 Milliarde Basenpaare. Einheit der →Genomik.

Glaucophyta (auch: Glaucocystophyta): Neben den →Viridiplantae und den →Rhodophyta die dritte Entwicklungslinie in den →Archaeplastida. Artenarme Gruppe von mikroskopischen Süßwasseralgen, deren photosynthetische →Organellen noch eine Peptidoglykanschicht haben und darum zur Unterscheidung von Chloroplasten Cyanellen heißen.

Gonnet: Serie von →Aminosäureaustauschmatrices.

Gradualismus: Evolutionsmodell, das langsame und kontinuierliche Veränderungen annimmt, im Gegensatz zu einzelnen, größeren Veränderungen in kürzeren Zeiträumen in einem →*„Punctuated equilibrium"*, einem sporadisch durchbrochenen Gleichgewicht.

Gruppe I-Introns: Introns von ca. 400-1000 Nukleotiden Länge mit charakteristischer Sekundärstruktur, vornehmlich in den →Organellengenomen der Pflanzen und Pilze, aber z.B. auch in →Prokaryonten und →Bakteriophagen. Können Leseraster für Endonukleasen tragen, die an der Mobilität der Introns beteiligt sind.

Gruppe II-Introns: Introns von ca. 300 - 4000 Nukleotiden Länge mit charakteristischer Sekundärstruktur aus 6 Domänen um ein zentrales Rad (*Helical wheel*) in den Organellen der Pflanzen und Pilze, aber auch in Bakterien. Etwa 20 Gruppe II-Introns sind z.B. typischerweise positionell hoch konserviert in den →Plastomen der Landpflanzen zu finden. Können Leseraster für →Maturasen tragen, die am →Spleißen der Introns und ihrem lateralen Transfer beteiligt sind.

Gruppe III-Introns: Äußerst kleine, strukturierte Introns (z.B. im Chloroplastengenom von Euglena), bei denen es sich vermutlich um degenerierte →Gruppe II-Introns handelt.

GUI: Abk. für *Graphical User Interface*. Graphische Benutzeroberfläche bei Software, fehlt bei Konsolenprogrammen.

Hadamard-Methoden: Besondere Gruppe phylogenetischer Rekonstruktionsmethoden, die Häufigkeiten von Datenmustern (-partitionen) im Alignment mittels Spektralanalyse (anhand einer speziellen Form von Fourier-Transformation, der Hadamard-Transformation) analysiert. Derzeit ab etwa einem Dutzend Sequenzen noch zu rechenaufwändig.

Hamming-Distanz: p-Distanz, →Distanz.

Haploid: →Meiose.

Hendy-Penny-Spektren: →Hadamard-Methoden.

Heterotachie (*Heterotachy*): Veränderung von Substitutionsraten im Verlauf der Zeit.

Heterozygot: Zustand, bei dem für einen gegebenen Locus auf den beiden →Chromosomen in einer diploiden, eukaryontischen Zelle unterschiedliche →Allele vertreten sind. Ggs. →Homozygot.

Heuristische Suche: Heuristik: Wissenschaft von den Strategien der Problemlösung. Im phylogenetischen Kontext Verfahren, die einen riesigen Parameterraum (z.B. alle theoretisch möglichen Bäume) nicht vollständig durchmustern, sondern nach einem bestimmten Prinzip Proben entnehmen, dabei aber nicht *garantieren* können, die beste Lösung (den optimalen Baum) zu finden. S. Abschnitt 5.3.3 auf Seite 160.

***Hidden Markov Model* (HMM)**: Stochastisches Modell, das sich durch zwei Zufallsprozesse beschreiben lässt, wobei der erste Zufallsprozess einer →Markov-Kette entspricht, deren Zustände nicht direkt sichtbar (engl. *hidden*) sind (z.B. hoher versus niedriger GC-Gehalt, der entlang der →Alignmentpositionen variiert), und der zweite beobachtbare Zustände anderer Art hervorbringt, die von den Zuständen des ersten Prozesses abhängen (z.B. tatsächliche Nukleotide an den Alignmentpositionen, deren Substitutionsverhalten vom GC-Gehalt abhängt).

Histone: Proteine, an die die →DNA in ihrer kondensierten, gepackten Form (die als →Chromosom sichtbar wird) gebunden ist. Ein Nukleosom ist ein Histonoktamer aus je zwei Histonproteinen der Typen H2A, H2B, H3 und H4, um das 166 Basenpaare des DNA- Doppelstranges gewickelt sind. Das Histon H1 ist an der folgenden Kompaktierungsstufe der DNA beteiligt, bei der sich die „30 nm-Faser" aufbaut. Chemische Modifizierungen der Histone (Methylierung, Acetylierung etc.) spielen bei der globalen Regulierung von Genaktivitäten und bei →epigenetischen Phänomenen ein große Rolle.

Homeologe: Spezielle Form koexistierender →Paraloge, typischerweise z.B. als Ergebnis verschiedener Formen von →Polyploidisierung.

Homoiologie: Analogie auf homologer Grundlage, Parallelevolution. Bsp.: Vorderfüße der Echsen und der Säugetiere, stammen von Vorderflossen urzeitlicher Fische ab. Völlig unabhängige Evolution dagegen bei *reiner* →Analogie, z.B. „Kakteen"-Habitus (Sukkulenz, Dornen) bei Wolfsmilchgewächsen (Euphorbiaceae) und echten Kakteen (Cactaceae).

Homolog, Homologie: *Nicht-zufällige* Übereinstimmung von Strukturen, die auf ursprüngliche, gemeinsame (genetische) Information zurückgeht. Bsp.: Armknochen und Flügel der Wirbeltiere. Ggs. →Analogie. In der molekularen Phylogenetik interessiert die besondere Form der positionellen Homologie in →Alignments, da (anders als in der Morphologie) aufgrund der geringen Komplexität generell nicht über die Qualität der Merkmale auf Homologie geschlossen werden kann. In der Molekularbiologie werden oft lediglich *ähnliche* Sequenzen bereits als homolog bezeichnet. Wichtig ist aber die Unterscheidung von →Orthologie vs. →Paralogie oder →Xenologie, s. Abschnitt 2.4.2 auf Seite 70.

Homonomie: Homologe Strukturen innerhalb ein und desselben Organismus, intraindividuelle Homologie. Bei unterschiedlichen räumlichen Positionen in einer Serie von ähnlichen Strukturen auch *serielle Homologie*. Bsp.: unterschiedlich ausgeprägte Blattformen einer Pflanze oder duplizierte, paraloge Nukleotidsequenzen (z.B. die multiplen Tandem-Genkopien der →rRNAs).

Homoplasie: Ähnlichkeit, die nicht auf genetische Information zurückzuführen ist, die vom gemeinsamen Vorfahren geerbt wurde; Überbegriff für →Analogie, Konvergenz, Parallelismen und Merkmalsumkehrungen (*reversals*).

Homozygot: Zustand, bei dem für einen gegebenen Locus auf den beiden →Chromosomen in einer diploiden, eukaryontischen Zelle das gleiche →Allel vertreten ist. Ggs. →Heterozygot.

Horizontaler Gentransfer: →Gentransfer.

***Human Genome Project* (HUGO)**: Internationales Projekt bei der (fast) die komplette Sequenz des menschlichen Genoms von über drei Milliarden Basen ermittelt wurde.

Hydrogenosom: →Organell einiger anaerob lebender →Protisten, das Wasserstoff und ATP produziert. Offensichtlich degenerierte Form der →Mitochondrien. S. Abschnitt 1.5 auf Seite 21.

Indel: Zusammenfassender Begriff für →Deletionen und →Insertionen in einem →Alignment.

Innengruppe (engl. *ingroup*): Taxa, deren phylogenetische Beziehungen unter Betrachtung stehen und deren Stammesgeschichte dazu mit einer →Außengruppe distanter Taxa bewurzelt wurde.

Insertion: Einfügung eines Nukleotides oder einer Aminosäure in einer Sequenz im Vergleich zu einer anderen, homologen. Vgl. →Deletion, →Indel.

Intein: Peptidabschnitt, der aus in einem Protein herausgespleißt wird. Seltenes Phänomen, ganz im Gegensatz zu den →Introns, die die allermeisten eukaryontischen Gene besiedeln und auf der Ebene der RNA gespleißt werden. S. Abschnitt 1.6.1 auf Seite 26.

Intergenische Region (*„Spacer"*): Bereich zwischen zwei Genen, der transkribiert sein *kann*. Phylogenetisch als variable Region interessant.

International Society for Phylogenetic Nomenclature: Gesellschaft zur Etablierung einer phylogenetisch begründeten Benennung von Kladen und Taxa (Abk. ISPN), s. auch →Phylocode.

Intron: Nukleotidsequenzen in einem Gen, die nach Abschrift in eine →RNA aus dieser posttranskriptional in einem Reifungsprozess, dem →Spleißen, entfernt werden. In den Genen im Nukleus der →Eukaryonten die Regel. Von sehr variabler Größe, unstrukturiert, allermeist beginnend mit einem GT-Dinukleotid und endend mit einem AG-Dinukleotid. In Organellen von Pflanzen, Pilzen und Protisten strukturierte, manchmal selbstspleißende Introns, die in die →Gruppen I, II (und III) klassifiziert werden.

Invariable Positionen: Positionen in einem →Alignment, die bei allen →Taxa den identischen →Merkmalszustand aufweisen. Der Anteil invariabler Alignmentpositionen (I) geht (neben der →Gammaverteilung G) oft als '+I' in Substitutionsmodelle ein, z.B. 'GTR+I' oder 'GTR+G+I'.

Isoenzyme: (Multiple) Enzyme, die in einem Organismus die gleiche biochemische Reaktion katalysieren (z.B. die Alkoholdehydrogenase EC 1.1.1.1).

Der besondere Fall von Allozymen bezeichnet Enzyme, die aus zwei verschiedenen →Allelen des gleichen Locus entstehen. In der molekularen Phylogenetik sind proteinbiochemische Studien an Isoenzymen (insbes. zur gelelektrophoretischen Mobilität) durch die methodisch einfacher zu untersuchenden →DNA-Sequenzen weitestgehend abgelöst.

ITS: Die *Internal Transcribed Spacers* zwischen den →rRNA-Genen, deren Sequenzen in der molekularen Phylogenetik häufig untersucht werden.

Jackknife: Statistisches Verfahren zur Abschätzung der Signifikanz einer Klade, bei der in vielfacher Wiederholung zufällige Anteile eines →Alignments entfernt werden. Häufiger wird das →*Bootstrap*-Verfahren eingesetzt. S. Abschnitt 10.2 auf Seite 287.

Kappa: (κ) Verhältnis von Transitionen zu Transversionen (Ti/Tv), das in manchen →Substitutionsmodellen (z.B. Kimura-2-Parameter) berücksichtigt wird.

Karyogramm: Darstellung aller →Chromosomen (eines Individums, nach Größe sortiert). Pseudokaryogramme von Arten s. Abb. 1.4 auf Seite 20.

Kilobasenpaare (KBp): 1000 Basenpaare. Einheit der →Genomik.

Kishino-Hasegawa-Test: Test auf signifikante Unterschiedlichkeit zweier Bäume anhand ihrer *Likelihood Scores*. S. Abschnitt 10.2.3 auf Seite 293.

Klade, engl. *Clade*: I.e.S. →Monophylum.

Kladistik, engl. *Cladistics*: Phylogenetisches Konzept, bei dem die Identifizierung von Kladen anhand von →Synapomorphien im Mittelpunkt steht. S. Abschnitt 2.3.1 auf Seite 56.

Kladogenese: Evolutiver Prozess der →dichotomen Aufspaltung von Abstammungslinien.

Kladogramm: Einfache Stammbaumdarstellung, im Gegensatz zum →Phylogramm oder →Chronogramm ohne Informationen zu Astlängen. S. Abb. 2.4 auf Seite 60.

Klon: Individuum, das genetisch vollkommen identisch mit einem anderen ist (eineiiger Zwilling), bzw. Population genetisch identischer Individuen (Bakterienkolonie).

Knoten (engl. *Node*): Punkt, an dem sich drei Äste eines Stammbaumes treffen. Im gewurzelten Stammbaum spaltet sich in Leserichtung an einem Knoten die Stammlinie in einer →Dichotomie in zwei Schwesterlinien auf. Der Knoten kann als (ausgestorbene) Stammart aufgefasst werden.

Koaleszenz: Punkt der Verschmelzung der Allele in den →Populationen zweier →Arten zu den Allelen in der Stammart oder Stammpopulation bei der Rückverfolgung der Stammesgeschichte (Abb. 11.2 auf Seite 308).

Koevolution: Evolutive Veränderung einer →Art als Antwort auf Veränderungen einer anderen. Typische Beispiele sind Insekten oder Vögel als Bestäuber in wechselseitigen Anpassungen an veränderte Blütenmorphologien der Angiospermen.

Kompartiment: Mehr oder weniger abgeschlossener, membranumschlossener Reaktionsraum in der Zelle, in erster Linie die →Organellen: Chloroplasten, endoplasmatisches Retikulum, Golgi-Apparat, Microbodies (Glyoxysomen oder Peroxisomen), Mitochondrien, Vakuolen, Vesikel. Insbesondere die endosymbiontischen Organellen sind aber noch weiter kompartimentiert, z.B. die Thylakoide der Chloroplasten oder der Intermembranraum der Mitochondrien.

Konfidenzintervall: In der Statistik ein Intervall, in dem der Wert einer abgeschätzten Größe mit einer zuvor spezifizierten Wahrscheinlichkeit (meist 95%) liegt.

Konsensusbaum: Darstellung von Gemeinsamkeiten (übereinstimmenden Knoten) bei einer Reihe von Einzelbäumen mit identischen Taxa in Form *eines* zusammenfassenden Baumes. S. Abschnitt 11.2.1 auf Seite 314.

Kontextabhängige Mutation: Mutation, die von der Sequenzumgebung abhängt. Ein Beispiel ist die präferentielle Deaminierung eines methylierten CG-Dinukleotides in eukaryontischen Genomen zu TG oder CA.

Konvergenz: Unabhängige Entstehung von Ähnlichkeit, die nicht auf gemeinsame Abstammung zurückzuführen ist, sondern in Reaktion auf die Anforderungen in ähnlichen Umweltbedingungen entsteht (z.B. C4-Photosynthese oder Sukkulenz bei Pflanzen).

Konzertierte Evolution: Eine abhängige Evolution von Mitgliedern einer →Genfamilie, bei denen keine unabhängigen Veränderungen in den einzelnen Mitgliedern akkumulieren, sondern die offensichtlich koordiniert angeglichen werden. Bsp.: Gencluster der →rRNA. S. Abschnitt 11.1.1 auf Seite 306.

Kostenmatrix: Bei →Generalisierter Parsimonie eine Matrix, die die Kosten für Übergänge zwischen den →Merkmalszuständen festhält. S. Abb. 5.9 auf Seite 156.

Kronengruppe *(crown group)*: Teil einer Klade, der alle heute lebenden (rezenten) Taxa einschl. ihres unmittelbaren gemeinsamen Vorfahrens umfasst. Ggs. Stammgruppe (*stem group*), umfasst ältere, ausgestorbene, nur fossile oder unbekannte Taxa, evolviert *vor* der Haupt-Diversifizierung der Klade. Unterscheidung besonders relevant bei der Datierung mittels molekularer Uhren (Kap. 9). Auch unscharfer Begriff für →Klade, die die höchste Diversität aufweist, oder auch die meisten →Apomorphien im Sinne einer „Höherentwicklung", z.B. die Angiospermen unter den Landpflanzen oder die Primaten unter den Säugetieren.

Lamarckismus: Bezeichnung für die nach Jean-Baptiste de Lamarck benannte Vorstellung, dass sich eine →Art gezielt an ihre Umweltbedingungen anpassen und diese Anpassung erblich weitergeben kann.

***Last Universal Common Ancestor* (LUCA)**: Auch *Cenancestor* genannt. Hypothetische, einzellige Urform des Lebens an der →Wurzel des Stammbaums aller rezenten Lebensformen. S. Abschnitt 12.1.5 auf Seite 331.

Lateraler Gentransfer: →Gentransfer

Least Squares (LS): Statistisches Verfahren. In der Phylogenetik verwendet beim gleichnamigen speziellen Typ der →Distanzmethoden. S. Abschnitt 6.3 auf Seite 192.

Lebendes Fossil (engl. *living fossil*): Rezente, stammesgeschichtlich isolierte Organismen als Repräsentanten einer einst artenreicheren Klade mit großen Übereinstimmungen zu fossilen Formen. Bsp.: Ginkgobaum, Quastenflosser.

Likelihood: Wahrscheinlichkeit, ein bestimmtes Ergebnis (oder bestimmte Daten) unter Annahmen bestimmter Modelle oder Hypothesen zu beobachten; in der Phylogenetik z.B. Wahrscheinlichkeit der Daten (→Alignment) bei einem gegebenen Baum und gegebenen Substitutionsmodellen. Der Baum mit der besten *Likelihood* wird bei →*Maximum Likelihood*-Verfahren gesucht. Abzugrenzen von der einfachen Wahrscheinlichkeit (*Probability*) für ein Einzelereignis.

***Likelihood Ratio Test* (LRT)**: Testverfahren, mit dem ermittelt wird, ob die komplexere von zwei verschachtelten Hypothesen einen Sachverhalt besser erklären kann.

***Long Interspersed (nuclear) Elements* (LINEs)**: Typ von transposablen Retroelementen in der nukleären DNA der meisten →Eukaryonten, teils kladistisch informativ. S. auch →*Short Interspersed nuclear Elements* und Abschnitt 12.2.2 auf Seite 337.

Lineage sorting: Das Aufspalten von unterschiedlichen →Allelen in separate Populationen oder bei der →Artbildung. S. Abb. 11.2 auf Seite 308.

LogDet-Distanz: Distanztyp, der eine Variation der Nukleotidaustauschraten über die Zeit erlaubt (paralineare Distanz). In ihrer einfachsten Form ist die LogDet-Distanz zwischen zwei Sequenzen definiert als der negative natürliche **Log**arithmus der **Det**erminante der Divergenzmatrix $\boldsymbol{D}$. Die Divergenzmatrix enthält in Reihe i und Spalte j, also bei $\boldsymbol{D}_{ij}$, den Anteil an Positionen an dem die eine Sequenz Nukleotid i und die andere Nukleotid j aufweist. Die Determinante $\det(\boldsymbol{D})$ ist eine spezielle Funktion, die einer quadratischen Matrix eine Zahl zuordnet.

***Long Branch Attraction* (LBA)**: Phänomen, das insbesondere unter →*Maximum Parsimony* zu Artefakten bei der Konstruktion von Stammbäumen führt. Taxa auf einsamen lange Ästen ziehen sich aufgrund von Zufallsähnlichkeiten (→Homoplasie) an. S. Abschnitt 10.3.1 auf Seite 295.

Lumpers: Bezeichnung für Taxonomen, die besonders auf gemeinsame Merkmale Wert legen und zur Beschreibung von umfassenderen, größeren Taxa tendieren. Ggs. →Splitters.

Maluspunkte (engl. *Penalties*): Negative Gewichtungen, insbesondere für Austausche von chemisch verschiedenen →Aminosäuren, unterschiedlichen Nukleotiden und für die Einfügung (*Gap creation penalty*) oder die Verlängerung (*Gap extension penalty*) von Lücken in →Alignments bei Datenbanksuchen.

Markov-Kette: Ein stochastischer Prozess, bei dem Wahrscheinlichkeiten für zukünftige Zustände nur vom momentanen Zustand und nicht von vergangenen Zuständen abhängen. S. auch →*Hidden Markov Model* und Abschnitt 7.2.4 auf Seite 208.

Markov-Prozess: →Markov-Kette für kontinuierliche Zeit. S. Abschnitt 7.2.4 auf Seite 208.

Maturase: Protein, codiert in Domäne IV von manchen →Gruppe II-Introns, das am Spleißen, aber auch am lateralen Transfer des Introns in neue Loci beteiligt sein kann. Üblich in bakteriellen Gruppe II-Introns, seltener in Chloroplasten (*mat*K) oder Mitochondrien (*mat*R) der Landpflanzen.

***Maximum Likelihood* (ML)**: Phylogenetische Methode, die den Stammbaum zu ermitteln sucht, der unter einem gegeben Modell der Sequenzevolution die →*Likelihood* der gegebenen Daten maximiert.

***Maximum Parsimony* (MP)**: Phylogenetische Methode, die den Stammbaum zu ermitteln sucht, der die gegebenen Daten mit der geringsten Zahl an →Merkmalsübergängen erklärt.

Megabasenpaare (MBp): 1 Million Basenpaare. Einheit der →Genomik.

Mehrfachsubstitutionen (engl. *Multiple hits*): Wiederholte Substitution eines Nukleotids oder einer →Aminosäure an einer gegebenen →Alignmentposition.

Meiose: Reduktionsteilung, in der der diploide →Chromsomensatz, der in den Körperzellen vorliegt, auf den haploiden Chromosomensatz der Gameten (Ei- und Samenzellen) reduziert wird. Meist sind die wahrnehmbaren Lebensformen vielzelliger →eukaryontischer Organismen diploid und die haploiden Zellen existieren nur einzellig als Gameten, die der sexuellen Fortpflanzung dienen. Eine Ausnahme sind z.B. die Moospflanzen. Sie sind haploid und auf ihnen bildet sich beim Generationswechsel der diploide Sporophyt aus, in dem dann wiederum durch Reifeteilung die haploiden Sporen gebildet werden. S. Abschnitt 1.4 auf Seite 17.

Merkmale (engl. *Characters*): Eigenschaften von →Taxa, deren unterschiedliche Ausprägungen (→Merkmalszustände), →Homologie vorausgesetzt, zur Rekonstruktion der Stammesgeschichte ihrer Träger genutzt werden können. Merkmale sind z.B. 'Augenfarbe', 'Anzahl von Kelchblättern' oder 'Position 237' eines Alignments, mögliche Merkmalszustände dann z.B. 'blau', 'vier' und 'G'.

Merkmalsübergang (engl. *Character state change*): Veränderung eines →Merkmalszustandes in einer Phylogenie. Für die Merkmalsübergänge können in phylogenetischen Analysen sehr einfache oder zunehmend komplexere Annahmen zugrunde gelegt werden.

Merkmalszustand (engl. *Character state*): Eine von mehreren möglichen Ausprägungen, in denen ein bestimmtes →Merkmal auftreten kann. Merkmalszustände für „Augenfarbe" könnten sein blau/braun/grün, für „Anzahl von Kelchblättern" 3/4/5/6, für „Position 237 des Alignments" A/C/G/T.

Metrischer Stammbaum: →Phylogramm.

Mitochondriale DNA: Reduziertes Genom (Chondriom) im Organell Mitochondrium, das in →Eukaryonten meist noch einige Gene für Proteinuntereinheiten von Komplex I, III, IV und V der Atmungskette, für tRNAs und rRNAs und in Pflanzen und Protisten auch für Proteine der Cytochrombiogenese, der Ribosomen und Komplex II codiert (Abb. 1.5 auf Seite 22). Nach neuesten Erkenntnissen leiten sich auch →Hydrogenosomen aus Mitochondrien ab. S. Abschnitt 1.5 auf Seite 21.

Mitochondrium: →Endosymbiontisches Organell eukaryontischer Zellen mit zentraler Funktion im katabolischen Energiestoffwechsel, das auf den Erwerb eines α-Proteobakteriums vor ca. 1500 Mio. Jahren zurückgeht. Nach neuesten Erkenntnissen leiten sich auch degenerierte Organellen in (anaerob lebenden) Protisten, die →Hydrogenosomen und →Mitosomen aus Mitochondrien (van der Giezen & Tovar 2005) ab. S. Abschnitt 1.5 auf Seite 20.

Mitose: Aufteilung der Schwester- →Chromatiden auf die zwei Tochterzellen bei der Zellteilung von →Eukaryonten.

Mitosom: Neben den →Hydrogenosomen, andere extrem degenerierte Form der Mitochondrien ohne eigene DNA in einigen Protisten. Zuerst beschrieben in *Entamoeba histolytica*.

Mittelpunktsbewurzelung (engl. *Midpoint rooting*): Bewurzelung eines Stammbaumes in Abwesenheit einer →Außengruppe. Als Wurzel wird die Mitte zwischen den zwei im Baum am weitesten voneinander entfernt stehenden Taxa angenommen.

Modelle der Sequenzevolution:
S. →Substitutionsmodell und Abschnitt 7.2.4 auf Seite 208.

Molekularbiologie: Teildisziplin der Biologie, die sich mit der Speicherung der Erbinformation und ihrer Umsetzung in der Genexpression im Hinblick auf die molekularen Details beschäftigt (auch Molekulargenetik). Insofern *nicht* einfach eine Wissenschaft von der „Biologie der Moleküle", d.h. der chemischen Umsetzungen im Stoffwechsel, wie die Biochemie.

Molekulare Uhr (*molecular clock [-hypothesis]*): Annahme, dass die Substitutionsrate für eine gegebene DNA-Region in allen Zweigen einer Klade (oder eines ganzen Baumes) konstant ist. Der Grad der Divergenz zwischen zwei Sequenzen ist unter dieser Annahme proportional zu der Zeit, die seit der Trennung beider Sequenzen verstrichen ist. Nach Eichung kann dies zur Bestimmung des Zeitpunkts dieser Auftrennung der Sequenzen genutzt werden (S. Kap. 9).

Monophylum, monophyletisch: Gruppe von Organismen aus einem unmittelbaren gemeinsamen Vorfahren und *allen* seinen Nachfahren. S. Abschnitt 2.3.1 auf Seite 56.

***Most recent common ancestor* (MRCA)**: Jüngster gemeinsamer Vorfahre einer Klade (oder von mindestens zwei Taxa).

mRNA (messenger RNA): Ribonukleinsäure (→RNA), die als Kopie die genetische Information zur Synthese eines Proteins an die Ribosomen überbringt. Die reife mRNA (*messenger RNA*) enthält im Gegensatz zur pre-mRNA keine Introns mehr. Vor der codierenden Region (CDS) befindet sich die 5'-untranslatierte Region (UTR), dahinter die 3'-UTR. Bei →Eukaryonten ist die reife mRNA am hinteren (3'-) Ende polyadenyliert. S. Abschnitt 1.3 auf Seite 11.

Mutation: Veränderung in einer Nukleotidsequenz durch Austausch eines Nukleotids oder Deletion oder Insertion eines oder mehrerer Nukleotide.

***National Center for Biotechnology Information* (NCBI)**: Organisiert und verwaltet neben vielem anderem insbesondere die Nukleotiddatenbank GenBank und die Literaturdatenbank PubMed. Kooperiert mit dem *European Bioinformatics Institute* (EBI) und der *DNA Data Bank of Japan* (DDBJ), um deponierte Daten öffentlich zugänglich zu machen. Siehe Abschnitt 3.1 auf Seite 74.

***Nearest Neighbour Interchange* (NNI)**: Eine Form des →*Branch Swappings*.

Negative Selektion: Auch *Purifying selection*. Negative Auslese bzw. Eliminierung von Trägern nachteiliger Merkmalsausprägungen in einer →Population.

Neighbour Joining (NJ): Ein →*Clustering*-Verfahren zur Ermittlung eines Stammbaumes auf der Basis einer →Distanzmatrix. S. Abschnitt 6.4.2 auf Seite 198.

Netzwerk: Allgemeine graphische Darstellung von phylogenetischen Beziehungen, mit der Darstellungsform des Baumes als Spezialfall. Erlaubt, eine netzwerkartige (retikulate) Evolution z.B. durch Hybridisierung oder auch widersprüchliche phylogenetische Information in einem Datensatz wiederzugeben. S. Abschnitt 11.3 auf Seite 318.

Neutrale Evolution: Theorie der N.E., zurückgehend auf Mooto Kimura, nach der die Mehrzahl von beobachtbaren Mutationen ihrem Träger weder Vor- noch Nachteile bringt.

Newick-Format: Auch: *New Hampshire*-Format. Dateiformat zur Beschreibung phylogenetischer Bäume. Taxa werden durch Kommata getrennt und durch verschachtelte Klammern zu Kladen zusammengefasst. Astlängen werden nach einem Doppelpunkt eingefügt, s. auch Abb. 2.4 auf Seite 60. Die Baumbeschreibung wird mit einem Semikolon abgeschlossen. Kladen können direkt hinter der schließenden Klammer Werte für ihre statistische Verlässlichkeit (z.B. →*Bootstrap*) oder eine Benennung (ein *label*) erhalten. So wäre `(((A1:0.8,b:0.7)98:0.3,TaxC:1.2)87:0.8,DH:3.1,(Espec:0.25,FGEN:0.33)92:2.2);` ein Beispiel für einen ungewurzelten Baum (mit basaler Tritomie) aus 6 Taxa.

NEXUS-Format: Weit verbreitetes, flexibles Dateiformat für →Alignments, zusätzliche Daten und Anweisungen für eine Reihe phylogenetischer Computerprogramme wie z.B. PAUP* oder MrBayes. In Blöcke gegliedert; obligatorisch etwa der Datenblock, flankiert von `begin data;` und `end;`. S. z.B. Abb. 3.12 auf Seite 94, Abb. 3.16 auf Seite 103, und Abb. 4.6 auf Seite 127.

Nomenklatur, binomi(n)ale (auch: binäre): Auf Carl von Linné zurückgehende Benennung einer biologischen Spezies mit dem Namen einer Gattung und einem artspezifischen Epitheton. Beispiel *Helianthus annuus* oder *Canis familiaris* für die Sonnenblume und den Hund als →Arten in ihren Gattungen *Helianthus* und *Canis*.

NP-Vollständigkeit (*NP completeness*): Eigenschaft einer Gruppe von Problemen der Informatik, für die keine effizienten Algorithmen zur Lösung bekannt sind. Wichtig für die Phylogenetik z.B. die Auflistung aller theoretisch möglichen Baumtopologien zu einer gegebenen Menge von Taxa. Bedingt den Einsatz →heuristischer Suchverfahren. S. Abschnitt 5.3.3 auf Seite 160.

***Non-Parametric Rate Smoothing* (NPRS)**: Statistische Methode zur Ratenabschätzung und Datierung mittels relaxierter →molekularer Uhren. Methodischer Ansatz um aus →Phylogrammen in →Chronogramme zu machen, realisiert z.B. im Programm r8s.

Nukleomorph: Residuales Kerngenom eines eukaryontischen Endosymbionten nach sekundärer Endosymbiose in Cryptomonaden und Chlorarachniophyten. Aktuell kleinste bekannte Kerngenome (z.B. 551 kBp im Cryptomonaden *Guillardia theta*).

Nukleotide: Bausteine der Ribonukleinsäuren →RNA und der Desoxyribonukleinsäure →DNA. Aus Verknüpfung einer organischen Base (Adenin, Cytosin, Guanin und alternativ Thymin in DNA oder Uracil in RNA) an die 1'-Position einer Pentose (Ribose in RNA, Desoxyribose in DNA) entstehen die entsprechenden Nukleoside Adenosin, Cytidin, Guanosin, Thymidin und Uridin. Mit Hinzufügen eines Mono-, Di- oder Triphosphats in der 5'-Position der Pentose entstehen Nukleotide. In den Nukleinsäuren sind die Nukleotide als Ketten über 5'-3'-Monophosphodiester an den Pentosen verknüpft. Die Desoxyribose in der DNA ist weniger reaktiv, wohingegen die freie 2'-OH-Gruppe der Ribose für weitere Reaktionen zur Verfügung steht und zu verzweigten Nukleinsäuren (z.B. als Lariate beim →Spleißen von →Introns) führen kann. S. Abb. 1.1 auf Seite 4.

Numerische Taxonomie: Ein letztlich phänetischer statt kladistischer Ansatz, taxonomische Gruppierung aus rein numerischer Ähnlichkeit abzuleiten, der auf Sneath und Sokal (1962) zurückgeht, sich aber nicht allgemein durchgesetzt hat.

NUMTs (NUkleäre MiTochondrale Sequenzen): Insertionen (unfunktionaler) mitochondrialer Sequenzen in den Kerngenomen der Eukaryonten. (Übersicht z.B. in Richly & Leister 2004). In der Regel nur sehr kurze, kopierte Sequenzabschnitte im Kerngenom (z.B. Knoop & Brennicke 1994), aber z.B. auch 12,5 kBp der mtDNA im Kerngenom des Panthers (Kim et al. 2006) und praktisch die gesamte mtDNA von *Arabidopsis thaliana* (in großen Fragmenten von insgesamt über 600 kBP) auf Chromosom 2 im Nukleus (Stupar et al. 2001).

***Ockham's razor* (Ockhams Rasiermesser)**: Philosophisches Konzept, nach dem die einfachste Erklärung für eine Beobachtung zu bevorzugen ist. Grundlage der →Parsimoniemethoden in der →Phylogenetik.

Oligonukleotid: Kurzer DNA-Einzelstrang, der mit der gewünschten Sequenz von Nukleotiden (ca. 6-60) chemisch synthetisiert wird und dann z.B. als *Primer* in der Didesoxysequenzierung (Abschnitt 1.7.3 auf Seite 37) oder in der PCR (Abschnitt 1.7.2 auf Seite 36) Verwendung findet.

Omega: (ω) Verhältnis der nicht-synonymen zu synonymen Austauschraten (dN/dS), die für proteincodierende Regionen beobachtet werden. Ein Wert um 1 wird meist aufgefasst als Indikator für neutrale Evolution, ein Wert deutlich unter 1 für →negative (*purifying*) Selektion, und ein Wert über 1 für →adaptive Evolution.

Ontogenie, Ontogenese: Entwicklung eines Individuums von der befruchteten Eizelle über das Embryonalstadium zum Reifestadium.

***Operational Taxonomic Unit* (OTU)**: Neutraler, unverbindlicher Begriff für Taxa in einer phylogenetischen Analyse, unter Umgehung der Unterscheidung von →Art, Population oder Individuum. Meist wird jedoch auch „Taxon" in diesem Sinne gebraucht.

Optimalitätskriterium: Ein Kriterium, das die Qualität (Optimalität) eines Stammbaumes unter einer gegebenen Methodik im Hinblick auf den gegebenen Datensatz misst. Bei →Parsimonie z.B. die Kürze des Stammbaumes.

Organellen: Im engeren Sinne in der Regel gemeint sind die →endosymbiontischen Bestandteile der (eukaryontischen) Zelle: →Mitochondrien und →Chloroplasten (und auch →Cyanellen, →Hydrogenosomen und →Mitosomen). Im weiteren Sinne *alle* mikroskopisch oder elektronenmikroskopisch unterscheidbaren Strukturen als 'Organe der Zelle', also z.B. auch Nukleus, endoplasmatisches Retikulum, Golgi-Apparat, Glyoxysomen, Peroxisomen, Vakuolen oder Ribosomen. Siehe auch →Kompartiment.

Organellengenome: Restbestände früherer cyanobakterieller und α-proteobakterieller Genome in den →Chloroplasten und →Mitochondrien.

Orthologe: Die funktional entsprechenden Mitglieder einer Genfamilie in zwei verschiedenen →Arten, die seit der Aufspaltung der Arten nicht weiteren Genduplikationen oder Genverlusten bei der Evolution der Genfamilie unterlegen sind. Ggs. →Paraloge. S. Abschnitt 2.4.2 auf Seite 70.

***p*-Distanz**: →Distanz.

Paraloge: Ähnliche Sequenzen, die nach Genduplikationen in einem Genom koexistieren. Jeweils *ein* Paralog kann in einer anderen Spezies ein →Ortholog haben. S. auch →Homonomie und Abschnitt 2.4.2 auf Seite 70.

Parametrischer *Bootstrap*: Form der Simulations-Analyse, bei der wiederholt ein künstlicher Datensatz generiert wird unter Verwendung von Parametern, die anhand echter Daten geschätzt wurden.

Paraphylum, paraphyletisch: Gruppe von Organismen aus einem unmittelbaren gemeinsamen Vorfahren und *einem Teil* seiner Nachfahren. Bsp. Reptilien, von deren unmittelbarem gemeinsamen Vorfahren auch die Vögel abstammen oder Algen, von deren unmittelbarem gemeinsamen Vorfahren auch die Pflanzen abstammen.

Parsimonie (engl. *Parsimony*): →*Maximum Parsimony*

Parsimonie-informative Merkmale (engl. *parsimony informative characters*): Merkmale bzw. Alignmentpositionen, die unter *Maximum Parsimony* Information für die Stammbaumrekonstruktion enthalten. Es müssen mindestens *zwei* Merkmalszustände vorkommen, und jedes muss jeweils bei *mindestens zwei* Taxa vertreten sein, damit das Merkmal parsimonie-informativ ist.

Partition: Zwei- oder Mehrfachunterteilung eines Datensatzes, oft auch etwas unpräzise verwendet im Sinne eines bestimmten Teiles einer Partition. Typische Partitionen wären eine Aufteilung nach Genen in einem Multigenalignment, Introns *vs.* Exons, oder die Unterscheidung von 1.,2., und 3. Codonpositionen. Partitionen werden z.B. in PAUP* mit dem `charpartition`-Befehl definiert. Hat man etwa einen Bereich von Alignmentpositionen, die den Intronbereichen eines Gens entsprechen (z.B. Positionen 1-659 und 1012-1898), sowie einen Exonbereich (z.B. Positionen 660-1011), wäre eine sinnvolle Partition: `charpartition function = 1:1-659 1012-1898, 2:660-1011`. Man kann den Datensatz auch mittels zwei oder mehrerer Merkmalsmengen (Befehl `charset`) unterteilen, allerdings dürfen verschiedene `charsets` überlappen, anders als Teile einer Partition, und bestimmte Befehle in PAUP* verlangen die Angabe *einer* Partition statt mehrerer `charsets`.

***Penalized Likelihood* (PL)**: Statistisches Konzept, in der molekularen Phylogenetik meist bezogen auf eine Methode zur Ratenabschätzung und Datierung mittels relaxierter →molekularer Uhren.

Penalties: →Maluspunkte.

***Percent Accepted Mutations* (PAM)**: Serie von →Aminosäureaustauschmatrices.

Phänotyp: Ausprägung von genetischen Eigenschaften. Kann sowohl äußerliche, morphologische Merkmale wie Augen-, Blüten- oder Hautfarbe betreffen, aber auch physiologisch oder biochemisch erfassbare Eigenschaften (Sichelzellenanämie, Phenylketonurie).

Phagen: →Viren.

Phylocode: Vorgeschlagenes Regelwerk zur Benennung phylogenetisch identifizierter Kladen, `www.ohiou.edu/phylocode`.

Phylogenetik: Wissenschaft von der Aufklärung stammesgeschichtlicher Zusammenhänge.

Phylogenie: Stammesgeschichte.

Phylogramm: Stammbaum, bei dem die Astlängen die Anzahl evolutiver Ereignisse zwischen den Knoten widerspiegeln, ausgedrückt entweder als Substitutionsrate, Anzahl von Merkmalsübergängen, oder Anteil an der genetischen →Distanz zwischen zwei terminalen Taxa. Auch metrischer Stammbaum genannt (Abb. 2.4 auf Seite 60).

Plastom: Genom der →Chloroplasten.

Plesiomorphie: Ursprünglicher →Merkmalszustand, Ggs. →Apomorphie, s. auch →Symplesiomorphie, →Synapomorphie, →Autapomorphie.

Polarität: unterscheidet bei Merkmalsübergängen die Richtung des Übergangs. In gewurzelten Bäumen kann man die Richtung des Übergangs zwischen zwei Merkmalszuständen an einer gegebenen Stelle ableiten. Alternativ kann man (v.a. bei morphologischen Merkmalen in der Kladistik) *a priori* ursprüngliche („primitive") und abgeleitete Merkmale unterscheiden, und eventuell die Rückkehr zum primitiven Zustand ausgehend vom abgeleiteten als sehr unwahrscheinlich erachten. Subtiler ist bei *Maximum Parsimony* die Verwendung von asymmetrischen Kostenmatrizen, die unterschiedliche Schritte für die Übergänge in beiden Richtungen fordern, oder bei Substitutionsmodellen die Verwendung asymmetrischer Ratenmatrizes.

Polyadenylierung: Addition einer Polyadenosinribonukleotidkette an das 3'-Ende der reifenden eukaryontischen →mRNA im Nukleus.

Polymorphismus: Vielfache Zustände eines Merkmales in den Individuen einer Population, in Nukleotidsequenzen z.B. *Single Nucleotide Polymor-*

phisms (SNPs).

Polyphylum, polyphyletisch: Gruppe von Organismen, die den unmittelbaren gemeinsamen Vorfahren aller ihrer Mitglieder *nicht* umfasst. Bsp.: „Würmer".

Polyploidisierung: Die Vervielfachung von ganzen Chromosomensätzen. Spielt eine besonders starke Rolle in der Evolution der Blütenpflanzen. Bei besonders alten Ereignissen von Genomfusionen oder -verdoppelungen in der Evolution spricht man von Paläopolyploidie. Durch die einhergehenden Verdopplungen können Genkopien freier evolvieren und leichter veränderte oder ganz neue Funktionen annehmen (Subfunktionalisierung, Neofunktionalisierung).

Polytomie (auch Polychotomie): „Mehrfachverzweigung". Anders als bei einer →dichotomen Verzweigung ein simultanes Abzweigen mehrerer Äste aus einem Knoten (Tritomie, Tetratomie, Pentatomie etc.). Meint meistens eine „weiche" Polytomie, bei der die Verzweigungsmuster noch ungeklärt sind, im Gegensatz zu einer harten Polytomie, die eindeutig die gleichzeitige Entstehung von drei oder mehr Nachkommenlinien aus einer Stammform ausdrückt.

Population: Alle Individuen einer →Art, die zu einem gegeben Zeitpunkt an einem gegeben Ort leben und prinzipiell genetisches Material austauschen können.

Posterior Probability: in der Bayesianischen Statistik die Aktualisierung bzw. erneute Einschätzung einer Wahrscheinlichkeit *nach* Hinzunahme neuer Informationen. S. Abschnitt 8.2 auf Seite 234.

Pre-mRNA: Vorläufer- →mRNA, die zu ihrer Reifung noch Prozessierungsschritte, insbesondere das *Capping*, das →Spleißen und die →Polyadenylierung durchlaufen muss.

Primärstruktur: Sequenz der Aminosäuren in einem Protein, die die nachfolgenden Raumstrukturen (→Sekundärstruktur, Tertiärstruktur, Quartärstruktur) vorgibt.

Prokaryonten: Zelle ohne Zellkern (Nukleus): →Archaea und →Eubacteria.

Promotor: Regulative Struktur eines Gens, das die Transkriptionsaktivität reguliert. Molekular geschieht dies durch spezifische DNA-bindende Proteine, die Transkriptionsfaktoren.

Proteinbiosynthese: Fluss der genetischen Information aus dem proteincodierenden →Gen über →Transkription und →Translation an den →Ribosomen in die Proteine. S. Abschnitt 1.3 auf Seite 11.

Proteine: Funktionsträger in der Zelle. Polymere aus den 20 natürlichen proteinogenen →Aminosäuren mit sehr variablen Größen, meist aber einigen hundert Aminosäuren. Werden in der Proteinbiosynthese am →Ribosom synthetisiert, wobei die codierende →mRNA als Vorlage dient. S. Abschnitt 1.3 auf Seite 11.

Protist: Einzelliger →Eukaryont. Die großen Reiche mehrzelliger Eukaryonten (Pflanzen, Algen, Tiere, Pilze) haben offensichtlich ihre Ursprünge in unterschiedlichen Protistengruppen. S. Abschnitt 12.1 auf Seite 324.

Prozessierung: Veränderungen, die ein →RNA-Molekül zu seiner Reifung durchläuft, insbesondere das →Spleißen und die →Polyadenylierung (bei mRNA) und die endonukleolytische Spaltung und die chemische Modifikation (v.a. bei →tRNA und →rRNA).

Punktmutation: Austausch eines →Nukleotids gegen ein anderes.

Punctuated equilibrium: Auf die Paläontologen Niles Eldregde und Stephen J. Gould zurückgehendes evolutionäres Konzept, das im Gegensatz zum →Gradualismus steht und Zeiten relativer Stasis gefolgt von plötzlichen starken Veränderungen postuliert.

Purifying selection: →Negative Selektion.

Purinbasen: Die organischen Basen Adenin und Guanin, die auf dem chemischen Grundgerüst des Purins aufbauen und als Bausteine in die Nukleoside und →Nukleotide eingehen.

Pyrimidinbasen: Die organischen Basen Cytosin, Thymin (in DNA) und Uracil (in RNA), die auf dem chemischen Grundgerüst des Pyrimidins aufbauen und als Bausteine in die Nukleoside und →Nukleotide eingehen.

Pyrosequenzierung: Moderne Form der Hochdurchsatz-Sequenzierung von DNA. S. Abschnitt 1.7.3 auf Seite 39.

Quartett: Baum aus vier Taxa, insbesondere aus jeweils vier Taxa einer größeren Taxonauswahl als Grundlage des Baumsuchverfahrens *Quartet puzzling*. S. Abschnitt 7.5.1 auf Seite 222.

Radiation, adaptive Radiation: Schnelle Kladogenese, z.B. auf veränderte Umweltbedingungen hin oder nach Eroberung neuer Habitate oder ökologischer Nischen. Innerhalb eines kurzen Zeitraumes entstehende neue, spezialisierte, angepasste →Arten aus einem wenig spezialisierten Vorfahren. Klassisches Bsp. sind die Darwinfinken auf Galapagos.

Ratogramm: Stammbaum, bei dem die Astlängen absolute Substitutionsraten wiedergeben, im Ggs. zum →Phylogramm, in dem Astlängen mit der Anzahl von Substitutionen korrespondieren, die aber ein nicht-auflösbares Produkt aus Substitutionsrate und Zeit sind. S. Abschnitt 9.5 auf Seite 272 und auch →Chronogramm.

Reduktionsteilung: →Meiose.

Rekombination: Im weiten Sinne die (natürliche) Neuverknüpfung von →DNA-Strängen. Homologe (oder *legitime*) Rekombination basiert auf identischen oder sehr ähnlichen Nukleotidsequenzabschnitten über einen bestimmten Bereich (z.B. beim

Crossing over).

Replikation: Kopieren einer →DNA durch DNA-Polymerasen nach Aufschmelzen des Doppelstranges zur Weitergabe der Erbinformation.

***Retention Index* (RI)**: In der Parsimonieanalyse ein Index zur Messung von Homoplasie einzelner Merkmale oder (als *Ensemble RI*) des gesamten Datensatzes bei einem gegebenen Baum. S. Abschnitt 5.4 auf Seite 167.

Retikulate Evolution (engl. *Reticulate evolution*): Netzwerkartige Evolution, z.B. durch Hybridisierungsereignisse im Ggs. zu rein →dichotomen Aufspaltungen in der Stammesgeschichte.

Rezessiv: Ein →Allel, das nur zu einer Merkmalsausprägung kommt, wenn es →homozygot vorliegt.

Rhodophyta: 'Rotalgen'. Neben →Viridiplantae und →Glaucophyta eine der drei (photosynthetischen) Linien der →Archaeplastida. Neben Chlorophyll a besitzen Rhodophyta statt Chlorophyll b (bei den Viridiplantae) Phycobiliproteine. Das Alter der Gruppe kann aufgrund des Fossilbelegs *Bangiomorpha* auf mindestens 1200 Millionen Jahre angenommen werden.

Ribonukleinsäure: →RNA.

Ribosom: In der Zelle Ort der Synthese von →Proteinen durch Ausbildung von Peptidbindungen zwischen →Aminosäuren beim Umsetzen der genetischen Information einer →mRNA. Großer Ribonukleoproteinkomplex aus zwei Untereinheiten, jeweils aus →rRNAs und ribosomalen Proteinen. S. Abschnitt 1.3 auf Seite 11.

RNA (*Ribonucleic Acid*, Ribonukleinsäure): Polynukleotidkette aus Ribonukleotiden, die aus der →Transkription eines →DNA-Abschnittes entsteht. Wichtigste Vertreter sind die →mRNA (messenger), die →rRNA (ribosomal) und die →tRNA (transfer). Hinzu kommen verschiedene Formen sehr kleiner RNAs von 20-30 Nukleotiden, die eine Rolle bei der →RNA-Interferenz spielen. S. Abschnitt 1.3 auf Seite 11.

RNA-Interferenz (RNAi): Umfassende Bezeichnung für die (Herab-)Regelung von Genaktivitäten (z.B. PTGS (*Post-transcriptional gene silencing*) durch kleine RNA-Moleküle. S. Abschnitt 1.6.6 auf Seite 31.

Rückmutation (engl. *back mutation*): Rückfall in einen alten (ancestralen) Merkmalszustand.

Schwestergruppen (engl. *Sister groups*): Zwei (Schwester-)Taxa, die unmittelbar in einer →Dichotomie aus einem Vorläufer hervorgehen.

Sekundärstruktur: Räumliche Faltung benachbarter Aminosäuren in einem →Protein. Wichtigste Sekundärstrukturen sind die α-Helix und das β-Faltblatt.

Selektion, natürliche Selektion: Nicht-zufälliger differentieller Reproduktionserfolg. Relative Zunahme von Individuen mit einem genetisch bedingten Lebens-, Überlebens- und Fortpflanzungsvorteil in einer Population. Unterscheidbar sind ökologische (Fitnessunterschiede z.B. in Bezug auf Klima, Nahrungsquellen, Räuber, Parasiten) und sexuelle Selektion (Fitnessunterschiede z.B. in Bezug auf Wahl durch Weibchen, Konflikte zwischen Männchen).

Serielle Endosymbiontentheorie (SET): Weitgehend akzeptierte Theorie, nach der die Mitochondrien und Chloroplasten in der eukaryontischen Zelle historisch seriell aus α-Proteobakterien und Cyanobakterien hervorgegangen sind. In ihrer erweiterten Form nimmt SET an, dass auch die Entstehung von Cilien der →eukaryontischen Zelle aus einer Symbiose mit Spirochaeten hervorgegangen ist. S. Abschnitt 1.5 auf Seite 21.

***Shape*-Parameter**: Der α-Parameter der Gamma-(Γ)-Verteilung, mit der die Verteilung verschiedener Substitutionsraten entlang der Alignmentpositionen modelliert wird. Kleine Werte von α bedeuten große Variabilität der Austauschraten, bei sehr großem α hingegen sind die Austauschraten nahezu gleichverteilt (Abb. 6.8 auf Seite 184).

Shimodaira-Hasegawa-Test: Ein topologischer Test, evaluiert die Unterschiedlichkeit zweier Bäume anhand ihrer *Likelihood Scores*.

Short Interspersed Elements (SINEs): Typ von transposablen Retroelementen in der nukleären DNA der meisten Eukaryonten, allerdings im Ggs. zu den →*Long Interspersed Elements* nicht autonom. Kladistisch informativ. Berühmtes Beispiel sind die Alu-Elemente in Primaten. S. Abschnitt 12.2.2 auf Seite 337.

Spacer: →Intergenische Region.

Spektralanalyse, Spektren: Die Durchmusterung einer Merkmalsmatrix auf der Suche nach Merkmalszuständen, die einen jeweiligen →*Split* stützen oder verwerfen (z.B. die Hendy-Penny-Spektren). Jede Position kann einen *Split* begründen, verwerfen oder keine Information dazu tragen (z.B. weil die Position wegen völliger Konservierung oder singulärer Autapomorphie nicht informativ ist). S. Abschnitt 11.3 auf Seite 318.

Spezies: →Art.

Spleißen: Das Verknüpfen von →Exons nach Entfernung von →Introns bei der Reifung einer →RNA.

***Splits, Split*-Zerlegung**: Methode, mit der inkompatible Stammbaumtopologien in netzwerkartigen Topologien dargestellt werden können. Für alle möglichen Topologien wird betrachtet, wie oft die Spaltung eines internen Astes die zwei gleichen Mengen aus Taxa erzeugt. Entsprechende Darstellungen werden vom Programm SplitsTree erzeugt. S. Abschnitt 11.3 auf Seite 318.

Splitters: Bezeichnung für Taxonomen, die Unterschiede zwischen Taxa betonen und zur Beschreibung vieler kleinerer taxonomischer Einheiten tendieren. Ggs. →*Lumpers*.

Stammbaum: Im populären Verständnis eine graphische Darstellung der Abstammung eines Individuums über die Elterngenerationen, meist unter Einbeziehung aller Geschwister. Im Sinne der Phylogenetik allerdings die fortwährende Gabelung (→dichotome Aufspaltung) von Taxa in Entwicklungslinien im Sinne der Evolutionstheorie.

Stammbaum, metrischer: →Phylogramm.

Stammbaum, ultrametrischer : Siehe unter →Chronogramm.

Stammzellen: Zellen, insbesondere in tierischen Organismen, die sich in unterschiedliche Zelltypen differenzieren können. Adulte Stammzellen des reifen Organismus haben zumindest ein beschränktes Differenzierungspotential, embryonale Stammzellen ein besonders hohes.

Star decomposition: Methode der Stammbaumkonstruktion (z.B. beim →Neighbour-Joining), die von einer anfänglichen, unaufgelösten →Polytomie aller Taxa im Datensatz in einem einzigen Knoten ausgeht. Alternative zu →Stepwise addition. S. Abb. 5.13 auf Seite 161.

Step Matrix: →Kostenmatrix.

Stepwise addition: Ein Algorithmus, Bestandteil →heuristischer Baumsuchverfahren, die schrittweise Addition von Taxa. S. Abschnitt 5.3.3 auf Seite 161.

Stille Nukleotidsubstitutionen: Nukleotidaustausche in proteincodierenden Regionen, die keine Änderung der codierten Aminosäure nach sich ziehen.

Substitutionsmodell: Mathematisch gefasste Vorstellungen über die Substitutionswahrscheinlichkeiten an den unterschiedlichen Positionen einer Sequenz. S. Abschnitt 6.2.1 auf Seite 176 und Abschnitt 7.2.4 auf Seite 208.

***Subtree Pruning and Regrafting* (SPR)**: Eine Form des →*Branch Swappings.*

Supertree: Phylogenetischer Konsensusbaum, konstruiert aus mehreren Einzelbäumen (die meist jeweils mit verschiedenen Datenquellen gefunden wurden, selten identisches Taxonsampling aufweisen, oft sogar topologische Konflikte). Einfachster Ansatz ist MRP (*Matrix Representation with Parsimony*), aber es existieren einige alternative Ansätze. S. Abschnitt 11.2 auf Seite 314.

Sympatrische Artbildung: Entstehung neuer →Arten *ohne* räumliche Auftrennung der →Population der Stammart. Ggs. →Allopatrische Artbildung.

Symplesiomorphie: Ursprünglicher, alter, nicht neu abgeleiteter Merkmalszustand, der eine Gruppe von Taxa vereint (z.B. die Bilateralität bei Säugetieren). Im Ggs. zur →Synapomorphie in der →Kladistik *nicht* zur Begründung →monophyletischer Gruppen heranziehbar.

Synapomorphie: Abgeleiteter, neuer Merkmalszustand, der alle Taxa einer →monophyletischen Gruppe bzw. →Klade vereint (z.B. die Körperbehaarung bei Säugetieren). Grundlage für die Begründung →monophyletischer Gruppen in der →Kladistik. Ggs. →Symplesiomorphie, s. auch →Autapomorphie.

Taxa (pl.), Taxon (sing.): Überbegriff für eine systematisch benannte Gruppe von Lebewesen. In der Phylogenetik sind die betrachteten Taxa oft die →Arten, es können aber auch niedrigere (Individuen, Sippen etc.) oder höhere taxonomische Niveaus (Gattungen, Familien etc.) betrachtet werden. Vgl. →*Operational Taxonomic Unit.*

Taxonomie: Disziplin der Biologie, die Organismen benennt und klassifiziert.

TBLASTN: →BLAST.

Terminus, terminaler Ast: →Ast.

Ti/Tv: Verhältnis von →Transitionen zu →Transversionen.

Topologie: Verzweigungsmuster („Gestalt") eines Stammbaums. Unterschiedliche Stammbaum-Topologien können nicht durch Drehungen um die internen Äste zur Deckung gebracht werden.

Topologischer Test: Stellt fest, ob Unterschiede (in der Topologie) zweier Bäume signifikant sind. S. Abschnitt 10.2.4 auf Seite 293.

Transition: Austausch zwischen den beiden Pyrimidinbasen (C und T) oder zwischen den beiden Purinbasen (A oder G). Ggs. →Transversion.

Transkription: Abschrift eines Gens auf der →DNA in eine →RNA-Kopie durch RNA-Polymerasen.

Transkriptionsfaktor: →Promotor.

Translation: Synthese von →Proteinen durch Verknüpfung von →Aminosäuren über Peptidbindungen an den →Ribosomen einer Zelle. Die Reihenfolge der Aminosäuren vom Amino- zum Carboxyterminus ergibt sich durch Übersetzung aus der Reihenfolge der →Codons auf einer →mRNA vom 5'- zum 3'-Ende. S. Abschnitt 1.3 auf Seite 11.

Trans-Splicing: Verknüpfen von Exons aus mindestens zwei unabhängigen Primärtranskripten *in trans*. Konservierte *Trans-splicing*-Ereignisse resultieren aus zerbrochenen Gruppe II Introns in den →Chondriomen und →Plastomen der Landpflanzen.

Transposon: Mobiles DNA-Element.

Transversion: Austausch einer →Pyrimidinbase (C oder T) gegen eine →Purinbase (A oder G) oder *vice versa*. Ggs. →Transition.

TreeBase: WWW-basierte Datenbank unter `www.phylo.org/treebase/home.php`, die phylogenetische Studien einschließlich →Phylogrammen speichert, die dynamisch mit dem ATV-Applet betrachtet werden können.

***Tree Bisection and Reconnection* (TBR)**: Eine Form des →*Branch Swappings.*

Tree of Life: Internet-basiertes Projekt, um den aktuellen Wissensstand über die Phylogenie des Lebens auf der Erde zusammenzufassen (`http://tolweb.org`).

tRNA: Polynukleotide aus etwa 73 Ribonukleotiden, die über ihre →Anticodons und die am 3'-Ende spezifisch kovalent verknüpfte →Aminosäure am Ribosom als Adaptormolekül zwischen →Codon auf der →mRNA und dem Einbau der Aminosäuren in das wachsende Protein vermitteln. S. Abschnitt 1.3 auf Seite 11.

Ultrametrischer Stammbaum: Siehe unter →Chronogramm.

Unabhängige Mutationen: Zwei sich zufällig entsprechende →Merkmalsübergänge in zwei unabhängigen Entwicklungslinien. S. →Homoplasie.

Ungeordnete Merkmale: →Merkmale mit Zuständen, die in beliebiger Weise ineinander übergehen können. Ggs. →Geordnete Merkmale. S. Abschnitt 5.2.3 auf Seite 154.

Uninformative Positionen: Positionen in einem →Alignment, die ohne Informationsgehalt für eine →Parsimonieanalyse sind, weil sie alle identisch sind oder weil Abweichungen jeweils nur in einem der →Taxa auftreten.

Vikarianz: Stellvertretung nahe verwandter →Arten in unterschiedlichen, geographisch benachbarten Habitaten ohne oder mit sehr kleiner geographischer Überlappung.

Viren: Nukleinsäuren (→RNA *oder* →DNA) mit mehr oder weniger komplexen Proteinhüllen, die in →eukaryontische Zellen eindringen und ihre Nukleinsäure dort replizieren, also vermehren, und als reife Viren wieder freigesetzt werden. In der Regel zerstörerisch und pathogen. Bei →Prokayonten Phagen, bzw. Bakteriophagen.

Viridiplantae: Neben den →Glaucophyta und den →Rhodophyta die dritte ('grüne') Entwicklungslinie der →Archaeplastida. Umfasst die (→paraphyletischen) Grünalgen i.w.S. und die (Land-)pflanzen i.e.S. (Embryophyta). Die Embryophyta werden mit ihren eng verwandten Grünalgen (insbes. Charophyta) gemeinsam als Streptophyta von anderen Grünalgen (Chlorophyta) abgegrenzt.

Wagner-Parsimonie: Besondere Form von *Maximum Parsimony*, bei der Merkmalsübergänge reversibel sind, aber nicht-benachbarte Zustände nicht in einem Schritt, sondern nur über Zwischenstufen erreicht werden können, also z.B. 1→ 0 = 0→ 1 und 1→ 2 = 2→ 1, aber 0→ 2 kostet das doppelte. S. Abschnitt 5.2.1 auf Seite 152.

Wobble-Basenpaarung: Alternative Paarungsmöglichkeiten der dritten →Codonposition auf einer →mRNA mit der ersten →Anticodonposition einer →tRNA. Vor allem gegeben durch die Möglichkeit der RNA-Base Uracil nicht nur mit Adenin sondern auch mit Guanin zu paaren (→Nukleotide). Für ein NNR-Codon wird dann i.d.R. nur eine tRNA (mit UNN-Anticodon), ebenso für ein NNY-Codon nur eine tRNA (mit GNN-Anticodon) benötigt.

Wurzel (engl. *Root*): Eine Wurzel bestimmt die Leserichtung für die →Innengruppe eines Stammbaumes. Sie wird meistens durch Hinzufügen einer →Außengruppe festgelegt. Diese Bewurzelung legt die tiefstliegende →Dichotomie der Innengruppe fest. S. Abb. 2.4 auf Seite 60.

Xenologe: Ähnliche Merkmale/Gene, die nicht auf gemeinsame vertikale Abstammung zurückgehen, sondern beispielsweise durch →Horizontalen Gentransfer erworben sind.

Zelltheorie: Die 1838/9 von Theodor **Schwann** (*07.12.1810, †11.01.1882) und Matthias J. Schleiden (*05.04.1804, †23.06.1881) formulierte Feststellung, dass sowohl bei Tieren (T.S.) wie auch bei Pflanzen (M.J.S.) die Organismen und ihre komplexen Organe immer aus einzelnen Zellen aufgebaut sind. Der Begriff der **Zelle** (cellula) und ihre Entdeckung geht bereits auf den Wegbereiter der Mikroskopie Robert **Hooke** (*18.07.1635, †03.03.1703) und seine Untersuchungen an Kork zurück.

Zweig: →Ast.

Zwei-Schritt-Verfahren: →Baumsuchverfahren.

Index